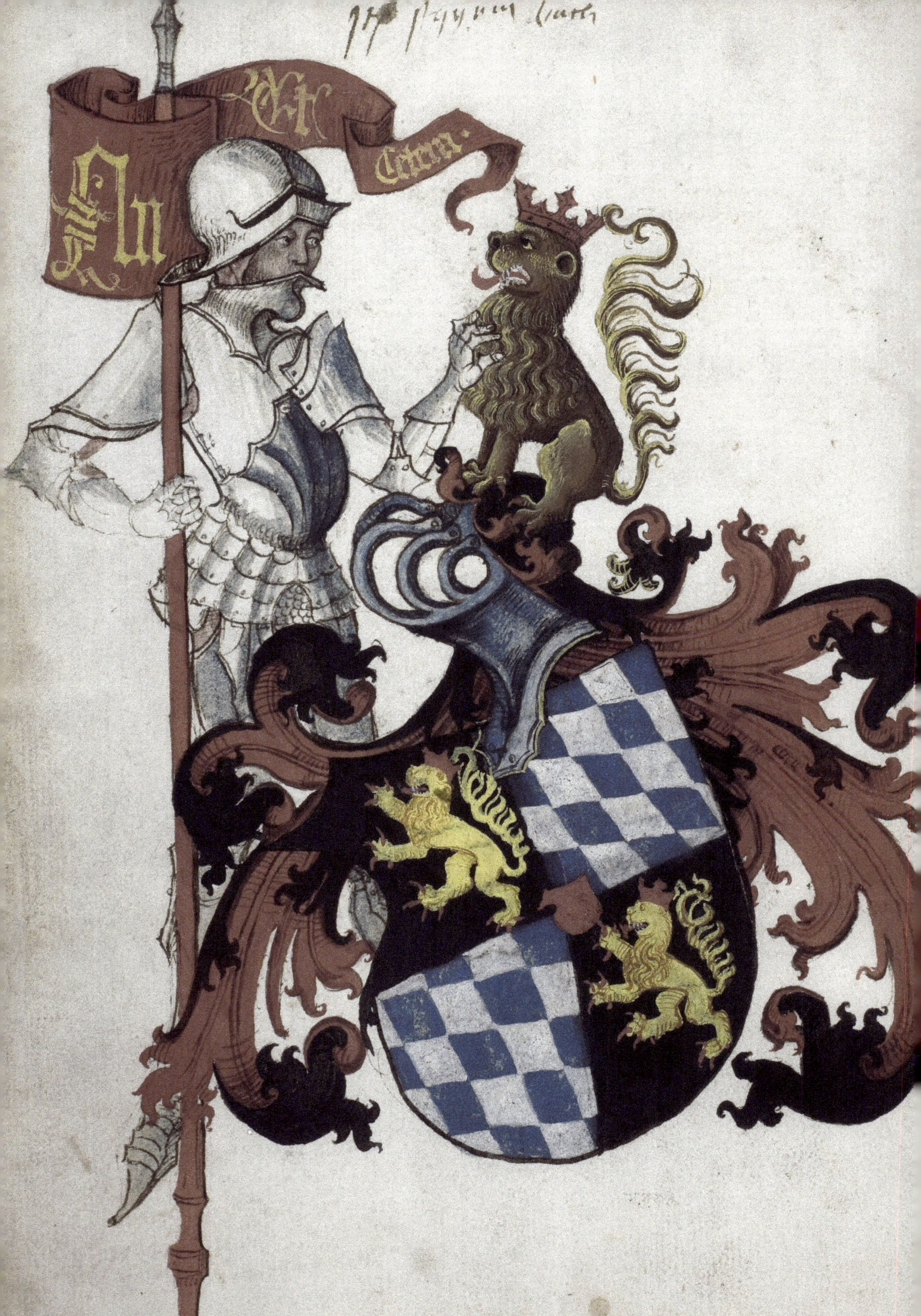

Das ist her hannsen lecküchner von Nurnberg kunst vnd zedel ym messer dy er selbs gemacht vnd geticht hatt den text vnd dy auslegung dar vber dem hochgeporen fursten vnd herren herzogen phillippen phaltzgraffen bey reyn ertztruckses vnd kurfurst vnd hertzog yn bayern etc.

Dy vor rede

Ob dw wilt achten
Messer vechten betrachten
So lern ding das dich zirt
Zw schimpff ze ernst hofiert
Do mit dw erschreckest
Vnd dy meyster kunstlich erbeckest

Hye hebt sich an dy vor rede ym messer vnd sagt Wer woll vechten ym messer Das er schul lern rechte kunst vnd sich geben auff dyse nachgeschriben art vnd kunst So mag er woll bestan mit rechter kunst vor fursten vnd vor herren ym sol auch pillich seyne kunst pass gelonet werden den andern meystern des dings nicht weyssen vnd sy nicht dar zw kunnen schicken Wenn es seyn vill meyster des swertz dy nicht wyssen von der art des messers noch recht aus seynne mugen wer sich yn dyse ding vnd art schicken kan der fyndt vill ernstlicher stuck do mit er dy meyster woll mag auff brechen vnd kunstlich beschlyssen Das sy sich an danck schlagen stossen furn verssen halten muss lassen.

Wer newer versetzet
Mit allen kunsten wirt er geletzet

So nw der meyster geendet hatt dy vor rede nw gibt er dir ein gutte ler dy verse also Wenn dw mit dem zwuechten ze dem man kumbst so soltu nicht stel sten mit dem messer vnd seyne hewen nach warten Wenn dy vechter dy newer wellen versetzen dy werden ser geschlagen wann dy weil sy versetzen mugen sy kain rechte kunst treybn vnd so sy anders nicht thun wolln dan verstzn vnd auff ander lewt schlag vnd erbeyt wolln sehen · So werdn sy geschlagn vnd gesmecht bey alln iren kunstn

Vndes vor vnd nach dy wort
Seyn aller kunst eyn hort
Swech vnd sterck pruff weyslich
So dw wildt vechtn kunstlich

Hye sagt der meyster vnd melt den grundt des messers vechtens vnd spricht vndes vor vnd nach etc Das soltu alzo verstan das dw vor alln dingn recht vernemē solt dy zway ding das ist das vor vnd nach · vnd dy swech vnd dy sterck vnd das wort vndes wann dar auß kumbt aller grundt aller der kunst des vechtns vnd wenn dw dy ding recht vernymbst vnd weist vnd zwuchn des wortz vndes nicht vergist yn alln stuckn dy dw treybn pist So magstu woll eyn gutt meyster des messers sein vnd magst furstn vnd herrn lern das sy mit recht kunst wol bestann yn schimpff vnd yn ernst

Item das vor ist · So dw ee kumbst mit dem haw dann er das er dir verstzn muß So erbayt vndes behendiklich mit dem messer fur dich oder andern stuckn vnd laß yn da nach zw keyner erbait kumē also hastu ym an gebunnē das vor vnd wenn er ee kumbt mit der erbeyt od mit dem haw denn dw vnd ym das verstzn must So erbeyt vndes behendiklich mit dem messer oder sunst mit stuckn So nymbstu ym das vor mit dem nach vnd das heyst das vor vnd nach

Item dw solt auch vor alln dingn wyssen dy swech vnd dy sterck des messers wy merck vo dem gehultz piß an dy mitten des messers das ist dy sterck vnd von der mitten vntz an den ort das ist dy swech vnd wye dw da auß vechtn scholt das vindest dw her nach geschrabn vnd was das wort vndes ist

Sechs hew lere
Auß eyner handt wyder dy were

Dy linck handt ley auff den rucken

Auff dy prust wiltu weren zucken

Hye lert der meyster wye man sich halten sol yn dem vechten des messers vnd wye man sich dar ein sol schicken vnd zum ersten So soltu mit eyner hendt vechten mit dem messer vnd dy ander soltu auff dem ruck haben ob dw aber wildt mit beyder handt vechten als mit messer neme oder ober greiffen dem beschliessen etc. So soltu dy handt von dem ruck auff dy prust wenden was dw ym wildt ynbendig oder den arm treyben

Item Ze dem andern so werden yn dem text sechs verporgen hew gemelt vnd verrutt auff dem kunne vil gutt stuck wer sy recht treyben kann vnd sich yn dy weyss kunstlich zw schicken vnd wye dw dy treyben solt mit dreye stucken des wirstu hyn nach vnterricht

Zorn | haw | wecker

Entrust · hat zwinger | gefer mit | wincker

Hye nendt der meyster dy sechs verporgen haw wye yetzlich mit name heyst auff das das dw dy stuck dester pass vernemen mugst vnd spricht das der erst heyst der zorn haw der ander der wecker der dritt der entrust haw der vierdt der zwinger der funft der gefer haw vnd der sechs hayst der wincker Das seyn sechs stuck vnd seyn der haubt stuck als dw her nach horen wirst ;

Dy pasteyn | versetz

Nachraysß | vberlauff | vnd absetz

Den wechsel | durch zuck

Lauff durch | dy absneydt | druck

Ablauff | benym

Durchgel pogen | dy wer nym

Heng dy wenden | gen plossen

Schlag dy strauch : ler verdrossen

Hye zelt der meyster dy anderen haubstuck der seyn sibenzehen Das erst seyn dy vyer lege dy werden bewert So der text spricht dy pastey

Item das ander stuck heysset das versetzen das wort bewert So der text spricht versetz

Item Das dritt seyn dy nachreysen das wort bewert So gesprochen wort uber lauff dy nachraysen

Item das vierdt sein dy uberlauffen das wort bewert So gesprochen wort uber lauff dy

Item Das funft seyn dy absetzen das wort bewert So gesprochen wort absetz

Item das sechst sein dy durch wechseln das bewert der meyster so er spricht wechsel durch

Item Das sybent heyst das zucken das wort bewert So er spricht zuck

Item das acht sein dy durchlauffen dy werden bewert So gesprochen wort lauff durch

Item Das newndt sein dy abschnidt oder dy wider schnidt das wort bewert so gesprochen wort dy abschnidt

Item das zehendt heyst dy hendt drucken Das wort bewert so er spricht druck

Item das eylfft sein dy ablauffen das wort bewert So er spricht ablauff

Item das zwelfft sein dy prennen das wordt bewert so er spricht pringen

It das dreyzehent das sein dy durchgeen und das wort bewert so er spricht durchge

Item das vierzehent heyst der pogen das wort bewert so er spricht pogen

Item das funftzehent heyst das messer nemen das wort bewert so gesprochen wort wer nymb

Item das sechzehendt sein dy hengen dy werdn bewert so gessaz
eyn wort heng
Item das sibenzehendt sein dy wendn yn dem messer das
bewert vns der meyster so er spricht wend zu den plossen Also
hastu der haubtstuck sein dreyundzwantzig etc

Was auff dich wirt gericht

Zornhaw ortt das yn pricht

Wiltu yn besthemen

Dem meyster ler abnemen

So der meyster das vechten des meysters yn dy stuck getaylt hat vnd
eyn yetlichs mit namen genent wy heyst er an ze sagen vo dem
ersten glid der tailung als vo dem zornhaw vnd ist zu wyssen das
der zornhaw mit dem ortt bricht all obhaw vnd ist doch eyn
schlecht pawrn schlag

Item treyb den also wenn er von der rechtn seittn obn zu dem kopff schlecht so haw vo deine rechtn seitn So haw von deiner rechtn seittn auch von obn mit ym zornikleich gleich an all versatzung obn ein Indes lass den ort fur ein schiessen ym zu dem gesicht oder prust vnd wendt Indes dein messr gegn dem seinen das dy lang schneid obn ste vnd dy kurtz vnder Wirtt er des ortz gewar So wendt wider auff sein lincke seittn den ort zu dem gesicht das twerchling dy lang schneid obn ste wirtt er des ortz gewar So reiss am messr auff obn an des messrs klingn wider von seine messr vnd haw im zu der andern seytten zu dem kopff das heisst ab genumen am messr.

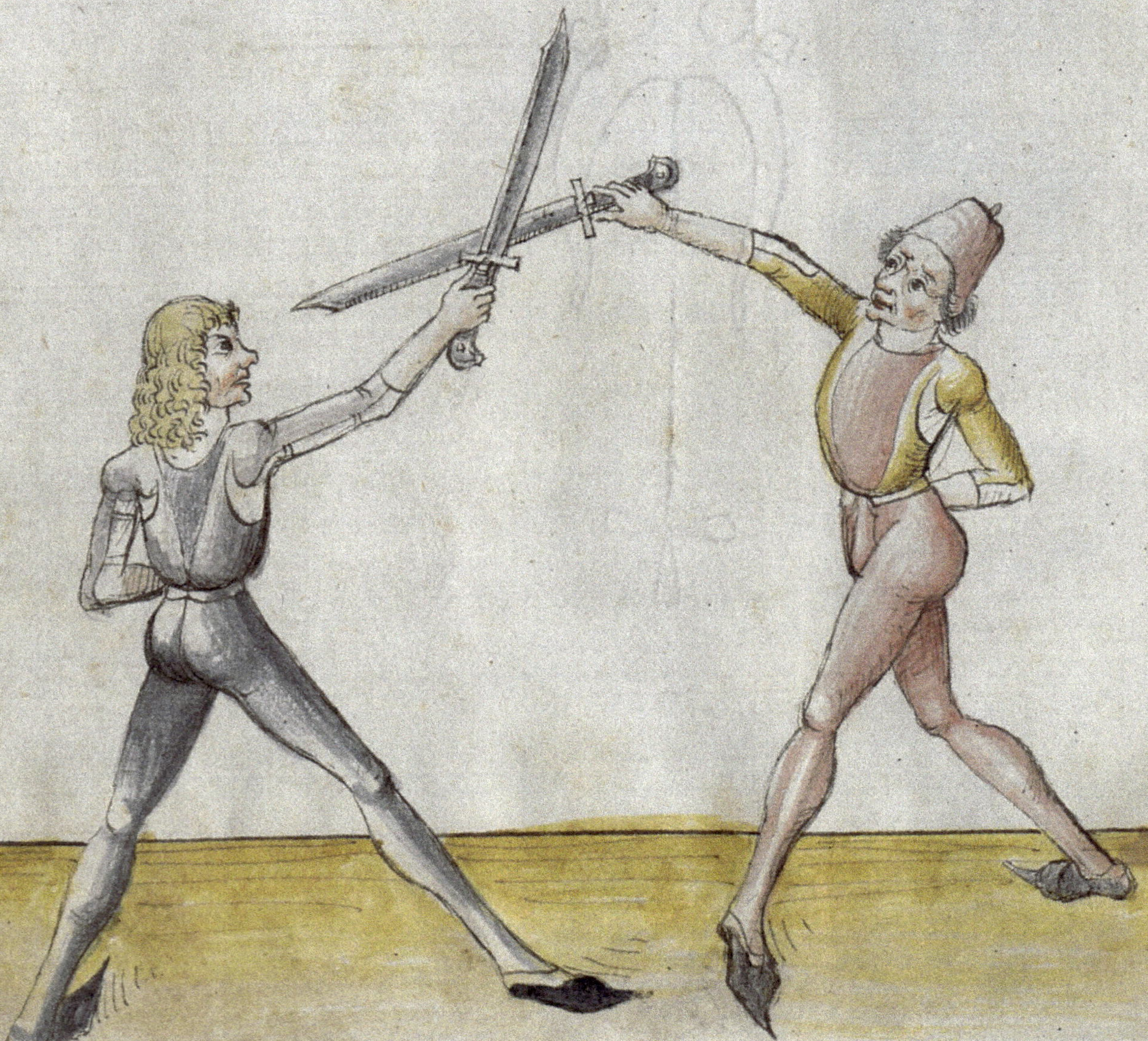

Zornhaw ortt auff dich gericht
haw das werept senck lanck ortt praiſt sticht

Hie hatt der meyster dy prauch von dem zornortt vnd spricht
der text Zorn haw ortt ꝛc Das soltu also versten Macht er
den Zornhaw auff dich mit dem ortt so haw im nach seiner
handt in das gelenck inbendiger auff sein lincke handt ꝛc

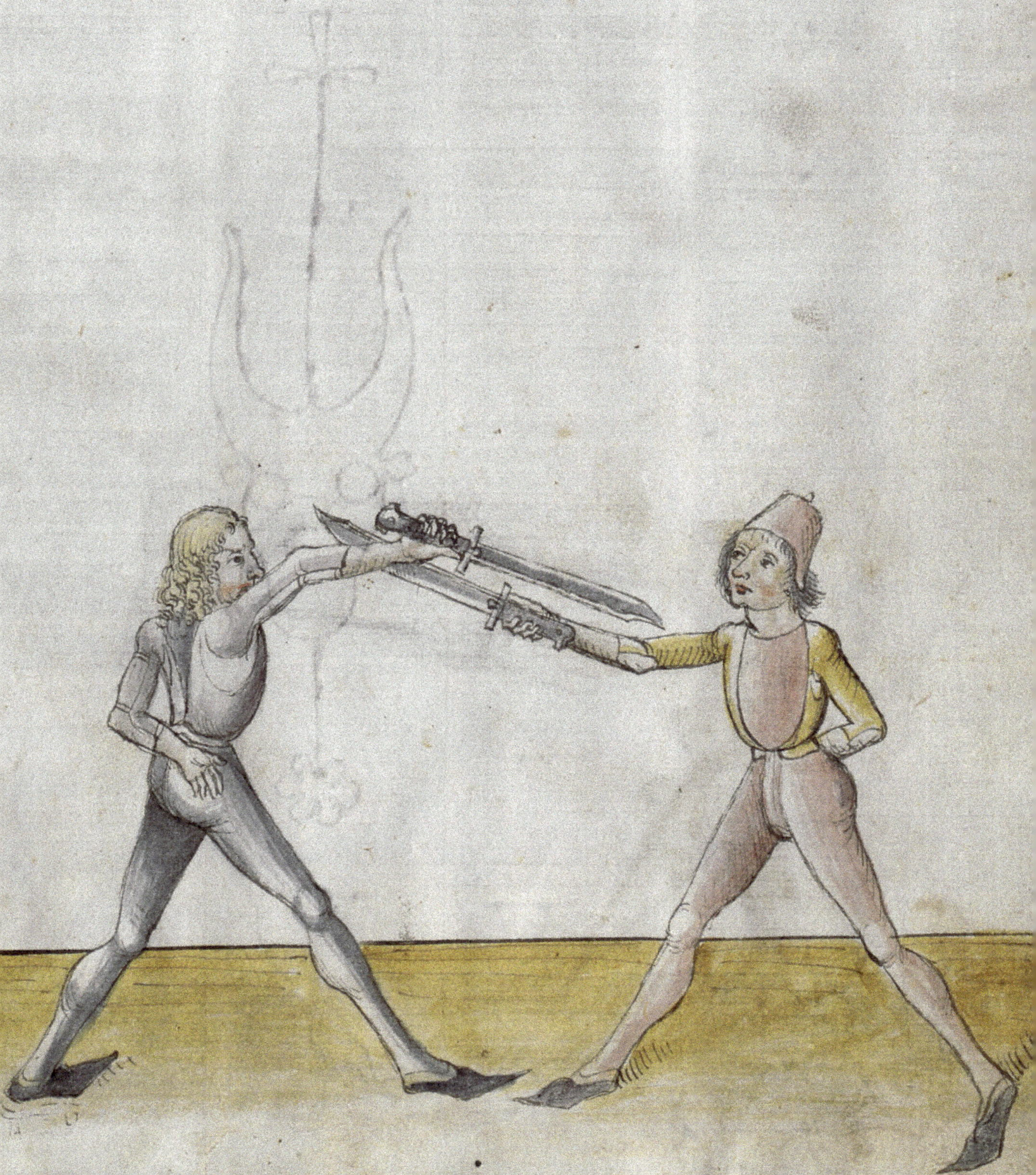

Item macht er auff dich den zornhaw mit dem ort und woll
dir zu dem gesicht stechen So sinck dem messer nider mit ge-
strackten arm und stich im den ort auff sein prust und stoss
in woll zu ruck und setz das knie pain woll zu ruck etc

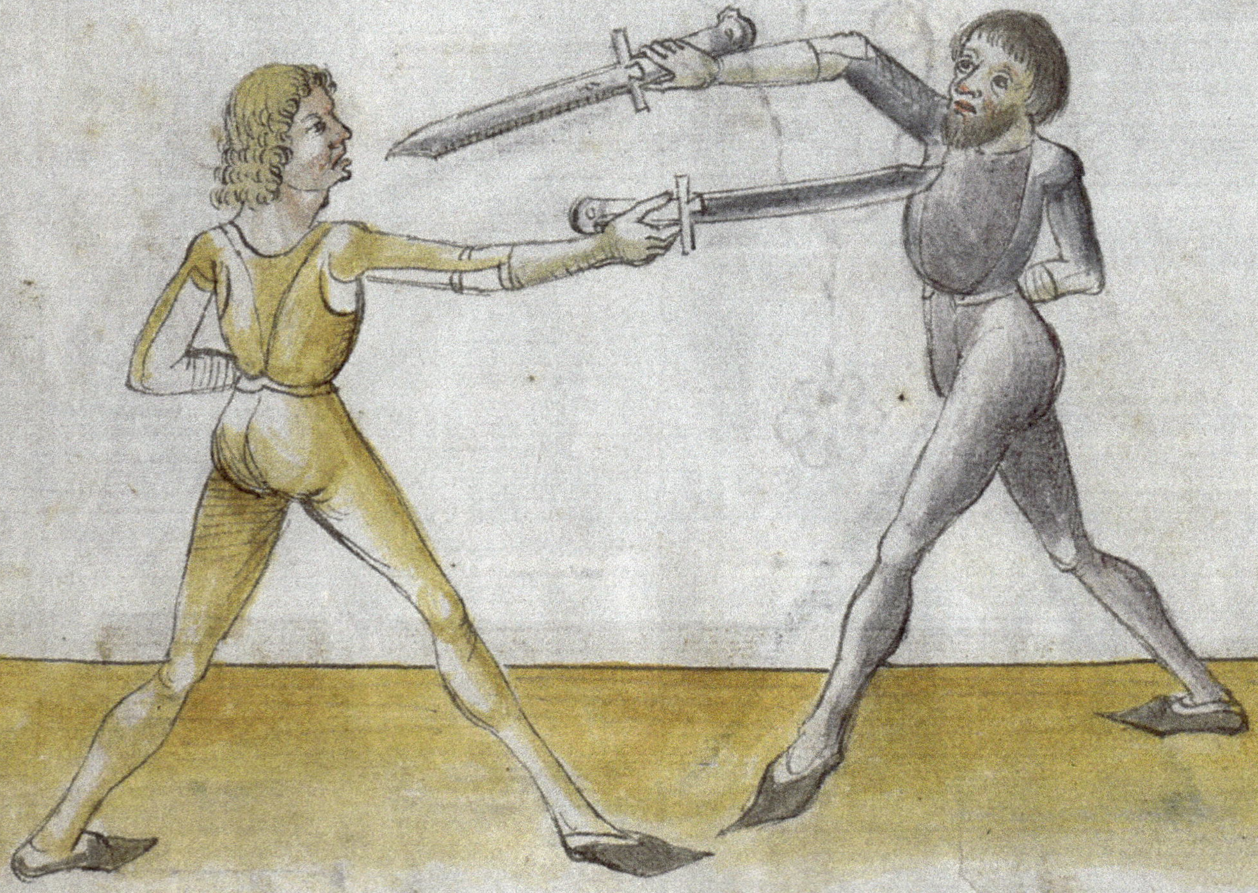

Den ortt soltu durch sencken
Das haubt lanck mit zwerch krencken

Hie lert der meyster ein stuck so du den zornhaw gemacht
hast mit dem ortt so lass den ortt nider sencken und var zwischen
dich und in fur dein leib und schlag in mit der zwerch und
mit der langen schneidn zu seine rechtn oren ec

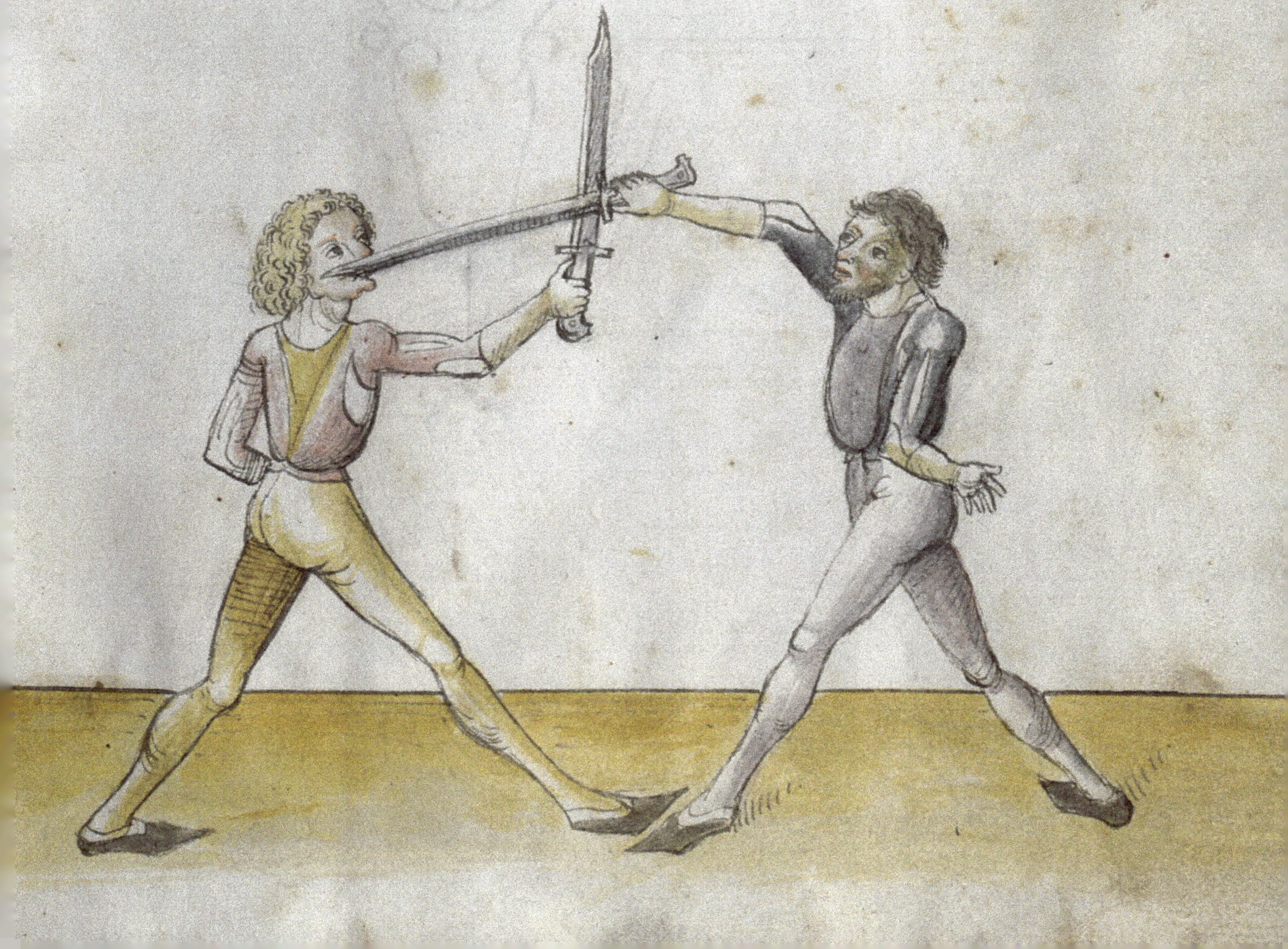

Will er zwierch schlagen zu den oren
Senck ort zu prust wiltu in betoren

hie hett der maister ein bruch wid das er gemelt stuck vnd sprach will er zwirch etc Das soltu also verstan So er dy zwirch zu deinen oren ist schlagen vnd ist hoch mit den arm so senck im den hangunden ort in sein prust vnd schreib in mit dem messer also von dir

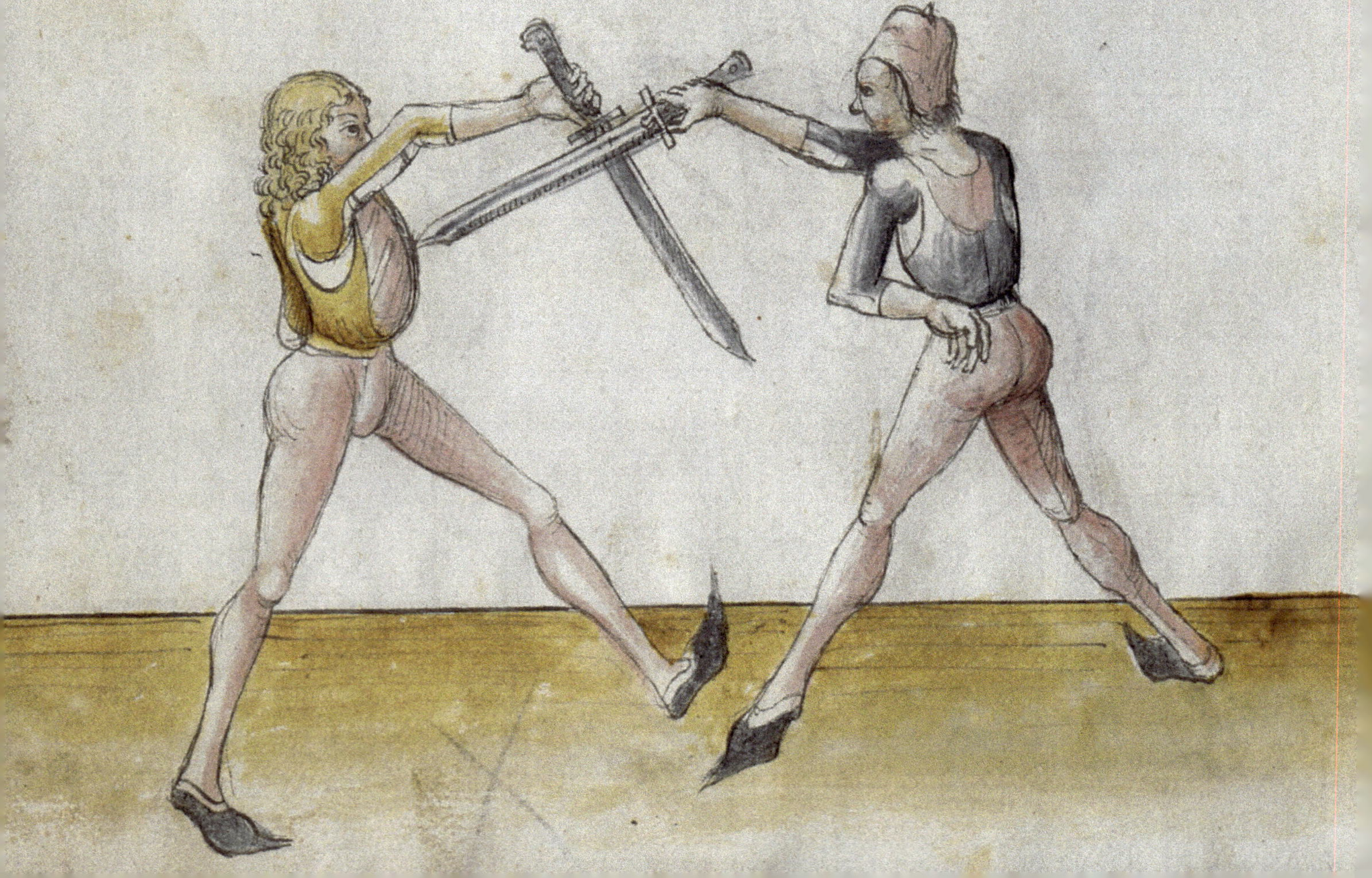

Auß zornhaw ler gesinckt auff recht treybn
Schlach kurtz oder ler durch das mawl schneidn

Hie lert der meyster aber ein stuck das dw auß dem zornhaw
treibn solt vnd sprech auß zornhaw ler etc. Das soltu also
verstan so dw den zornhaw auff in gemacht hast So soltu de(n)
ort aber sinckn vnd schalt mit gesincken messer hoch mit
dem arm zwyschn dich vnd in sam das das gehultz vor sych
ser indes verbendt dein handt vnd schlag in dy kurtz schneid
in sein gesicht ader schneid in durch sein antlitz mit der kurtzen
schneidn etc.

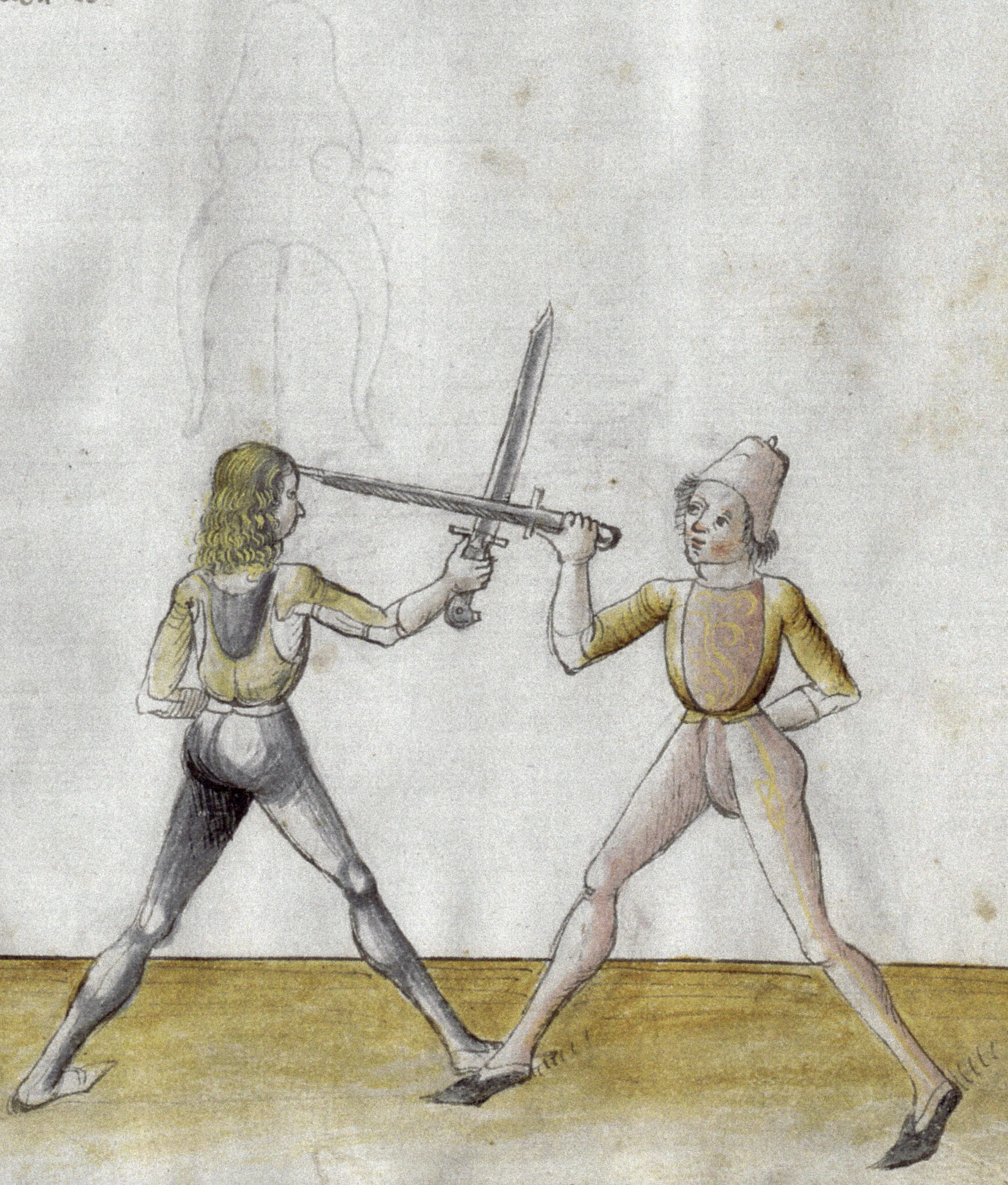

kurcz mit schneidn ist er pindn

windt ort recht so wirst in vindn

Hie lert der maister ein bruch wid das ergemelt stuck vnd spricht kurcz will mit schneidn etc. Das soltu also versten will er dich mit der kurtzn schneidn dich in dein antlitz schneidn oder schlagen wie vor gesagt ist So windt im sinders den ort auff gegen seine messer vnd stich im zu dem gesicht seiner rechten seitten etc.

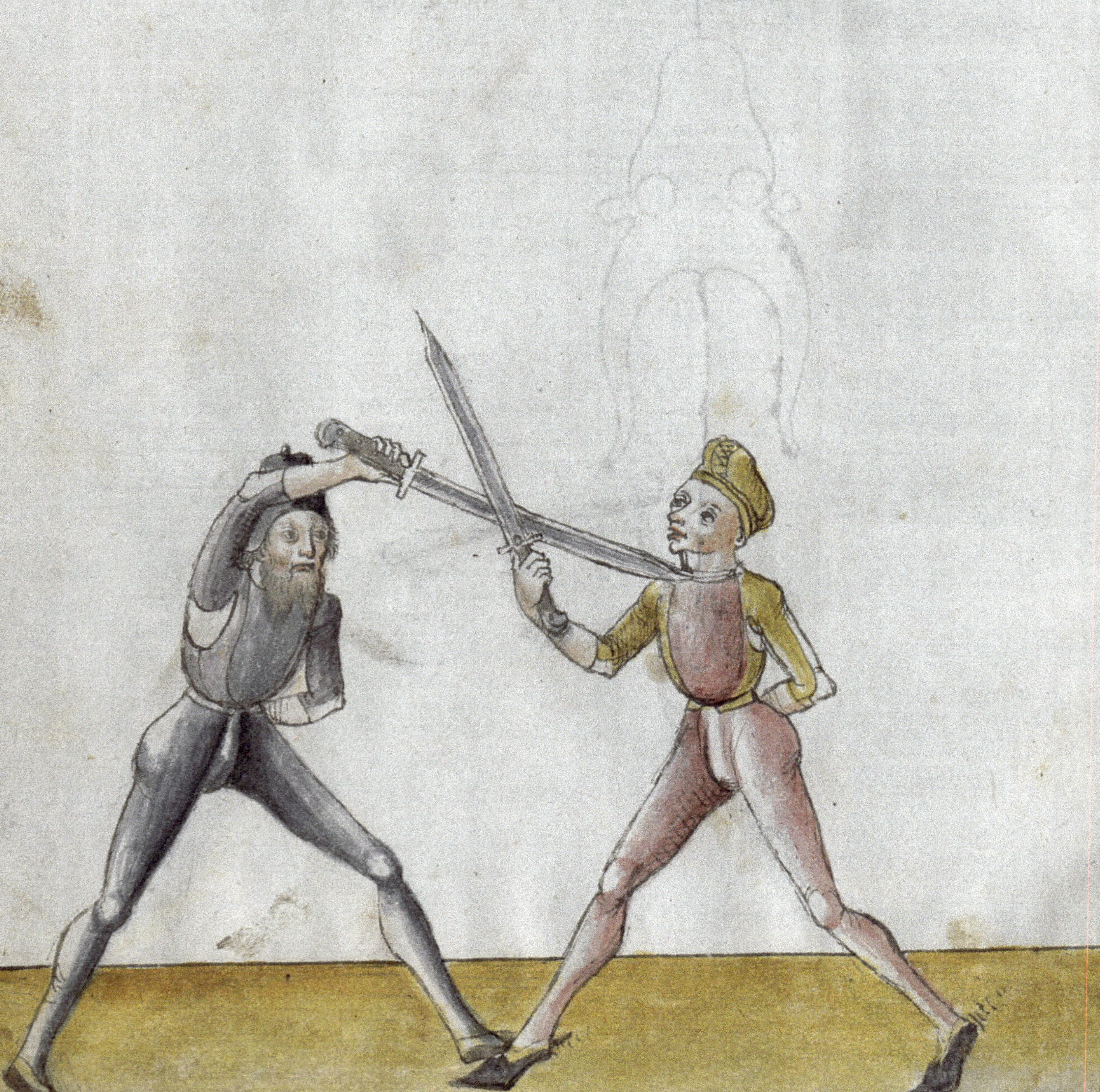

Gerad ab nemē lere
Lanck mit der schneidn̄ der haubt schlag sere

Hie lert der meister abnem̄ ꝛc mit dem langen messer vnd spricht also Gerad ab nemē ꝛc So dir den zornhaw hawest so wendt dein messer gegen dem seinē das dy lang schneid vbersich ste Indes wendt wider auff dein rechte seitten gegen seiner klingē das dy lang schneid vnden ste vnd dy stumpff obn̄ vnd stich im gerad zu dem gesicht Indes schlag behentlich ab ain messer zu seiner rechten seitten mit der langen schneidn̄ zu dem kopff ꝛc

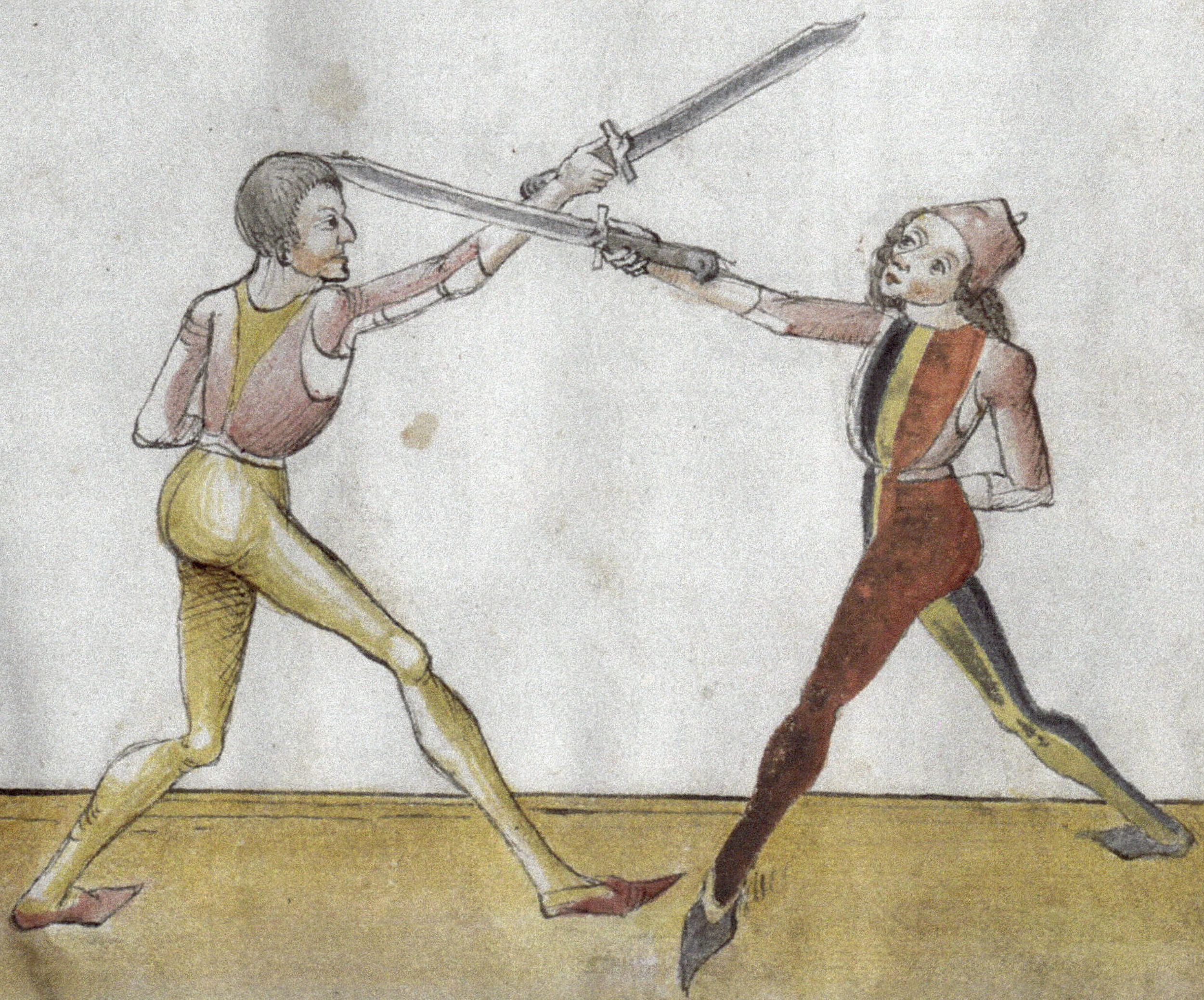

Am messer geradt ist er abnemen
Weyseit tretten soltu dich ~~tretn~~ keren
Beleib / schlag / schneid / oder / stich
Dein fleth auff sein wendt / also dy abneme prich

Hie brit der meister dy pruch vnd dy abnemen vnd spricht Am messer gerad etc Das soltu also verstan So er abnymbt auff dich mit geradem messer wie vor gesagt ist indes trit besett auff dein rechte seitten woll auff seine schlag vnd beleib also sten vnd schlag in mit der langen schneiden deines messers auff sein kopff oder wendt dein messer gegen dem seine das dy lang schneid ob sie vnd stich im zu seine gesicht oder schlag im dy kurcz schneid in das antlitz

Item oder far im mit der fleth auff sein messer im abnemen vnd schlag in zu seine haubt mit der langen schneiden vnd merck So du mit der fleth auff sein messer vellest das du streichlich dar auff stossest indes far auff mit der langen schneiden vnd schlag in zu dem kopff wie vnden gemalt stet etc

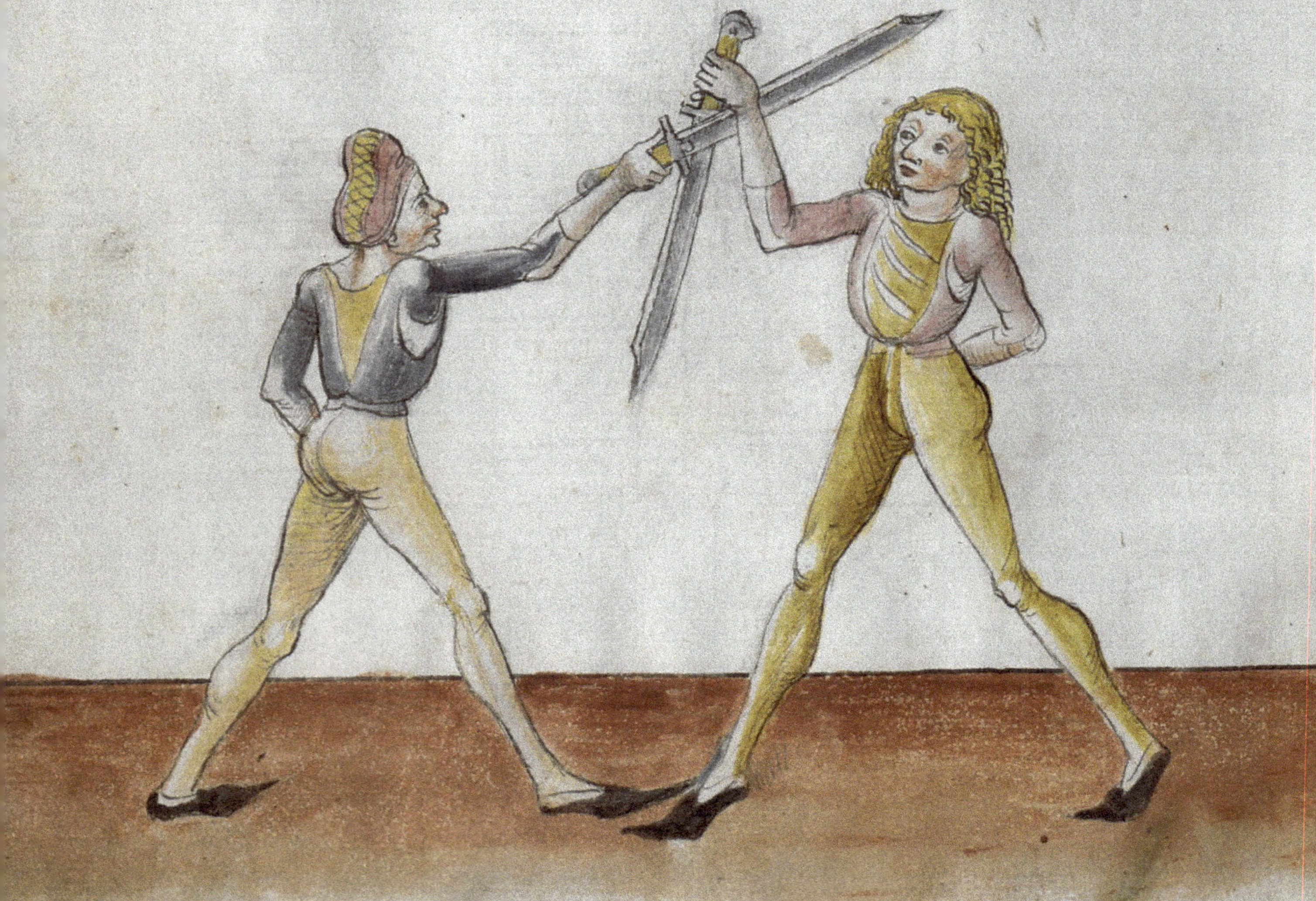

Will stich abnemen prechen

Wind auff recht wiltu dich rechen

Hie lert der meyster ein pruch wid den vorgemelten pruch
vnd spricht also Will stich etc. Das soltu also verstan So
du abnemen pist im messer stet er also still mit dem messer vnd
lest dich ab nemen vnders solt er mit der sterck seines messers
auff das dein vnd will dich zu dem kopff schlagen vnders wendt
auff gegen seine messer auff sein rechte seitten So triffstu In an
das haubt wie vnden gemalt stet etc. Oder laß pis er auff
gett vnd zu dem kopff schlagen will so ker mit auff vnd
wendt wider sein messer auff sein lincke seitten das dy kurtz schneid
ob ster vnd stich In dem gesicht der selbigen seitten vnd das ist
ser ein gut pruch sequitur textus

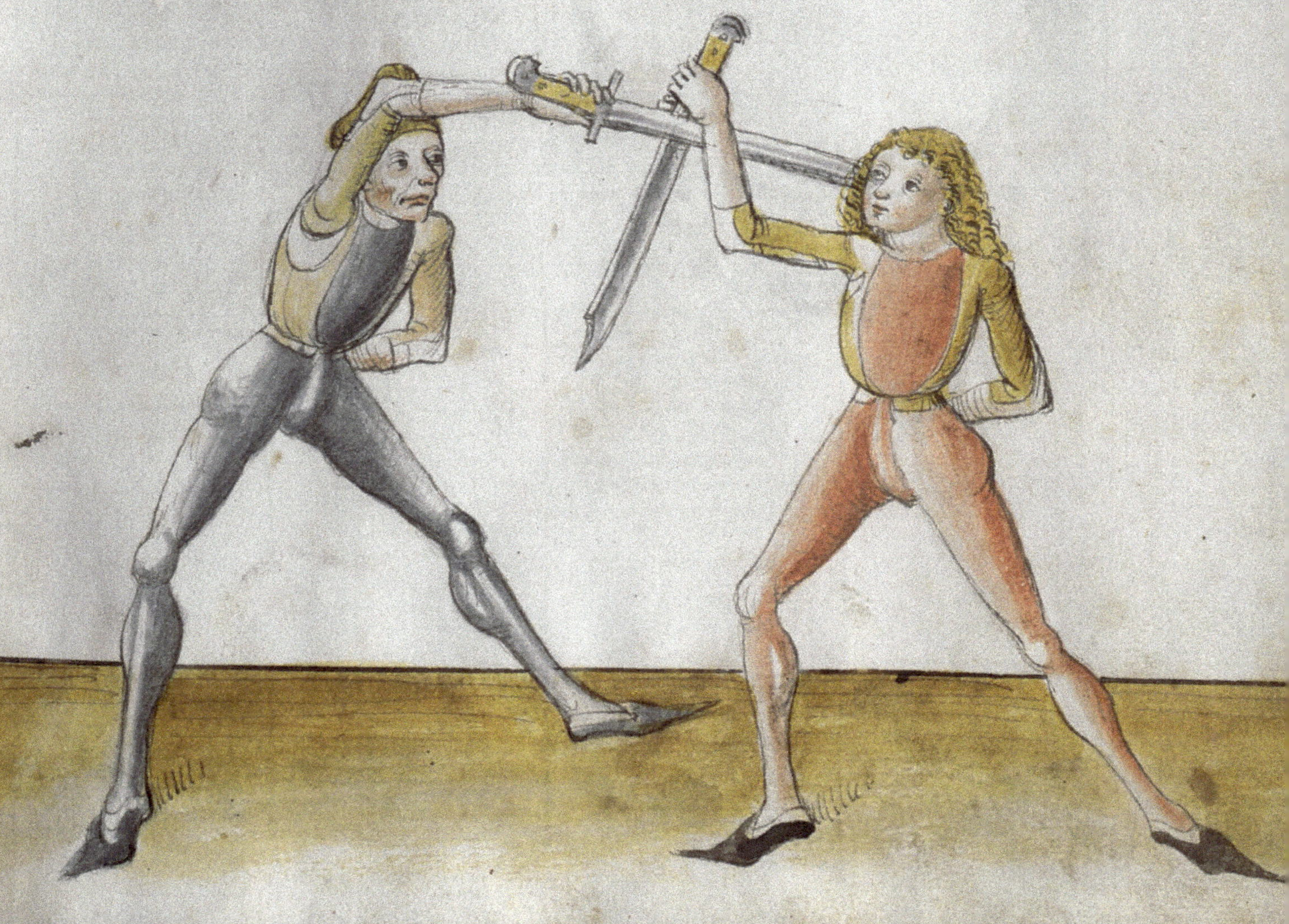

Mit abnemen will er dich letzen
Ortt auff recht zu gesicht ler setzen

Hie lert der meister aber ein pruch wider dy abnemen und sprich also Mit abnemen will etc Das soltu also versten Ist er abnemen Im messer mit der langen schneiden so wend dein flech an dy sein und beleib also stan biß den daumen auff dy flech deines messers und stich im zu dem gesicht seiner rechten seitten etc

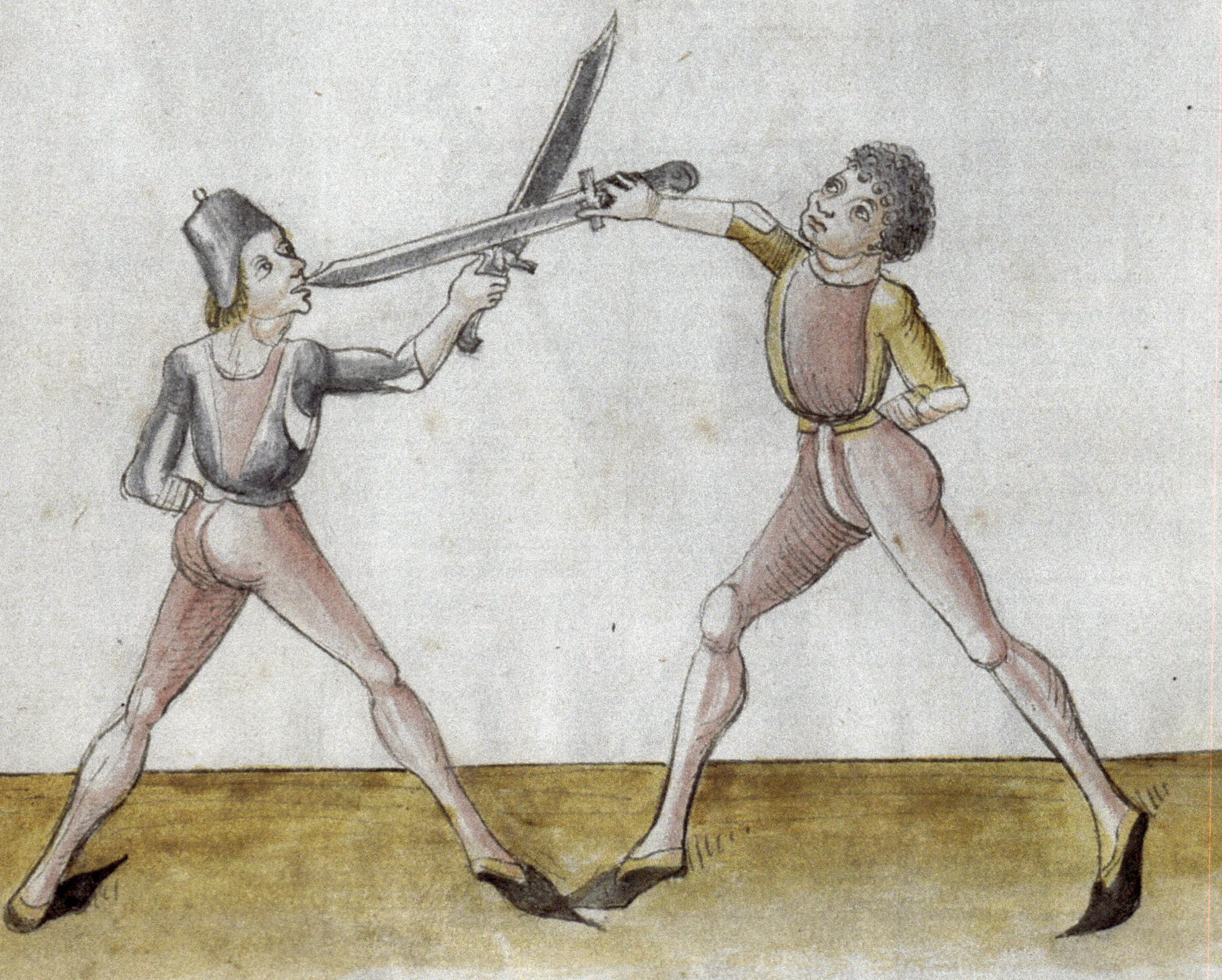

Setzt er zugestekt auff recht ortt
Ortt stuck war gerad auff preust ist dir hortt

Hie lert der meister ein prauch vnd den er gemelten prauch
vnd spricht Setzt er zu gestekt er Wolten das also versten
so du wild abnemen ist er dir das prechen mit dem ortt wie er
gemelt ist so stuck deine ortt lanck auß gestrackten arm vnd
setz den lincken fuß woll hindir hin auß vnd stich in geradt
auff sein gurgel oder preust etc

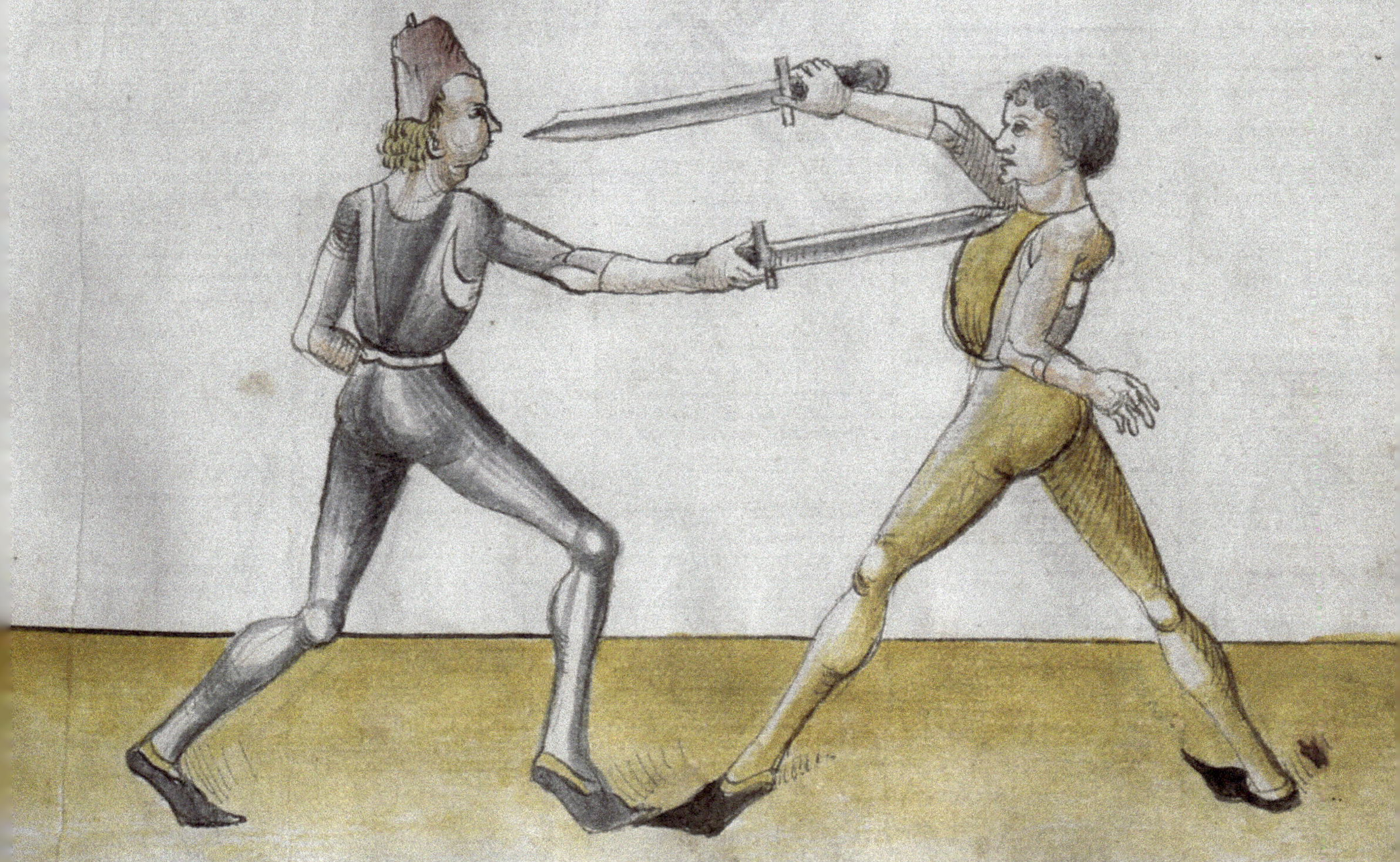

Hew sach merck
Im pandt waich oder hertt
Vor und nach indes hab acht
Dy leuff des krigs recht betracht

So nu der meyster von dem ersten stuck gesagtt hatt als von dem zornhaw nu sagtt er ein gutte ler das ist wenn einer mit dir ein hawt oder sticht so soltu gar eben mercken wenn ein messer an das ander glitz ob er im pandt waich oder hertt sy und als pald dw das empfindest so arbeit indes mit dem krieg nach der waich und nach der hertt zu der nechsten ploss: Und was das vor und nach ist das pistu vor underricht

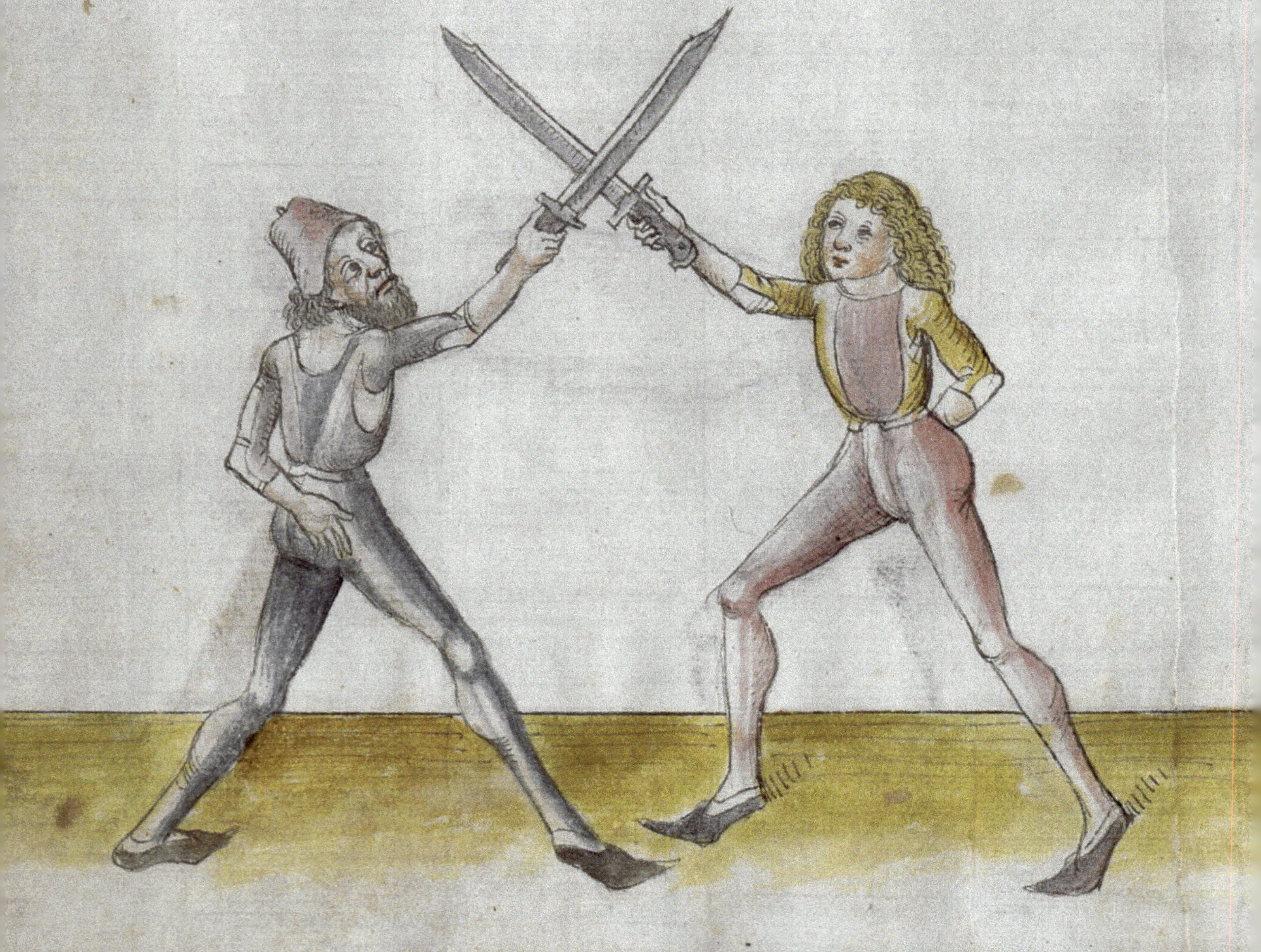

Den krig auff löß

Obn/nyden/ wartt der plöß

Hie lert der meister was der krieg sey vnd was ma daraus treybn
sol zu den vier zinne Das ist zu den vier plössn Nu ist zu
wissen Das der krieg sein dy windn im messer vnd dy arbeit
da auß mit dem ortt zu den vier zinne Das heist der krieg
Nu den krieg treib also Wenn du mit im ein hawest den zornhaw
Vnd als pald er den versetz So var auff mit dem arm wyndt
im den ortt an sein messer obn ein zu dem gesicht seiner lincken seittn
setzt er denn den stich ab So var auff dy anderen seittn auff dy anderen
zinne vnder seinē rechtn arm auff dy prust volgt er denn abe dem
stich nach So arbeit zu der negstn plöß dy du vinde magst etc

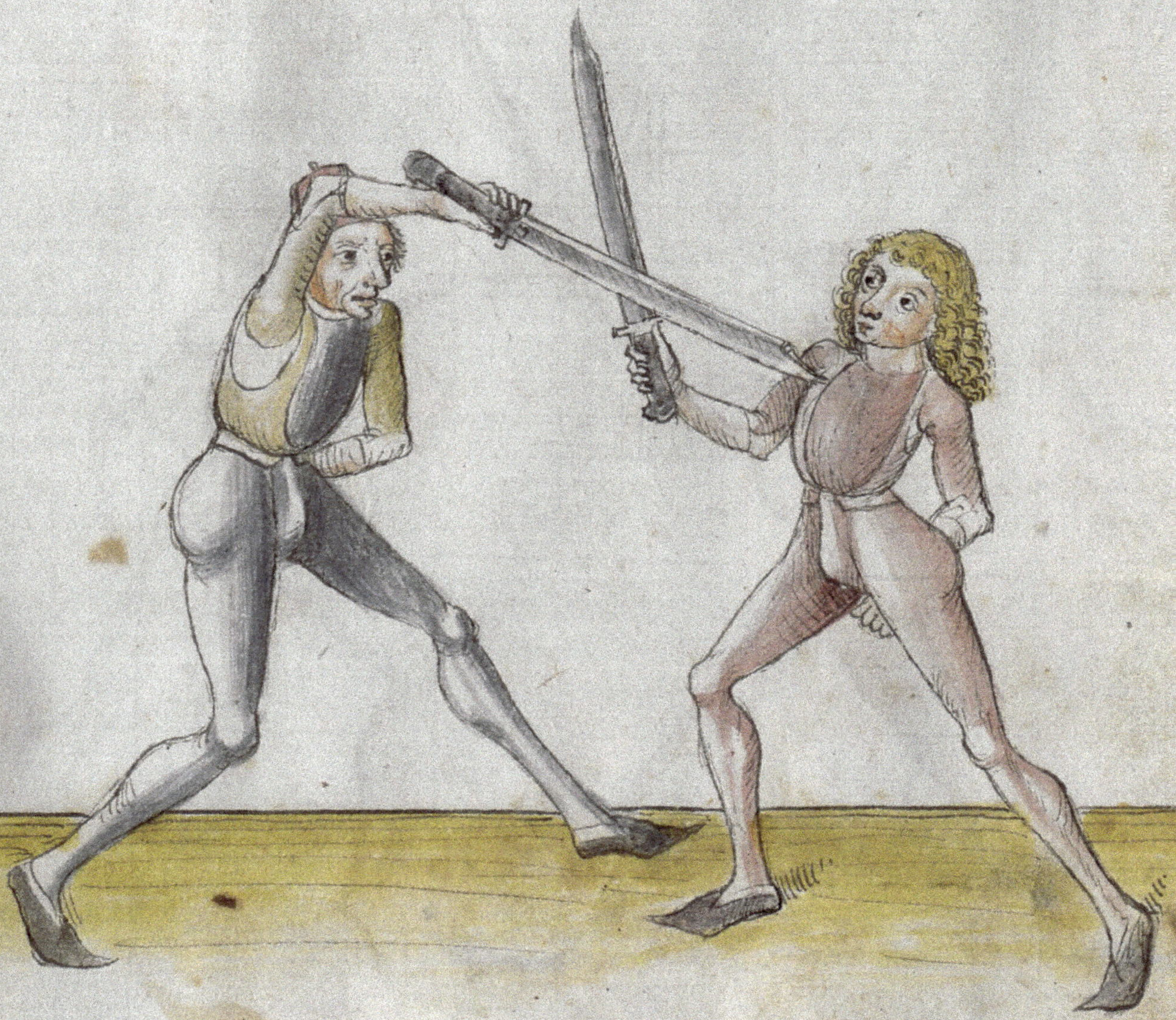

Vier sein der zinne
Dy du solt gewinne
Der wach nymb war
Wo sy sey mit gefar

Hie lert der meister Das dw im zuvechten So dw zu dem man kumbst soltu nicht dem man nach dem swert hawen Sunder dw solt dich fleyssig keren der vier zinne die erst das ist dy recht seitten oberhalb der gurtl Dy ander dy linck seyttu auch ober-halb der gurtl dy andern zwo sein vnderhalb der gurtl des mans nymb dw der zinne eine war vnd acht nicht was er gegen dir vichtet haw dar zu kunstlich versetzt er dir dan So haw schnel zu der andern zinne der magstu ploß die dw gehaben magst etc

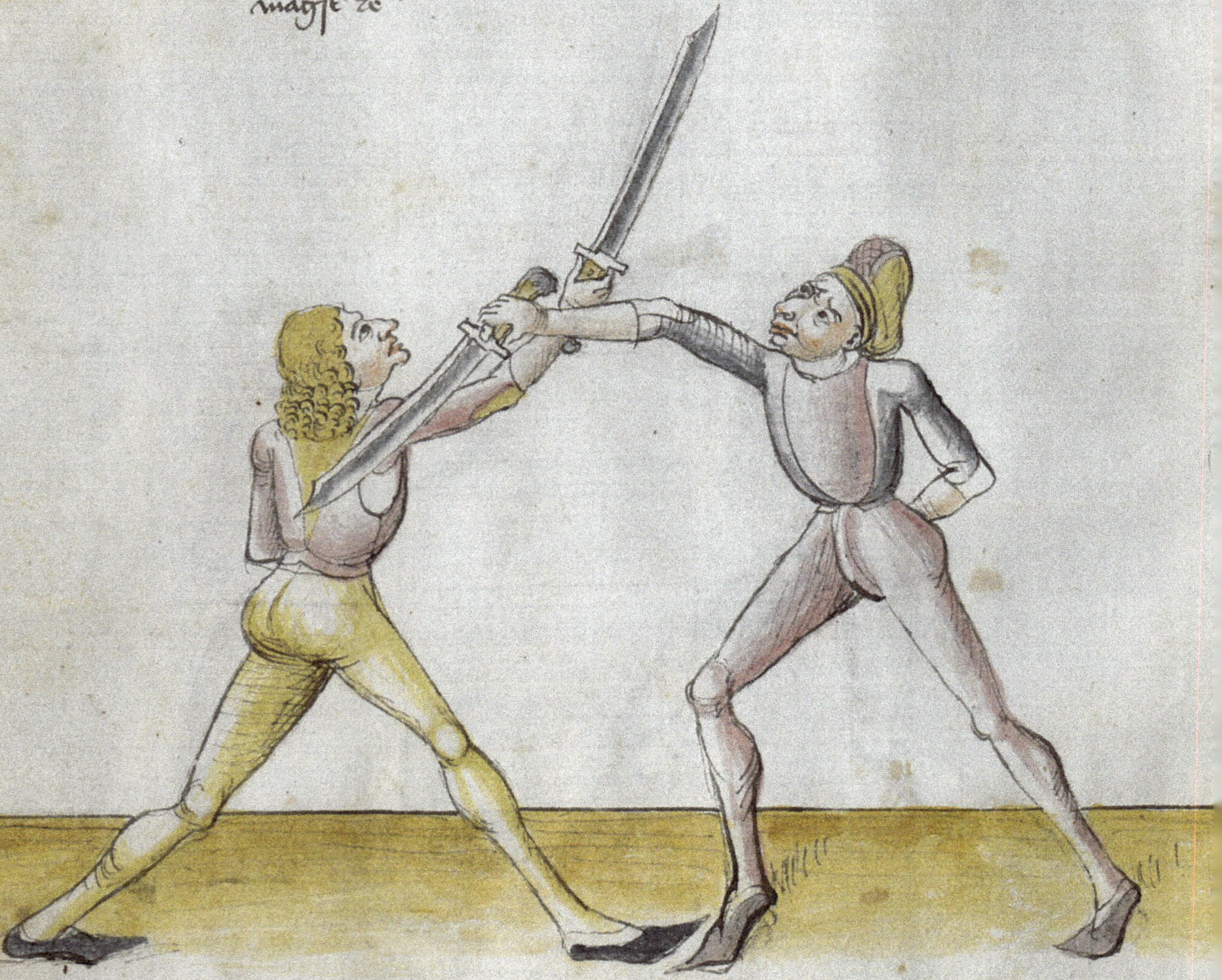

Hastu das vernume
Dy zinne sein gewunne
Wiltu dich rechn
Dy vie zinne kunstlich prechn
Obn duplir
So mydn gantz mutir

Hie sagt der maister ob dir einer kunstlich ein hawett wiltu dich den rechn an im vnd dy zinne kunstlich prechn So treib dy duplieren gegn der sterck des messers vnd das mutiren gegn der swech Ich sag dir furbas das er sich hartt vor schlegn schutzn mag vnd hart zu schlegn kume kan

Item hawstu im vo deine lincken seittn vnd pindest im an sein messer mit der langn schneidn so far pald auff mit dem arm vnd pleib also sten an dem messer vnd schlag im hinter seines messers klingen mit der kurtzn schneidn ꝛc

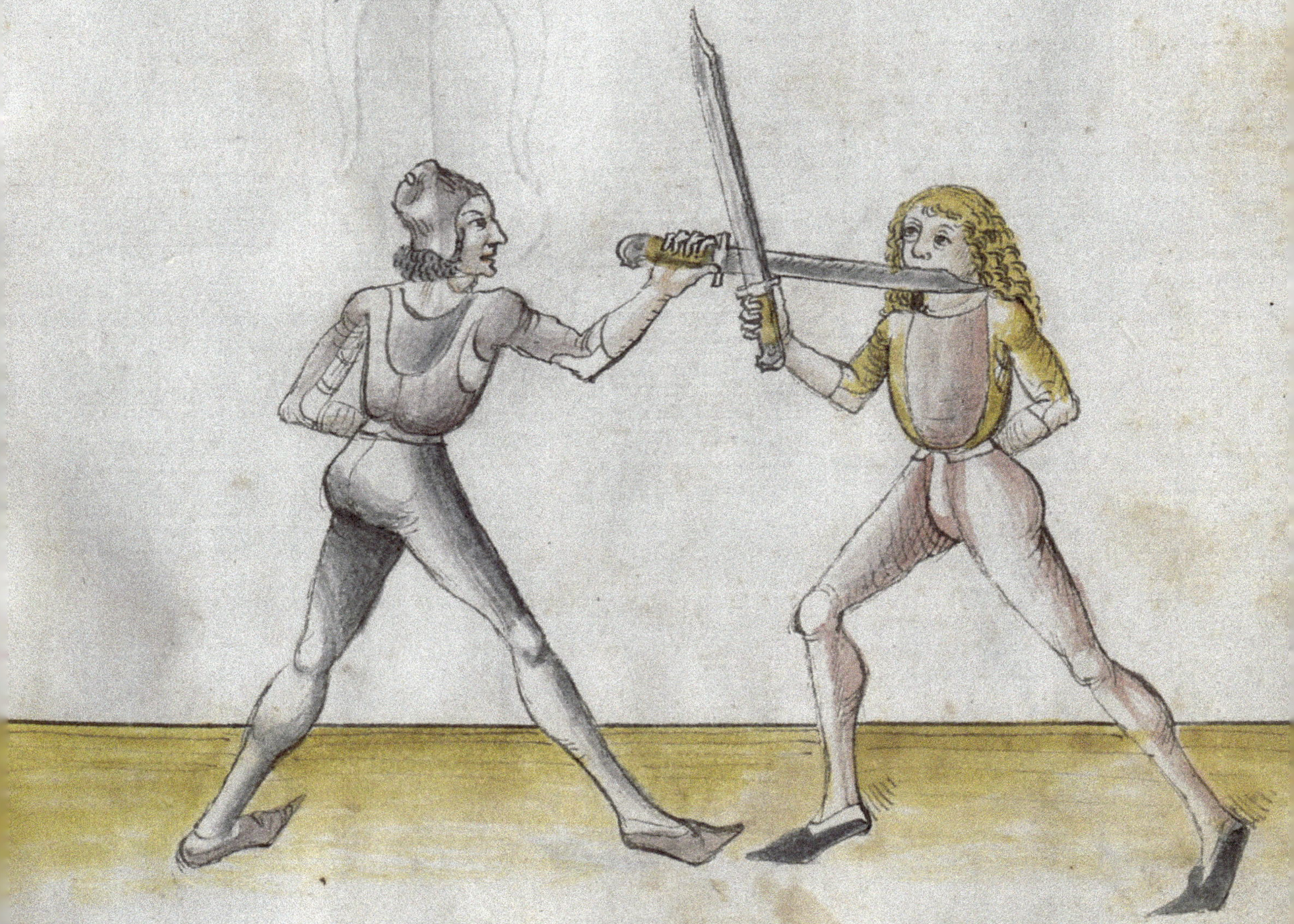

Item das dupliern treib also Wenn er dir oben zu hawett von seiner rechten achsel So haw auch von deiner rechten mit im gleich starck oben zu dem kopff versetz er dann den haw mit sterck So wendt das gehultz vnter dein rechten arm vnd far pald auff mit dem arm vnd schlag in mit der langen schneyden hinder seines messers klingen auff den kopff

Item nu gesagt ist vo den dupliern Nu wortt gesagt von dem mutiern dy soltu treyben als vnden gemalt stat vnd das mutiern treyb also Wenn du im vo dem rechten achsel oben starck ein hawest versetz er vnd ist waich im messer So wendt im auff dein lincke seytten auff sein messer vnd far da mit woll auff mit dem arm vnd heng im den ortt oben vber sein messer vnd far da mit dem arm auff vber sein messer vnd stich im zu der andern zunne zc

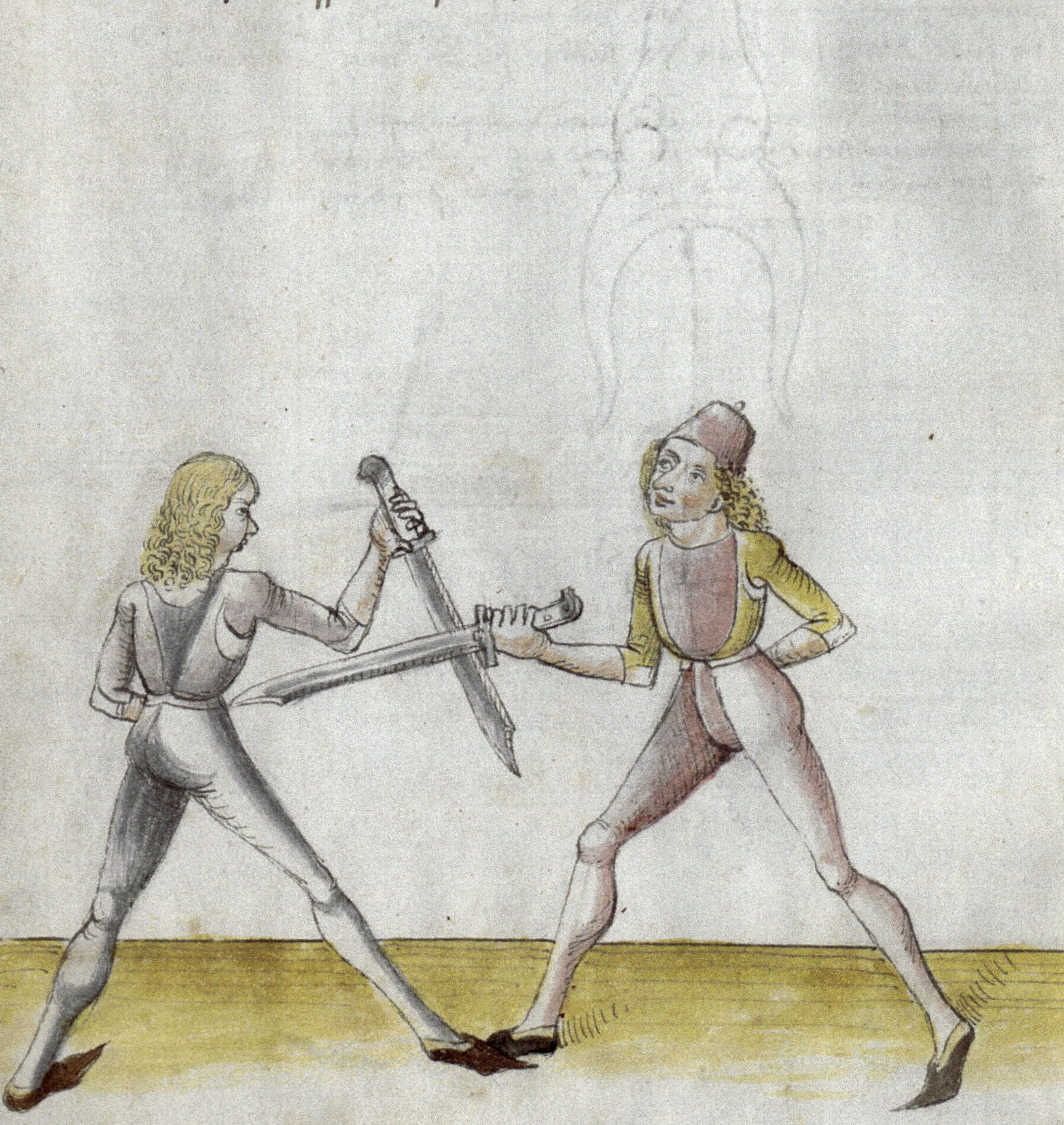

Item trifstu im vo[n] deine[m] lincken seytten mit der langen schneiden
an sein messer gepunden so far auff mit dem arm vnd pleyb mit
der selben schneidn an seine[m] messer vnd wendt im auff sein lincke
seytten vber sein messer vnd stich im zu der andern Zanne seine
lincken seytten also magstu dy zway stuck treybn auss allen hewen nach
dem du empfindest ob er waich oder hertt im messer ist etc

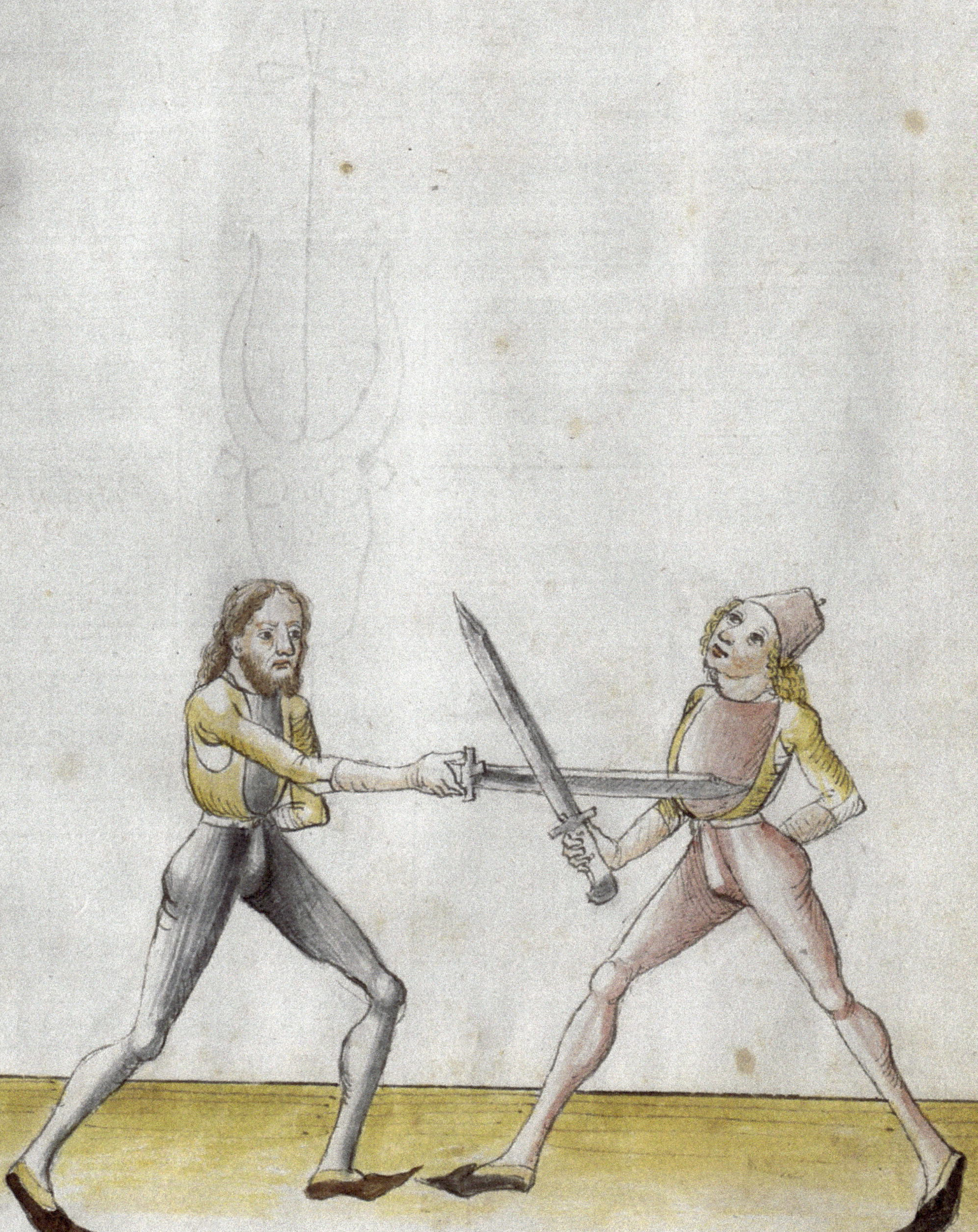

Wil er müteren

Zuck ortt das wirtt dich zieren

Hie lertt der meister ein prauch wider dy muteren und sprich Will er etc.
Das soltu also verstan Will er dy muteren machen Oder will er uber dein
messer wall varen mit dem seine So windt mit deine messer auff
dem lincke seytten In den hangunde ortt vnd stich im schnel zu
seine gesicht etc.

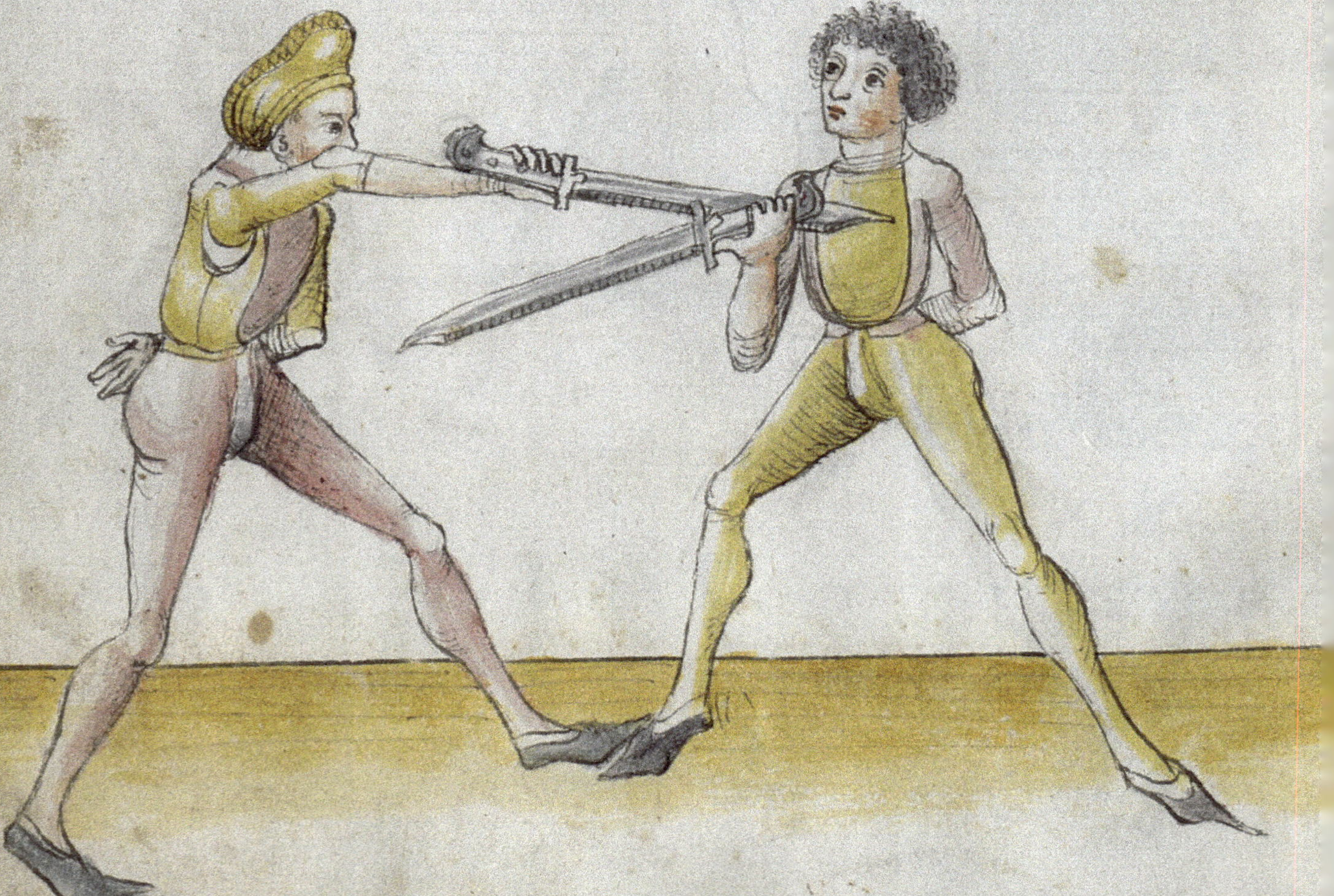

Will er mütiern auff recht machn
Wind ym hangünden ortt solt wachn

Hye lertt der meyster aber wie man die mutiern prauchn soll und spricht Will er etc. Das soltu alzo verstan Will er dy mutiern machn auff dem rechtn seyttn so wind gegn ym schnell den hangunden ortt Das dy recht schneyd ob stee etc.

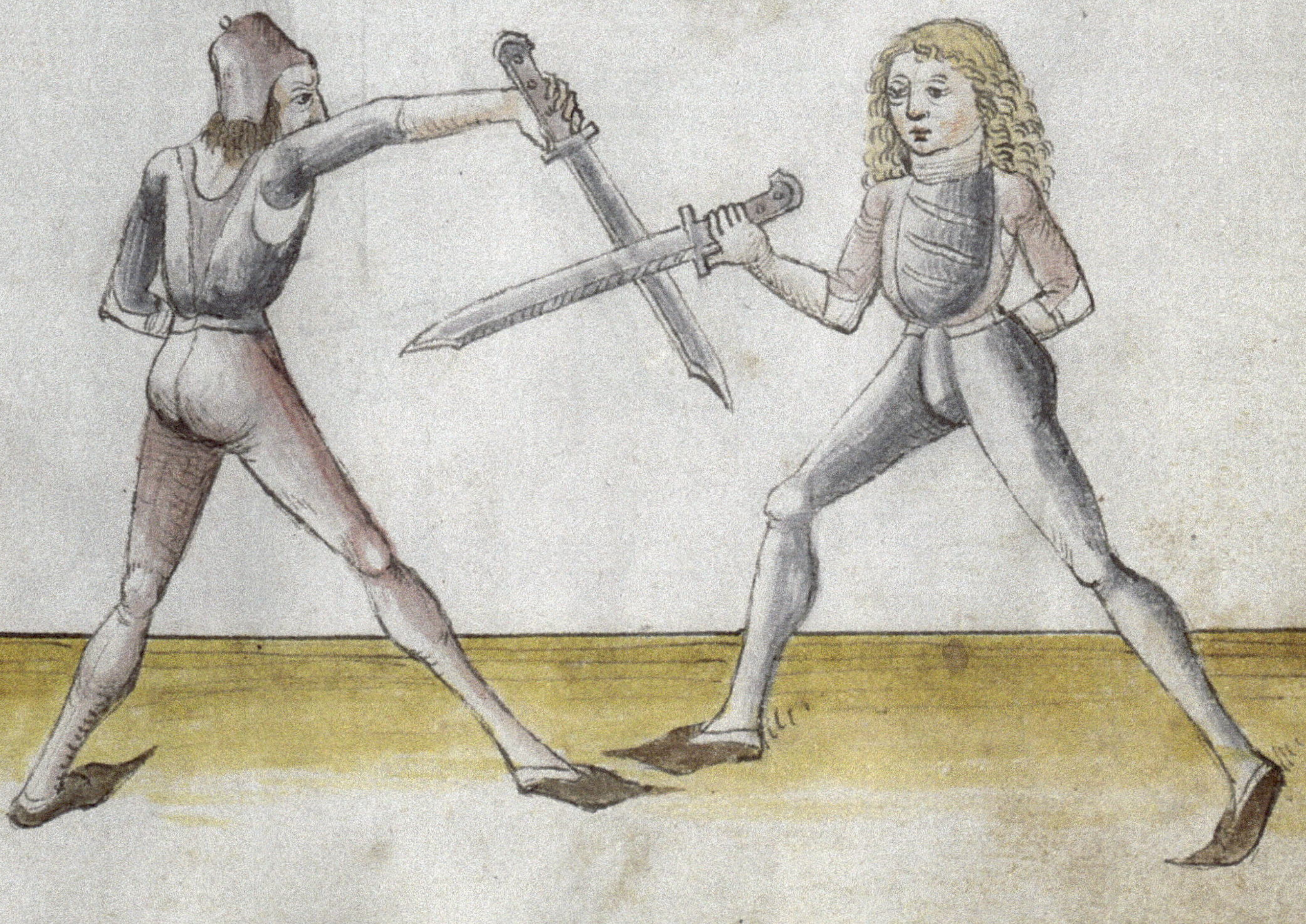

Hangunde ortt auff dy linck seyttn

Windt : wiltu dy mützen ab leyttn

Hye lert der meyster wie man dy mutzen prechen sol auff der lincken seyttn vnd spricht hengunde ortt etc. Das sol dw also versten Macht er dy mutzen auff deine lincken seyttn So wind gegen im de hangunde ortt vnd stich im nach der meystn plöss etc.

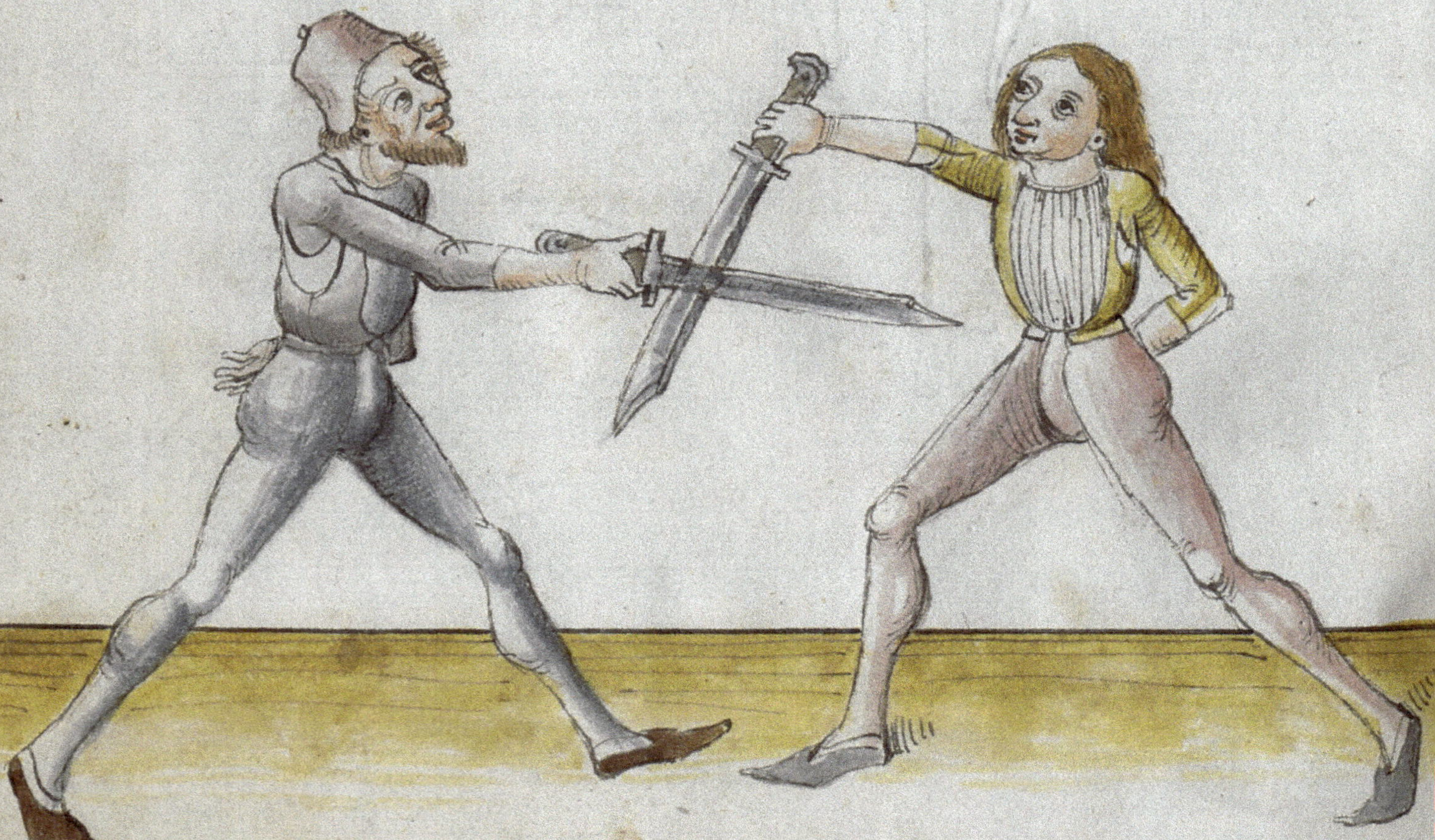

Dy mütten vom hangenden ortt piss ab leyttn
Geradt zu gesicht magstu reyttn

Hie lertt d(er) meyster aber ein prauch wid(er) dy mutten vnd spricht also Dy mutten vom &c Das soltu also versten So du im gewunden hast wid(er) dy mutten vnd ligst in dem hangenden ortt Indes far im zu dem gesicht mit dem langen ortt vnd stich im In das gesicht &c

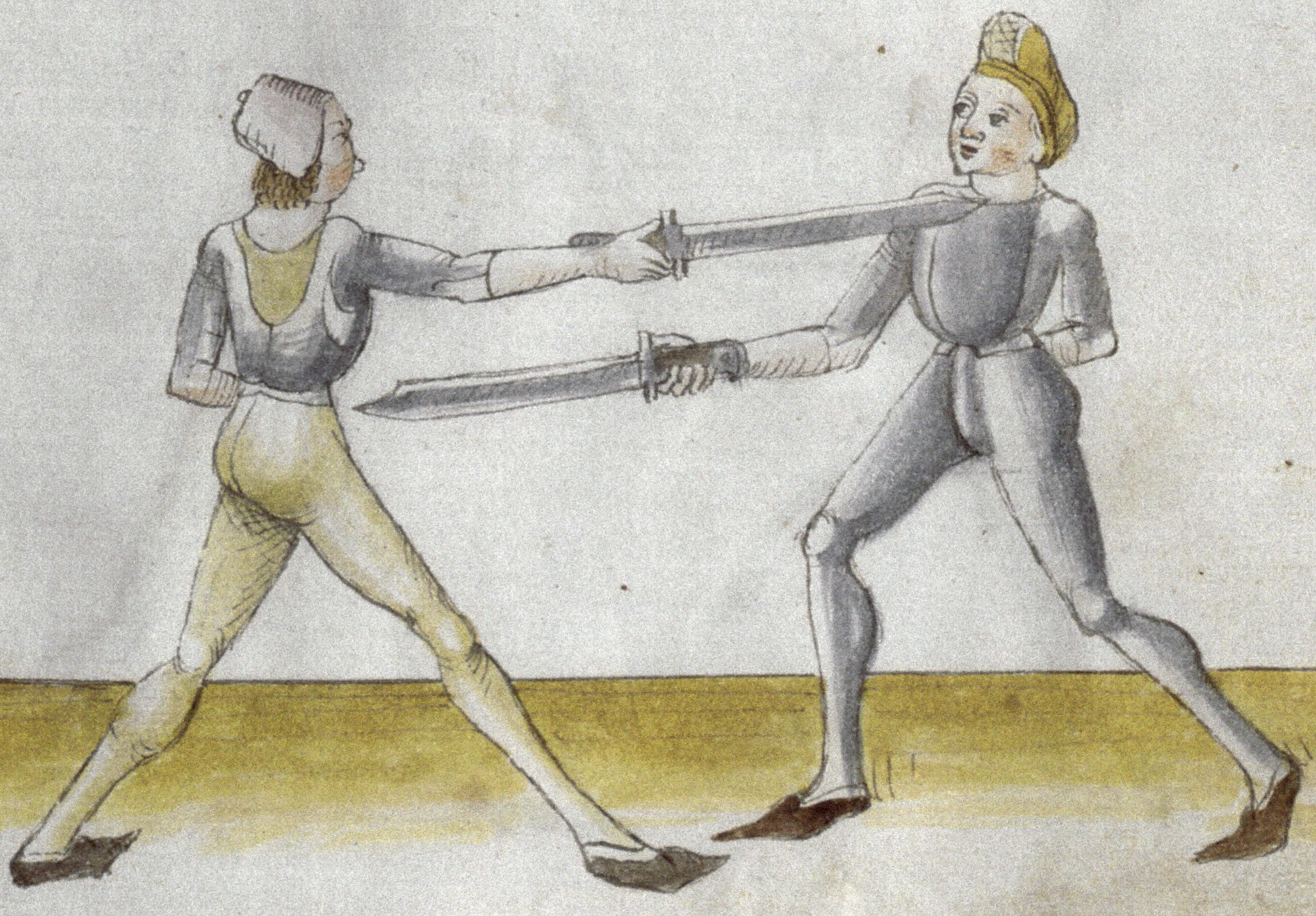

Weck auff behendt
Ortt zu gesicht wendt
Wer mit schritten woll weckett
Vill hew er ser steckett

So nu der meyster das erst capitel auss gelegt hatt vnd erzelt mit seine eygenschafft Nu hebtt er an das ander capitel vnd spricht weck auff behendt etc. Nu merck das der wecker ist der vir besten eyns von die vir lege wann da mitt gewindt man den stein vnd den ober vnd dy vnterhew etc. Itm Den wecker mach also wenn du mit dem zuvechten zu dem man kumbst stat er dem gegen dir vnd helt sein messer vor den kopff In der hutt des stein auff seine lincken seiten so setz dei lincken fuss vor vnd hab dein messer auff deine rechten achsel od in der schranck bey dem rechten pein vnd spring mit dem rechten fuss woll auff dem rechter seiten vnd schlag in mit der rechten schneyden woll auff sein messer Indes wendt im dei ort in das gesicht etc.

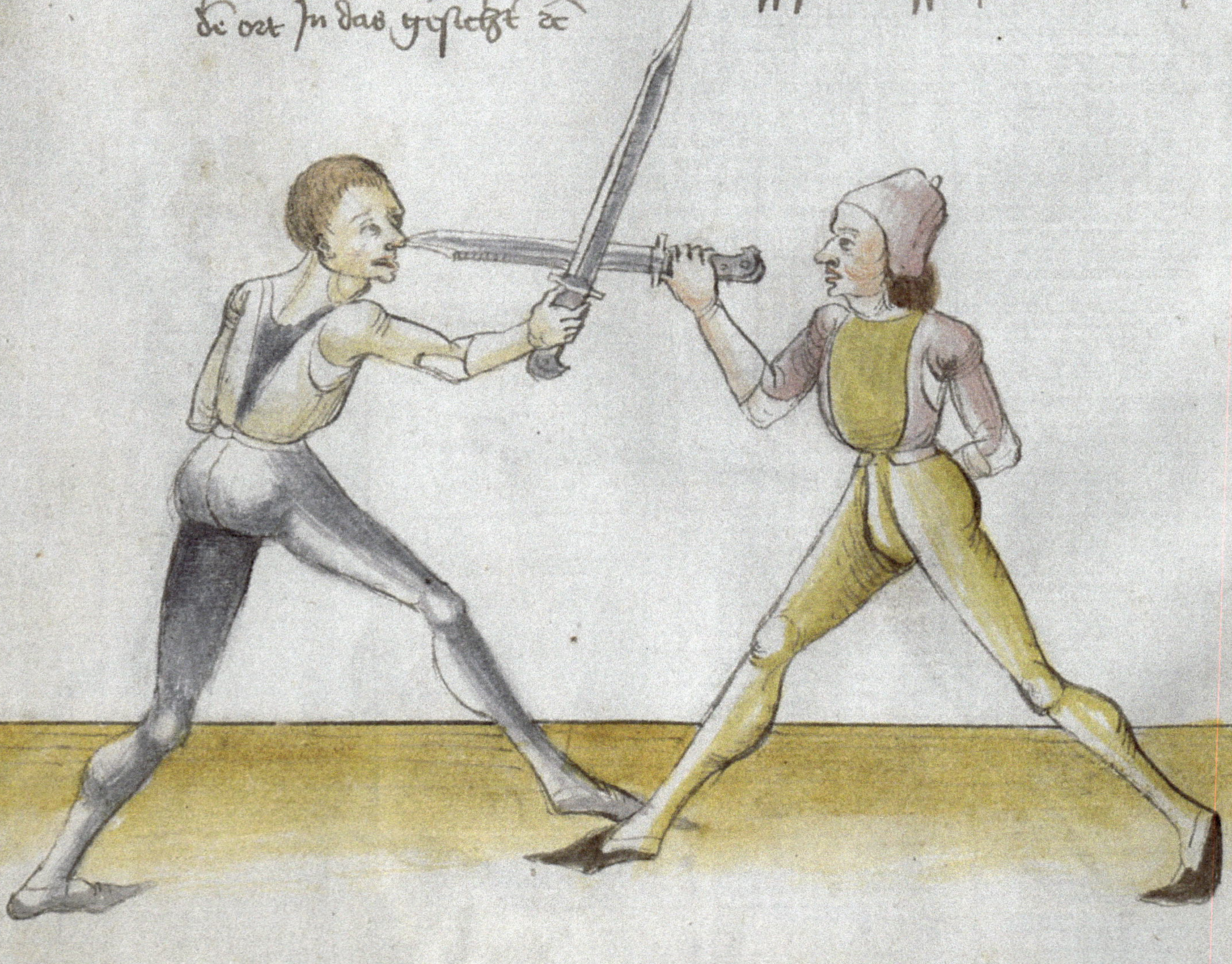

Ort zu gesicht wecker ist wendn
Vberwindt ort ist das endn

Hie hatt der meyster ein prauch vnd den zorn ort vnd sprengt
ort zu gesicht etc Das soltu also wissen macht er dir den
wecker vnd will dir zu dem antlitz stechn auff deiner lincken
seittn indes windt gegen seiner messer auff sein rechte seittn
vnd stich im zu de gesicht seiner rechten seittn etc

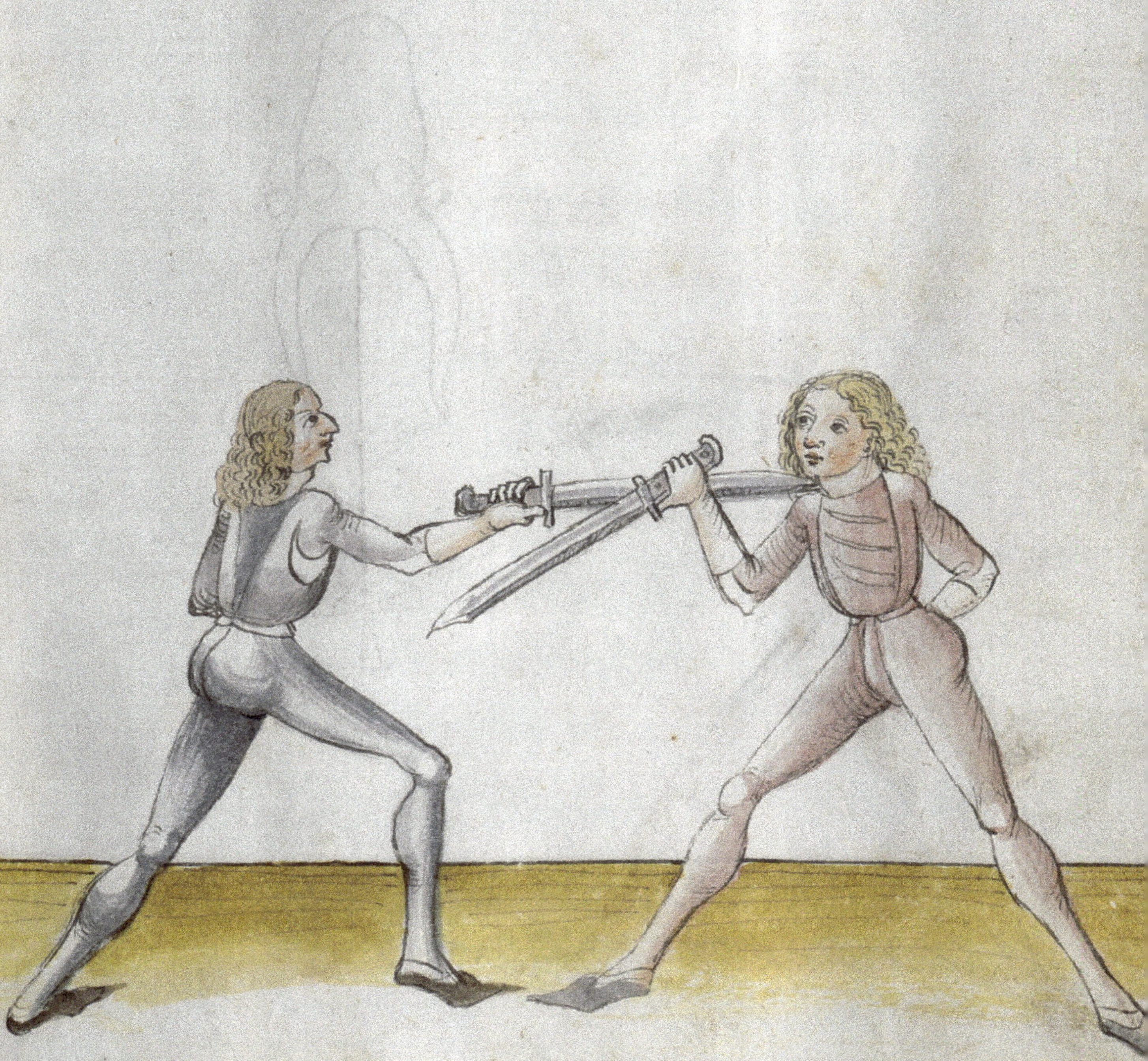

Recht lere wecken
Kurtz schnelt das auff decken

Hie hatt der meister aber ein stuck auff dem wecker und
sprucht recht lere ec. Das soltu also versten Machstu den
wecker vo deim lincken seitten im auff sein rechte seitten sides
so du den wecker gemacht hast schlag in mit der kurtzen
schneyden auff sein kopff wie unden gemalt stett

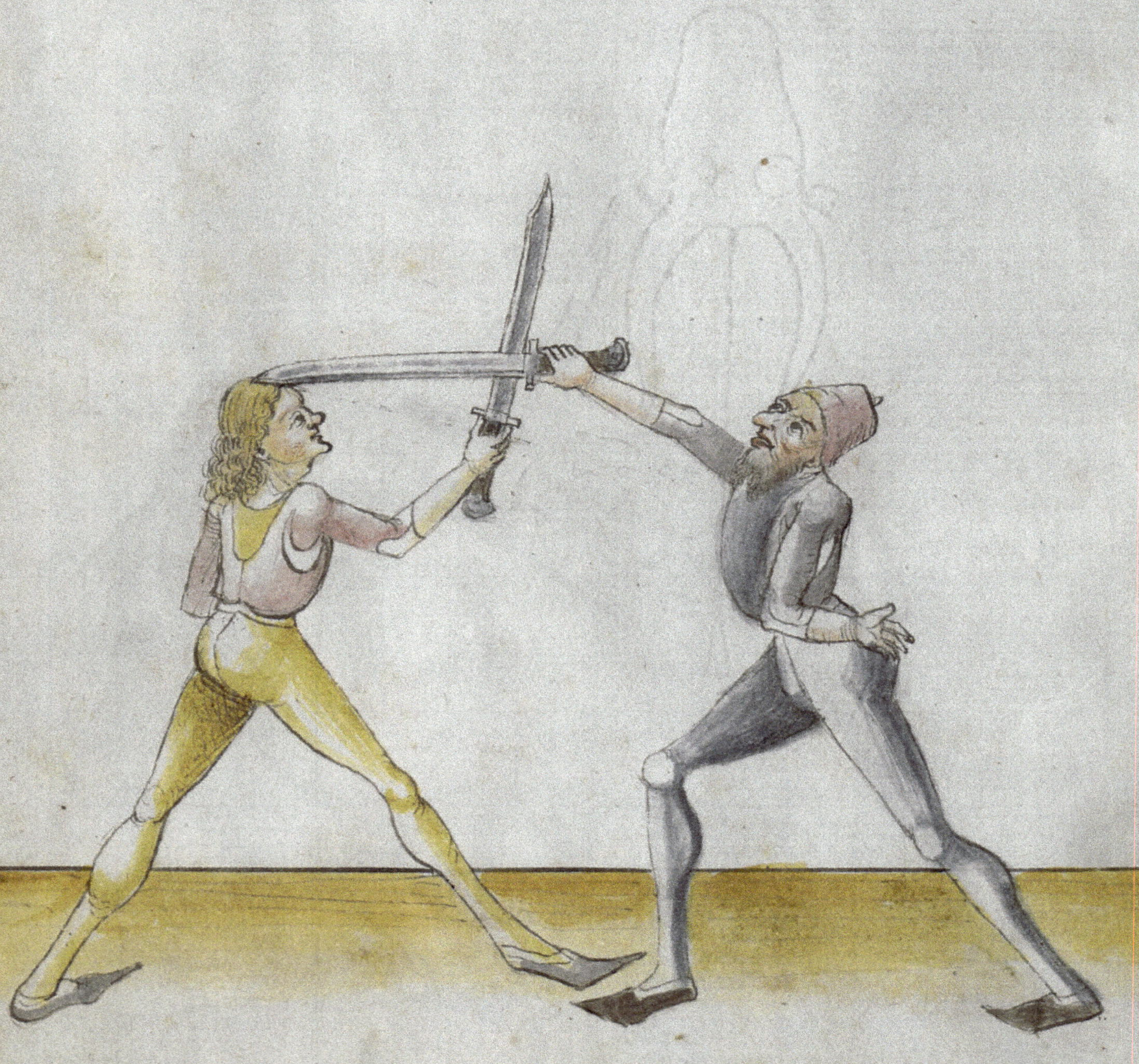

Recht mit ortt werck

Hengk den oder gerad sterck

Hie lertt der meyster wie dw den ortt auss dem wercke prauchen sollt vnd spricht Recht mit ortt &c Vnd das soltu also vorstan wenn du den wercke auff sein rechtn seittn gemacht hast auff von deiner lincken seittn fuders wendt gegen seine messer in den hangunden ortt Das dy lang schneid ob stee vnd stich im zu dem gesicht seiner rechtn seittn &c

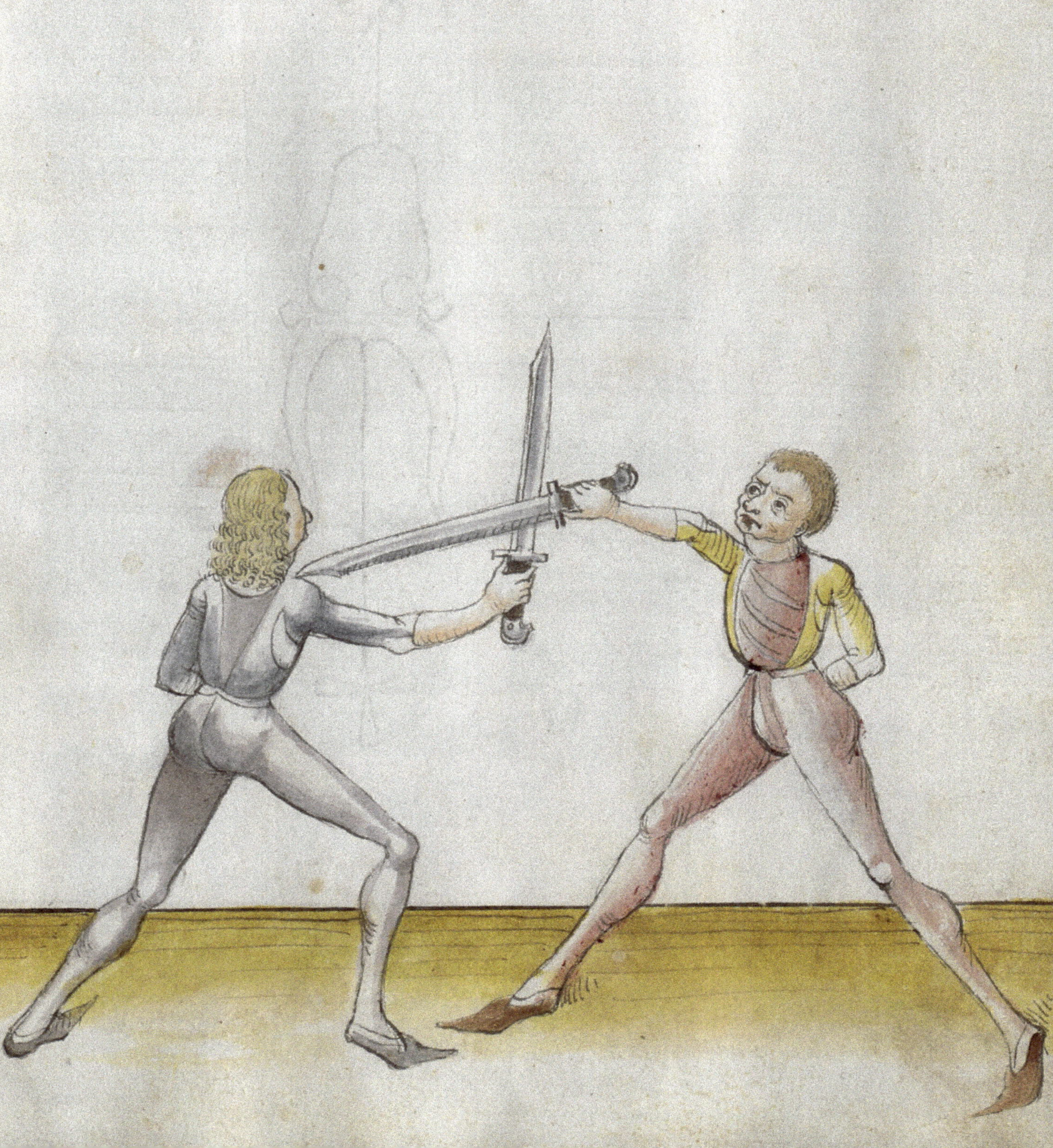

Merck gesicht ortt lest varen
Wider windt huck ortt nit solt sparen

Hie sagt der meyster ein prauch vnd das ergemelt stuck vnd sprucht merck gesicht etc. Das soltu also verstan wartt er mit dem langen ortt in dein gesicht indes lass dein knopff sincken vnter sein arm vnd far auff mit dem langen ortt vnd stich im zu seine gesicht etc.

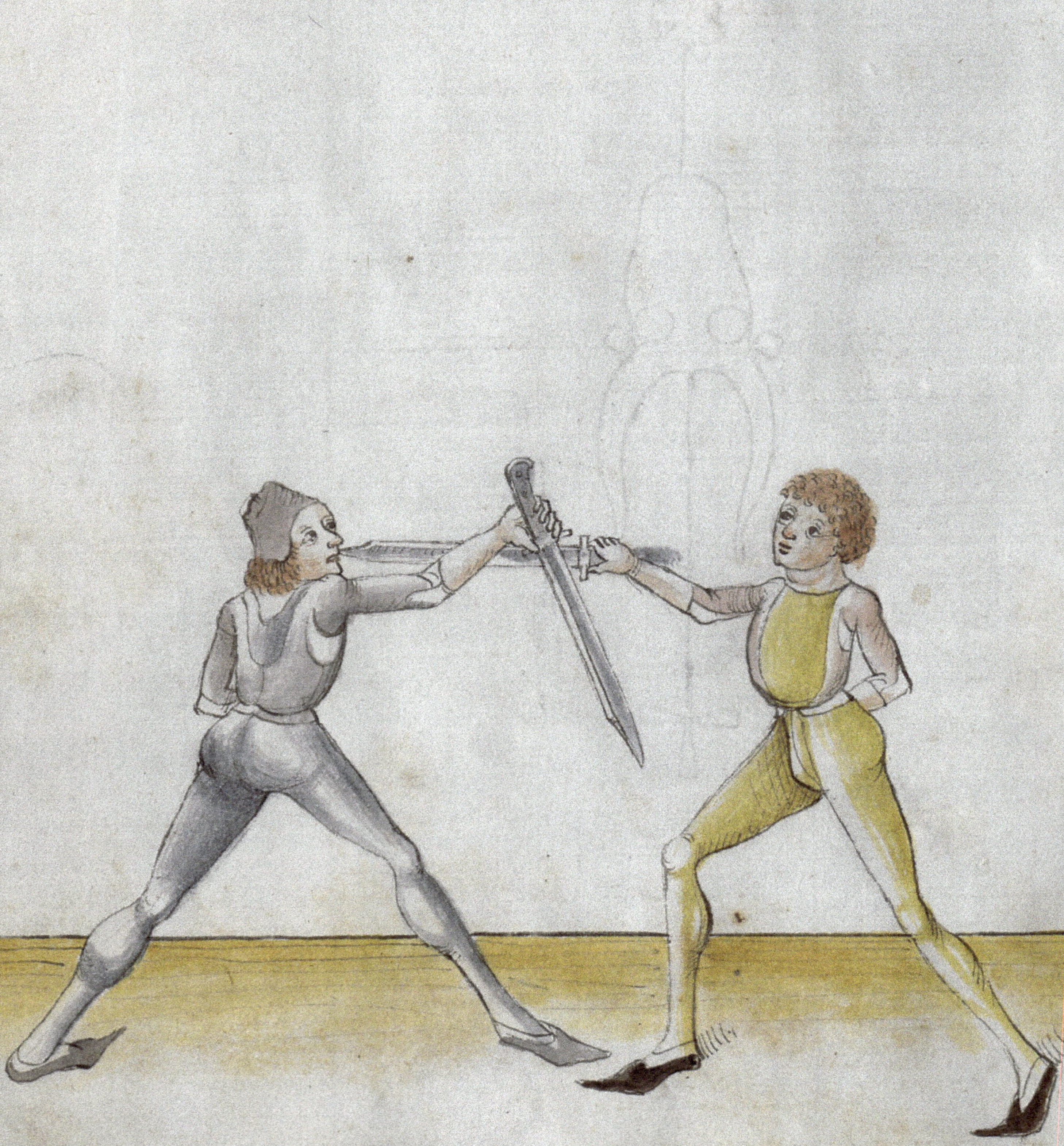

Item wiß das dy schranckhuet ist gutt vnd vill stuck mach
man dar auß treybn Dw scholt dein worte auch dar auß
treybn vo paydn seittn vnd schick dich in dy schranckhutt
also wenn dw mit dem zwfechtn zu dem ma kumbst
so setz deine rechtn fuß vor vnd halt dein swert mit dem
ortt auff der erdn auff deiner lincken seittn das dy kurtz
schneid gegn dem ma ste vnd gib dich also ploß mit der
rechtn seittn hawt er dir dan obn zu der ploß ein So
spring auß dem haw mit deinem lincken fuß woll auff sein
rechte seittn vnd wind das gehultz deines swertes vnder
dein arm vnd schlag in mit der langn schneydn auff
sein swert vnd wendt im dy kurtz schneyd auff sein haubt
vnd arbeit fürbas als du woll waist etc

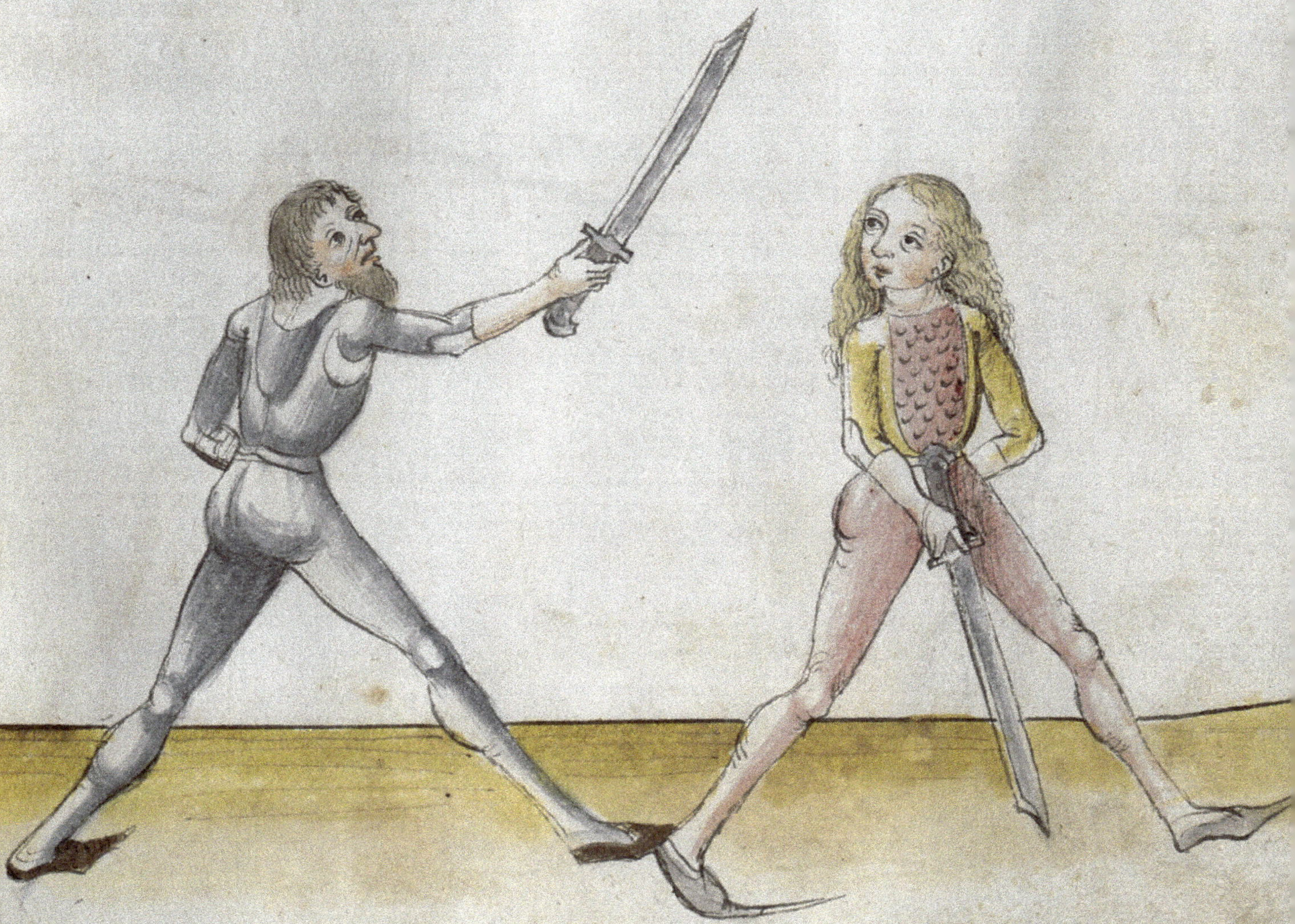

Jtem also schick dich in dy schranckhut deine rechten seitten
Wenn du mit dem zuvechten zu dem man kumbst So setz
deine lincken fuss fur vnd halt dein messer mit dem
ortt auff deiner rechten seitten das der ortt auff der erden ster
vnd dy kurtz schneid gegen dem man stee vnd gib dich mit
lincken der ~~rechten~~ seitten ploß vnd schreyt mit deine rechten fuss
woll auß dem ban auff dem rechte seitten vnd schlag in
mit der kurtzen schneiden auff sein messer nohendt bey der
handt vnd wendt im dy lang od kurtz schneyd auff
sein haubt od stich im zu dem gesicht als vor Auch
magstu den wechsel treybn auff den stir wie vnden
gemalt ist etc.

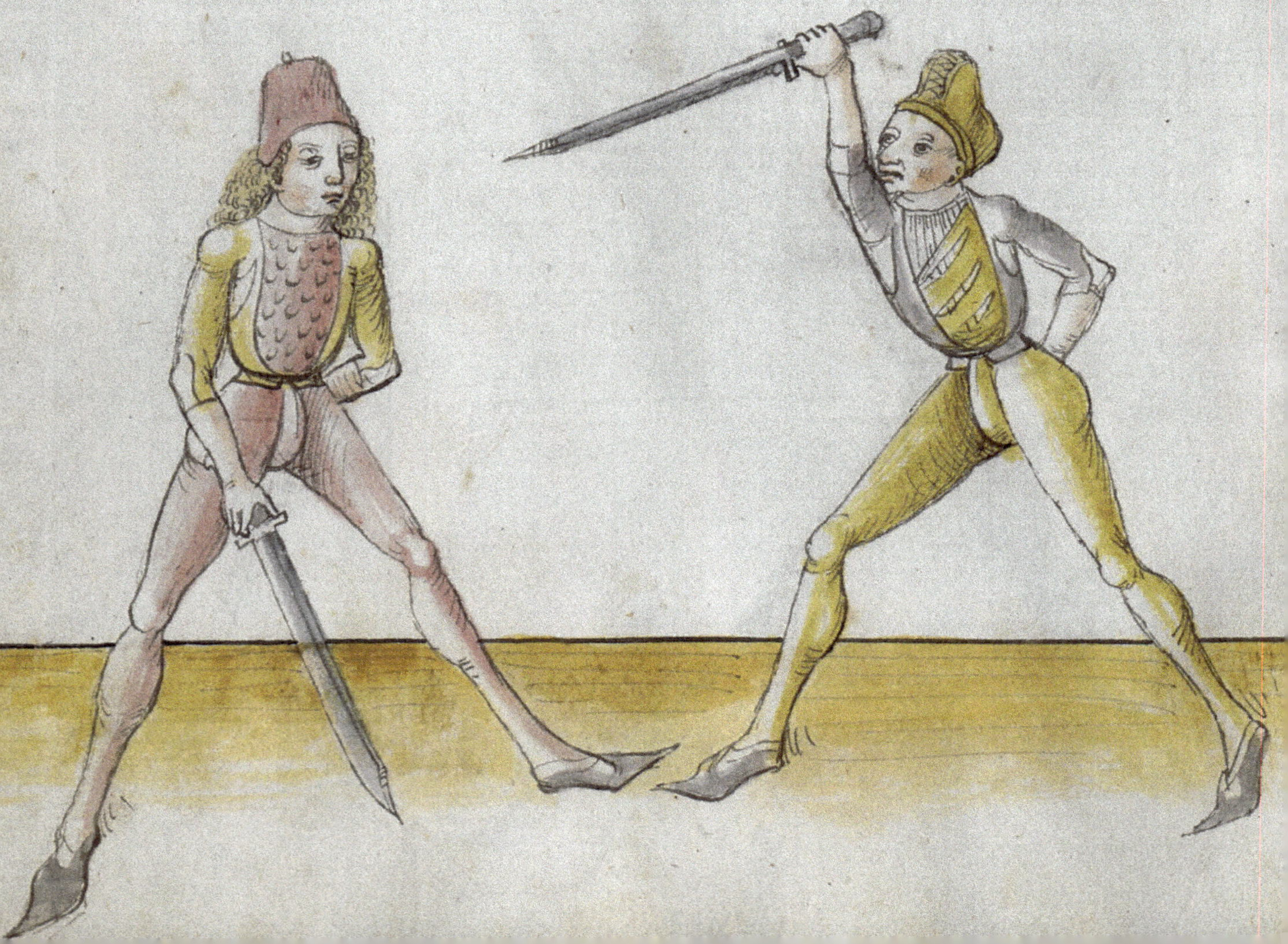

Wechsel linck nicht kurcz haw

Den wechsel recht paw

Hie setzt der meyst' ein stuck wid dy hutt auß dem lugenstandt vnd wid den sturcz vnd treib das alszo wenn du mit dē zuvechtn zu dem man gest stet er denn in diß abgemeltn huttn od' legern vnd du stest inder schrancksut so thu im gleich als du im den wecht' wollest hawen zu seine linckn seittn vnd verspreng den haw nicht sunder wechsel indes durch auff dy andere seyttn sinne vnd stich im zu dem gesicht auff sein rechte seittn od' in dem wechsel schlag im dy kurcz schneid vber sein messe auff seine rechtn seittn vnd senck den ort wol vber sein messe auff seine linckn seittn vnd haw im dy recht schneid durch sein kopff amen

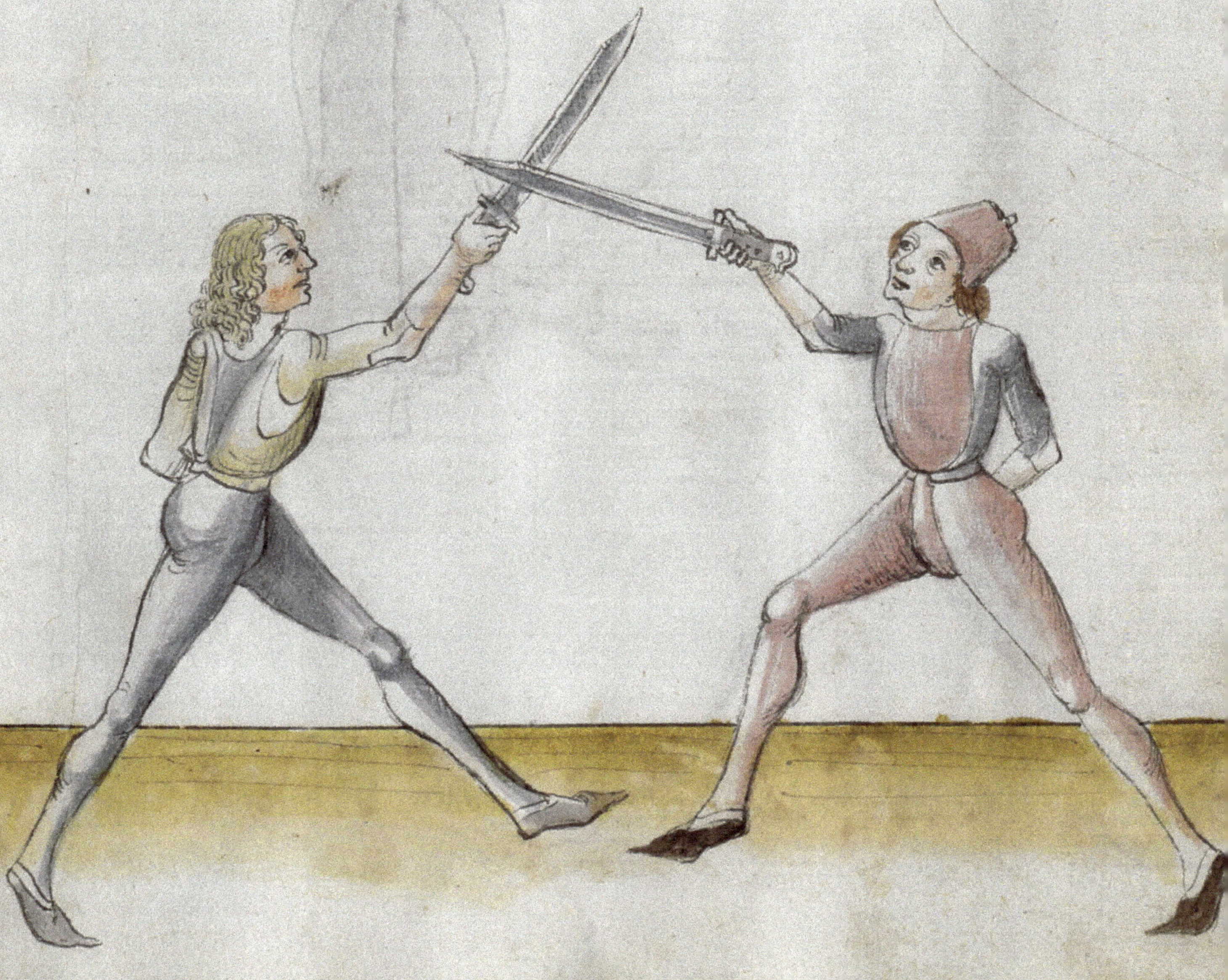

Durchwechsel linck ist er wechseln

Pleib gerad ist er streichen

ie lert der meister ein stuck wie du das durchwechseln im wecker und spricht durchwechsel linck etc Das soltu also versten wenn er durchwechseln will im wecker vo seiner rechten seitten auff dem rechte und thut sam er woll hawen zu dem lincken seitten inder wechselt er durch und sticht dir zu dem gesicht deiner rechten seitten So pleib also sten mit der messer und stich im mit dem langen geraden ort gestracket zu dem gesicht und den hindersten fuss setz weidt hin auss auff das das du deste weitt raichen mugst etc

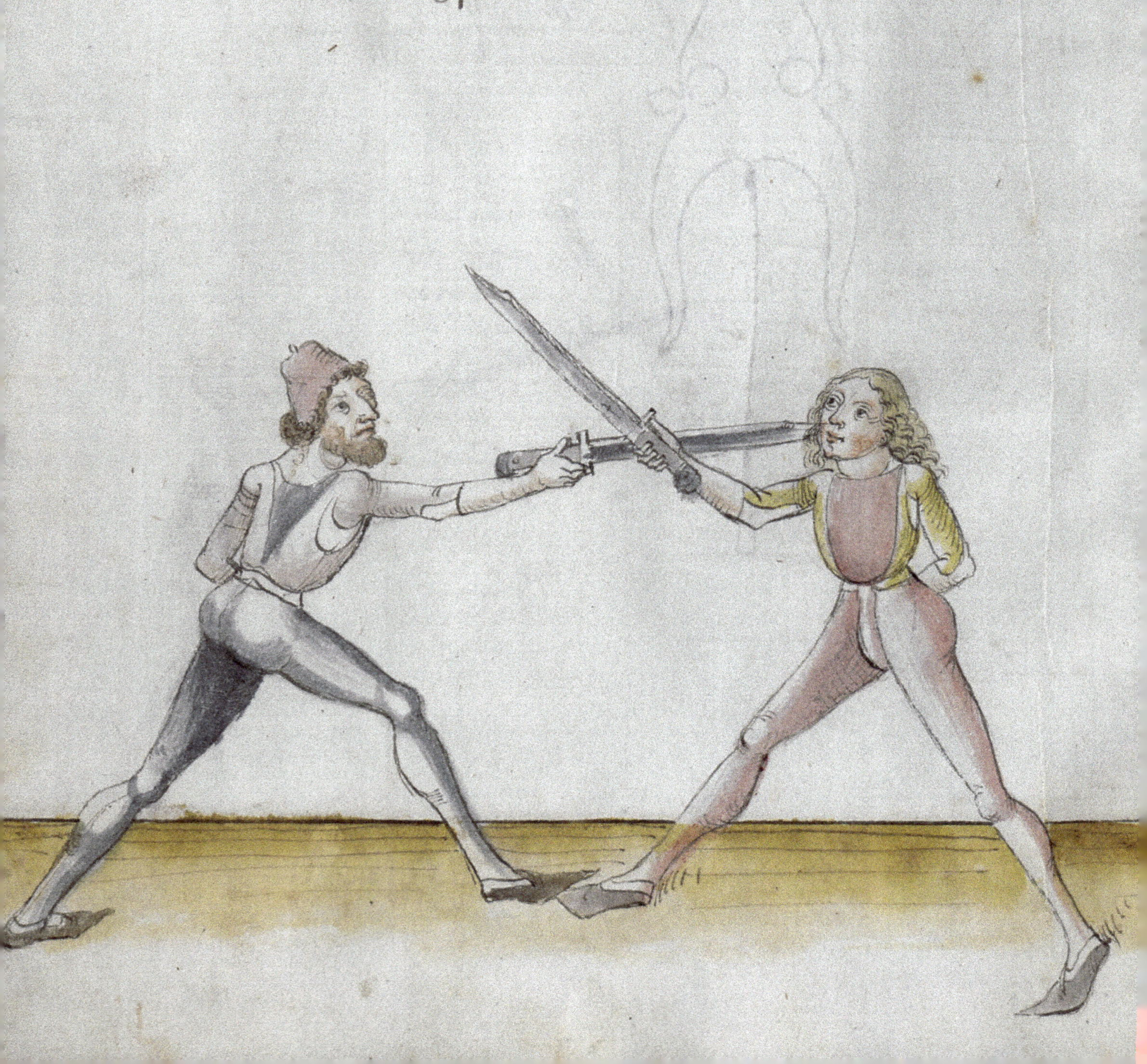

Den wecker linck haw
Durch wechsel da mit schaw

Hie sagt der meister aber ein gut stuck So einer stet jn der hut lugins landt oder jn dem Stier od(er) so er auff dich schlecht auff dem lugins landt So lig in der schranckhut auff deim lincken seitten Vnd haw jm dy stumpff schneid auff sein messer Jndes far hoch auff mit dem arm vnd wechsel jm durch vnd stich jm zu dem gesicht oder prust auff seiner lincken seitten

Item wiltu jn pass versuchen so lass jndes dein messer mit dem ortt auff dem lincken seitten vnd haw jm wid(er) ein auff sein rechte seitten mit der scharpffen oder kurtzen schneid etc

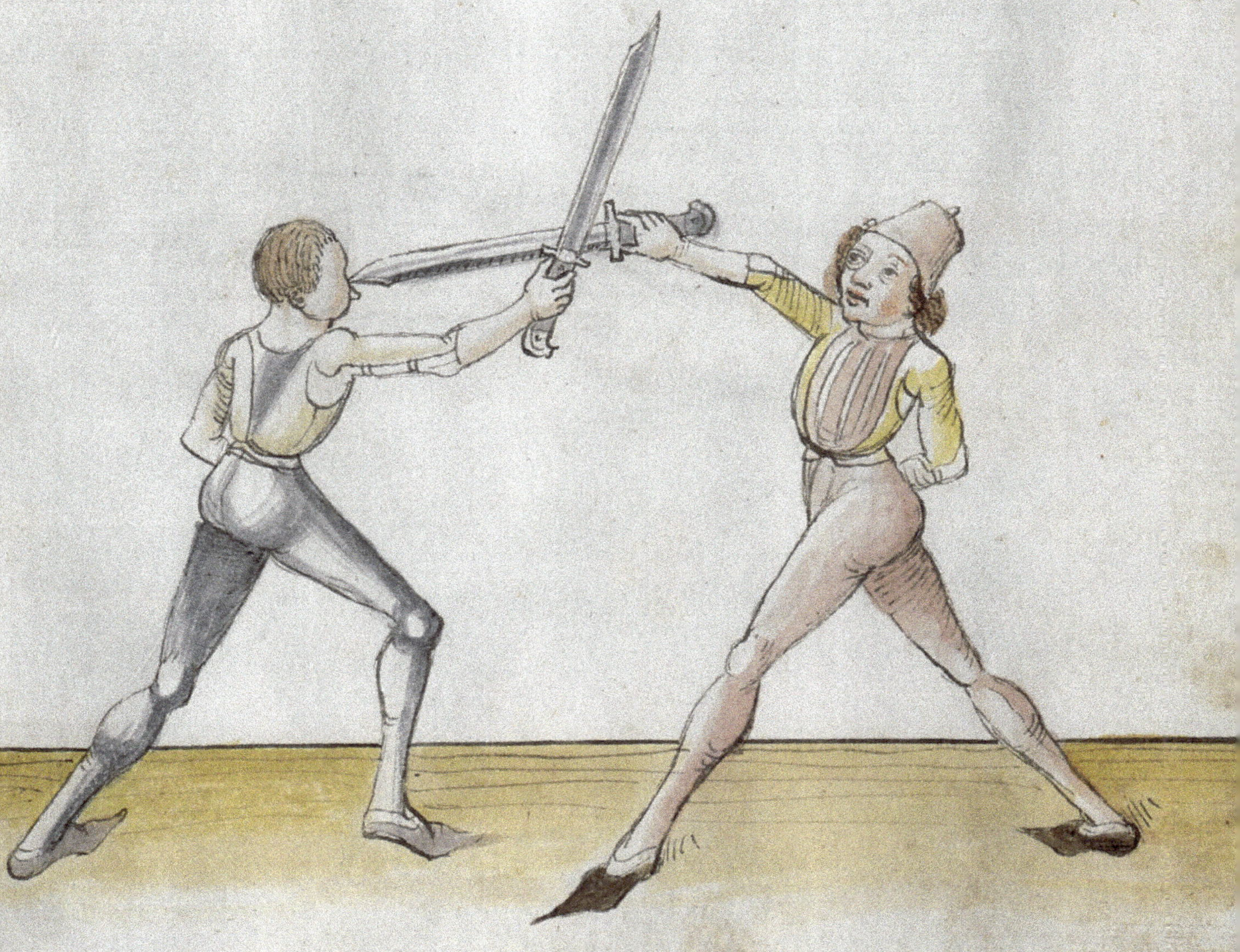

Merkt linck ortt will er hawn
Senck ortt geradt stoß dy keln

Hie lertt der maister ein prauch vnd das durchwechslen auff dem messer. So er dein messer machen will vo seiner lincken seitten auff dein rechte seitten vnd spricht merkt linck etc. Das soltu also versten hawt er vo seiner lincken seitten den messer auff dein rechte seitten vnd will sudes durchwechslen auff dein lincke seitten so peleib geradt mit deine messer auff seiner lincken seitten vnd stich Jm mit geradem ortt oder messer zu der keln oder antlitz wie vnden gemalt stett etc

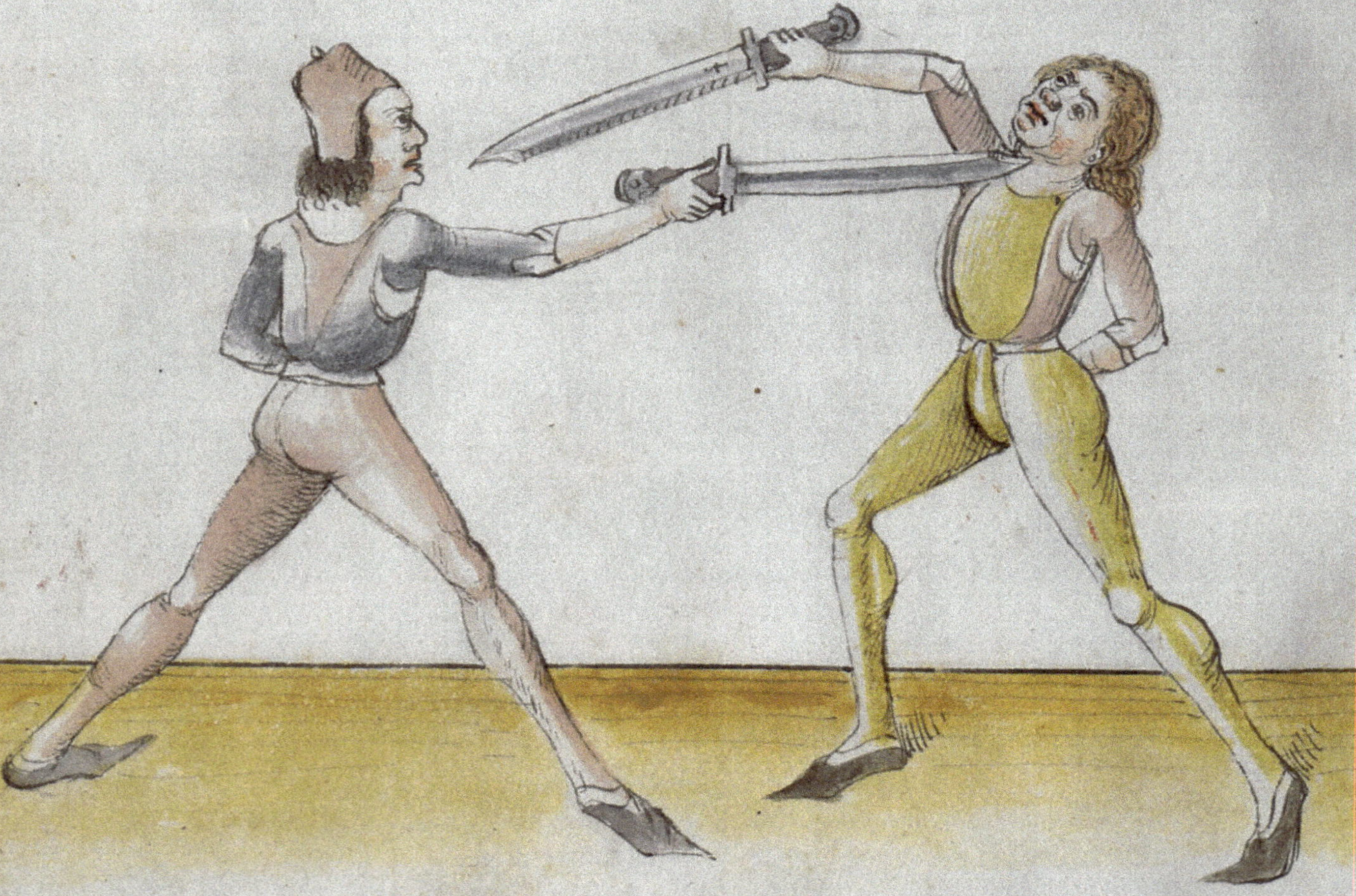

Merck dy flechn
Den meystern wiltu sy swechn
So es pucht obn
So stand ab das will ich lobn

Hie sagt der meyster aber ein gutt stuck das soltu alzo wissen wenn du mit dem zufechten zu dem man kumbst So leg dein swert in dy schranckhut oder halt das auff deiner rechten achsel haut er dir dann obn zu der plöß So haw auch starck gegen seinem haw mit der rechten schneiden und als pald dy swert zusamen klitzn So wendt indes den ort zu dem gesicht und stich in zu der obern synne oder mach das stuck das ist auch dy maynung des text als pald dy swerter zusamen klitzn So haw indes mit der lincken schneiden zu dem kopff seiner lincken seitten indes haw wider behentlich von einer synne zu der andern als du wayst etc.

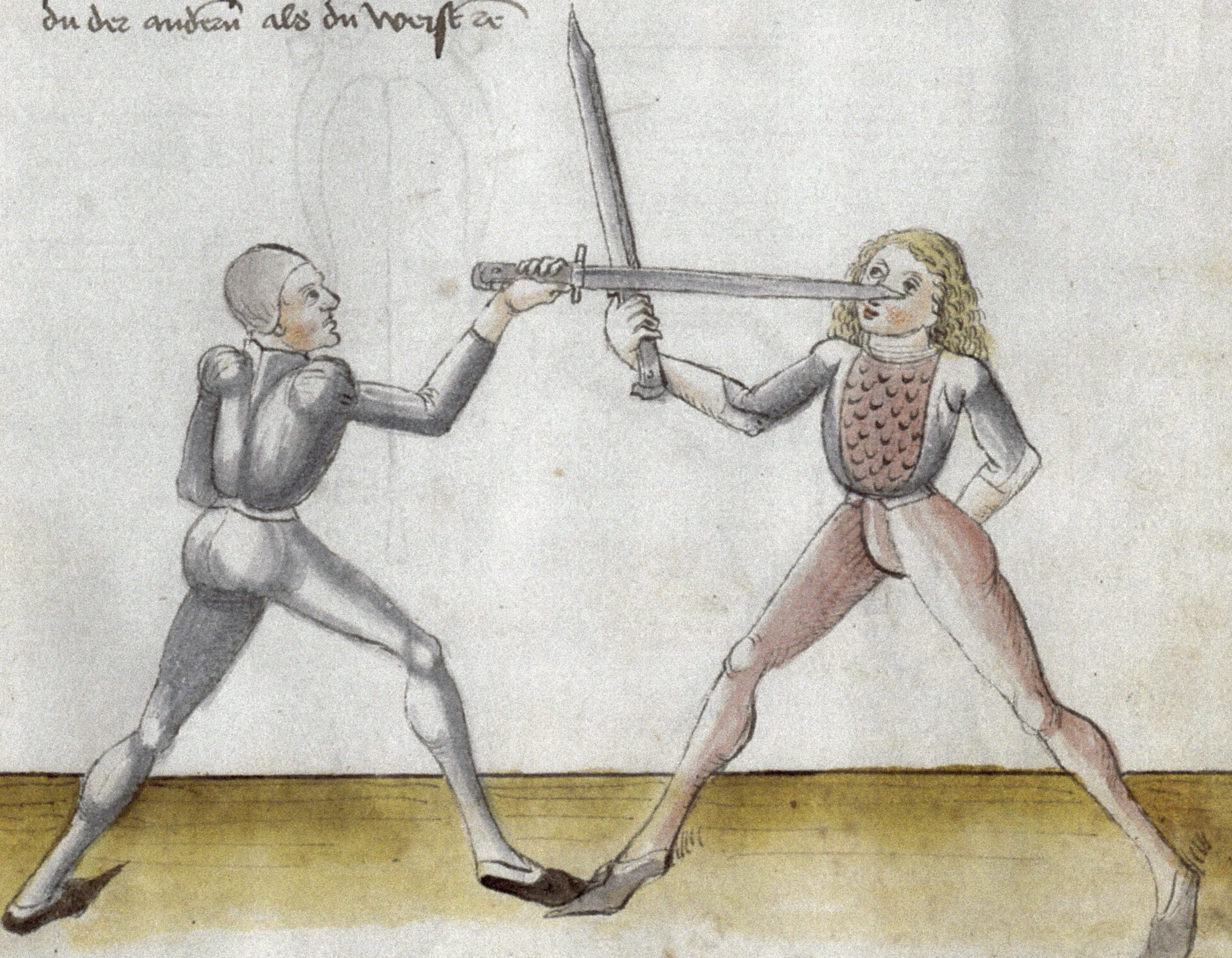

Der wecket vmb sust
Henget ortt er trifft dy prust

Hie sagt der meister ein gemein prauch wider den wecker vnd
spricht Der wecket etc. Das soltu also verstan Macht einer
auff dich den wecker so merck dar auff Wenn ein messer an
das ander klitzen will Inder wendt dein messer gegen deiner
lincken seitten vnd heng Jm den ortt auff sein prust vnd sch-
cub Jn woll wo dir etc.

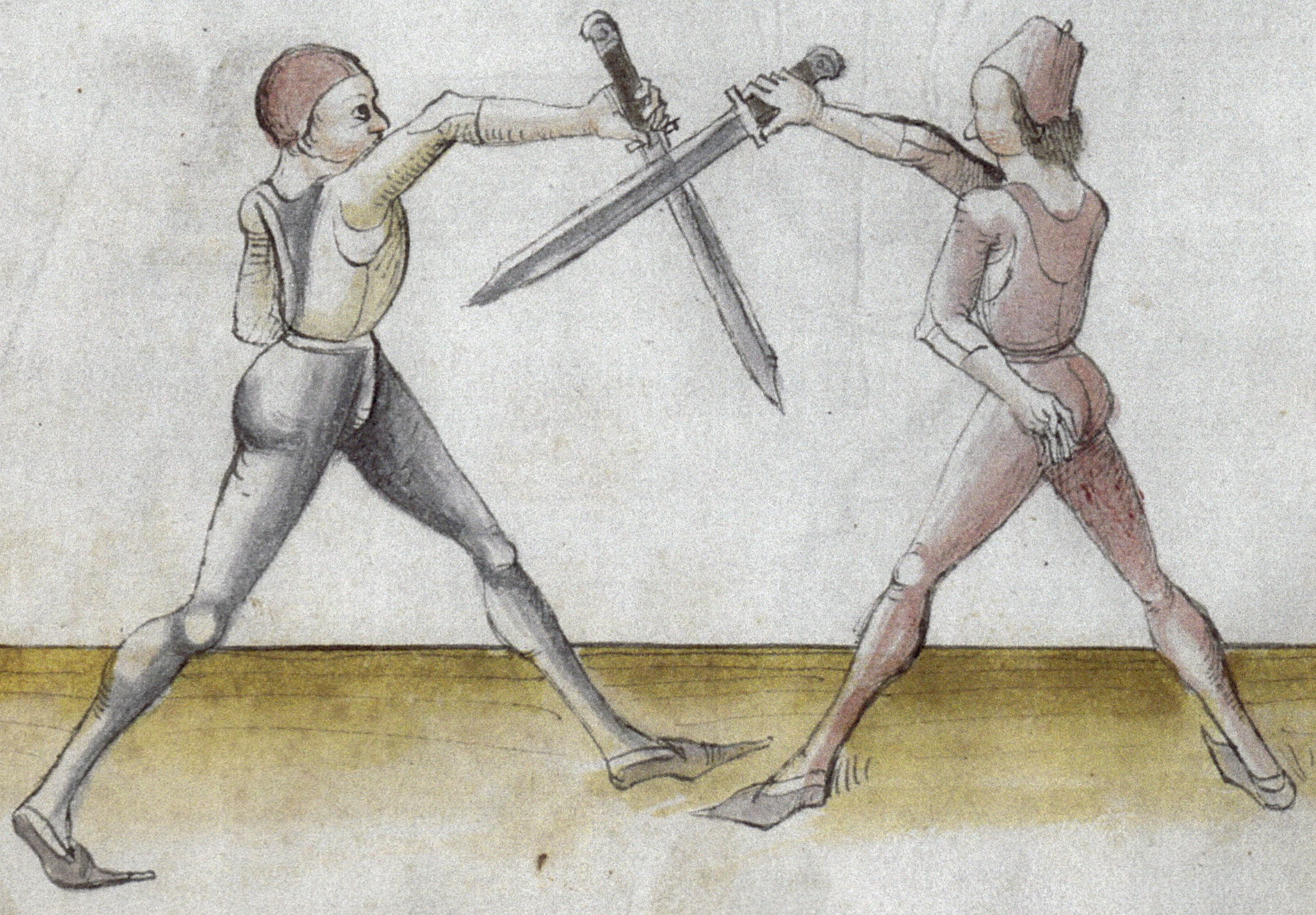

Mit wecker will er placken
Lanck kopff soltu hacken

Hie hatt der meister ein andern prauch von den wecker vnd
spricht mit wecker etc Das soltu also versten ist er den wecker
auff dich machen so merck dar auff So er gegen deinem messer ist
hawen sedig be zuck dem messer gegen dir vnd streck den arm
gegen deiner lincken seitten vnd haw im vber sein messer geradt
auff sein kopff wie vnden gemalt stet etc

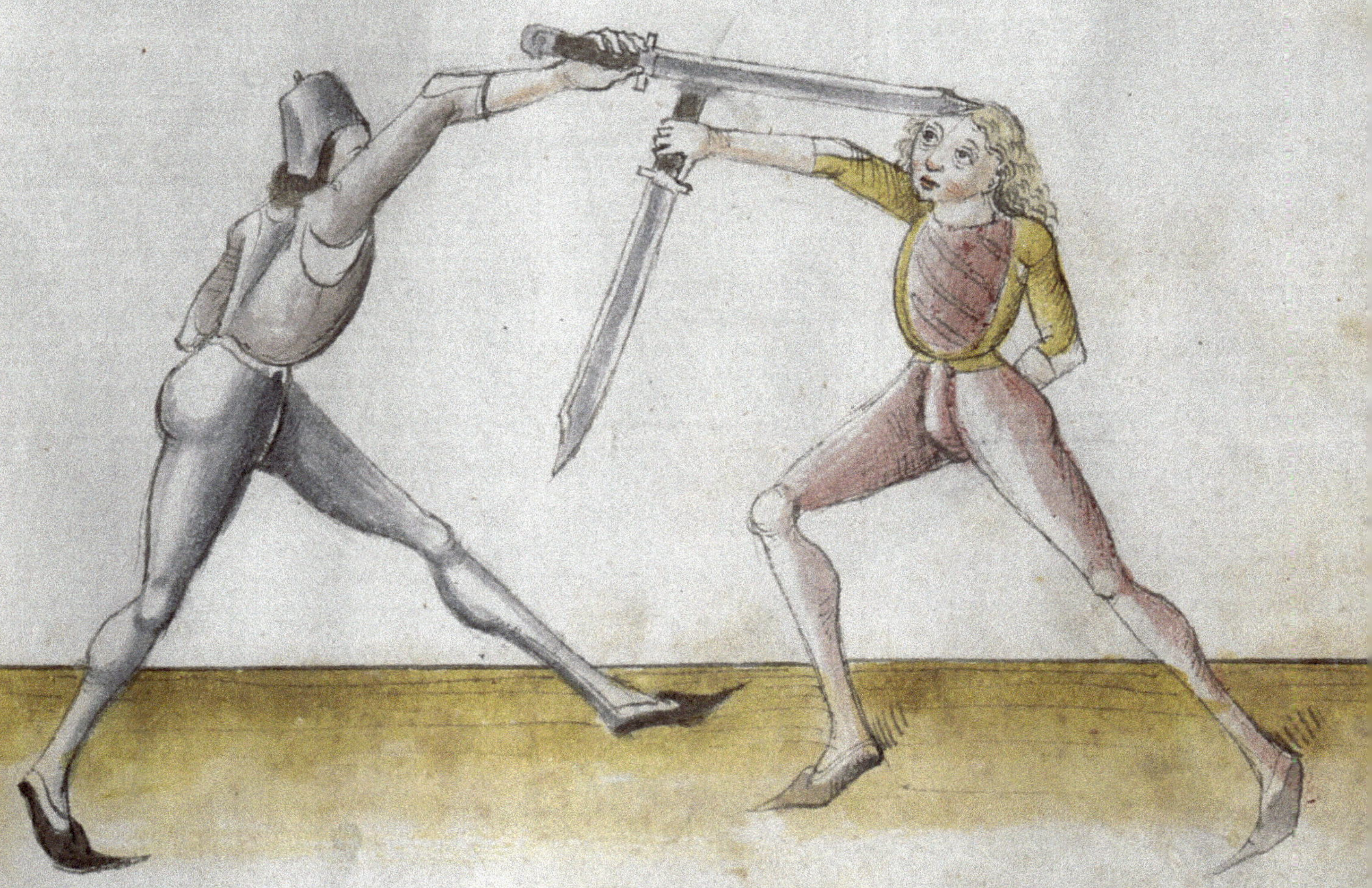

Will er den wecker prauchen
Zuck durchge auff recht solt in gauchen
Hie hatt der meister aber ein prauch wider den wecker und spricht
Will er den wecker etc Das soltu also versten So er macht
den wecker auff dich Wie vor Inders gee durch auff sein rechte
seitten uber sein messer und stich im zu dem kopff oder gesicht
wie unden gemalt stet etc

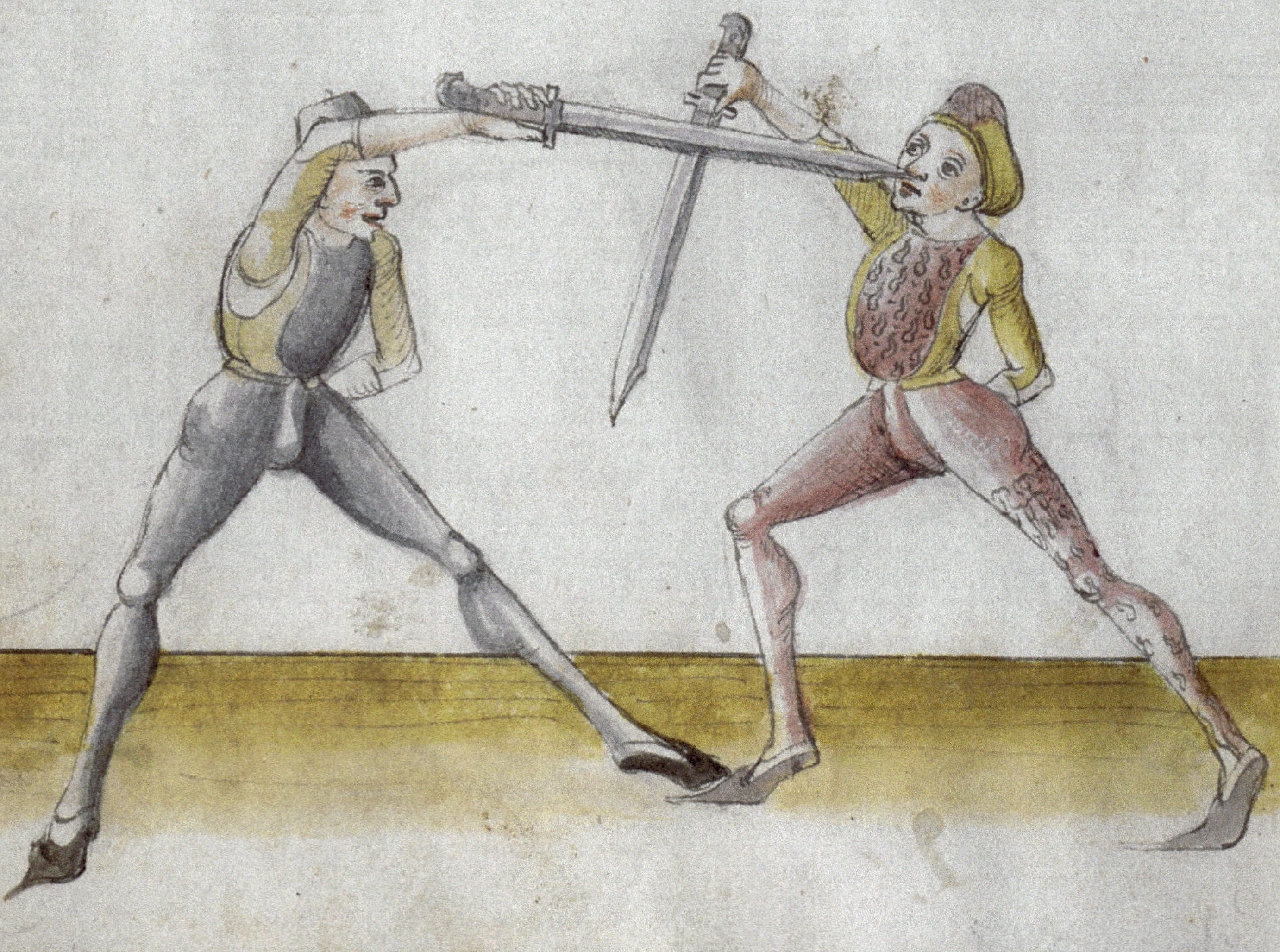

Den wecker ist er hawen

Entrüst zuck ortes soltu dich fräwen

Hie lert der meister aber ein pruch wider den wecker vnd
spricht Den wecker ist etc. Das soltu also verstan hawt
er dir sein rechten seitten den wecker auff dein lincke seitten
Indes wind dein messer auff dein lincke seitten vnd far mit
der hangunden ortt auff vnd schlag im mit der entrusthaw
zu seinem kopff oder setz im den ortt an als du woll
waist etc.

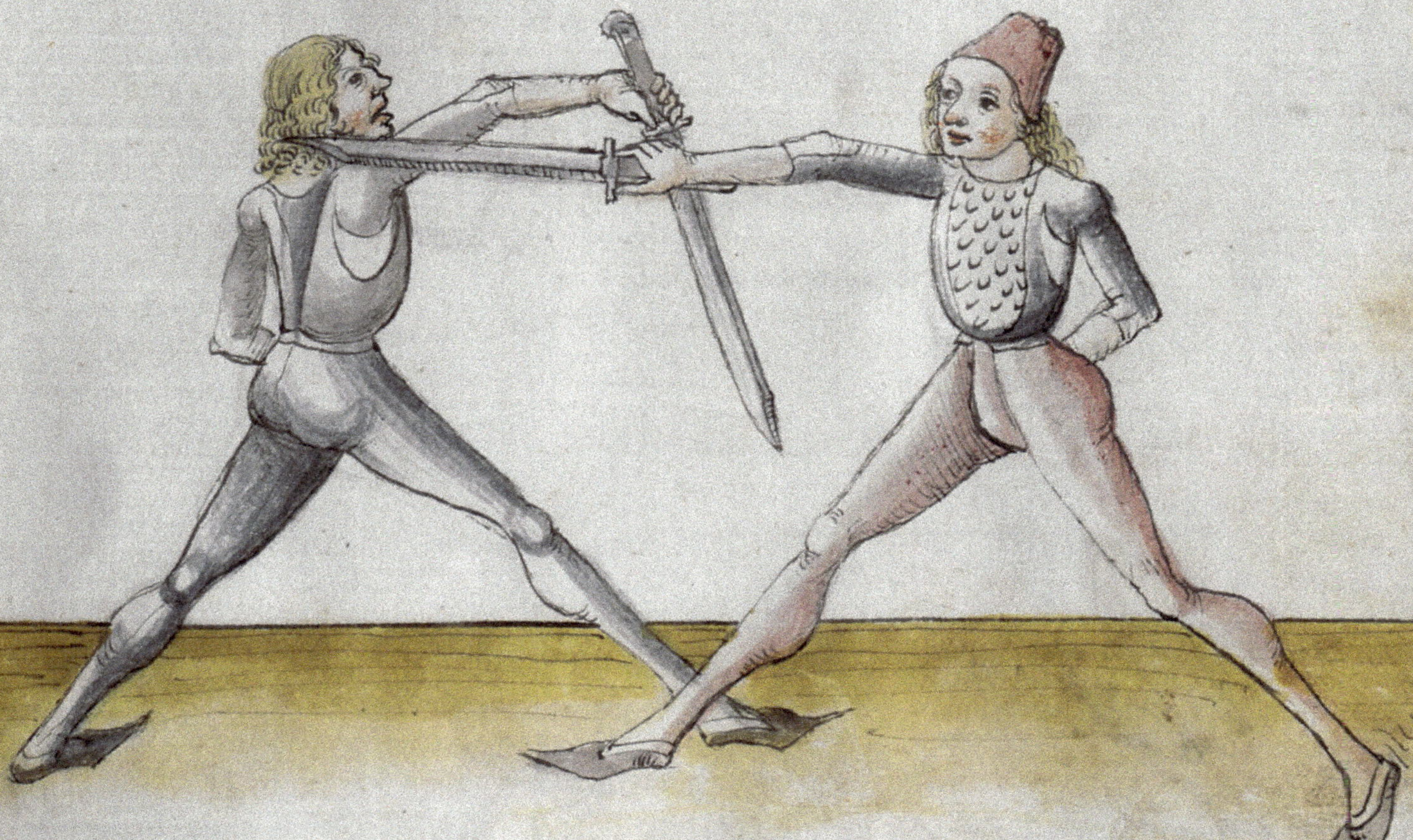

Merk dy flech grob mit tobn
Stand ab : oder pleib obn

Hie sagt der meister ein guttes stuck wider dy die nicht vechten kunnen oder wider dy pawrenstraich Und mach das also hawt eine auff dich mit eim grossen pawrenschlag und will dich ernstlich durch den kopff hawen So halt dein messer in der schrankhutt oder pey der rechten achsel oder neben dem kinne das dy spitz seines messers gegen deinem antlitz ste und wie du dem in eyner stand stest so magstu das stuck prauchen und thue im also hawt er auff dich so haw auch gleich mit im ein zwischen messer und mach mit der langen schneiden Und als pald dy messer zu samen klitzen So fare inders gegen deiner lincken seitten umb den kopff auff dein rechten seitten mitt deinem messer und haw im zu dem hals Will du im nit zu dem hals oder kopff hawen so schlag in auff den lincken arm oder in den pauch seine lincken seitten grob und pewrisch das er sein wol enpfindt etc

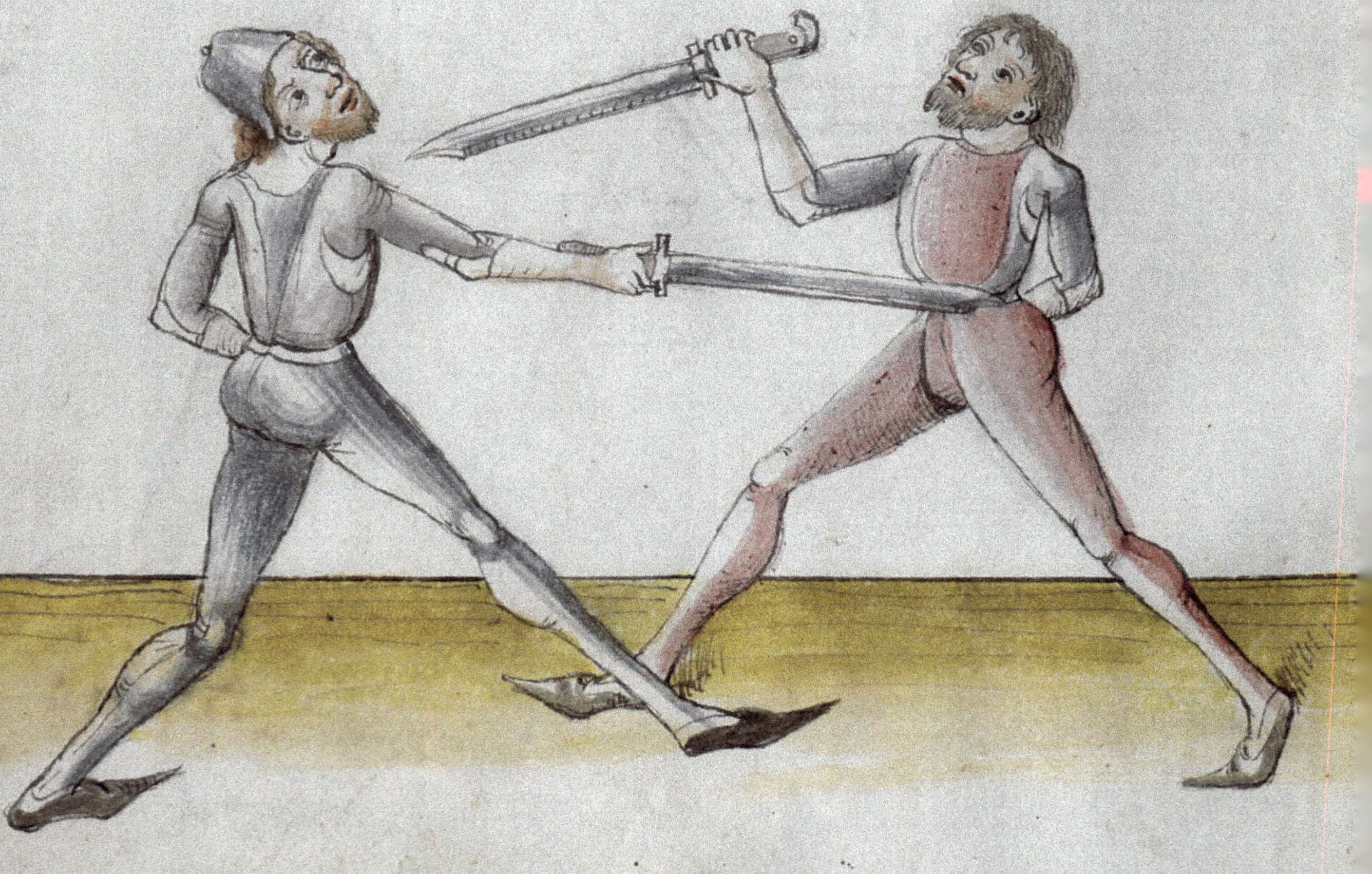

Mitt pogn ler abetzn
Waß grob ist letzn

Hie lertt der meister ein prauch wid das er gemelt stuck
vnd spricht mit pogn ꝛc Das soltu also versten So er vmb
sein haubt will hawen dich an deinen halß schlagn will
so spring auff vnd sein messer vnd versetz mit dem pogn
ob du wildt indes wendt oder sein messer auff seine rechten
seitten vnd trit indes hinter jn vnd schlag jn zu seyme kopff ꝛc

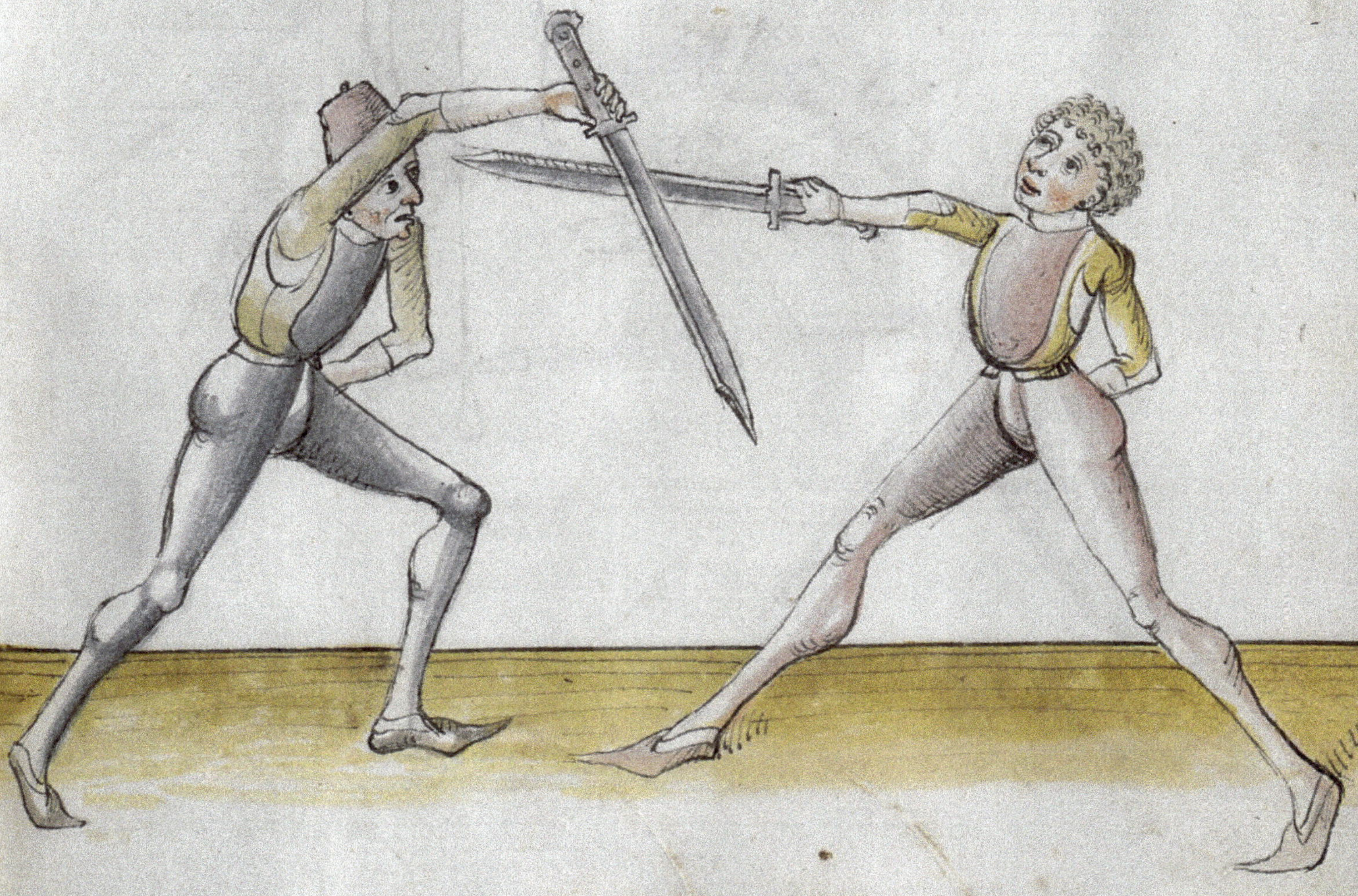

Krob will er wecken und gaffen
Starck stoß leben das gibt de affen

Hie hatt der meyster aber ein spruch wider das er gemolt stuck und spricht Krob will er etc Das solt du also versten will er den groben schlag in deyn pauch hawen oder an den kopff So merck als bald er umb seyn hawbt faren will und will dich schlagen indes far behendlich im zu seine hals oder angesicht und stoss in starck und schewb in da mit vo dir wie unden gemalt stet etc

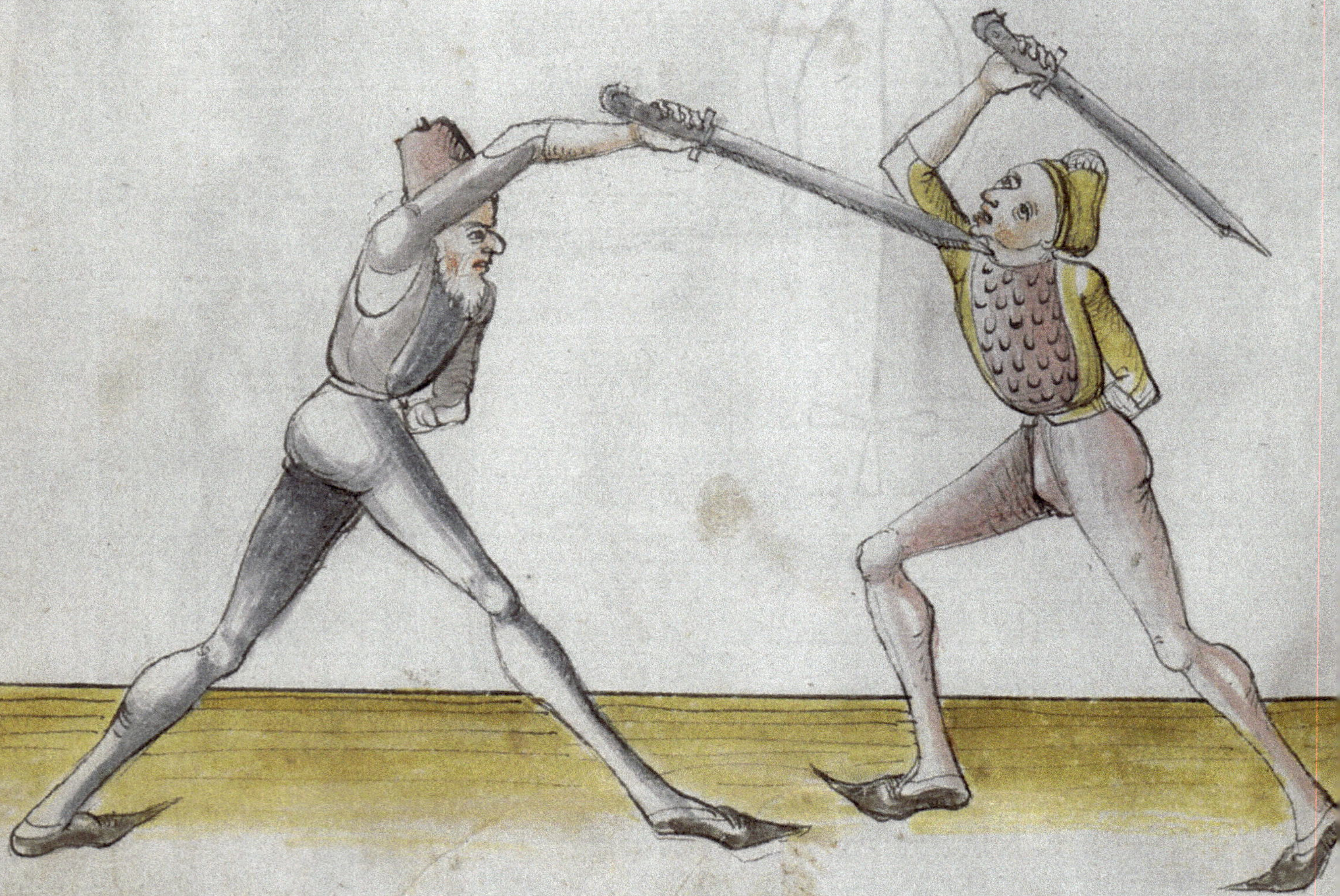

Weck höflich mit winckeln
Auff recht von der lincken

Hie lert der meister ein hubsch stuck auß dem wecker und spricht Weck höflich etc. Das soltu also versten Mach den wecker von deiner rechten seitten auff sein lincke seitten Indes als pald ein messer auff das ander plitz So wendt dein handt twerhling gegen seine messer Das dy kurtz schneid In ein wenig rur auff seine lincken seitten Indes stuck den ortt gegen der erden und far zwyschen dich und in auff gegen deiner lincken seitten und schlag in auff seine rechten seitten dy kurtz oder lang schneiden auff sein kopff oder stich schneid und thu was du wilt etc.

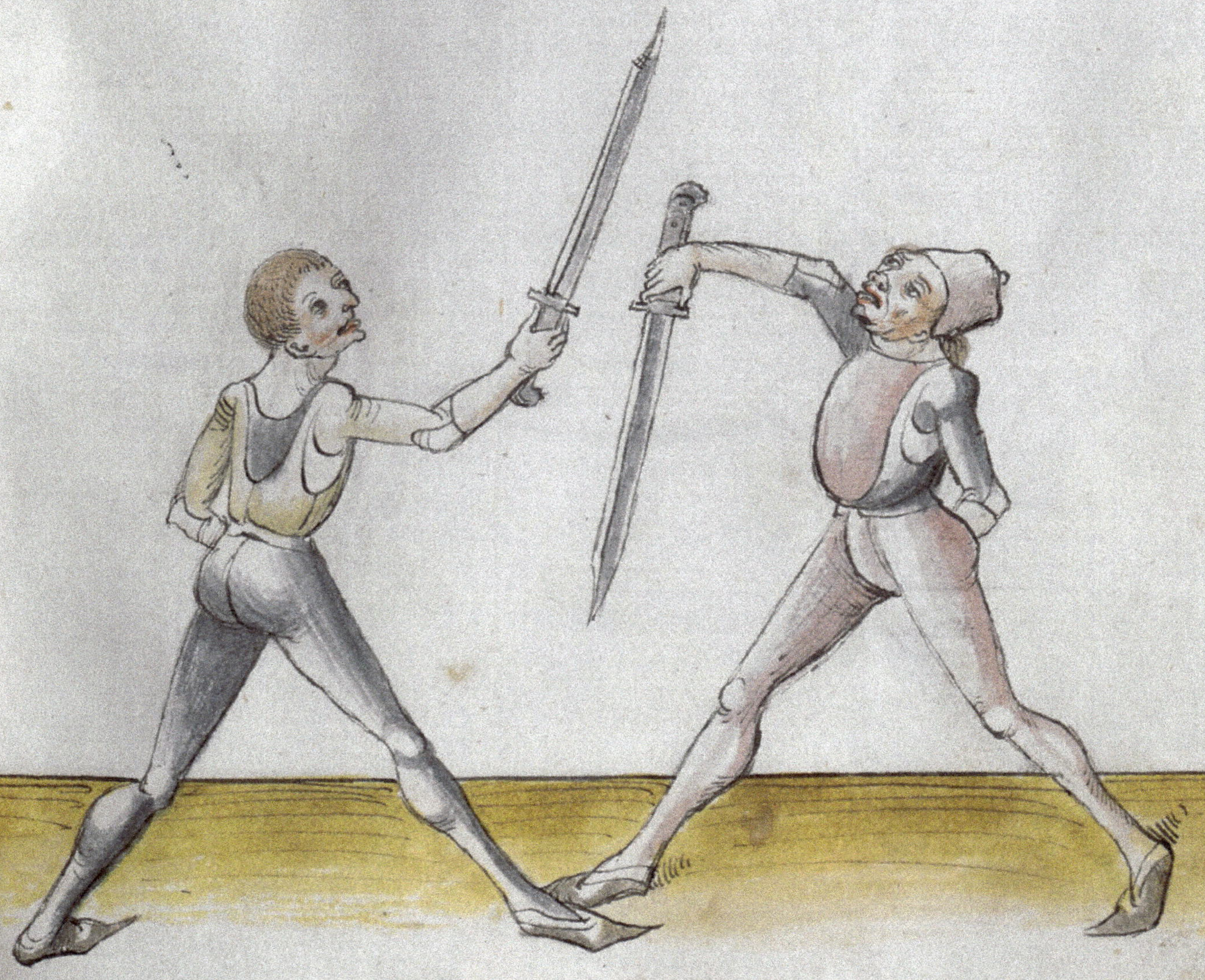

Der swech nymb war
Den hals bach vngewar

Hie sagt der meister ein stuck wie du swech in der versatzung sein vnd treib das alszo So dw jm mit dem wider starck auff sein messer pindest ist er dann swach im pandt So wind hinder auff sein rechte seitten deyn messer vnd nymb jn bey dem hals hobt er dan mit der sterck auff sein messer So haw jm wider schnel vnder sein messer zu seyme haubt auff seyner rechten seitten ist er aber als starck das du das stuck nicht treyben kanst So arbeit schnel mit der swech zu der meystern pliss eyne andere synne

Item Du solt wyssen das du nit lang magst eyme halten mit dem messer bey dem hals mit eyner handt da vmb merck als pald du jm nach dem hals arbeittest als pald stich jm zu dem gesicht etc

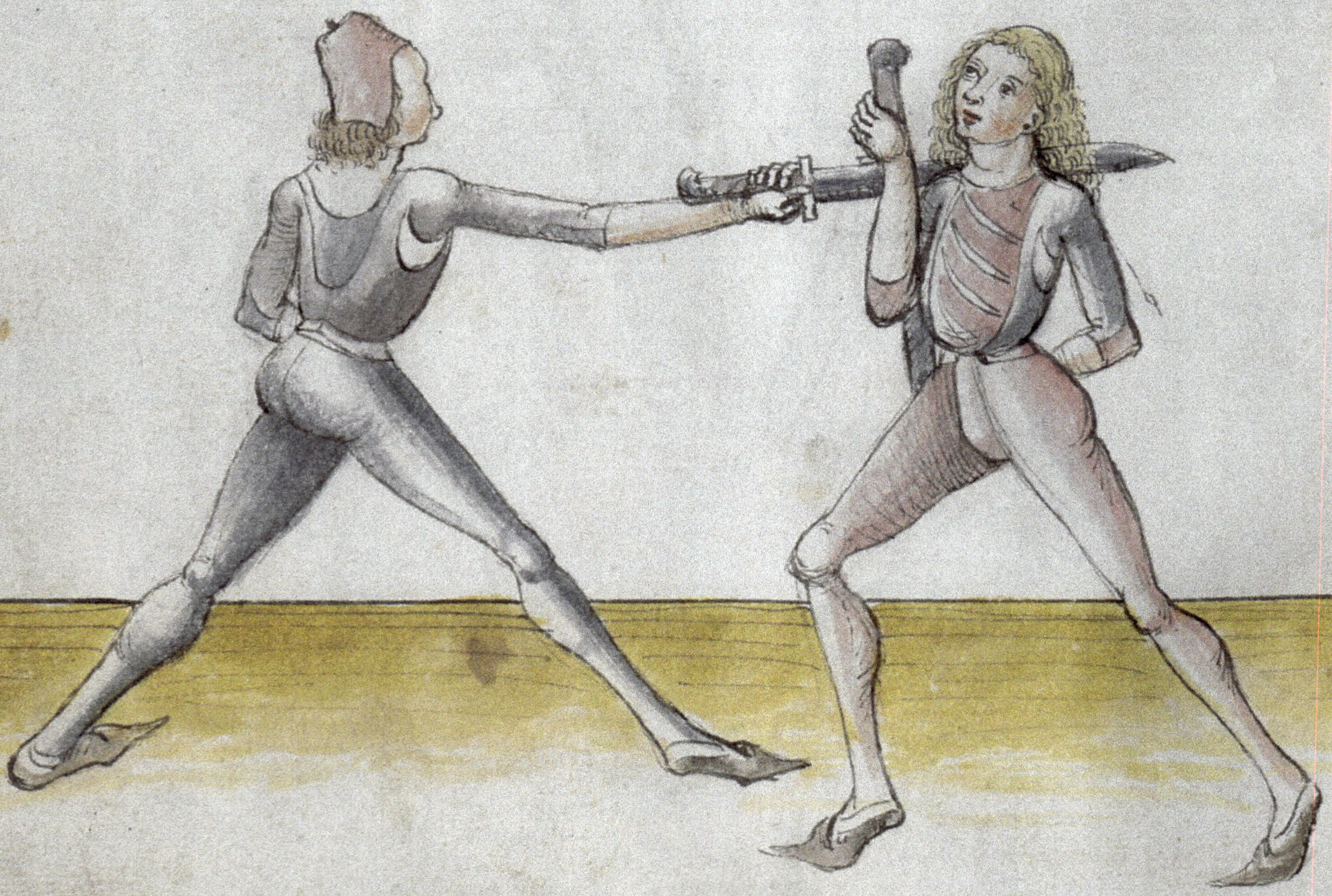

Der entrüst würt
Waß von obn dar kumpt

Hie hebt der meister an zu sagen vo der drittn stuck vnd capitel
Im messer vnd erlewttert das mit seine eygenschafft Nu merck
der entrustthaw pricht dy hut vom lugynslandt vnd alle
hew dy vo obn nyd gehawt werdn vnd treyb den also wenn
du mit dem zufechtn zu dem gest tritt er dem gegn dir vnd
helt sein messer mit aufgerackten arm vbe das haubt In der
hut lugynslandt vnd wartt auff dich So merck wenn du nahet
zu im kumbst So setz deine lincken fuss fur vnd halt dein
messer auff der rechtn das dy slech gegn deine leibe ste an deine
rechtn seittn tritt er denn zu dir vnd drott dir zu schlagn so
soltu vor kumen vnd spring mit dem fuss wall auff dem rechte
seittn vnd im sprung wendt dein messer mit dem gehultz fur
dem haubt das der dawm vndn ste vnd schlag im zu mit
der stumpffn schneydn zu seine lincken seyttn zu der oberr zinne
kumpt er aber her mit dem haw den du so spring mit dem rechtn fuss
vnd mit der vo geschribn versatzung auss dem haw
wal auff dem rechte seittn vnd schlag im mit
dem entrustthaw lanck auss dem arm zu seyme
haubt etc

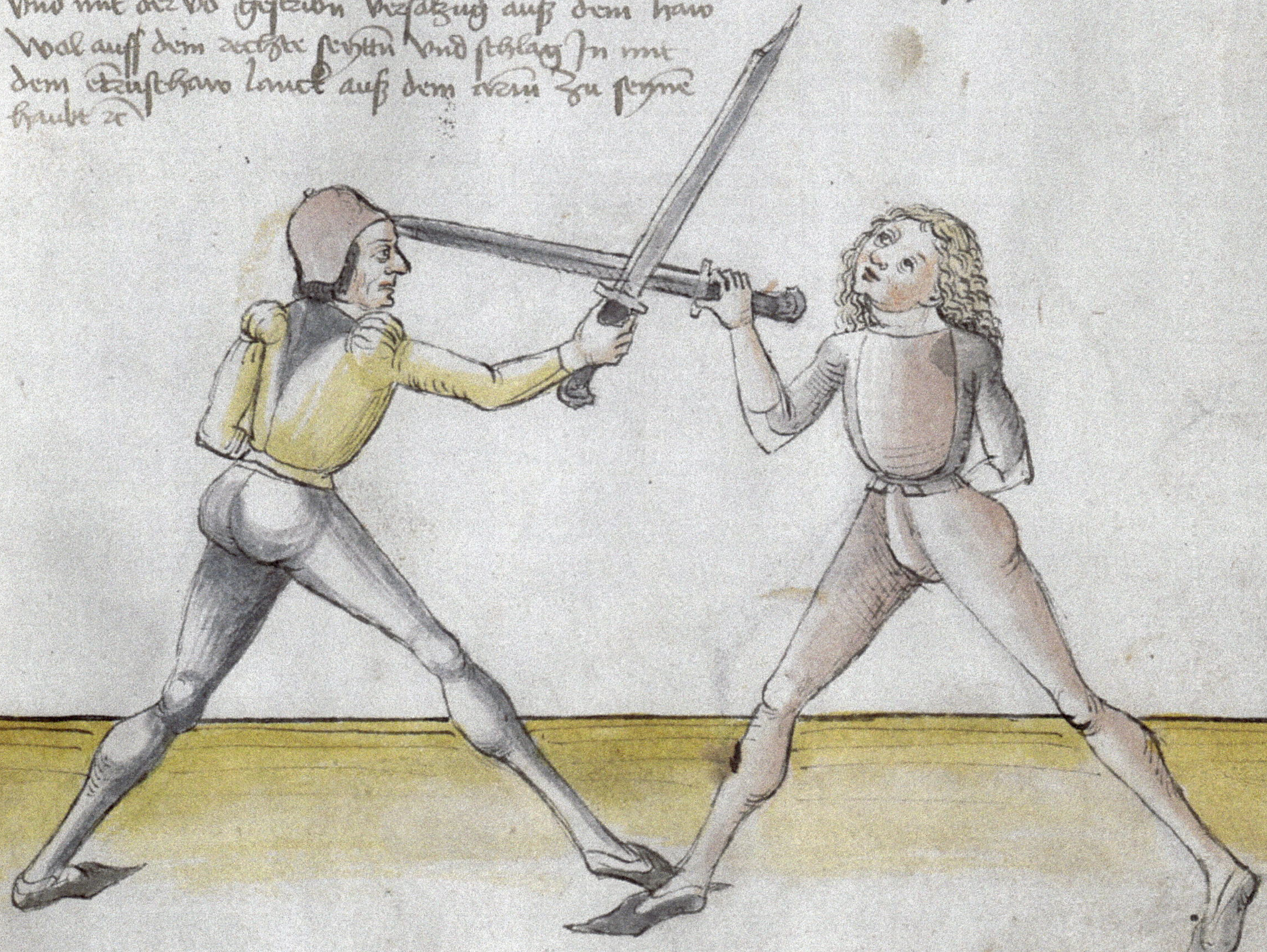

Rust zu der sterck
Dem arbeyt da mit merck

Es ist zu wissen Wenn du im mit dem entrusthaw zu hawest das soltu thun mit sterck deines messers versetzt er dem so far auff mit der sterck deines messers nach der swech seines messers So du begreuffst mit der sterck sein swech so soltu winden im uber sein messer zu der andern seitten oben zu dem hals so du aber nicht da zu kumen magst So arbeyt auff dem duplieren hint seines messers klingen vnd schlag im zu dem kopff Ist er aber mit der versatzung zu starck das du zu den stucken nicht kumen magst so arbeyt mit dem kreutz oder mit dem wernagel vnd stoss im sein messer da mit hyn weck vnd schlag im mit dem entrusthaw zu der andern seytten etc.

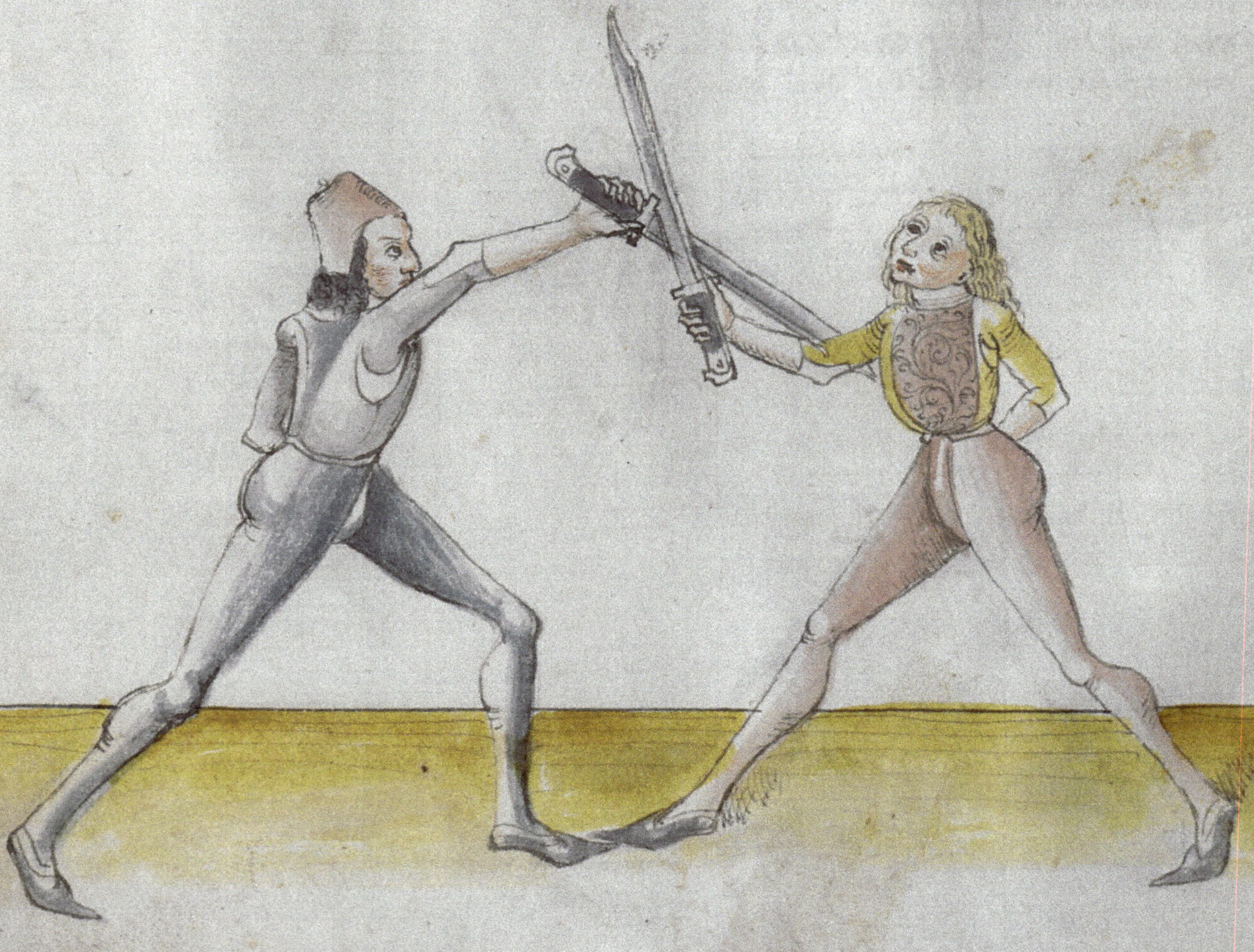

Rüst zu den Zynnen .
kumbst dar eyn die wortt gelingen

Hie merck gelertt das du dich fleyssig solt verne der vier Zynne So magstu den man deste gewyser haben vnd dem kunlich zu hawen vnd nicht haw zu dem messer Als du den vor vnderricht pist Wenn eyner mit dem zuvechten zu dir kumbt stet er dann gegen dir yn der hut langenslanndt So spreng mit de rechten fuss gegen im woll auff deyn rechte seytten vnd schlag in mit dem entrustbaw zu der obern Zynne besitzt er den so schlag aber pald zu der andern zynne seyner rechten seyten Also haw den haw vo eyner zynne zu der andern vnd woltu das dir gelung so soltu mit ytlichem entrustbaw zu der obern zynne schlagen besitzt er denn So schlag aber pald zu der obern zynne seyn rechten seytten Also haw den haw vo eyner seytten zu der andern vnd woltu das dir gelung so soltu mit ytlichen Entrustbaw woll auff springen auff eyn seytten vnd mit dem arm tryb dich woll hyn vmb So hastu den man deste gewysser vnd magstu im an seyn haubt woll eyn gutte swer geben Indes soltu dich pewarn das du dein schilt das ist dy versatzung woll fur dem haubt haltest etc

Feler verfuret

Dy zymre nach wunsch er ruret

Hie lert der meyster wie man mit dem entrustthaw feler solt Wenn mit den felern werden dy meyster geplendet dye dy mere versetzen wolln vnd hawen nach dem mysse des mans Nu den feler trayb also Thu als sam du yn wollest hawen mit dem entrustthaw zu den obern zymre seym lincken seytten vnd ym haw So du nohent bey dem meyster pist So haw im zu der andern zymre seytten seym rechten seyttn zu dem haubt etc

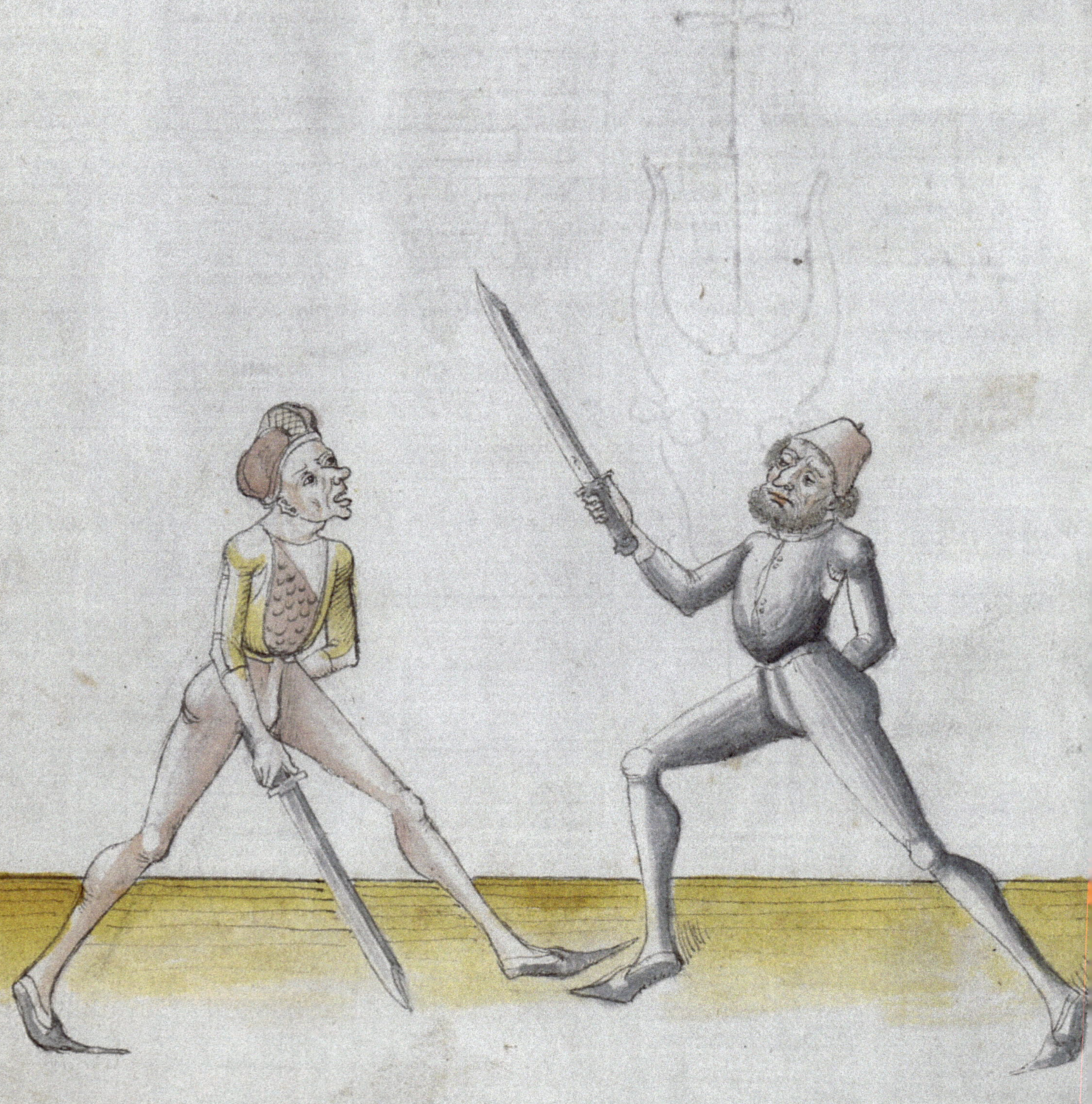

Ob du fehlest zwo mach

Sy schnydt schneydt mit macht

Jtm du solt das also versten halt deyn messer auff deyner rechten seytten das der ortt auff der erden sey vnd der daumen ligen an der flech des messers vnd so er dem hoch ligt jm langenstandt vnd hast gemerckt das er sich leichtlichen verfuren lest vnd gern der versatzung nach gett so var auff fur dein leyb mit dem messer vnd lass den ortt hangen gegen der erden vnd var mit dem messer vber dein lincke achseln vntz vber dy mit sy deynes haubtz das der ortt vber ruck hyen auff gee vnd das gehultz gegen dem man ste vnd thu sam du jn wellest schlagen zu seyner lincken seytten vnders schlag jn zu dem rechten ore mit dem ent/ zusthaw zc

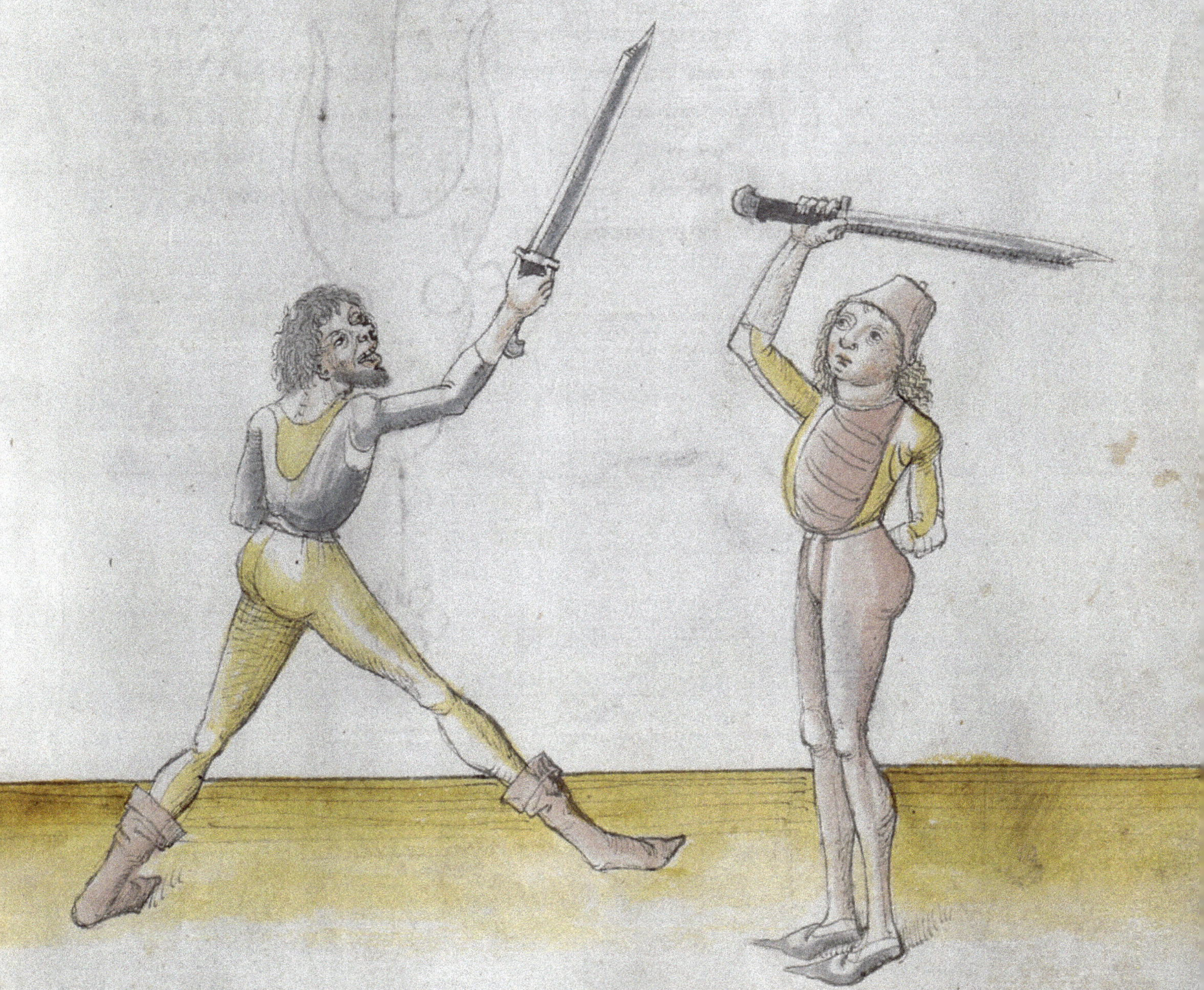

Item wiltu den feler recht machen so thu Im also stee
mit deynem lincken fuss fur als vor So du nu das
messer fur deyn leyb bringst So schreyt mit dem rechten
fuss zu deynem lincken vnd dro ym als du wollest zu
seyner lincken seytten schlagen vnd wenck mit dem
ober teyl deynes leybs gegen seyner lincken seytten dy
weyl vnders schreyt mit deynem lincken fuss auff seyn rechte
seytten vnd schlag In mit dem entrustraw zu seynem
rechten oren vnders far auff mit dem messer vnd thu aber
sam du In wollest schlahen auff seyn lincke seytten vnd wenck
eyn wenig mit dem leyb auff seyn lincke seytten Indes
schreyt aber mit deynem rechten fuss hinter seynen rechten vnd
schlag In wider zu der rechten seytten eyn mit dem duplieren
vnd schlag Im dy kurtz schneid hinter seynes messers
klingen In das angesicht Indes schreit nochpass vmb
In vnd far aber auff mit dem messer als vor vnd schreyt
mit dem lincken fuss woll hinter seynen rechten vnd schlag
In In seyn gemecht Indes var aber auff vnd schreyt
aber hinter yn vnd schlag Im In den pauch das heyst
der treffer Indes vmbschreyt In gar vnd haw Im
wider zu dem nacken etc.

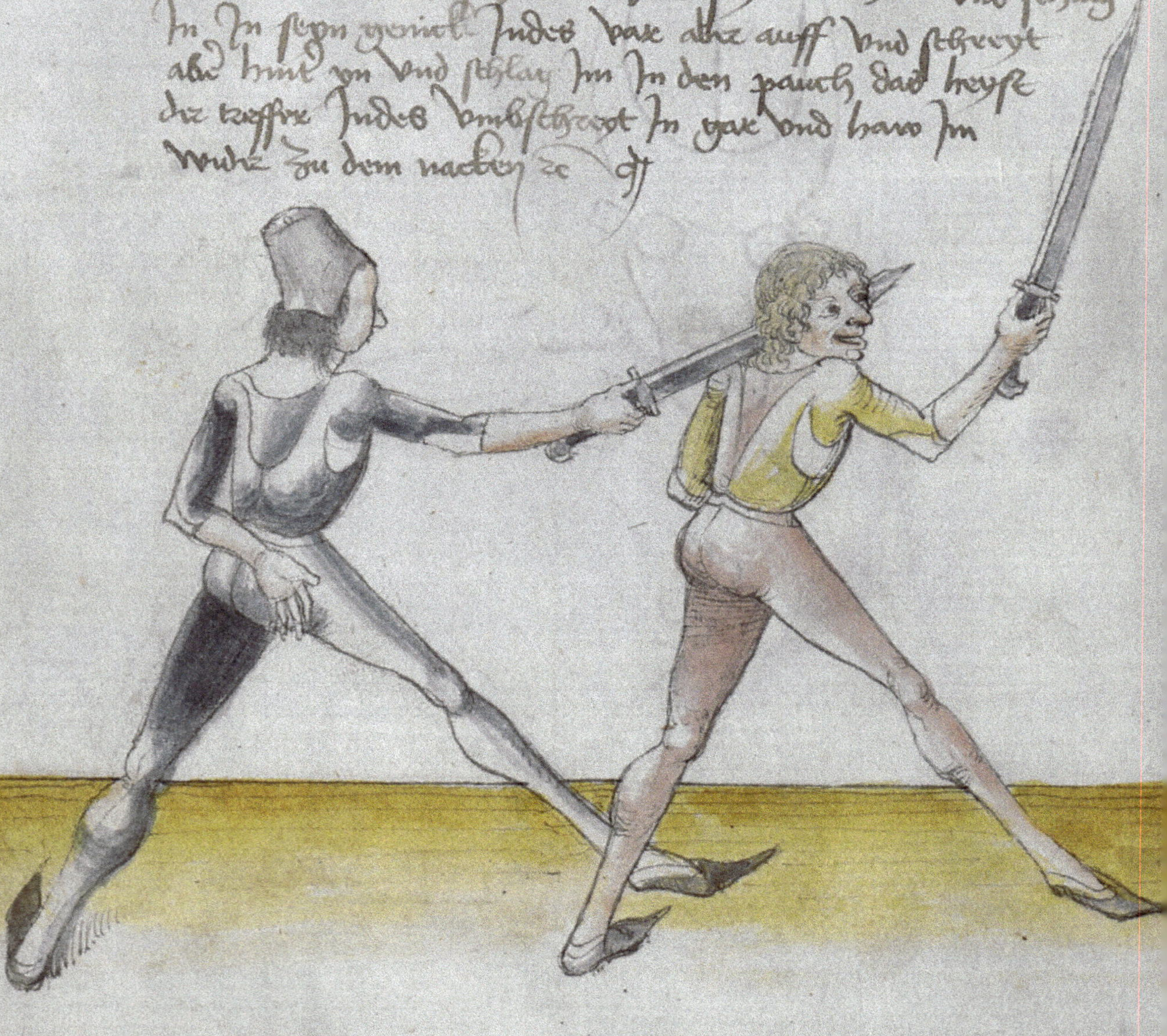

¶ Item wiltu diss stuck begemelt nicht treybn So schneyd In mit dem duplirn durch das gesicht mit dem duplirn oder will er unders gen auß dem pandt so schneyd In starck yn die negstn ploß etc

Will er Zu den Zwaine küstn Und myssn
Sprechvenster soltu nicht vergessn

Hie leitt der mayster ein prech wider die Buch Und entrusthen Und spricht Will er Zu etc Das soltu also verstan Will er mit den zufechtn feile machn So soltu das prechn mit dem sprechvenster das ist mit dem langn ortt Und die ploß da mit maysterlich suchn Als du den woll weyst etc

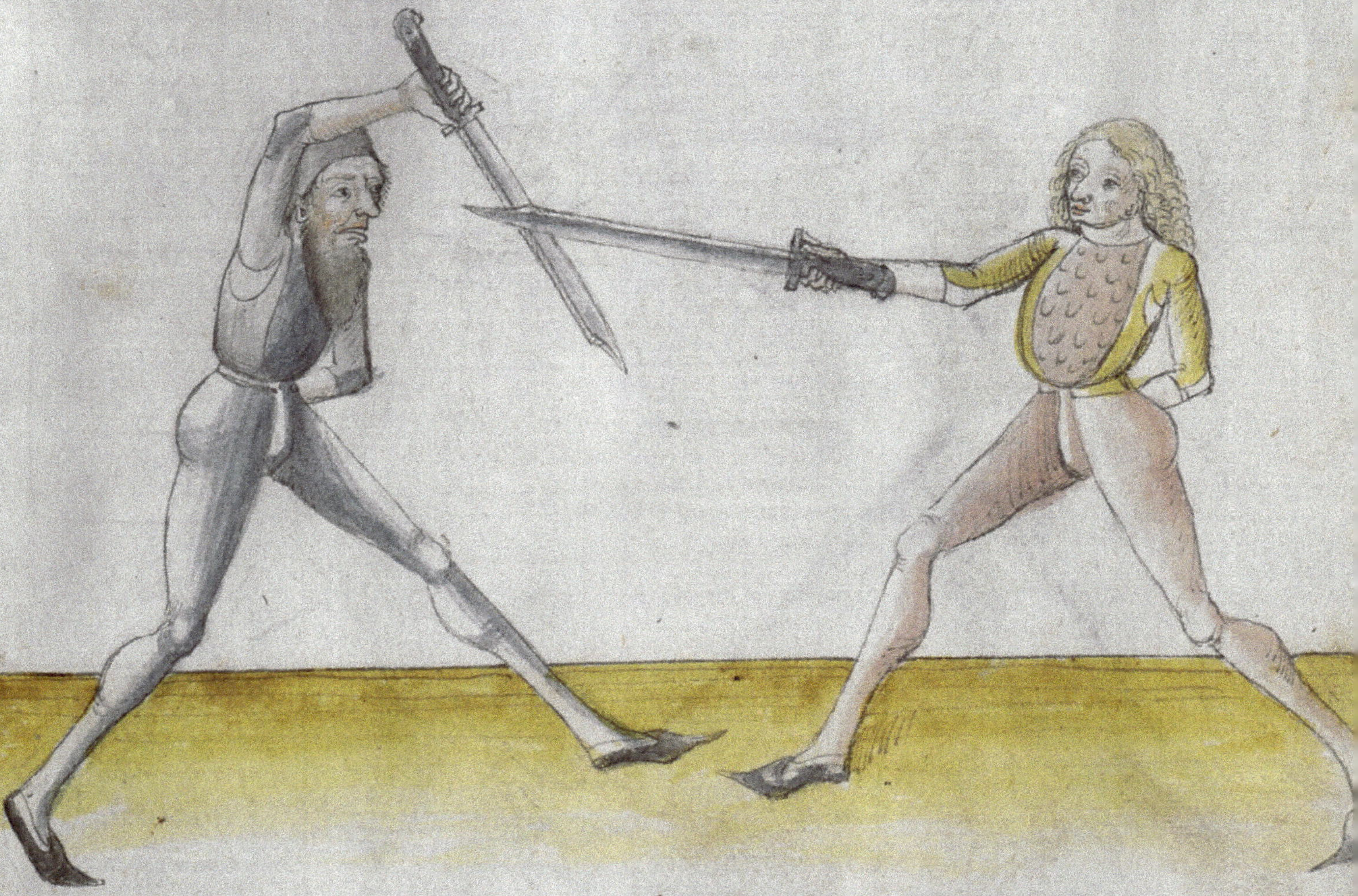

Der zwing eyn pricht
Waß püffel haüt od[er] sticht
Wer wechsel ~~traet~~ tr tzauen
Der zwinger will in berauben

Hie sagt der Meyster vo[n] dem vierden stuck vnd capitel das
da heysset der zwinger den treyb alzo wenn du mit dem
zufechten zu dem man kumbst So setz deyne lincken fuss für
vnd halt deyn messer auff der rechten mit dem ort das der daumen
vnden sey auff dem messer haut er dem vo[n] oben zu dem
haubtt so verbendt deyn messer vnd haw gegen seyne haw
eyn mit der stumpffen schneyden lanck auffgestracken dem oben
vber seyn messer im zu dem gesicht Wer er aber als listig
vnd felet mit dem vnd wechslet vnden durch so pleyb mit
dem langen ort lanck vor seym gesicht so mag er nichts
schaffen vnd kan vnden nicht durch kumen etc.

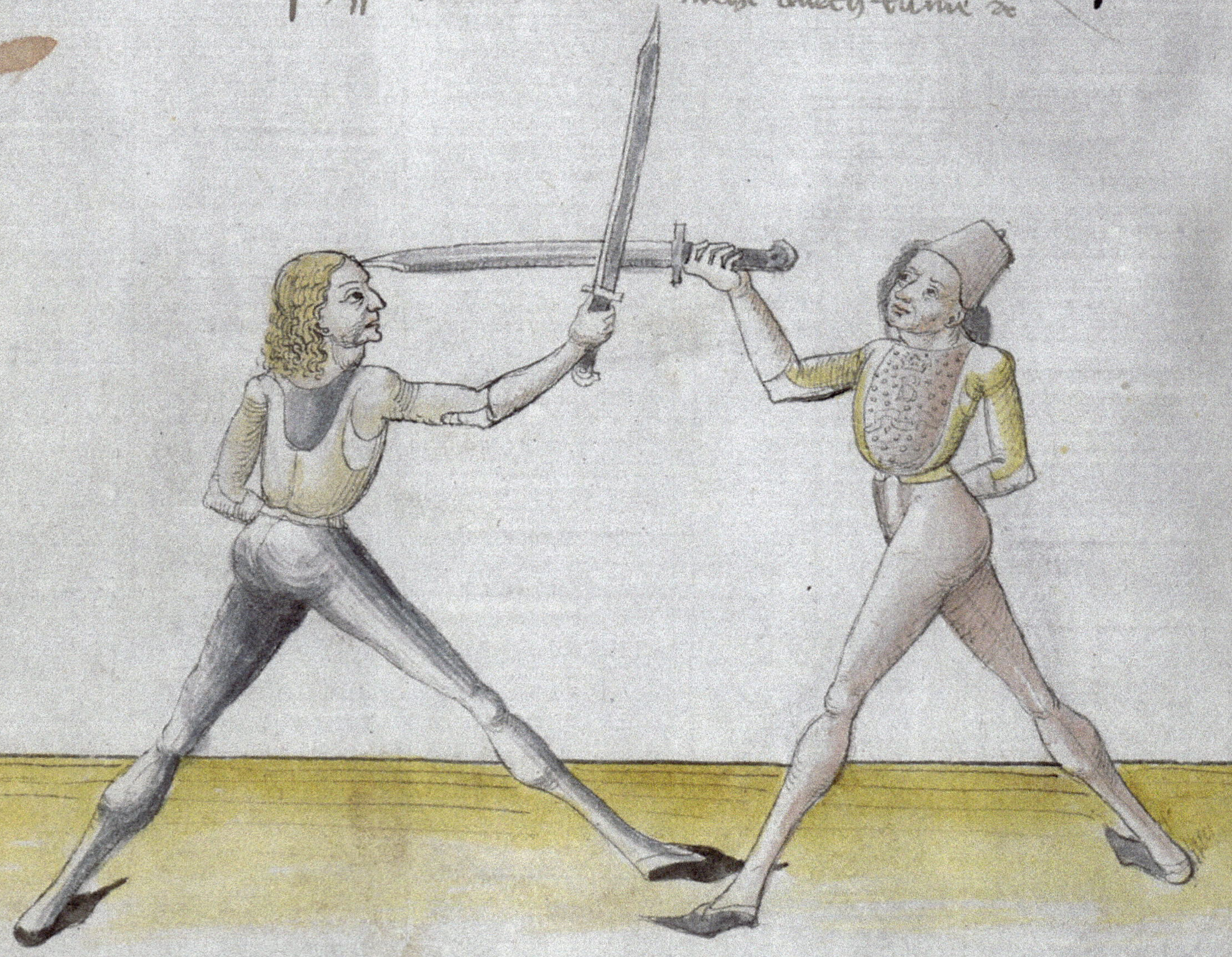

Der gefer mit seyne artt

Des antlitz vnd der preust wartt

Hie sagtt der meyster von dem gefer vō dem funften stuck vnd capitel den soltu also machen ligt eyner in der hut pastern vnd so du mit dem zufechten zu im kumest so setz deynen lincken fuß fur vnd halt deyn messer mit ausgerackten arm hoch vbersich vber deyn haubtt in der hut lugunsslandt vnd spring zu im mit dem rechten fuß vnd haw mit der langen schneyden oben eyn vnd pleyb mit dem arm hoch vnd stick im den ortt vndersich zu seyme gesicht oder preust etc.

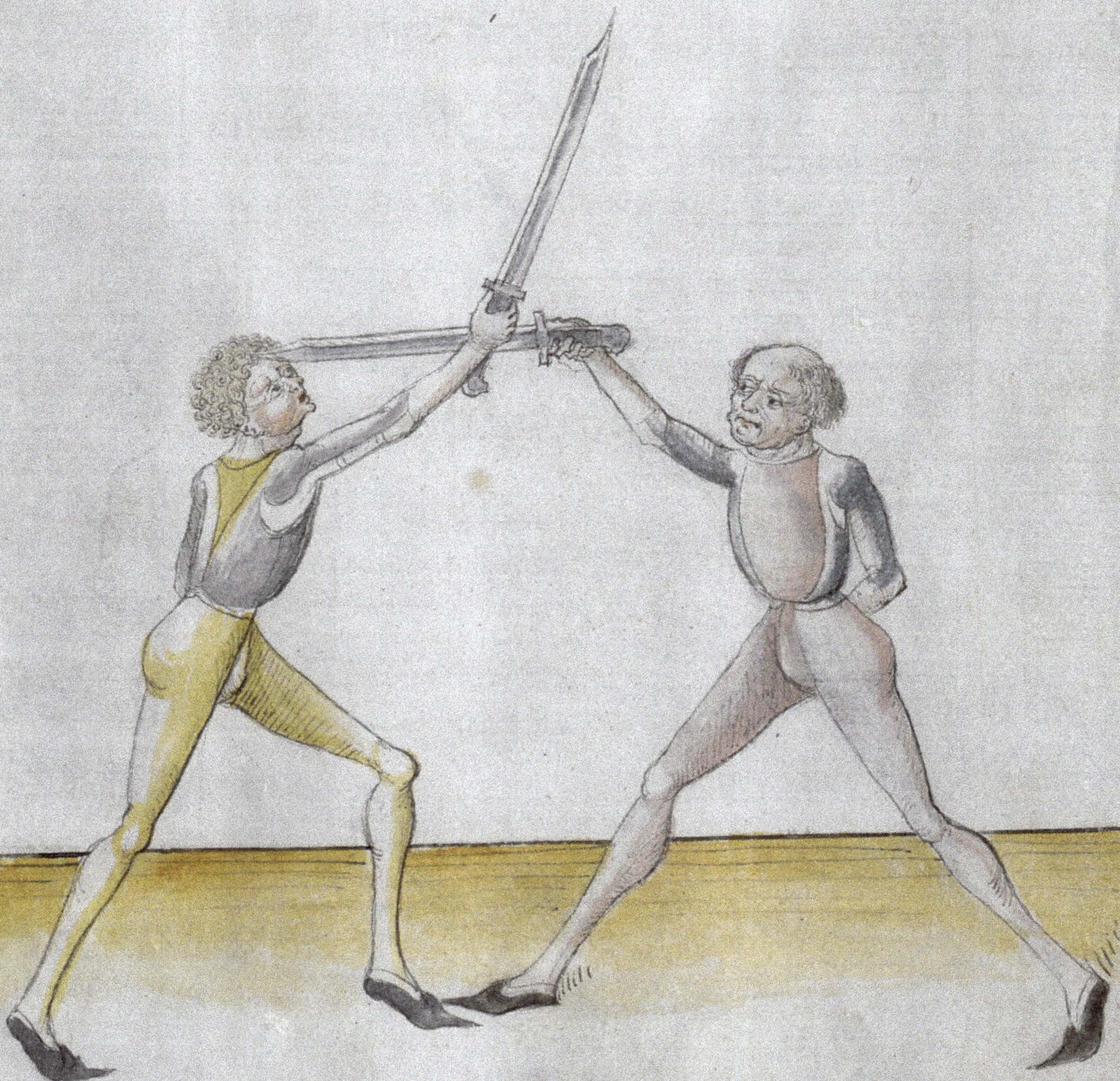

Dyser haw

Durchwechsel vnder schaw

Item das stuck soltu also treyben ligtt er gegen dir Im leg-
erstandt So du zu Im kumbst So haw gegen seyne myss
ist er hoch vnd will den haw ab setzen Indes lass deyn
ortt farn vnder synen vnd wechsel durch vnd stich ym
auff syn rechte seytten zu dem gesicht mit gestrackten arm
Indes mach wass dir eben ist etc

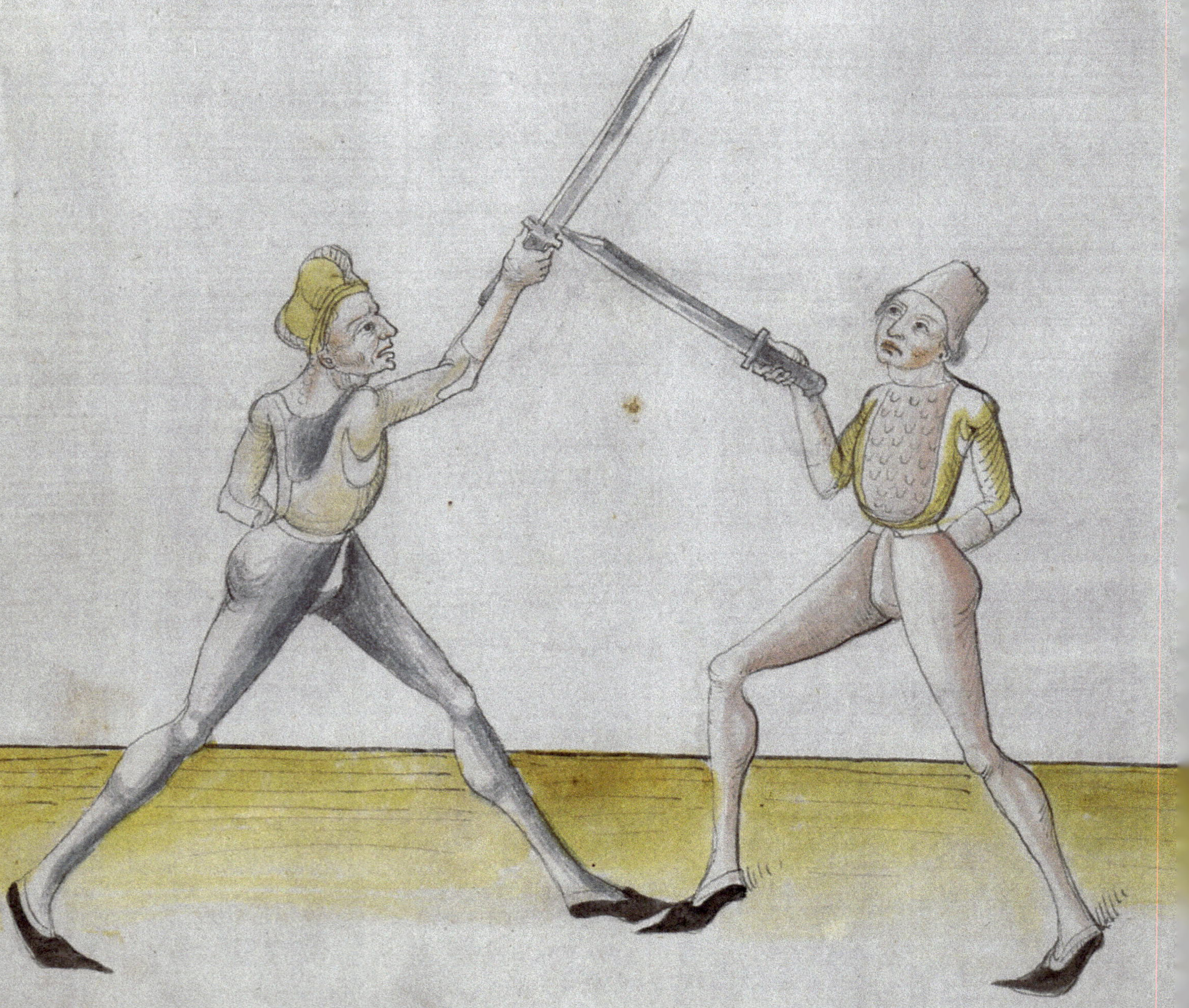

Den wincker soltu erstreckn
Vnd dy meyster do mit erbeckn
Zwiuach ler wincken
Zu der rechten vo der lincken

Hie sagt der meyster von dem sterksten stuck das do haysset der wencker vnd ist der haubtstuck eyns ym messer vnd gehet woll auff dy freyfechter dy sey verstehen vnd ist eyn meyster haw vnd stuck ym messer vnd ist seltzam vnd gutt Weltu das stuck machen So thu im also Setz mit deym lincken fuss fur vnd halt deyn messer auff deyn rechten achsel setzt er dan im lugynslandt So haw vo deym rechten achsel mit stracken arm zu im lanck eyn mit der langen schneyden vnd im haw so wendt gegen seyne messer vnd schlag in auff das haubt mit der kurtzen schneyden wider lass deyn messer sincken fur dem hals vnd ge durch wider auff deyn lincken seytten mit geschrenckten ortt vnd schlag in auff den kopff auff seyn rechten seytten mit der kurtzen schneyden etc.

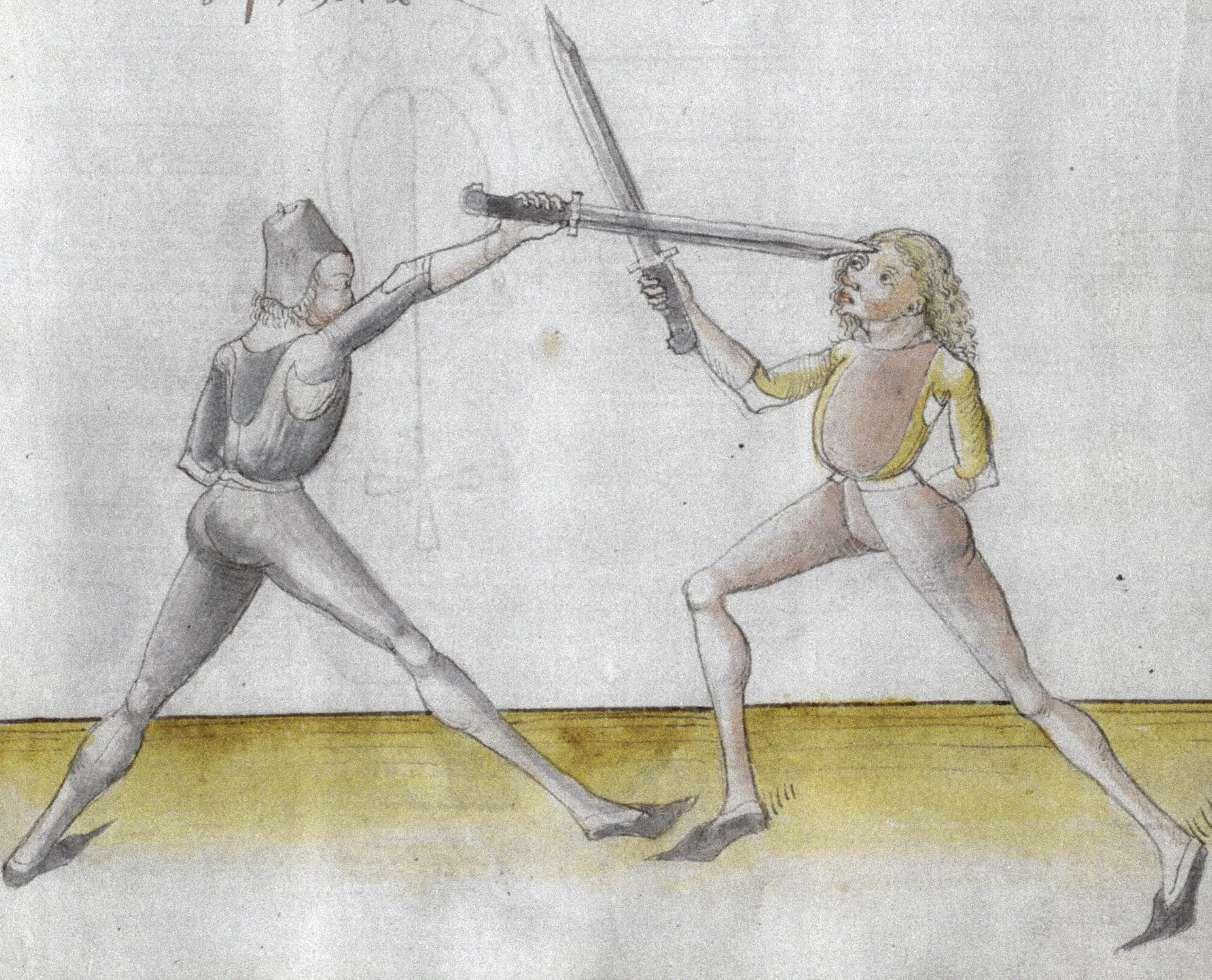

Item lig deyn messer auff deyn lincke seytten das der ortt auff der
erden ste vnd der daumen oben auff dem messer lig oder ste in
der schranckhutt das der rechtfuß vor ste ligtt er den in der
hutt lugynßlandt So haw twerhlings eyn zu seyner rechten
seytten dy kurtz schneid vnden ge durch mit dem messer vnd
stich den ortt vnd far mit dem messer auff seyn lincke seytten
Szo hastu das stuck zumach vo paydn seyttn etc

Item wolt er aber nicht durchgen das er dich zu letz durch
durch zugen vo seyner rechten seytten So pleyb also ligen mit
dem messer vnd wendt gegen deyner lincken seytten das dy
kurtz schneyd vnden ste vnd stich im zu dem gesicht etc

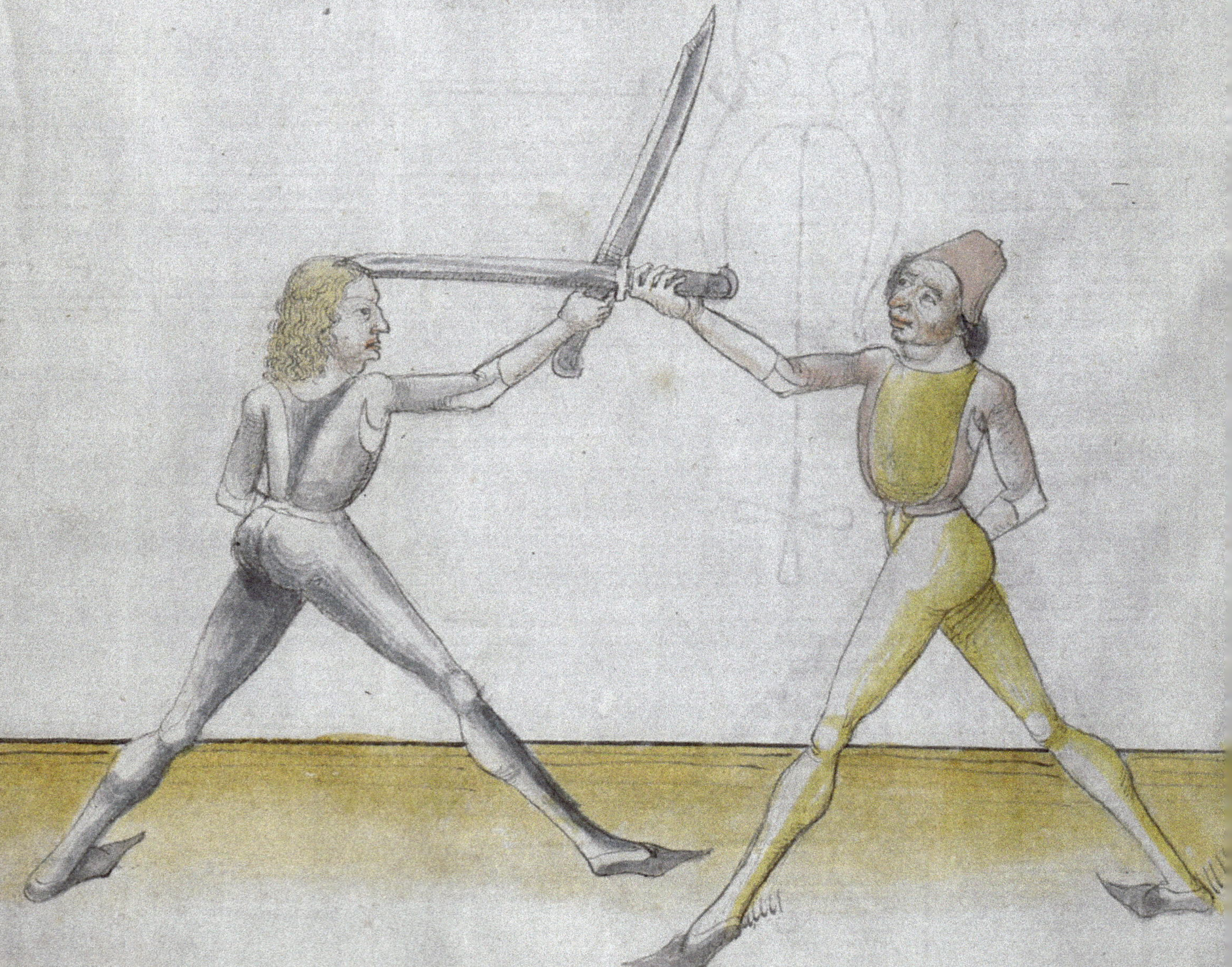

Windt linck im treffen

Haw recht : lanck wiltu in treffen

Das soltu also versten stet er gegen dir in lugenslandt So haw von deyner rechten achsel gerad oben eyn zu im eynen oberhaw mit langer oder gestrackten arm zu seyner lincken seytten Nu merck wen haw dy weill der haw nach dem kopff gett windes wendt gegen seyner messer das dy kurtz schneyd vnden see vnd versendt den schlag nicht sunder yn dem schlag laß den ort sincken vnd ge vnten durch mit dem messer auff deyn lincke seytten vnd schlag in mit der kurtzen schneyden auff den kopff windes wendt deyn messer gegen dir vnd schlag in auff der selbigen seitten auff den kopff mit der langen schneyden widers nach waß dir oben ist Das stuck gett auch zu zue payden seytten seytten etc

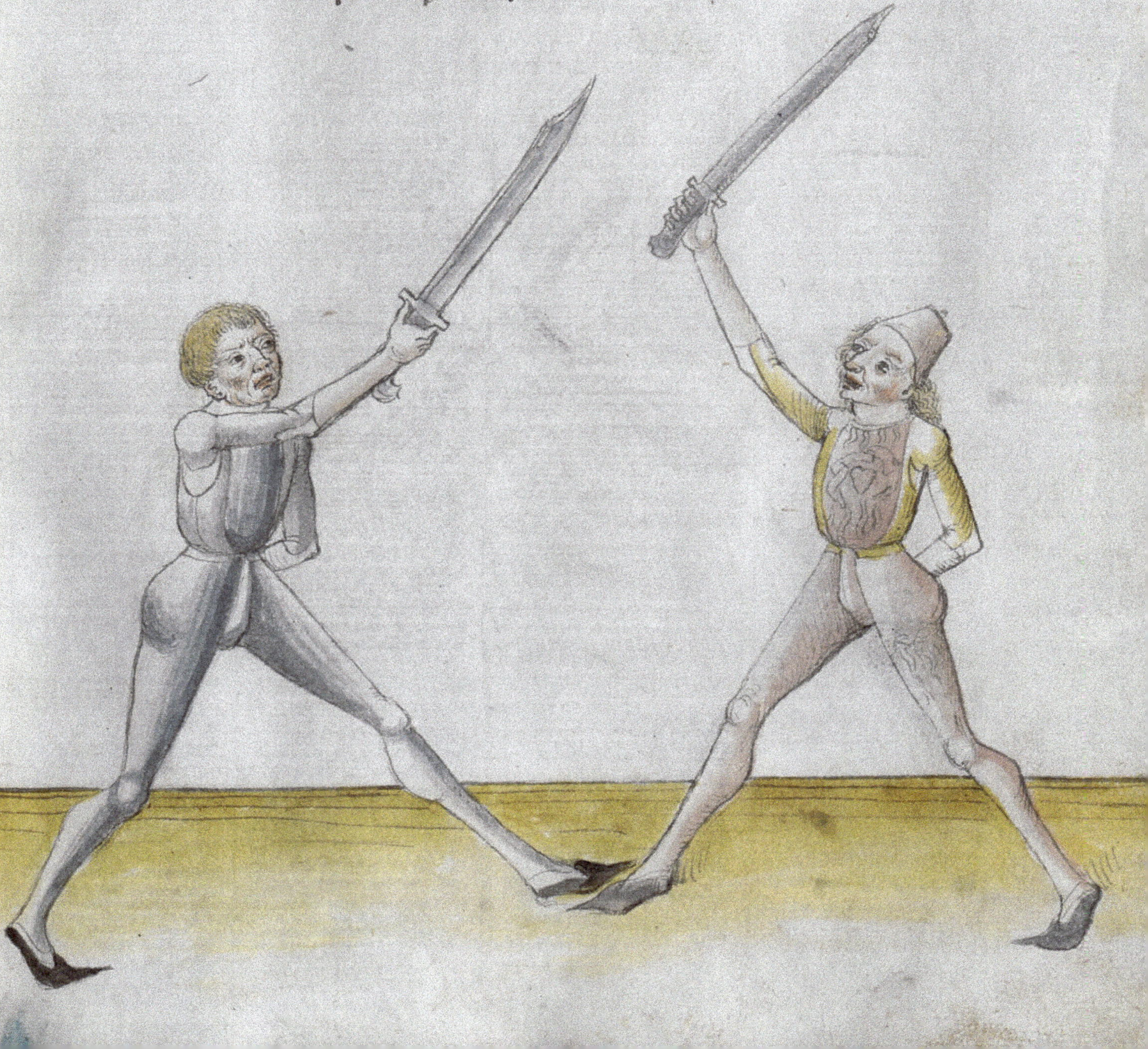

Item so du hauwest mit der langen schwertten auff seyne rechten
seytten nach seym haubt Indes windt gegen dir dein mess
und vare auff mit dem arm und stich im zu dem gesi-
cht seyner rechten seytten Indes windt wider gegen im
auff sein rechte seytten und stich auff seyne rechten seyte
wider zu dem gesicht etc

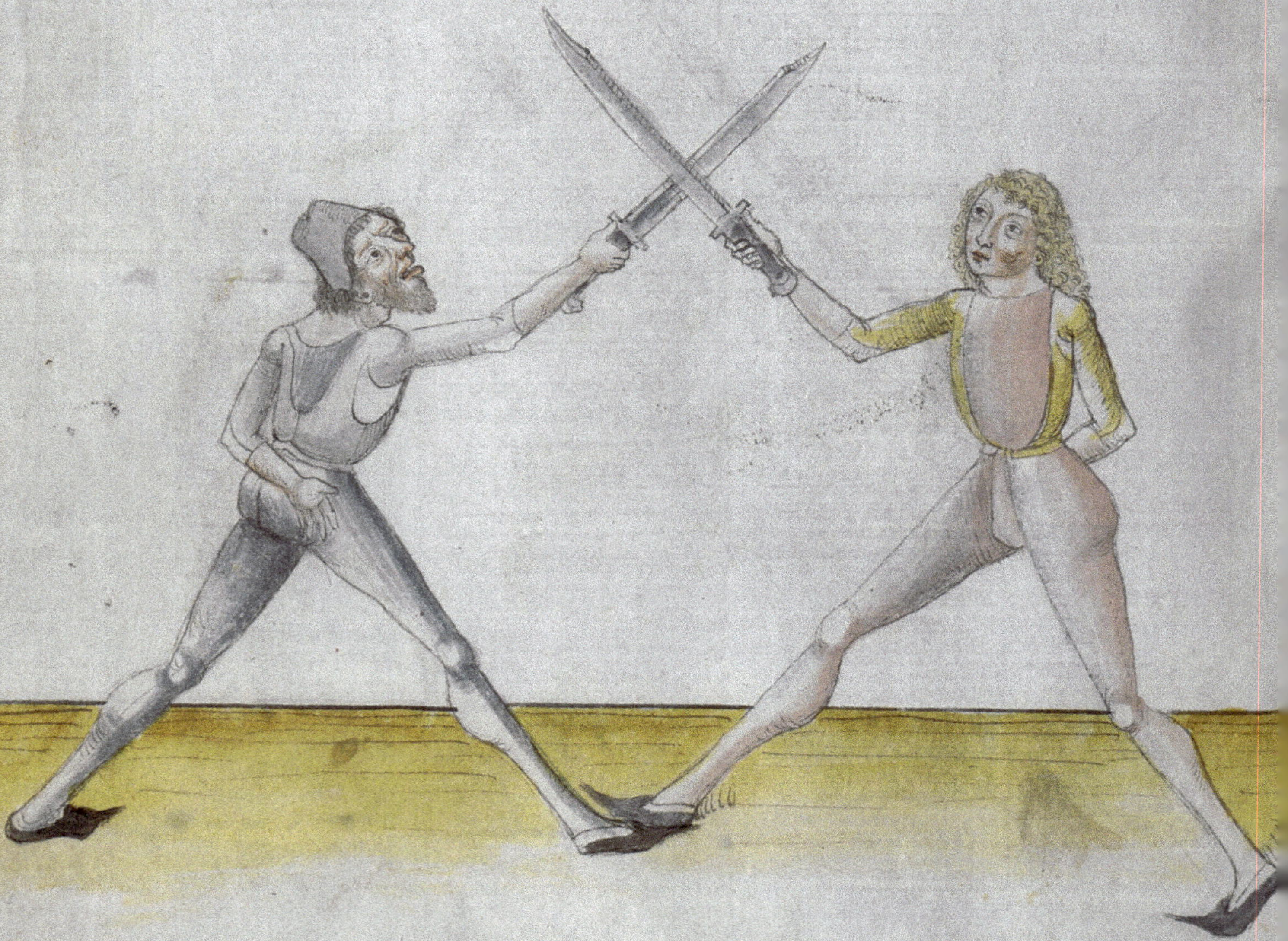

Wiltu dy meister plenden
Des winckers soltu dich faren
Was kumpt krumpt oder schlecht
Das ist dem wincker als gerecht

Hie sagt der meister vo dem stuck das da heyst der wincker
vnd spricht Wiltu dy meister etc Das soltu alzo verstan
das das stuck recht zu get auff eyne yczlichen er versetz
krump oder schlecht So hatt das stuck seine furgank Thu
im alzo versetzt er krump so haw vo deyner rechten achsel
oben auff sein messer eyne freye oberhaw vnd im heng So
verbendt dem messer er den das eyns an das ander klitzet
vnd var mit dem arm hoch auff vnd schlag im dy
kurcz schneyd auff sein kopff etc

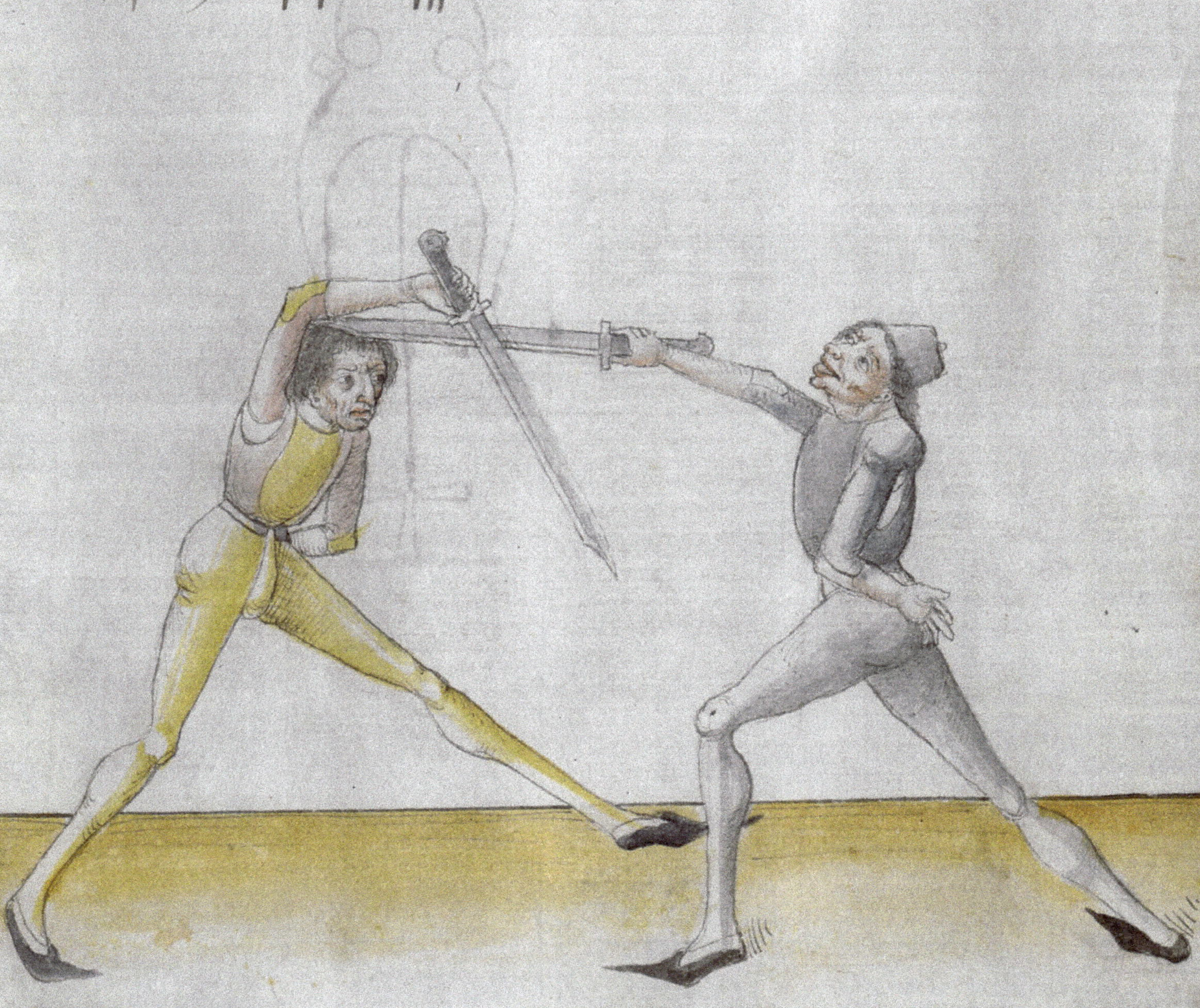

Item hastu In nicht getroffen als yetzund gesagt ist mit
dem haw So far mit dem ortt gegen deiner lincken
sitten vnd stich In zu der keln oder prust oder wymb
ab auff dem mess als du woll waist etc

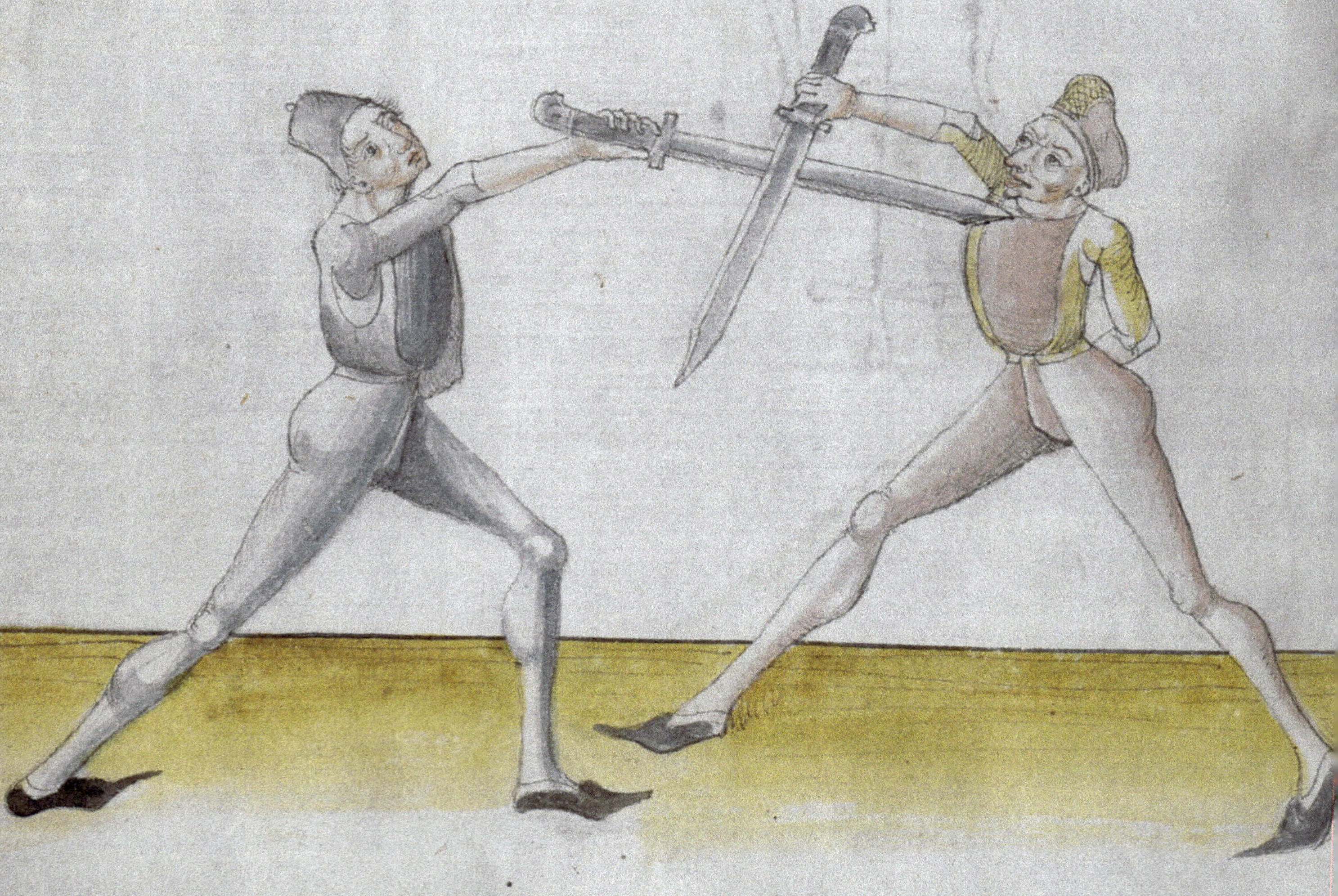

Vier leger soltu wyssen
Im messer rechtn wild gewynne
Pastey und lugynslande
Stier und eber sy dir bekandt.

Glosa So nu der mayster gesagt hat und auszgericht dy sechs hew oder capitel nu sagt er hie vo dem sibende capitel und haubtstuck Und zu dem ersten von den vier legern im messer Da vo man halten mag und sich mit rechter kunst da ausz weren

Item Das erst leger oder hut heysset dy pastey Schick dich in dy also Setz deine rechten fusz vor und halt dein messer mit gestracktem arm vor dir mit dem ort auff der erden das dy twerch schneyd oben stee etc

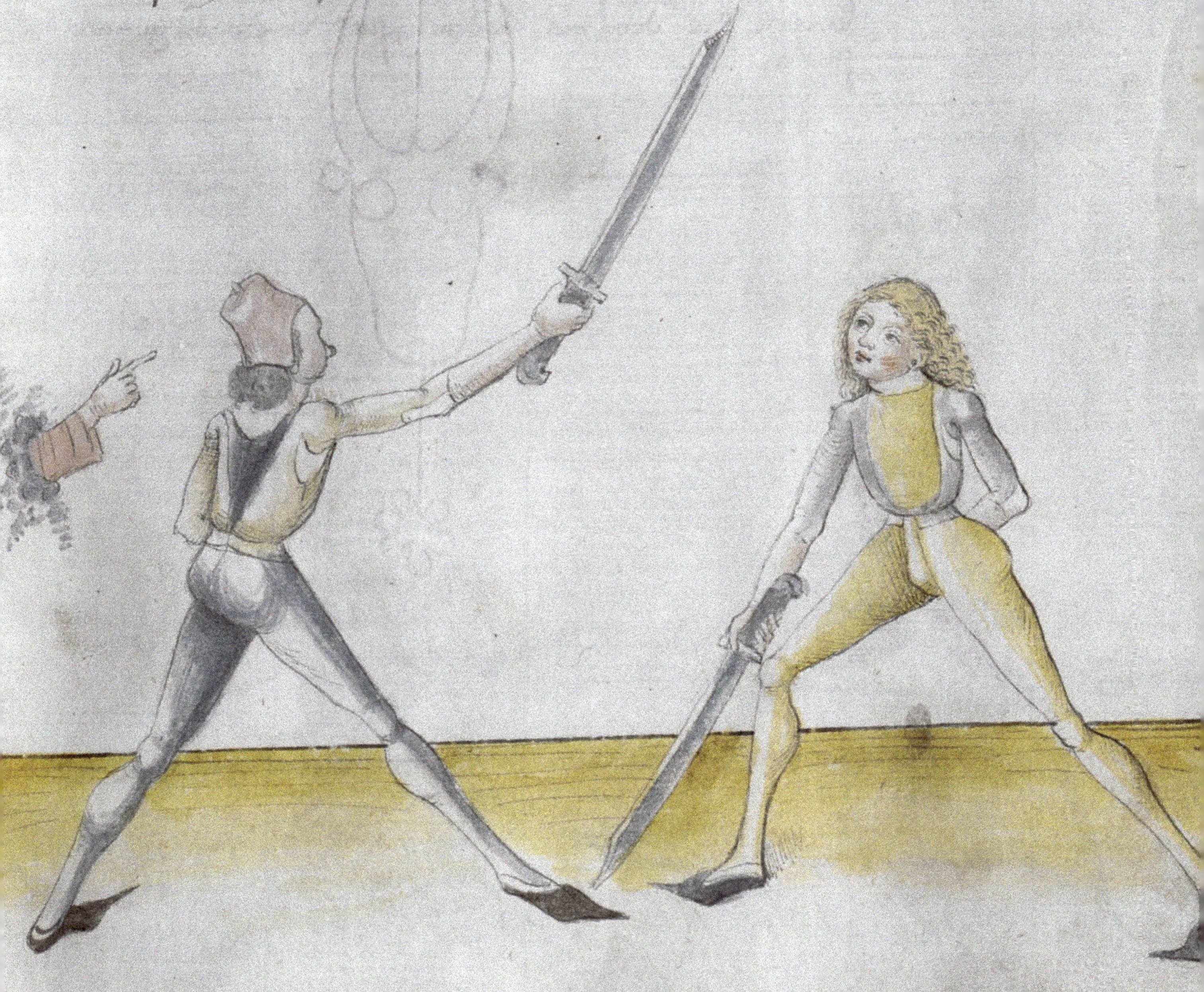

Item dy ander hut oder leger ist der lugin landt schick dich
dar ein also setz deynen rechtn fuss fur vnd halt dein messer
mit auff gereckten arm hoch fur dem haubt vnd dy
lang schneid oder scharpff schneid gegen dem man stet
als oben gemalt stett da du ein handt gemalt sechst

Item In den Eber schick dich also setz dein linckn fuss
fur vnd halt dein messer bey dem rechten peyn auff der
rechten seyten mit dem gehultz neben der huff das dy
scharpff schneid oben stee vnd der ortt fur sich auff stee
dem man zu dem gesicht

Item du solt den Eber treybn auch vo der linckn seyttn
mit dem messer vnd schick dich In dy hutt also halt
dein messer neben deiner linckn seyttn neben bey der huff
das dy lang schneyd oben gewendt sey vnd das gehultz
sey eyn wenig gesenckt gegen der erden vnd der ortt
vbersich stee dem ma zu dem gesicht wie hernach gemalt
stet et c

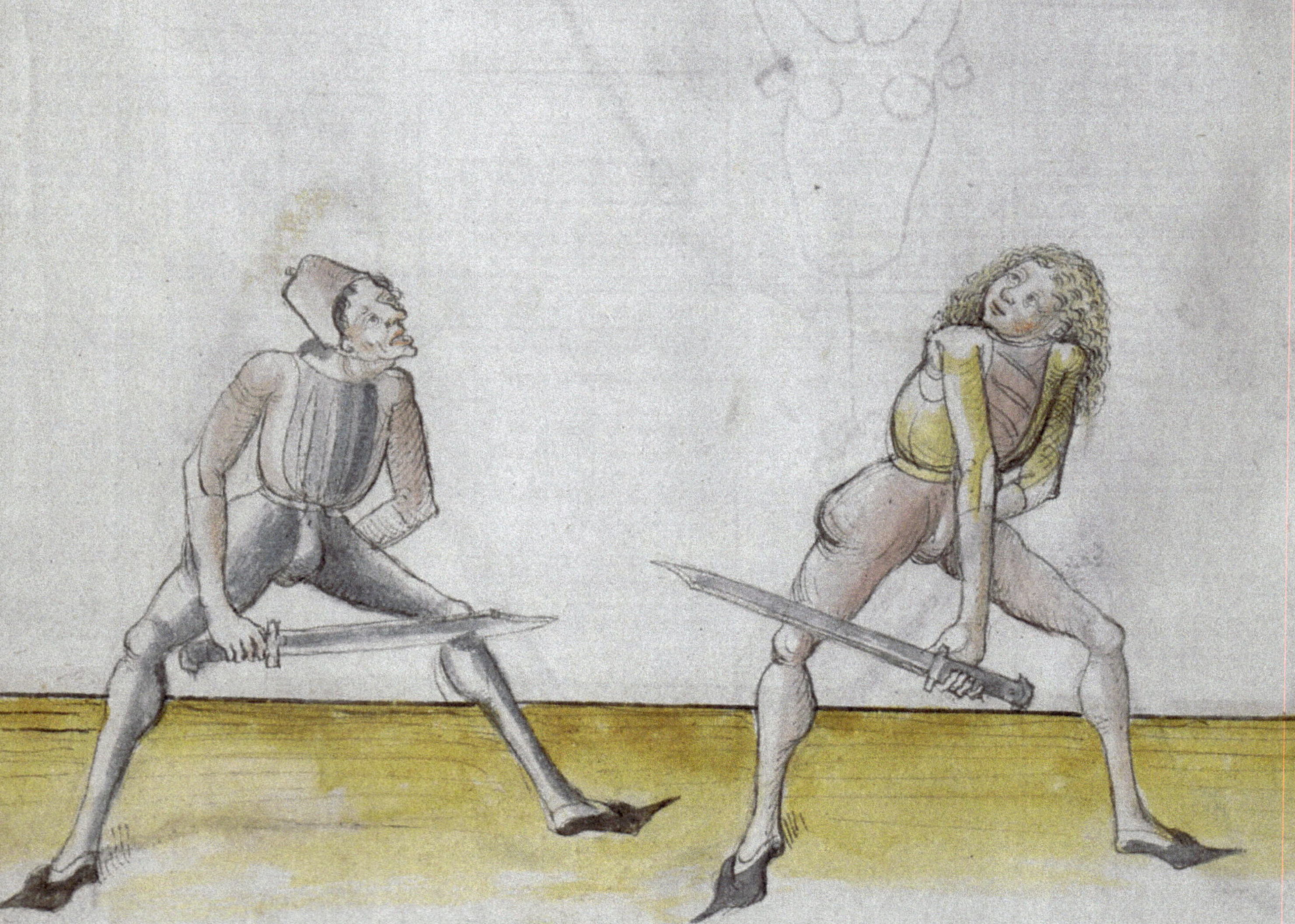

Die wecht hut heysset der Stir Schick dich In den also
ste mit deym lincken fuss fur und halt deyn messer zu
der lincken seytten mit dem gehultz fur das haubt das dy
kurtz schnyd gegen die ste und der ort zu dem gesicht etc
Jm In den Stirn auff der andern seytten Schick dich wie
unden gemalt stet etc

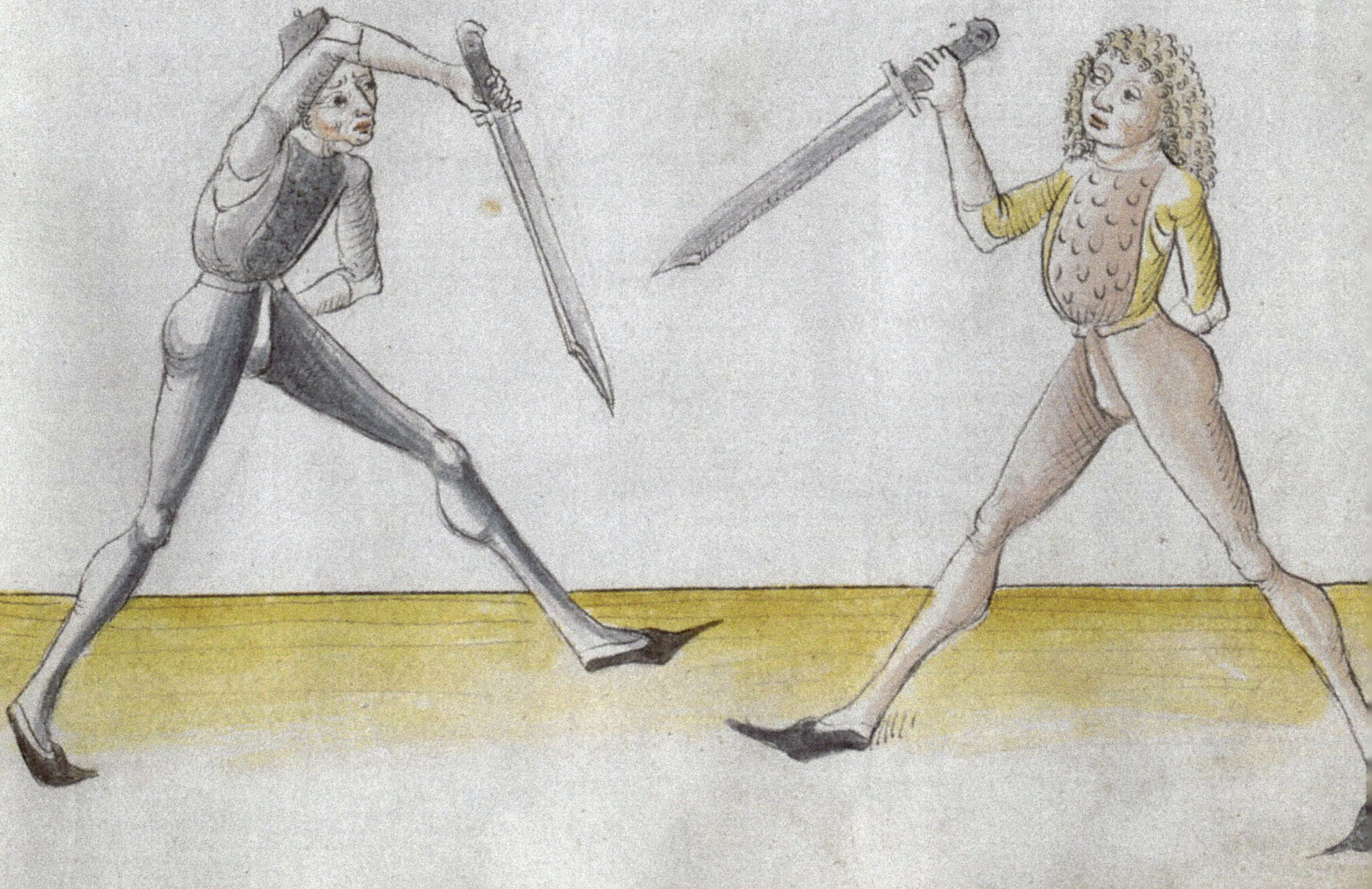

Vier versetzen soltu ab synne
Wiltu dy leger zwingen
Vor versetzen dich hüet
Versetzen dick den man müet

Hie sagt der meyster von dem achten capitel oder stuck ~~Das seyn der vier versetzen dy selben prechen dy vier hut Nu soltu wyssen das dy vier versetzen synd dy vier hutt~~ Das sein dy vier versetzen dy selben prechen dy vier hutt Nu soltu wyssen das dy vier versetzen sindt vnd weyß das keyn versetzen wider dy vier hutt gehortt den dy vier hew dy prechen dy vier hutt

Item der erst haw ist der wecker der pricht dy hut auß dem Stier

Der ander ist der entrustaw der pricht dy hut vom lugynslandt

Item der dritt haysset der zwinger der pricht dy hut auß dem Eber

Item der vierd ist der geferhaw der pricht dy hutt dy da haysset dy pastey wen du dyse stuck treyben solt das pistu zu gutt maß woll vnterricht Da von da dy hew erzelt werden vnd wye man dy vier hutt prechen soll

Item Es spricht auch der text vor versetzen hutt dich Das ist als vill geredt das du nicht vill versetzen sollt Wiltu anders nicht geschendt vnd geschlagen werden Als du den vor vnterricht pist etc

Verneynt sich eber stich zu weren
Langen geraden ort soltu im keren

hie lert der meyster pruch wid den eber und den stich und spricht verneynt sich etc Das soltu also verstan stet er im eber auff seine lincken seitten und will dir stechen auff dein rechte seytten So far mit langen gestrackten ort im indes zu seynem gesicht und vall mit dem hindersten fuss woll hinauss So treffen in in das antlitz und du solt wissen das die pruch mit dem langen ort pesser seyn denn dy vor gemolten auff den hewen Worumb dy hew kume stich selbst vor dem langen ort nicht beleiben sy werden da mit gebrochen etc

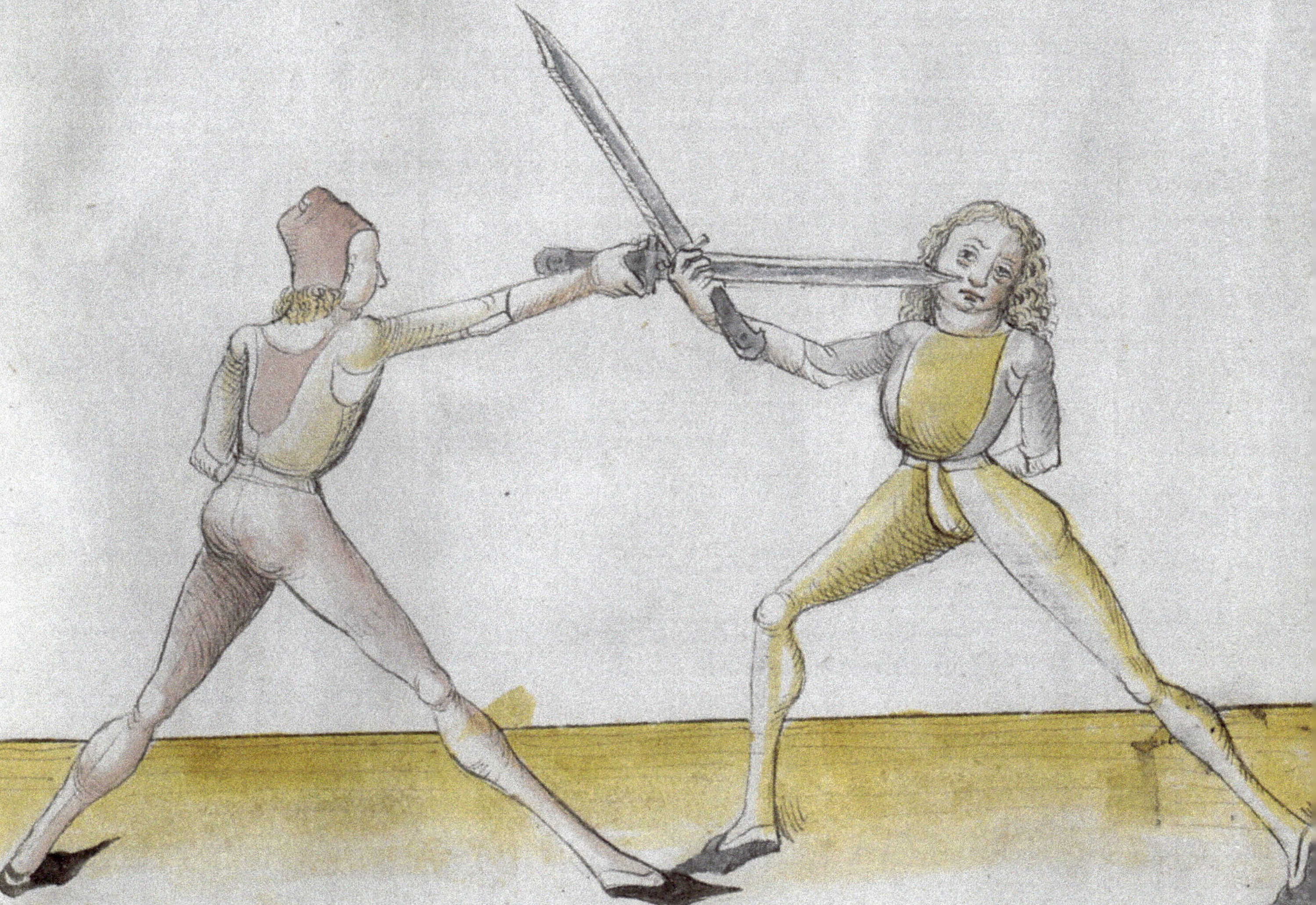

Item Stet er In dem Eber auff seyner rechten seytten vnd
will dir stechen auss der hut zu deyner lincken seytten So
bieg dich mit deyner messer auff dy erden das der daumen oben
stee auff der flech vnd dy kurtz schneyd gegen dem man vnd
far im mit gerade langen ort zu dem gesicht wie vnden
gemalt stet etc.

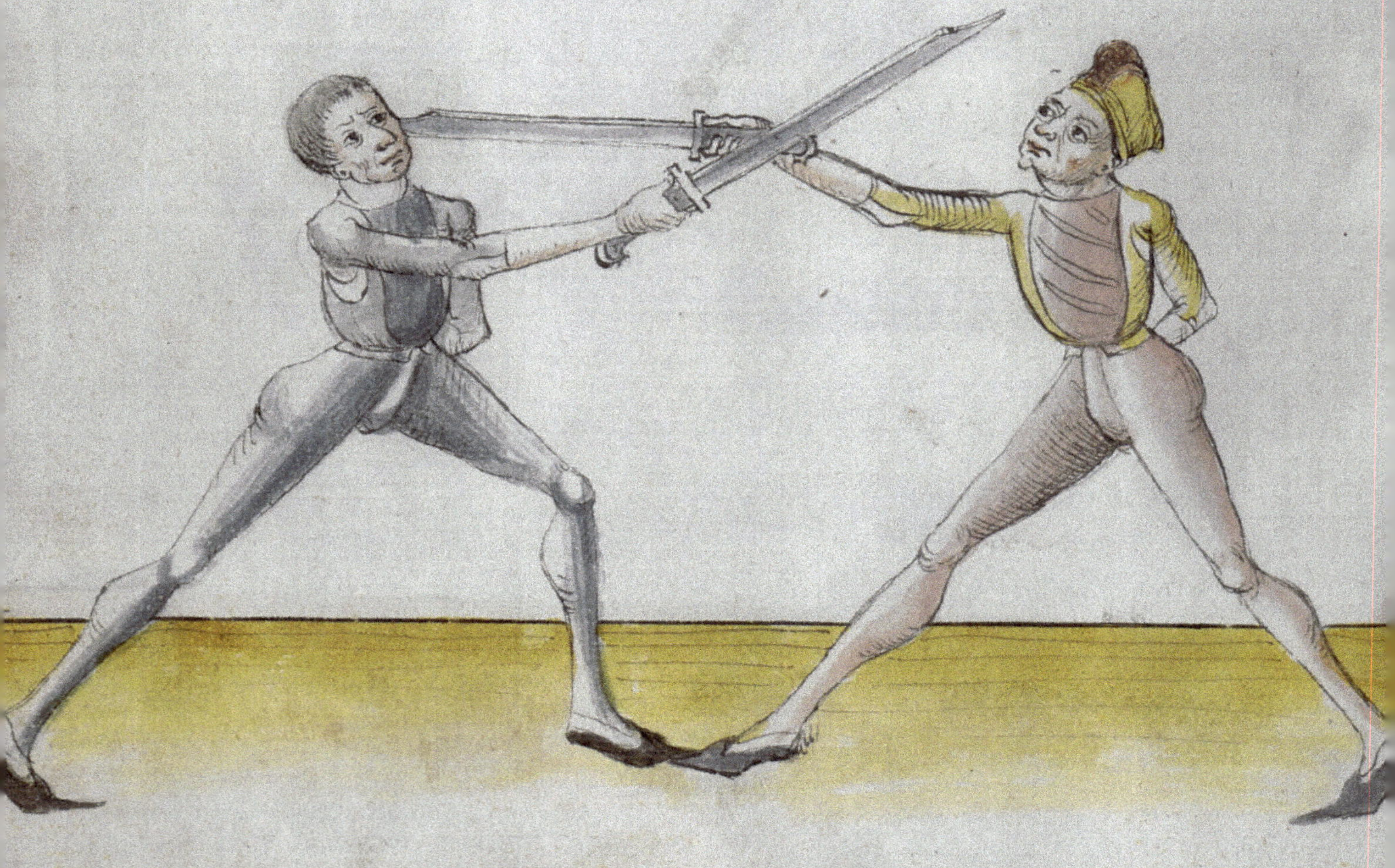

Item stet er In dem Ochsen auff seyner rechten seyten vnd
will dir zustechen auß der selbigen hut so tritt var aber
gerad auff vnd stich Im zu dem gesicht mit dem langen ort
wie voren gemalt stet etc

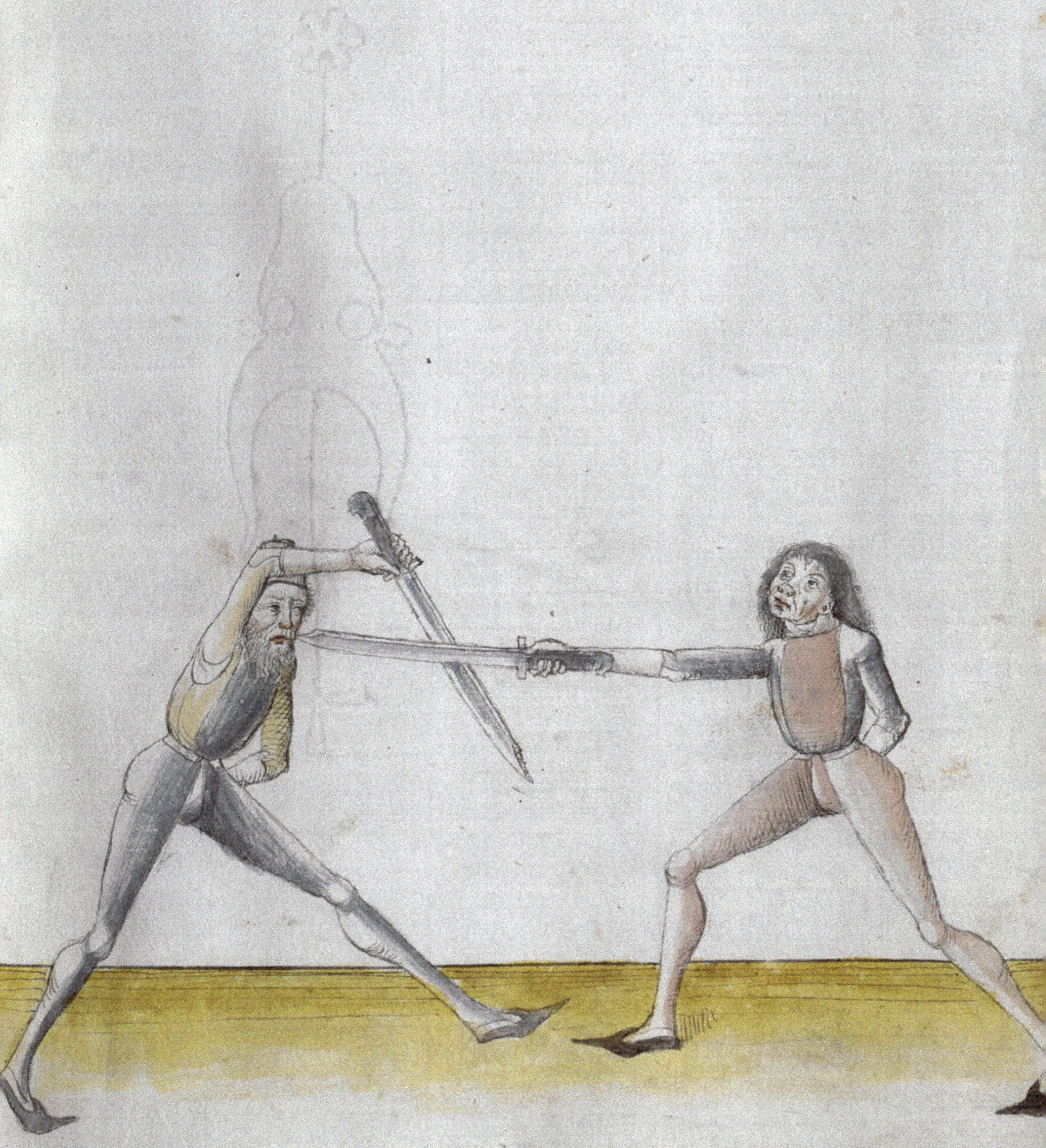

Item Stet er In dem Leuen auff seyner lincken seytten vnd
woll dir also zu stechen wie vor So far auff mit gestra
cktem ort vnd stich im zu seynem gesicht ader kelen oder
prust wie vnden gemalt stet vnd mit disen prauchen
prauchstu dy vier hut an allen pasten etc

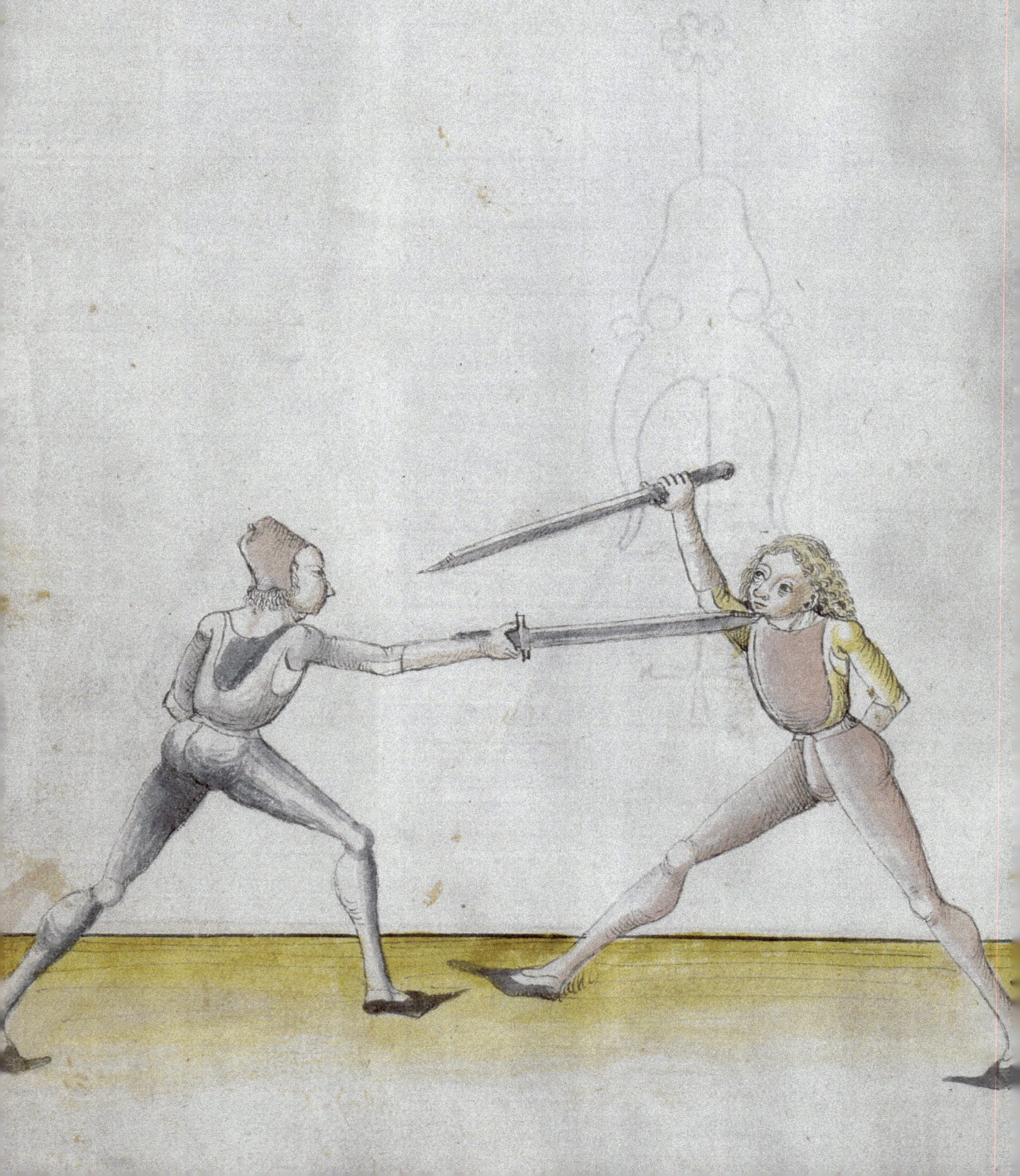

Du solt an setzn
vnd an vyer endn In letzn
Er kumb obn oder vndn
Mitt gerad yst yn verbundn

Hie sagt der mayster von den an setzn vnd das ansetzn yst ein gutz kunstlichs stuck vnd gett kohent zu den vier zimmen vnd gehortt zu treybn als pald du ent wilt gebn mit de mayster vnd treyb dy ansetzn also leg dich In dy hut pastey Will er den obn ein hawen oder stechen wo seyne rechtn seyttn So kum vor vnd scheuß Im den langn ortt zu der mayster pluß seyne linckn oder rechtn seyttn dar

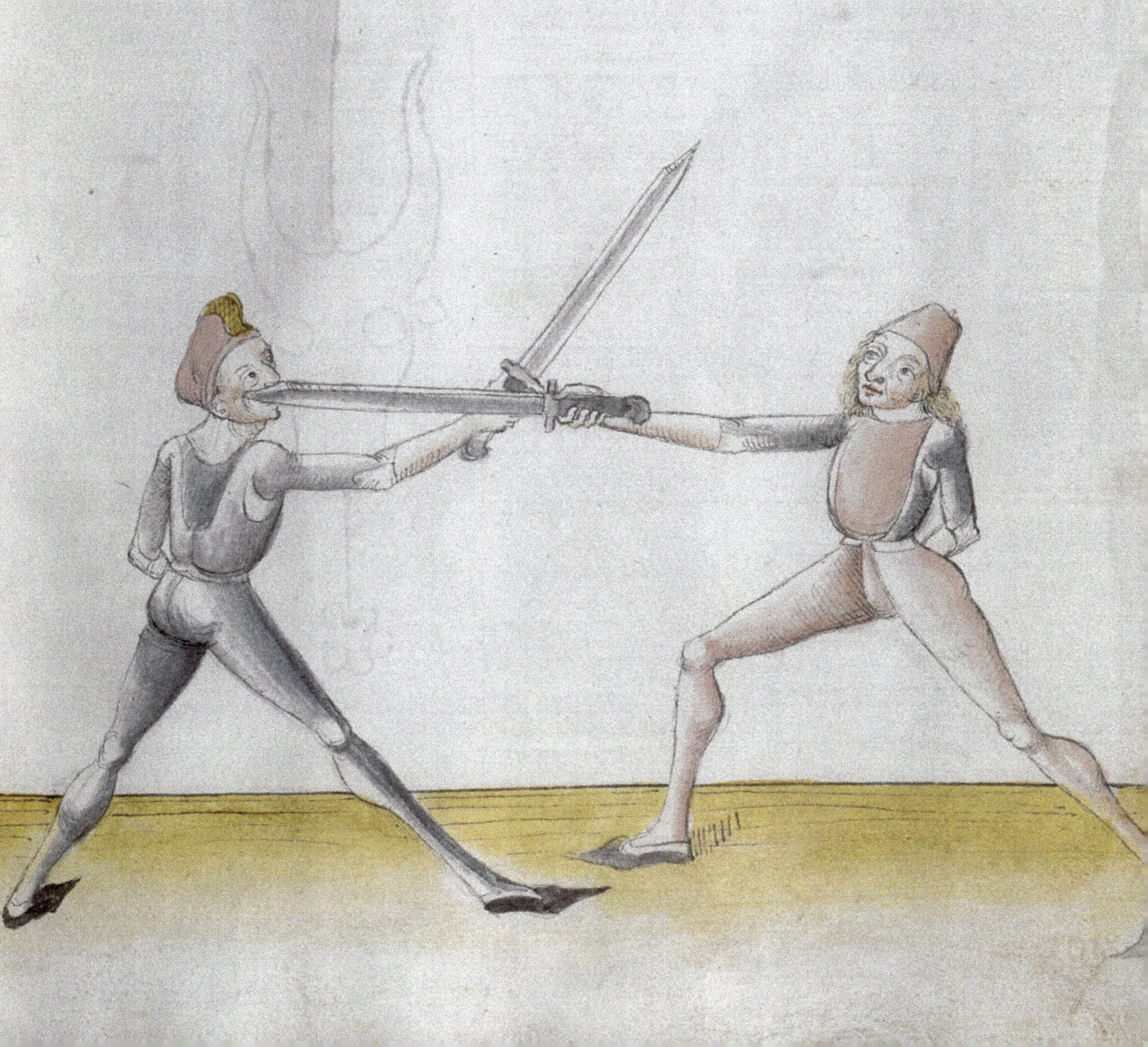

Item hawt er von obn eyn seyne linckn seyttn So kum vor
mit der versatzung vnd scheuß im den ort lanck eyn zu
seyne rechtn seytn zu der negstn ploß etc

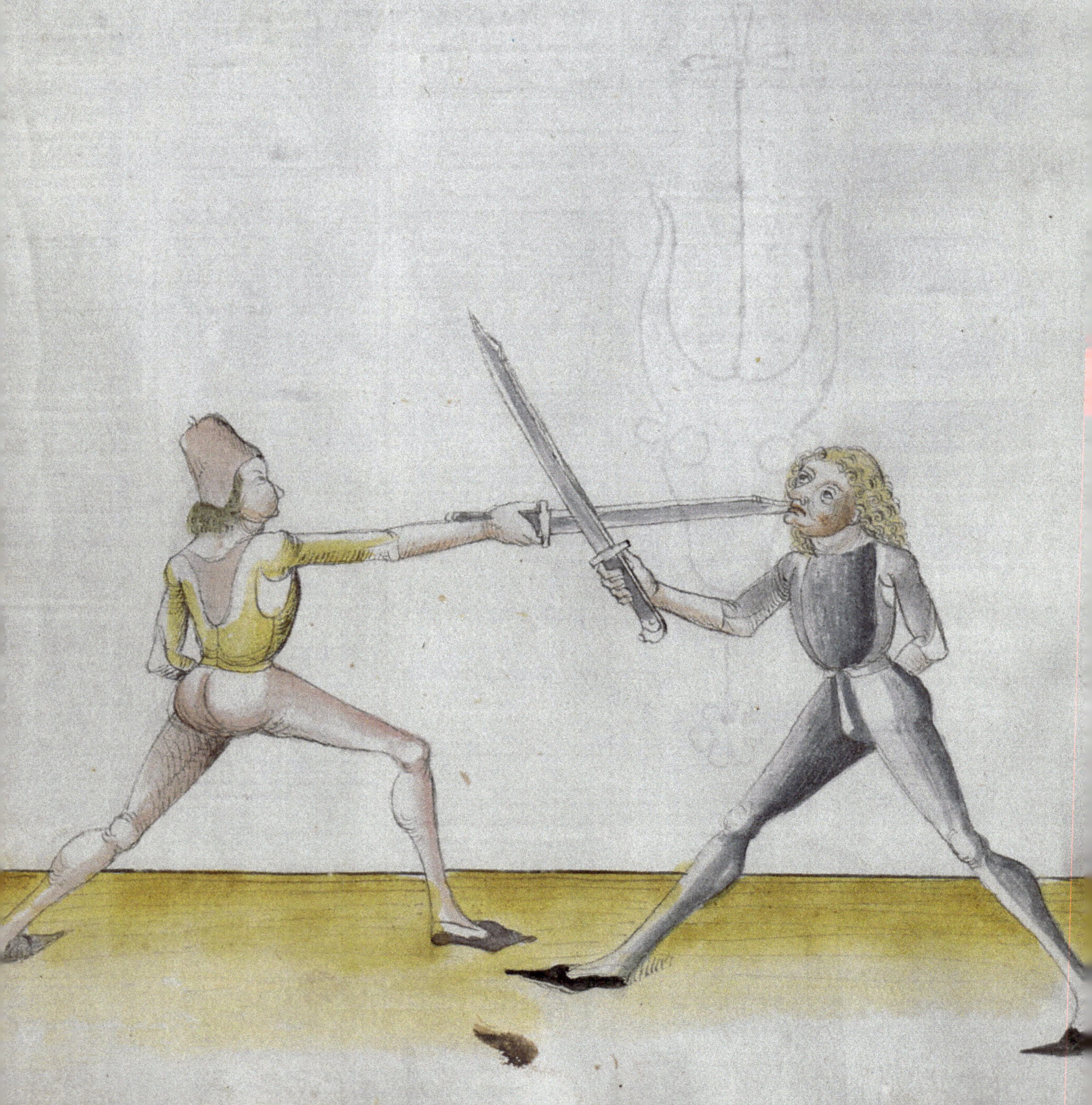

Jtm haut er dir dem von vndn auff seyn rechter seyttn so scheuss
jm den ortt lanck eyn Zu der negstn ploss seyner lincken seyttn ec

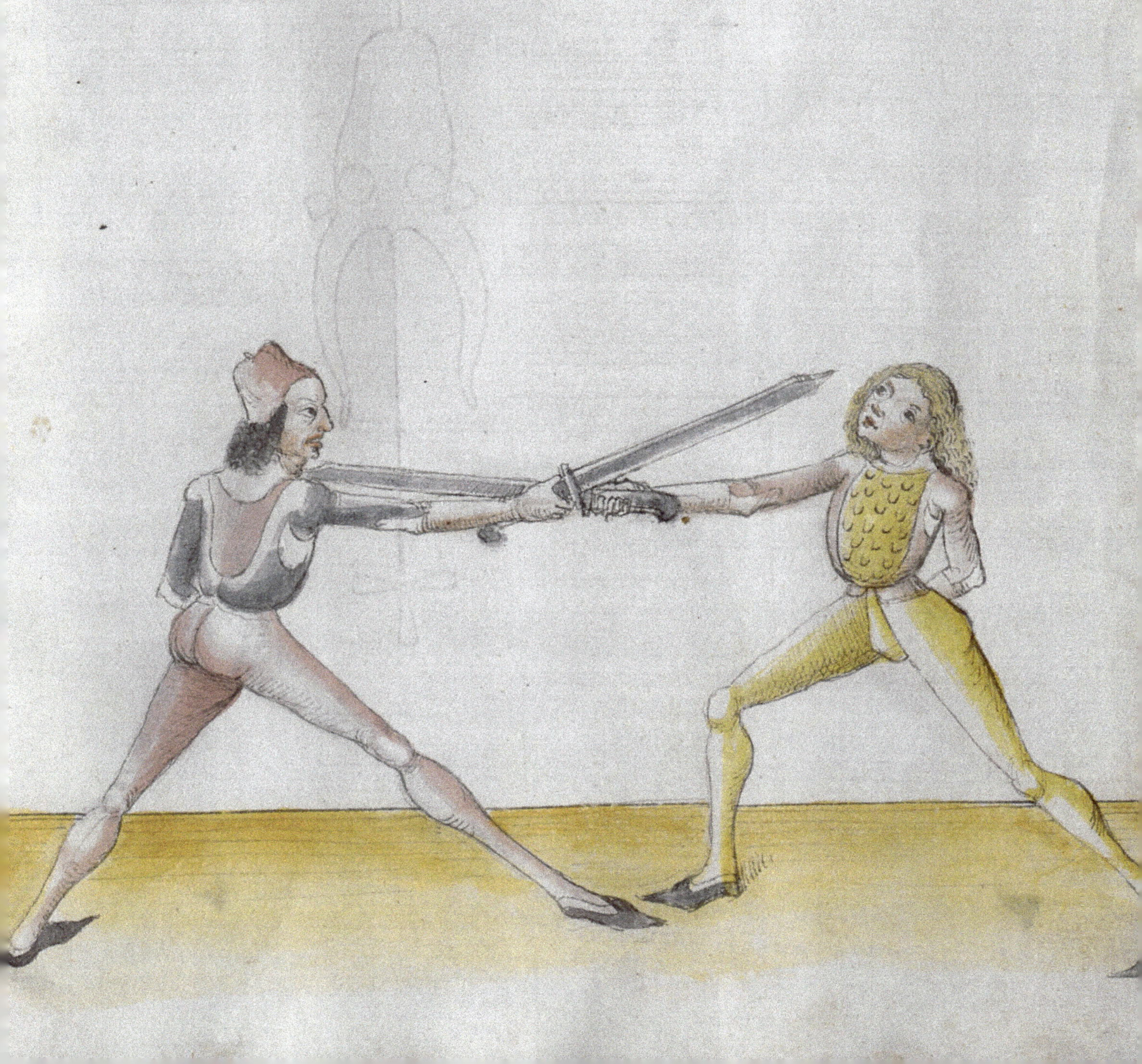

Item oder hawt er dir zu von vnden auff von seiner lincken
seytten So scheuss im den ortt lanck ein zu der vndern ploss
seiner rechten seytten wirtt er des schuss gewar vnd
versetzt So pleyb mit dem messer auff seyme vnd arbeyt
behentlich zu der negsten ploss etc

Item du solt auch wissen als pald jr zusammen kumbt
im zufechten vnd als pald er seyn messer nerer hebt
vnd vmbschlagen will Also pald soltu im den ortt setzen
vnd stechen nach der negsten ploss will er aber mit dem
messer nicht gan so soltu selbst mit deyme messer gen
vnd als offt du ein schlag endest als offt wil indes jm den
ortt kanstu dy aussern recht treyben so kann er an schaden
nicht von dir kume Sequitur textus

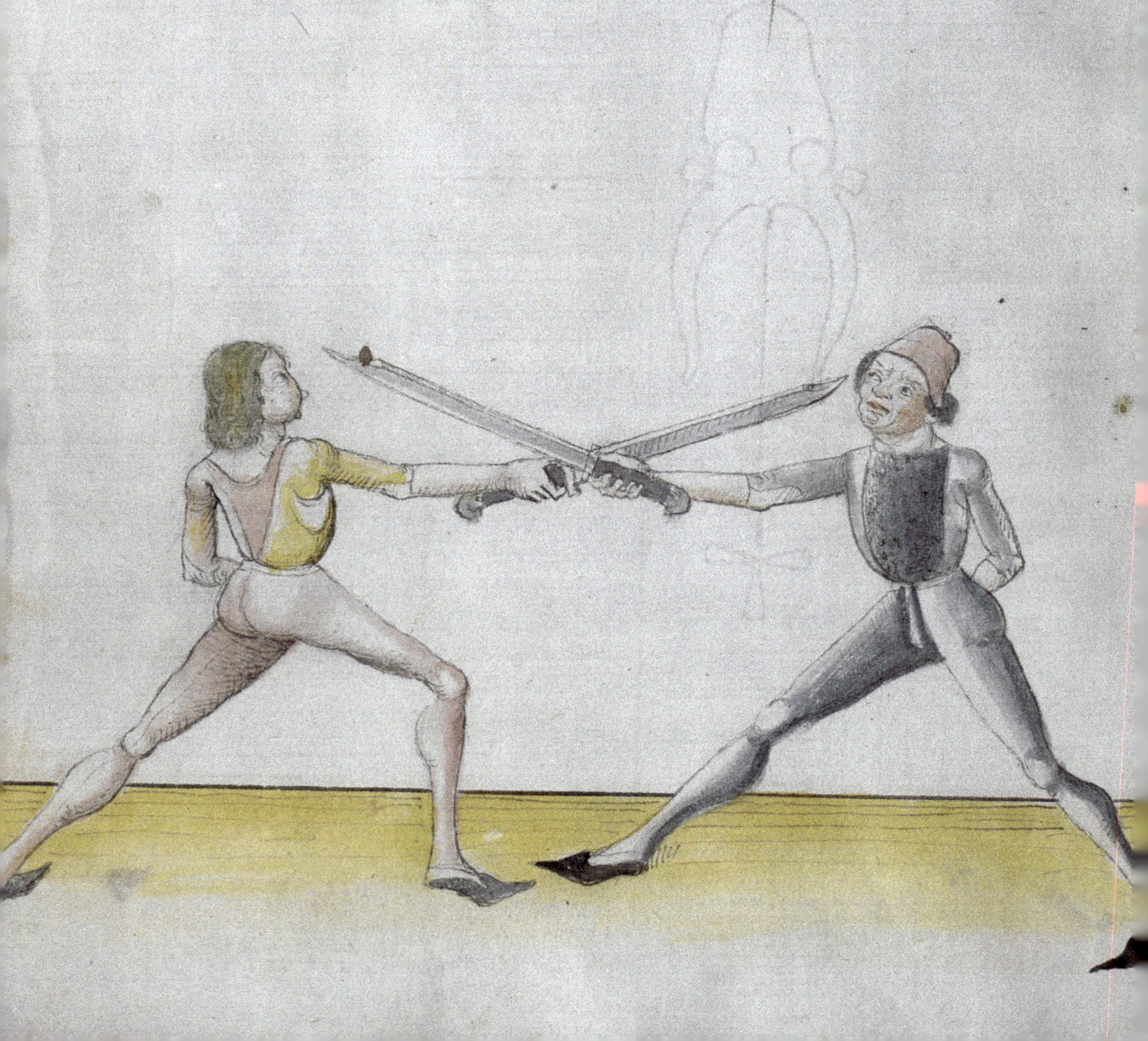

Ler nachraysen
Zu vor dy schnydt tzu weysen
Zwifach ler dy machen
Mit kunsten dich solt besachen

Hie sagtt der meyster von dem newden capitel und stuck das ist das nachraysen der ist vill und mangerlay dy gehören zu treybn mit grosser fursichtikeit gegen den fechtern dy auß langen freyen hewen vechten und sust von rechter kunst des meysters nicht halten und dy sich verhawen und schlahen nach den prechen und nach den seyten und dy sy vor dem man abziehen und mach das nachraysen also wenn du mit dem zufechten zu dem man kumbst so setz dann linken fuss fur und ster in der hutt langensland und sich eben was er gegen dir vicht hawt er dir den von oben lanck eyn von seyner rechten achsel so wartt das er dich mit dem haw nicht erlang und merck dy weil er seyn messer untersich mit dem haw lest gen gegen der erden so spring mit dem rechten fuss zu und haw im oben zu der plos seyner rechten seyten e wenn er mit dem messer wider auff kumpt etc

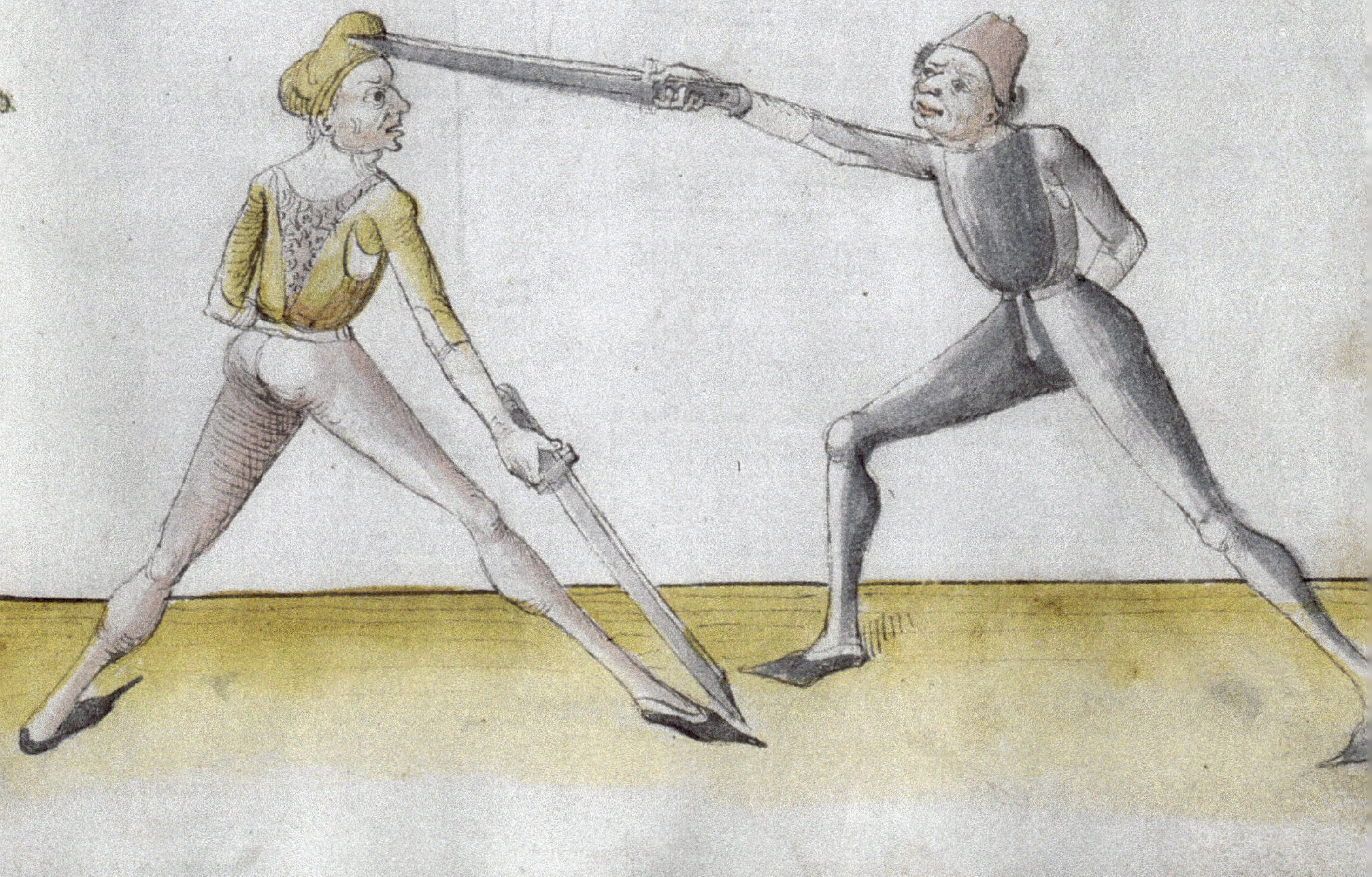

Itm ein anders stuck wenn er sich verhawet vnd du im
nach hawgst stett er denn pald auff mit dem messr vnd
versetzt So pleyb mit der rechtn schnaydn auff seynem
messer starck trett er denn mit dem messer vbersich So
spring mit deine lincken fus woll hin seyne rechtn
vnd schlag im zu dem kopff seyne rechtn seytn sachs
mach was du wild vnd merck allweg ob er weich
oder hertt im pindt sey Dar vmb soltu wissn dy erfindn
des messers etc

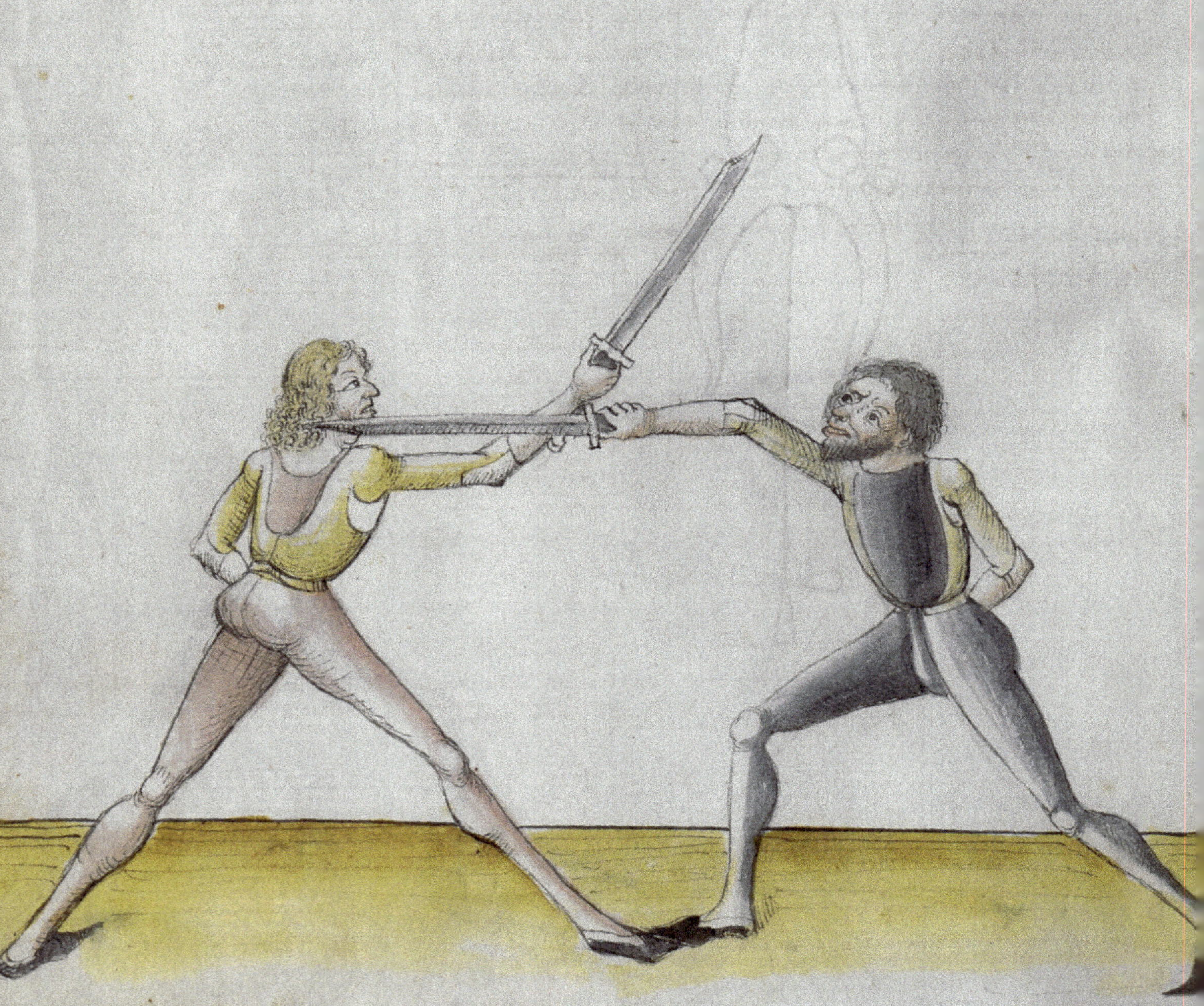

Item aber ein stuck wenn er sich vor dir verhawet und du nach im hawest pindest denn auff sein messer gegen seiner lincken seytten Schlecht er denn auss der versatzung mit dem entrustaw pald umb dich Zu deine(r) rechten seytten So kum widder mit dem entrusthaw voran under sein messer gegen seyne lincken seytten an seyn hals oder treyb den schnyt oder var auff mit dem gehultz und senck den ort in sein antlitz oder prust und schreib in alzo zu auch yeder erbeyt nach den synne etc

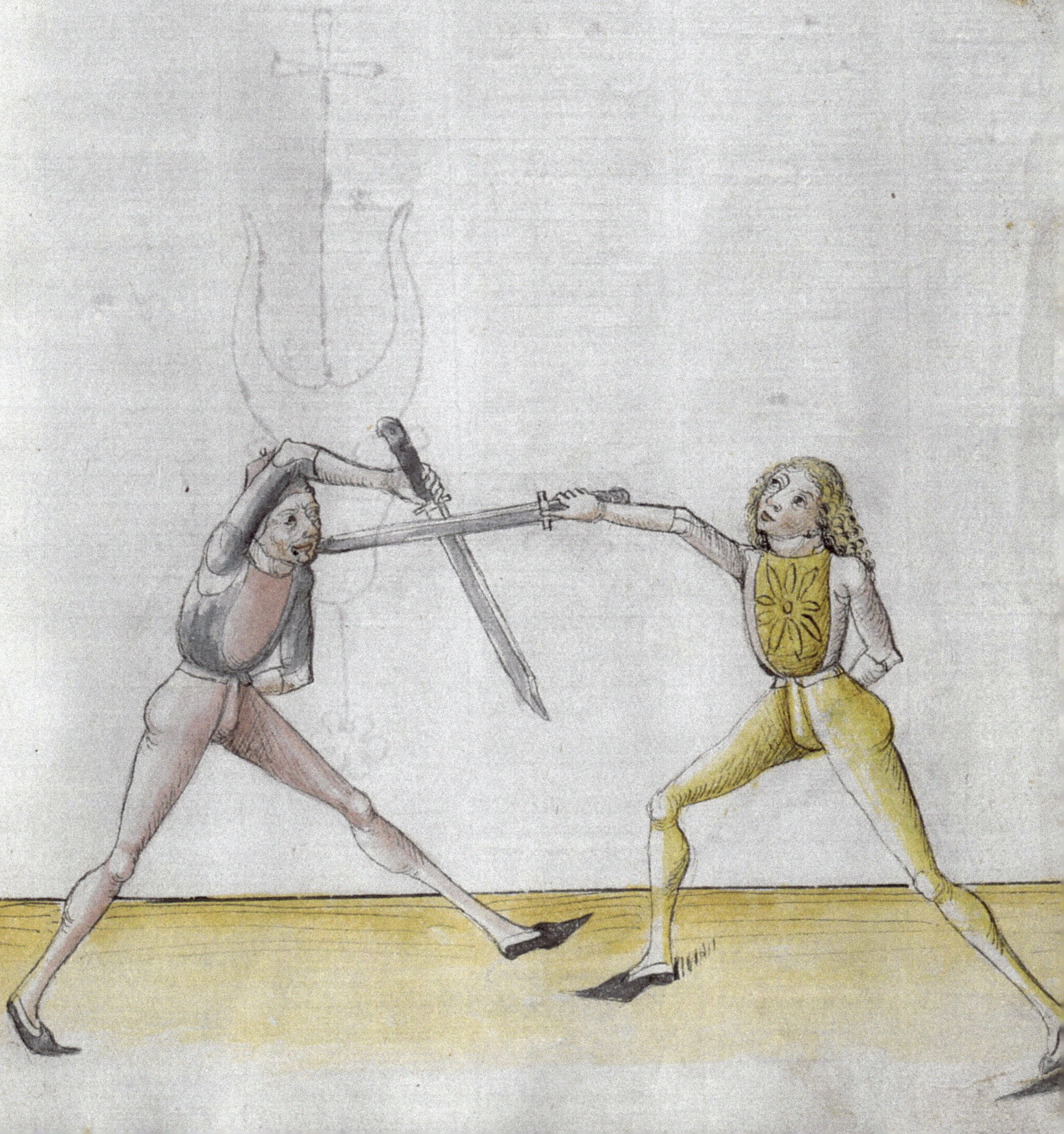

Item aber ein stuck leg dich in den hutt passen stee mit deynem
lincken fuss fur Will er dir den vnd seyne rechten seytten hawen
auff das messer indes weich auss dem haw mit dem messer
auff seyn rechte seytten vnd stich im mit gestracktem arm
vber seyn messer vnd schreyt mit dem rechten peyn hyn
nach Ist er als behend vnd versetzt den stich indes fare
auff behendlich mit gestracktem arm wendt auff seyn
messer im den ortt starck zu dem gesicht etc

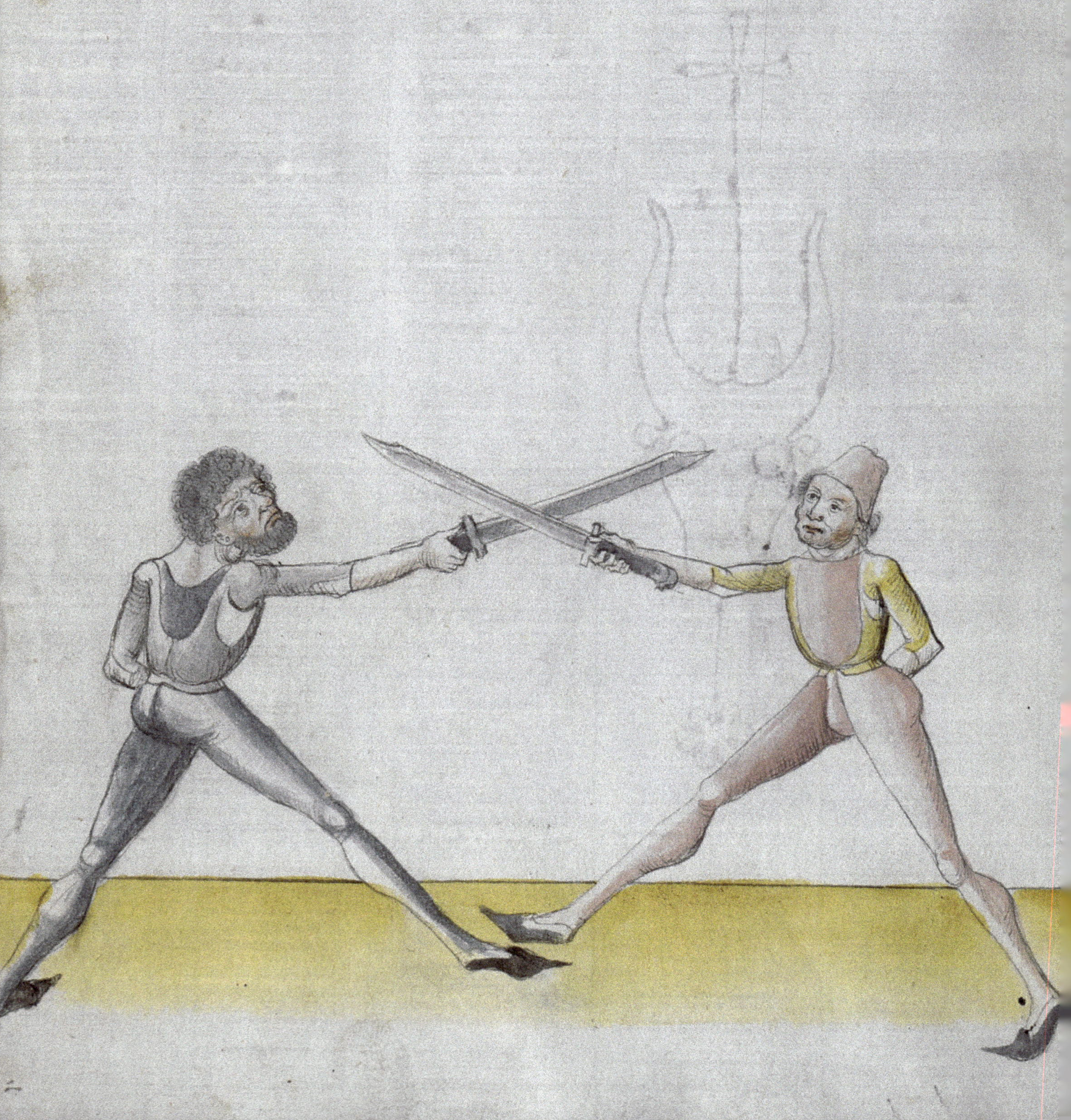

Itm du magst die nachraysz zu peyden seytten machen vnd
dy schnyt auch dar eyn prengen vnd thu im also wenn er
sich vor dir verhawet es sey vo der rechten oder lincken seytten
So haw im frolich nach der plosz fert er dann auff vnd
pindt dir vorn an das messer So merck als pald eyn messer
an das ander plitzt so fal im vnden mit der langen schneyden
in seyn arm vnd druck mit dem schnyt vbersich oder schneyd
im in das angesicht etc

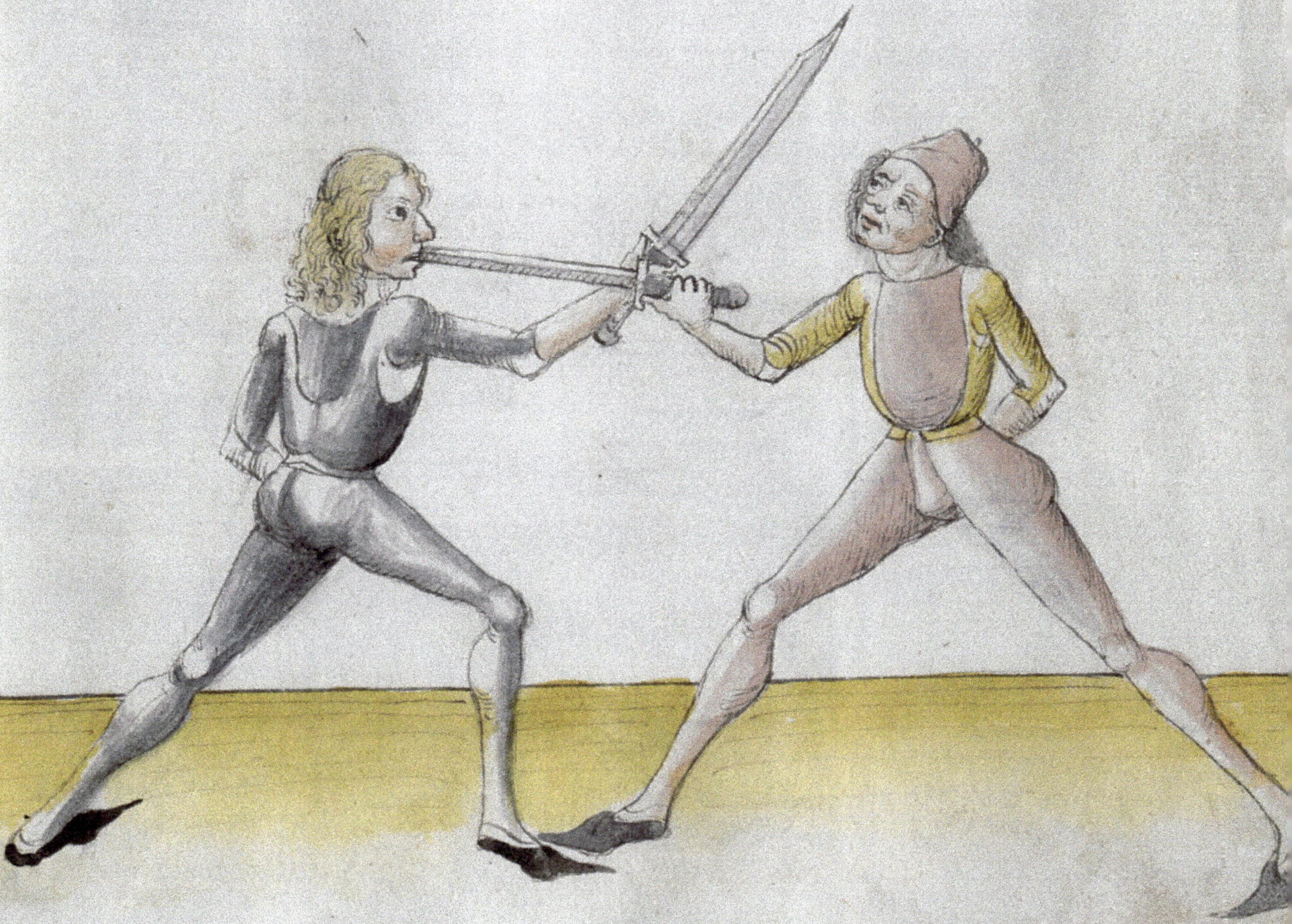

Umb das haubt will er gahen
Zu halz linck soltu schlahen
Hie hatt der meyster aber eyn nachrayssen vnd sprach vmb das
haubt etc. Das soltu also verstan ligt er in der zwirch
auff seyne lincken seytten gegen deyner rechten vnd will vmb
seyne kopff schlahen zu deyner lincken seytten so bleyb
mit deyme meyster also ligen vnd var gerad yn vnd
haw im durch seyn hals wie vnden gemalt stett etc.

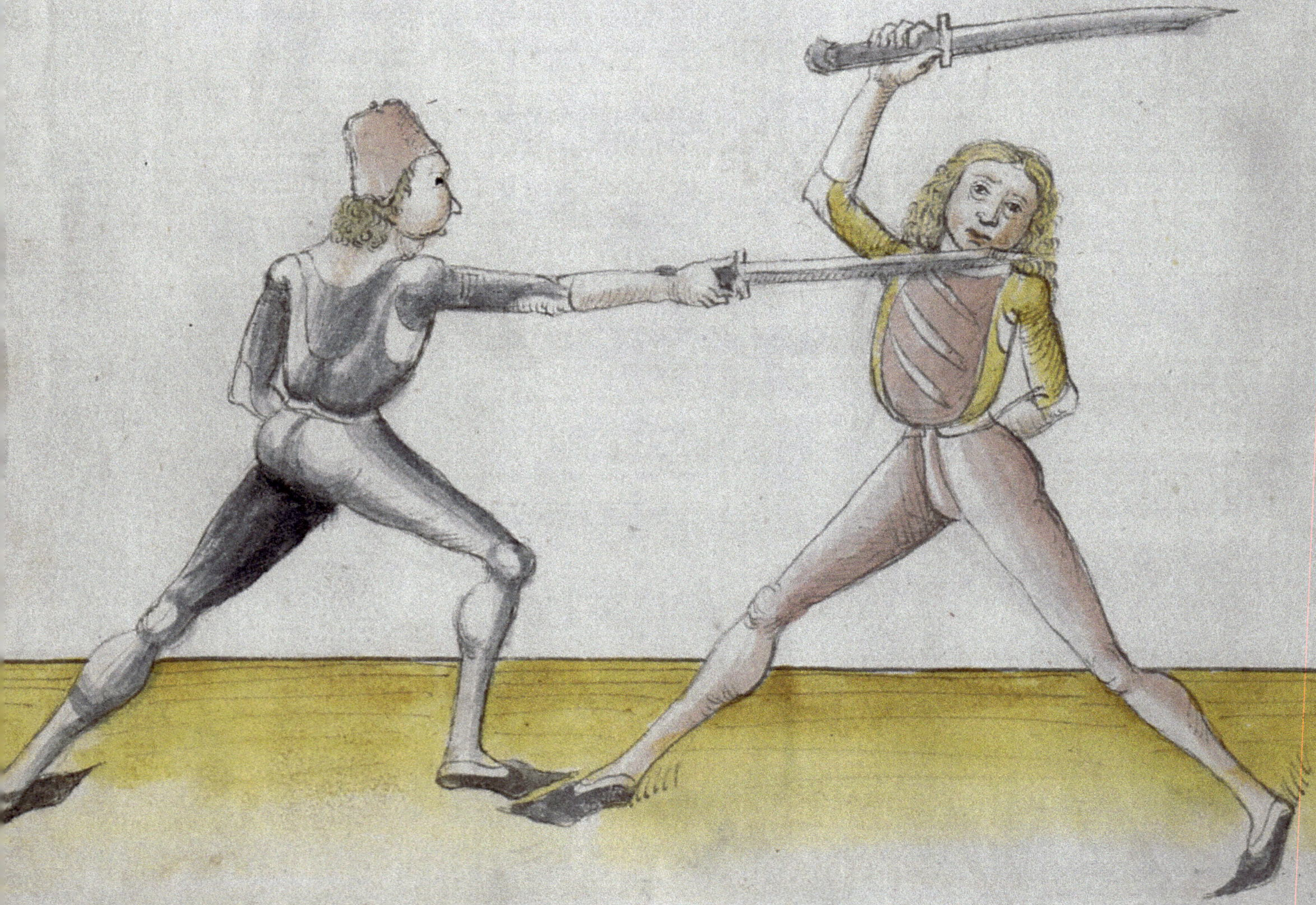

Verhawen sy sich dy ůfslappen
Nachrayß zwo in der alten tappen

Das ist also verstan wil dich ainer in deine pauch schlahen und wil da mit sein werck pringen so merck als pald er mit dem haw wider gatt so schlag im nach seine haubt wie unden gemalt stet etc

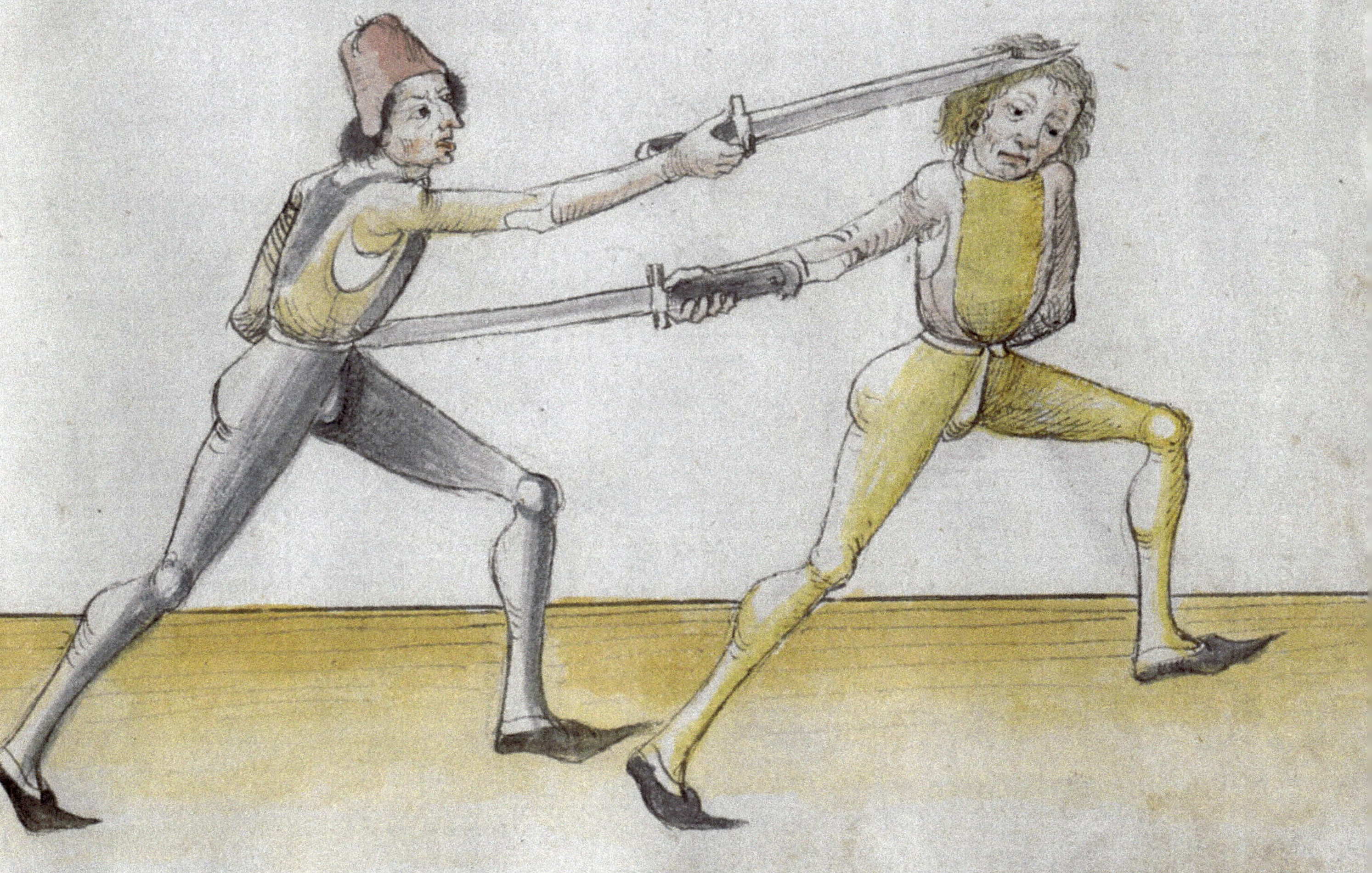

Pogen mit schilt rechtz dich solt bebaren
Nachraysen will er den nach faren

Hie lert der mayster wie man dy nachraysen versetzen sol vnd spricht pogen mit etc Das soltu also versten hastu dich verhauet auff deyn rechte seytten so soltu mit dem pogen faren vnde deyn messer das der daumen vnden stet an deyner messer vnd das gehultz gegen deyne lincken seytten will er also nach raysen so vach den schlag auff dy zwerch deynes messers das dy lincke schneyd gegen im stet etc

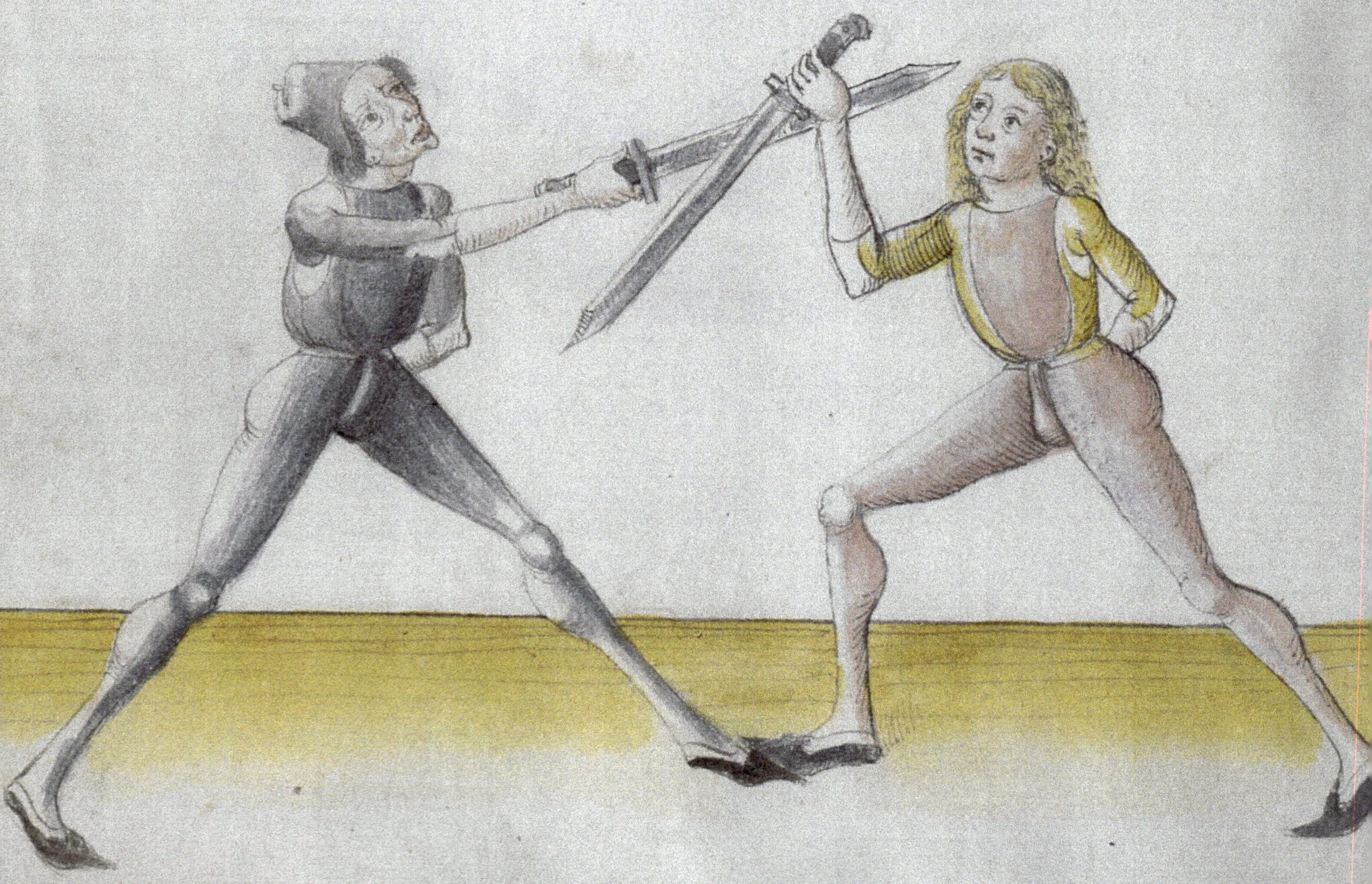

Pogen vberwindt wang ler stechen
vnd mit ortt den pogen sperren

Das soltu also versten Will er auff faren mit dem pogen vnd versetzen dy nachraysen Indes wind vber sein messer auff sein rechte seytten vnd stich im mit dem ortt nach dem rechten wang seyner rechten seytten ꝛc

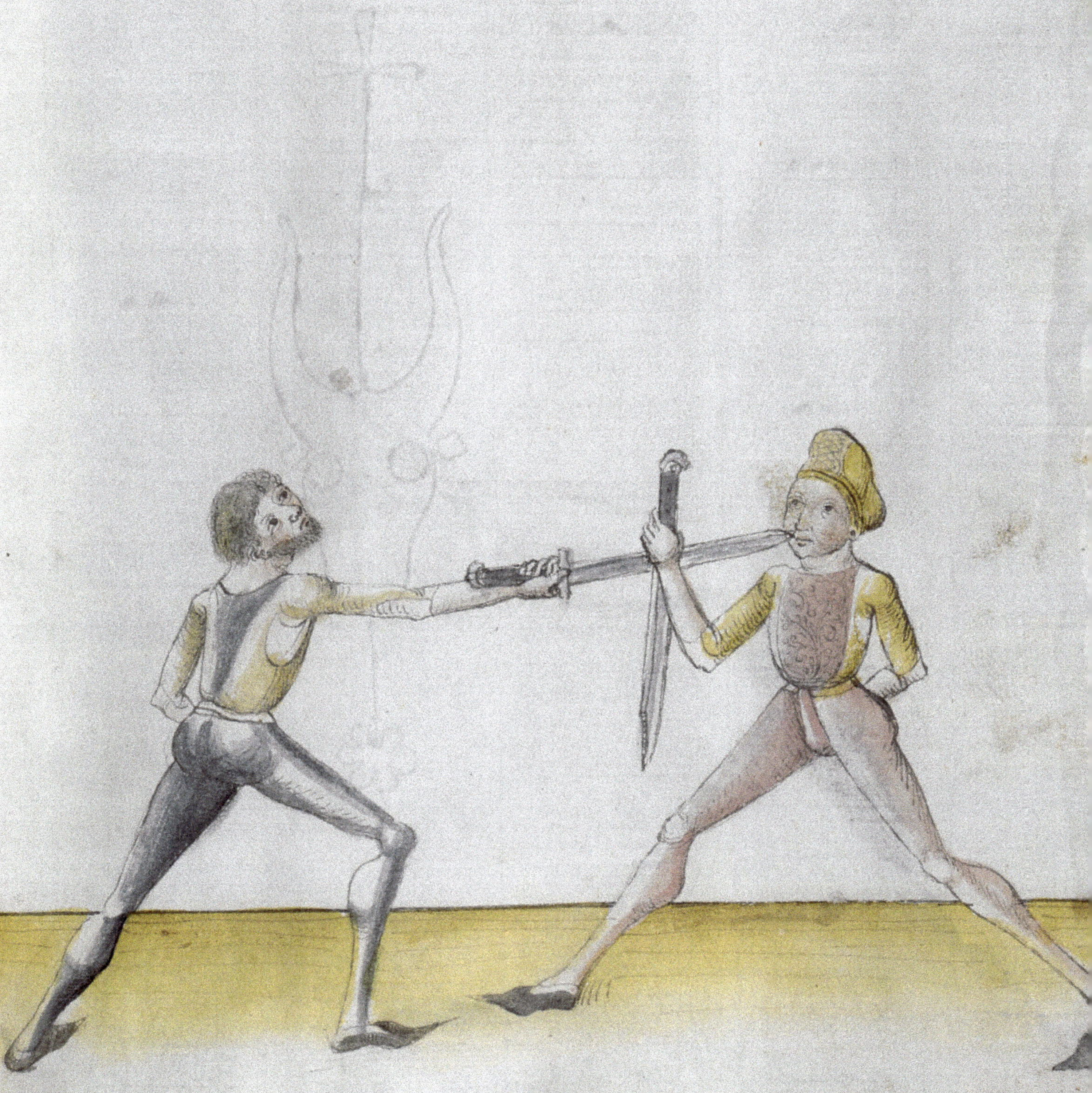

Oberzwinten mit ortt woll er possen

Uber sax mit cluß : schlag zu gesicht thu stossen
Hie lertt der meyst' eyn pruch wid' den vordpruch und
helt das also versten wendt er dir zu deyne' rechtn
ein und woll dich zu dem twang streichn wie vor jedes
sax mit dem gehultz uber seyn streych des messers und
schlag od' stech im zu seym angesicht etc

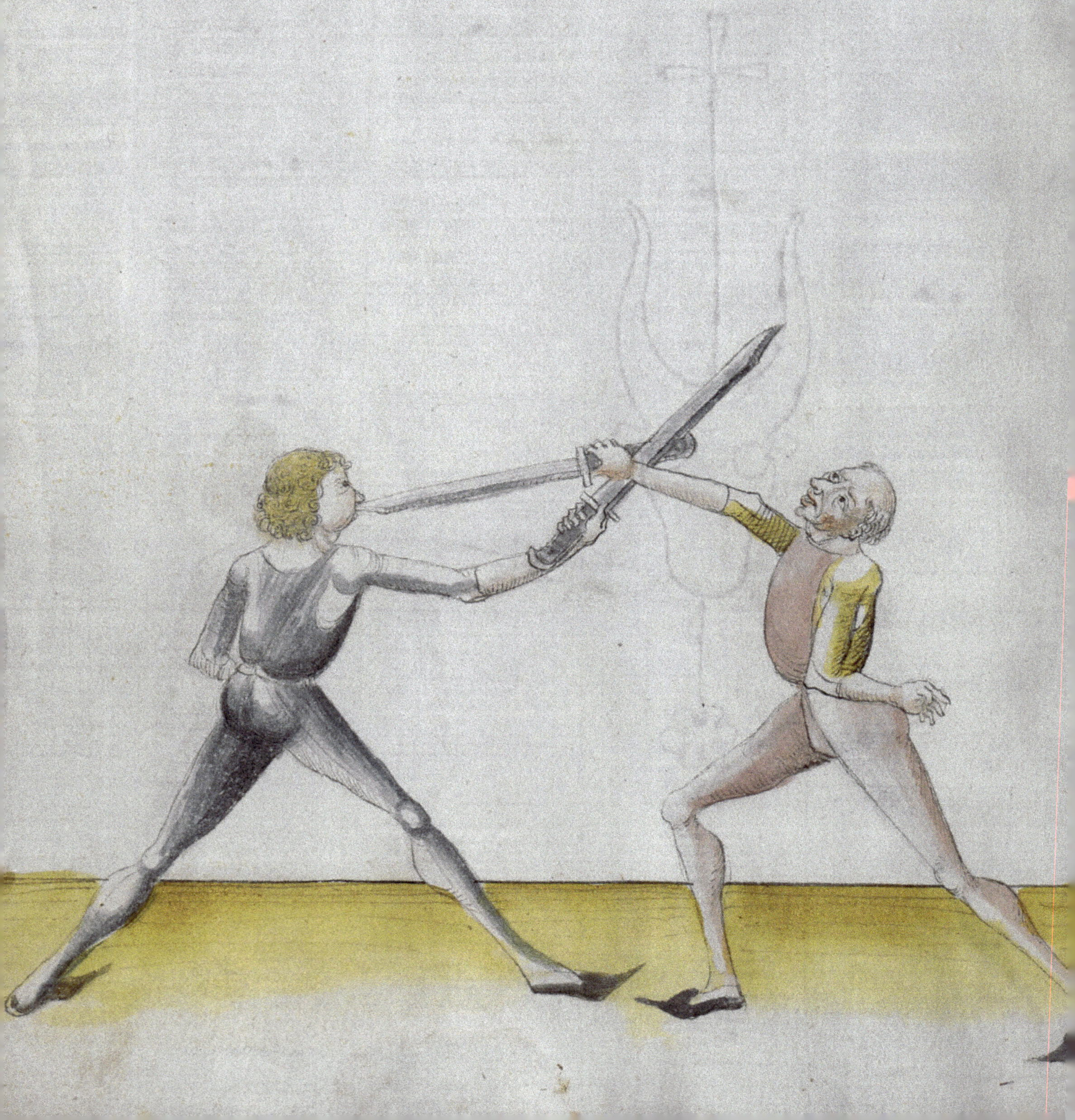

Auff linck solstu auff pügen
will nachraysen dich betriegen

Das soltu also verstan hastu dich verhawen auff dein lincke seytten vnd er will dir nachraysen so fare auff mit dem pogen vnter seyn ingß das dy lang schnyd gegen im stee wie hinden gemalt stett etc

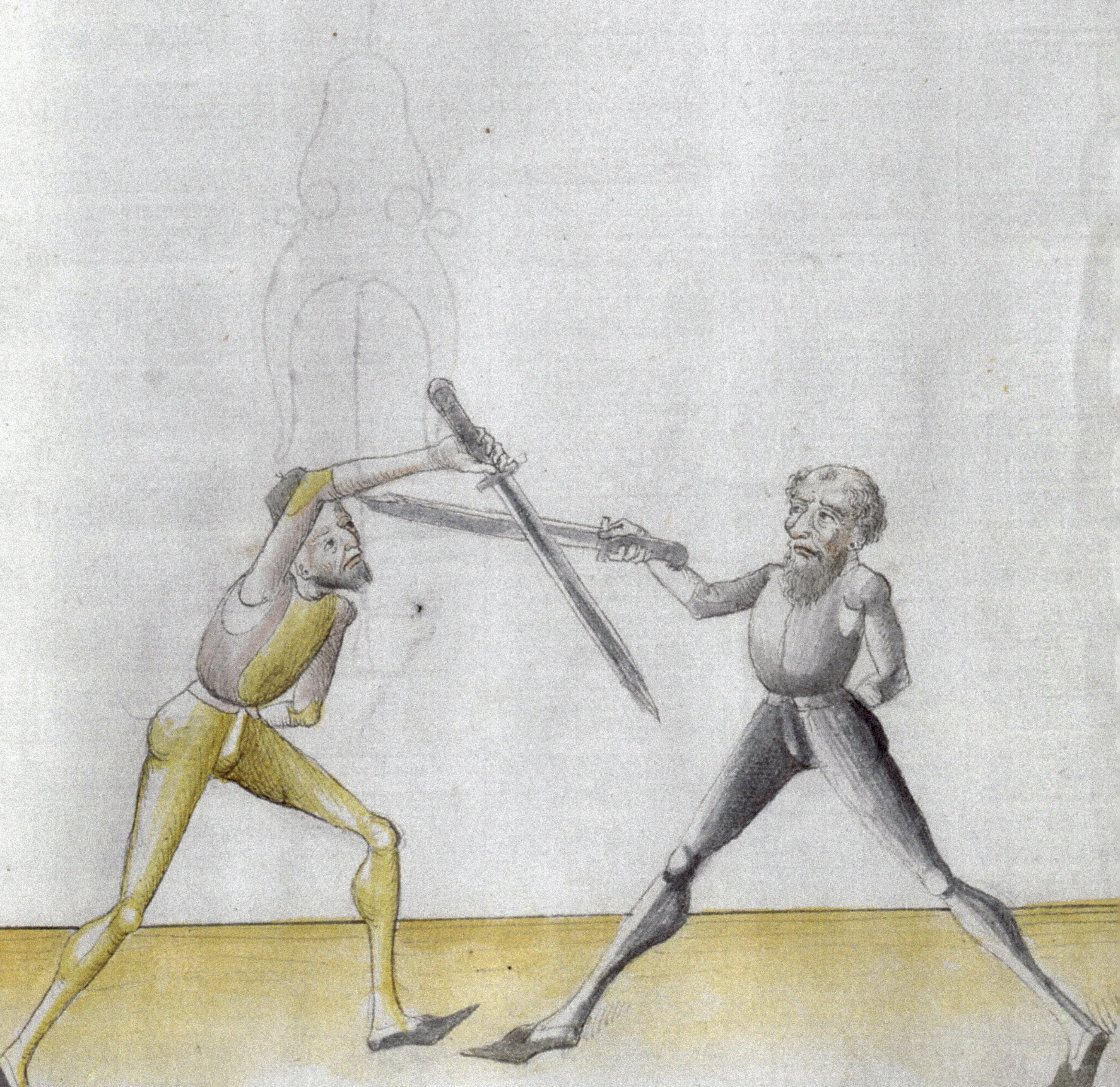

Wwndt ortt linck auff pogen

Machs den krieg er wirt betzogen

Das soltu alzo versten gett er gegen dir mit dem pogen vo seyner lincken seytten So arbeit im mit dem krieg zu seyne oren des lincken wangs Vnd wwndt auff sein lincke seytten das der daum jnne stet gegen dir vnd dy lang schneyd oben vnd stich im zu seyne antlitz ad wo du hin wild etc

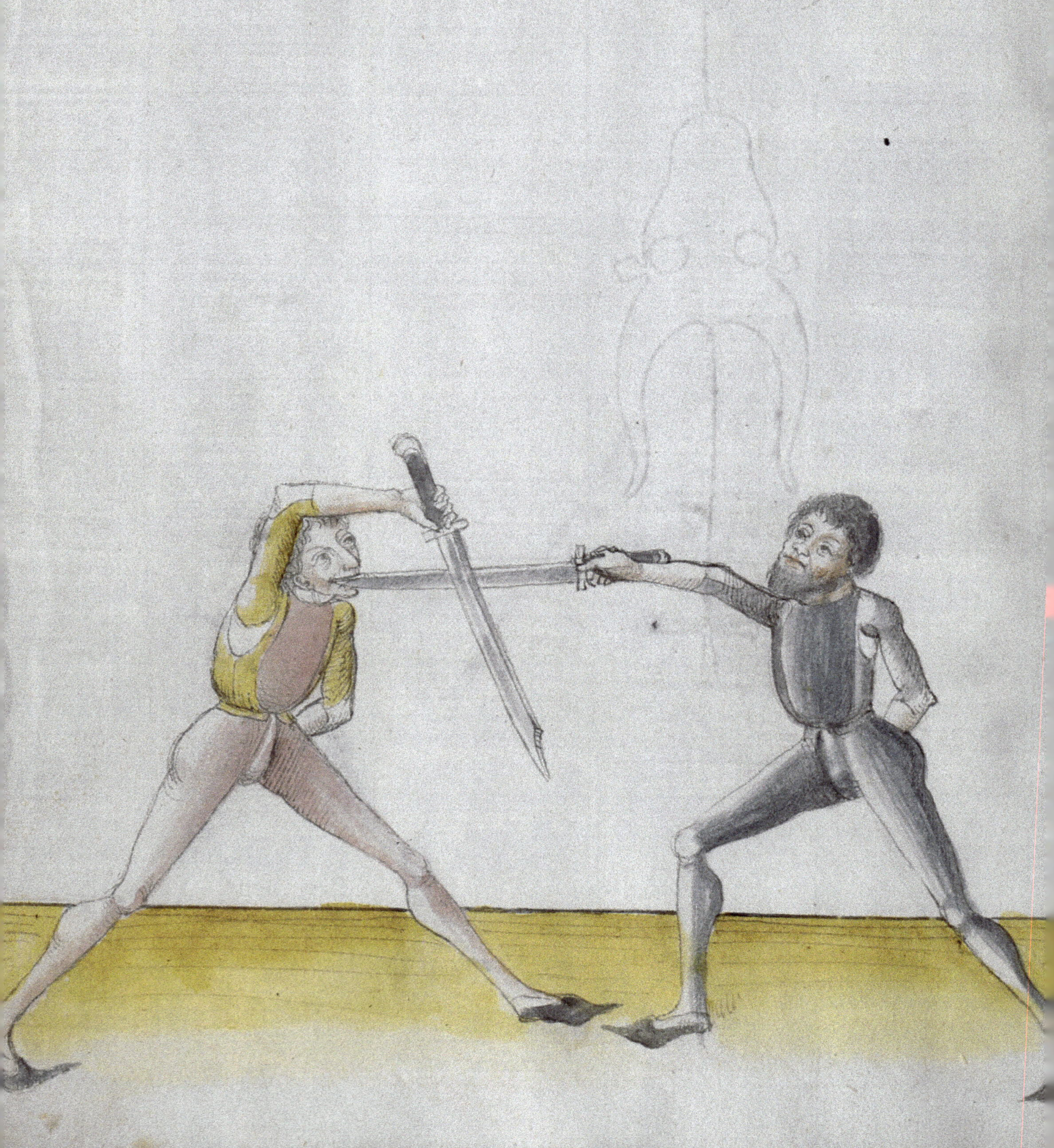

Wyndt er vnd lest ett schawen
Ser vberstich ett stich oder magst hawen
Hie lertt der meyster eyn pruch wider den kegenwelten
pruch Wyndt er dir zu dem angesicht wye sere du haw
Indes vberstich mit gesencktem ortt mit der langen schneydn
In seyn gesicht Oder stich In zu der tenn zc

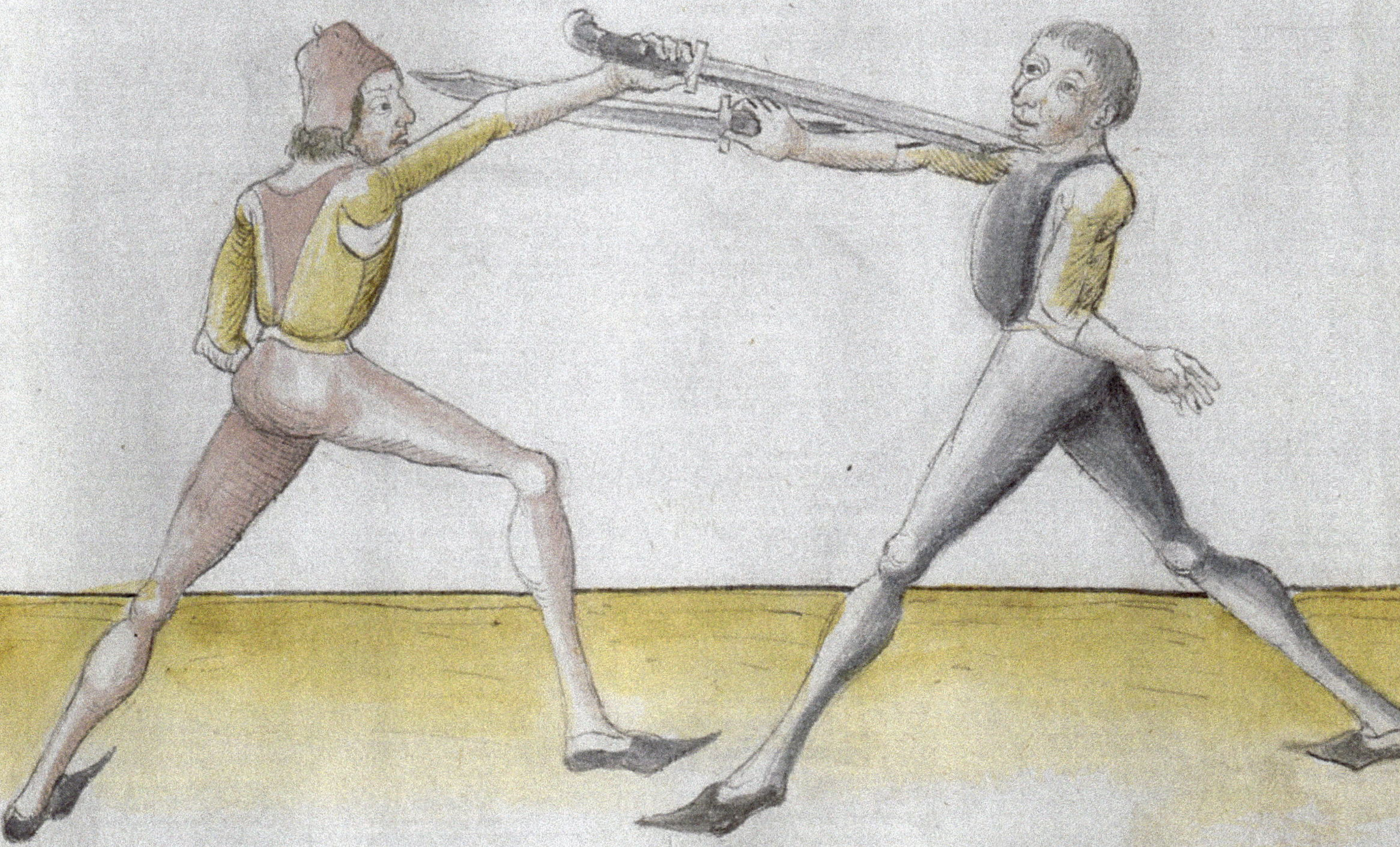

Will er als vor hawen

Ortt gerad macht jm grawen

Das selbig also versten hawt er dir zu dem gesicht als hie gemelt
ist oder will dich dar eyn stechen so pleyb also sten vnd stich jm
mit dem langen ortt mit gestrackten arm jn das angesicht
So kann er dich mit seyme haw nicht erlangen zc

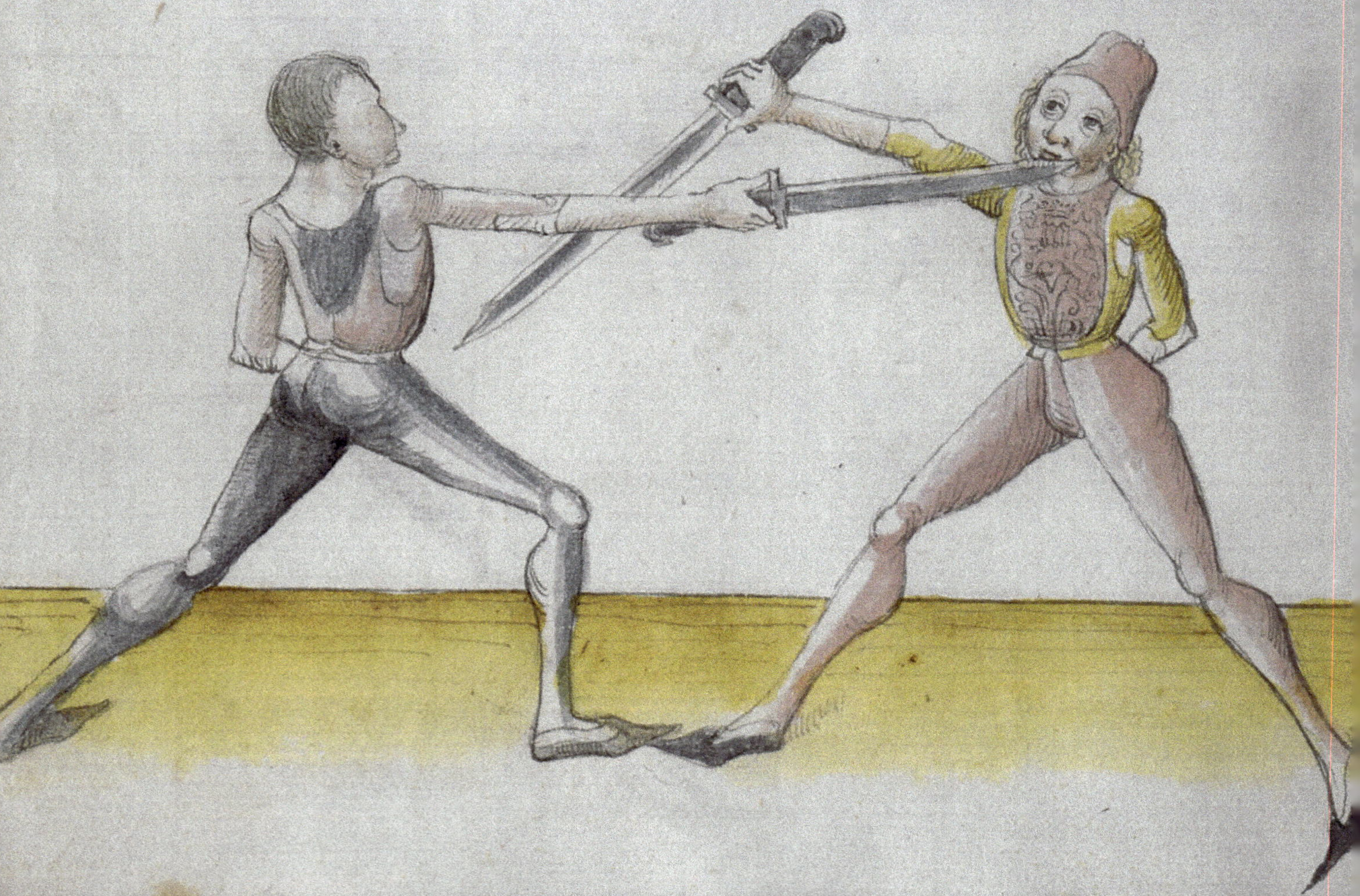

Vberlauff dy vnter ram
Sterck vnd In bestham
Ist dy versatzung der pracht
kurtz ortt wind piß bedacht

Hie sagtt der meyster von dem zehnden capitel Als von dem vberlauffen vnd spricht vberlauff ec Das verstee also Wenn du mit dem zwerchhaw zu dem man kumbst hawtt er dir dann vnden zu das versetz nit Sunder merck wenn seyn vnterhaw od halphaw gegen dir gen So haw Im von deyner rechten achsel von oben lanck eyn vnd scheuss Im den ortt lanck zu dem gesicht vnd setz Im an so kann er dich vnden nicht erlauffen Fertt er dann von vnden auff vnd versetzt so pleyb mit der langen schneyden starck auff seym messer vnd hebes har auff mit dem arm wind vnd heng Im den ortt zu dem gesicht Amen

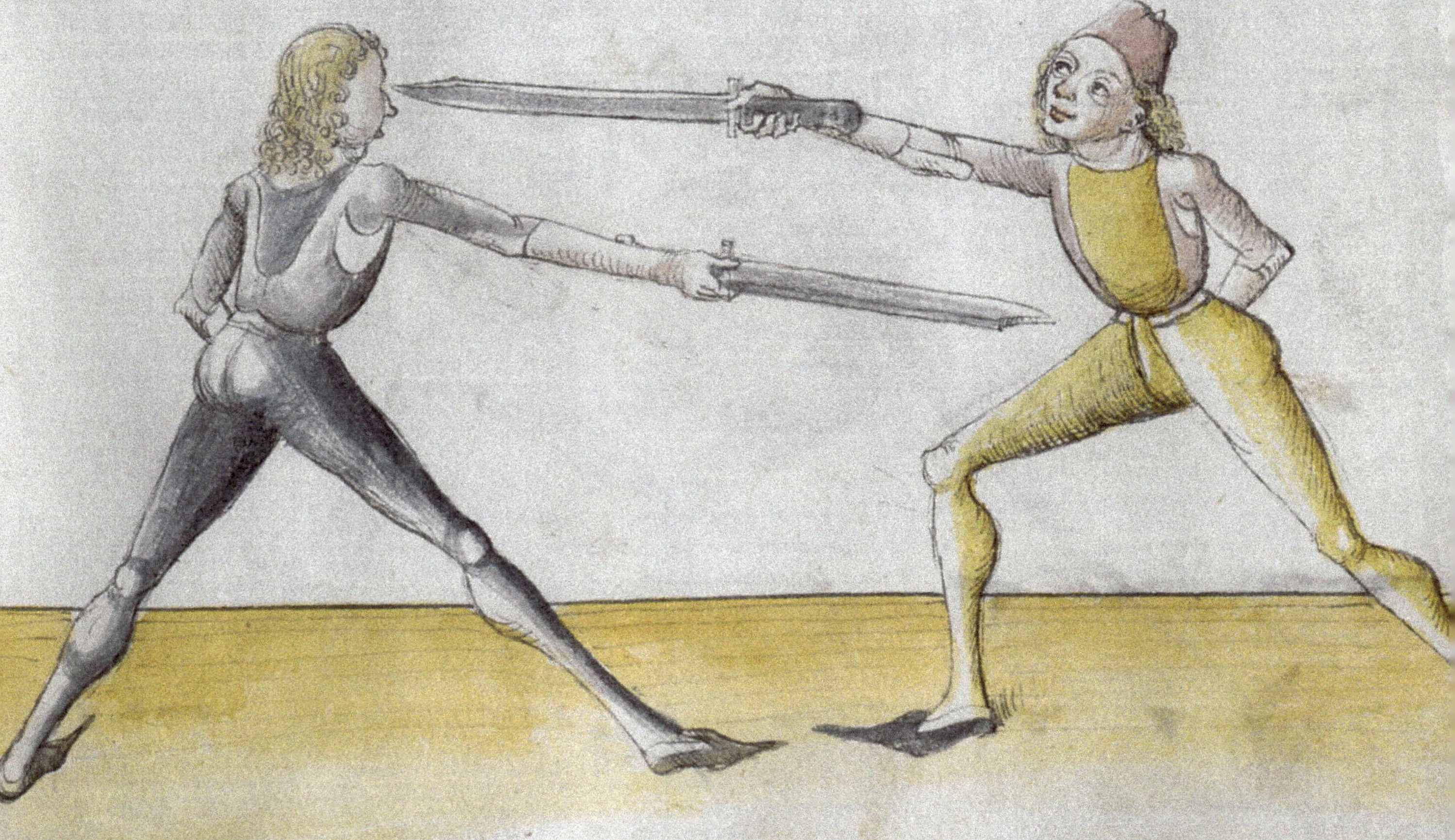

Entrüst im vbelauff

Wind vnd erhoch den knauff

Hie sagt der meyster wye man im messer vberlauffen sol
vnd spricht Entrust im etc Das verste also ligtt er in
der hut luginslandt So hab dein messer auff der rechten
seytten stee mit dem lincken fuss fur vnd gee mit dem tut
eynthaw zu seyner lincken seytten vast an in indes fare
wyder vber seyn messer mit dem gehultz auff seyn rechte
seytten vnd zeuch auff seyne messer dein messer zu ruck
vnd fare auff mit dem gehultz vnd vall im mit der lincken
hand in dy mit deynes messers vnd stich im in das
antlitz mit gewappender hand oder etc

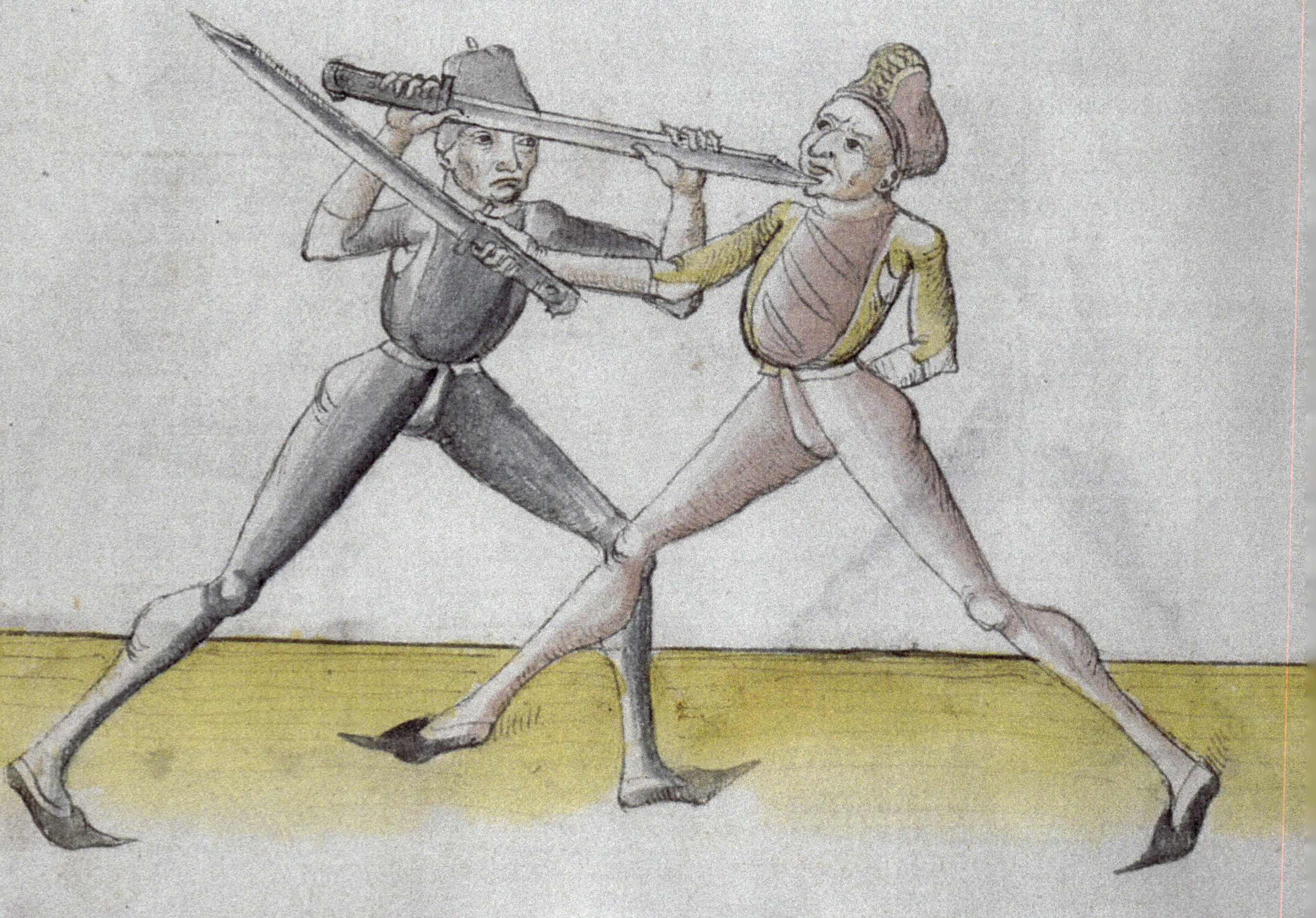

Vberlauff mit schlagendem ortt

Zu kopff zu pauch : hals schlag die mett

Das soltu also versten so du vnd er paid gleich sten mugt als vor geschriben stet So du dein messer also an dich zogen hast so valt er dir mit seinem messer mit seyner lincken handt vnd wendt die recht an deine messer vmb das der dawmen vbergreiff ste vnd schlag jn mit dem gehultz auff sein kopff vnd schreyt jndes mit dem rechten fus woll hinder seinen rechten vnd schreyt mit deinem lincken fus auch woll hin jn vnd schlag jn an alle besatzung mit dem gehultz jn seyne pauch jndes hindertrit jn noch pas schlag jn den mit dem gehultz jn seyne nacken etc

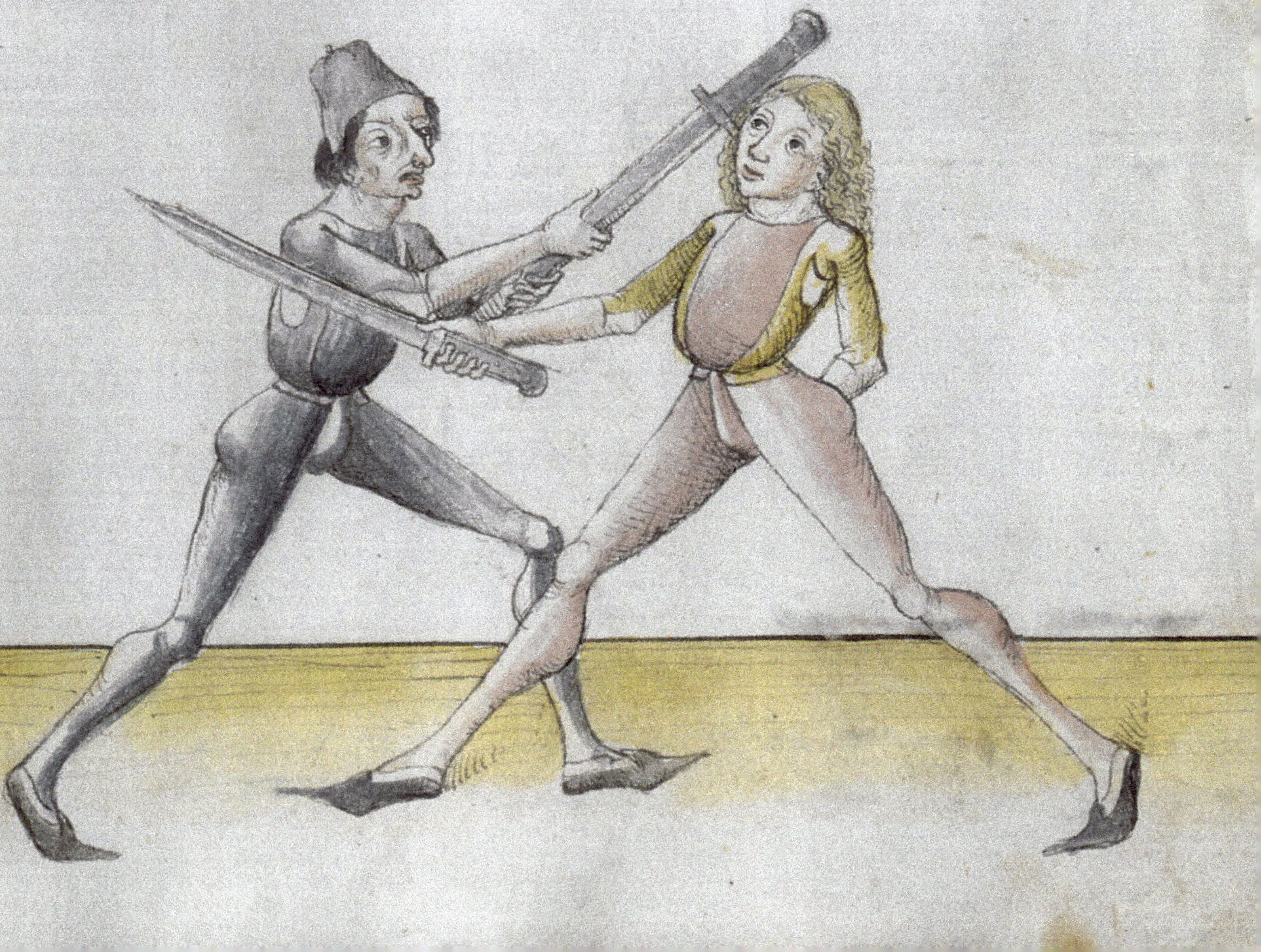

Wiltu dich überlauffens müssen
Hals
Vach über peyn ler stossen

Hie sagtt der meyster wie du solt überlauffen den man und bey dem hals vahen und werffen und solt das also versten wen du dem man also wider In deyner rechten seytten zu seyner lincken seiten wendt starck aber mit dem gehultz über seyn messer und kum der rechten handt zu hilff und far mit der lincken hand In dy spreitz deynes messers klingen und var Im an den hals seyner lincken seytten und druck In mit der handt oder arm starck unter seyne hals und schreyt mit deyner lincken peyn hinder seyn rechtes peyn und stoss In also dar über etc

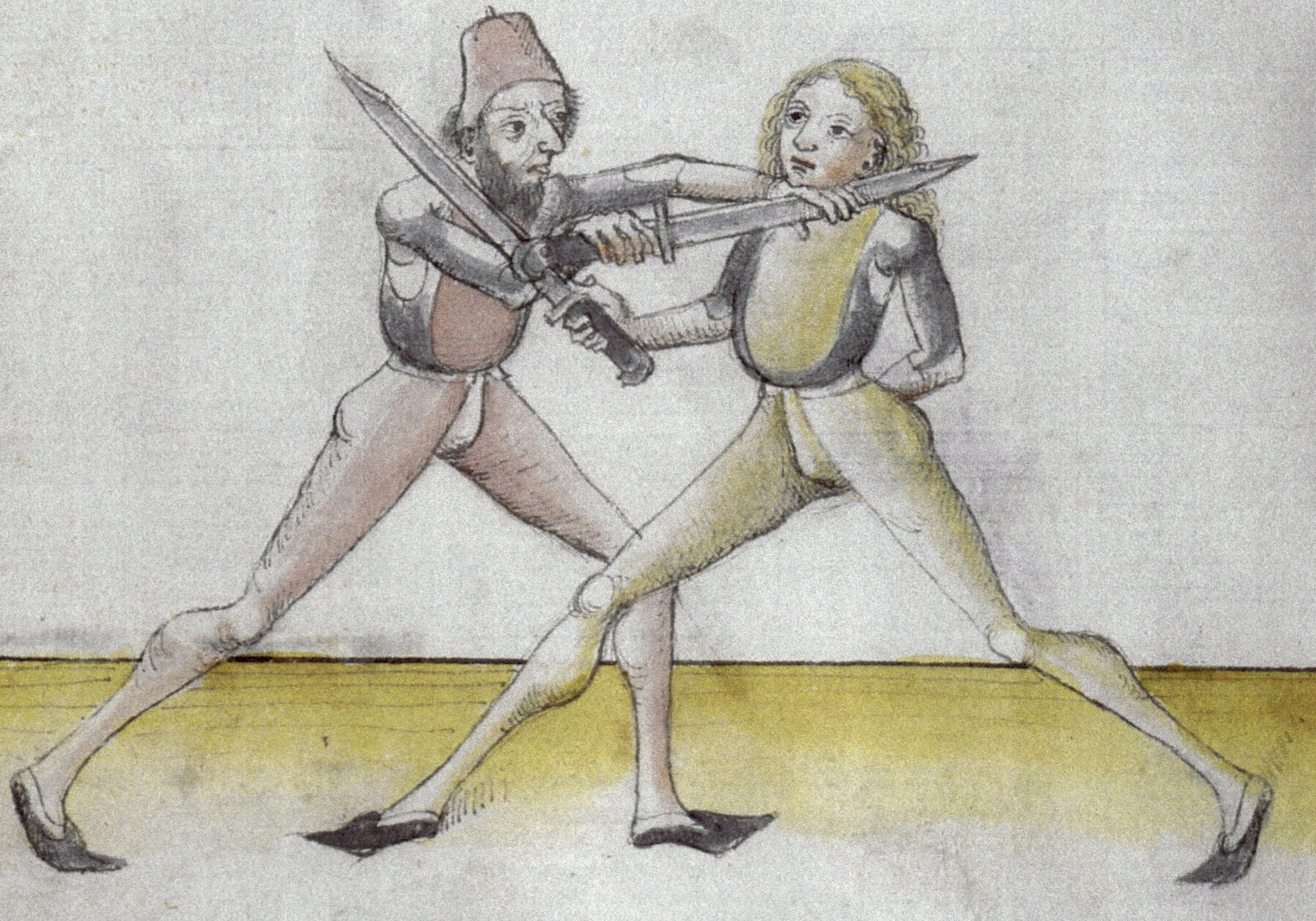

Deyn schnyd wendt
Schneyd: mit ort piß behendt
Will er ringen und drucken
Stoß ring wer ler zucken
Hie sagt der meyster ein prauch wie dy begemelten vers
und yre stuck und zum ersten wie dy ersten zwen
vers so er sprach erlaust sin etc

Im den ersten prauch mach alzo sitzt er dir mit dem
gehultz uber dem messer auff zu zuck von vor gemelt
ist und will dich mit gewapender hand mit dem kurtzen
ort in das gesicht stossen sider dy weill er mit dem gehultz
auff sitzt auff deyn messer sidres wendt dein schneydt
ubersich gegen im und schneyd im mit der langen schneyden
uber seyn hand und druck vast undersich auff seyn linck
syten etc

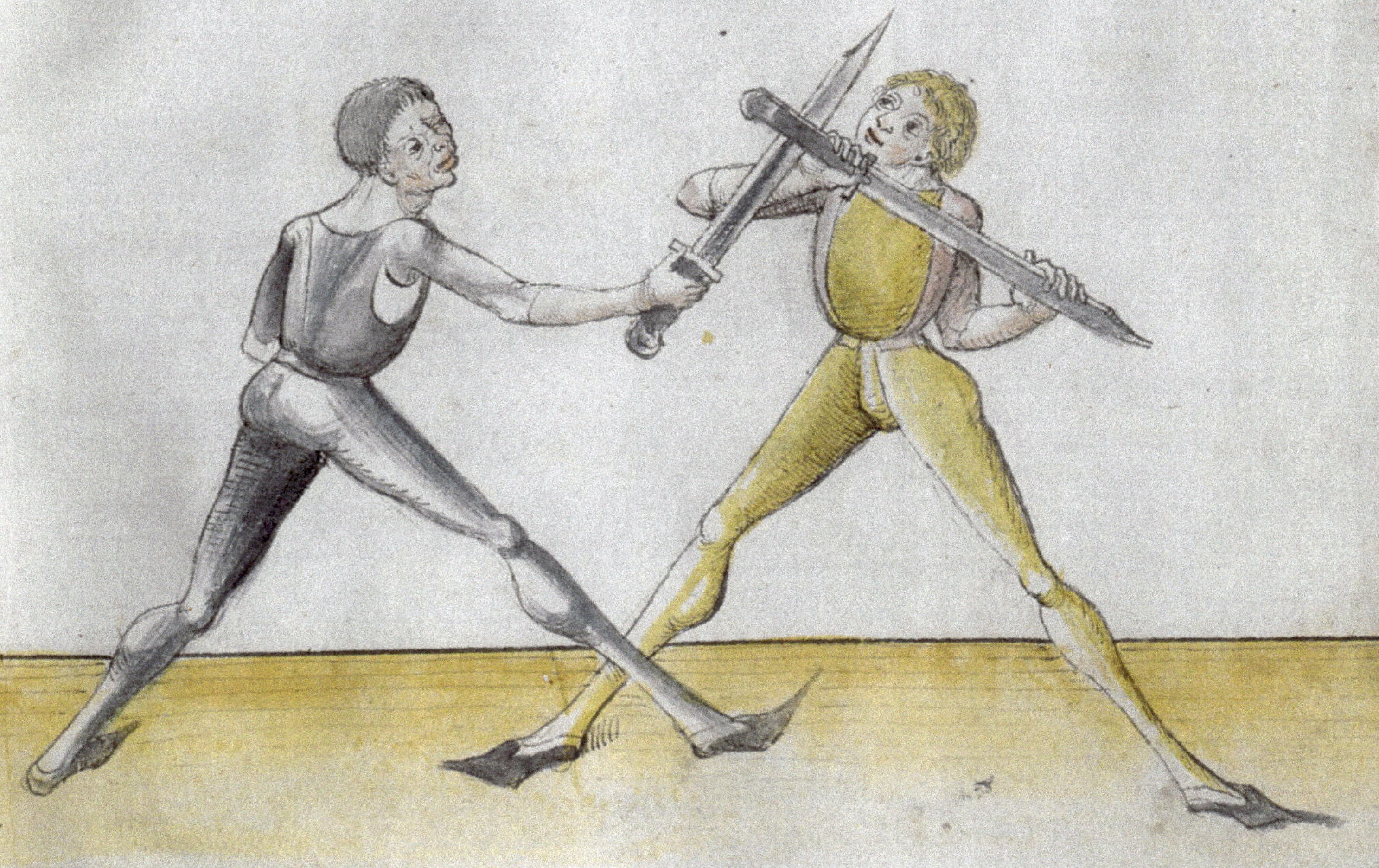

Item ein ander pruch satzt er dir mit dem gehultz als vor
und will dich mit gewappender ortt in das gesicht
stechen so wendt deyn messer gegen deyner lincken seytten
das dy lang schneyd ob sey under senck deyn ortt auff
seyn prust und scheub In under mit dem stich starck
zu ruck etc

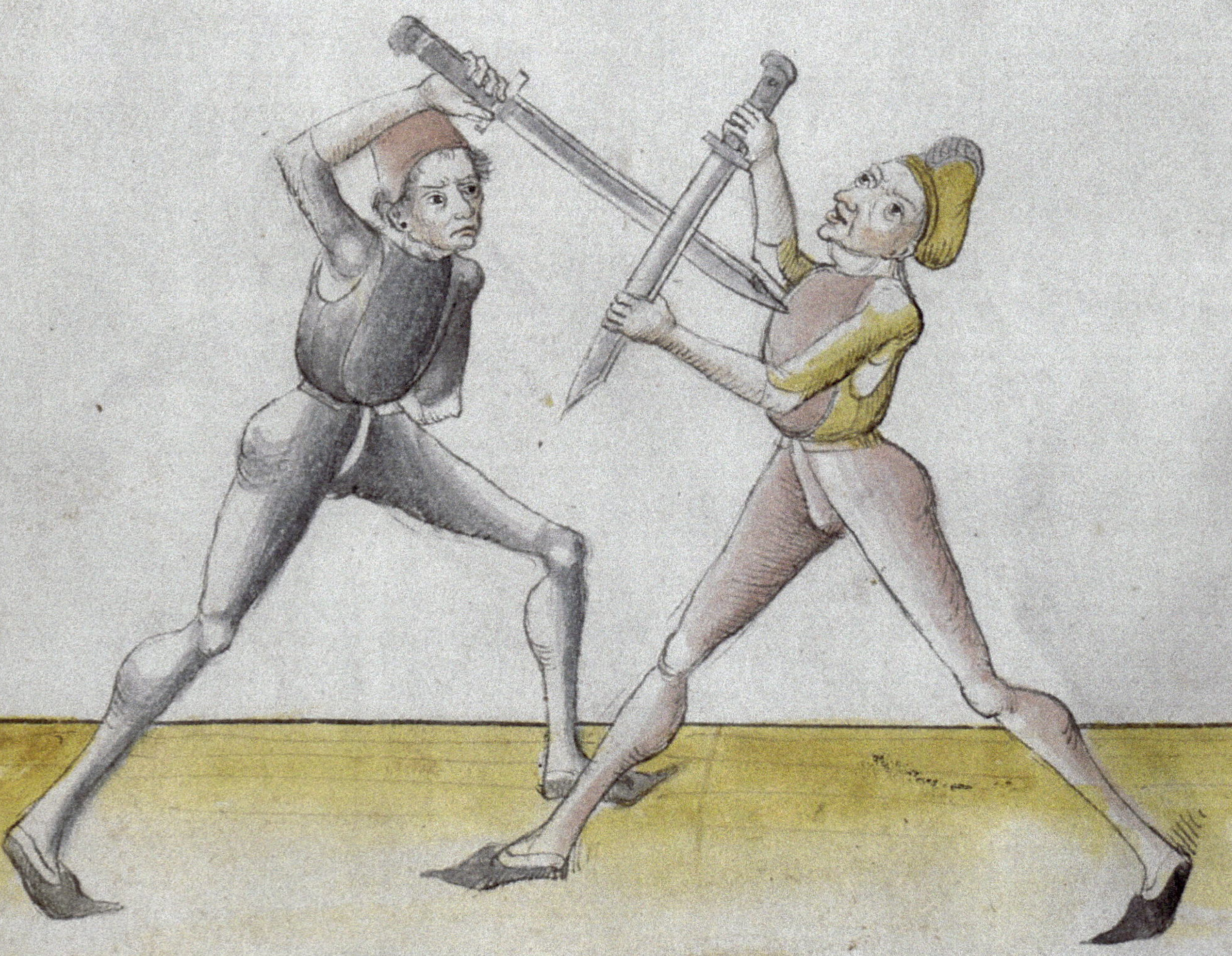

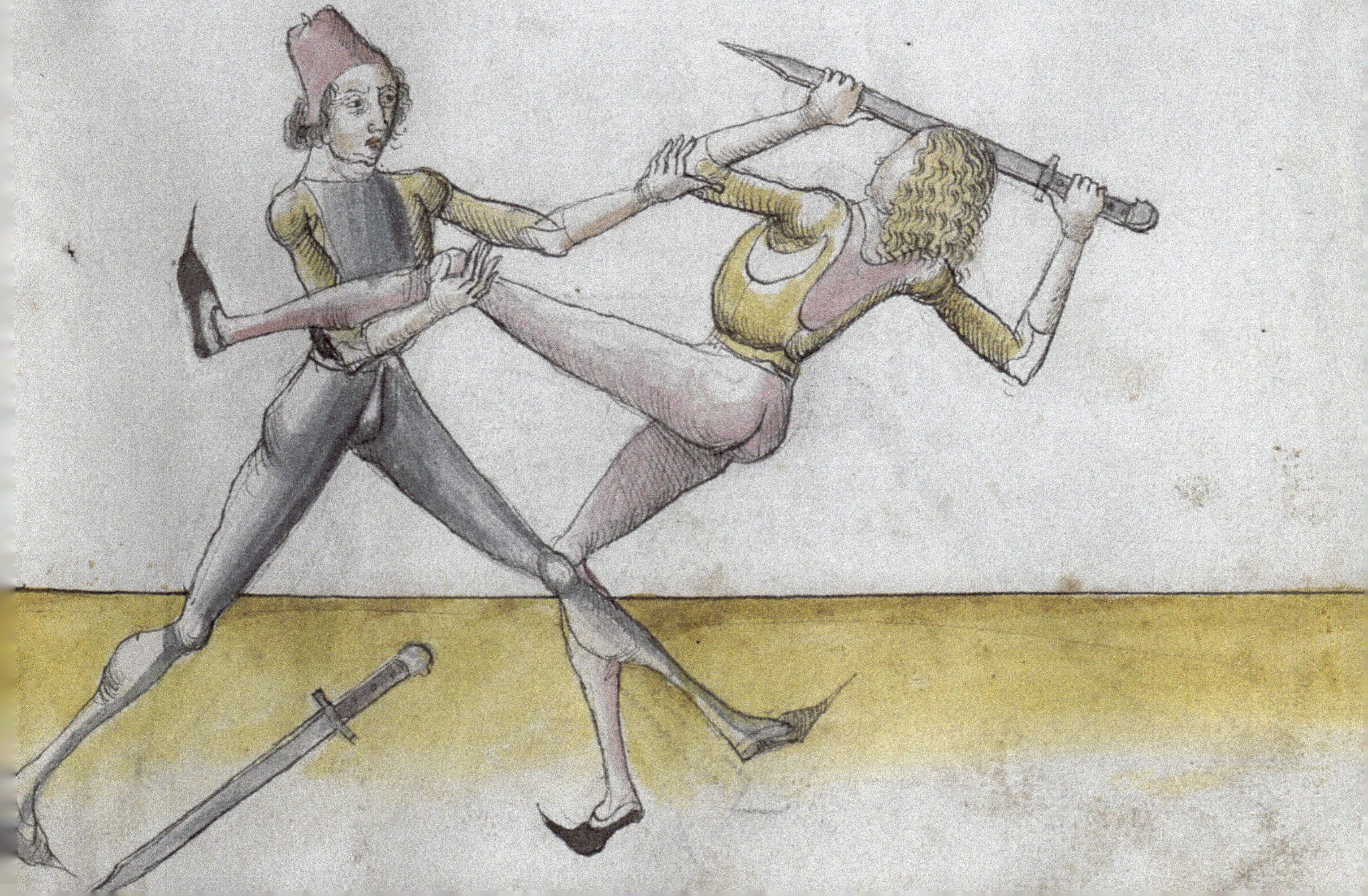

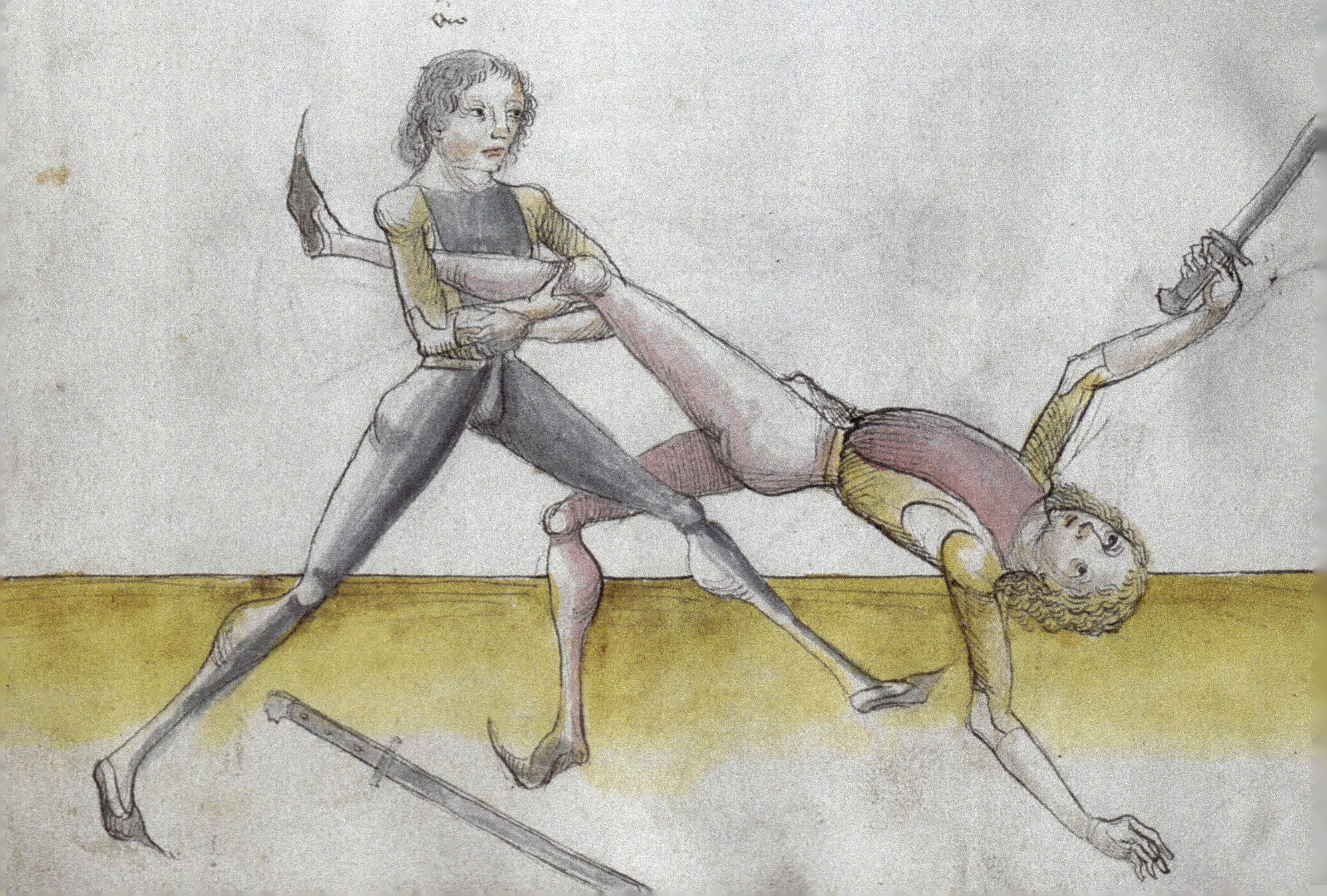

Item aber ein pruch setzt er mit dem gehultz als vor und wil
dich stechen in das gesicht als vor So setz den stich ab mit
lerer handt und lass deyn messer vallen indes greuff in seynes
messers klingen nohendt bey seyner gehultz mit deyner rechten
handt und mit deyner linken verkerten handt gleych als du
da mit versetz hast greuff im in dy sterch seynes messers
und druck aber vo dir und reyß mit deyner rechten handt
unten zwyschen seyn payd arem und reyß starck auff dein
rechte sytten etc

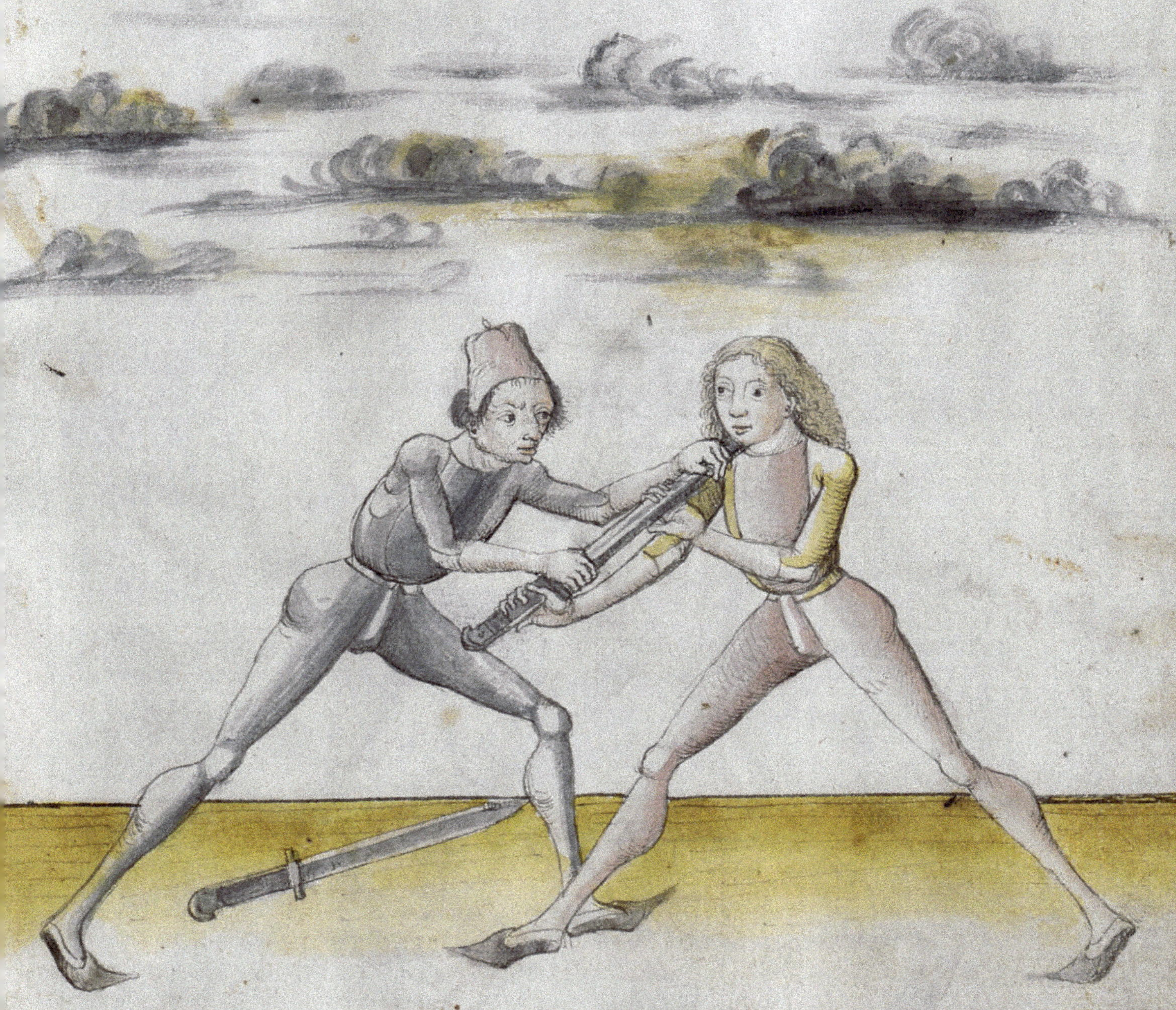

Hye sagtt der mayster pruch wider dy andern zwen briss
und stuck als vor er zaign etc.

Item den ersten pruch mach also sitzt er vber deyn messer
mit dem gehultz und kumbt mit gewapender handt an deyn
hals und will dich drucken vber deyn rechtes oder linckes
peyn So prich das also Begreiff mit deyner rechten handt
hinder an seyn elpogen und scheub In woll auff deyn rechte
sytten und greiff mit deyner lincken handt zwischen seyn
payd arm woll hyn auff an seyn hals seyner rechten sytten
und schrytt mit deyner lincken fuss woll hynder seyne
lincken und wirff In vber deyn lincke huff etc.

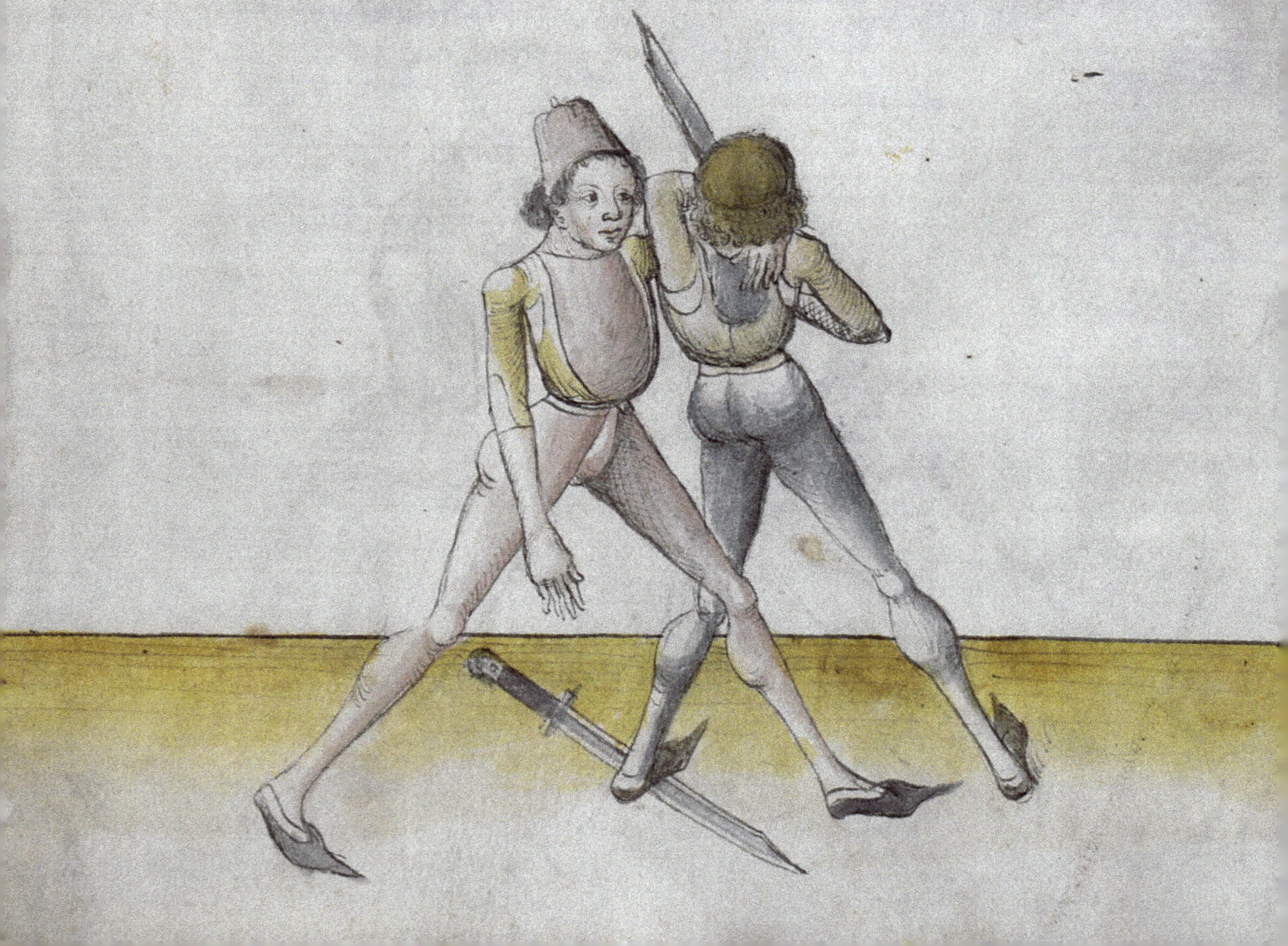

Jtm aber ayn prauch setzt er über deyn messer mit dem ge=
hultz als vor geschriben stett So greyff mit deyner lincken
hand an seyn lincke und mit deyner rechten schieb in pey
dem elpogen vo die und spring mit deyner rechten fuß für
seyn lincken und wirff in das gewicht etc

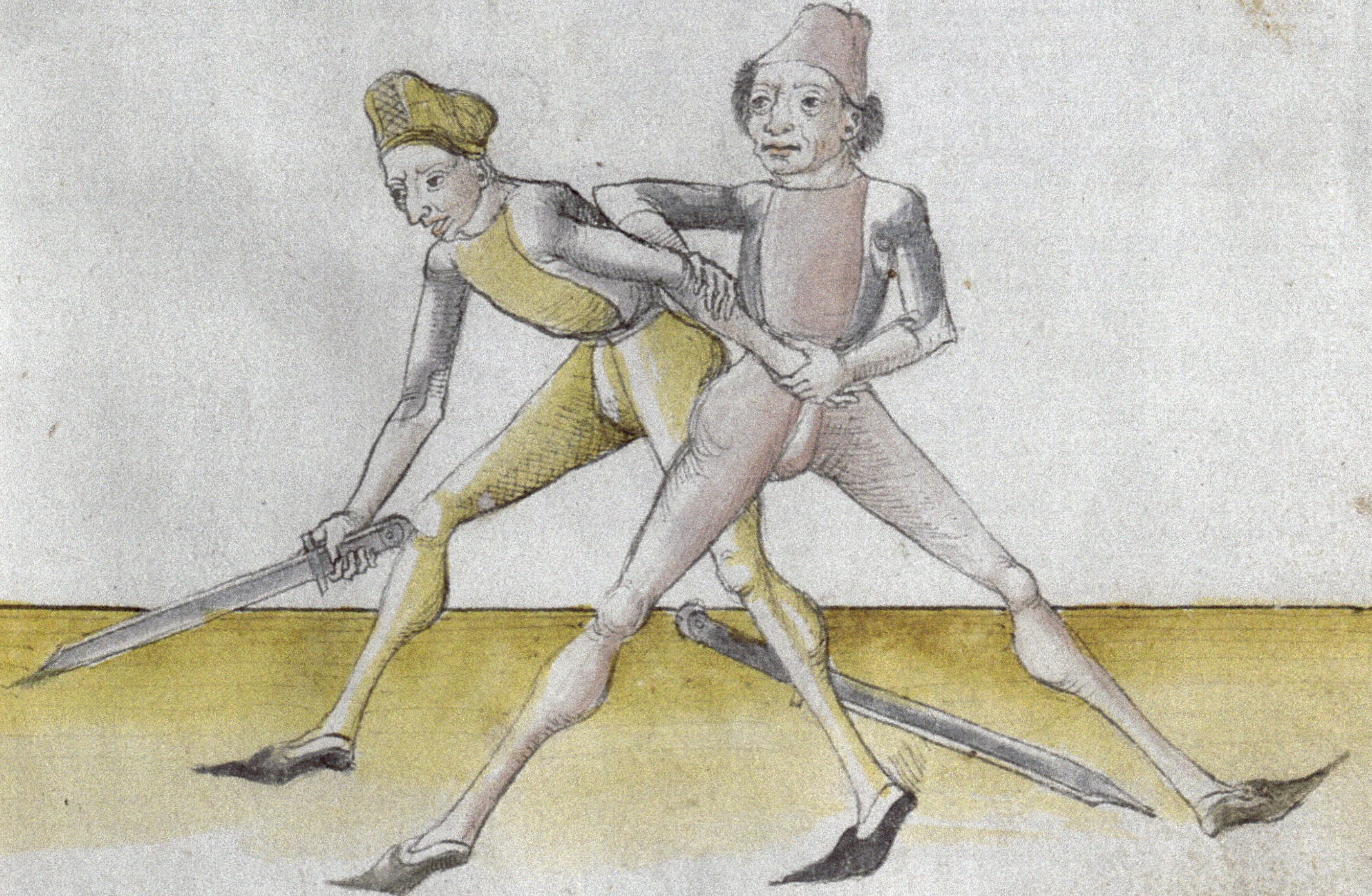

Jtem Alder eyn prauch sticht er mit dem gehultz als vor
so greyff mit deyne lincken hand jn seyn rechten arm nohend
bey der handt vnd ruck den ~~[illegible]~~ vnnsich an dich jndes
schlag deyne rechten arm starck vber seyne lincken vnd druck
so beyde arm woll an deyn leyb vnd tritt deyne rechten
fuß fur seyn peyde vnd swing dich auff deyn lincke seyten etc

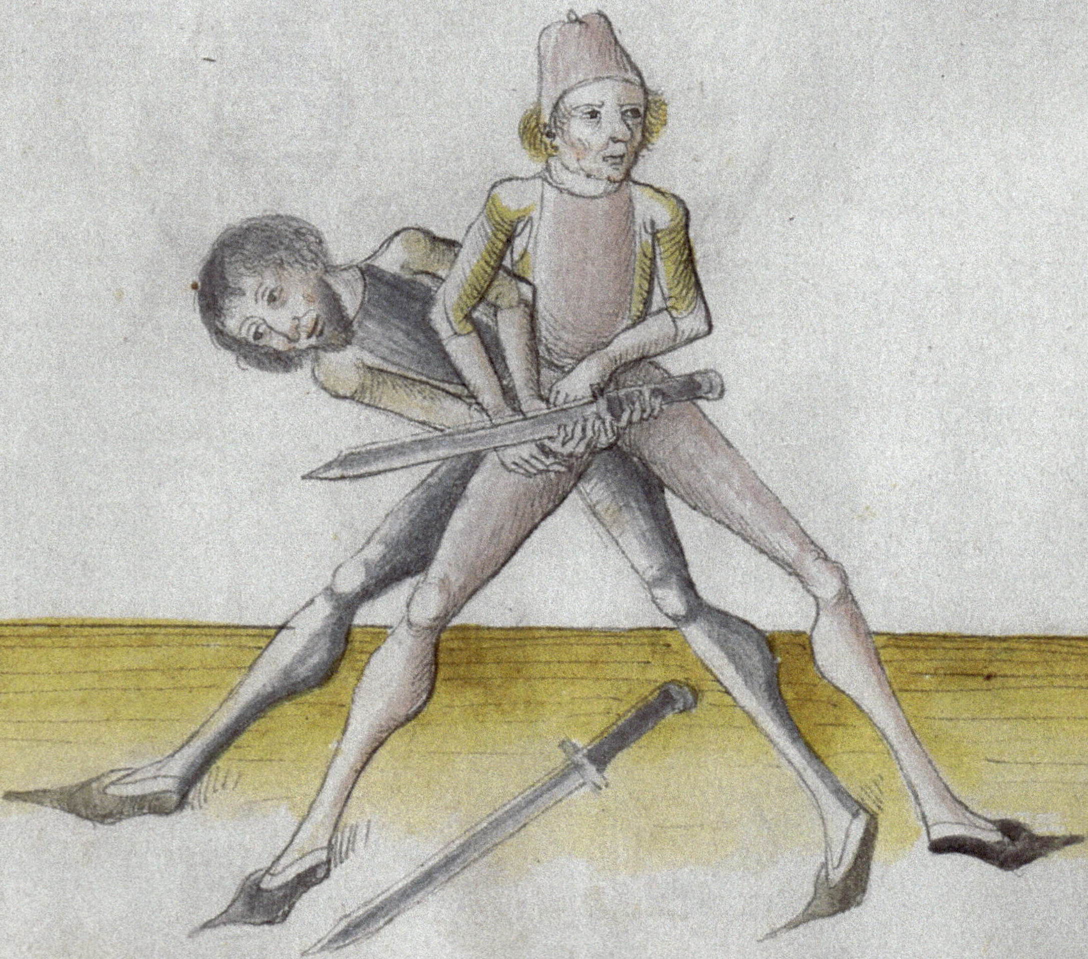

Jm aber ayn pruch Greyff mit deyner lincken handt vber seyn messer nohend bey der handthab oder pindt vnd reyß vntersich vnd far mit deyner rechten handt auff zwischen seyn paid arem Jn dy protzch seynes messers vnd druck gegen jm vast nyder vnd reyß starck auff deyn lincke seytten so nymbstu jm aber seyn messer etc

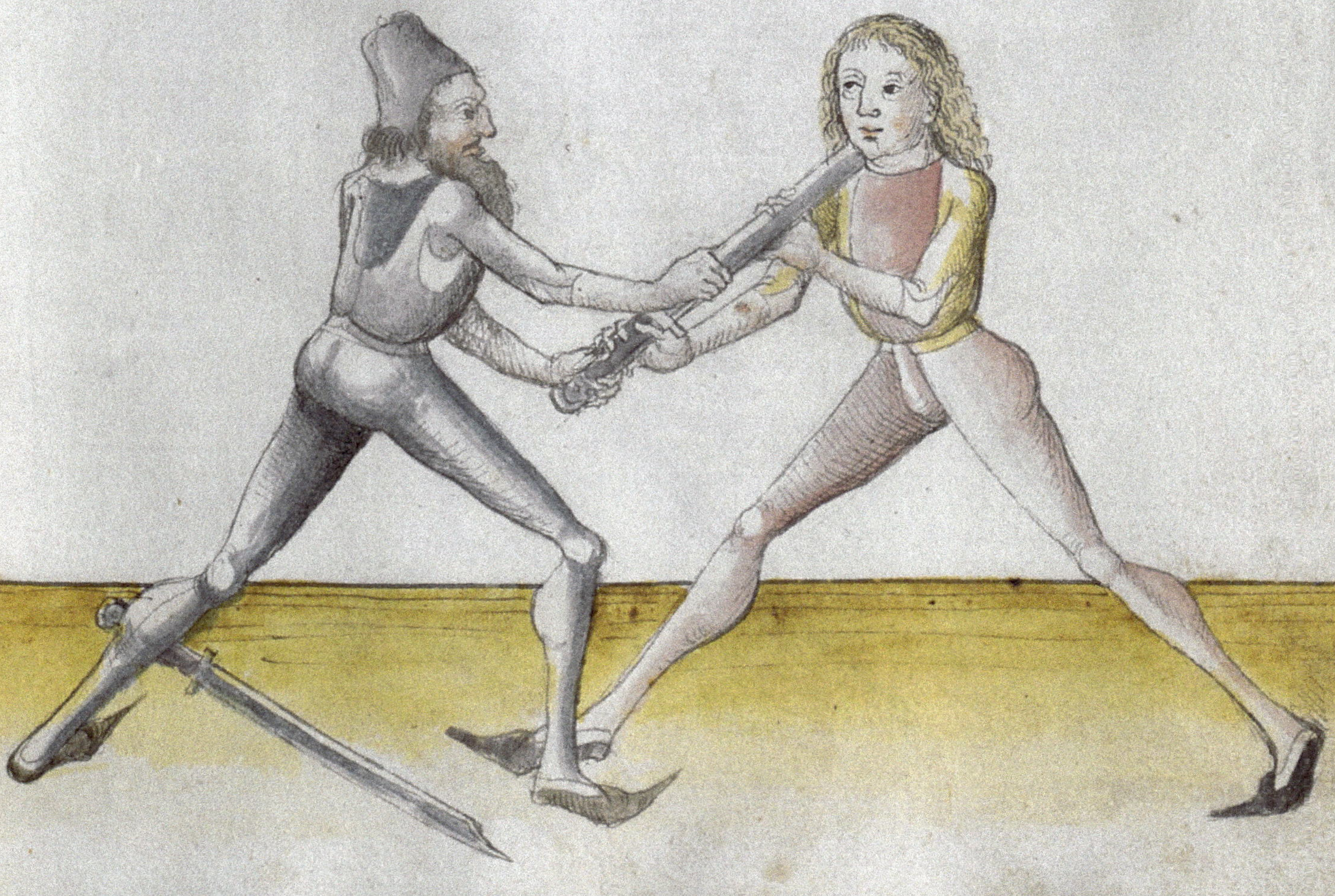

Item aber eyn pauch greyff oben vber seyn rechten arm In seynes messers klingen mit deyne rechten handt nohendt bey dem gehultz vnd reyß gegen deyne rechten seytten vnder greyff mit deyne lincken verkerten hand In dy spicz seynes messers vnd reyß starck auff deyn rechte seytten so schlechstu Im seyn messer an seyn kopff etc

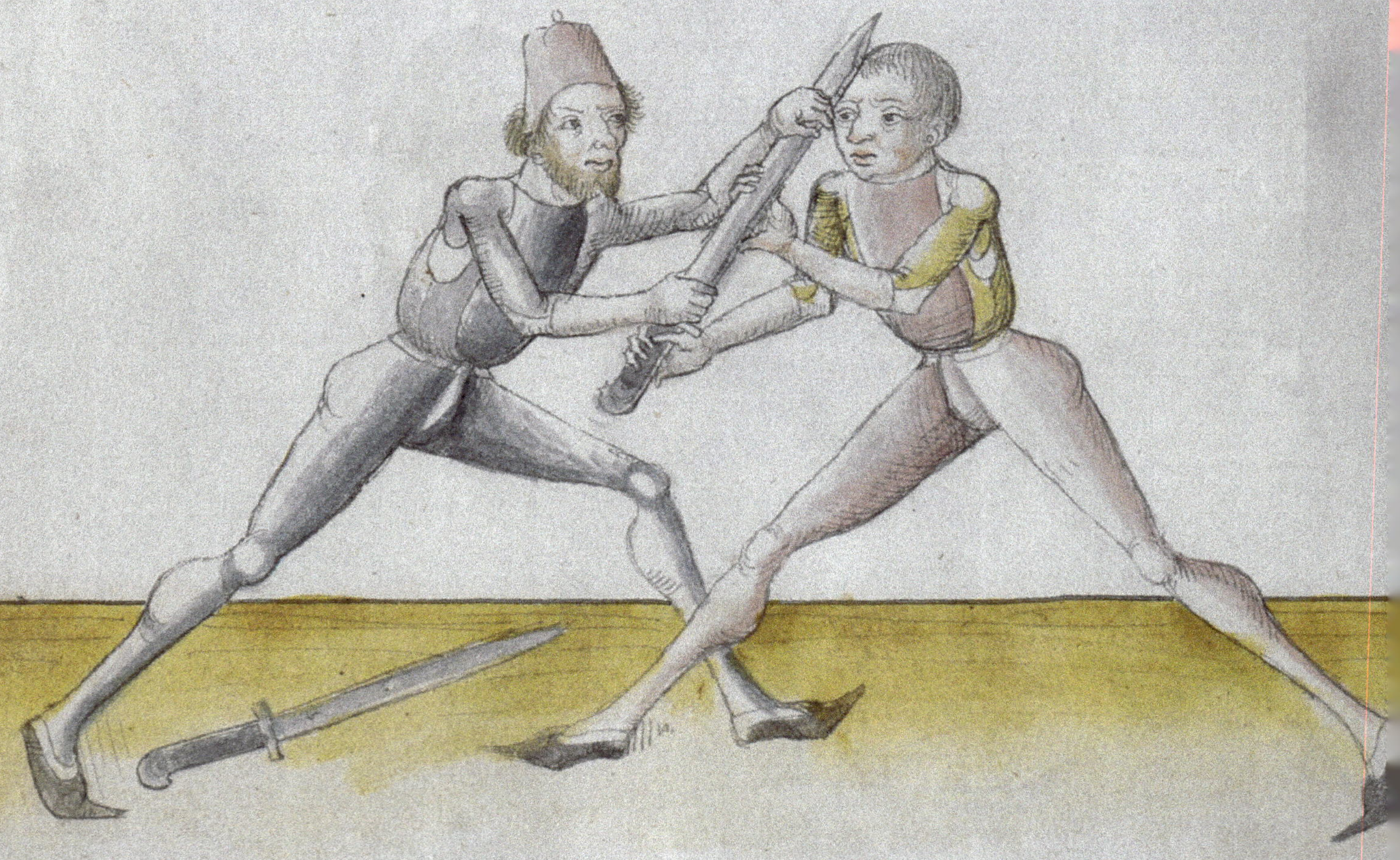

Item aber eyn prauch setzt er vber deyn messer als vor vnd
helt dich bey dem hals als vor So far auff mit deyner
lincken handt gegen seyn rechte zwyschen seyn hendt vnd
gehultz vnd druck da mit starck auff deyn rechte seytten
vnd wendt dich geschwindt auff dy gegenwelt seytten etc.

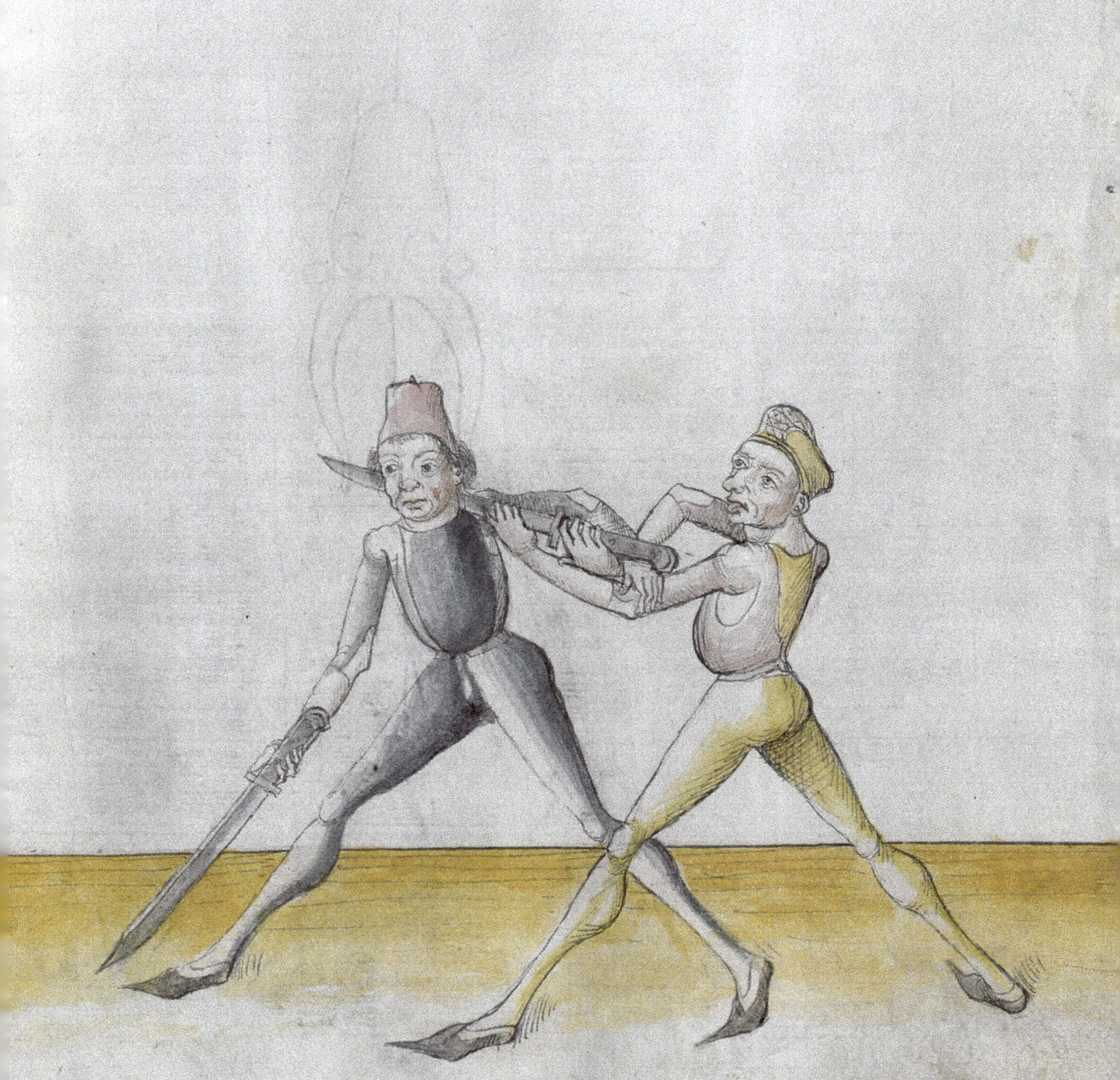

Item hatt er dich bey dem hals als vor So greiff mit
deyner lincken handt oben an seyn lincke vnd stoss im
deyn messer vnder seyn rechten arm auff seyn prust vnd
vmbker deyn rechte handt vnd druck in fast an seyn
lincken arm mit dem messer vnd reyss seyn lincke
handt mit deyner lincken wol vmb vnd schrayt mit deyner
rechten fuss fur seyn payd vnd swing dich auff deyn
lincke seytten. vnd wurff in auff das antlitz So ist er besch
lossen vnd tritt mit deyner lincken fuss auff das gehultz
des messers in mass vnd gestalt wie das vnden gemalt
stat etc

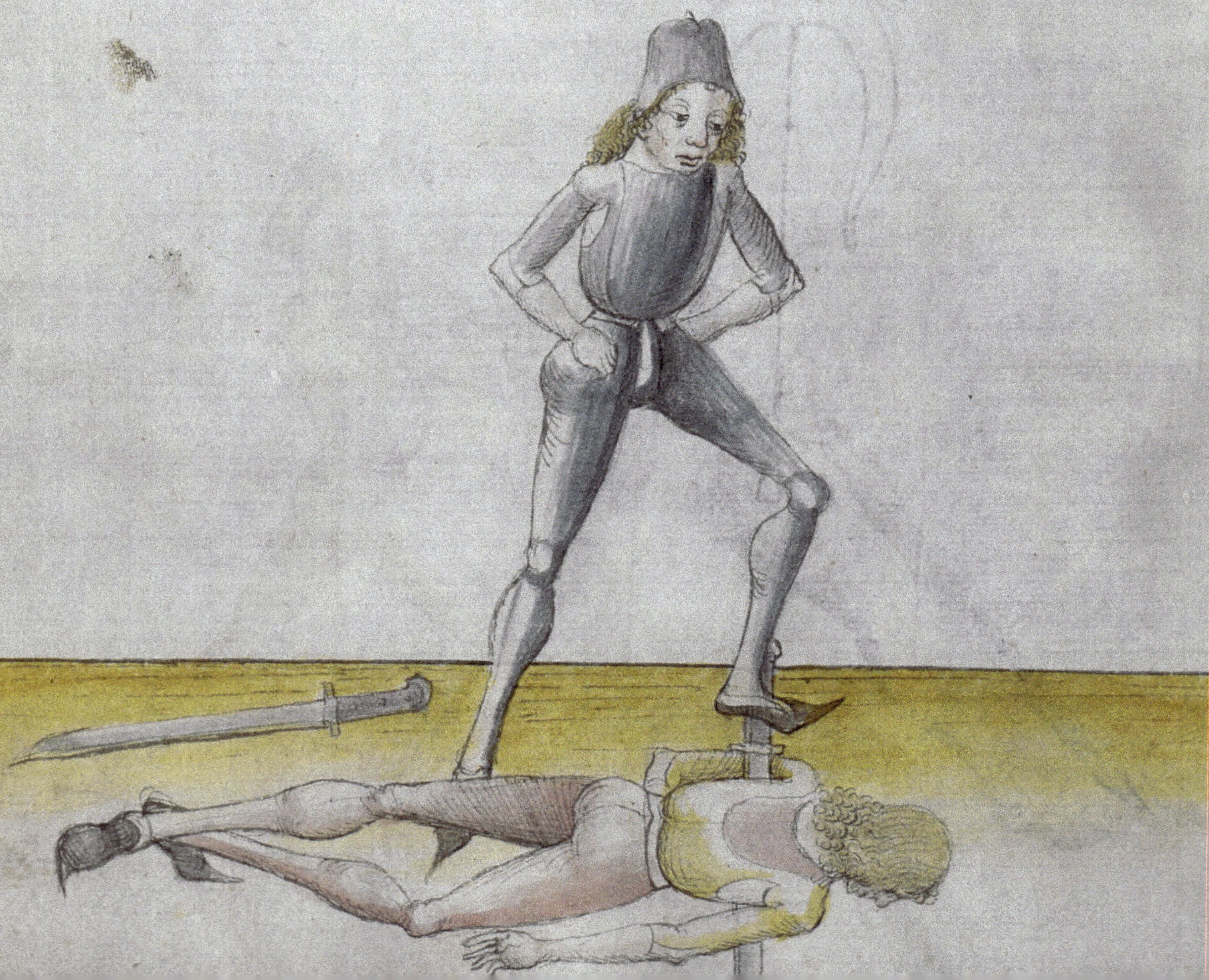

Im aber eyn prauch wyder den wyder prauch Welle er den
prauch machen wyder das halten mit dem fuss vnd ist sich
vmb werffen auff seyn ruck So greiff in das messer
vnd schlach in im dem vmb wenden seyne zechen aus
dar eyn So kann er nicht woll auff stan Wellen ers so
tritt mit peyden fussen auff das messer mit yetlichem fuss
auff eyn ortt Das stuck das dynet dem kampff So eyn
geharnischter man geworffen wirtt vnd also beschlossen
wirtt mag er nicht mer auff sten Das stuck solten
haben verporgen vnd nyemat wyssen wann dy kopp
sol man nicht fur dy Sew Strewen zc

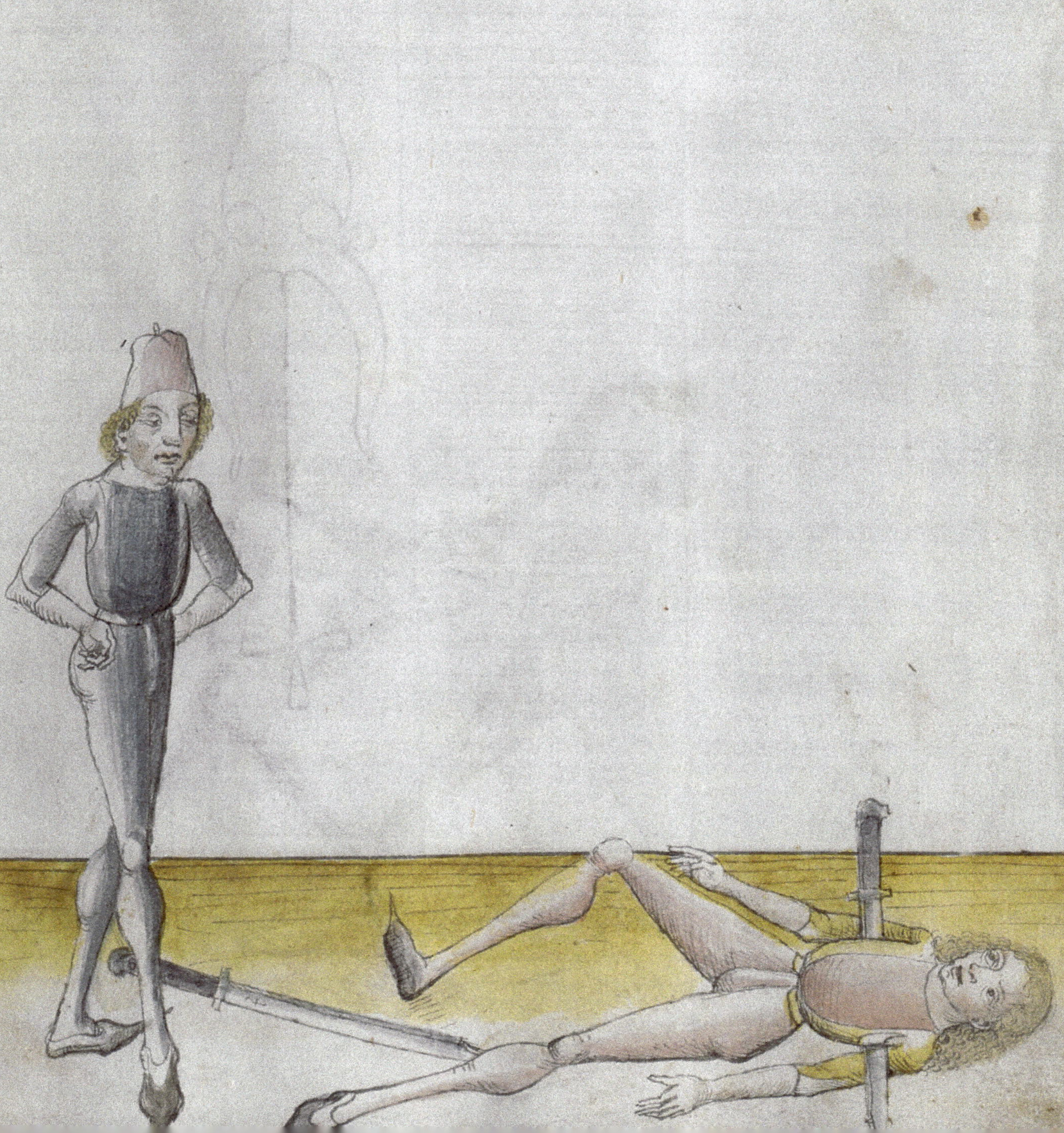

Jtm hatt er dich bey dem hals gefast als vor vnd will
dich vber das peyn drucken als vor So far Jm mit dem
tencken ortt zwyschen seyn peyn aus vnd setz Jm den ortt
an seyn keln wye vndn gemalt stet etc

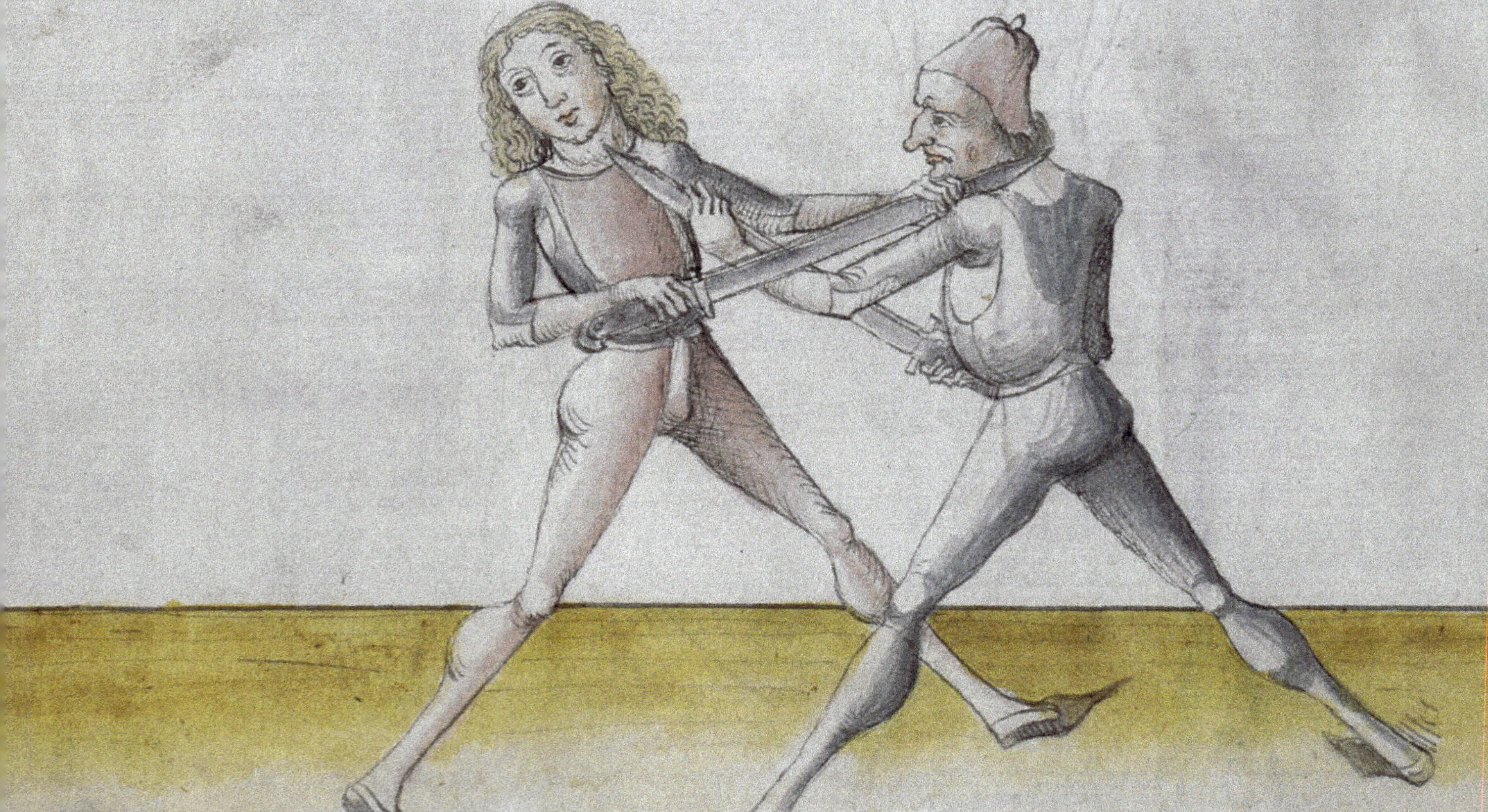

Jtm aber eyn andr prauch hatt er dich bey dem hals
gefast als vor So far mit deym ortt deynes messers
auff deyn lincke seyttn vnd stoss jn mit dem gehultz
zwyschn seyn peid arm zu dem angesicht oder der keln
wye vndn gemalt stett ꝛc

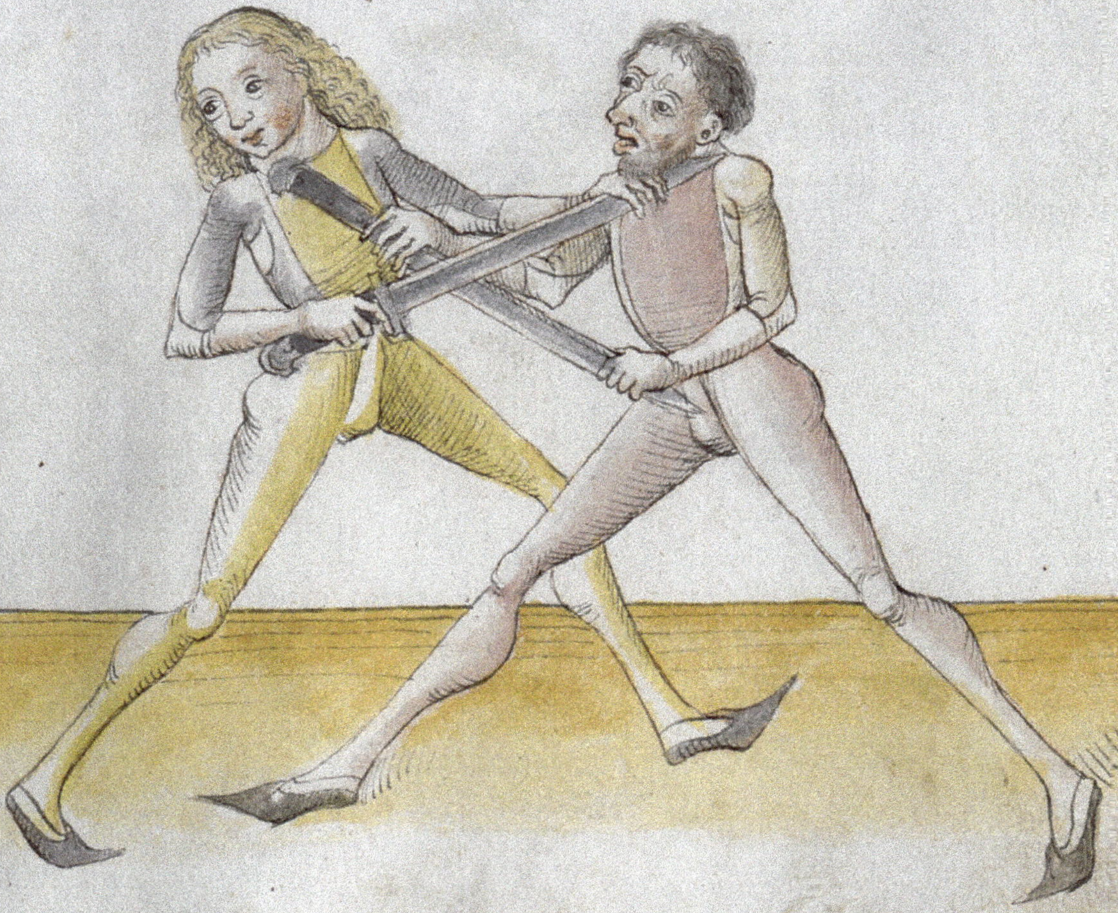

Item aber eyn pruch setzt er dir uber deyn messer mit seyme
gehultz vnd will dich bey dem hals neme wye vor
So weyss im mit deyme gehultz das seyn hyn weck
vnd tritt mit deyme rechten fuss woll auff seyn rechte
sytten vnd schlag im mit dem gehultz auff seyn kopff
wye vnden gemalt stett etc.

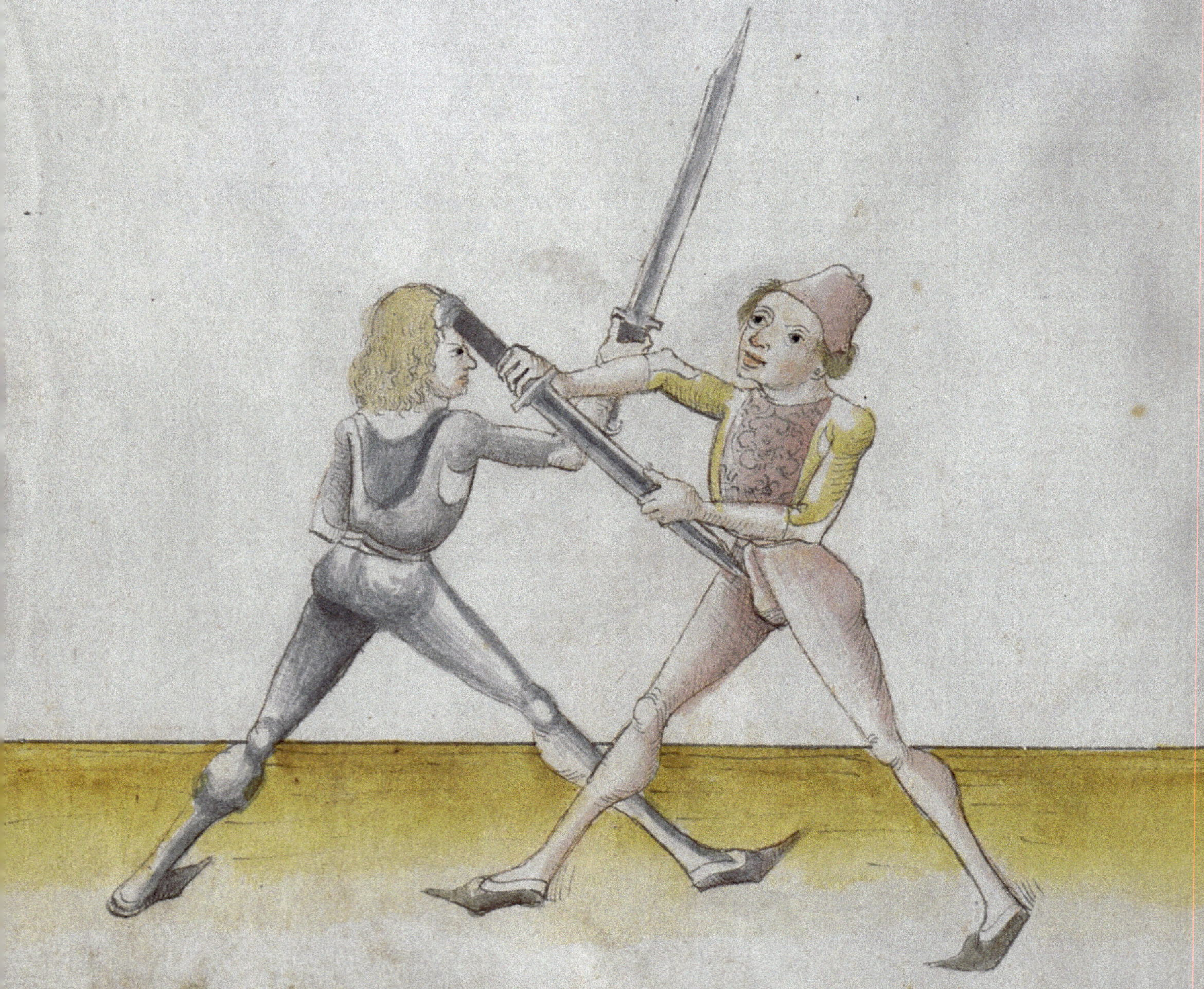

Item aber eyn ander pruch setzt er dir vber deyn messer mit
dem gehiltz als vor ist des var jm schnel vber seyn
handt nohendt zu seym gehiltz jn das gehiltz gelenck
seyner handt außwendig vnd var mit der lincken handt
jn dy sterck seynes messers vnd truck mit payden
henden starck auff deyn lincke seytten So nymbstu jm das
messer etc

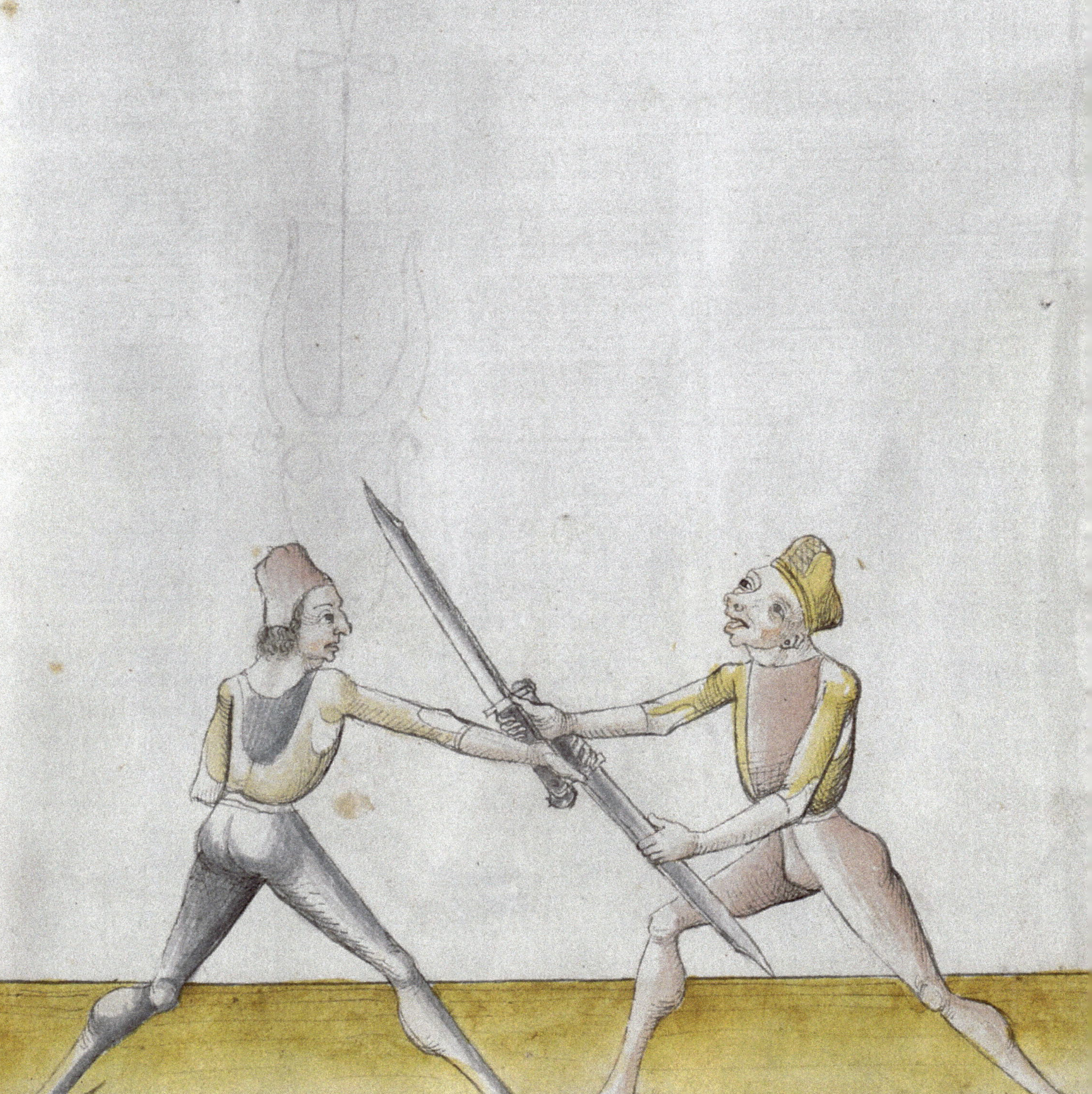

Item aber ein prauch hatt er dich bey dem hals gefast wie
vor so laß deyn messer vallen greuff ym mit deyner
rechten handt hint seyne lincken elpogen vnd schreub
in da mit vo dir auff seyn rechte seytten Oder greuff
lincken in mit deyner ~~rechten~~ handt in seyn lincke knyepug vnd
wurff yn auff seyn rechte seytten &c

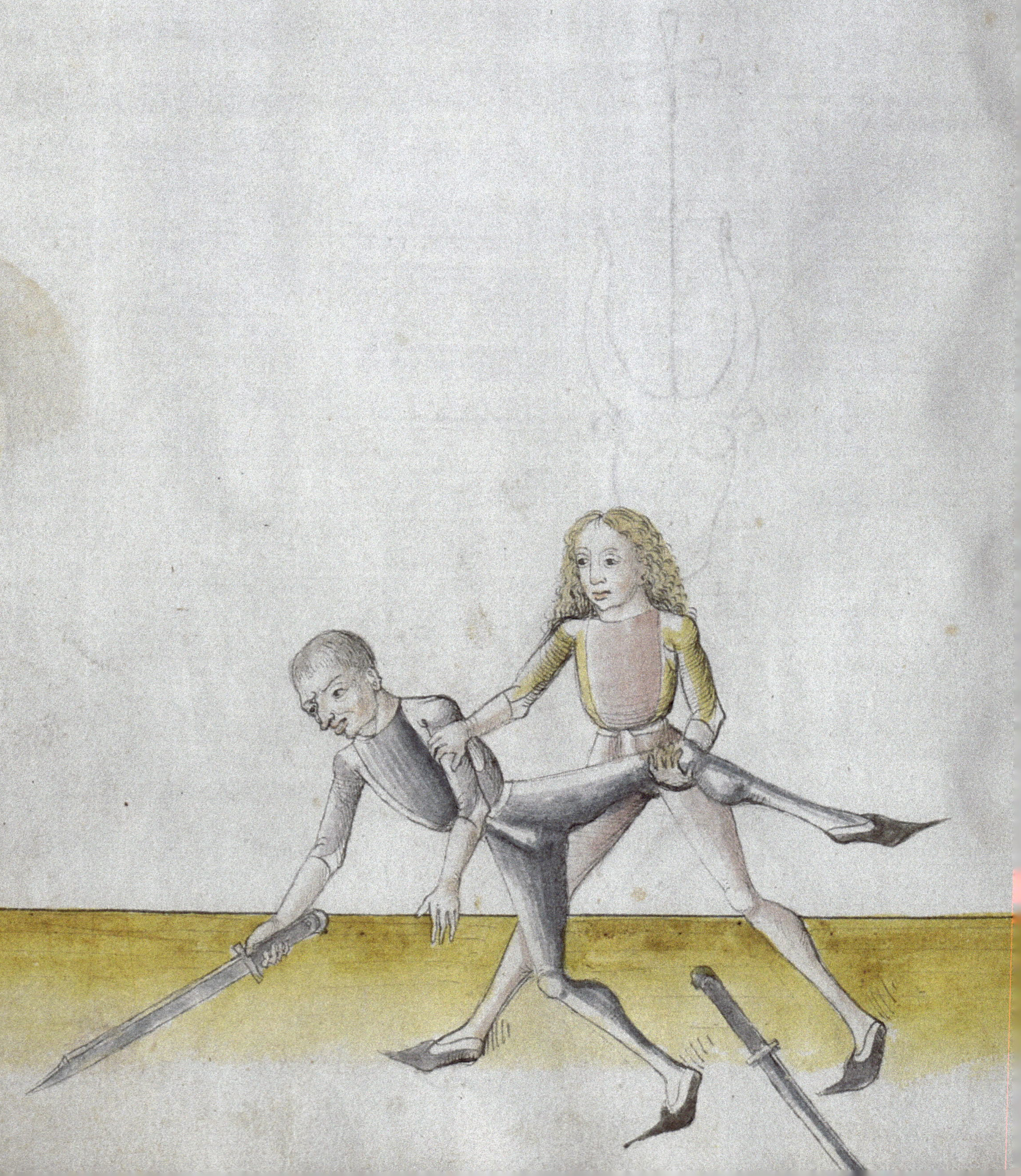

Item aber ein ander prauch hatt er dich bey dem hals gevast
als war so lass deyn messer vallen und war mit deyner rechten
handt hint seyn lincken elpogen und greyff mit deyner
rechten handt In dy mit seynes leybs auff seyn rechten seytten
und mit deyner lincken hand In dy mitt seyner lincken seytten
und heb In starck auff und drer In auff deyne praust umb
und wurff In mit dem kopff auff dy erdt wie hernach gemalt
stett etc

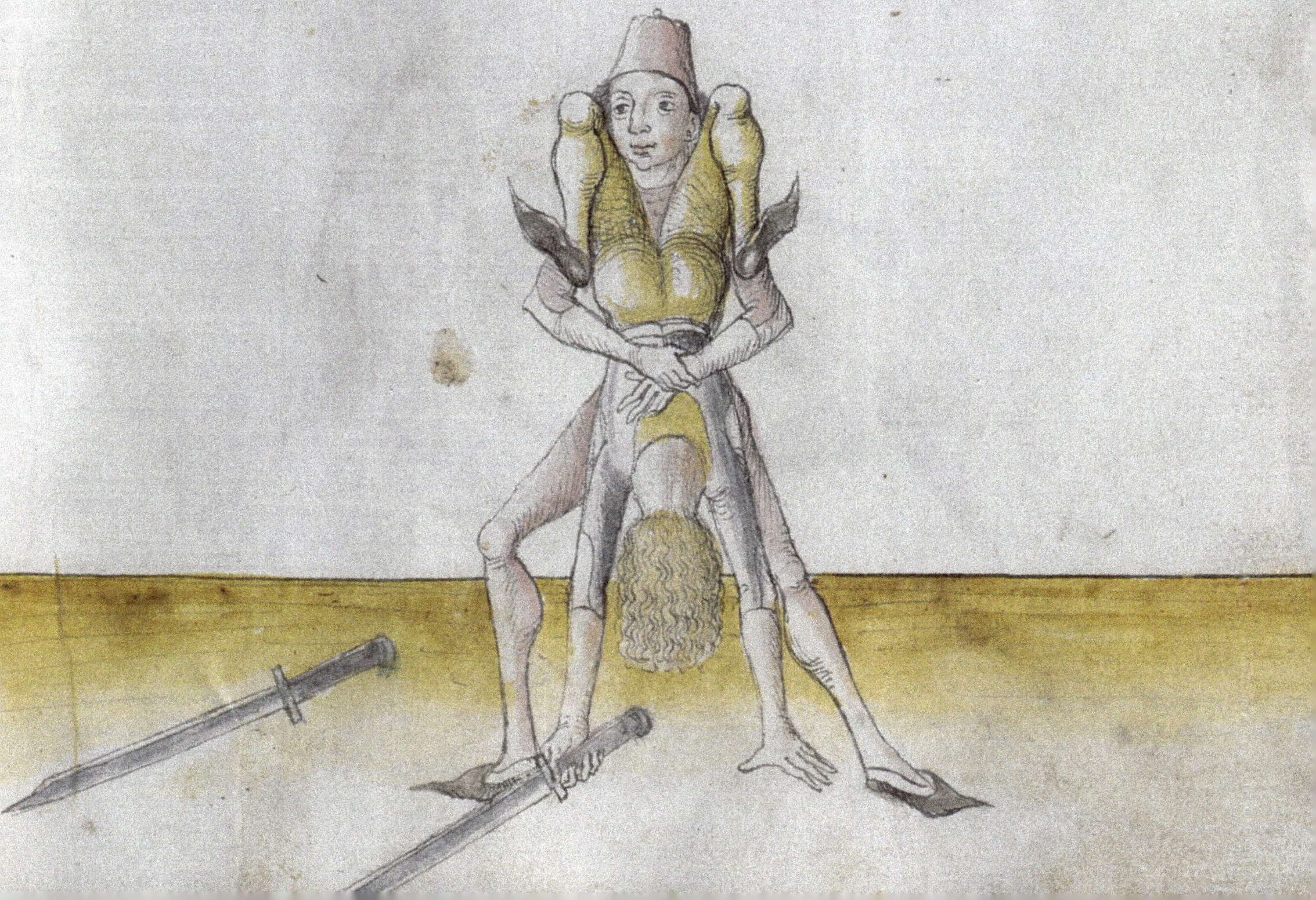

Item aber ein prauch woll er dir mit dem gehultz vber
deyn messer faren wie vor So zeuch deyn messer hin vnter
seyn handt mit der langen schneyden Das daß gehultz gegen
deyner rechten seytten ste Indes far mit deym gehultz vnd
mit gewappender handt vber seyn rechte handt aufflen//
dig vnd reyß starck auff deyn rechte seytten So nymbstu
im das messer

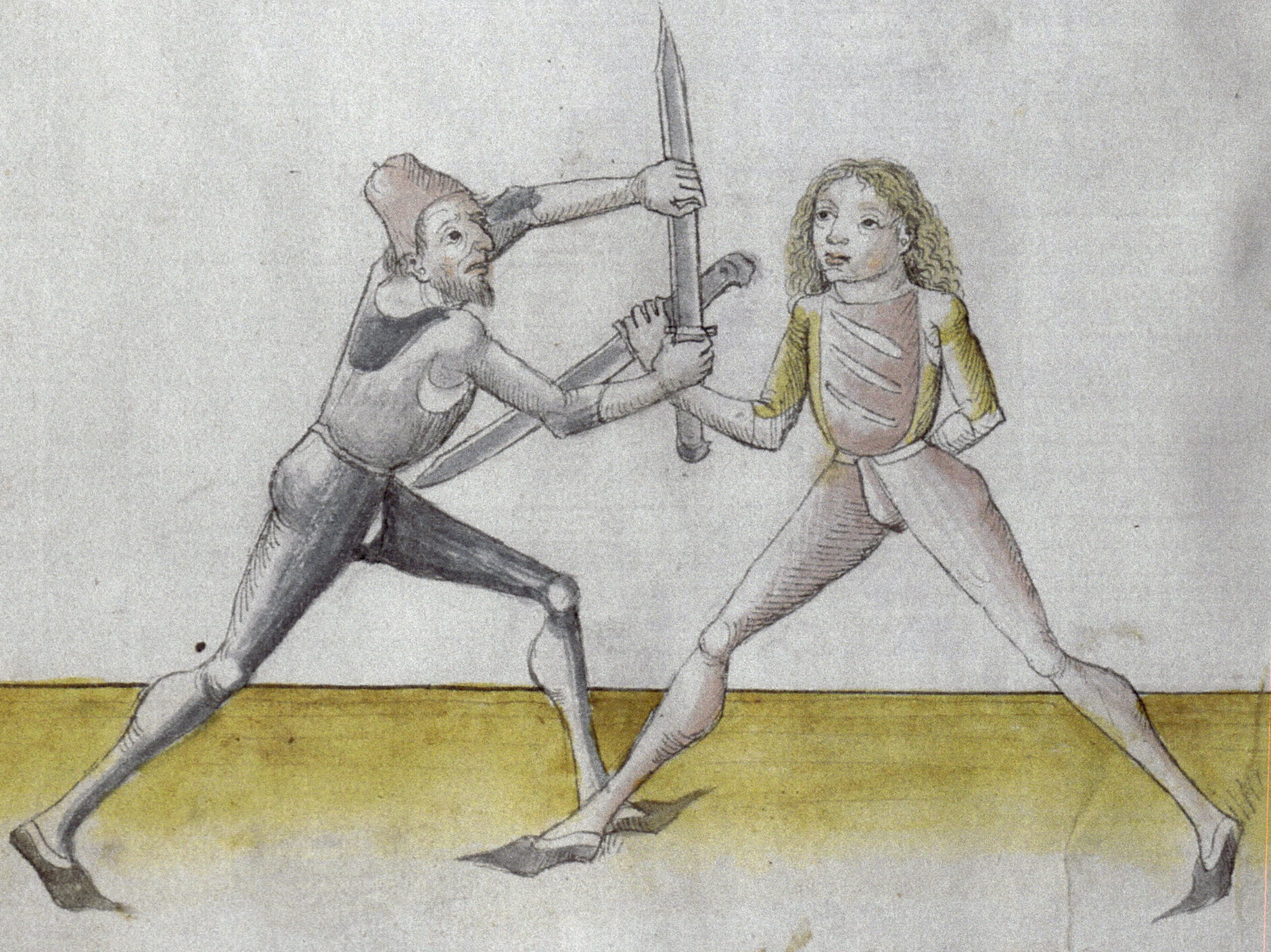

Item ayn ander prauch well er mit dem gehultz vber dain
messer faren als vor So far mit der langen schneyden an
seyn handt zwyschen dez gehultz vnd handt das deyn
messer vber dy zwerch fur dich kum syder fall zu gryff
ander handt vnd stoch im innwendigs durch seyne rechten
arm da mitt vnd kum im außwendigs in seyne elpogen
vnd druck mit der swech mit deyne messer vnd deyne
elpogen starck wyd vnd druck mit deyn rechten handt
vnd messer auch seyn rechte handt starck vnd leg dich mit
starck auf seyne arem Also hastu in beschlossen kunstlich
vnd maysterlich vnd magst in halten drucken oder werffen etc

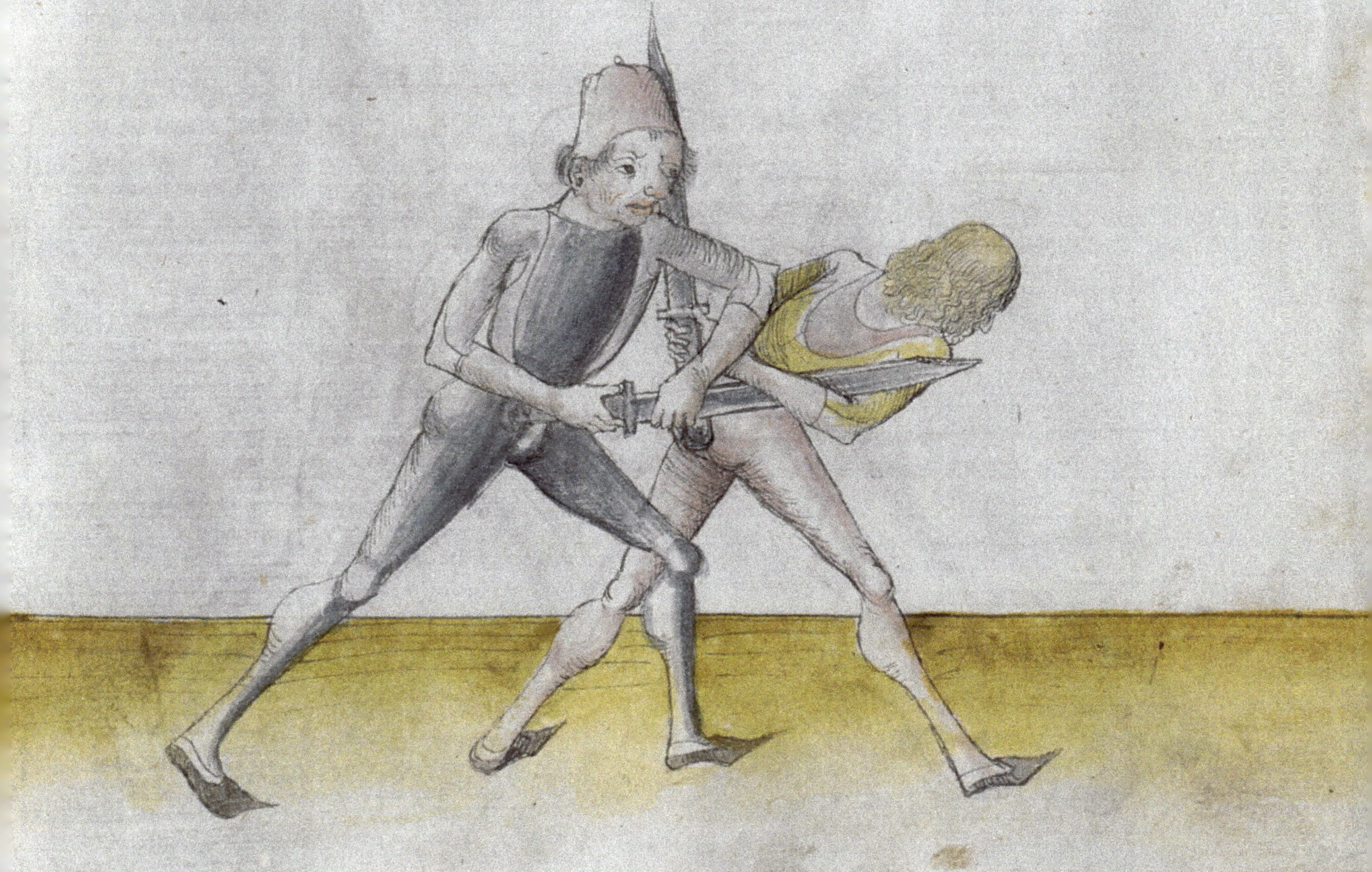

Itm aber eyn pauch will er dir mit dem gehultz uber faren
vor far indes far mit deym lincken handt inbendig
uber seyn messer und fall zu gewappender handt in dy
mit deynem messer und far im mit der swech auff seyn
dyge in seyn gelenck der handt und druck vast in das
gelenck auff deyn rechte seytten so nymbstu im das messer etc

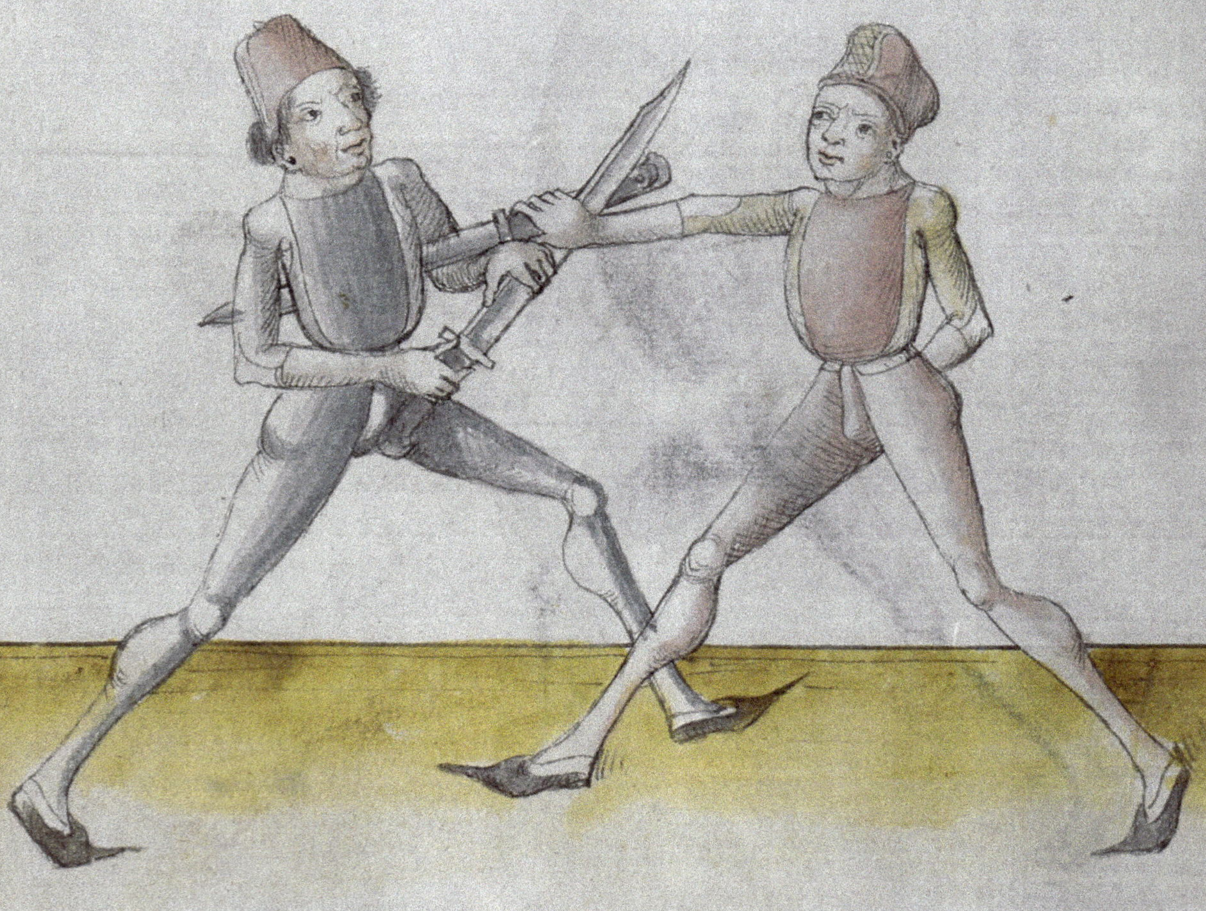

Uber farn schnel piß kerin
und mit ortt dy keln solt weren

hie lertt der meyster aber eyn gutz stuck auß dem uberfarn
In dem messer und spricht · uberfarn etc Das solt alzo wissen
ger nohendt an in und uberlauff seyn messer mit deym
gehultz alzo das seyn messer unter deyn rechte uchsen
ader arm kum sobald vall mit deyner lincken handt
In dy mit deynes messers und far unden auff auffbendigs
seyn rechten handt und stich in alzo zu dem gesicht
ader keln will er zu ruck tretten so tritt im frolich
nach und druck seyn arm mit sterck nyder etc

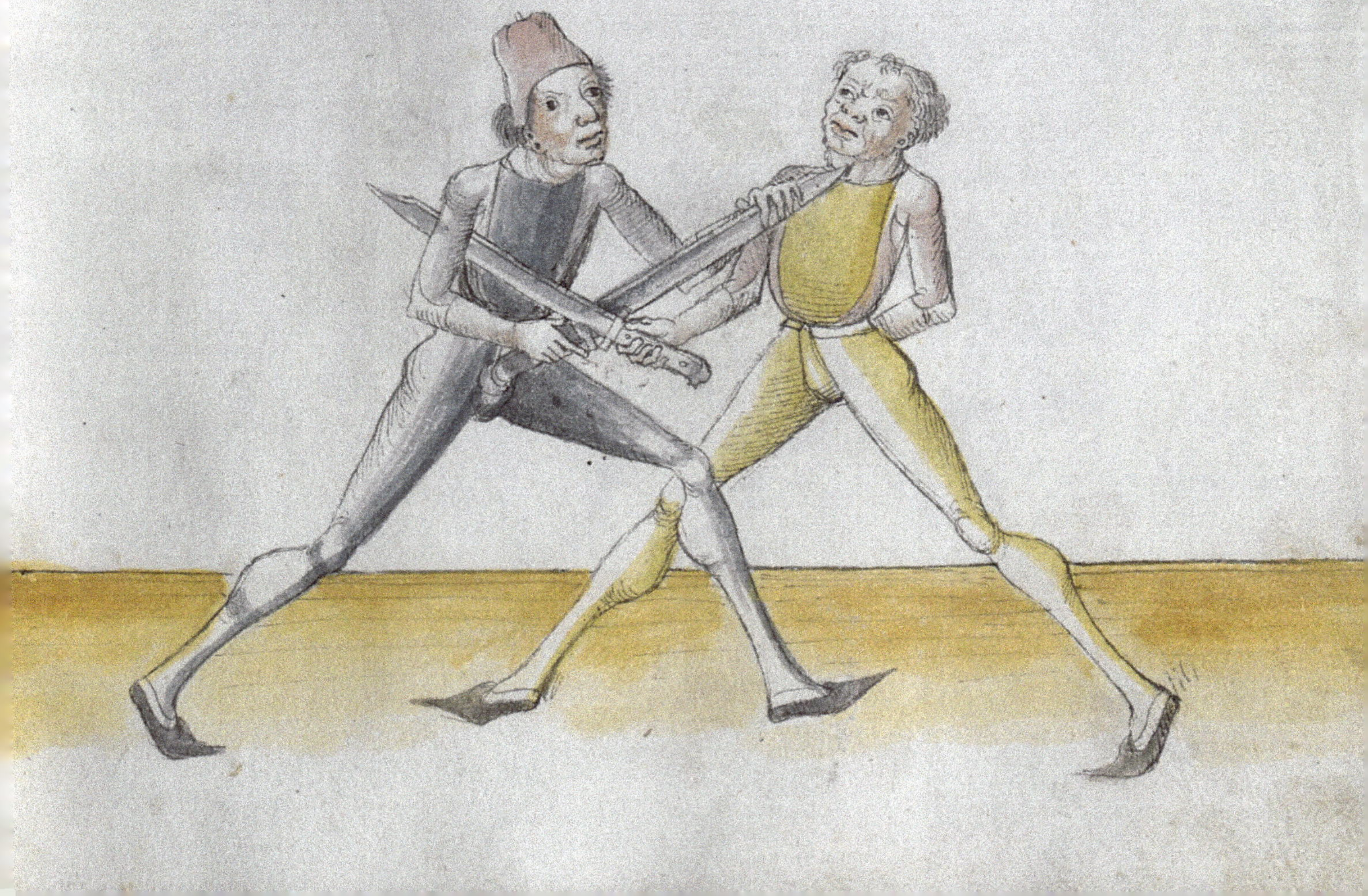

Uberfar starck stem wid das glenck
Deyn messer zu erden swenck

Hie lert der meister die kunst ein anders stuck auß dem
überlauffen mit dem gehultz und sprich überfar starck
etc. das soltu also wyssen ferstu im über sein messer mit
deym gehultz So far im wolen durch das seyn messer
under deyn rechte uchsen kum und far im außwendigs
in das gelenck seyner handt und druck gegen der erden
geswindt nyder So nymbstu im das messer etc.

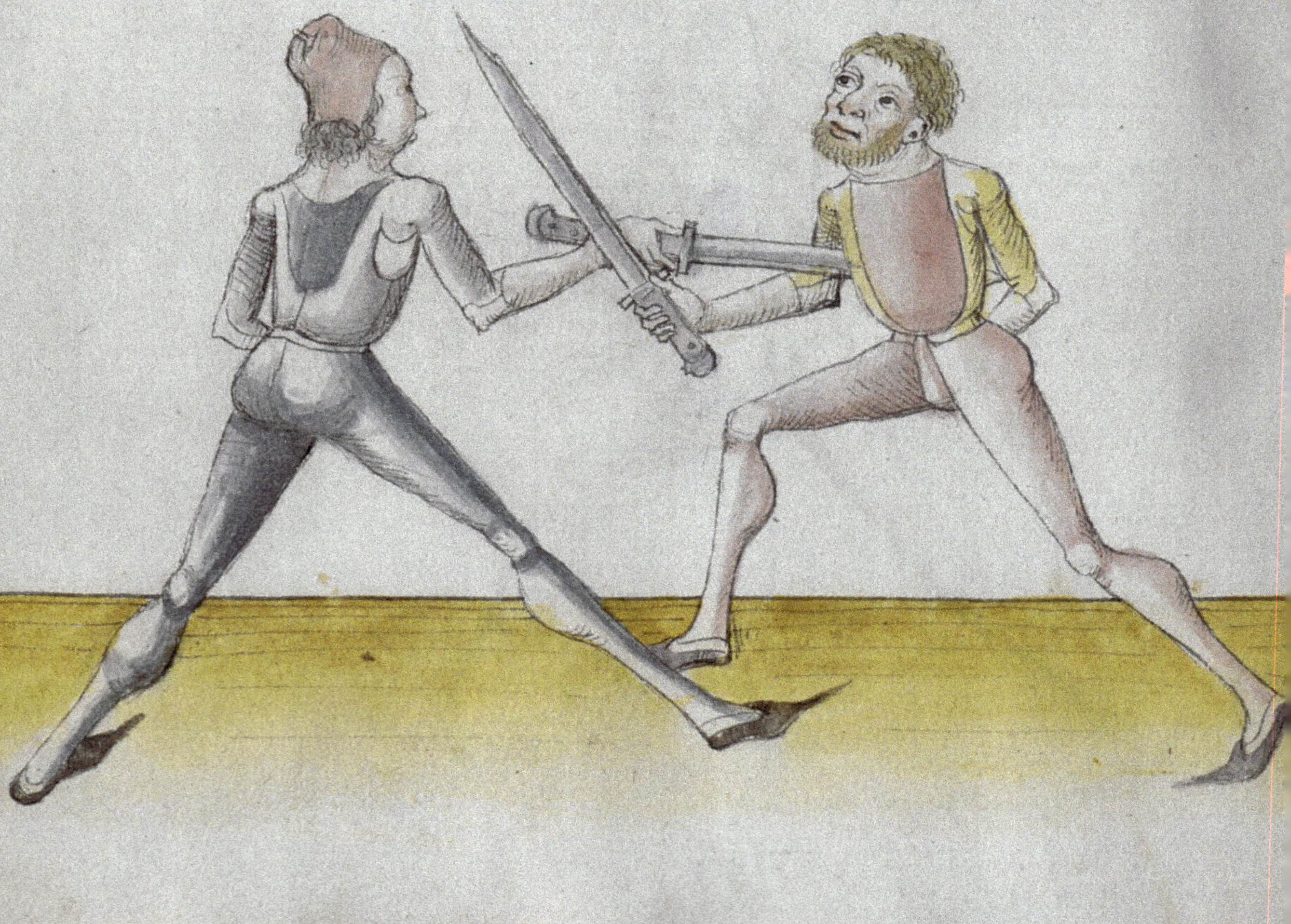

Messer nemen wilt begynnen
Uberfar mit sloß der krewtzen Innen

Hie hatt der Maister der kunst aber ein stuck auß der vorgemelten artt und spricht also Messer nemen etc. Das soltu also verstan far im mit dem gehultz außwendigs ober seyn messer und laß den dy spitz sincken inwendigs und und far im mit dem gehultz außwendigs in das gelenck seyner handt und kom dich nider auff deyn rechte seytten und reyss starck mit dem gehultz da auff wie hinden gemalt stett etc. so nymbstu im das messer

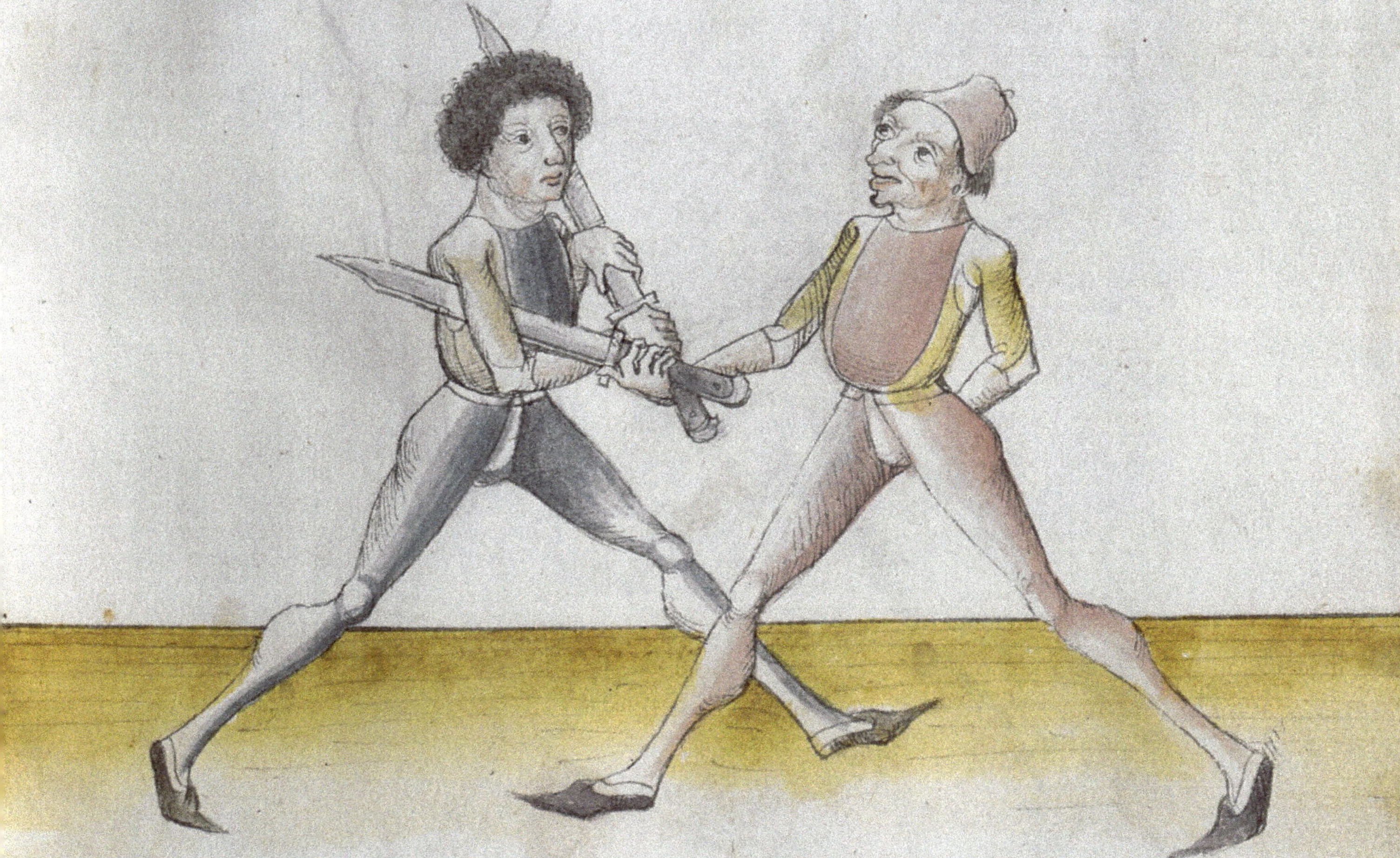

Messer nemen mit eynem hendt

Mit lerer handt wo bessar piß behendt

Hie hett der meren der kunst wye man eyme eyn messer
nemen solt mit eyner hent vnd ob eyner halt nicht
mer hett wenn eyn handt oder lamb wer jn der lincken
handt das er dennich eyme seyn messer nemen mocht
schnell mit gewallt Das treybe also Wer auff mit
der zwerch mit deynem messer auff seyn lincke seytten
nahendt an seyn gehultz Das dy lang schneyd gegen
dem man stee zuhand lass deyn messer fallen vber das
haubt vnd var mit deyner rechten handt jm außbendig
vber seyn handt vberbindt dye Das sy weyt außbendig
kum zuhand greyff da mit starck mit der eyn hendt auff deyn
rechte seytten So nymbstu jm gar lydlich an alle nott
seyn messer etc

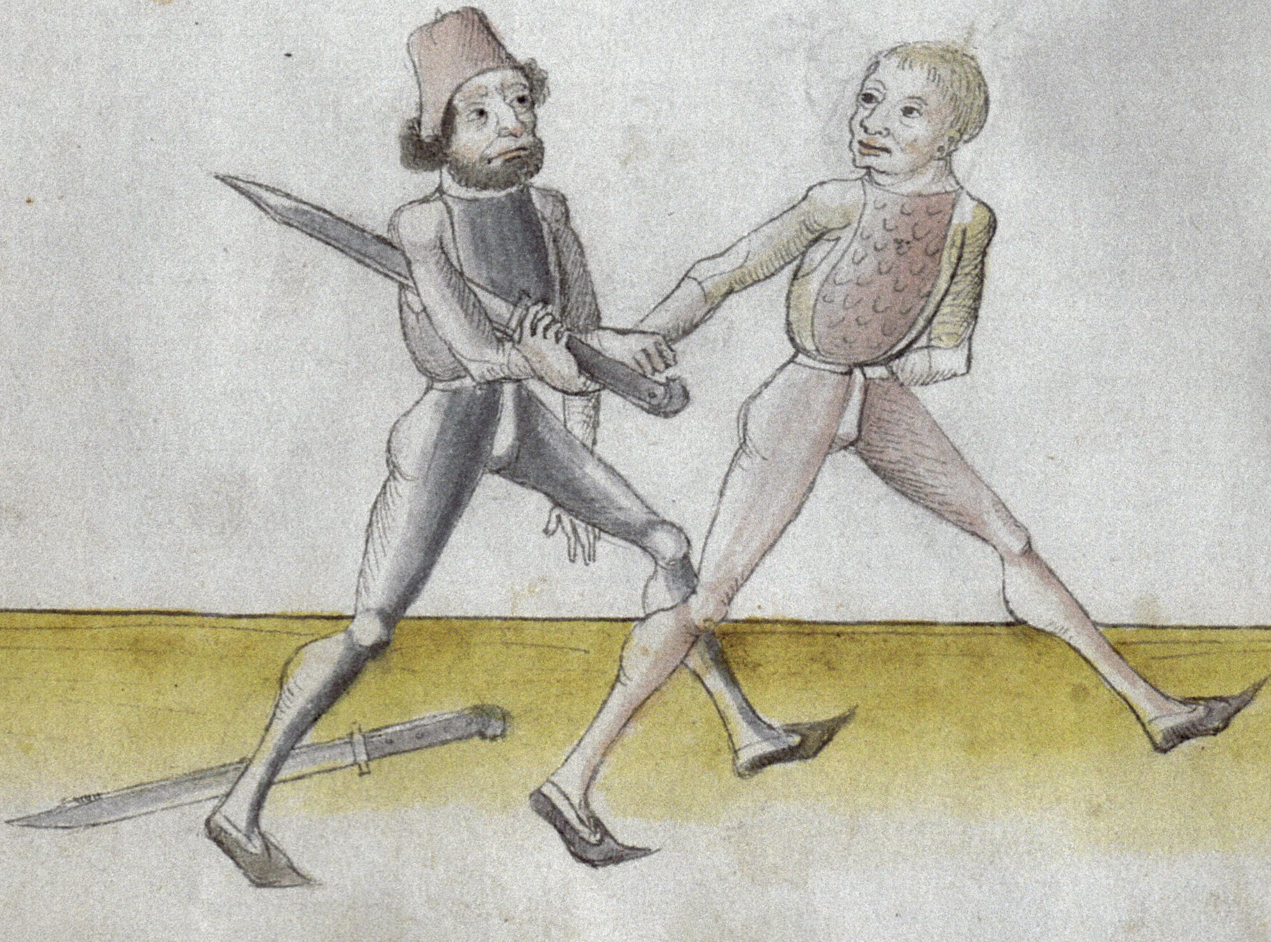

Mit lere handt ler an dich zucken
Mit peyden armen starck drucken

Hye lert der meyster vnd der mere der kunst aber eyn stuck das gett zu auch mit lere handt So du zu yn kumbst wye vor So lass deyn messer fallen vnd far aber vber seyn arm wye vor vnd wendt den arm vmb das dir seyn rechte handt kum vnder deyn rechte vchsen vnd deyn rechte handt auff seyne elpogen vnd der linck arm war geschlagen vber yenss rechten arm vnd druck seyne rechten arm starck an deyne leyb oder prust vnd halt yn wye hiden gemalt stet Wiltu yn aber werffen so schrayt mit deyne lincken peyn fur der seyn rechte peyn vnd werff yn das vber oder vall auff den ars so fellt er auff seyn antlitz vnd kan nicht auff stan den du last yn geen auff sten etc

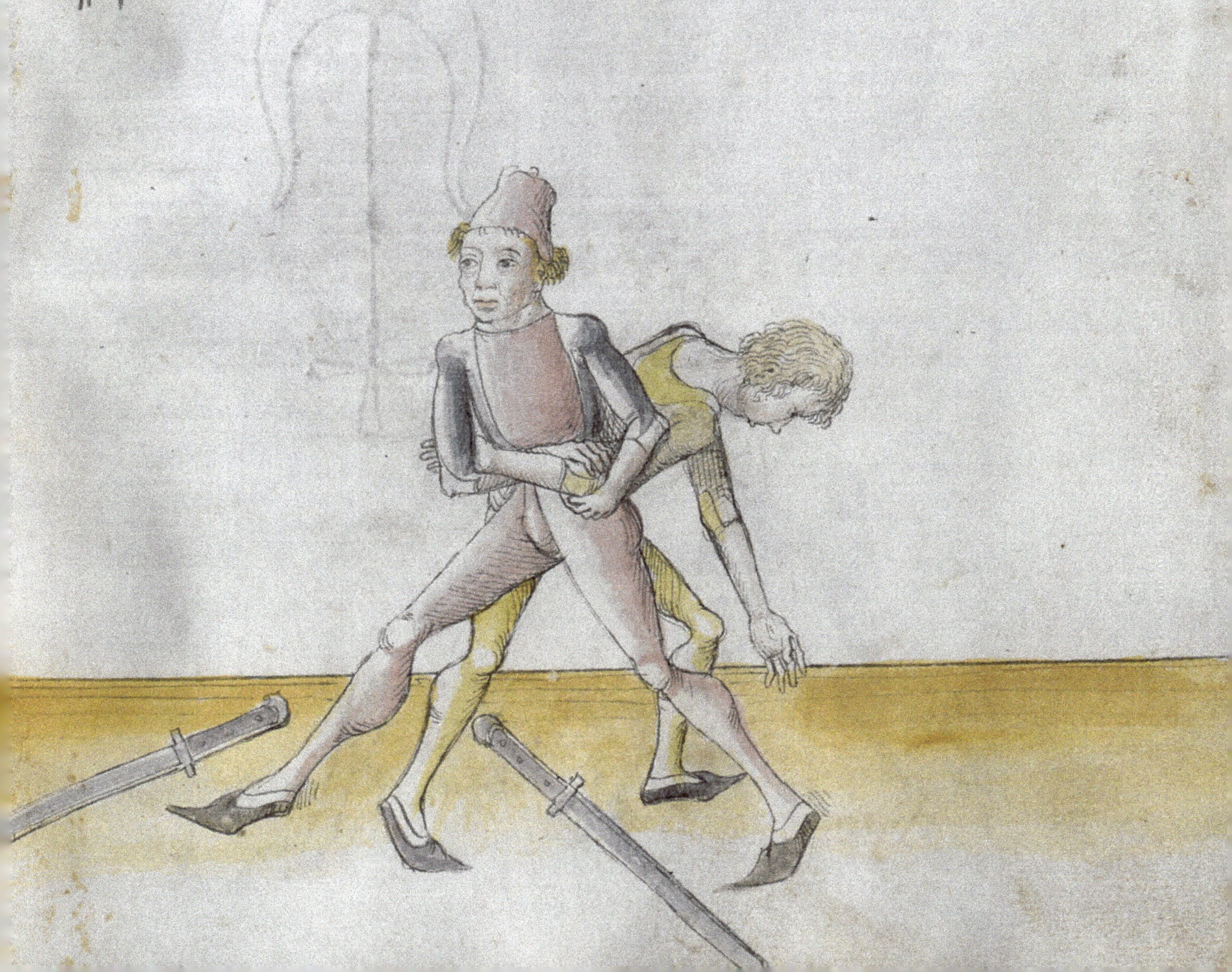

Setzt er auch vberfar

Linck vbschlag recht reyssn mit spar

Hye lert der mayster eyn prauch wye dy vberfaren mit
dem gehultz vnd spricht setzt er ꝛc Das soltu also verstan
setzt er mit dem gehultz vber deyn messer wye vor So
far auch mit deym gehultz ynder vber seyn rechte hant
außwendigs vnd stewß starck dye hant auff dem recht
seyten vnd wendt dich mit dem leyb an seyne lincken
arm vnd reyß yn seyn hant mit dem messer woll zu
deyner prust vnd schlag deyne lincken arm vber seyne
rechten elpogen vnd nymb yn also das messer ader schrayt
mit dem lincken fuß fur seyn payde vnd wyrff yn da
vber ꝛc

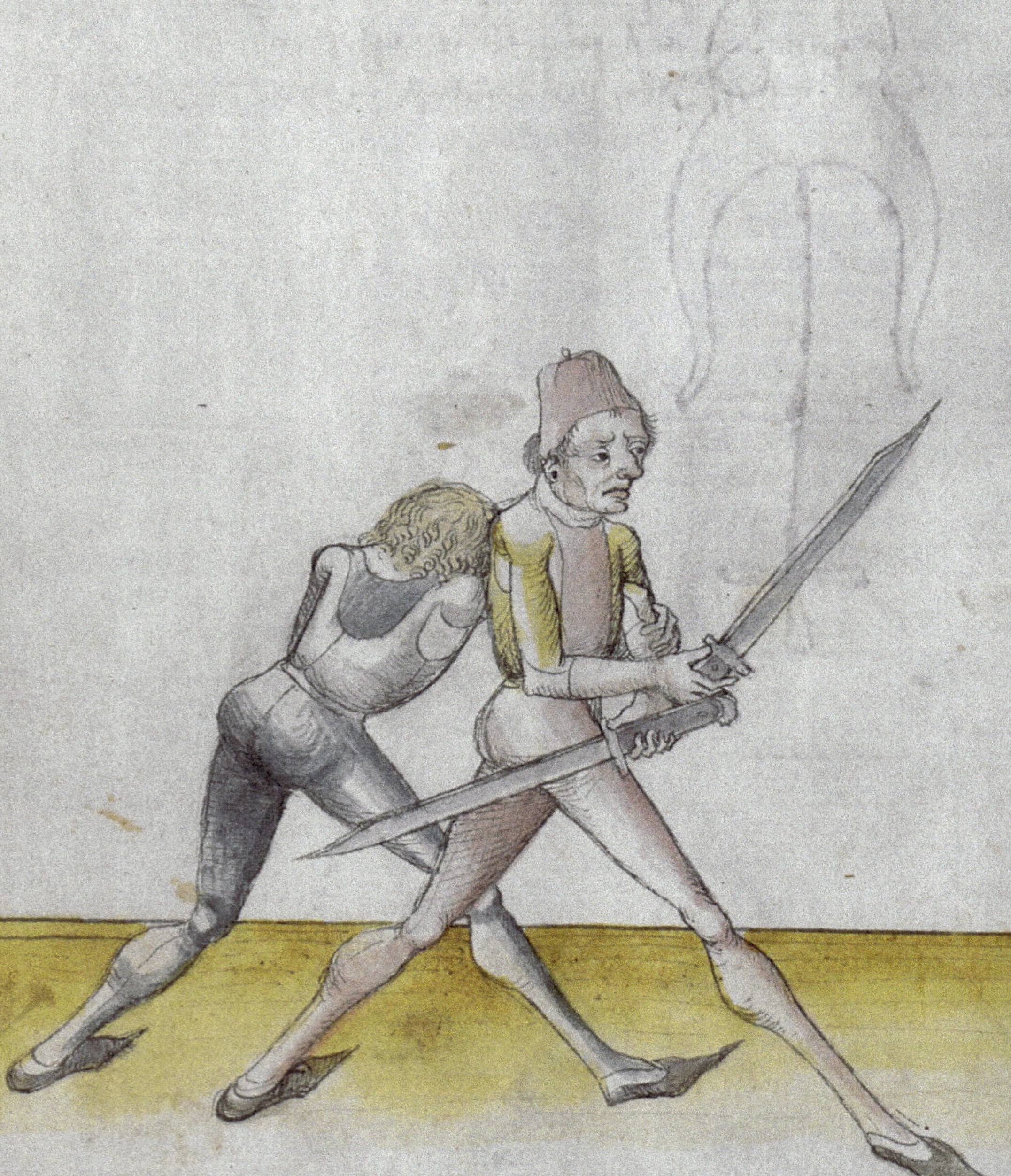

Sy absetzn lere
hew stich kunstlich were
Von vyer Enden
hew stich ler ab wendn

Hie sagtt d' mayste' wye ma soll im messe' absetzn
es sey hew ode' stich Wenn du mit dem Zufechtn
Zu im kumbst stelt er sich den gegn dir als woll er
stechn vnd setz dayne lincken fuss fur leg dich gegn im
in dy hutt des ochss zu dayne rechtn sytten vnd gib dich
ploss mit der lincken sytten stecht er dir dann zu der ploss
So wendt mit dayne messe' auff dayn lincke sytten gegn
syne stich das dy kurtz schnyd an sayn messe' kumb vnd
setz da mit ab das der ortt gegn syne gesicht ster ode' gegn
dem leyb vnd stich im zu dem gesicht ode' prust ꝛc

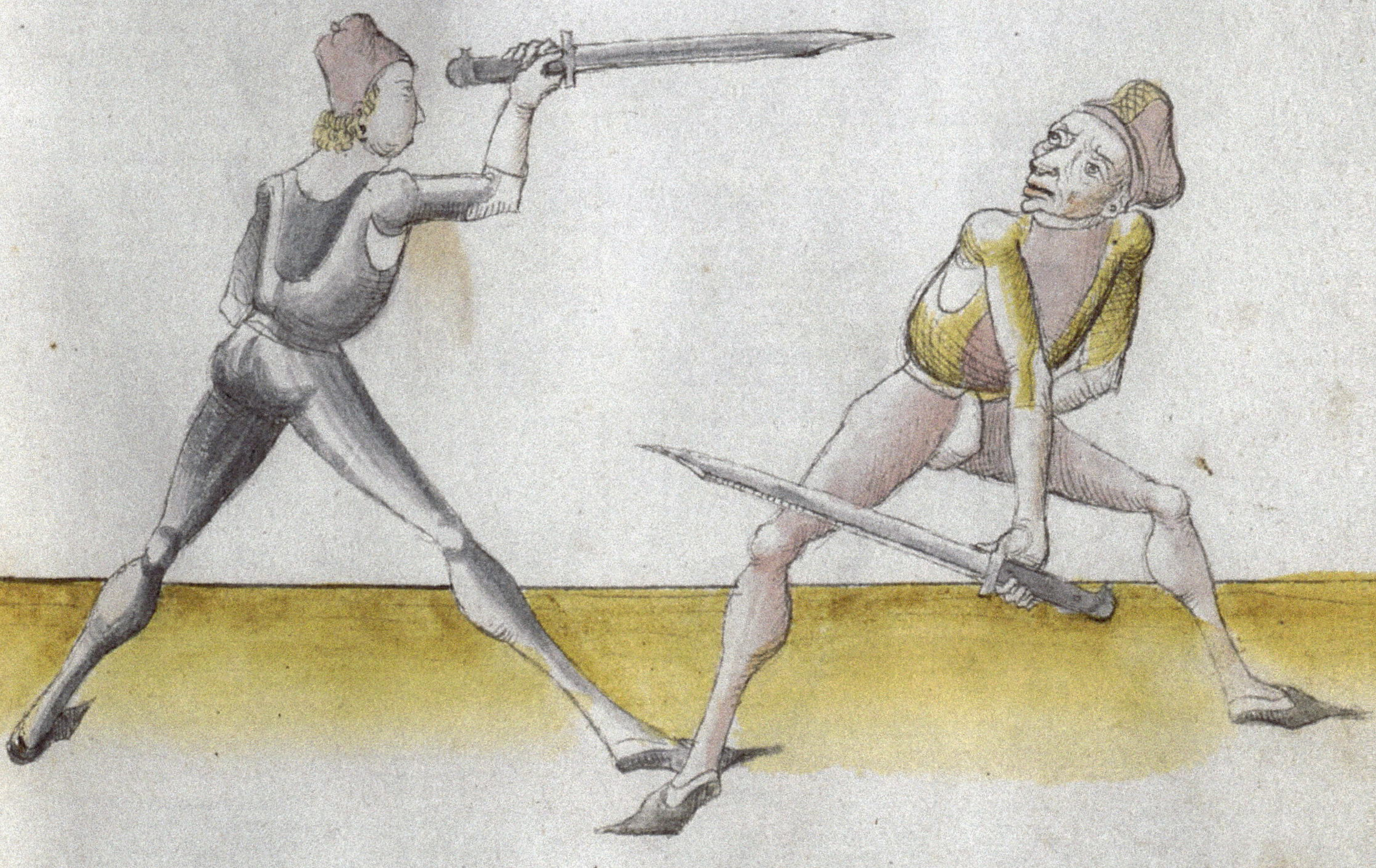

Item Ein anders stück wenn du stest zu deyner rechten seyttn
In dem Eber hawtt er dir denn zu der lincken seyttn
oben zu der ploß so far auff mit dem messer vnd wendt
da mit auff deyn lincke seyttn gegen seyne haw Das diß
gehultz fur das haubt kum In den Stich vnd schreyt
mit deym fuß fure zu vnd stich im zu dem gesicht
oder prust Das stuck magstu treybn vo paydn seyttn
auß den vier legere etc.

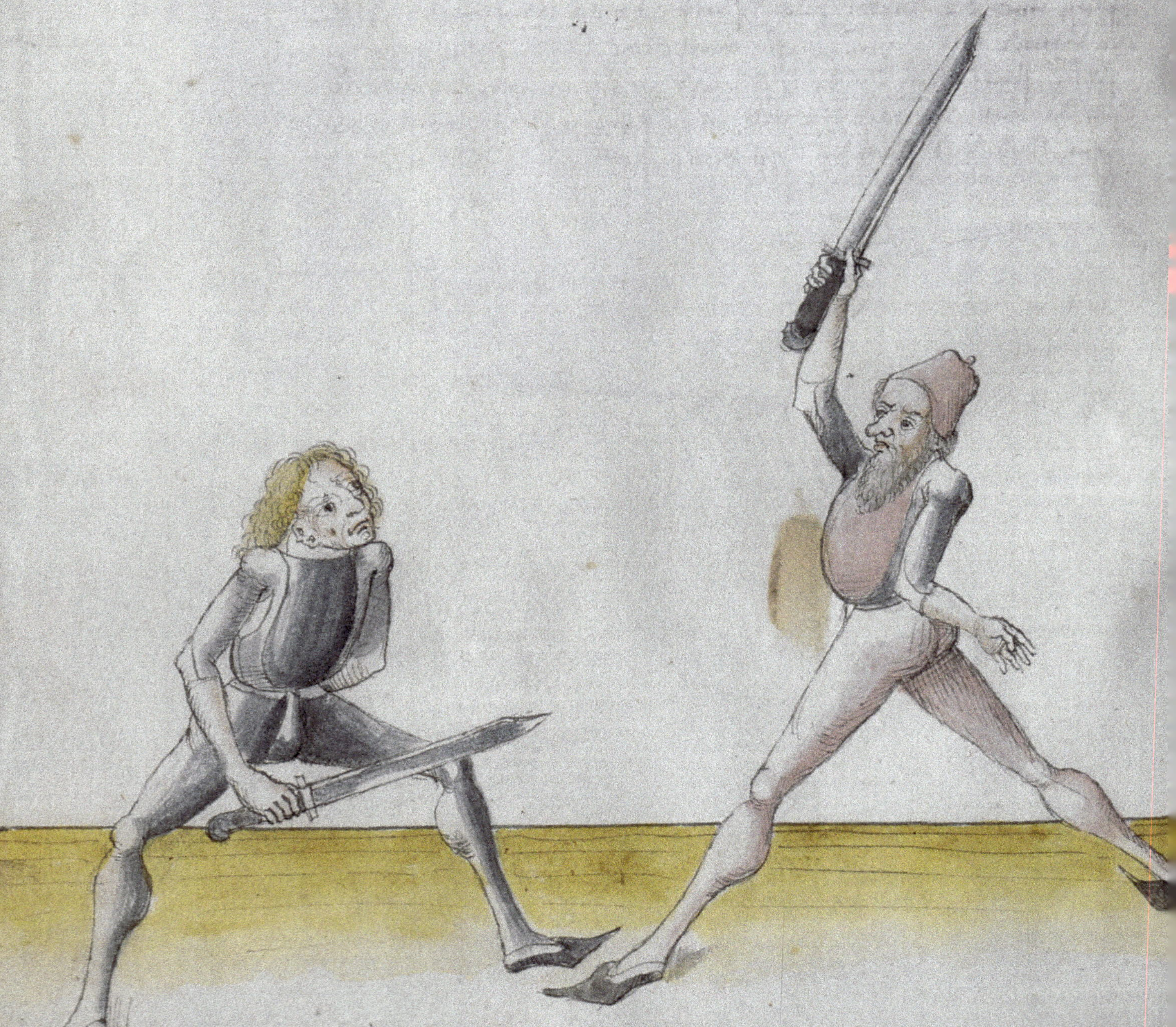

Durchwechsel das stuck
Dy mayster treybt zu ruck
Merck deß art vnd lere
Von payden seytten stich mit sere

Hye sagt der mayster von dem durchwechsel vnd spricht Durchwechsel das etc Nu ist zu wissen das der durchwechsel vill sind vnd manchlay du magst dy machen auß allen hewen gegen den vechtern dy do hawen zu den plossen vnd nicht zu dem swert des mannes Nu den durchwechsel soltu treyben mit grosser fursichtikeyt das man dir nicht ansetz dy weyl du durchwechselst etc

Item den durchwechsel treyb alzo wenn du mit dem
zufechten zu dem man kumbst So haw im von oben
lanck eyn zu dem kopff Hawtt er dann gegen dir zu
dem messer und nicht zu dem leyb So loß den ortt
mit dem haw unter durchwechseln Ee er dir an das
messer pindet und stich im zu der andern zynne wertt
er dem des stichs gewar und fertt mit dem messer
dem stich nach mit der versatzung So wechsel aber
durch zu der andern seytten das treyb albegen wenn er dir
nach dem messer vertt mit der versatzung Das soltu
treyben zu payden seytten etc.

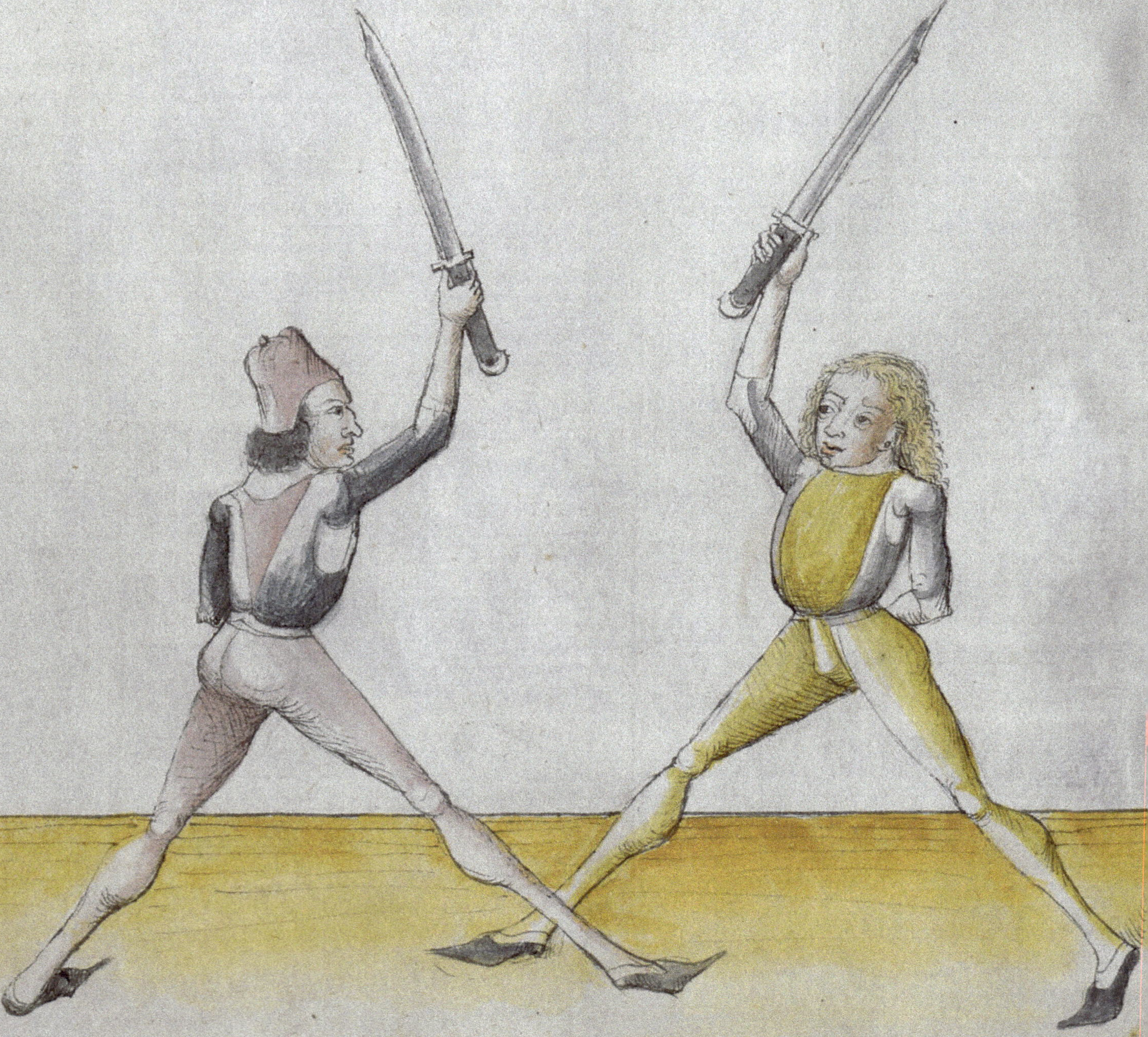

Item aber ein durchwechslen wenn du mit dem zwercken
zu im kumbst so setz deyne lincken fuss fur und halt
im den langen ortt gegen dem gesicht haut er dir denn so
oben ader von unten zu dem messer und will dir das werck
schlagen ader dar an pinden indes lass den ortt untsich durch
snellen und stich im zu der andern seytten hin das magstu thun
gegen allen hawen etc

Item Ein guter ler

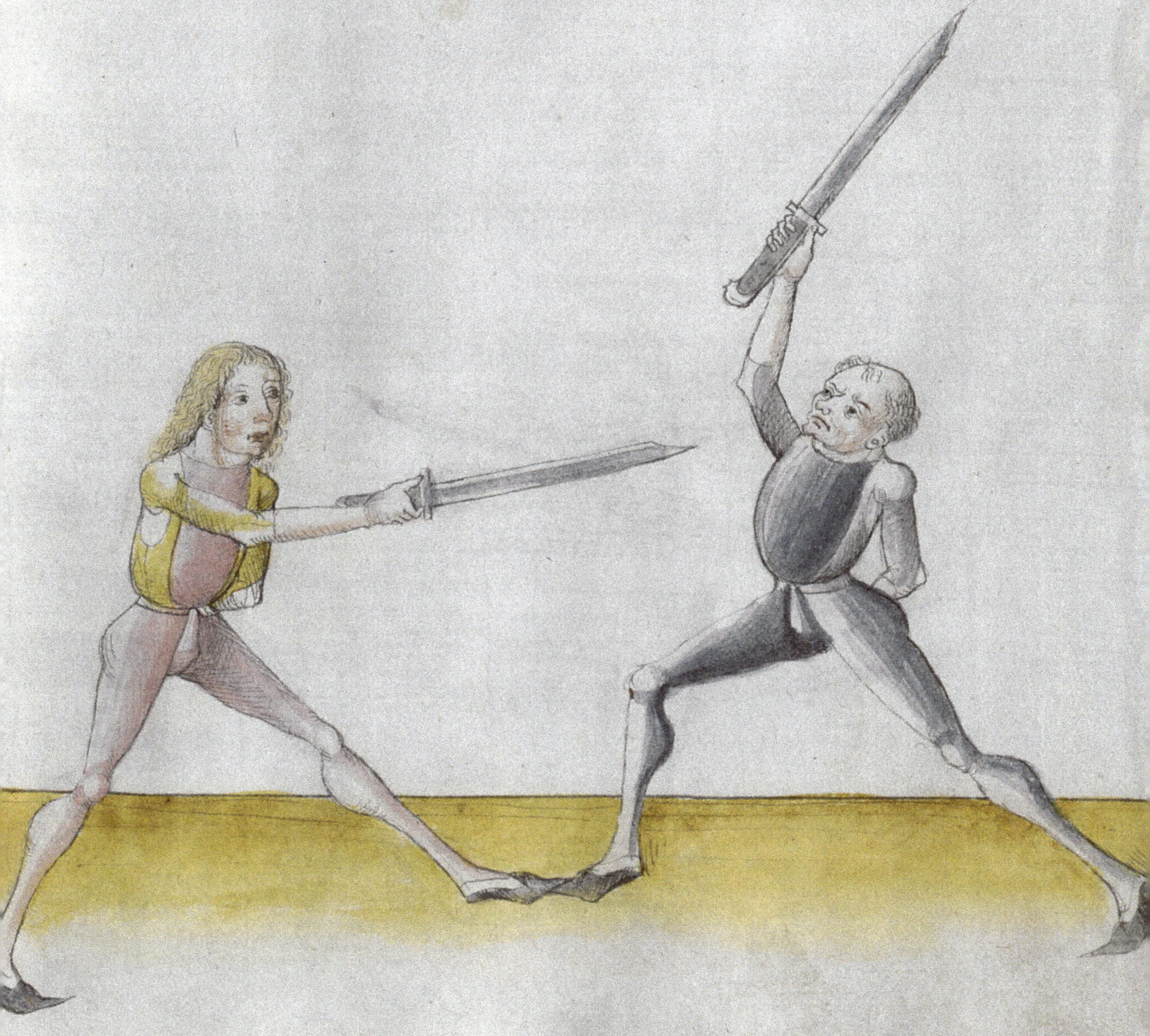

Jtem Ein gutte ler vnd das dritt stuck merck gar eben
wenn er dir versetzt hatt od sunst an dein messer hatt
gepunden helt er den am messer sein ort nicht gegen deine
gesicht oder ploss deines leybs vnd lest den ort neben
dir ye beseytz auss gan auff eyn seytten So wechsel im
frolich durch pleybt er aber mit dem ort gegen dem antlitz
oder gegen den plossen So wechsel im nicht durch Sunder
pleyb am messer vnd erbeyt im da mit zu der negsten ploss
So mag er dir nicht nachraysen noch ansetzen etc

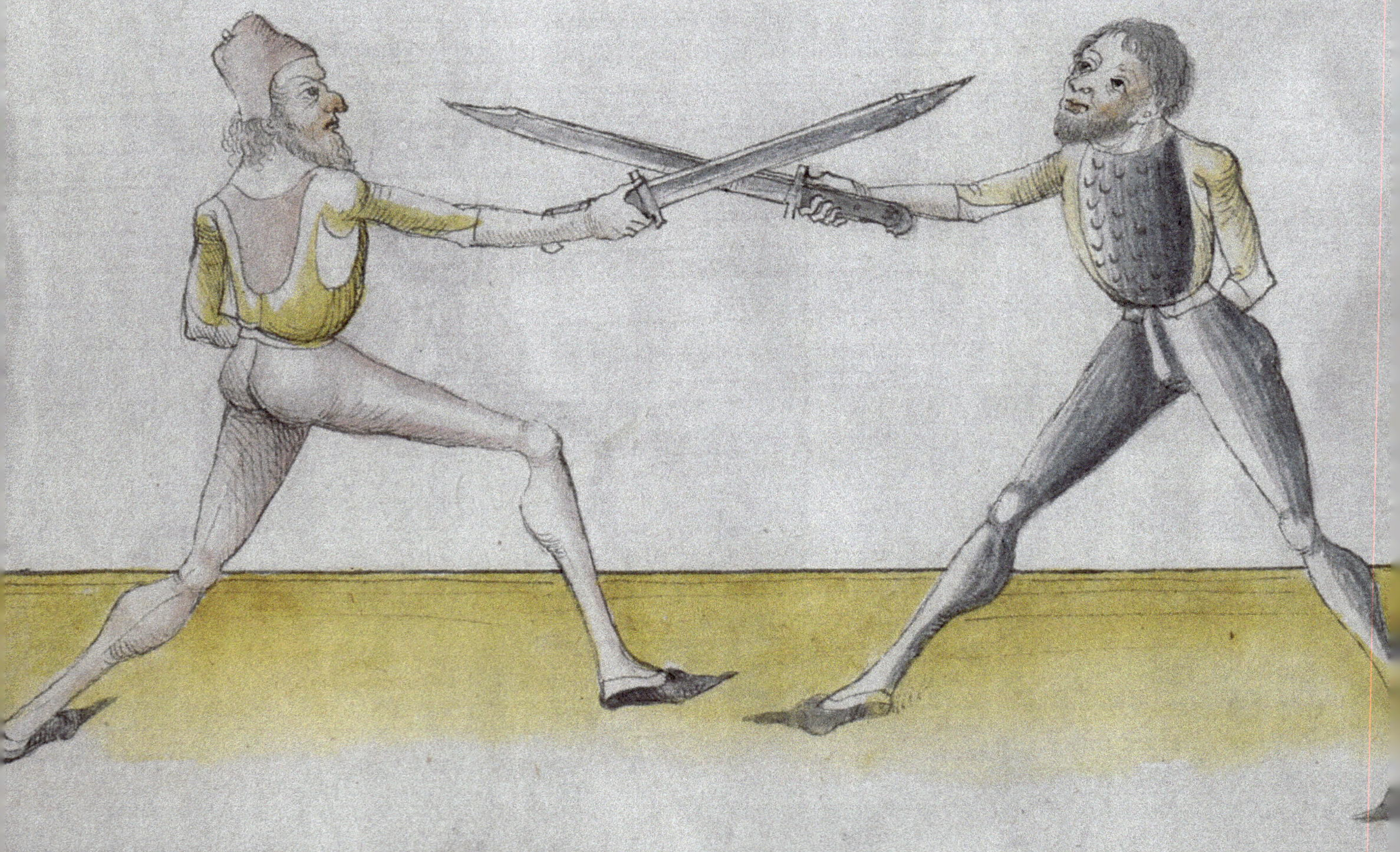

Wiltu linck lanck vnde haven
Durchwechsel so soltu dich frewen
Hye lert der meyster wye ma durchwechseln soll Im
messer auß langen geraden vnd hewen vo payden seytten
Zu vor auß vo der lincken seytten das der recht fuß vor gee
vnd der linck dem rechten nachvolg Also das dy fuß im
schreytten zusamme kume vnd haw dy hend auffgestr-
ackten alz lanck seyn so du denn in dem zuvechten
Zu im kumbst so thu gleych als du im den ortt wollest
eyn schyssen zu seyner rechten seytten zu dem gesicht so der
wechsel vnder durch bey dem gehultz vnd stich im in
seyn angesicht seyn lincken seytten

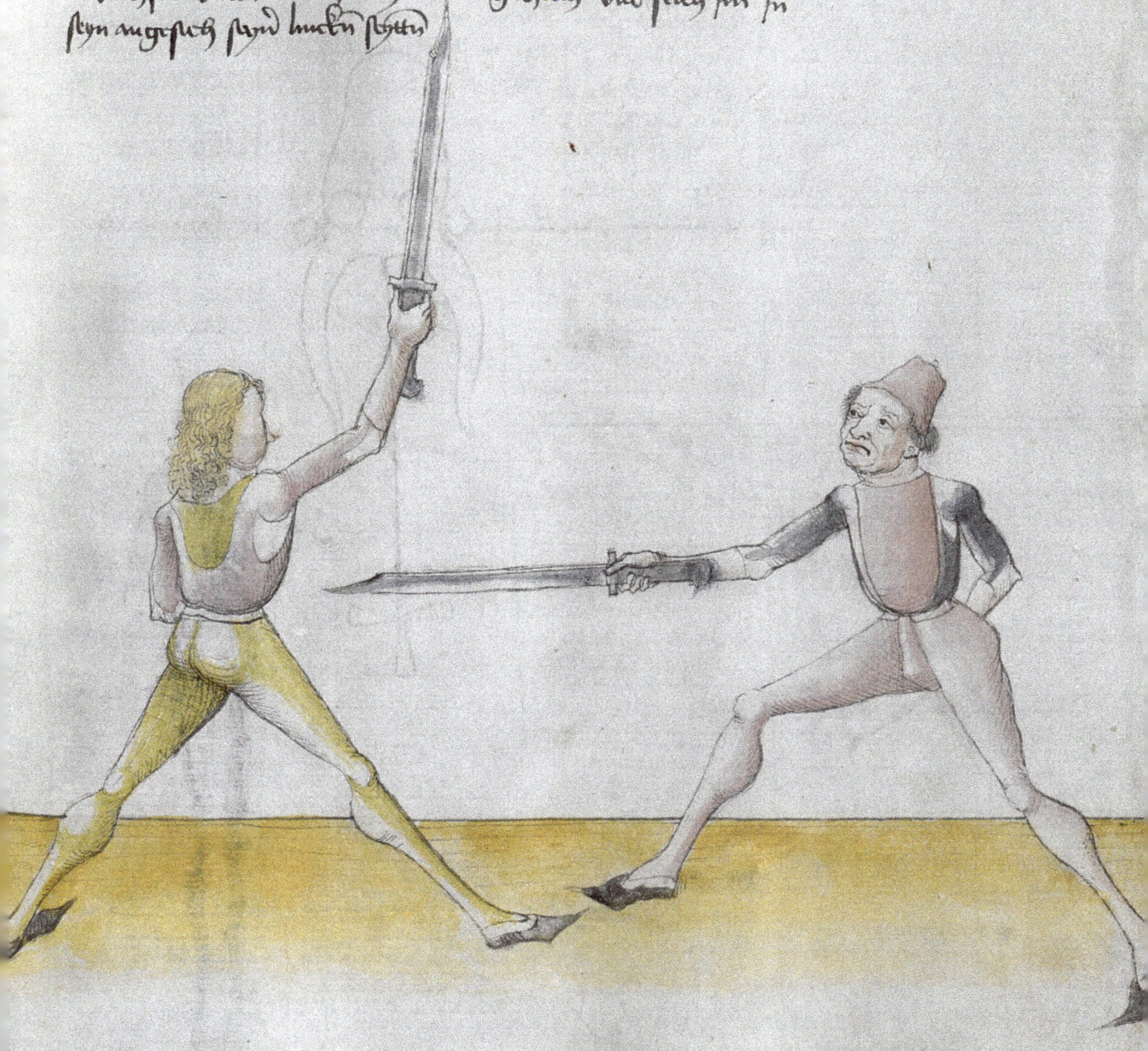

Linck lanck lass recht eyn schyessen
Windt stich wirtt jn verdryessen

Hie leert dir meister aber eyn gutt stuck auss den tzugemelten vnterhewen vnd spricht linck lanck etc Das soltu also verstan Wer auff den man jn vnterhewen von deyner lincken seyten zu deyner rechten seytten mit gestrackten arm vnd mit eyme zwmachen tritt Als vil das der daruon oben stee auff der flech deß messers vnd dy stumpff schneyd vor tzer So du denn der zu dem man kumpst So scheuß jm den langen ortt gerad eyn zu dem gesicht Das aber der daruon oben stee hastu jn dem mit dem ortt nicht getroffen So pleyb also sten mit dem messer vnd windt deyn messer auff deyn lincke seytten auff seyn messer das dy kurtz schneyd vnten stee vnd dy recht schneyd oben stee vnd tritt woll auff seyn rechte seytten mit deyme lincken fuss schreytt woll vmb jn vnd stich jm zu dem gesicht etc wiltu den so mach das duplirn zu seyner rechten seytten hinder seynes messers klingen Auch magstu den treffen da eyn machen;

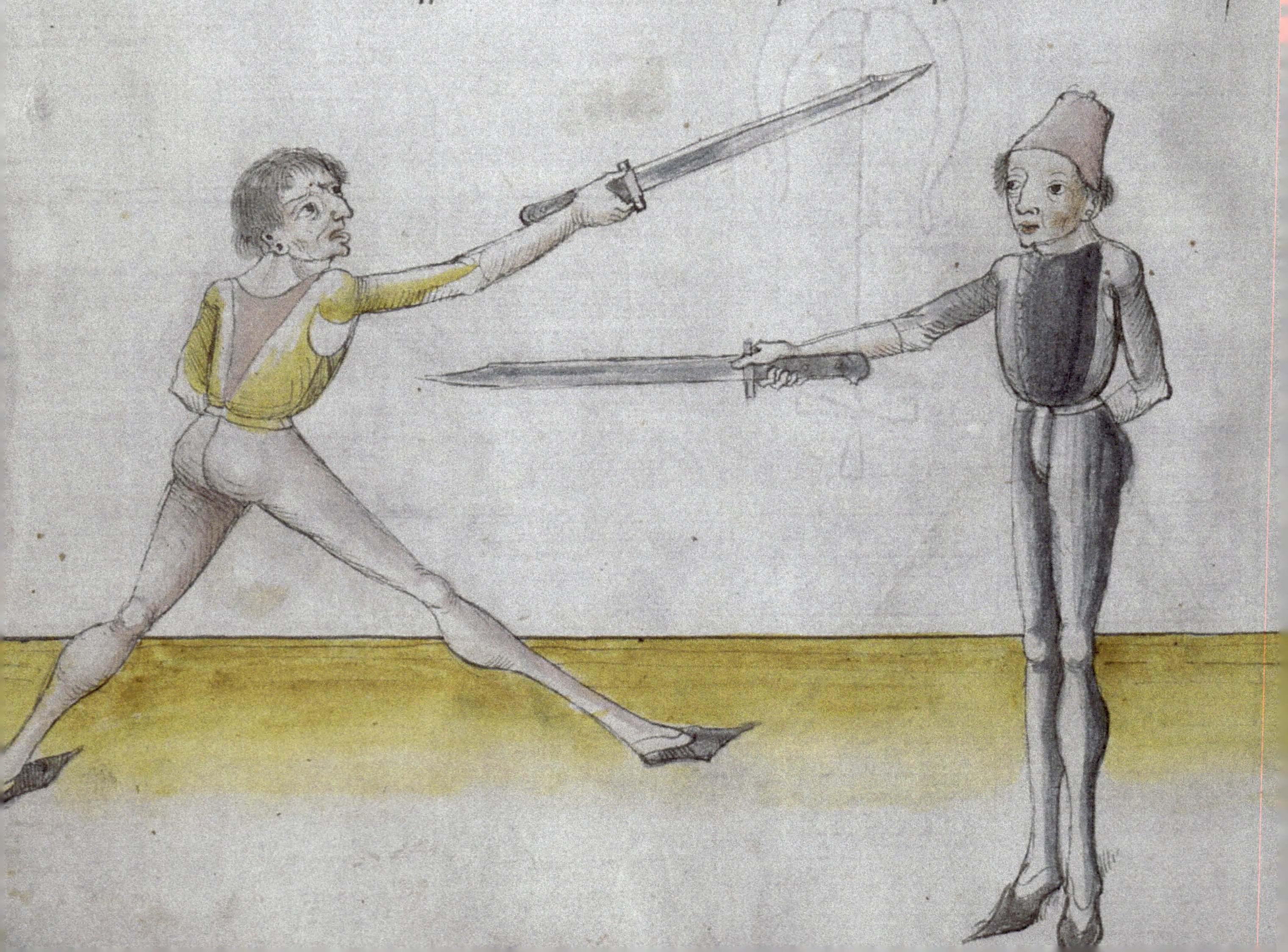

Wer das radt kan machen
Den wechsel mag er zwo machen

Hie sagt der meyster von dem stuck Das do heysset das radt vnd spricht Wer das radt etc Das soltu also versten wiltu das radt machen So haw zu im von deyner rechten achsel eyn geraden oberhaw mit gestrackten arm vnd ster mit dem lincken fuß fur vnd far mit dem ort vbersich das dy stumpff schneyd oben ste vnd laß oben von deyner rechten achsel voll hindersich ab gen vnd von vnten wider auff Also das albeg der ort gegen dem man gee vnd thu als dw im den ort zu dem gesicht wollest schyssen zu seyner lincken seytten Indes far auff mit dem ort vnd wechsel durch zu seyner rechten seytten zu dem gesicht etc

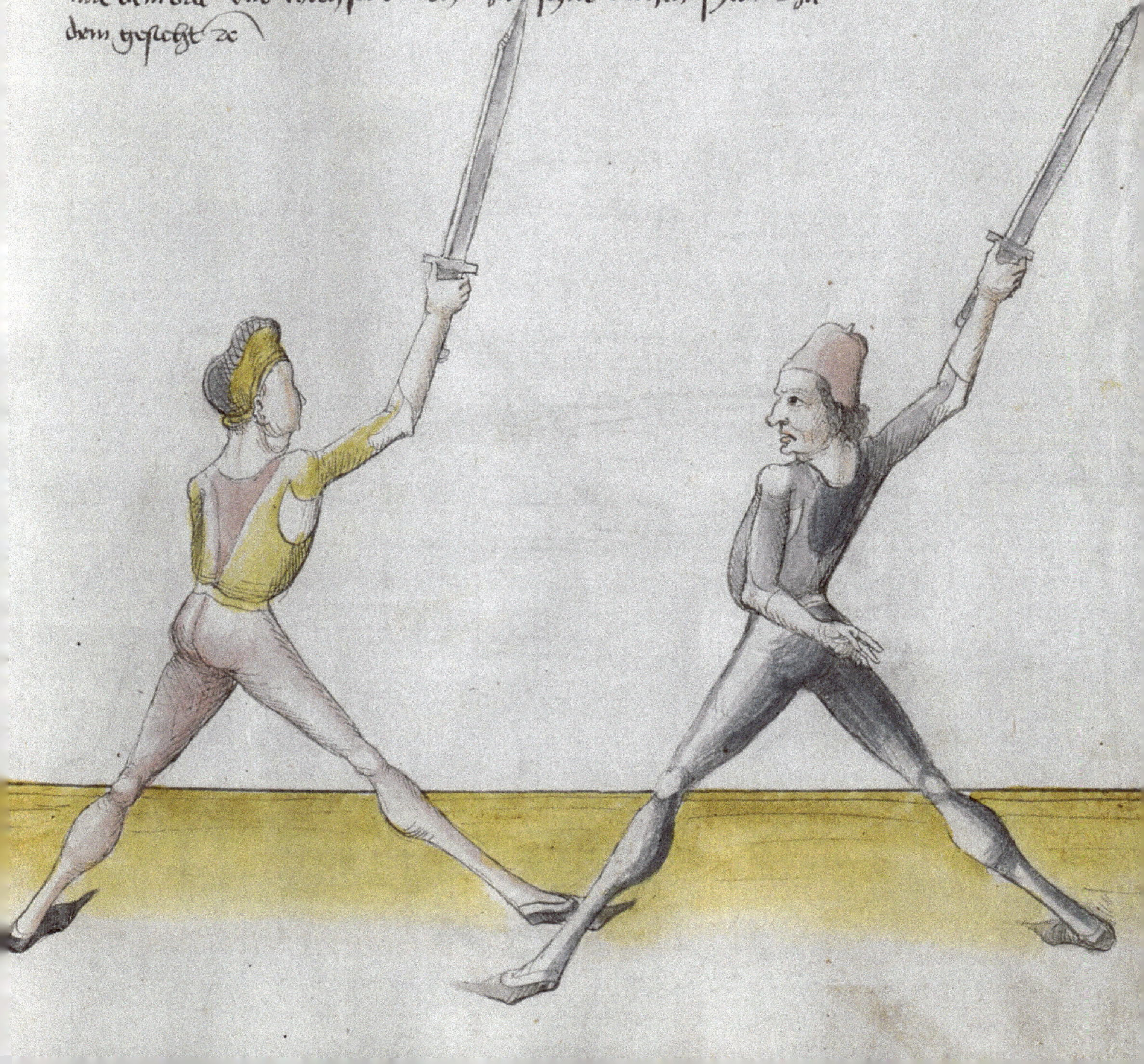

Item stee mit deyme lincken fuss fur vnd mach das radt vo
deyme lincken sytten vnd schrayt mit deynem rechten fuss
fur vnd mit dem lincken albegen dem rechten nach vntz du
zu dem kumpst So du den In beraychen magst mit dem
ortt so thu als du Im den ortt wollest eynschyssen von
deyme lincken sytten zu seyme rechten Indes lass den ortt
bey seyme gehultz vntter durchwyschen vnd stich Im zu
dem gesicht seyme rechten sytten also magstu auch mit
den andern hewen durchwechseln als auss den straychewen
Dreyschewen halphewen vnd zwerchewen vntterhewen

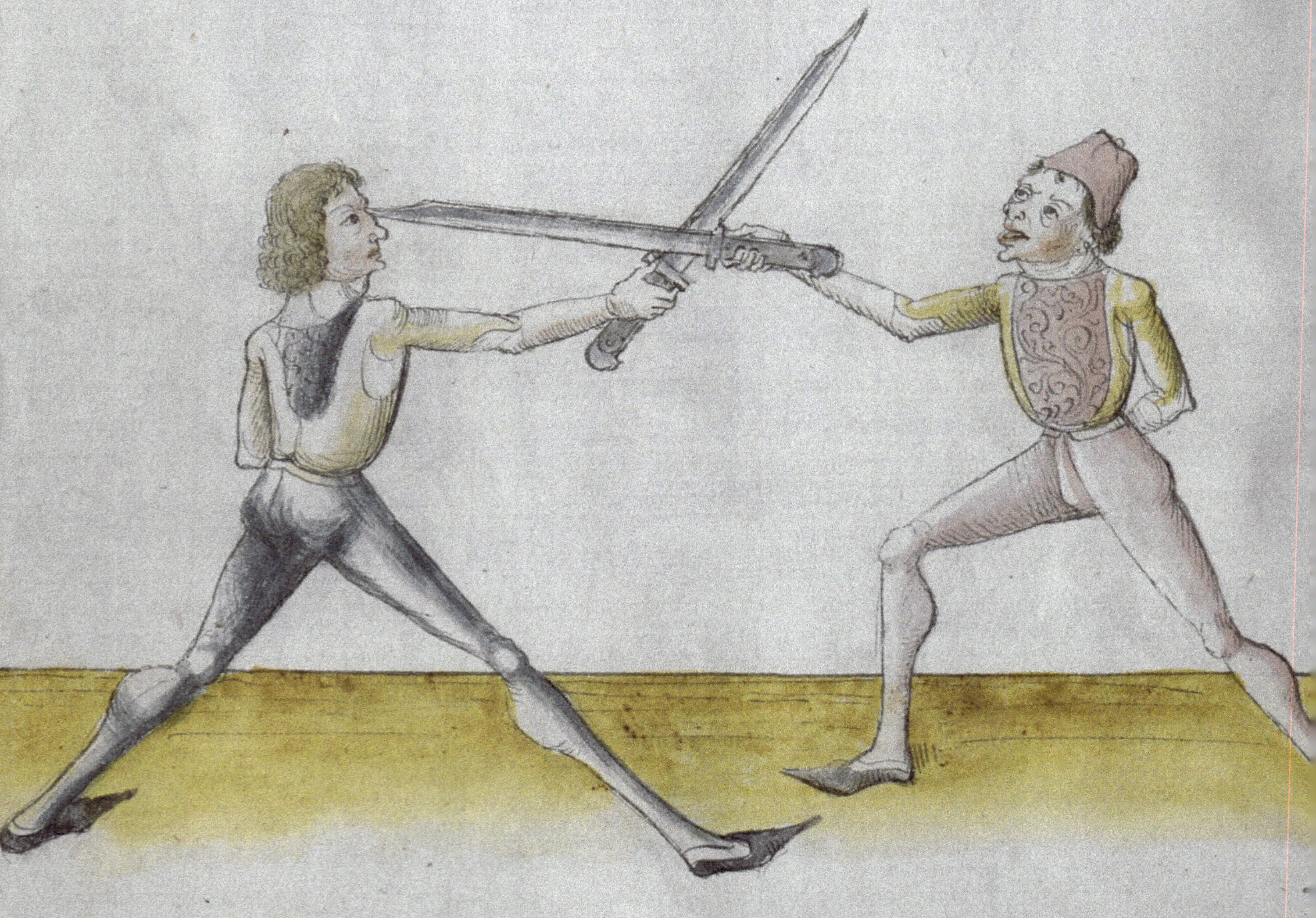

Zuck dy treffen
Den meyster wiltu so effen
Will er auff dich pinden
Zuck schnel so wirstu in finden

Hie sagt der meyster wye man im messer zucken soll und wiss das das zucken ist auch der haubtstuck eynes und ist vill und manchlay und gehören zu treyben gegen den meystern dy starck an das messer pinden und starck in der versatzung sindt wiltu dy selbigen meyster effen und teuschen so mach dy zucken gegen in also pindt mit dem entrust hauw an seyn messer auff seyne lincken seytten indes hauw mit dem selben hauw zu seyner rechten seytten und wenn dy messer zusamme glitzen indes zuck mit dem arm eyn wenigs zu ruck und mach auss dem schlag eyn stich und stich im zucken auff seyn lincke seytten zu dem gesicht etc.

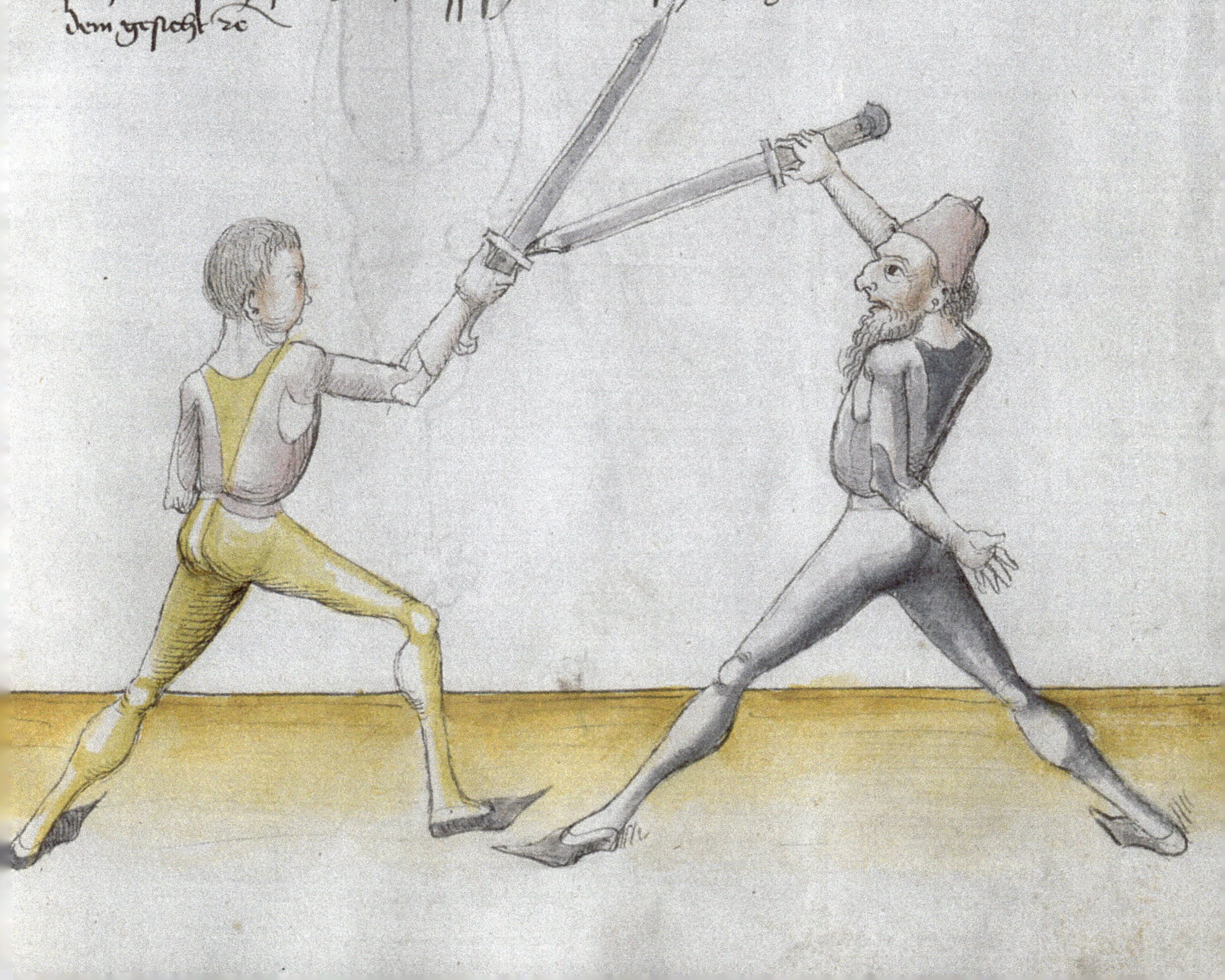

Item wiltu so lass das messer durchgen vnd schlag im vorn
hin mit der stumpffen oder scharpffen schneyden zu seyner
rechten seyten auff dy oberen tzynnen vnd wass das durchgen
ist das weysen heim nach vnterricht vnd sich eben das du
dy durchgen machest nach meyner maynung wann ich dy
in dem messer anders bedewtten pin dann im swertt etc

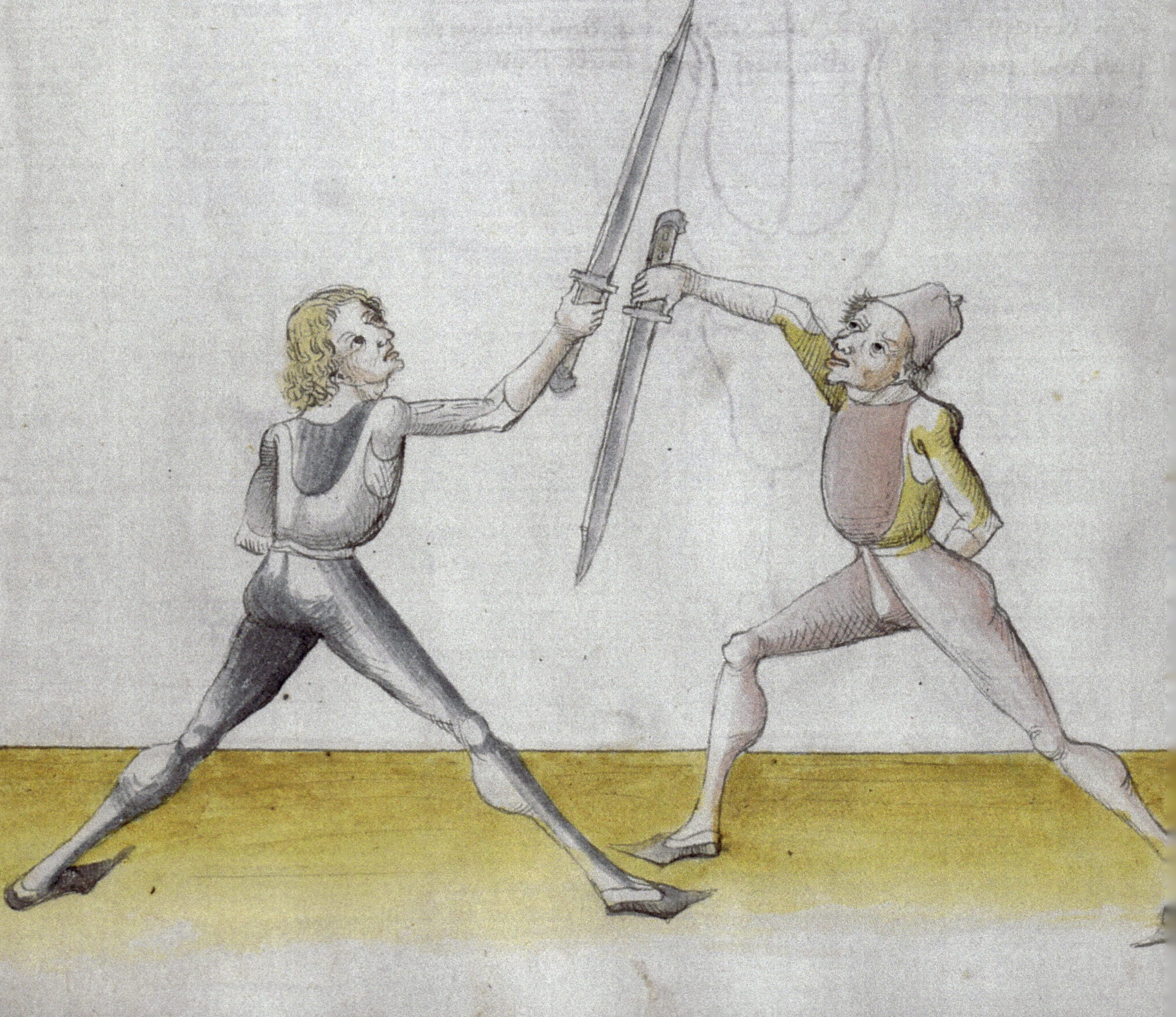

Item haw In von der rechtn sytten obn starck Zu dem kopff
Satzt er dar vnd will versetzn So zuck dein messr an dich
Ee wann er dar an pindet vnd stich Im zu der andre Zyten
der andre sytten das thu In allen treffn des messers etc. Sequit
aliud notabile

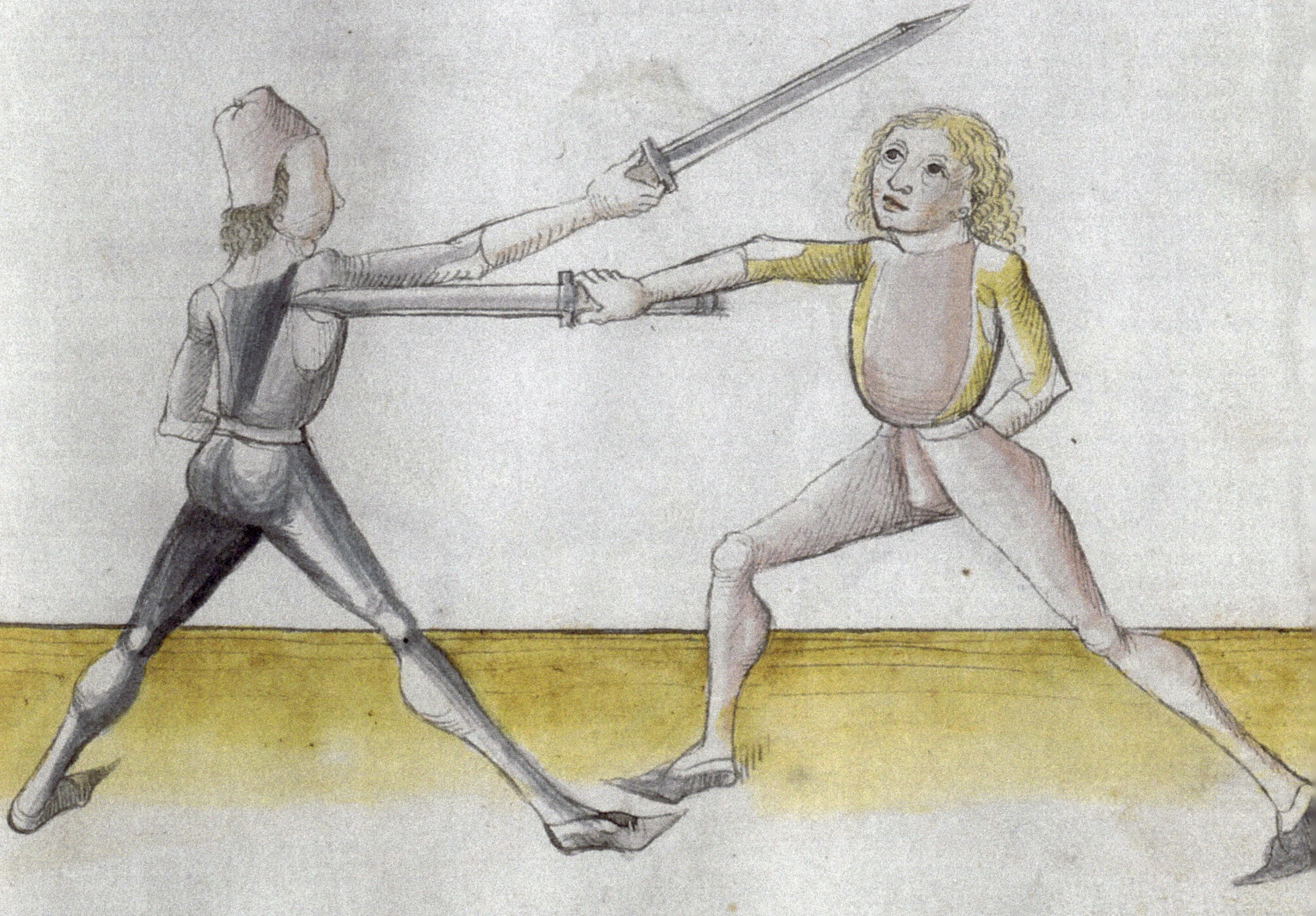

Item Hatt er an deyn messer gepunden Und setzt er dem gegen dir und wartt ob du dich wollest abzyhen und als du wollest zucken und pleyb am messer und zuck deyn messer untz an dy mit der klingen an dich und stich am messer wider eyn pald zu dem gesicht oder prust Und So du wilt zucken So mustu deyn messer allweg wenden gegen dem styrne das dy lang schnaydt oben stee als du vor gehortt hast etc

Item Treffstu in nicht recht mit dem stich so erbeyt mit dem duplieren oder mit andern gutten stucken etc

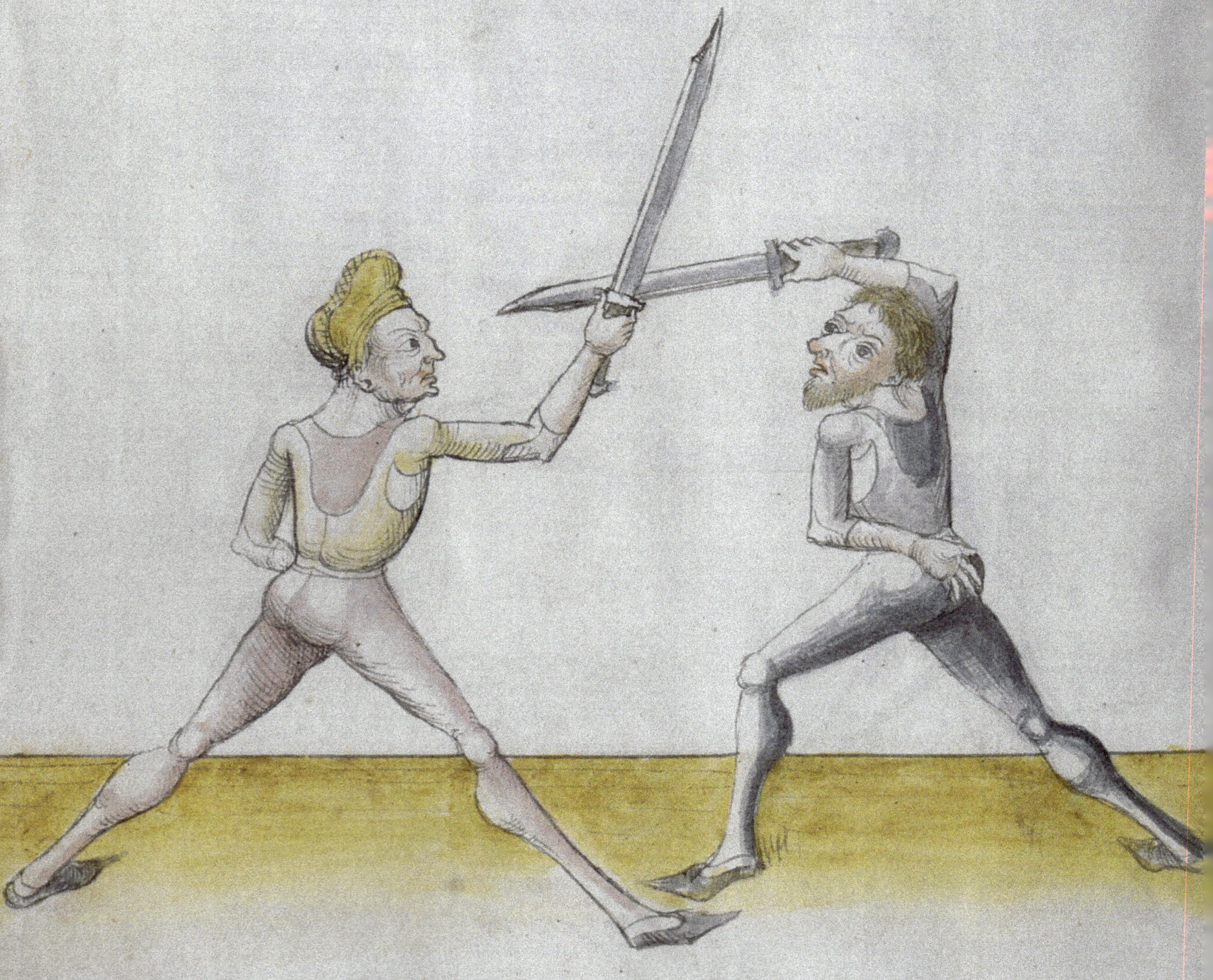

Item ein anders zucken stestu In der pastey vnd hawt
er dem von oben auff dich auff deyn lincke seytten so
schreyt zwarch auff deyn rechte seytten auß dem haw
vnd zuck den leyb auß dem haw vnd haw Im nach
der oben ploß vnd loß dir nicht an das messer pinden;

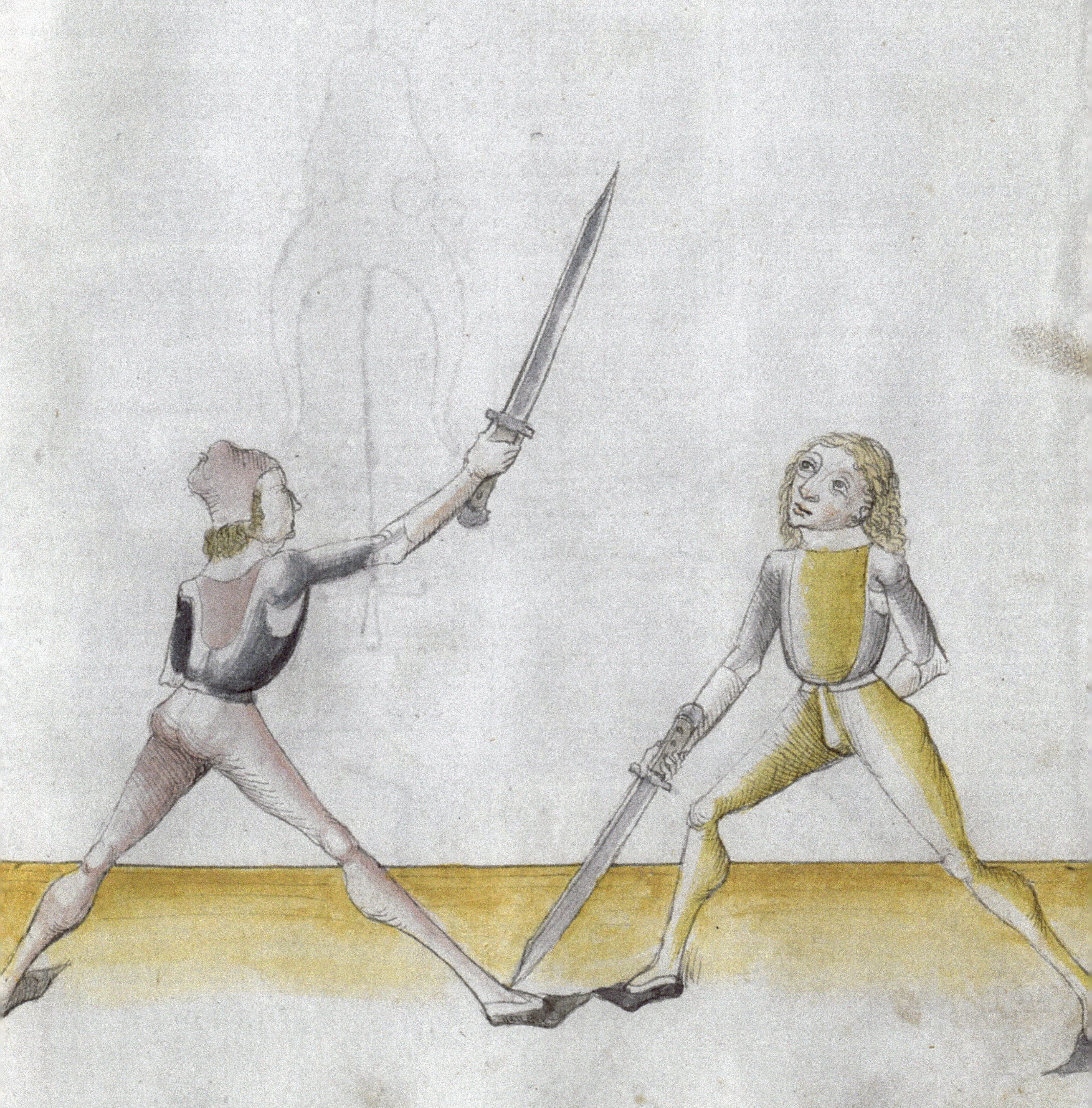

Item haut er dir von dem luginslandt zu so du auch darin
stest so zuck in seyne haw das messer an dich vnd lass in
nicht dar an kumen wider haut er vō seyner rechtn
seytn zu deyner lincken So zuck deyn messer an dich vnd
schreyt auff seyn rechte seytn ein zwmachn trit vnd
schlag im zu den obern zynne das magstu treybn
vō payden seytn ec

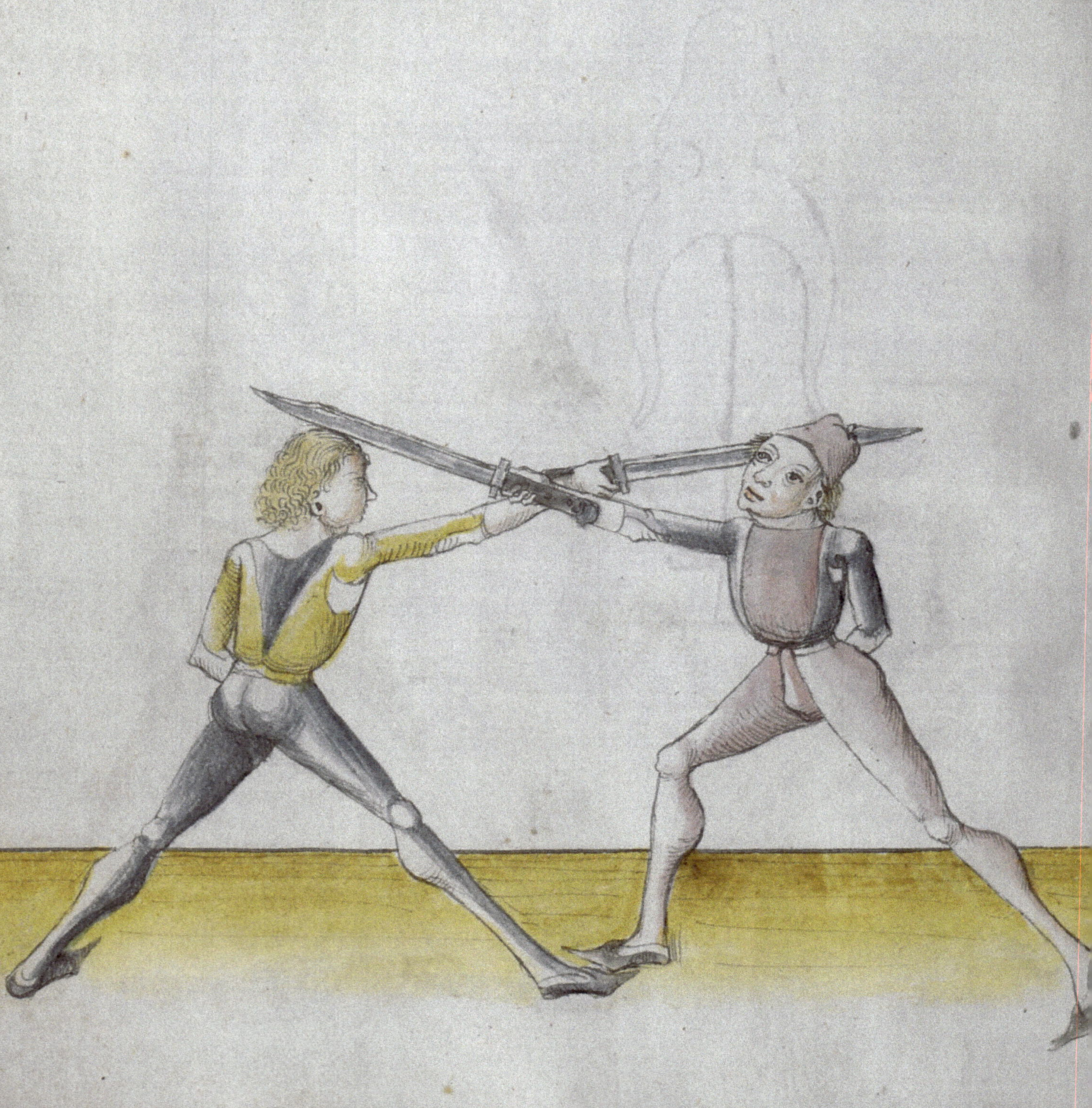

Item hött er dir an das messer gepunden auff deyne lincken
sytten vnd will er vmb schlahen zu der andern seyten
so versetz im nicht sunder schlag zu der andern seyten
vnd tritt zwmach auß auff syn rechte sytten vnd
schlag im zu dem nacken oder auff das haubtt rc

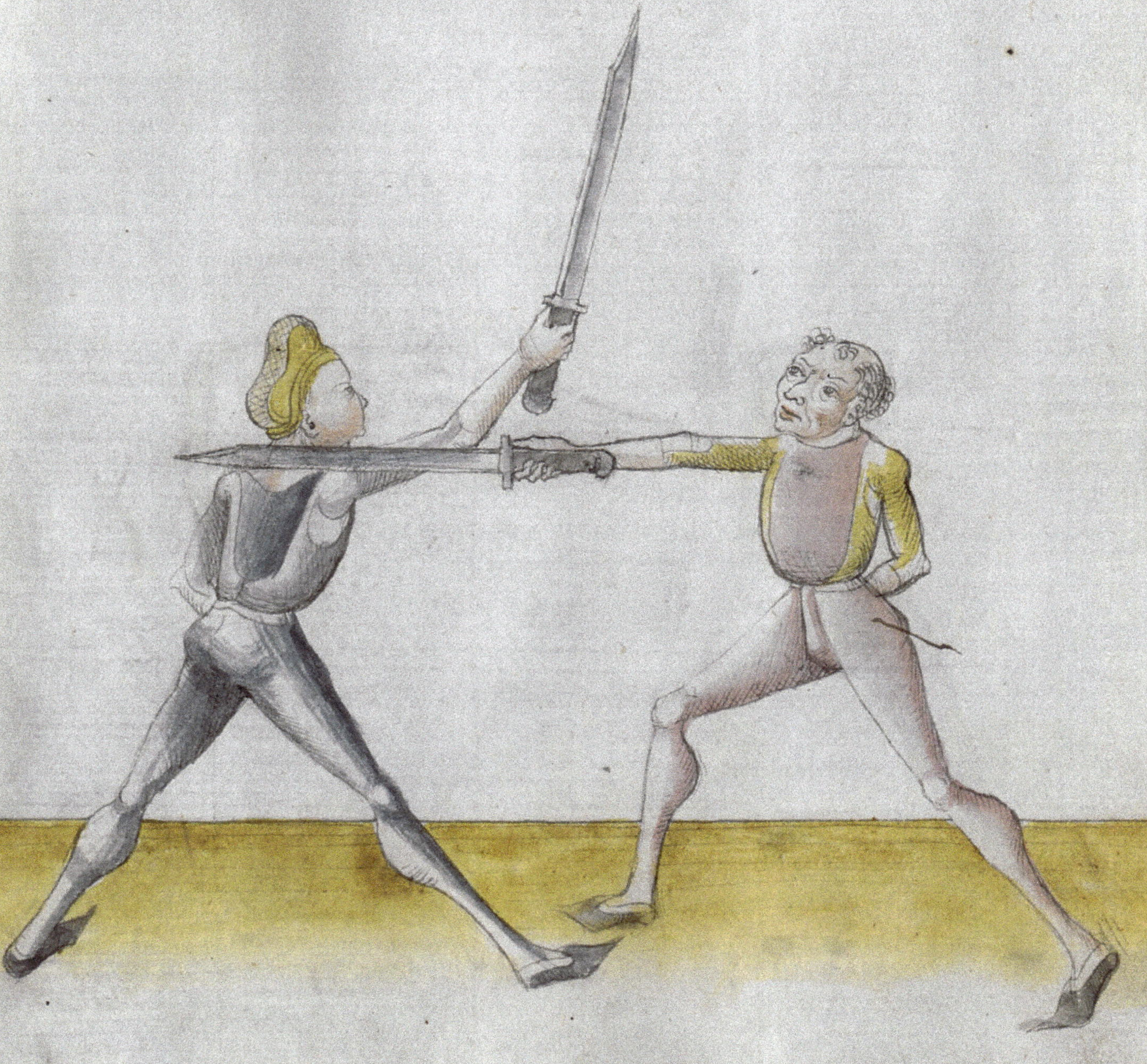

Item aber gar ein gutz zucken wiltu das machen so thu
im also stestu in der hut lugjnslandt vnd hatt er dir an
deyn messer gepunden auff deyner lincken sytten vnd er
woll vmb schlagen zu deyner rechten sytten So zuck
deyn messer an dich vnd erhöch das gehultz fur das
haubtt das dy kurtz schneyd gegen dir ster vnd lass den
ortt nyder sincken an deyner lincken sytten ab vnd setz
im den ortt in seyn bauch oder prust vnd scheub in da
mit zu ruck etc

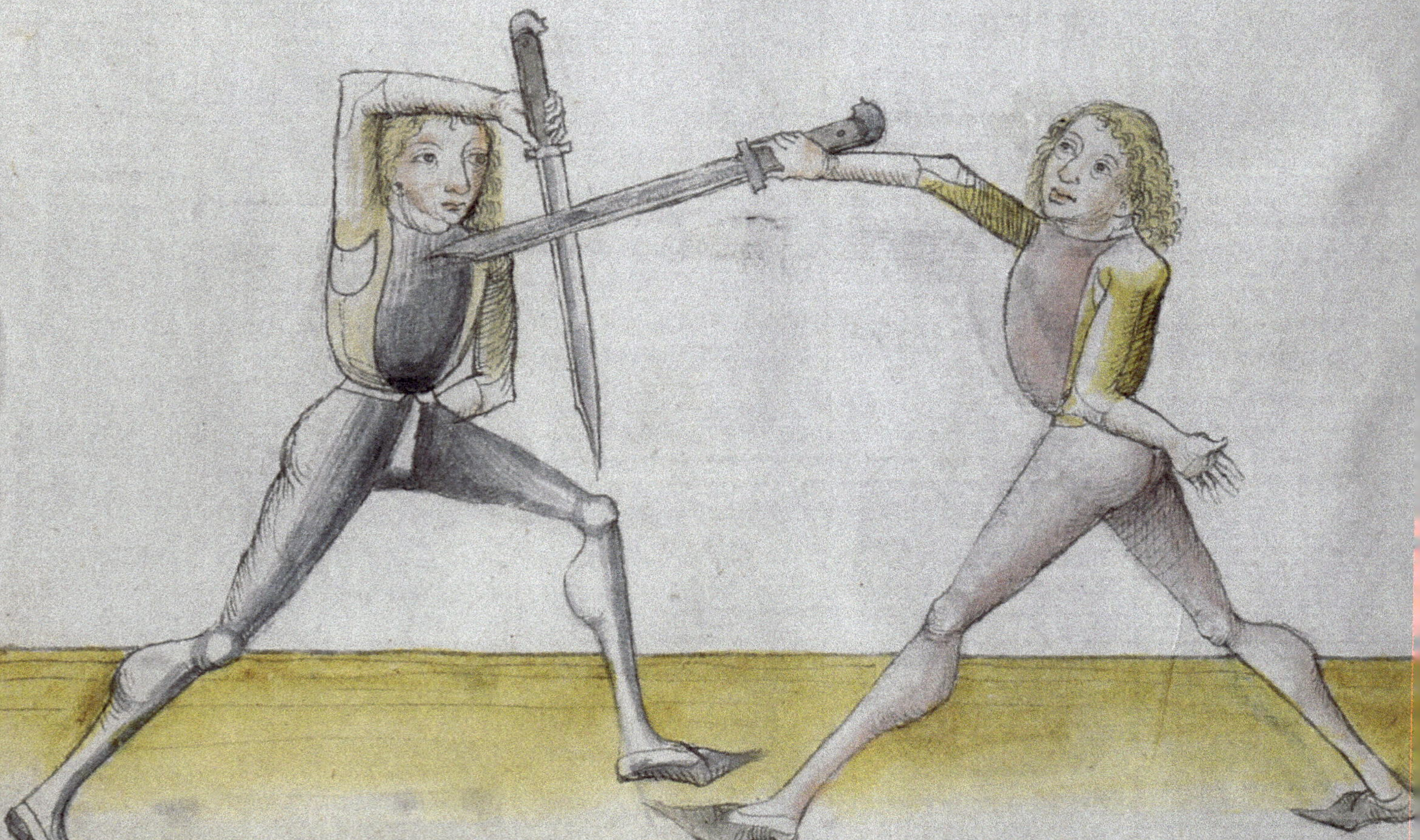

Stet offen dy pfortt
Im feler gee da' eyn mit ortt

Hie lertt der mayst' wye man mit dem ortt Eebrytten vnd
Zucken soll In dy feler vnd spricht stet offen &c Das sol
du also verstan Gee mit der Zwerch vohendt an den ma
Zu seyner lincken seytten vnd thu sam du wolst schlagen
Zu seyner rechten seytten vnd far vber deyn haubtt so du
kummbst vber dy mit deynes haubtz das der ortt hinden hin
auß gett vnd das gehultz gegen dem man stee So schlag
wyder zu seyner lincken seytten So du schlechst zu seyner
lincken seytten Zu dem mysst kummbst so haw nicht zu
seyner myst das du das treffest Sunder thu sam
du es treffen wollest Indes zuck vohent bey seyme
kreutz deyn myst an dich vnd stich Im zu seynem
antlitz auff seyner rechten seytten das
dy kurtz schnayd vnden stee vnd
der daum auff der flach lig &c

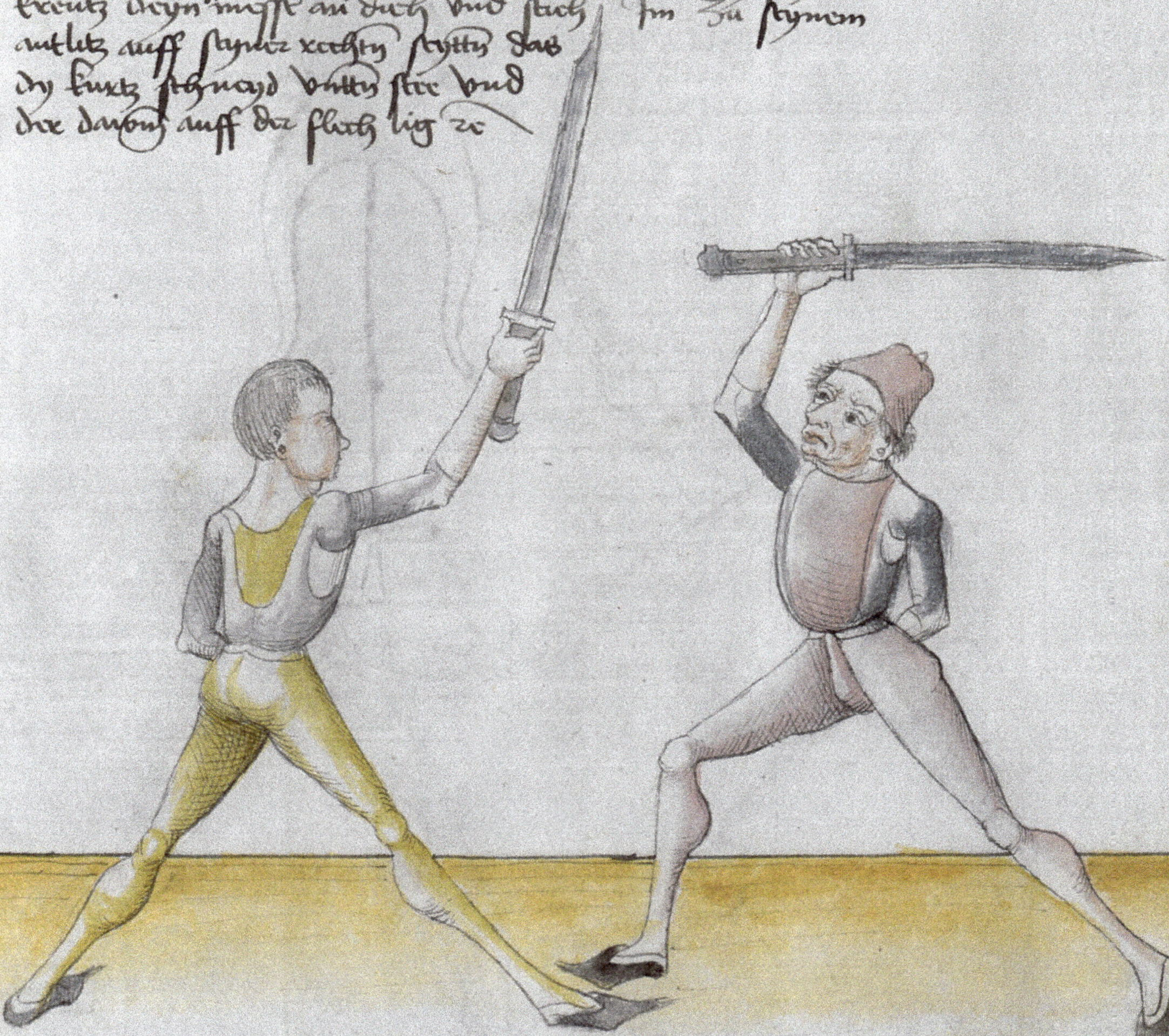

Haw dryn fleck zum lugynslandt
Quer zuck den ortt zu handt
Hatt er den stich verseczt
Judeus fell zwimach er wirtt geletzt

Glosa dy maynung des textz soltu alzo verstan Stett er
In der hutt lugynslandt so haw vo dyner rechtn achsel
mit der fleck gege syne messr das dy lang schnyd
gegn dir stee vnd im haw So schreyt mit dynem
rechtn fuss wall auff syn rechte sytten zu syne rechtn
fuss vnd haw glych zu syne messr vnd so dy messr
schir zu samme wollen glitn Judeus zuck dyn messr
an dich mit de gehultz gegn dyne lincken sytten vnd stich
im den ortt starck an alle versatzung grob zu de gesicht syne
rechtn sytth vnd merck das du im Stich ym nachschreytest
dyme lincken fuss mit dynem rechtn das der schritt
zwimach wer zol

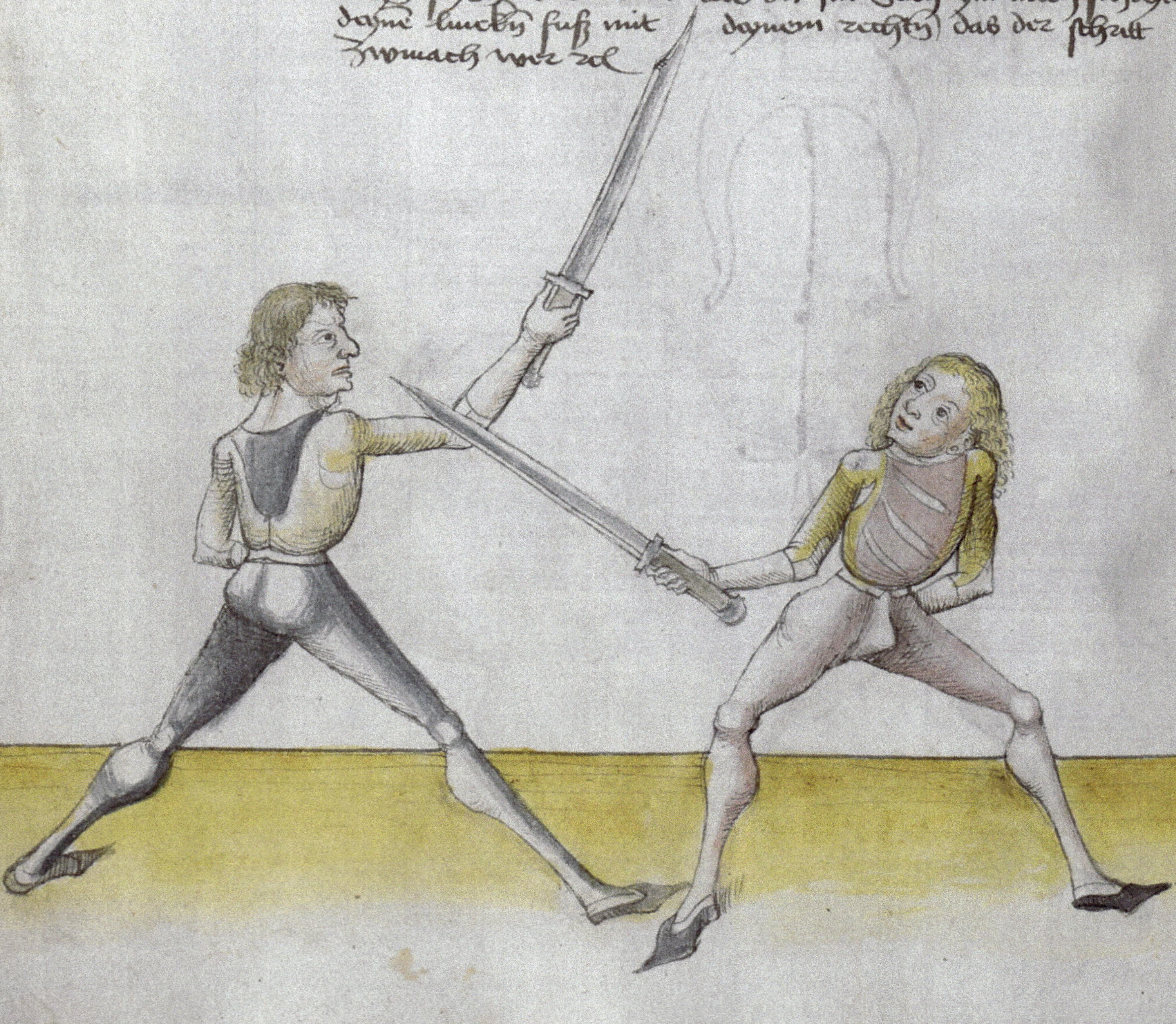

Item hastu in mit dem stich getroffen oder nicht So wendt
nach dem stich hinder sich auff dein lincke seytten das der daumen
an dem messer vnden sey vnd dy lang schneyd gegen dem
man gekertt sey vnd far mit deyme messer vber dy mitten
deynes man haubtz zu deyner rechten seytten vnd thue
sam du im zu seyner lincken seytten schlagen wolst
hinder sich far im wider zu seyner rechten seytten hinder sich
far wider auff mit dem messer das der daumen aber vnden
sey vnd schreytt aber mit deyme rechten fuss woll auff
sein rechten vnd schlag im wider ein zu der selbigen
seytten hinter seynes messers klingen dy kurtz schneyd
im in das angesicht vnd schreyt aber nur mit deyme
lincken fuss woll hinter seyne rechten vnd schlag im in
den nack hinder sich wiltu magstu im den treffen machen
wie vnden gemalt stet zc

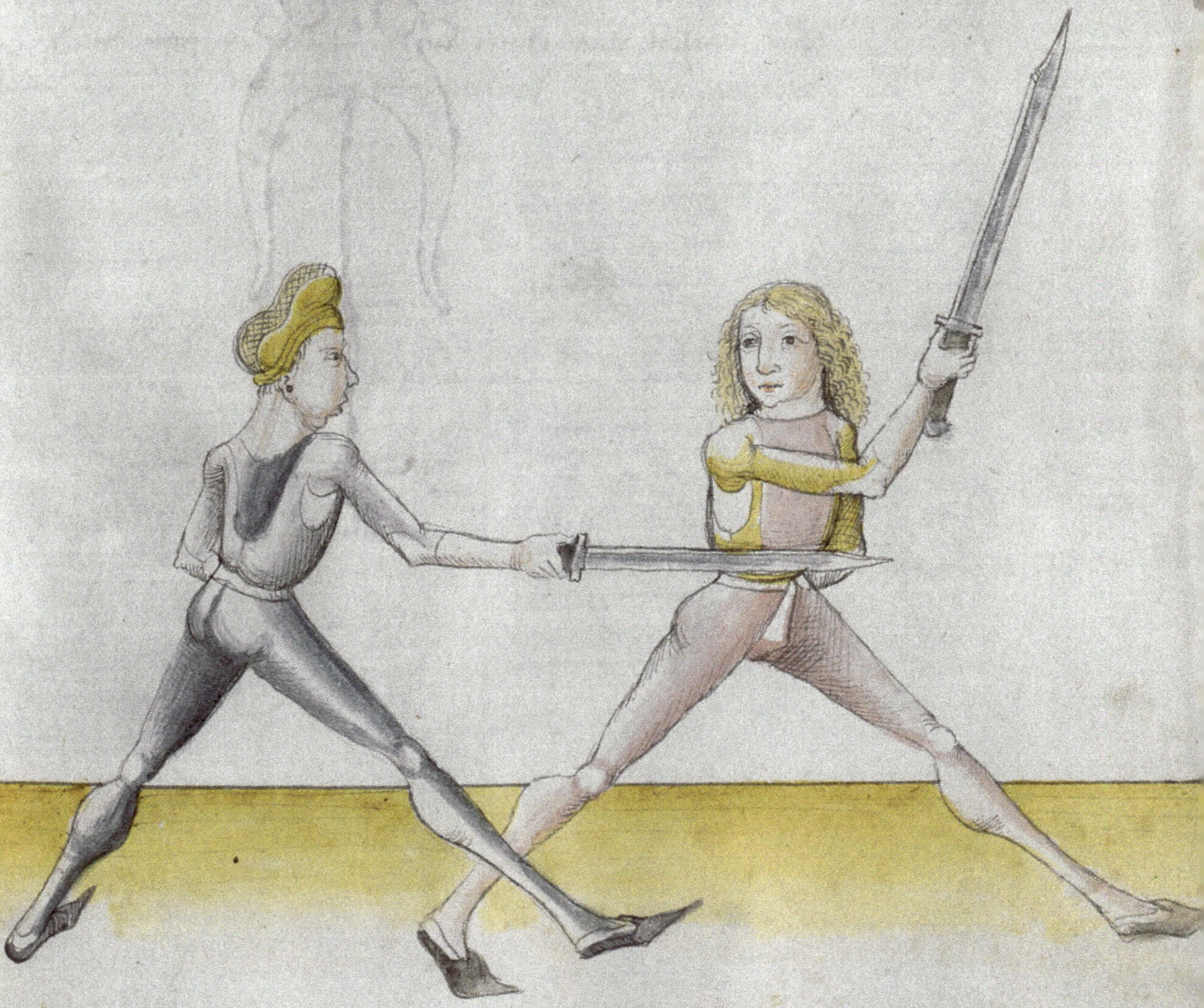

Ob er starck ist
Durchlauff zu aller frist
Der handt vnd arem soltu nahen
Vnd weyslich warten des vahen
Der glider soltu war neme
Der knypung soltu dich reme

Hie sagt der meister der kunst aber von seyne haubt// stuck als von dem durchlauffen vnd wye man dem man durchlauffen soll Nu merck dy durchlauffen vnd dy ringen dy gehoren den meystern zu treyben dy greyfen lauffen vnd hoch auff mit den armen vnd verfatzung legen vnd dy dich mit sterck wellen vber drungen etc

Item dy durchlauffen mach also hautt er gegen dir eyne
oberhaw So haw auch gleich mit im eyn den entrust //
haw nohendt zu im das dy hendt sthen an eyn
ander zuey Sunder greyff mit deyner lincken handt
hint seyne elpogen außwendig vnd scheub in vo dir
auff seyn lincke seytten Sunder laß deyn messer vallen vnd
greyff mit deyner rechten handt oder arm außwendigen
in sein rechte kniepug vnd heb in auff vnd wirff in
fuerdich zc

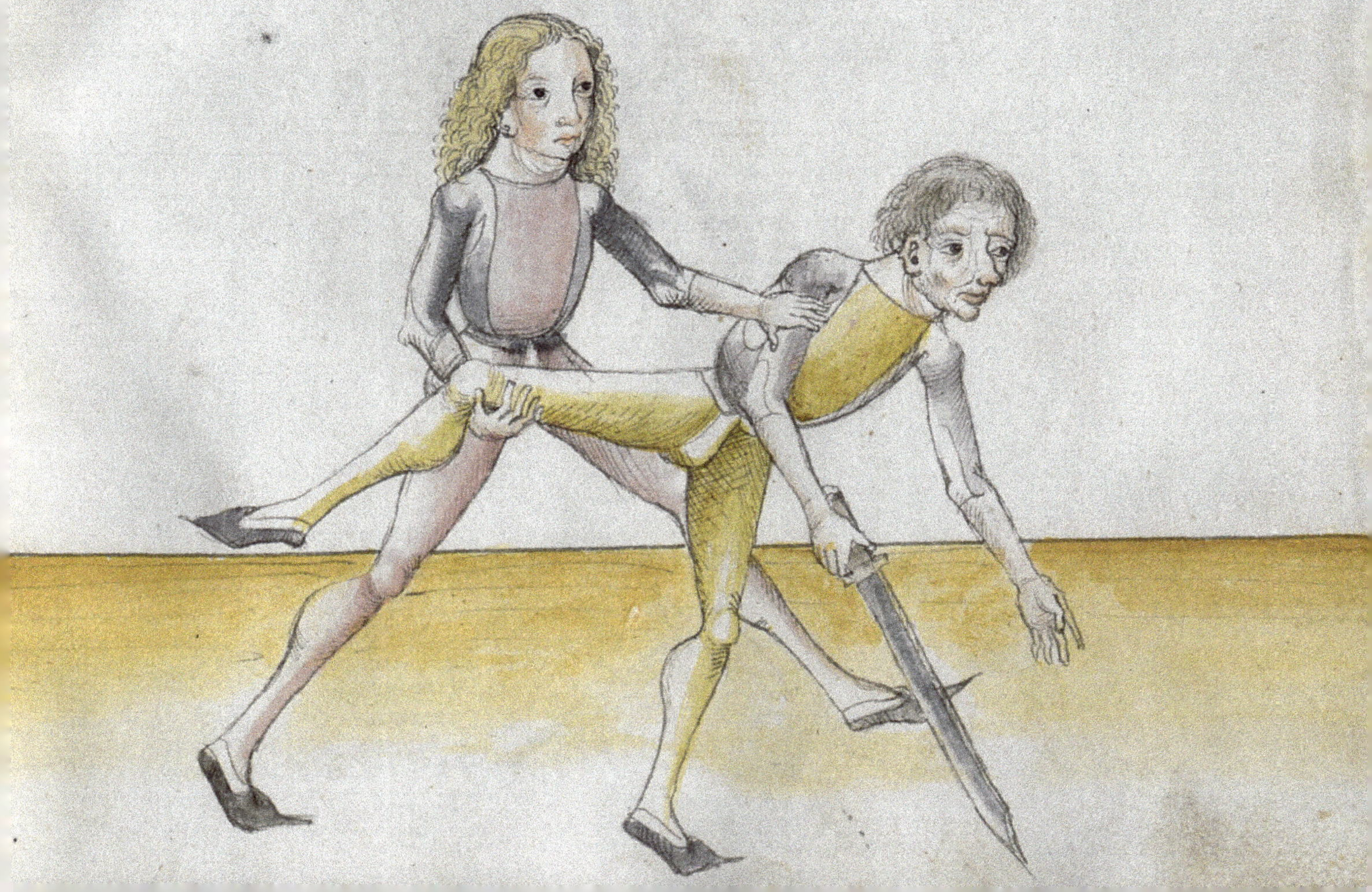

Item habt ir payde an gewunnen So pegreyff seyn rechte
handt mit deyner lincken vnd heb da mit hoch auff
vnd kum deyner lincken handt zu hilff mit deyner
rechten vnd wendt dich mit deyme ruck gegen im
vnd prich im den arm vber deyn rechte achssel mit
payden henden etc

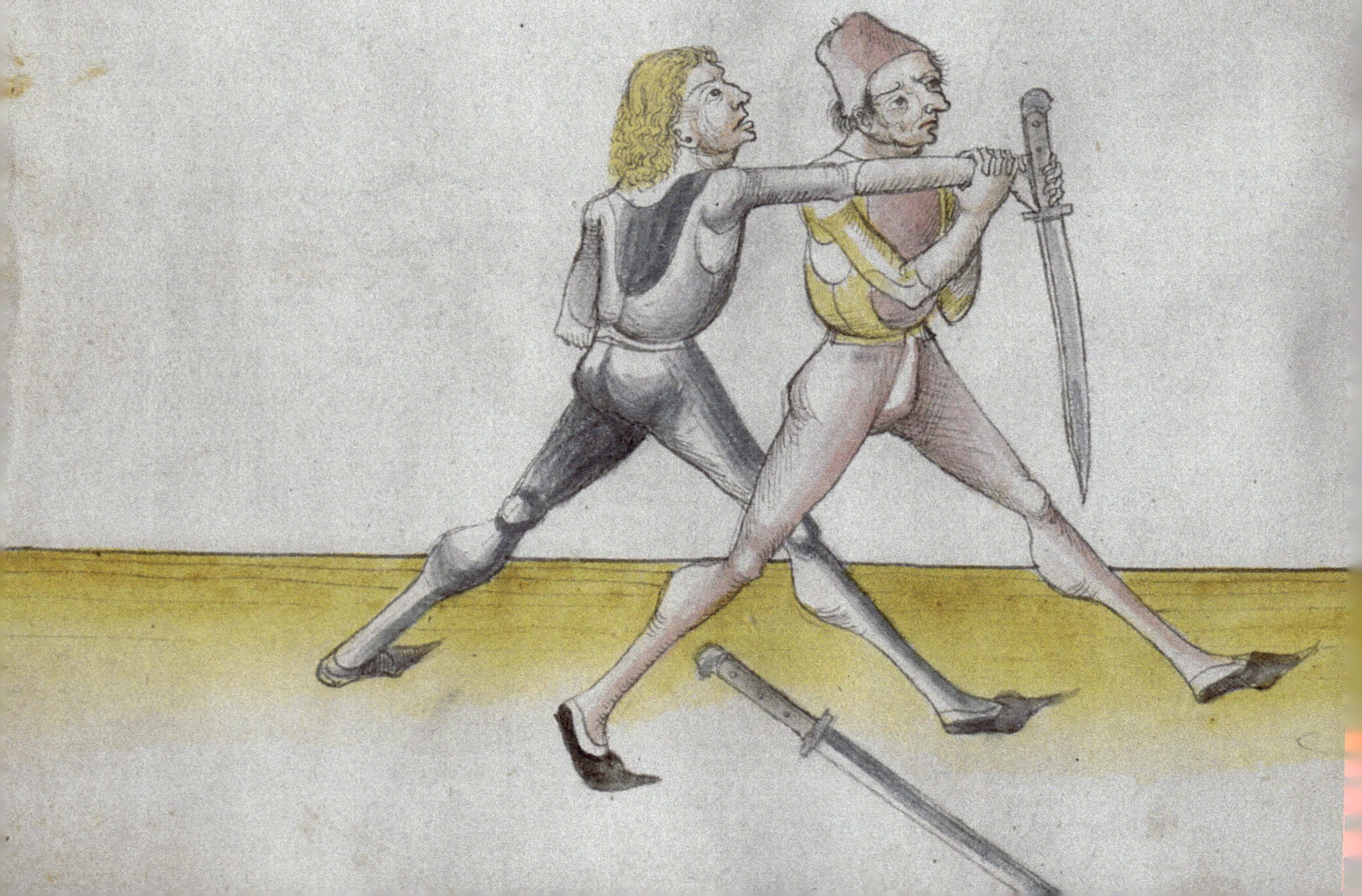

Item habt er an gewunden wy vor So greyff mit deyner
rechten handt In seyn rechte vnd kum deyner rechten mit
deyner lincken zu hilff voren bey dem glenck vnd wendt
deyn lincke achsel gegen seym rechten arm vnd heb den
hoch da oben vnd prich Im den arm ober deyn lincke achsel
vnd mass dich das der elpogen allweg auff dy achsel kum
vnd mach das wye vnten gemalt stett etc

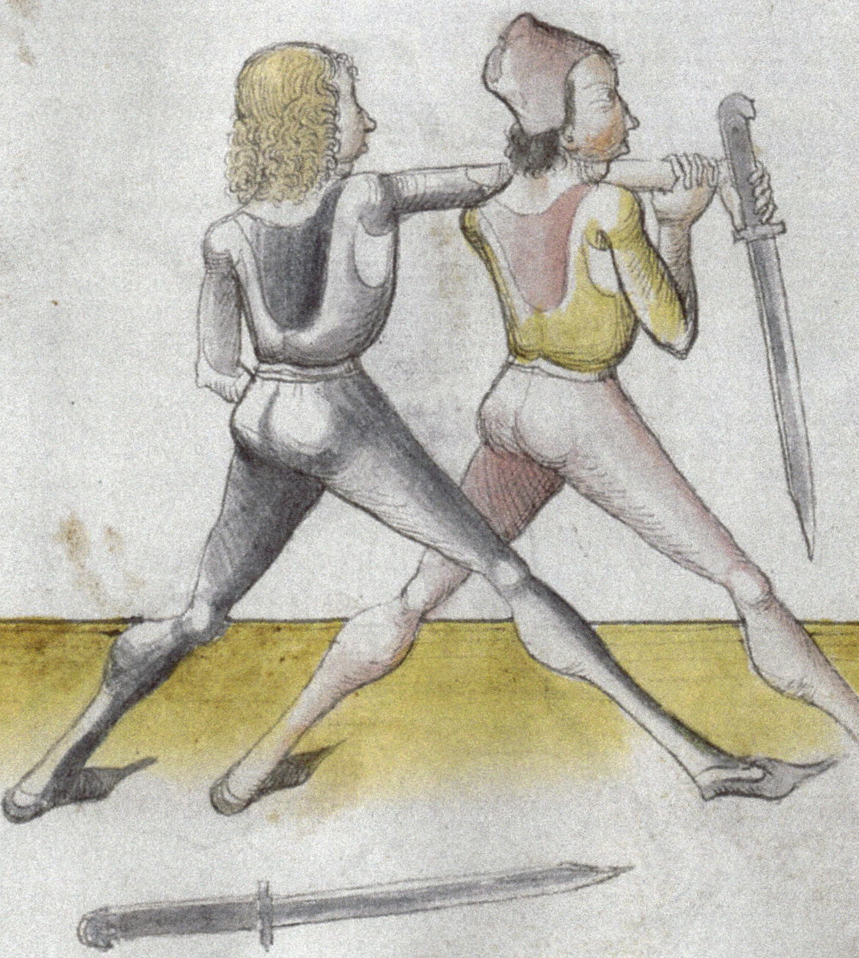

Item hatt er dir eyn geloffen vnd dir in wird so pegreuff
sein rechte hand mit deyne lincken inbendig vnd ryb dy
vo dir vnd heb im den arm woll auff vnder lauff mit
dem haubt durch sein arm auff seyne rechten seytten vnd
ruck im seyn rechten arm mit deyne lincken handt auff
den nacken vnd vber deyn lincke achseln vnd kehr
dich woll auff mit dem nack vnd mit den schultern
vnd prach im den arm starck dar vber

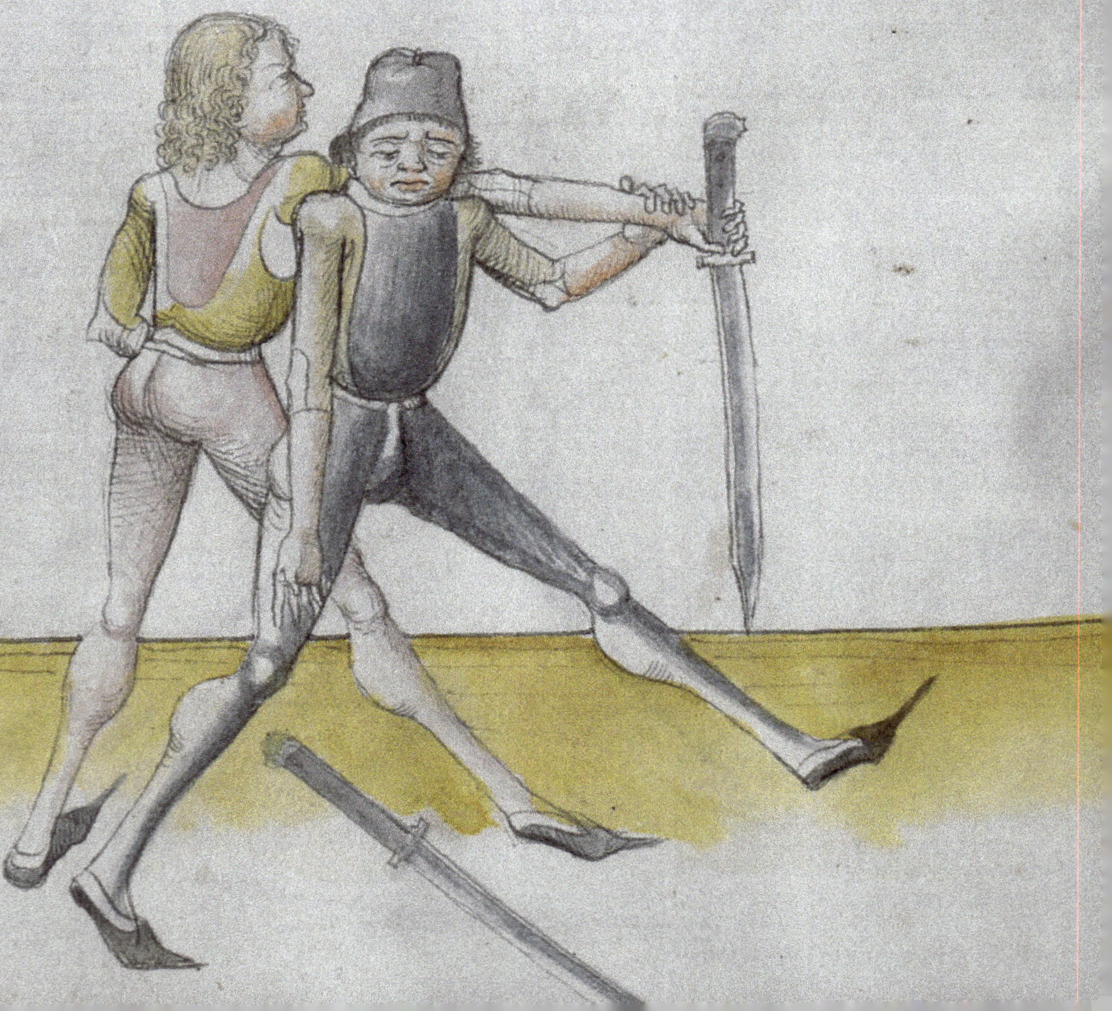

Item ein anders stuck hatt er dir ein geloffen und du
im auch So pegreyff seyn rechte handt mit deyner lincken
und heb im seyn arm woll ubersich und ge mit dem
haubt durch den arm und greyff mit deyner rechten
handt in ~~r~~ seyn rechte kniepug und heb in mit der
schulter auff und vorne greyff mit deyner rechten handt
in seyn rechte kniepug und heb in pey dem pein auff
und wirff in uber den ruck etc

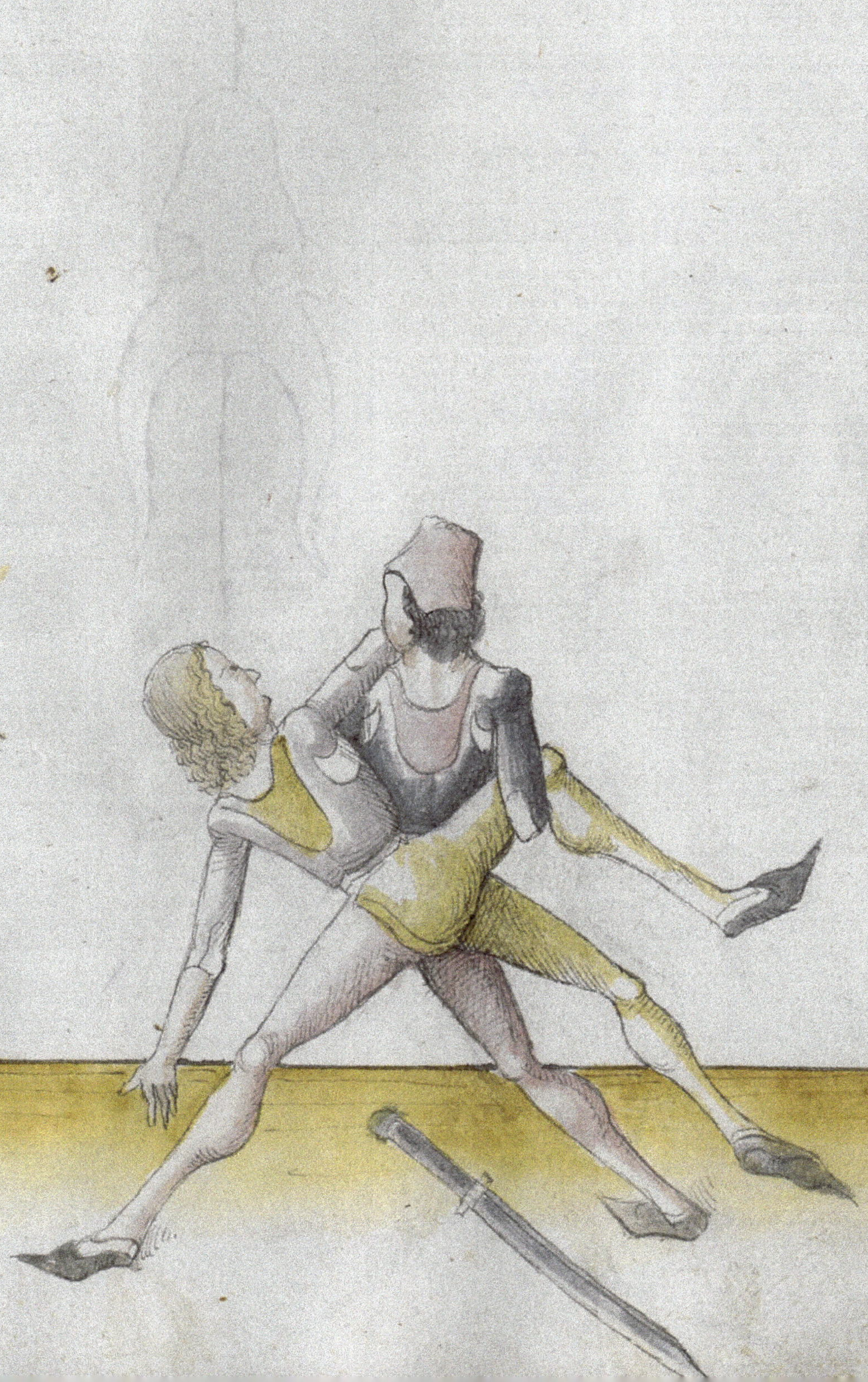

Jtm aber ein stuck greyff mit der lincken hand in seyn
rechte vnd zych dy vo dir in deyn lincke seytten vnd
schreytt mit deyne rechten fuss hinder seyne rechten vnd
greyff mit deyne rechten handt vorn vmb seyn leyb
vnd wurff in furdich vber dy huff deynes rechten peyns ;

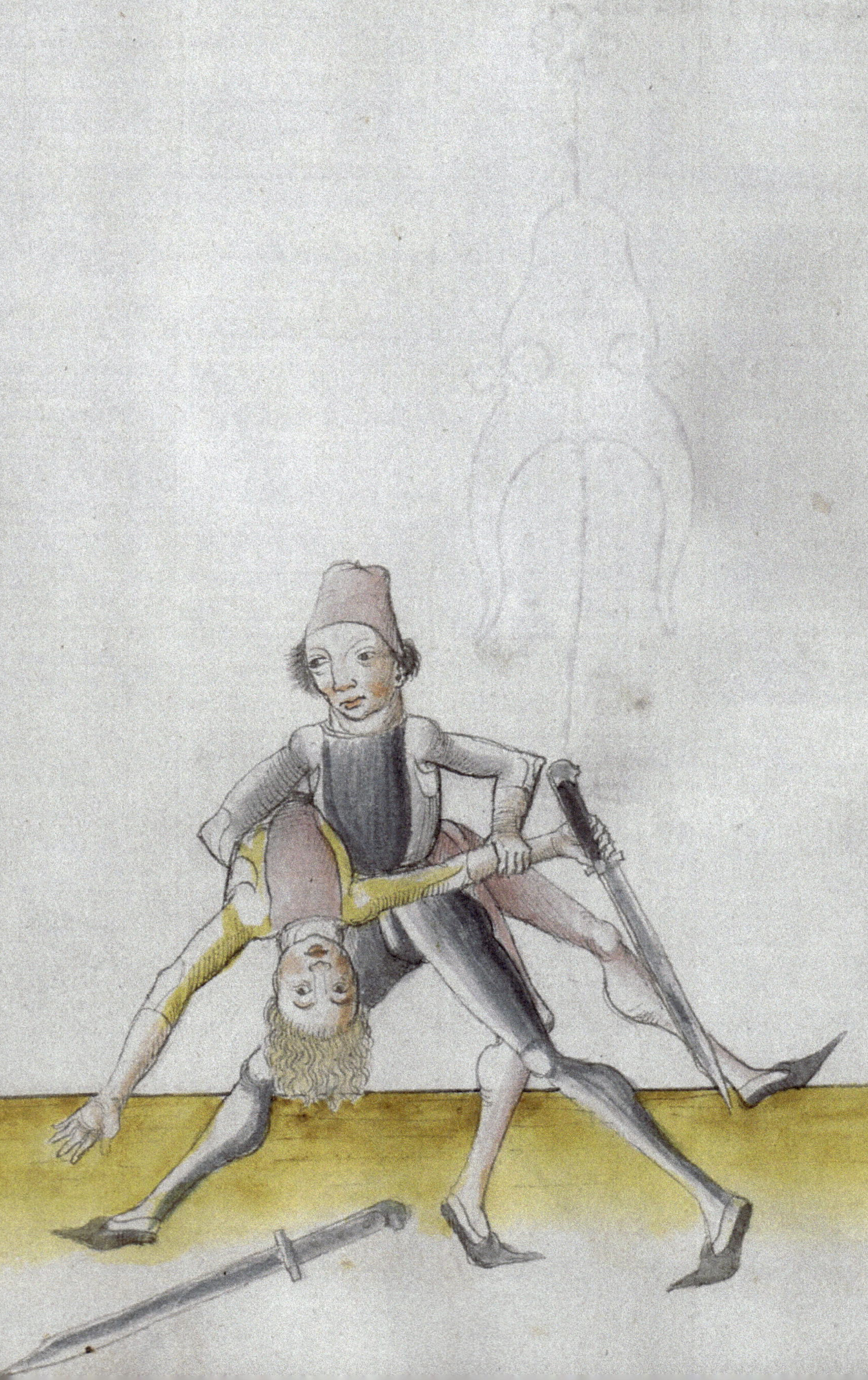

Item ein anders stuck wenn er dir In laufft mit auff
gerackten arm vnd du Im wid so lauff Im durch mit de
haubt durch seyn rechte vchsen vnd seyne rechten arm
seyne rechten sytten vnd schreytt mit deyne rechten fuss forne
fur seyne rechten vnd fare Im mit deyne rechten arm vnd
seyne rechten durch vnd hinden vmb seyne leyb vnd
buck dich ein wenig nyd vnd fass In auff deyn rechte
huff vnd wurff In hinder dich etc

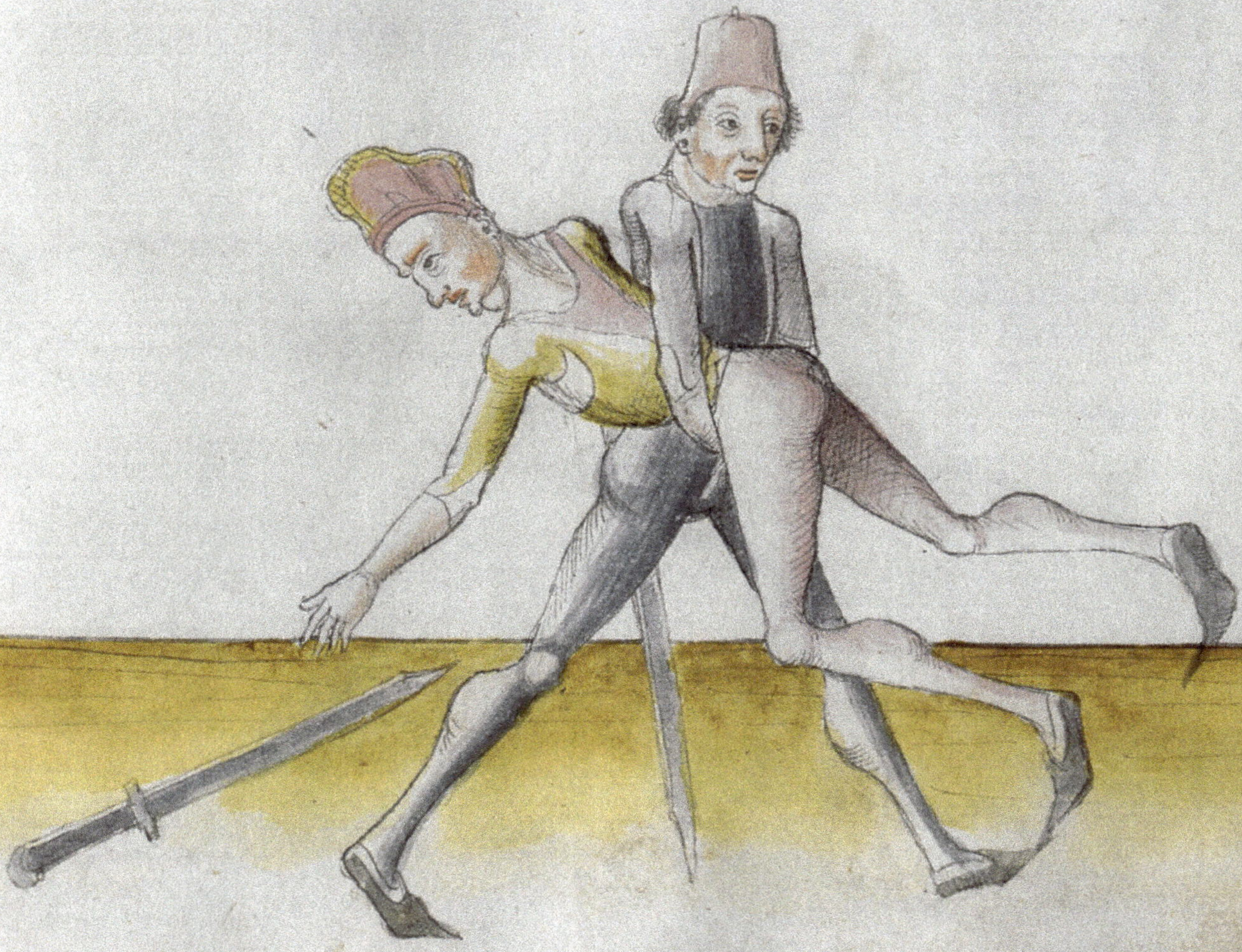

Item laufft dir eyner ein zu deyner rechten sytten vnd ist
bloß mit dem arm vnd du auch So halt deyn messer
zu dem seyne vnd far mit dem gehultz vber seyn
rechte handt vnd wendt dich an in mit deyner lincken
sytten an seyn rechte vnd spring mit deyme lincken fuß
fur seyne rechten vnd far mit dem arm hinden woll vmb
seyn leyb vnd buck dich ein wenig nyder vnd faß in
auff deyn lincke huff vnd wirff in fuerdich auff seyn
antlitz vnd oder laß in ein deyn messer vallen als du
woll weyst etc

Item ob er dir zu starck wollt seyn das du in nicht
leychtiklich mochst vber deyn huff werffen So far im
mit dem gehultz deynes messers starck in seyn genick
vnd ruck da mit auff deyn rechte sytten so wurffstu in
gewaltlich treten

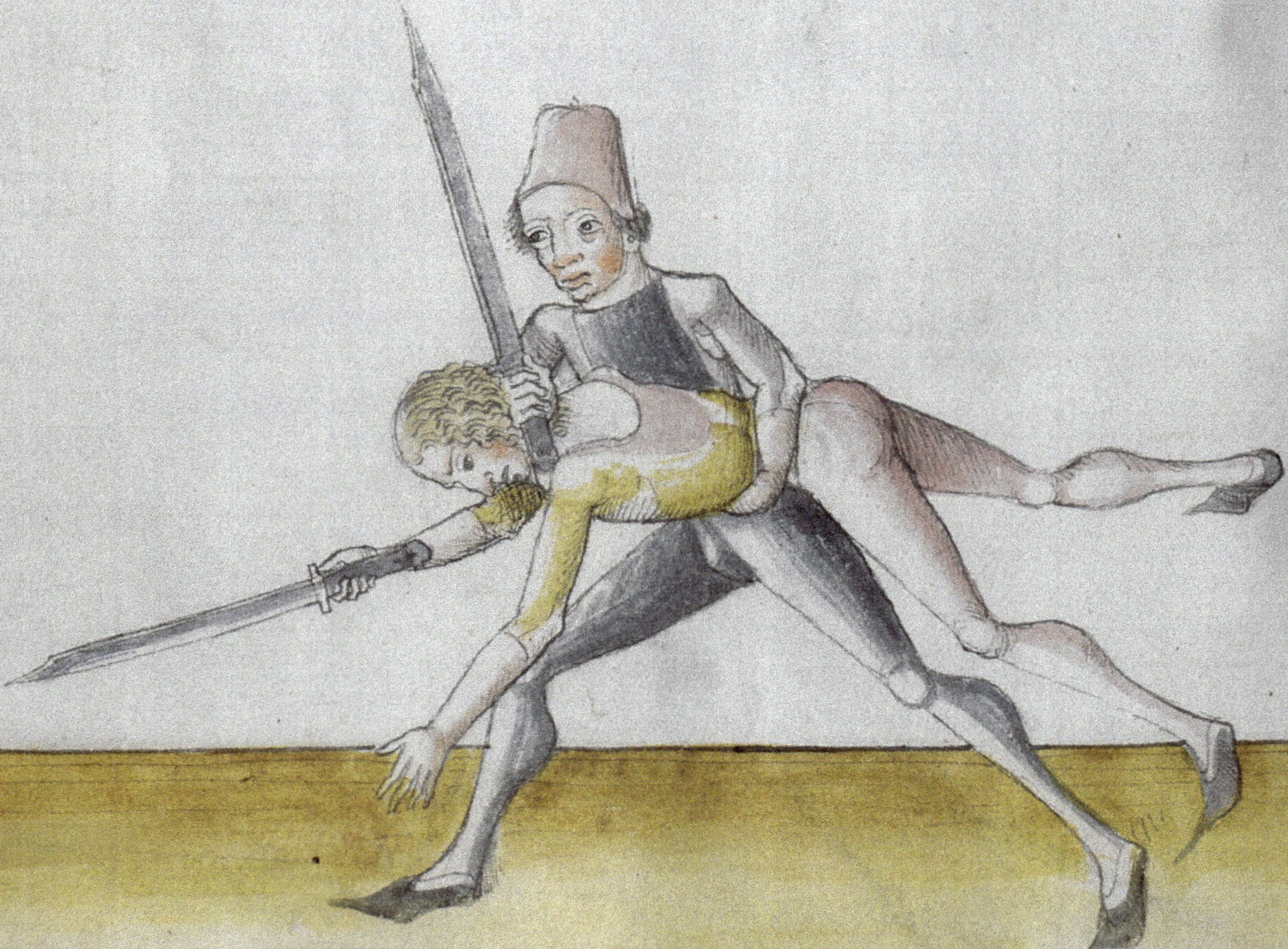

Item wenn der dyne Ein lauffet und hellt syn messer
nyder und dy handt So gryff mit dyne lincken über dyn
handt zu syn rechte Inbendig und spring mit dynem
rechtn füss hint syne rechtn und far mit dyne rechtn
arm vorn umb syn hals und wirff In also über dy
rechtn huff ·

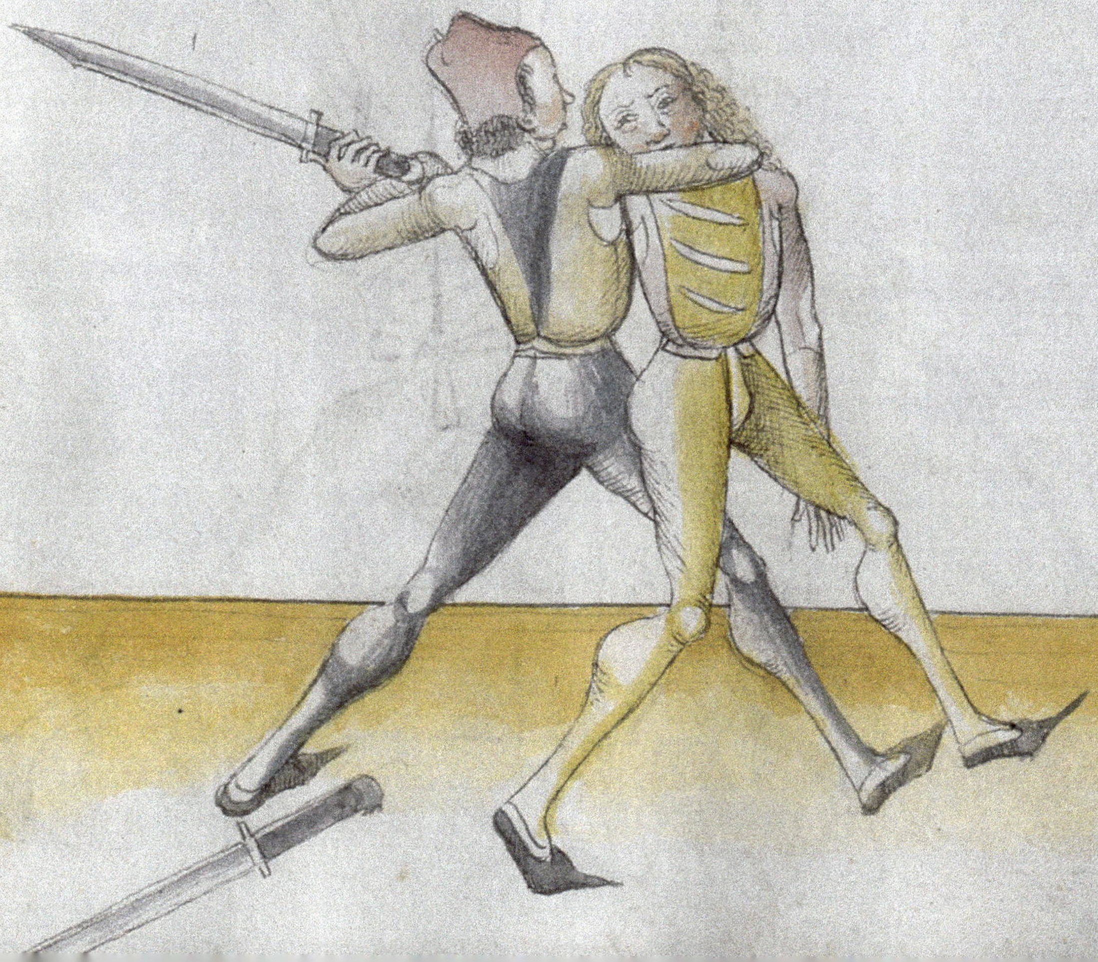

Item hastu in aussPendig gefast bey seyme rechten arm mit deyner rechten handt so zeuch sere seyn rechte mit deyner rechten und fare mit der lincken handt aussen umb seyn leyb halß und wurff in uber deyn linckes peyn oder huff ;

Item wenn dir eyner ein lauffet im messer und ist nider mit der handt so fare mit deynem gehultz aussen im oben uber sein arm uber dy rechten handt und druck do mit nyder und zeuch dy da mit wall auff deyn prust und faß in mit der lincken handt bey seyme rechten elpogen und spring mit dem lincken fuß fur seyn rechten und druck in also dar uber ;

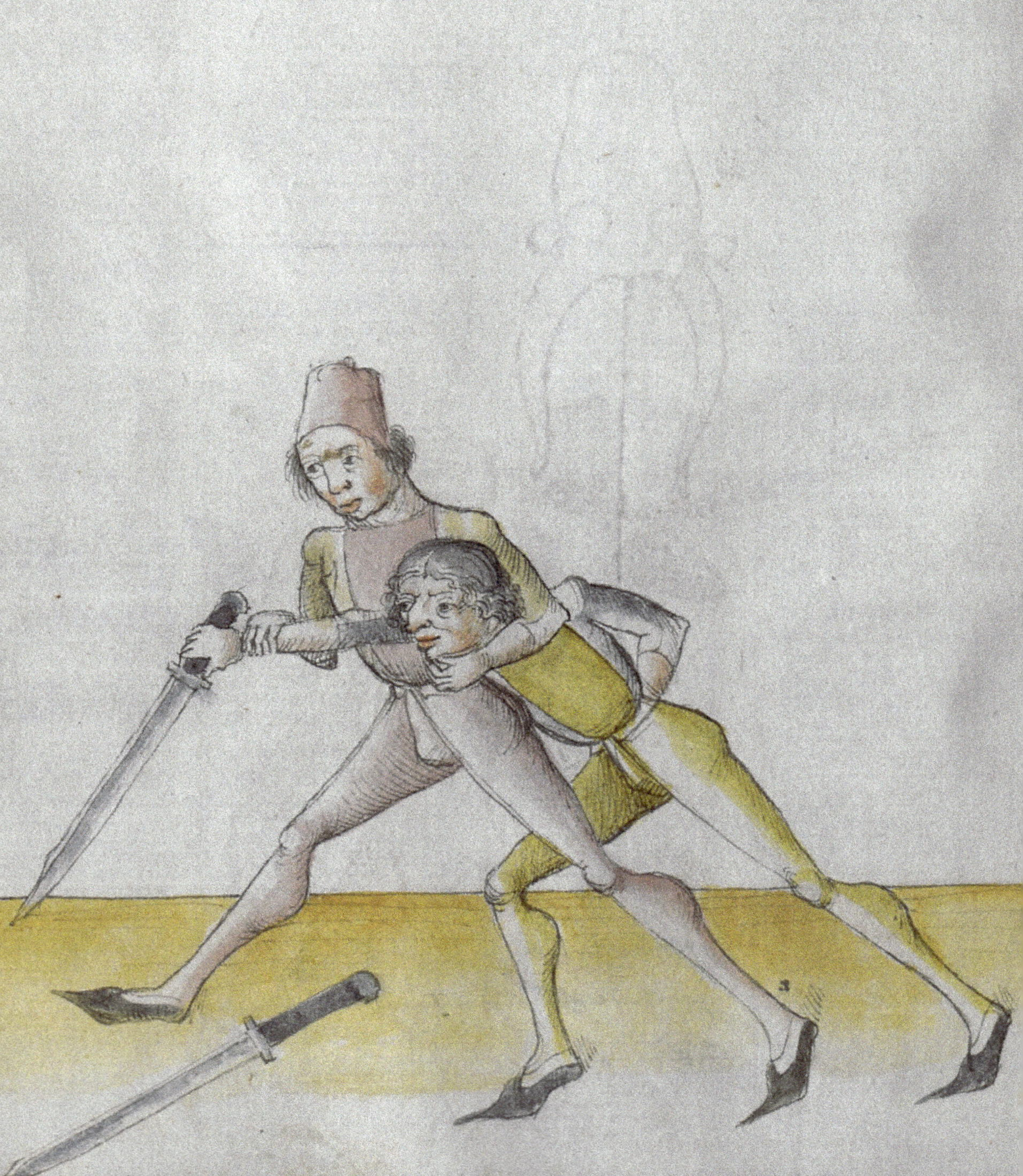

Jtm Ker an Jn voyt vor vnd sthewb Jn mit deyne lincken
handt auff syn lincke sytten auff syne rechten arm vnd
far mit deyne rechten handt hinder hin seyne rechten vchse=
gen vnd sthewb Jn woll auff syn lincke sytten vnd far
mit deyne lincken handt Inwendigs Jn sein rechte knyepug
vnd sthrytt mit deyne lincken fuss fur syn lincken vnd
wirff Jn fur dich zc

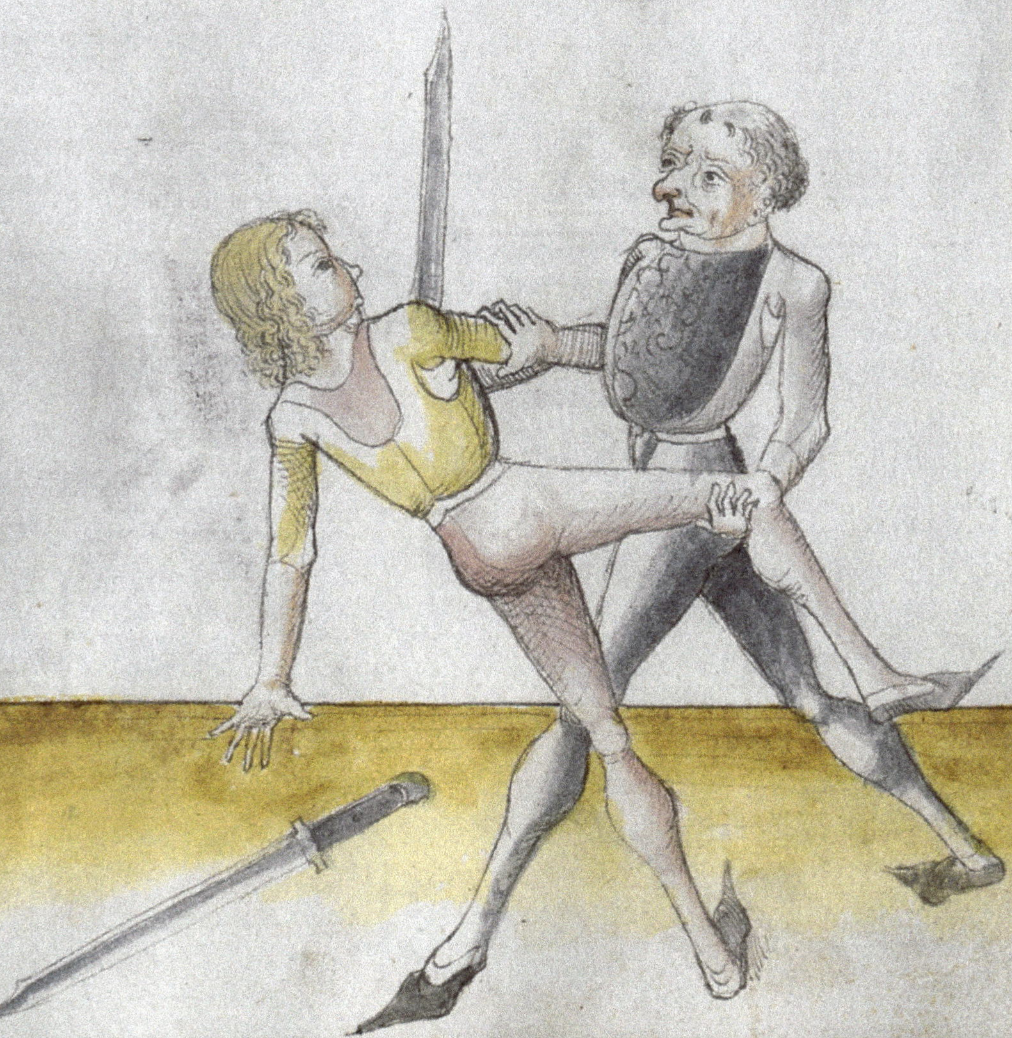

Itm der text spricht der glid soltu etc Wenn dw zu im
kumbst im zufechtn So fall im mit der lincken hend
inwendigs ober vber seyn messe vnd greyff sichers mit
deyner lincken hand vnttn an deyn messer sich mit vnd
far stack mit deyne messer an das seyn aufwendig vnd
spring mit gantzer leyb sichers auff seyn linck seytten
so nymbstu im das messer

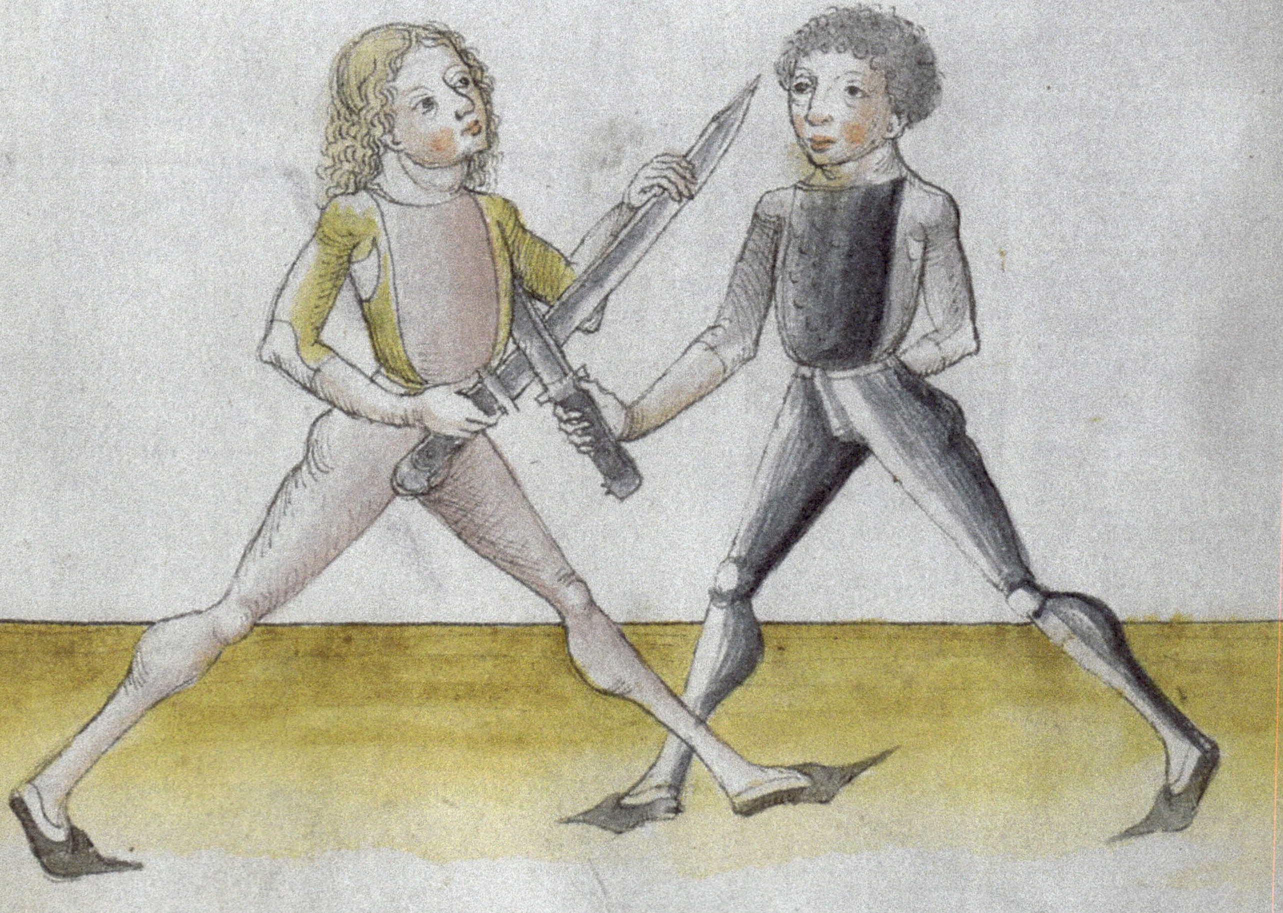

Item Ker an In als vor vnd fare mit deynē lincken arm
vber seyn messer Indes far mit deynē lincken handt In dy
mitt deynes messers vnd laß den ortt auff deyner lincken
seytten hyn auff gan vnd far Im Inwendigs mit dem gehultz
an seyn handt vnd spring auff deyn lincke seytten So ny
mestu Im seyn messer ;

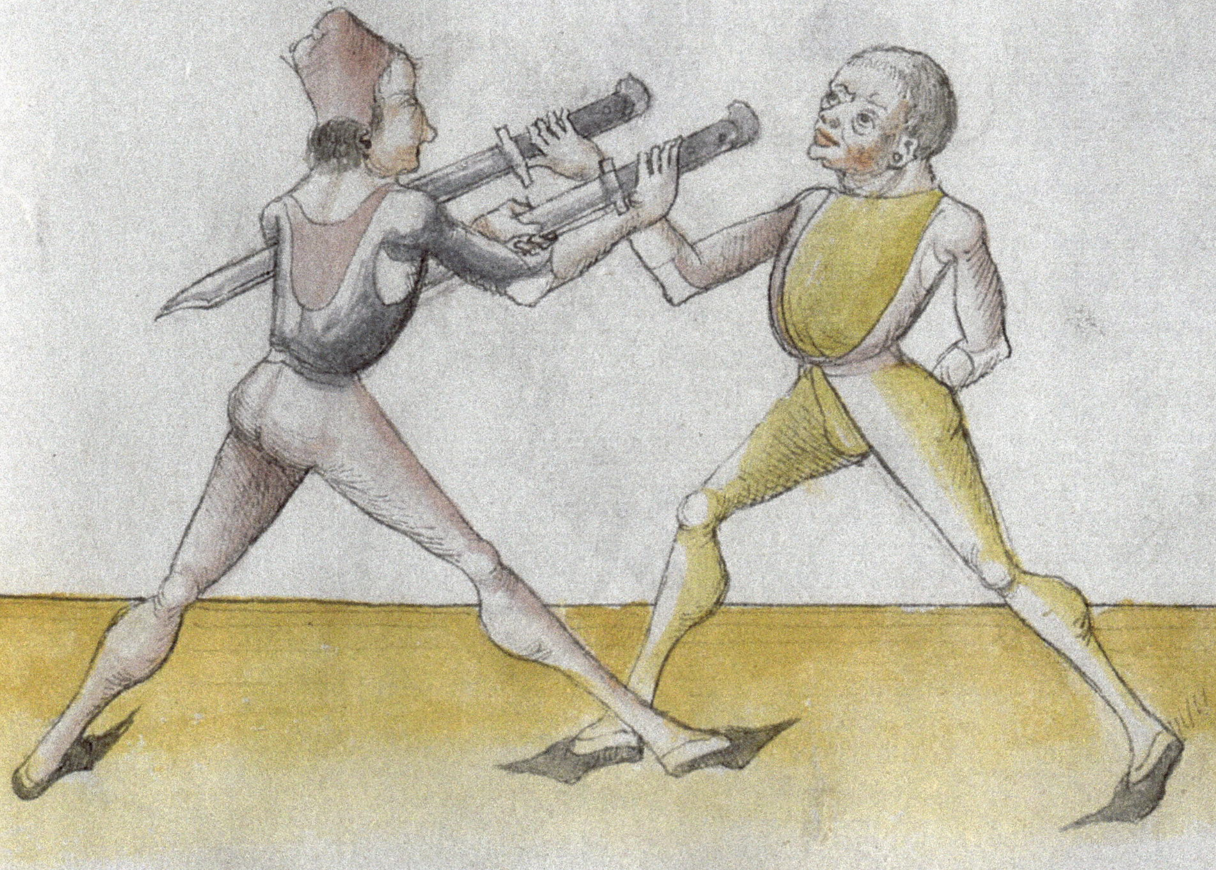

Item hawtt er auff dich So spring mit dem poyn vnter sein messer vnd greyff mit deyner lincken handt aber vber seyn messer vnd fass hindet dein messer mit deyner lincken handt zu der mit vnd heb den ort auff seyn rechte seytten vnd druck in im das gelenck seyner rechten handt mit der scharpffen schneyden so muss er das messer fallen lassen ;

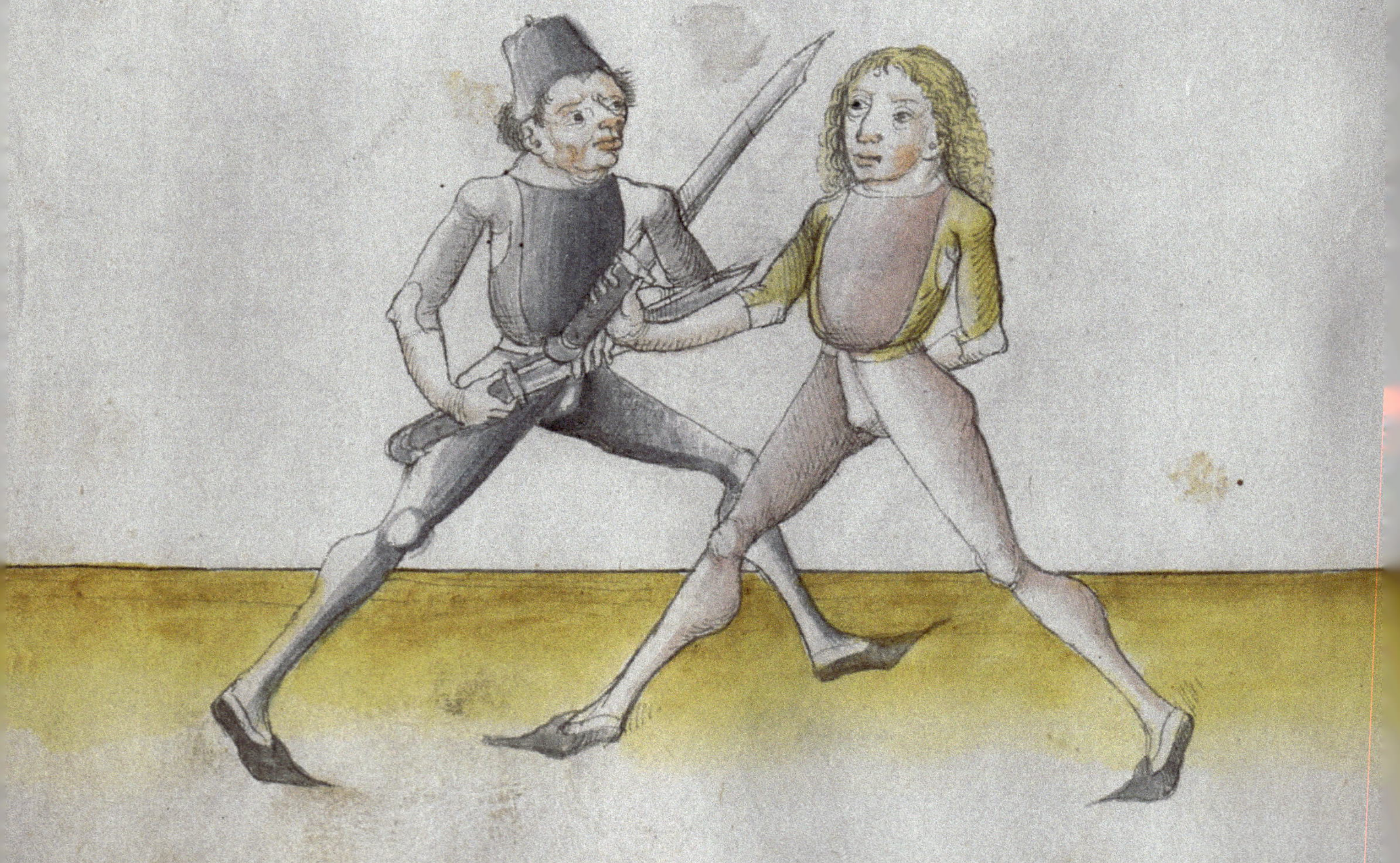

Item Thu im als vor fall im vbr sein rechten arm vnd
kum der rechten zu hilf In massen als vor vnd far mit
dem fodern teyll deß messers zwyschen sein handt vnd
messer Inbendigs vnd druck fast So nymbstu im aber
das messer Also soltu trebeytten in dy glid des arms vnd
der handt mit dem ortt deß messers zu

Item Du magst im auch mit dem ortt deß messers Inbendigs
In sein denn schnayden .

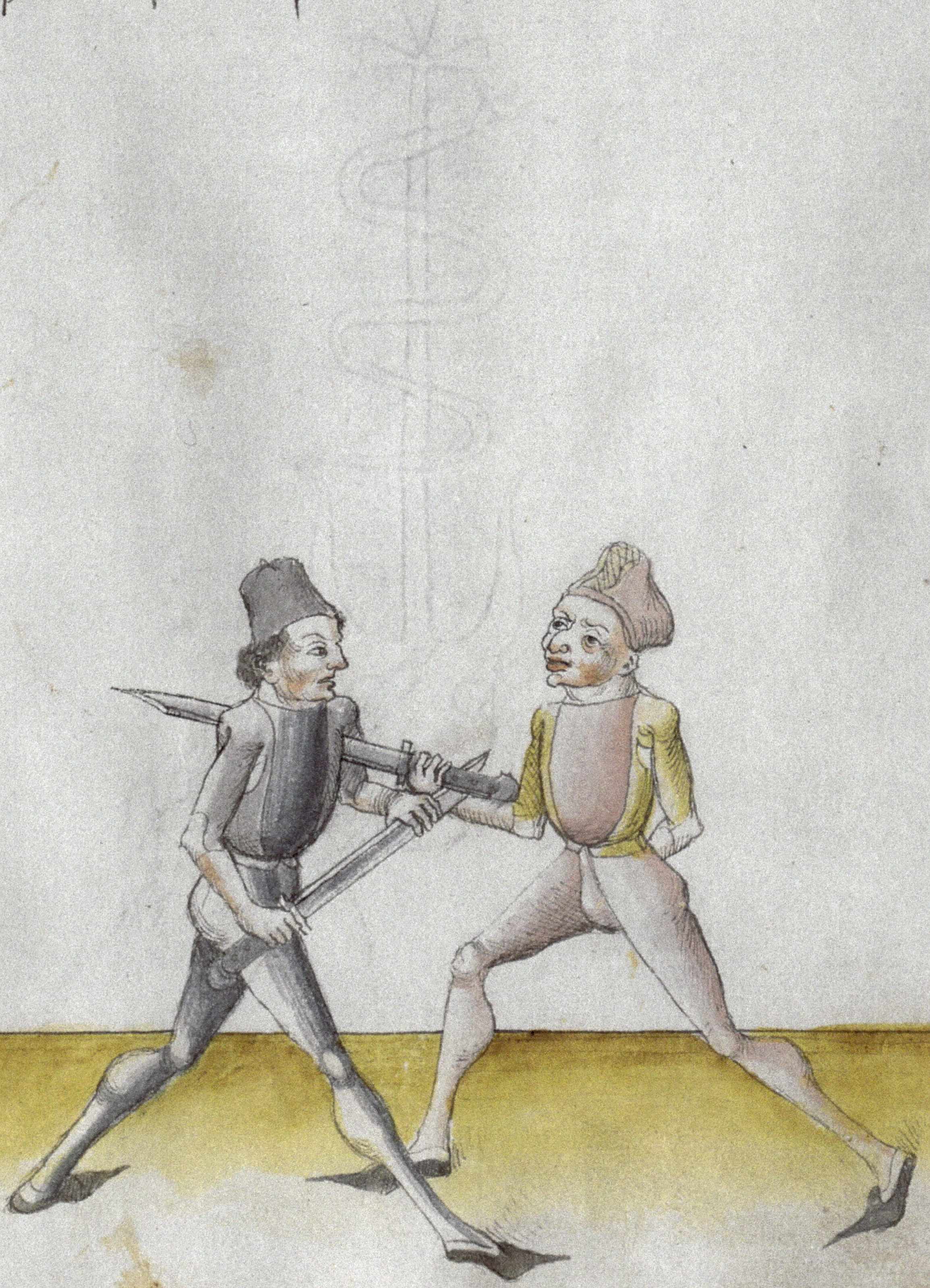

Jm aber seyn messer Nemen Thu jm also wen So du
deyne messer zu hilff pryß kum mit deyner lincken handt
so far vntersich mit dem gehultz vntten durch auff seyn
rechte seytten außwendigs far aber vber seyn rechte handt
vnd reyß starck auff deyn rechte seytten So nymbstu jm
aber seyn messer etc

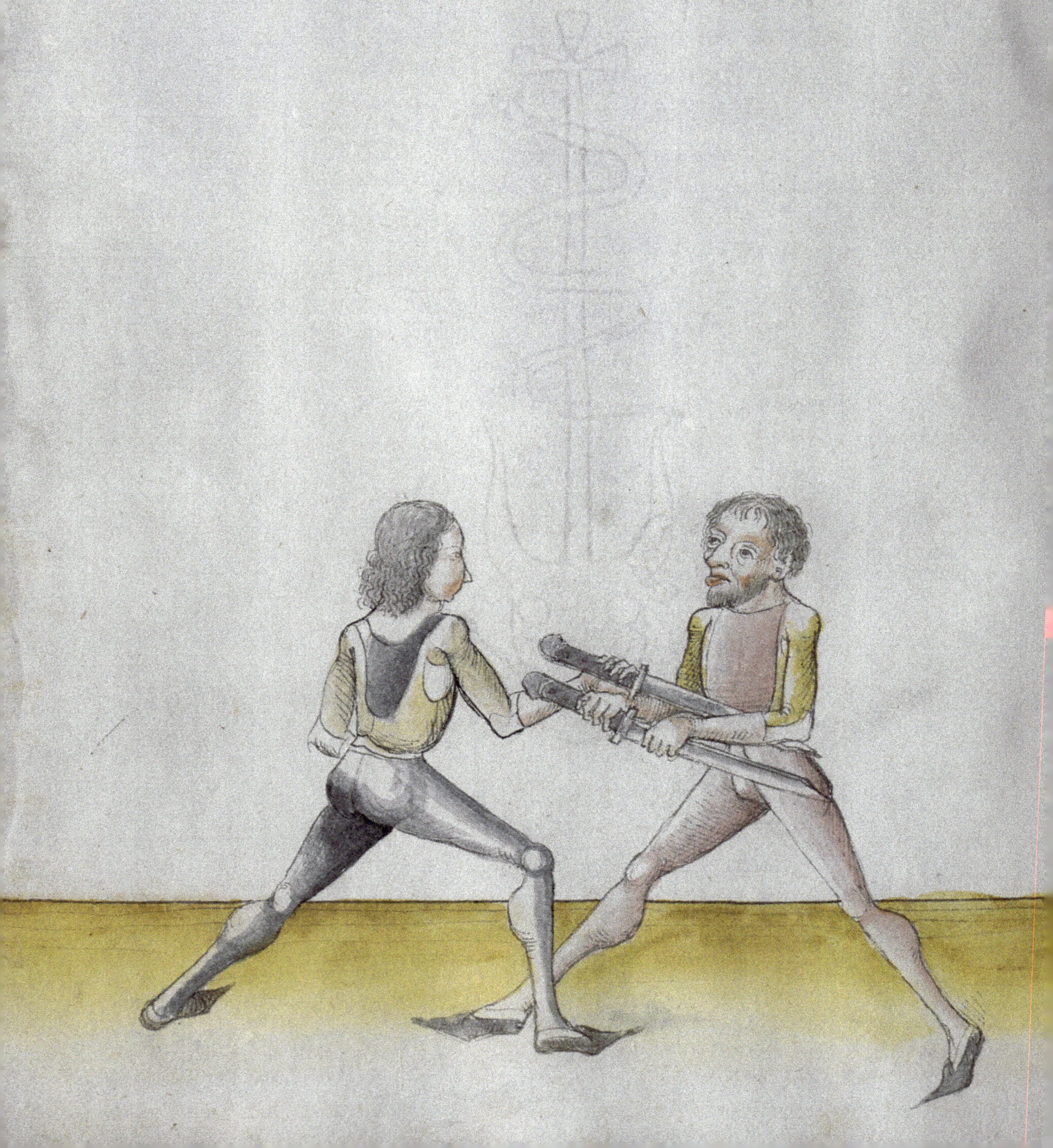

Item Wer ain man weyt vor vnd far vber seyn messer
mit deyner lincken handt vnd fall in dy mitten deynes
messers weyt vor vnd far mit dem gehultz inwendig
vber seyn handt vnd reyss auff deyn rechte seytten etc

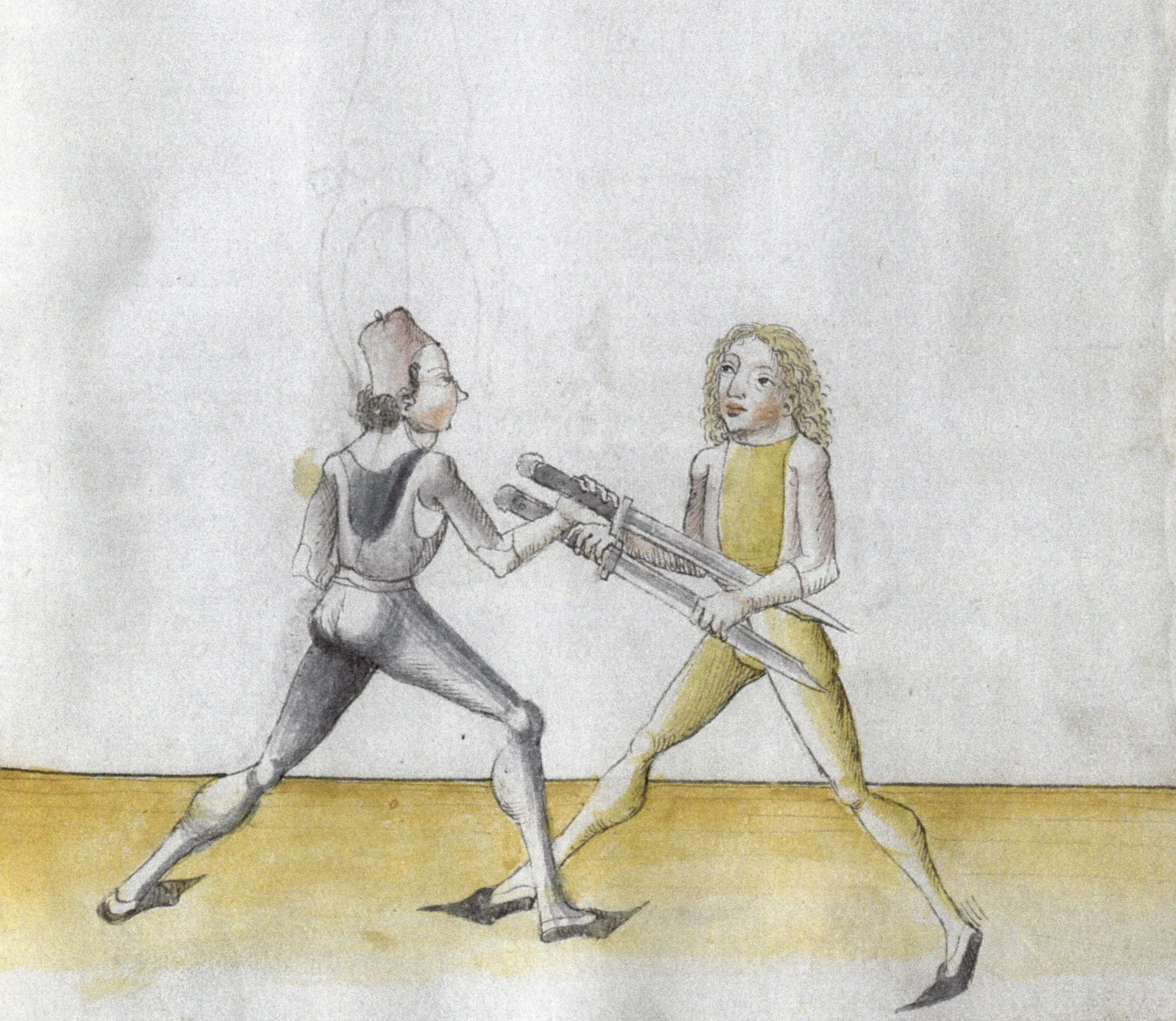

Item haw im den Entrustshaw zu seyner rechten seytten vnd er
fall dir gewappender haut zu der selbigen seytten vnd far
mit deynem gehultz oben vber seyn arm vnd far im aussen vber
seyn arm vnd windt mit deynem gehultz seyn handt starck
auff seyn rechte seytten vbersich so nymbstu im das messer etc.

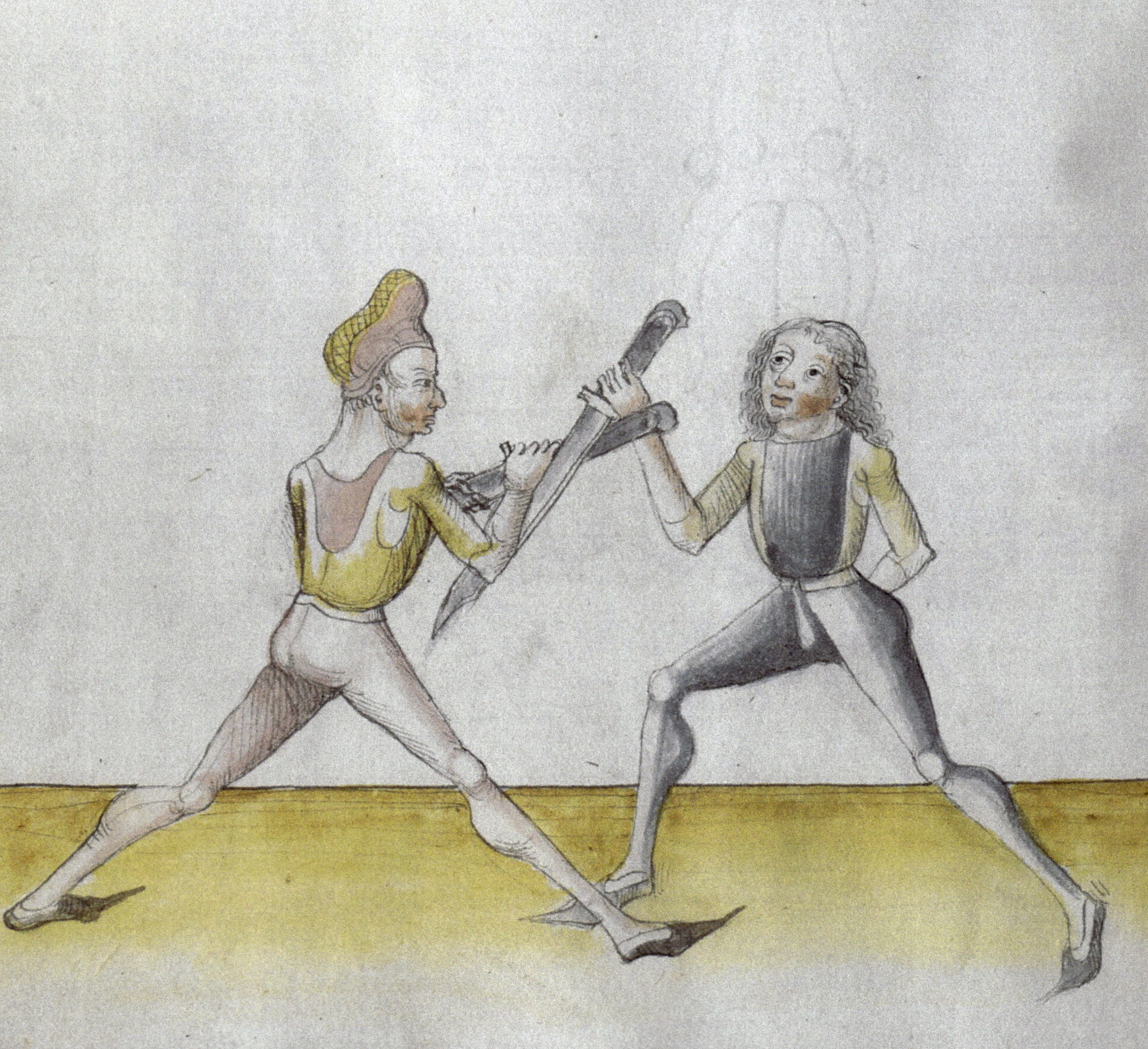

Item Aber Ein stuck fall mit deyner lincken handt vber seyn rechte Inwendigs vnd zuck dy jn deyn lincke seytten vnd lasz dein messer vallen Indes greyff mit der rechten handt jn seyn rechte knyepüg vnd wurff jn fur dich etc

Item Als du dy glenck der handt mit der spitz des messers vnd des ortz ersucht hast Also magstu dy auch ersucken mit dem gehultz des messers auszwendigs vnd Inwendigs vnd das messer jm also nemen als du oben vnderricht pist ;

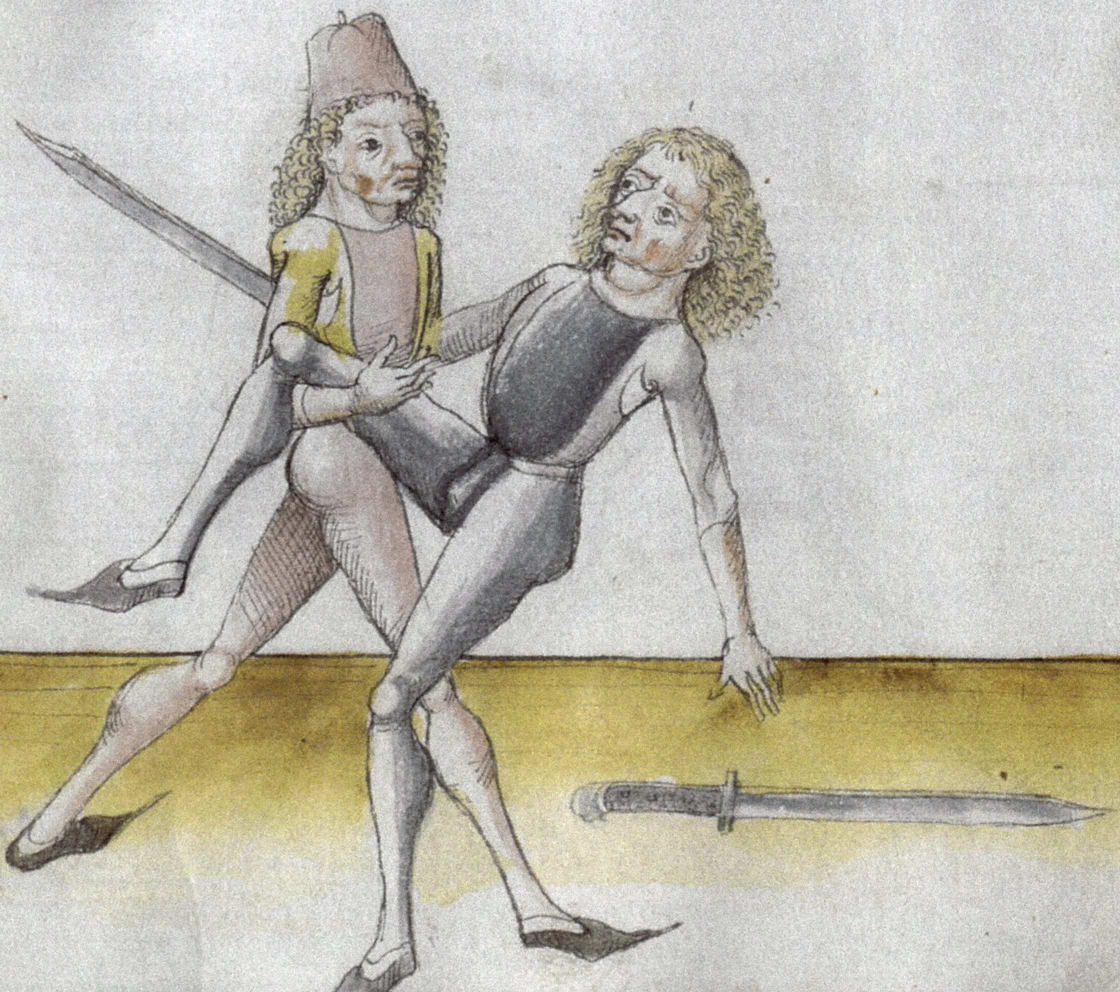

Gewappent durchwind swech zu handt
Messer nymb deyn schwerd sey ausse bekant

Hie lertt der meyster aber eyn gutz stuck und eyn messer neme und spricht Gewappent durchwindt etc. Das soll du alzo versten hauw mit dem entrusthaw nahet zu jm eyn zu seyner lincken seytten und schlag umb zu seyner rechten seytten under fall zu gewappender hant und wind dy spitz aber hyn eyn jnwendigs jn das gelenck seyner handt und windt durch uber seyn handt und druck dy fest auff deyn rechte seytten so nymbstu jm seyn messer etc.

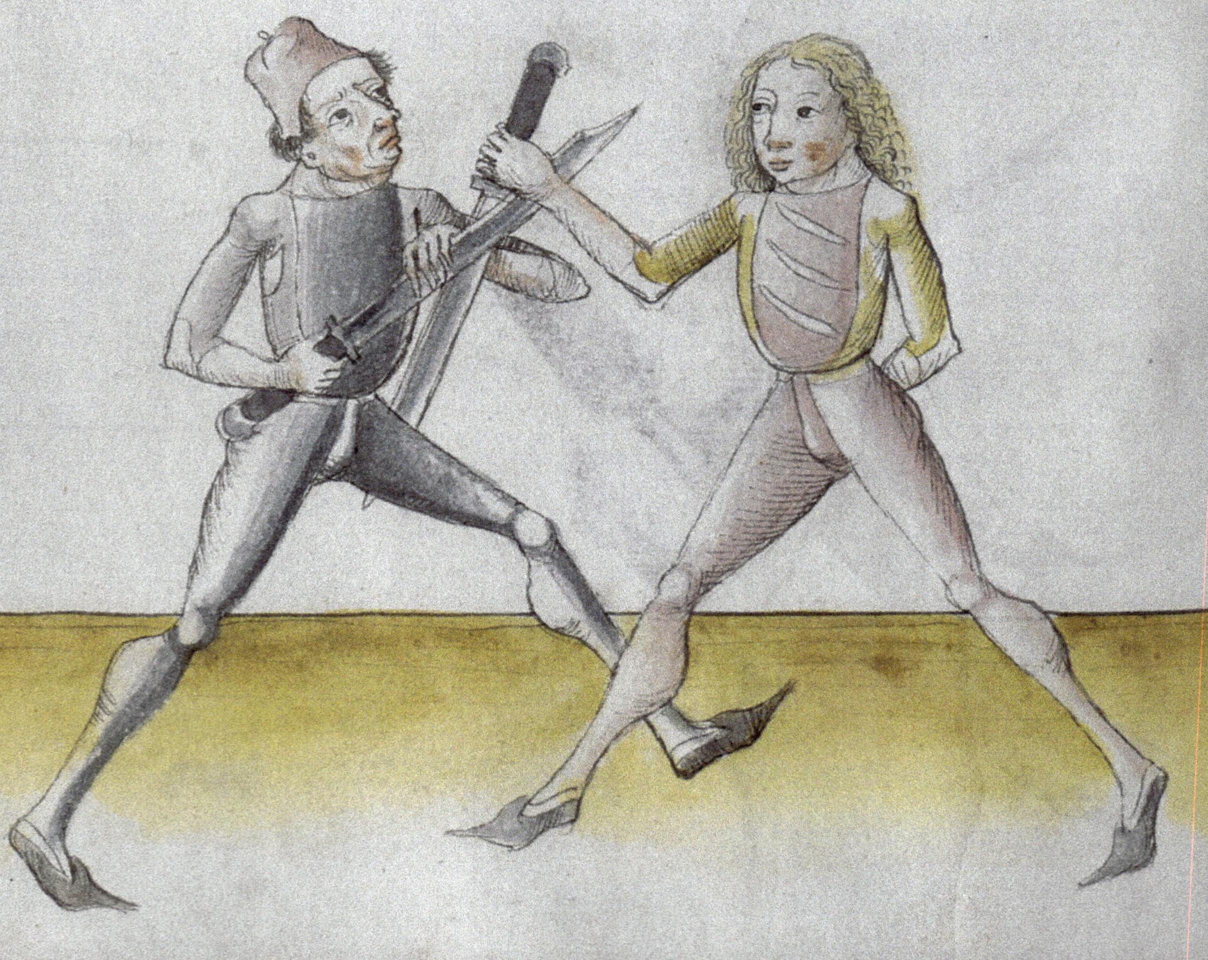

Dy storch gewappendt vbe' handt ist windn
Windt gesenckt mit kurtz huck' solt findn

Das soltu also wissen setzt er dir In deyn hant vnd will
windtn wye vo' mit der storch seynes messers gewappend
Inders Senck dy spitzn deynes messers gegen der erdn vnd
ker mit dem mess' auff seyn lincke seyttn vnd schlag im
dy kurtz schneyd auff seyn kopff &c

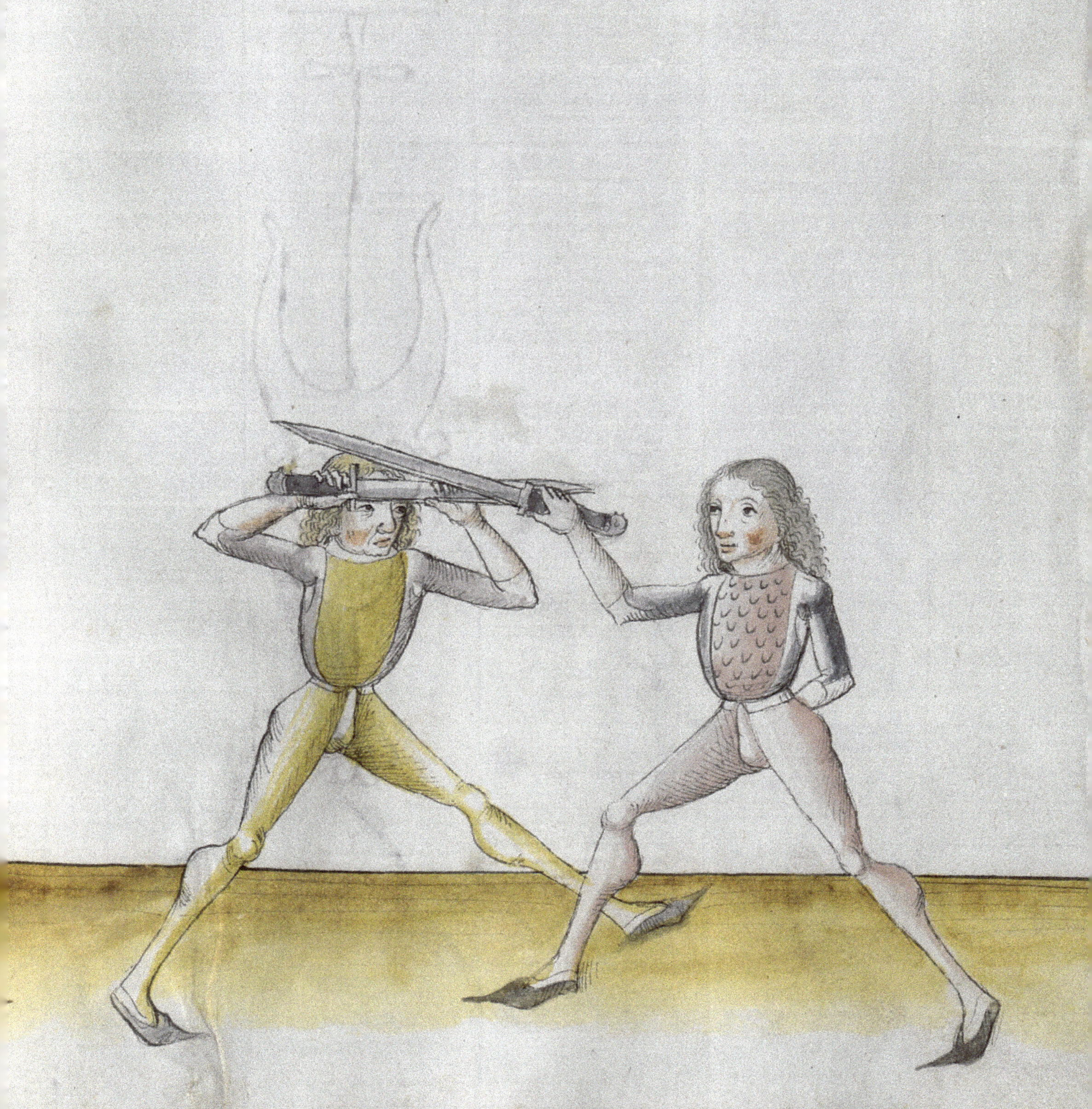

Kurcz schlecht er vnd gett mit list

Piß schnell gewappend stost dy prust
Gewiß Das der merck der kunst setz eyn wyder prauch
wider den begreiffen prauch vnd spricht kurcz schnel
schlecht er ec das soltu also verstan Gett er mit
hawgutten messer auff deyn lincke seytten vnd will dich
mit der kurczen schnaydn auff deyn kopff schlagen So
fall sunder schnel in dy gewappendt handt vnd stich
im zu dem gesicht oder prust vnd ker vast nohend zu
im zel

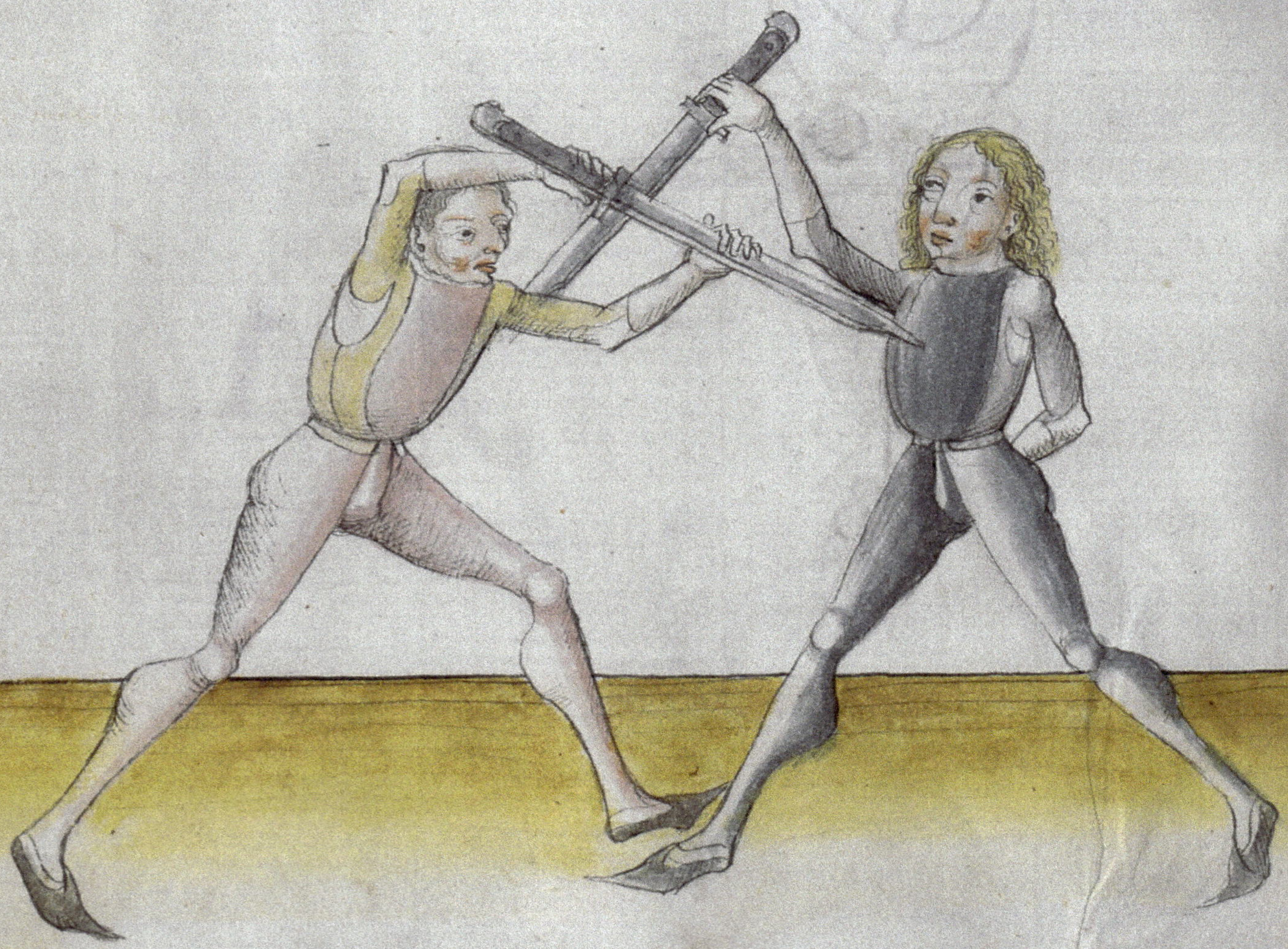

Durchlauff entrust

Den olpogn wirb hendt zu prust

Recht wiltu vmb sprenng

Auff recht arm pruch gering

Hie lett der meyster eyn eynlauffen mit dem Entrusthaw vnd thu im also Wer mit dem Entrusthaw an den man starck das der dingen wider ster am messer auff der flach vnd haw im zu der rechten seytten zu dem kopff mit der stumpffen schneyden vnd ruck fast an im mit dem gehultz das dy hendt an eyn ander rurer jndes lass deyn messer fallen vnd pegreyff seyn hendt bey dem gehultz gelenck Dar in er das messer hatt vnd scheyb dy vmb vnd nymb das gewicht bey dem olpogen vnd spring in dy wag vnd werff in vber deyn lincken peyn oder huff

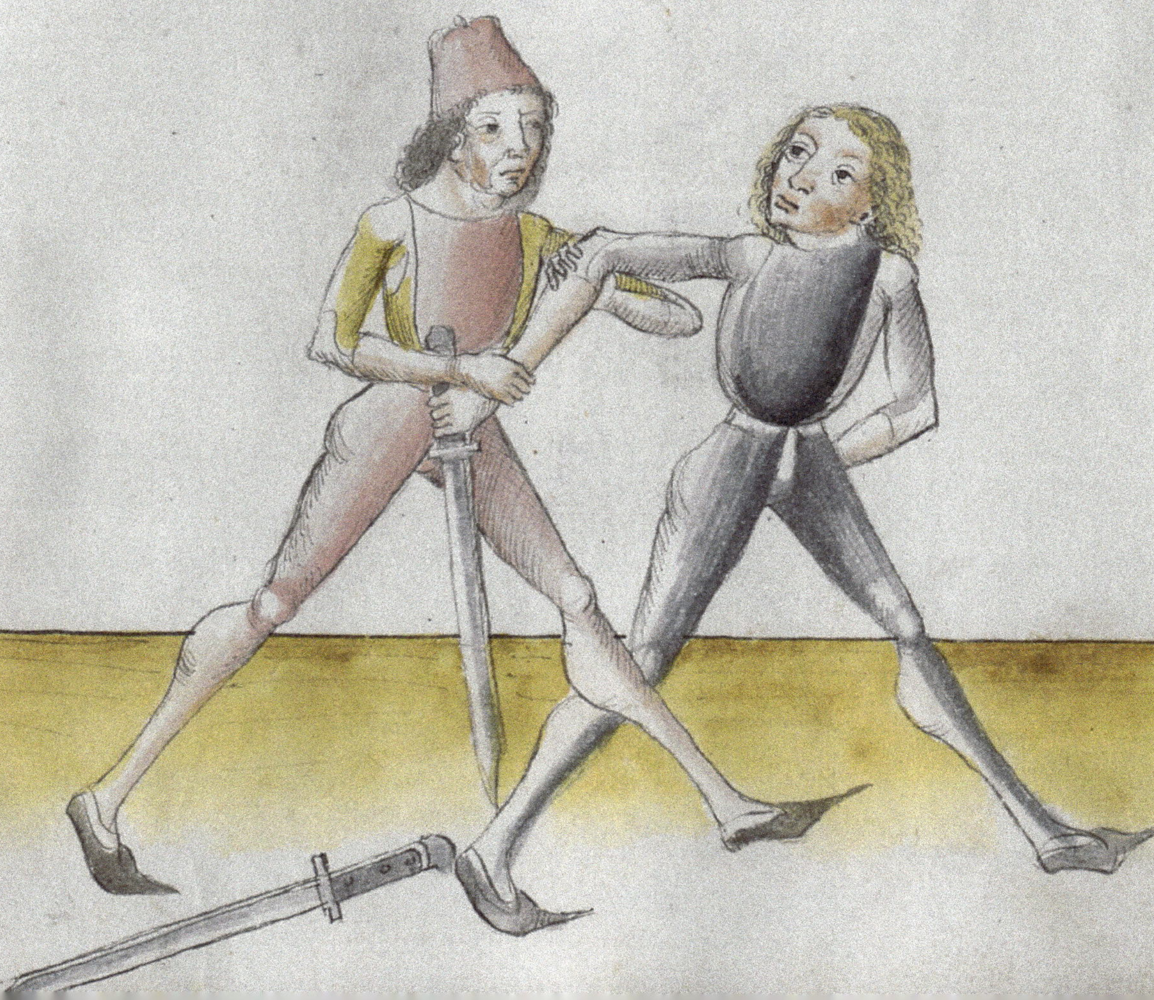

Item wiltu das ander stuck machen So lass deyn lincken
arm hangen So du in gefast hast seyne rechten arm auff
deyn prust so stoss mit deym lincken achsel vnd druck mit
deyne rechten handt seyn rechten arm fast vber deyn prust
vnd spring starck auff deyn rechte seytten etc

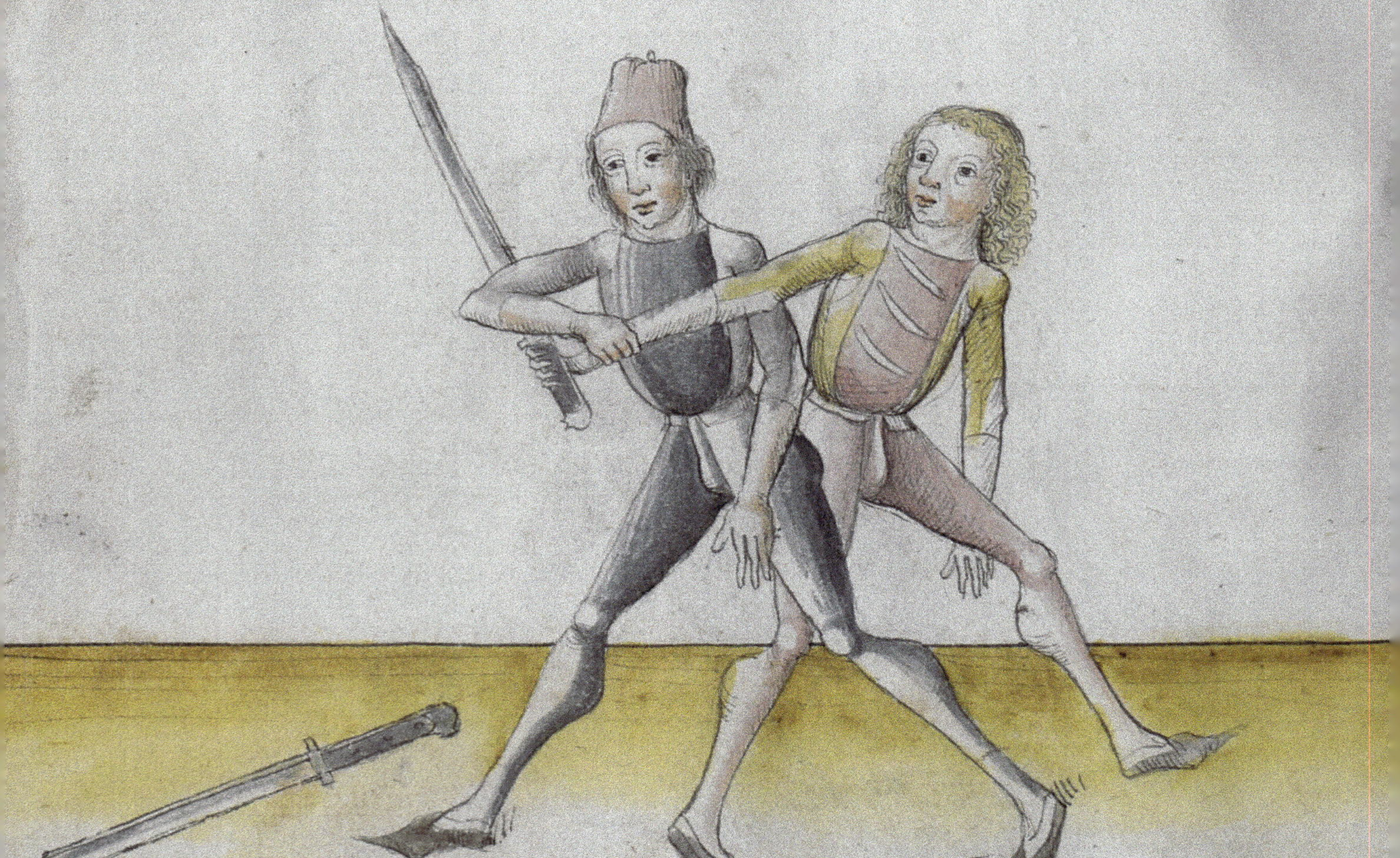

Item Aber ein ſtuck lauffst dir eyne eyn vnd iſt ſtarck
mit dem arm So lauff auch ſtarck auff in das dy hendt
zuſamme rure vnd dring ſtarck vberſich mit dem arm
vnd pegreuff do mit ſeyn peyde peyn in dy glenck der
kniepug vnd heb in auff dy achſſeln deyner rechten oder
lincken ſeytten vnd wurff in vber ruck auff den kopff

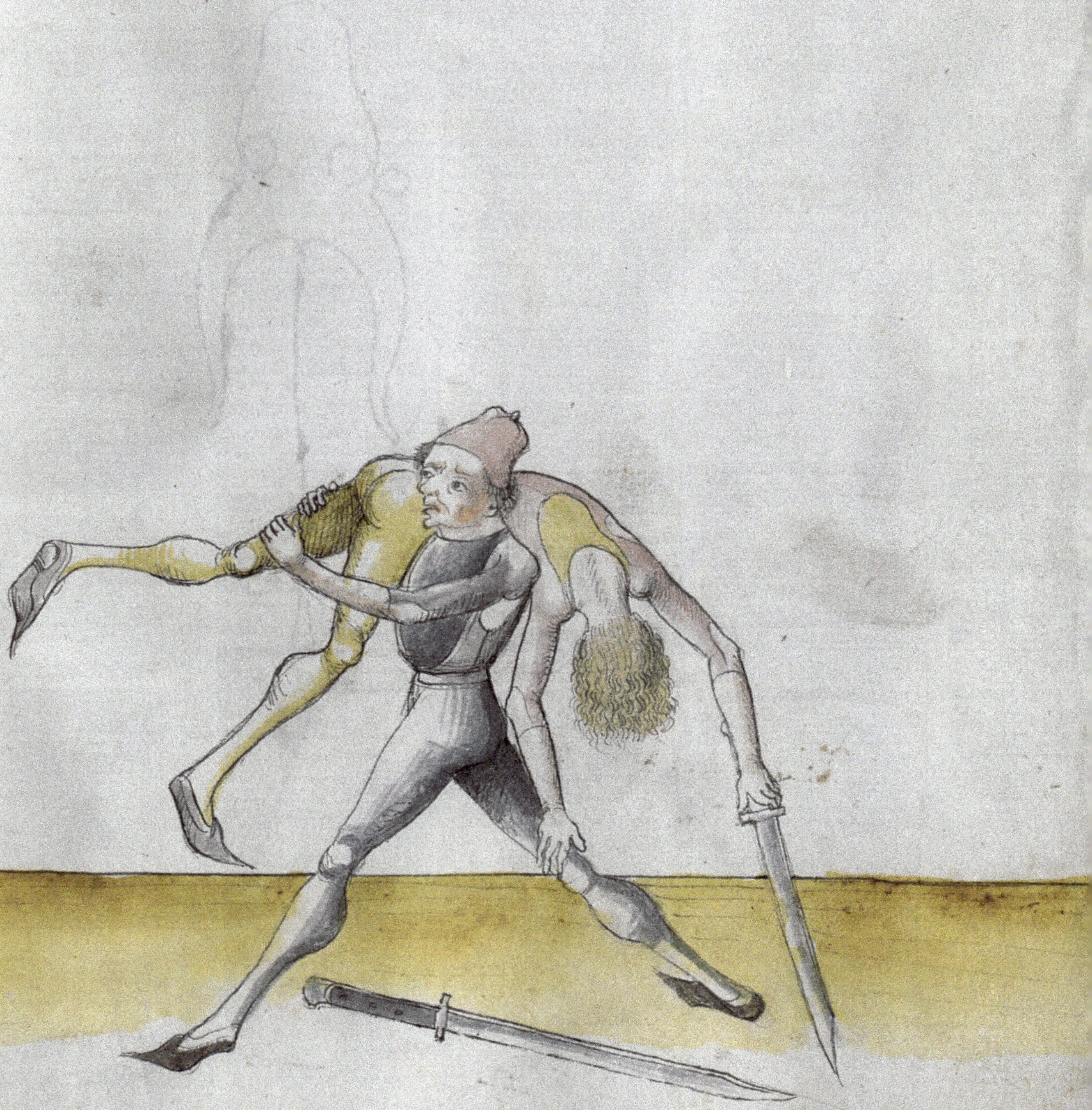

Item Greyff mit deyne lincken handt dein rechte vnd laß
deyn messer vallen vnd wendt mitt deyne lincken seyn
rechte woll vmb In deyn lincke sytten vnd schreytt
mit deyne rechten fuß fur seyne rechten vnd schlag deyne
rechten arm starck vber seyne rechten vnd druck starck
Indes In dein rechte sytten vnd swing dich auff dein
lincke sytten vnd wurfft yn vber das recht peyn ec

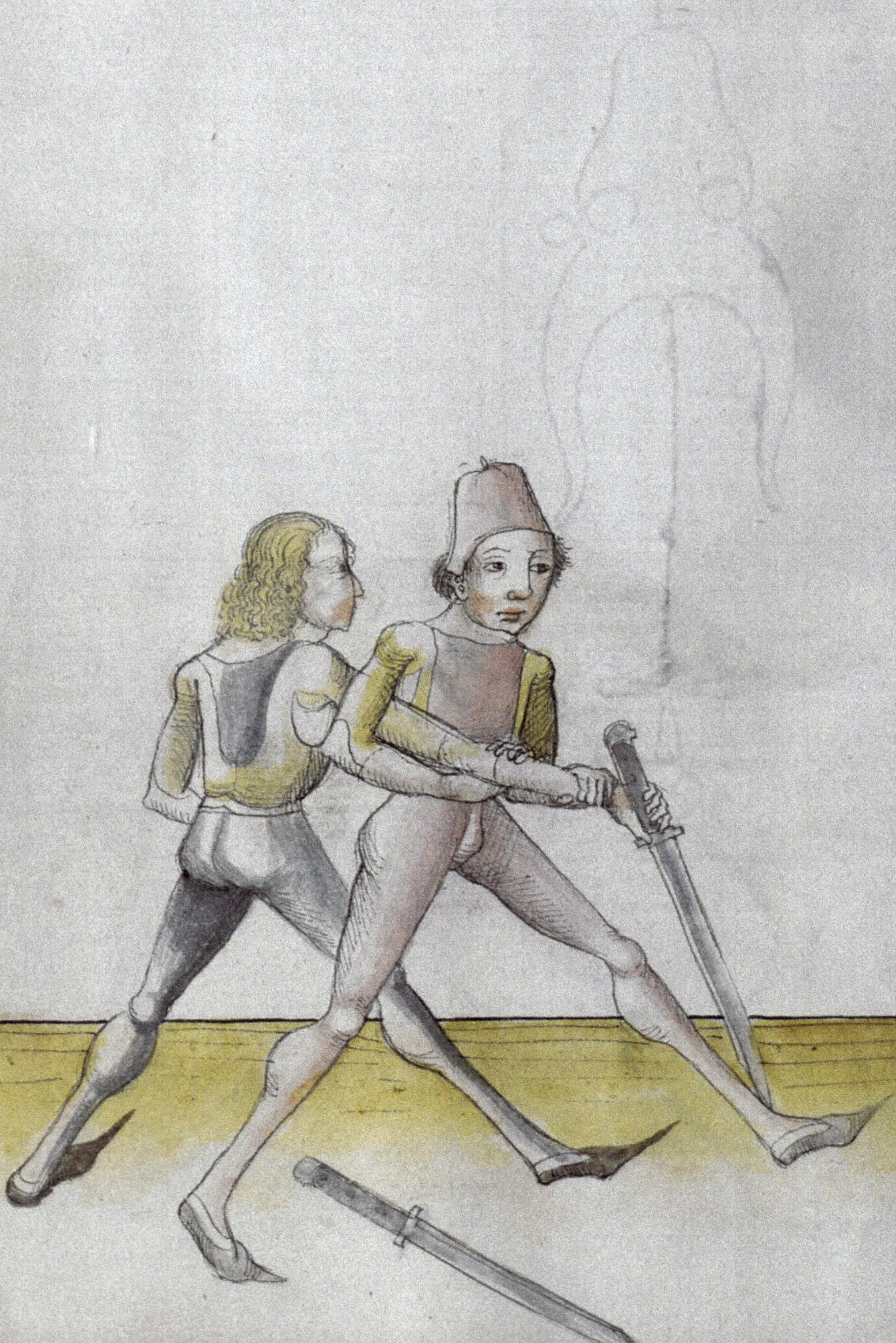

Item aber eyn stuck laufft er dir eyn zu deyner rechten seyten
so pegreuff seyn rechte handt mit deyner lincken verkerten
handt inders schreytt mit deyner rechten fuss woll auff seyn
rechten vnd far mit deyner rechten handt vnter seyn rechten
elpogen aussbendigs vber seyn arm vnd zeuch mit payden
hendn seyn rechten arm auff deyn prust vnd stemm dich
starck auff deyn lincke seytten vnd schraytt mit deynem
rechten fuss fur seyne rechten vnd wurff in vber deyn rechtes
peyn etc.

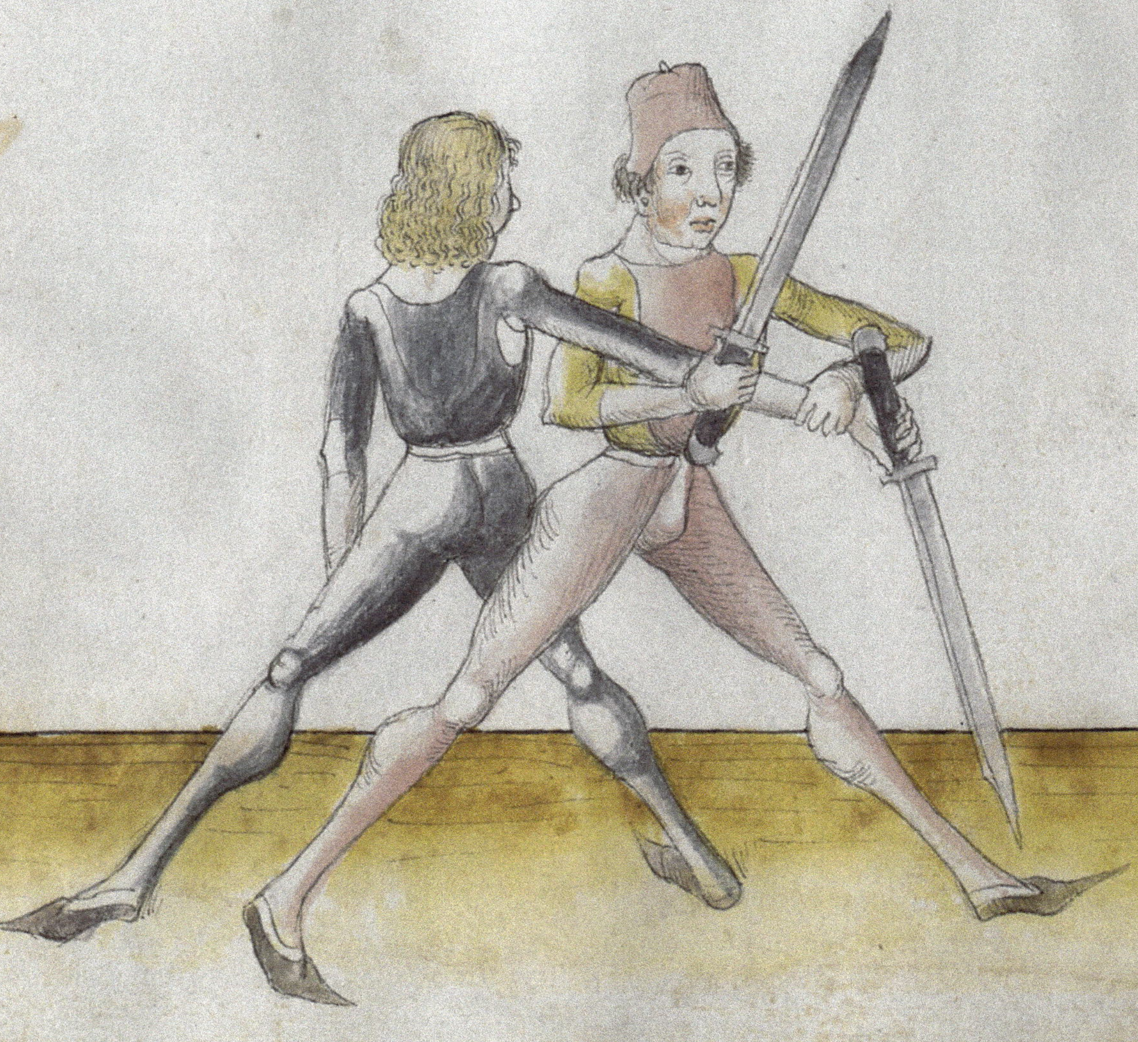

Item Greyff mit deyne rechtn handt In seyn rechte auss
bendigs vnd trit mit deyme linckn fuss fur seyn linckn
Indes schlag deyn linckn arm In seyn rechtn hels mit
deyne rechtn handt auff seyn rechte vbr deyn linckn arm
vnd druck deyn linckn arm fast zu deyne prust vnd
druck mit der rechtn vbersich vnd wurff In fuerdich
auff das vbr deyn linckes peyn ab

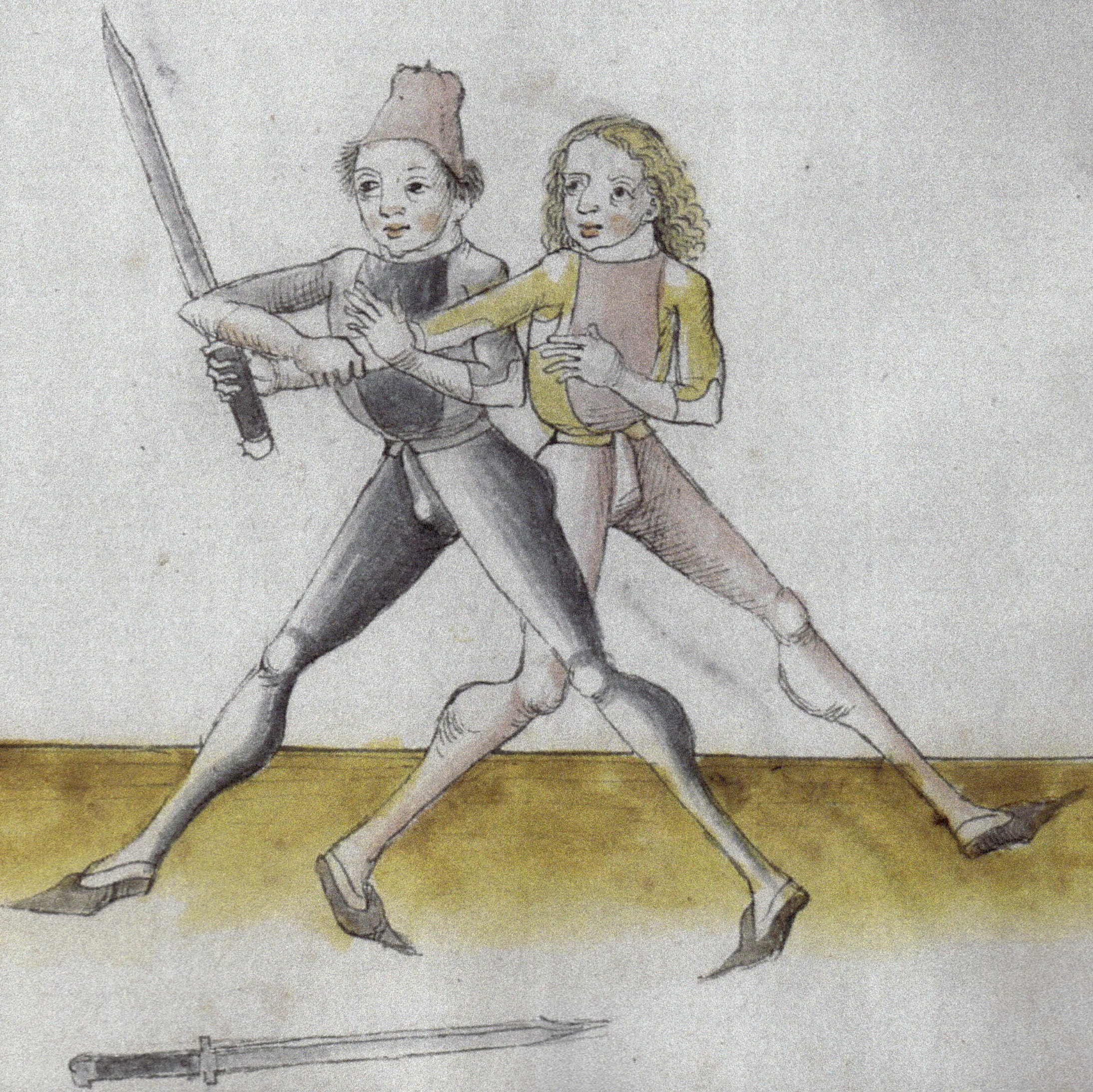

Nymbt er das gerucht
Vnd' nym macht zu nicht
Indes erbeyt mit schnellikaytt
So wirtt seyn kunst nyd geleytt

Hye sagtt der mayster eyn pruch wyder dy weyß als gesprochen ist Durchlauff entreust ab vnd prucht nymb das gerucht ab Den pruch soltu also machen Helt er dir dein rechte handt mit seyner rechten versetzten handt vnd will dir das gerucht mit der lincken pey dem elpogen neme Indes weyl du enpfindest das er deyn rechte handt begrifft mit seyner rechten Indes greyff behentlich mit deyner rechten auch yn seyn rechte vnd begreyff mit deyner lincken handt auch an seyne rechten elpogen vnd spring mit deyne lincken fuss fur seyn rechten vnd mach das stuck das er dir hatt wollen machen vnd prich behendt ab

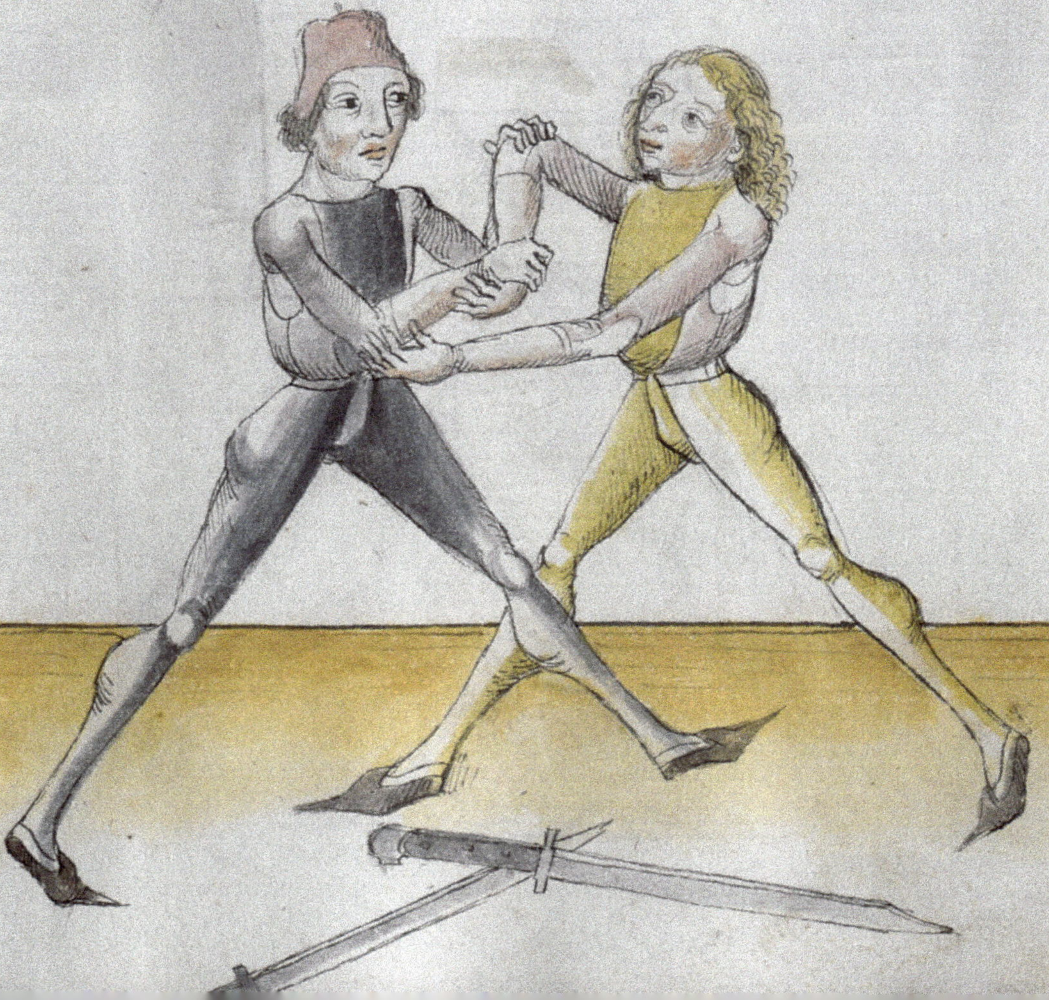

Item aber eyn preuch woll er dich fassen als so far mit deyme
gehultz uber seyn handt und fall mit der lincken handt
In dy mit deynes messers und leg dich mit dem lincken arm
und messer gewappend sterck auff seyn arm und druck und
reiß starck auff deyn rechte seytten und schreytt mit deyme
lincken fuß fur seyn rechten ec

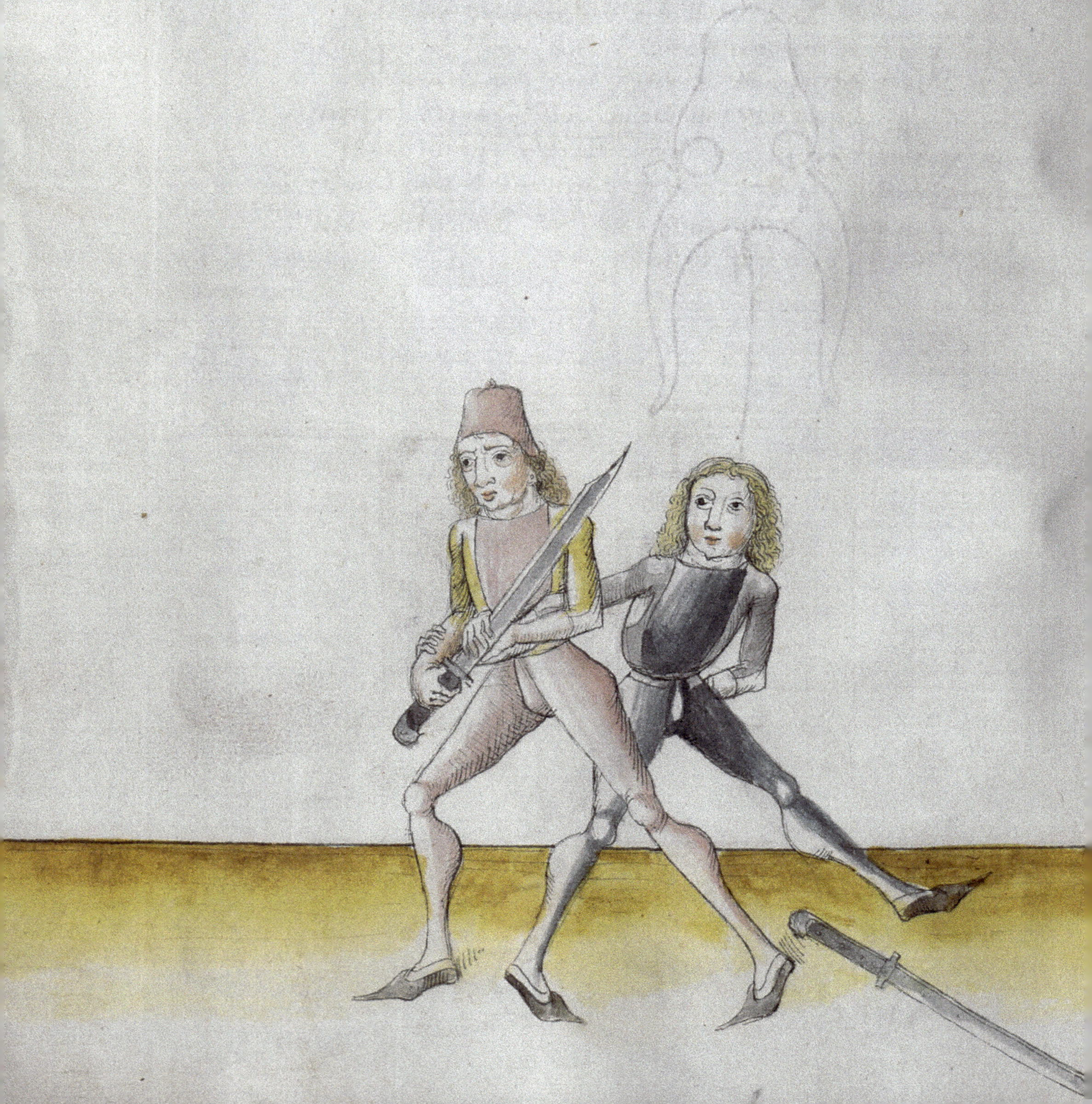

Item hatt er dir deyn rechte handt gefast mit seyner rechten verkertten und will dir pey dem elpogen dar gewacht nemen Indes lass deyn gehultz ober seyn handt sincken gegen der erden und grayff mit deyner lincken handt unter seyn handt In deyn gehultz des messers deyner rechten zu hilff und reyss mit payden henden starck undersich und haw im durch seyn kopff etc

Item aber eyn prauch hatt er dich gefast als vor Indes will er dir das gewicht nemen bey dem elpogen etc Das stuck vindest das dass h stett

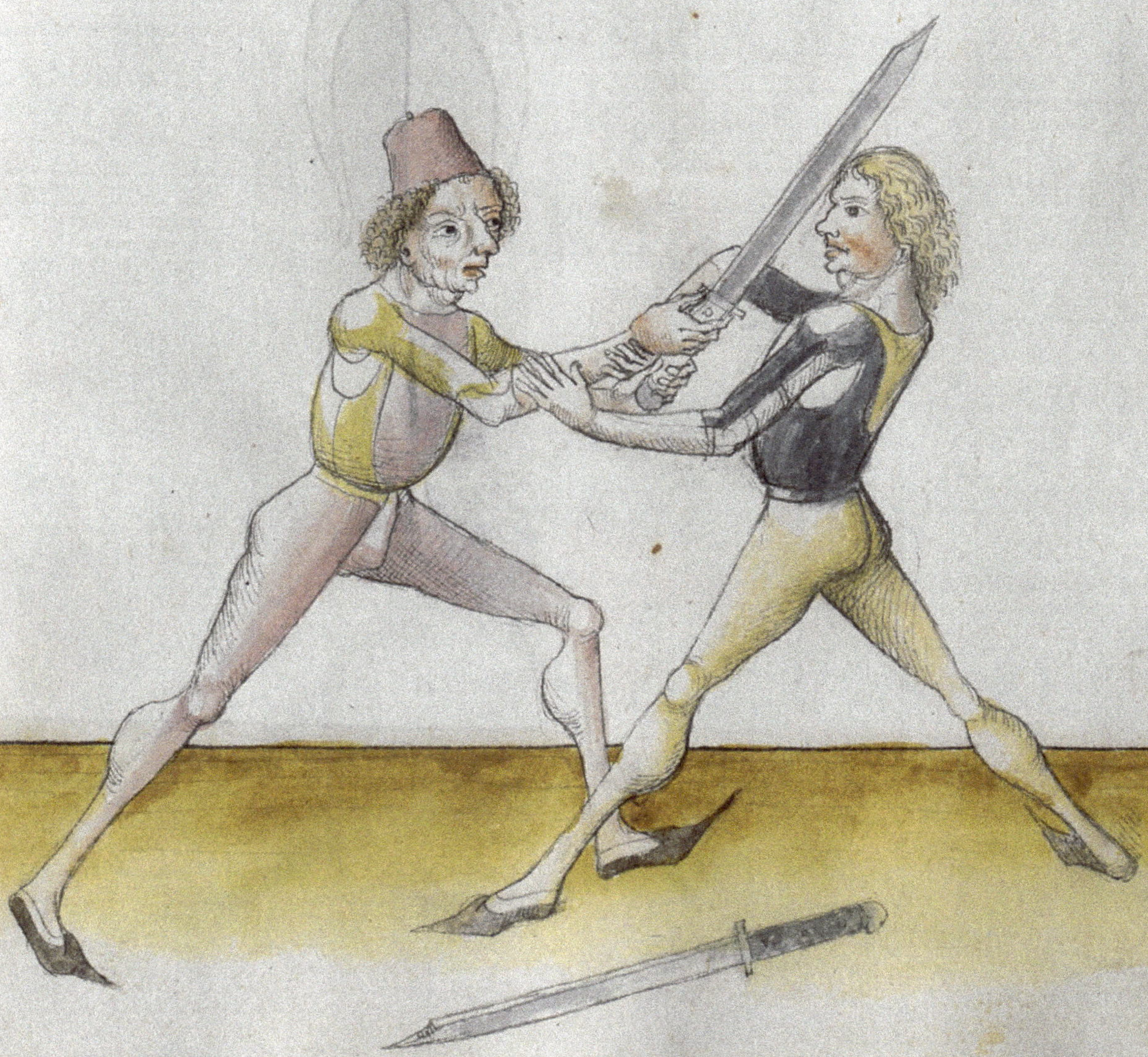

Greyff linck wyderseyns nymb gewicht
Bey elpogn Tryffstu es / arm pricht

Hye lertt der meyster eyn hubsch stuck Do mit man eym den arm prechn mag Wenn es anders recht gemacht wirtt vnd thu jm also Greyff mit deyner lincken handt jn seyn rechte vnd zuck In mit jm dy hoch auff deyn linck seyttn Indes Greyff mit deyner rechtn handt vnter an seyne elpogn vnd druck mit deyner lincken wyd seyn handt gegn deyner lincken seyttn vnd sterck jm den arm nicht gantz Auch lass jm den arm nicht zu komme vnd heb jndes mit deyner rechtn handt seyne elpogn woll vbersich vnd schreytt mit deyner rechtn fuss hinder seyne achsth etc

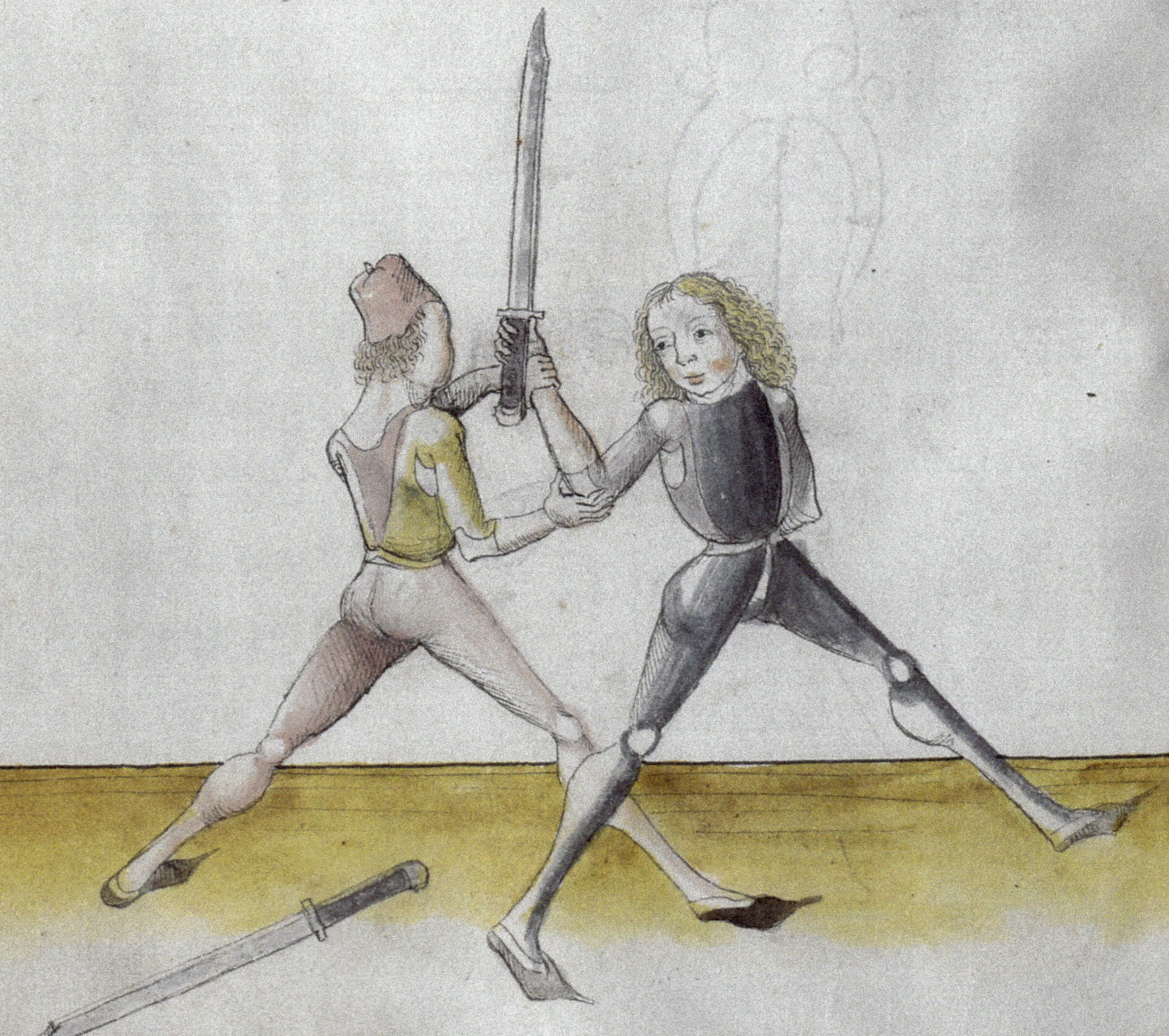

Item Eyn pruch wyd' das gewicht nem als gesprochen ist
durchlauff entrust etc Hatt er dich gefast als vor vnd
well dir weren das gewicht Nemen bey dem elpogen so
far geschling wyd' mit dem elpogen starck jn deyn rechte
sytten wall wyd' an deyne leyp vnd schnell jm dy kurtz
schneyd deynes messers auff seyn kopff etc

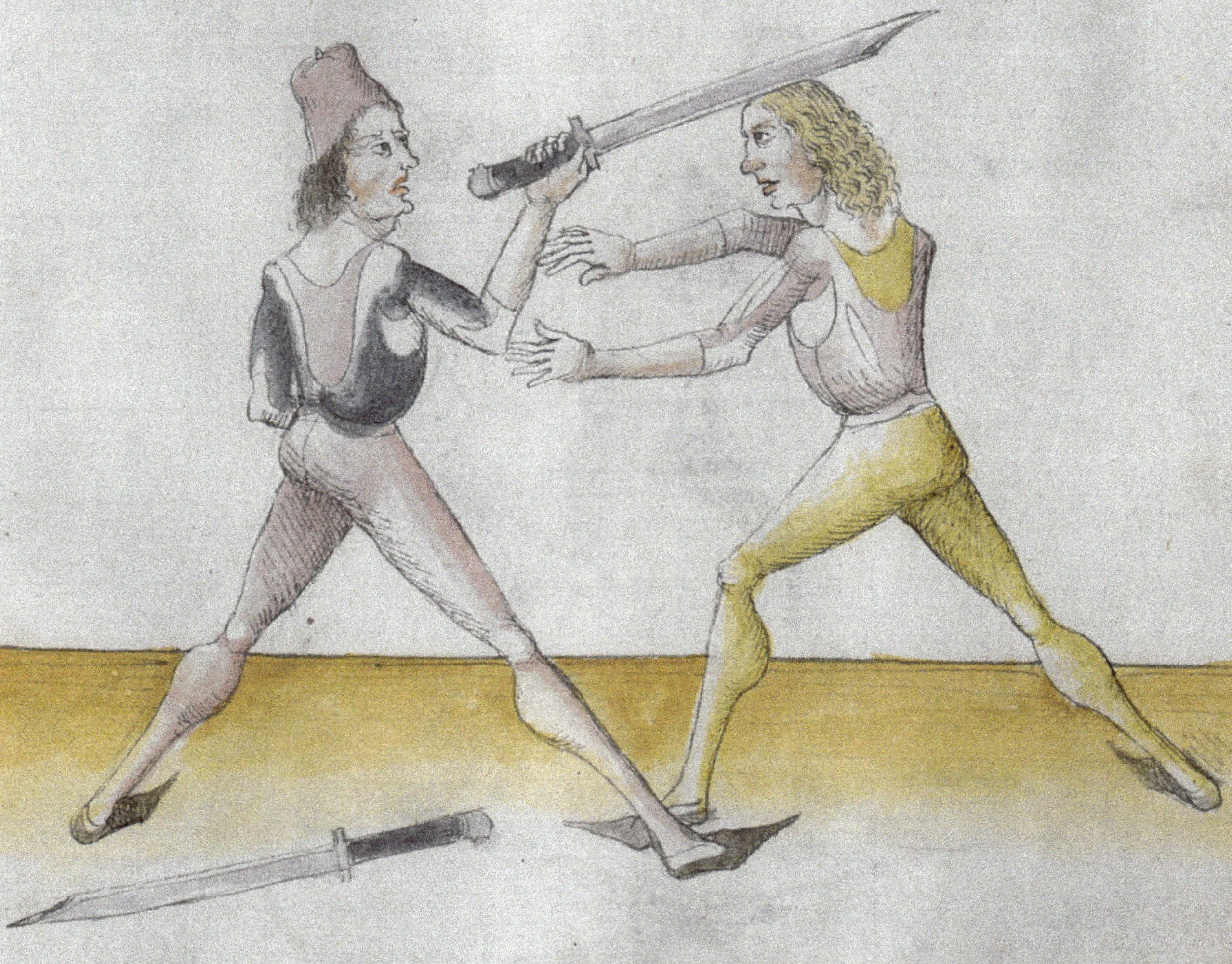

Jtm hatt er dich gefast bey deyne rechtn handt mit seyn
rechtn vnd will dir mit seyne linckn das gewicht pey
dem elpogn neme Indes greyff in vnd mit deyne rechtn
strack seyn rechte handt vnd ruck dir fur dich vnd
schlag deyn linckn arm vbr seyn ped arm vnd schreytt
mit deyne rechtn fuss fur seyn rechtn vnd swing dich
auff deyn rechte seytn vnd wurff in fur dich etc

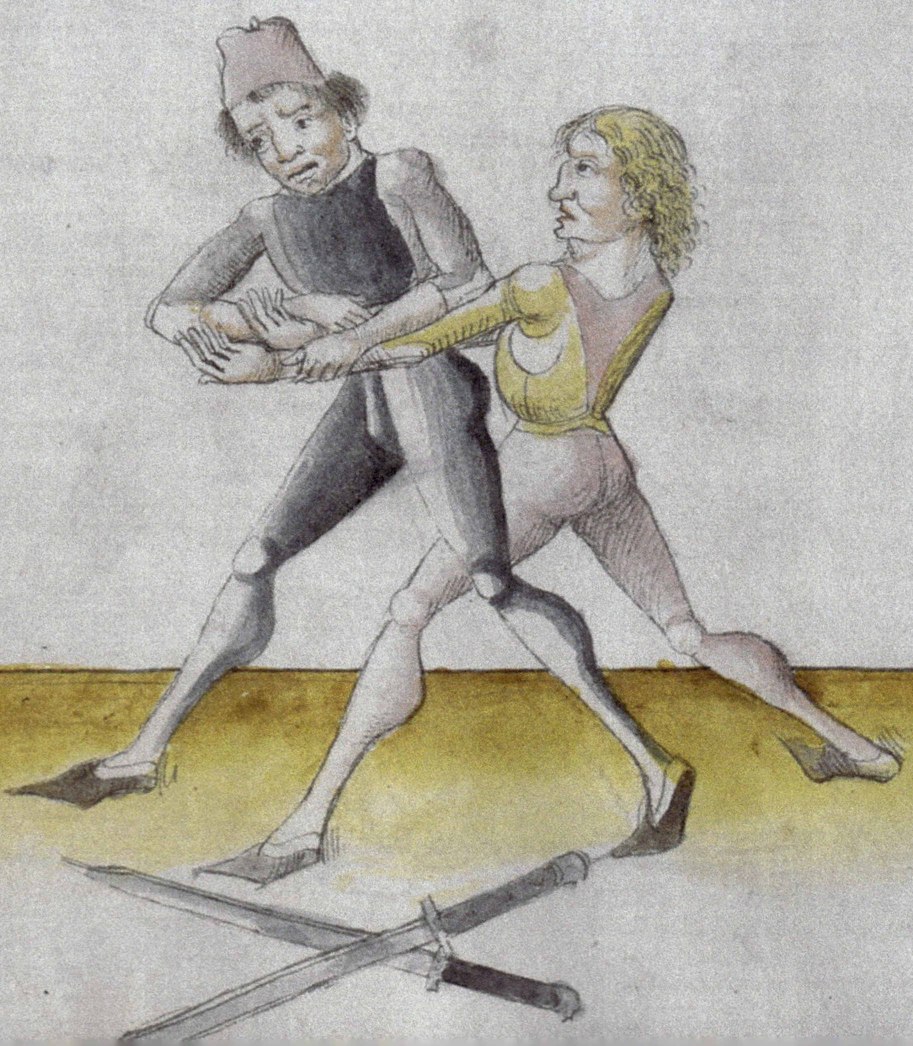

Schreit recht mit rucken
Uber messer soltu arm drucken

Hie lert der meister aber eyn behende stuck und spricht
Schreit recht etc Das soltu also verstan begreyff seyn
rechte handt mit deyner lincken verkerten handt und ruck
In da mit eyn wenig gegen dir und scheuß deyn messer
Im unter seyne arm und far im aussen an den elpogen
und uber den arm und kum im mit der kurtzen schneyden
Im unter seyn hals an dy kelen und thu deyn gehultz
hinders aussen an deyn nacken und loß dy rechten handt von
deyner messer faren und kum deyner lincken zu hilff
vorn mit deyner rechten unden an seyn rechte handt und
schreytt mit deyne fuß hinder seyne rechten und reyß starck
untersich seyn arm etc

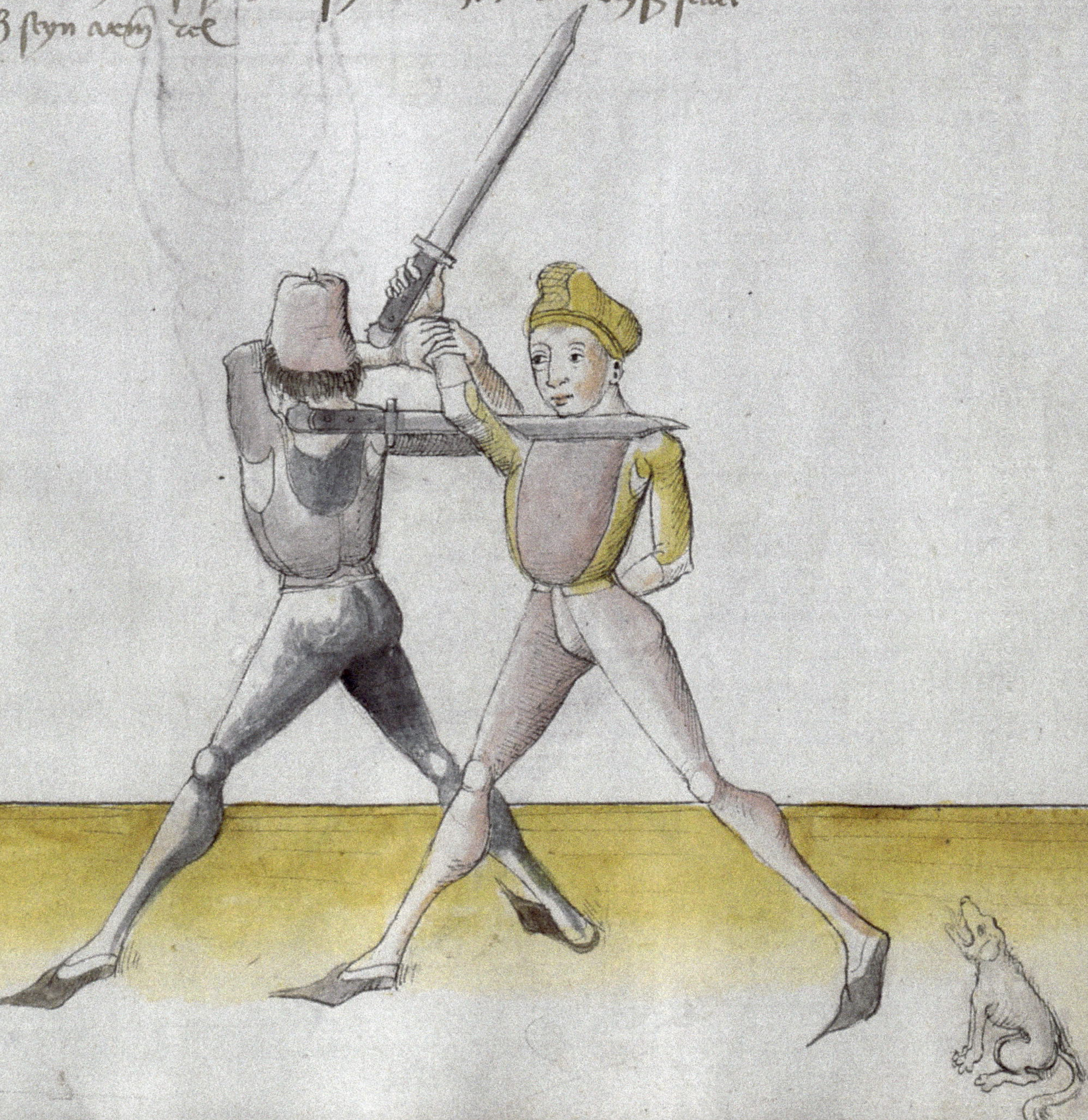

Ler arm vberschossen
Ja kunstlich denn beschlossen
Da mit In magst furen
Notten zu lauffen oder nicht zu ruren

Hye sagtt der mayster vo eynem kostlichen stuck da mit
man eyne prinitzen beschlyssen vnd halten mag wenn
er will so nott er den man mit dysem stuck das er still
muß sten sitz oder lauf welich lauffen muß vnd dw in
notest das er in eyne sack kriechen muß woll dyes
anders gehabtt haben da vmb wirtt das stuck von
den kostlichen maystern genandt der vngenandt
Auff das daß stuck nicht gemeyn soll werden Man
soll auch das nicht gemayn machen vnd nyemant
wyssen lassen denn es werd im wol pezalt etc

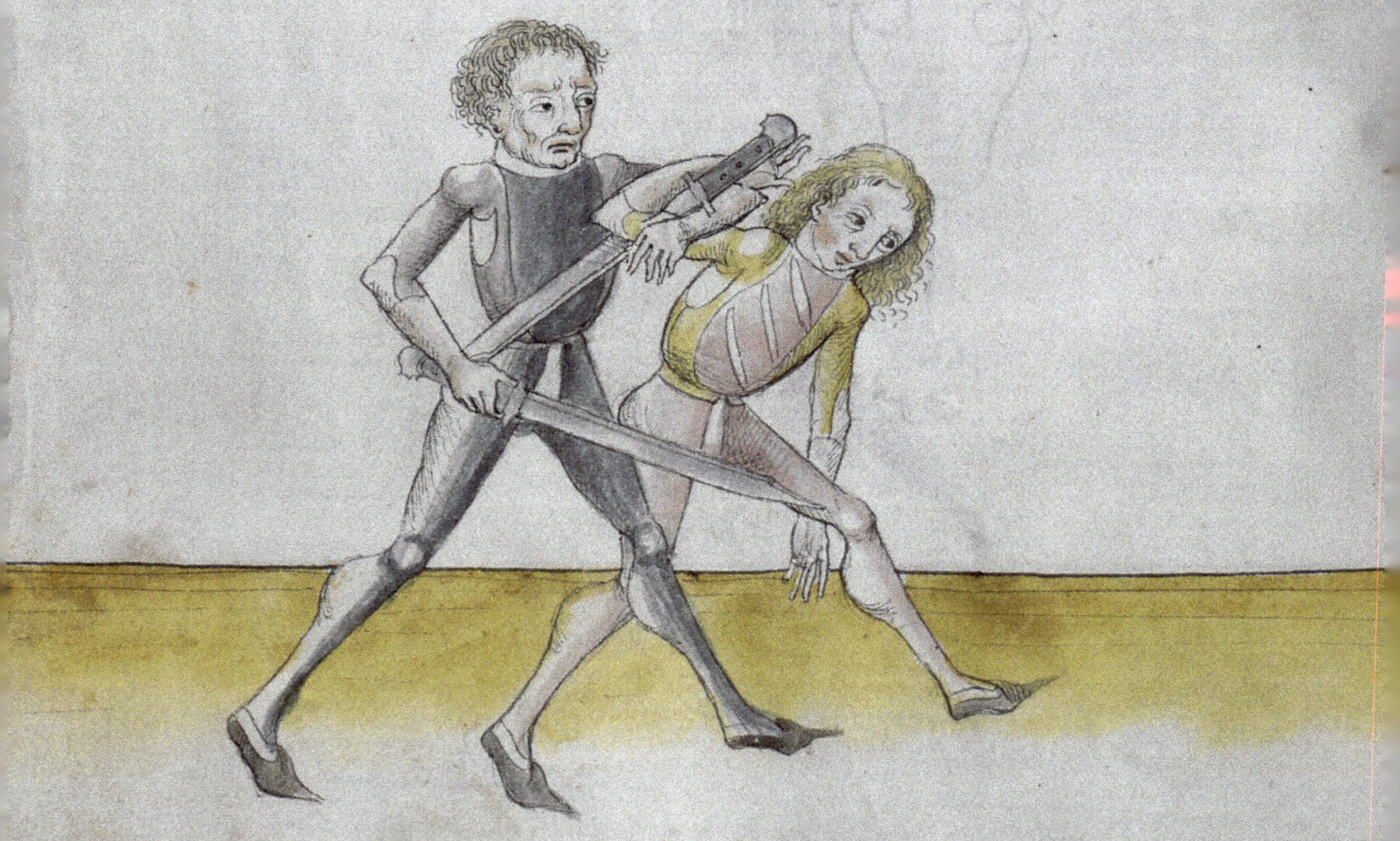

Item du solt das vor gemalt stuck nicht offenbaren leychtfertigen
lewtten oder mayster dye durch hochmut wollen das stuck
gemayn mochten machen auff das das sy den andern geholt
solten werden Wann man soll dy edlen margariten oder
keyn nicht fur dy swyn strewen Das sy durch dy selbigen
nich vngeert werden vnd getretten in das kott Nu will
du das stuck machen So thu im also wann er dir ein
lauffett in dem messer So lass dayn messer vallen oder behalt es
in dayner rechten hanndt vnd Greyff mit dayner rechtl vel
ezen handt in seyn rechte auffhendig vnd ruck dy handt
vntersich vmb vnd mit dayner lincken hand fass in bey
seyner rechten elpogen vnd spring mit dayme lincken fuss fur
seyne rechten vnd heb seyn rechte handt auff mit dayner rechte
handt hastu aber dayn messer noch in dayner hendt so heb dy
selbig seyn rechte handt auff mit dem creutz daynes messers
vnd stoss dye vber dayn lincken arm vnd heb in da mit
vbersich auff vnd druck starck nyder mit dayner lincken handt
Ob aber er so starck wer So greyff mit dayner rechten handt
oben auff seyn rechte achsel vnd scheub in dy wag an so
magstu in frey wurffen schlagen halten rotten wye du wolt
also hastu das stuck wye oben vber vor gemalt stett etc

Item So du zu dem man kumbst so fass in wie er geschriben statt und So du in also gefast hast So fall hinder neben in auff dein ars und im fall wendt dainen ruck an sein rechte syten und halt in vest Auch magstu im pretspil essen und trincken das er nicht auff mag stan dann du lest in gern auff. Sunst muss er bitt die erschauen wol

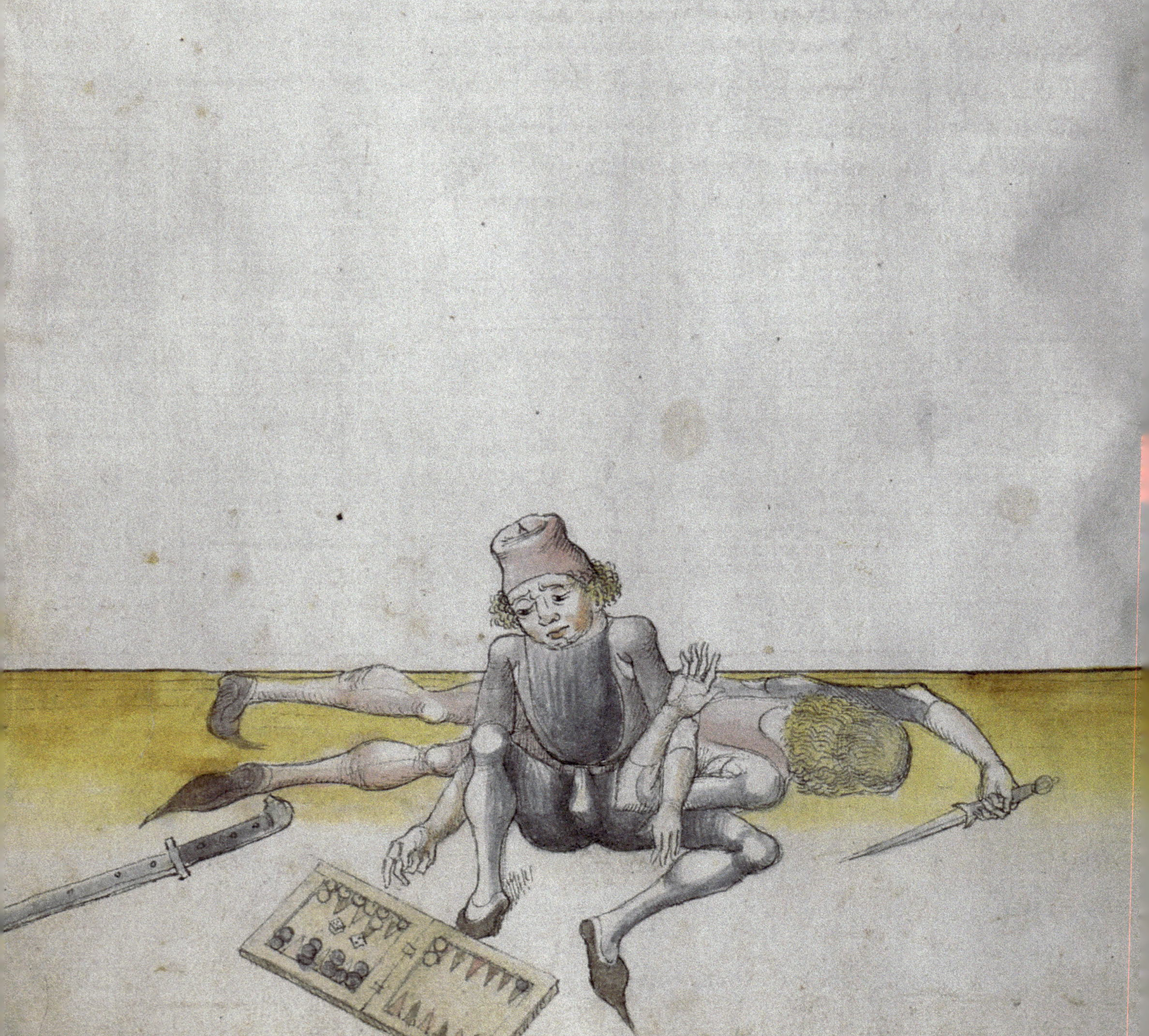

Item wiltu jn jnn ayne Sack schieben mit dem tegenmesser
stuck So pestell heymlich etlich dy eyne sack zeperayten
pey jn haben auff der schull Dy thint dem walck steyn vnd
fass jn als · er gemalt ist Vnd So du jn jnn dy wag gepracht
hast So fur jn mit gewallt Da dye mit dem sack sten
vnd hayss jn da eyn kreychen will er das nicht willichlich
thun So denn dy den sack auff haben So greyff mit deyner
rechten handt jn seyn rechtass peyn nahent bey dem knyen
aussbendigen vnd heb jn da mit auff auff deyn rechte seyten
vnd schreytt mit deyner lincken fuss fur seyn lincken vnd
wurff jn jn name gottes jn den sack vnd thu jm
darnach wye du willt etc

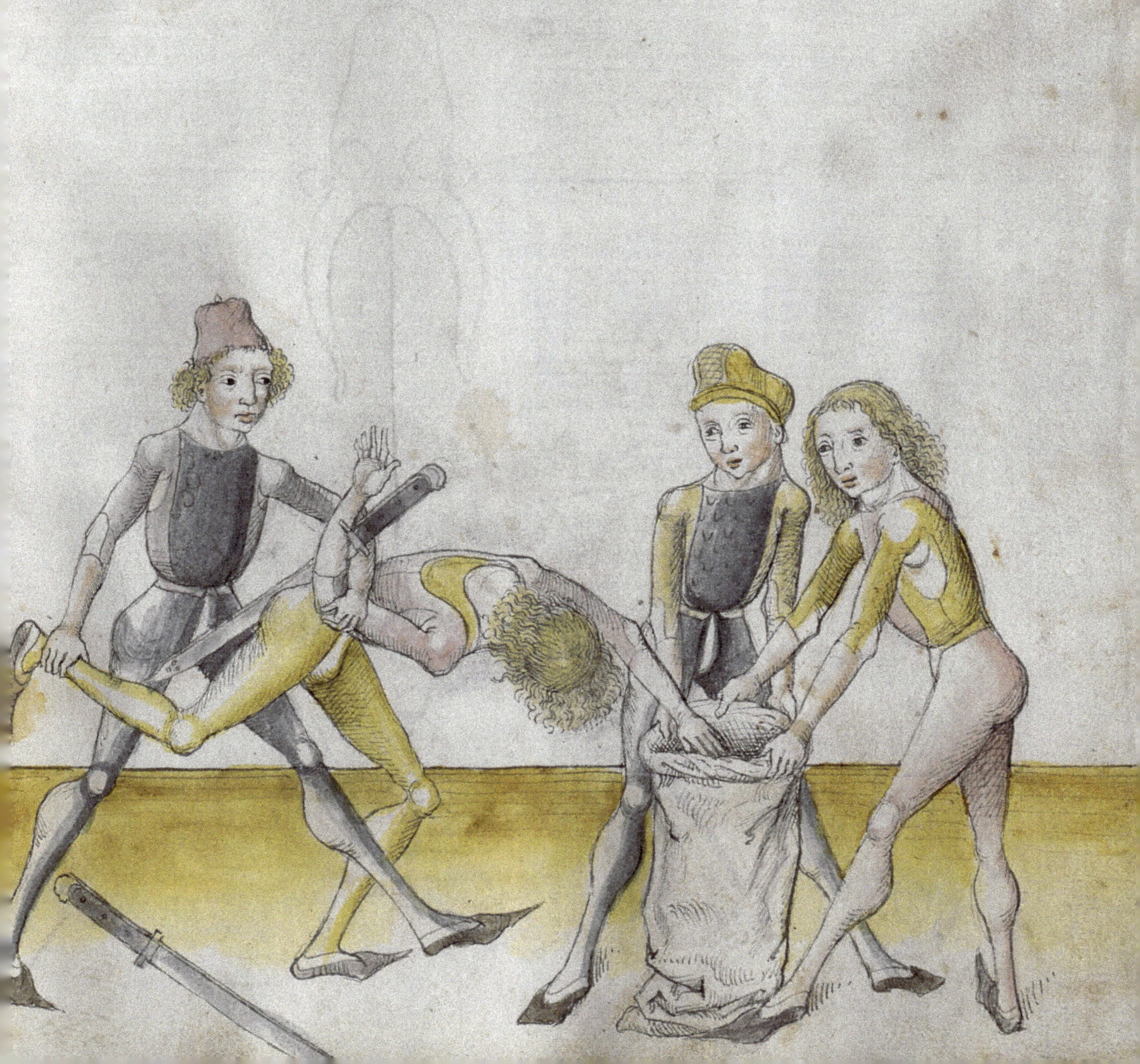

Item ayn ander beschlossen So er im zu wechsten ze samme
kumpt So gryff im vber seyn rechten arm mit deyner
lincken handt In dem far mit deyner messer vnd seyn
rechten arm vnd fall mit der lincken handt in dy
mit deynes messers klingen vnd far do mit im in
seyne rechten achseln hinden vnd druck mit der sterck
vnd vnd trit genaw an in vnd heb mit deyner
rechten handt sez vbersich mit dem messer Alzo ist er
aber beschlossen etc

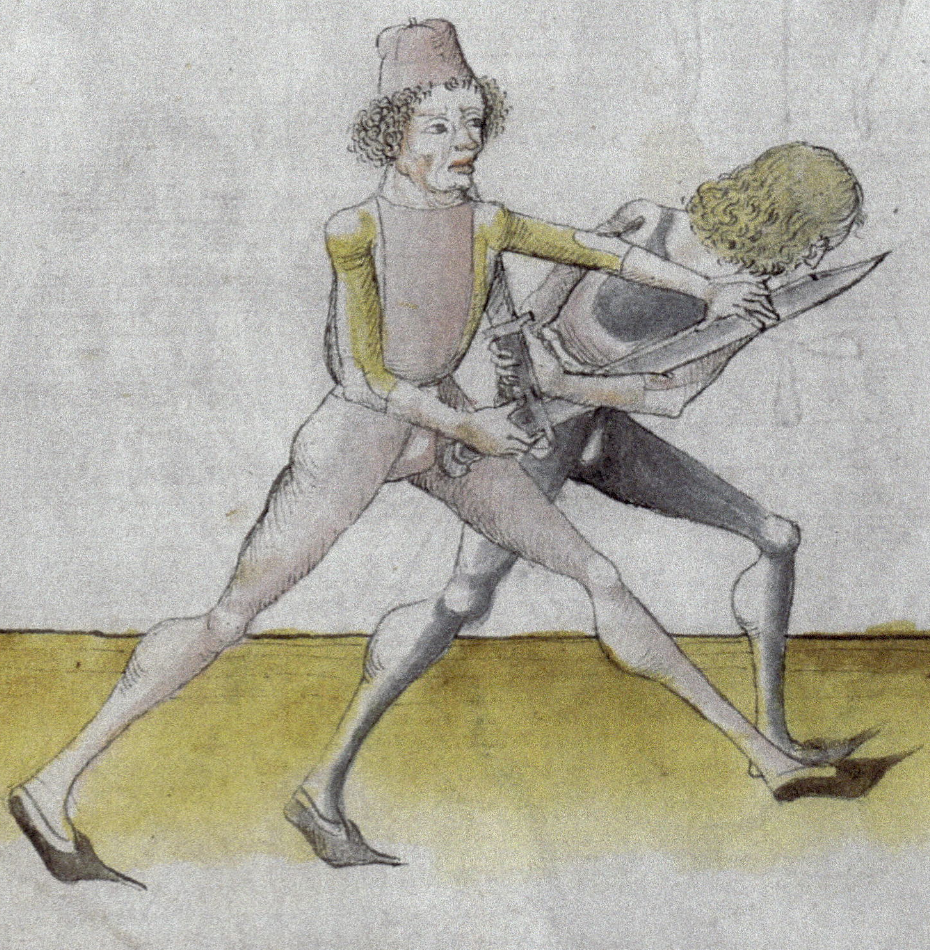

Item Eyn ander beschlyssen fall im vbr seyn rechten arm
mit deyne lincken vnd greyff indes abr vnten in dy
mitten deynes messers vnd var mit dem gehultz vnten durch
seyn arm in das gelenck des rechten elpogens aussbendigs
vnd wendt deyn linck seytten an seyn rechte vnd druck
mit dem gehultz zu gerumpfend krutt fast obn nyder
vnd halt nohendt an jm das er auss dem pandt nicht
kume mag Also ist er verzygelt vnd beschlossen a c

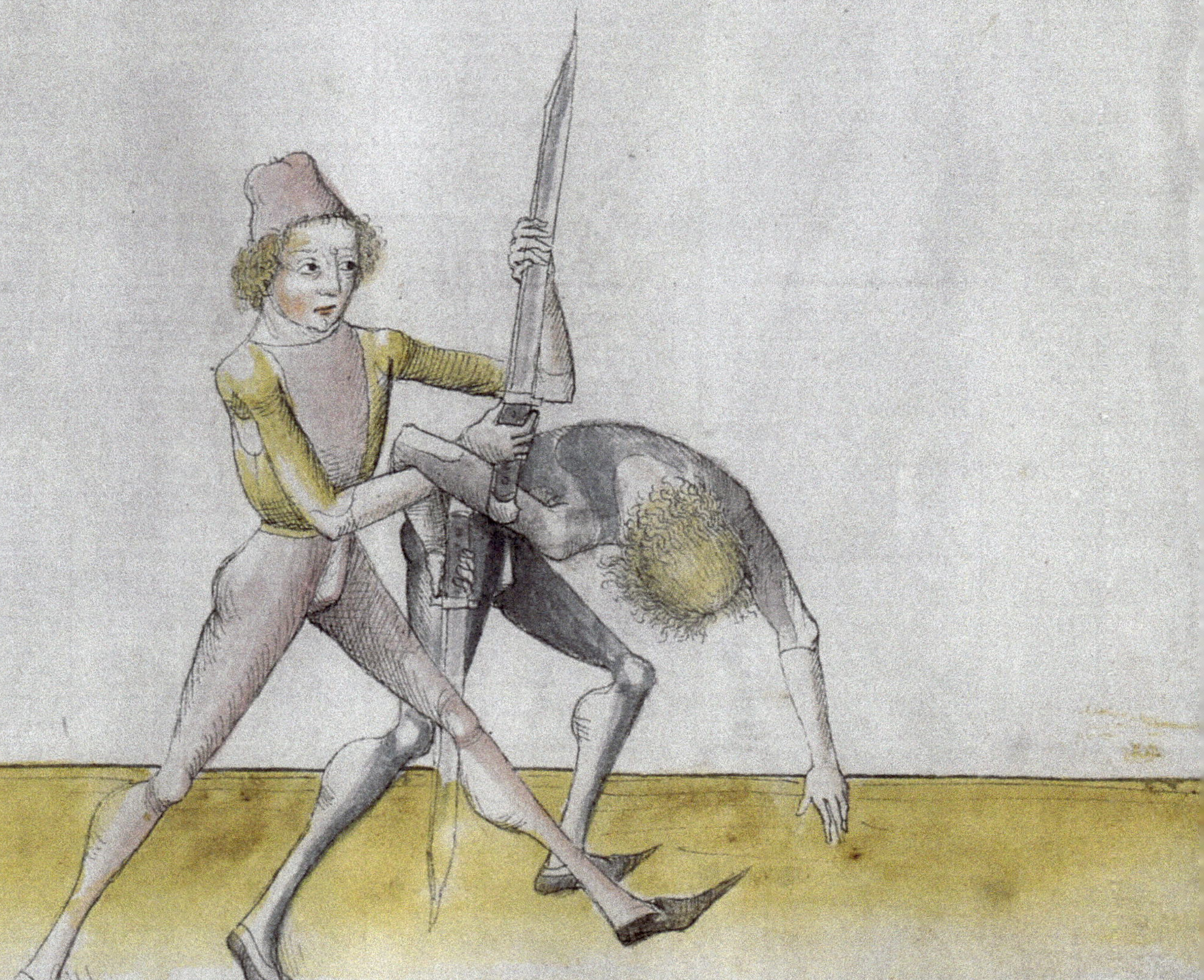

ler hendt zu prust treybn

Wiltu den vngenantten den stattn treybn

Spring vnd gach

Den knebln arem vberschlag

Hye lert der meyster eyn kostlich haltn vnd stuck vnd So du felst In den stuck auff deyn ars So magstu den man haltn das er nicht auff mag sten vnd das stuck heysset der vngenant vnd ist der pestn stuck eyns vnd gehort zu treybn gegen der stadtn wie hernach geschriben stett etc

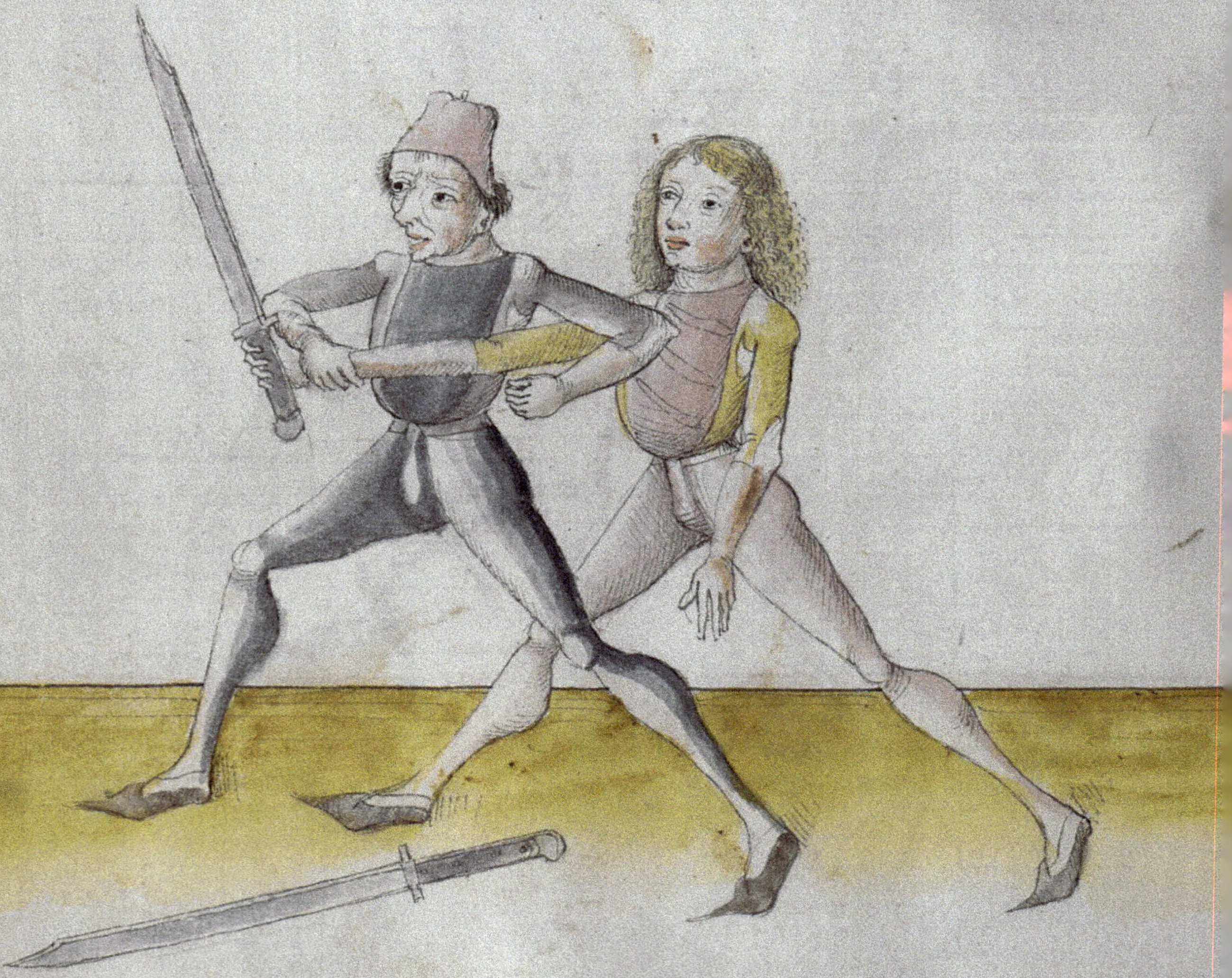

Item wiltu das dryemelt stuck machen So thu im also
haw zu seyne linckn seyttn mit dem entrusthaw
indes ruck obent an in an seyn gehultz mit deyne
messer indes los deyn messer fallen und grayff mit
deyne rechtn lenckty handt in seyn rechte und
wendt dich umb mit der linckn seyttn an seyn
rechte und trit mit deyne linckn fuss fur seyne
rechtn und ruck seyn arm auff deyn prust und schlag
deyn linckn arm uber seyn rechtn arm und leg dich
mit gantz sterck dar auff und spring auff deyn
rechte seyttn So prichstu im den arm als wye dar
vor gemalt stett;

und

Item wiltu in den werffen So halltn das er nicht auff
kum stan indes so du dich pist wendn auff deyn rechte
seyttn indes vall auff deyn ars auff dy erdn So muss
er mit dir fallen und fellt auff seyn antlitz nebn dich
also kan er nicht auff sten den du lost in geen auff und
thu im wye vorttn gemalt stett etc

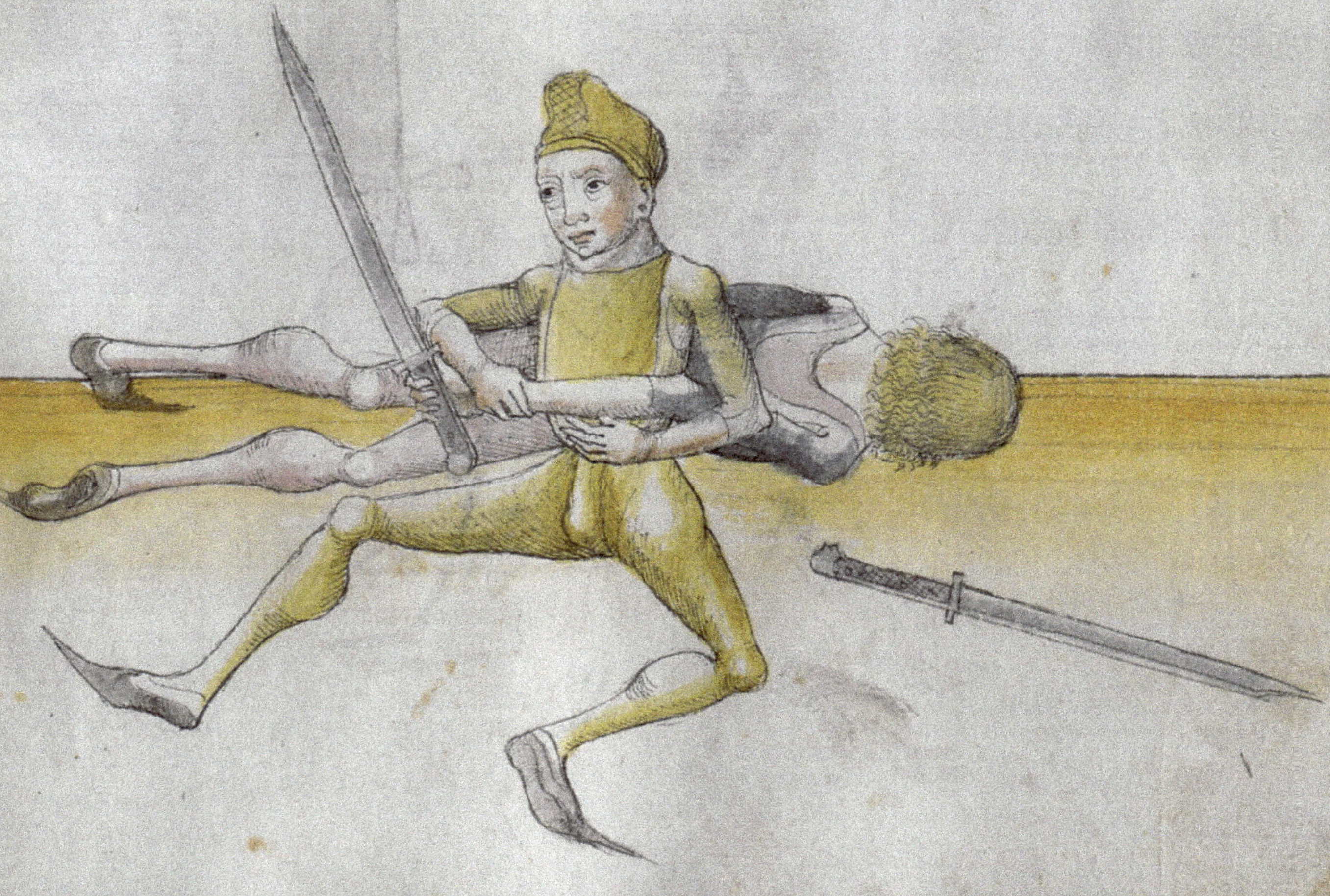

Vach linck seyne rechtn

Dy achseln stoss hint sprenng Im vechten
Im das stuck Treyb also Wenn du mit dē Zuvechten
Zu dem ma kumpst so vach In seyn rechte handt
mit deyner linckn verkertn handt vnd treyb dye vmb
In deyn lincke seyttn vnd Zeuch dy wall fur dich
hyn vnd Thu als du In wolhst mit dem gehultz In
das angesicht stossen vnd schreytt Indes mit deynem
rechtn fuss hint seyne achsln vnd stoss In mit dem
gehultz od mit deyne rechtn arm starck wey an seyn
achsel vnd wyb dich kyn lincken mit dem leyp auff
deyn lincke seyttn vnd wurff In vbe deyn rechtes
peyn zer

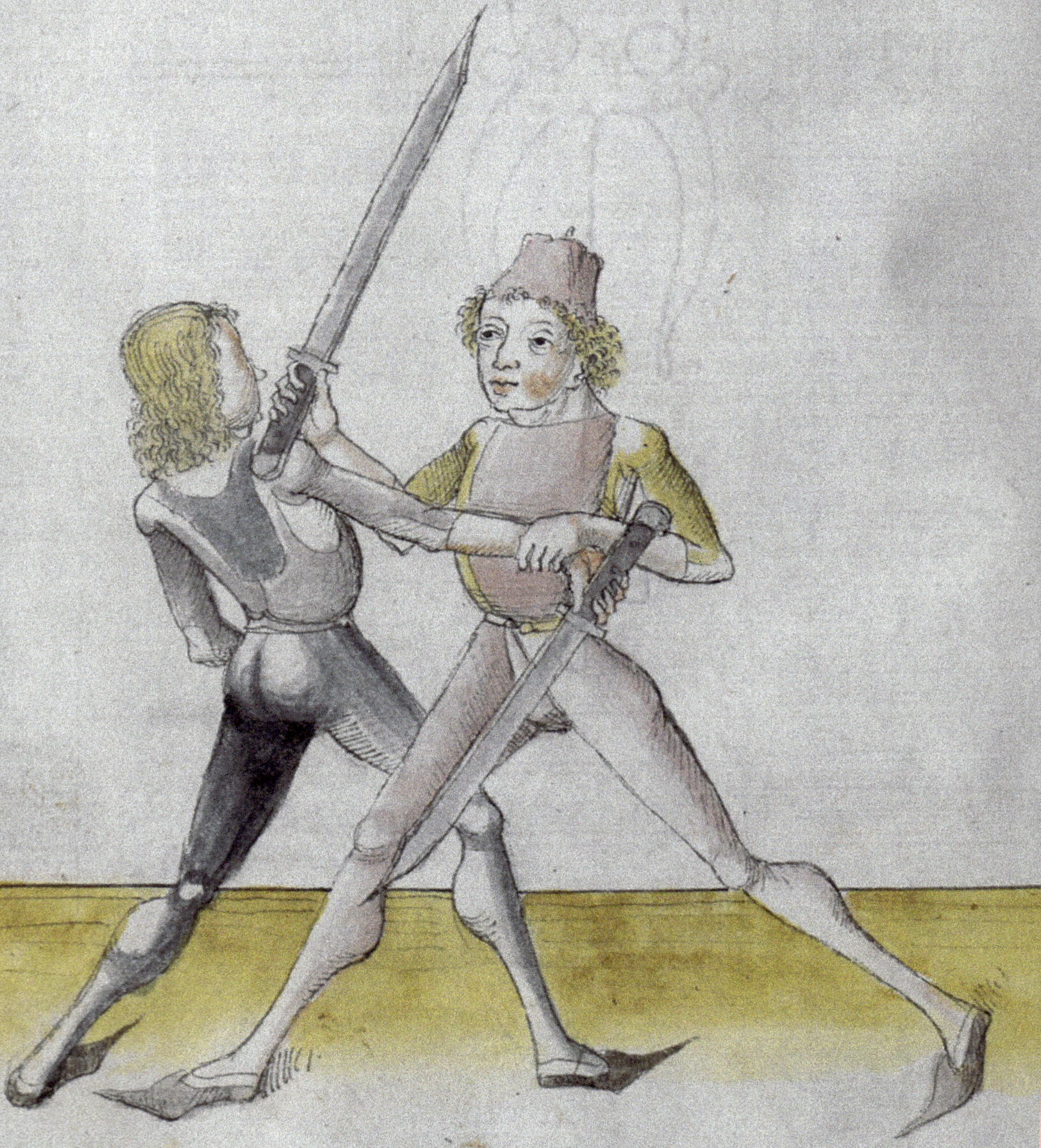

Dy achseln will er stossen
Den elpogen solt v̈erdrossen
Hie sagt der meister von prauch wider das obgenant stuck
vnd spricht also Dye achseln etc Das soltu also versten
hatt er deyne rechtn arm gefangen mit seyner lincken vnd
ist mit dem rechtn fuss geschritten hin deyne rechtn vnd
will deyn achsel stossen Indes so er stossen will So nym
deyn lincke handt vnd setz im die mitt hyndten an seyn
elpogen vnd scheuck in vber die auff seyn lincke seytten oder
schlag im deyn lincken arm sterck oben vber seyne rechte
vnd wendt dich sterck auff deyn rechte seytten etc

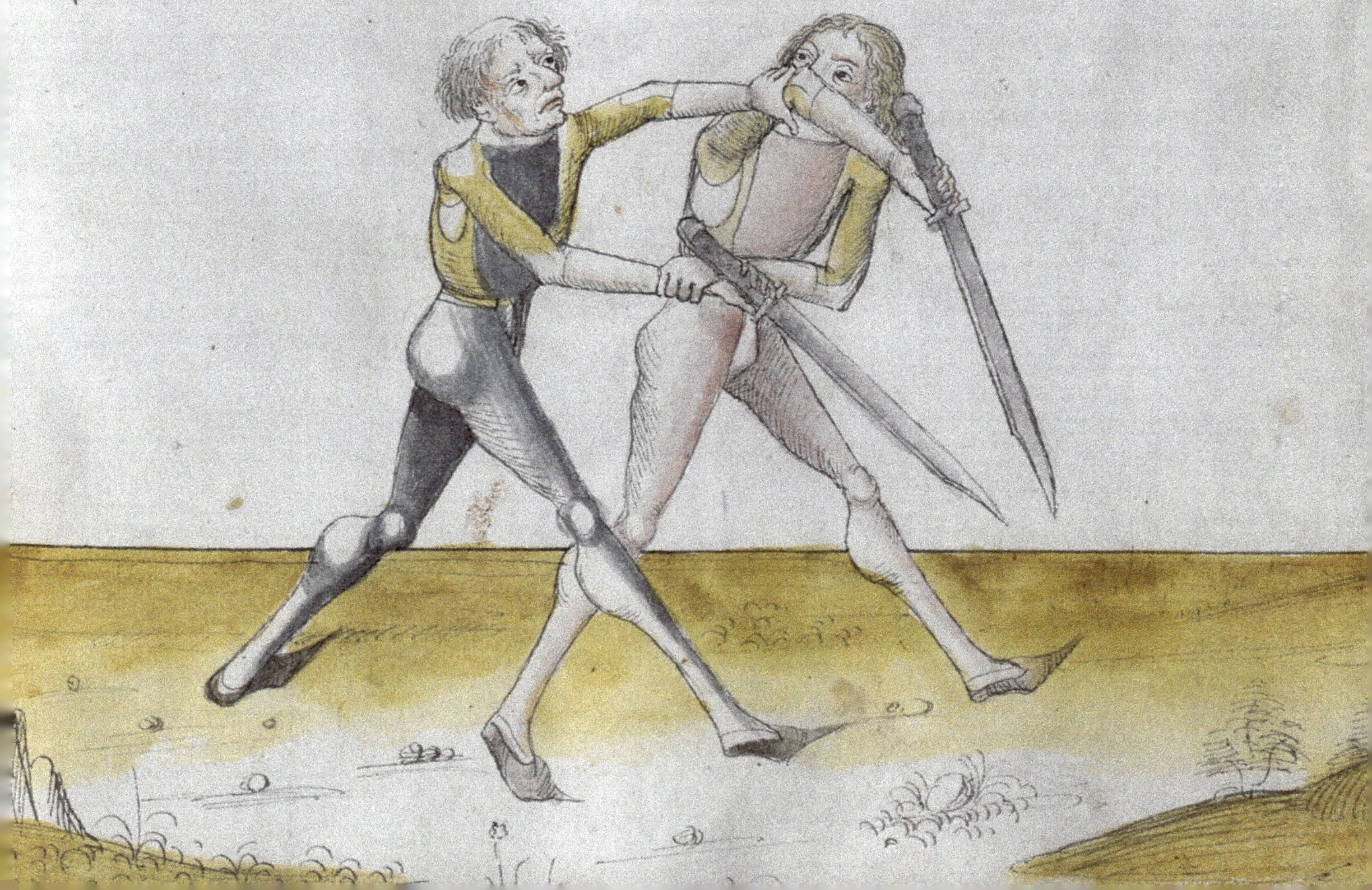

Item aber eyn ander prauch hatt er dich gefasst wye vor
So schlag dyne lincken arm starck uber seyne rechtn
vnd schrytt mit dyne lincken fuss fur seyne rechtn
vnd druck obn mit dyne lincken arm fast uff seyn
payd arm vnd wend dich starck auff dyne rechte sytten
wye vnden gemalt stett etc

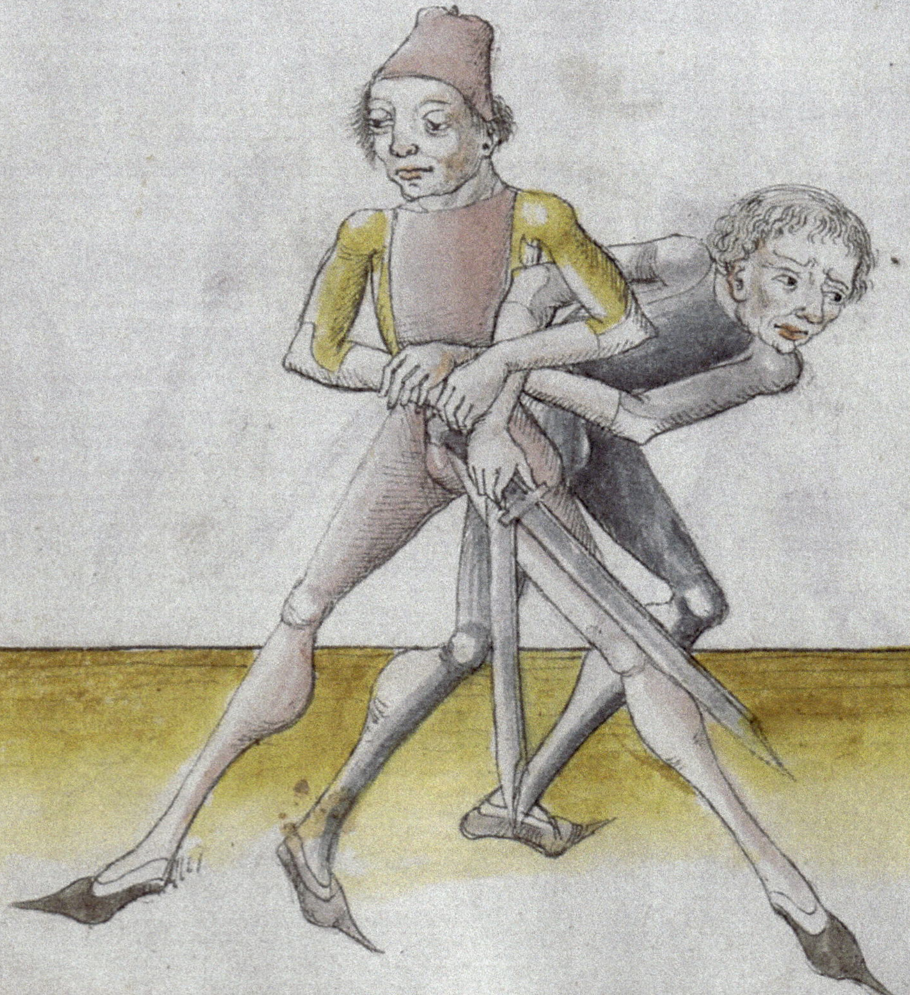

Haut er auff dich rechtens
Entrust vnd warett vechtens
Mitt kunck seyne rechten wahn
Recht vberschlag so mag dir keyn schad nahen

Hye sagtt der meyster vo seyne gutten stuck vnd spricht
haut er auff dich rc Das soltu also versten Wer
gestuckt auff in mit seyne Entrustschaw vnd vach seyne
rechten arm mit deyne lincken arm oder handt vnd
ker dy vmb vnd lass deyn messer vallen vnd far im vnder
durch den arm vnd schlag im deyne rechten arm aufsteunding
In das gelenck des elpogens vnd zuck seyn elpogen an deyn
prust vnd hey dich starck mit dem kopff da auff wiltu
In werffen so schreytt mit deyne rechten fuss hinter seynen
rechten rc

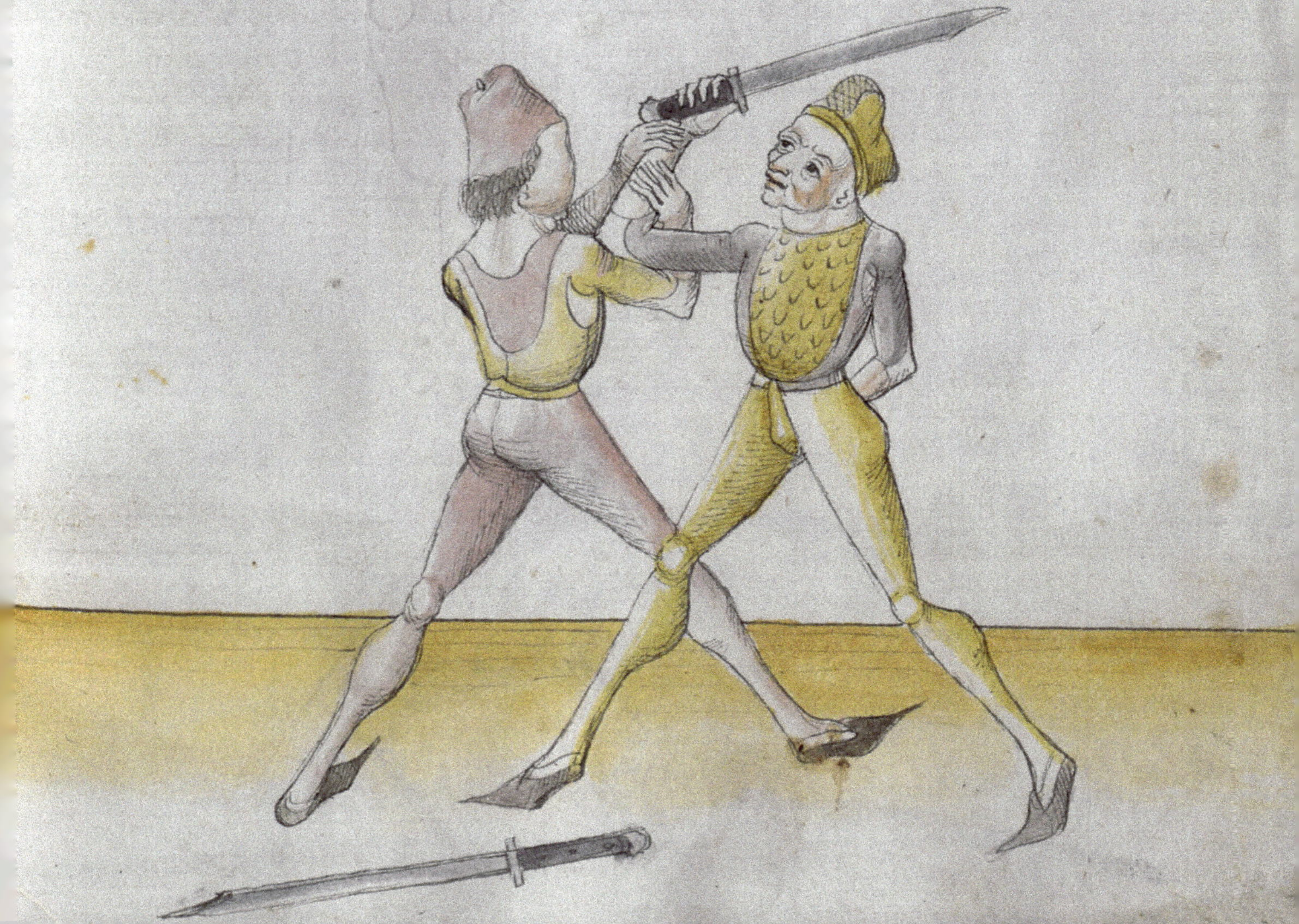

Will er yn vechtn
Vberschlagn den rechtn
Den soltu durchfaren
Er ist gefangen als in eyme garn

Hye sagt der meyster seyn pruch wyd das vergemelt stuck vnd sprecht will er zc. Das soltu alzo verstan Sellt er dir mit seyne lincken handt an deyn rechte vnd will mit seyme rechten vnttn durch faren durch deyn rechten arm vnd will dir den außwendigen schlahen in das gelenck deynes elpogens Indes lass deyn messer fallen vnd treib deyn rechte hand auff seyne rechten vntsich vnd far vnd seyme rechten arm vntten durch vnd far hintten vber seyn rechten arm vnd deyn rechte vorsch vnd druck seyn handt an deyn leyb vnd wenck deyn lincke seytten an seyn rechte vnd fall mit deyme lincken arm oben v oder handt oben vber seyn lincke achseln vnd spring dich auff deyn rechte seytten od fall auff deyn ars vnd halt in vnd setz nohen im vor vntten gemalt stett

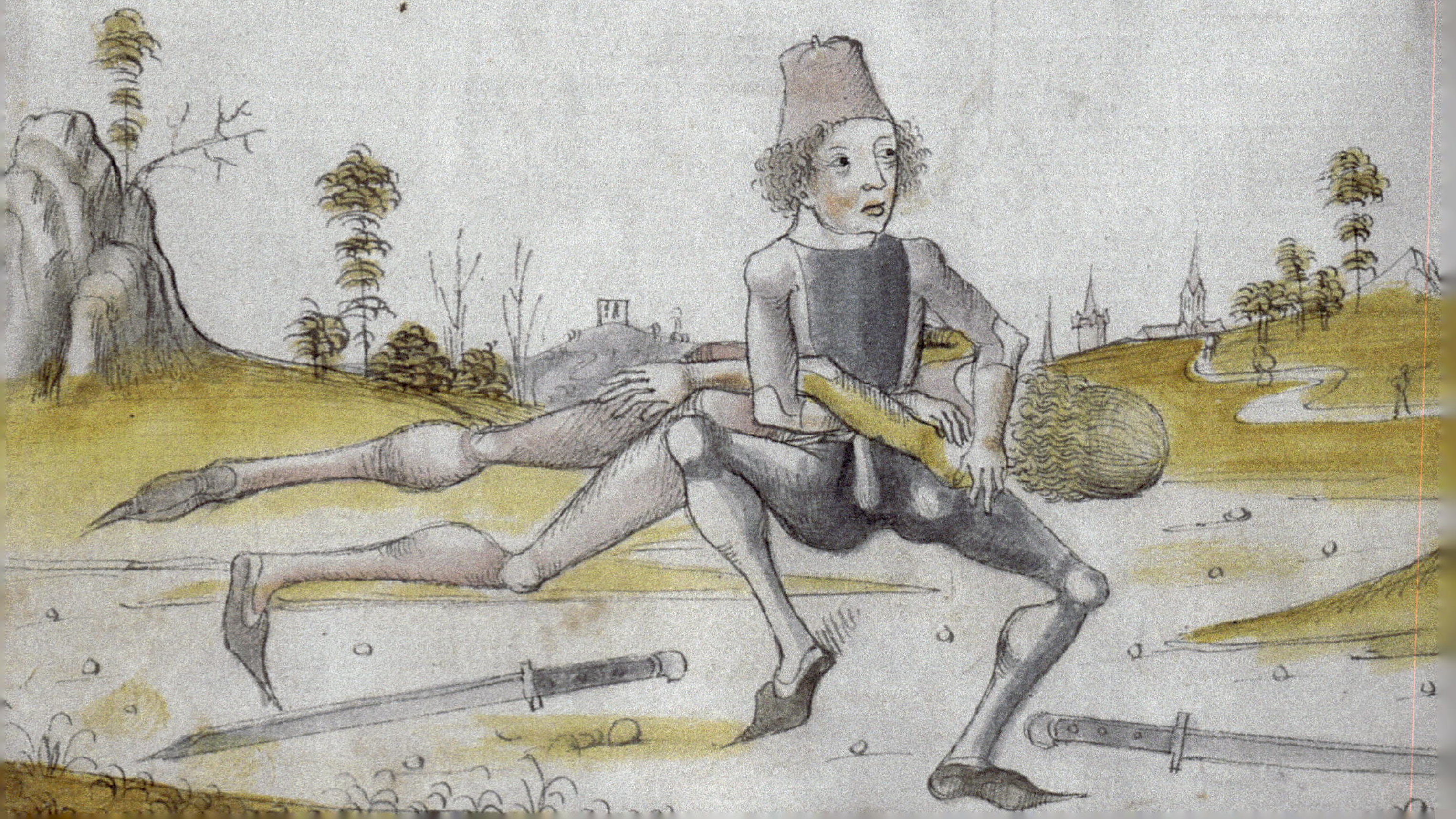

Item das vnden gemalt stett Ist nichts vnderschaidt zal

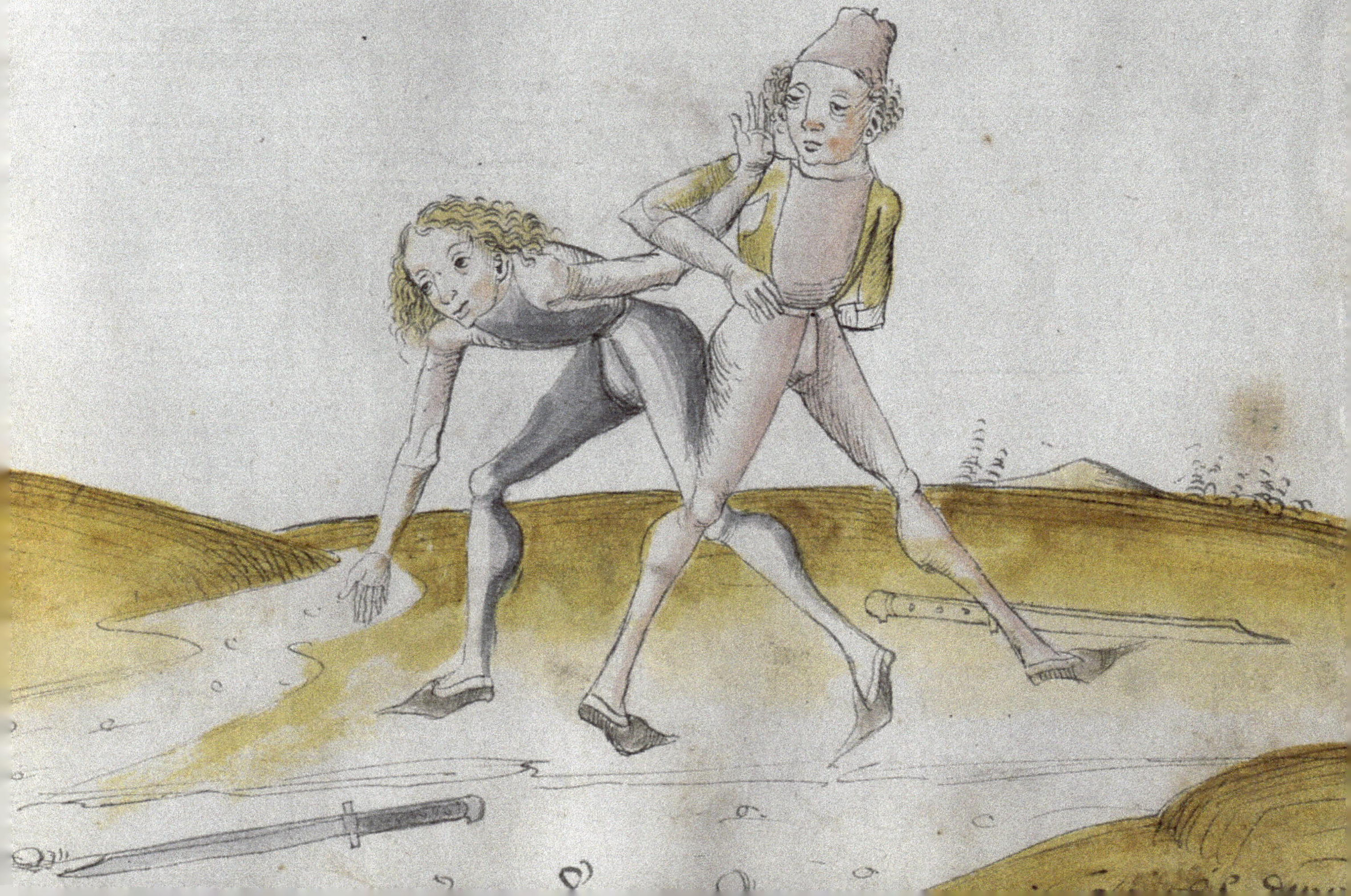

Item Begryfft er dir mit seyne lincken verkerten handt
jn deyn rechte vnd will seyne rechten schlagen vber
deyn rechten ju dat gelenck des elnpogens Als vor stedes
piß behendt vnd laß deyn messer fallen vnd reyß
deyn rechte handt ju wendigen auß seyn lincken vnd
far vnten durch seyn lincken arm mit dem schlag
hinten mit deyne rechten arm vber seyne lincken starck
von oben nyder vnd wendt deyn rechte seytten an
seyn lincke vnd wurff jn starck vber deyn rechte
huff etc

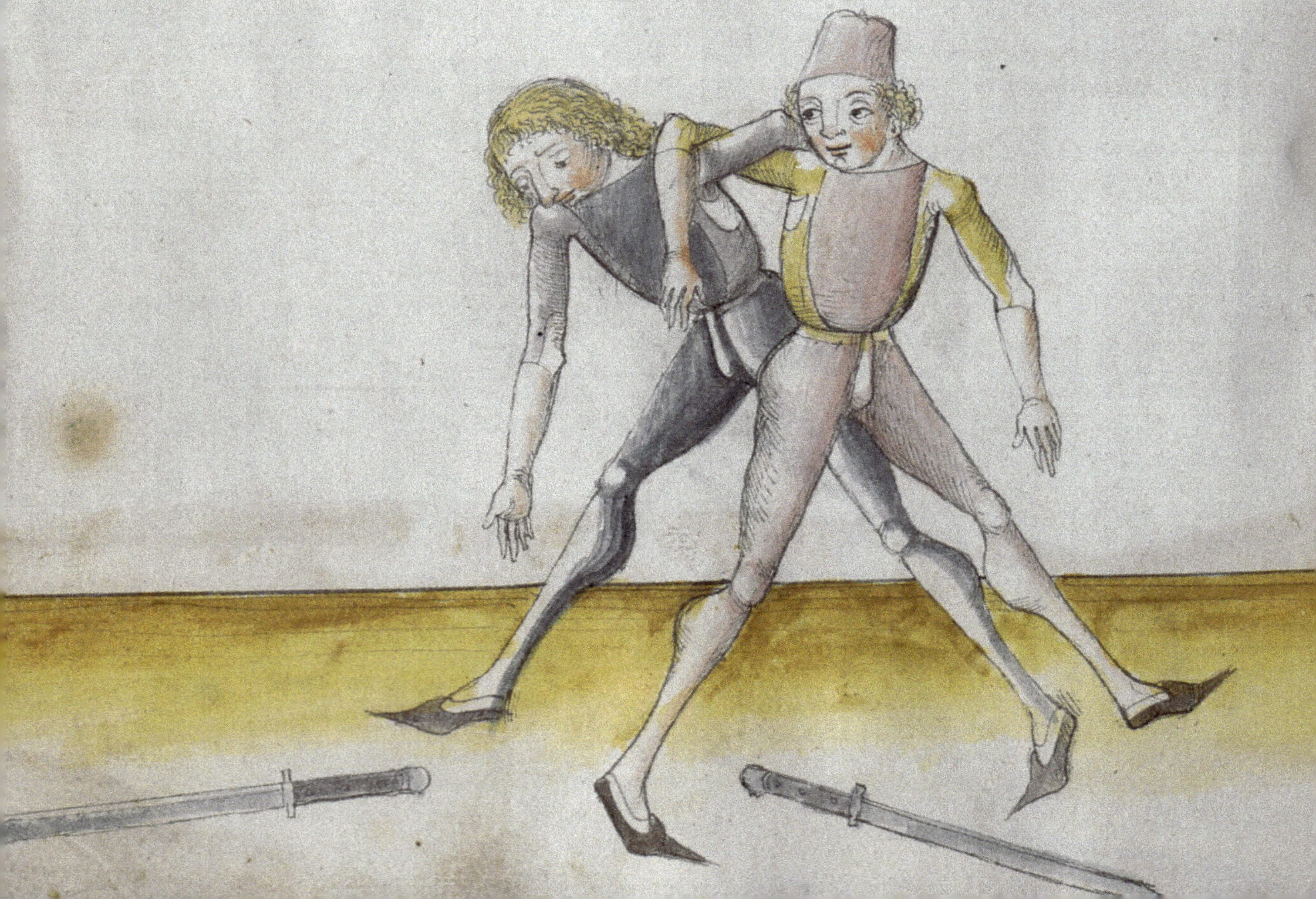

Item Thu im wye er gemelt ist So du in auff
dy huff geprachtt hast so greyff mit deym lincken handt
hint dich in seyn lincke kniepug vnd heb in wall
auff deyn schultern vnd wurff in fuerdich auff deyn
lincke seytten etc

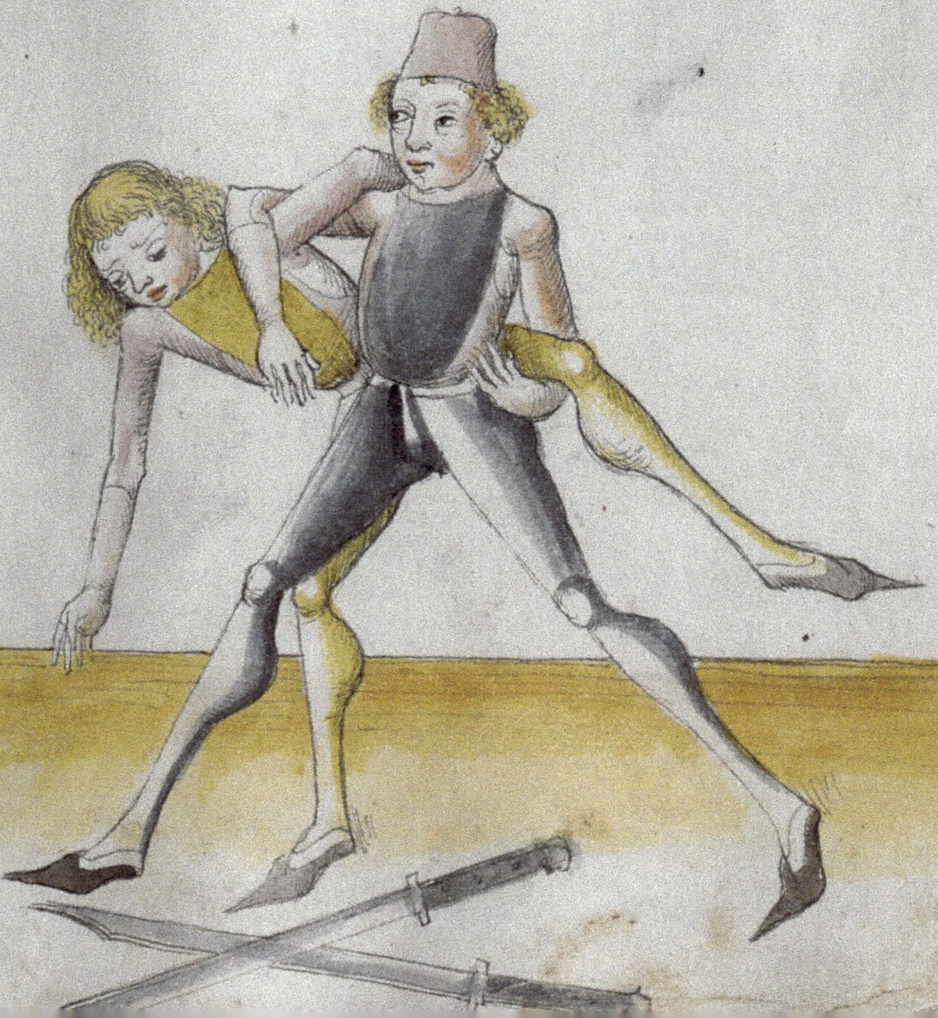

Item aber eyn ander prauch Begreyfft er dir mit seyner lincken
handt als und will seyne rechten schlagen uber deyne
rechten außwendigs Jnnders wendt deyn messer mit
der lincken schneyden gegen im und lass Jnnders dy be
gemelten schneyden mit gestrackten ortt an seym lincken
elpogen schnell ablauffen und far mit dem messer zwi
schen lincken payd mit der klingen unden durch seyn
rechten arem und kum mit deyner lincken hand in dy
mitten deynes messers und druck do mit außwendigs
seyne rechten arem fast nyder und wendt dich mitt
deyner lincken seytten an seyn rechte und wurff in
uber deyn linckes peyn zu

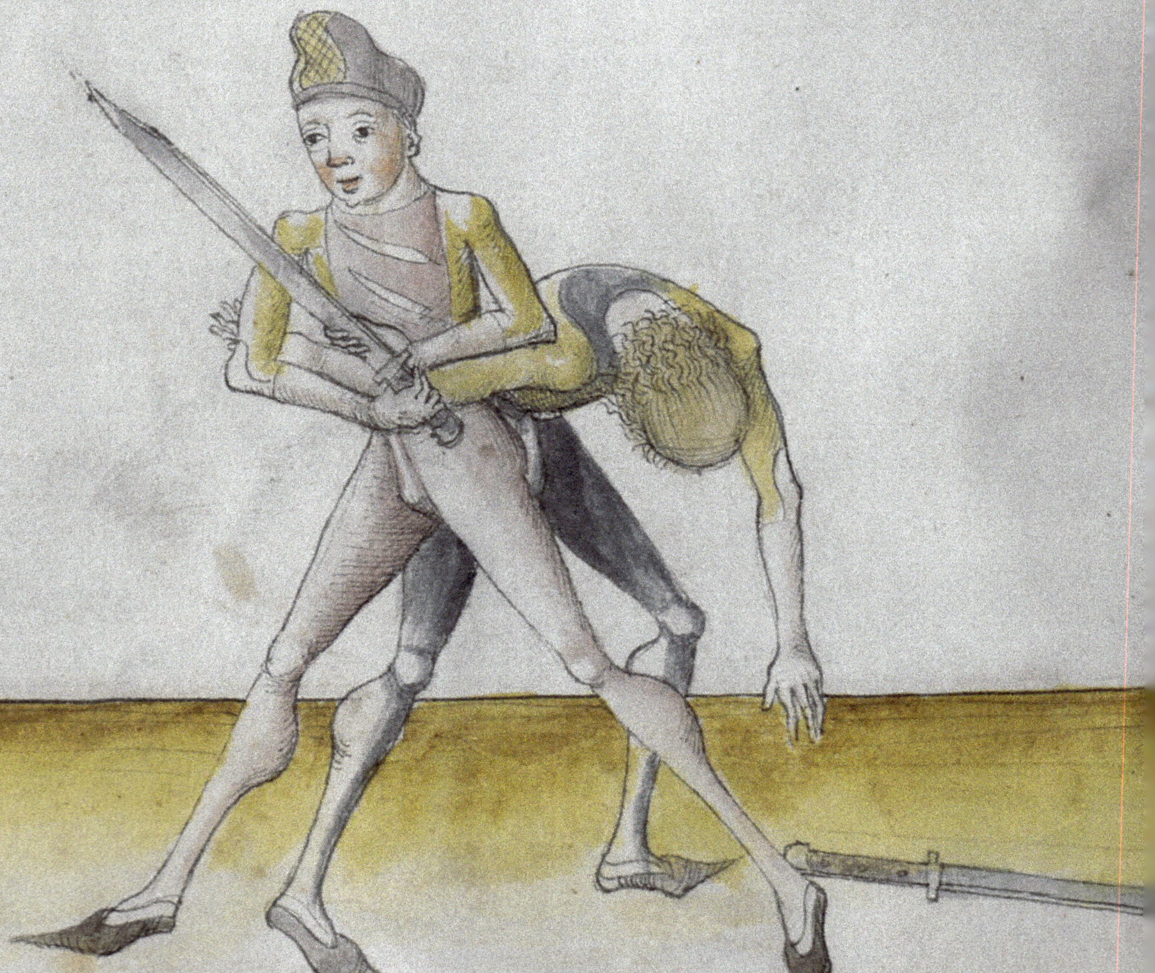

Item hatt er dich gefast mit seyner lincken handt als vor Inndes sterck deyn gehultz woll vber seyn lincke handt vnd kum mit deyner lincken handt deyner rechten zu hilff vnten an dem gehultz vnd reyss mit deynen peyden henden starck vntersich vnd haw im zu dem kopff vnd schrytt Inndes mit deynem lincken fuss zu ruck Du solt auch wissen das du mit dysen eygenmelten bruchen schnell seyn sollt das er dich nit in dy wag pring etc

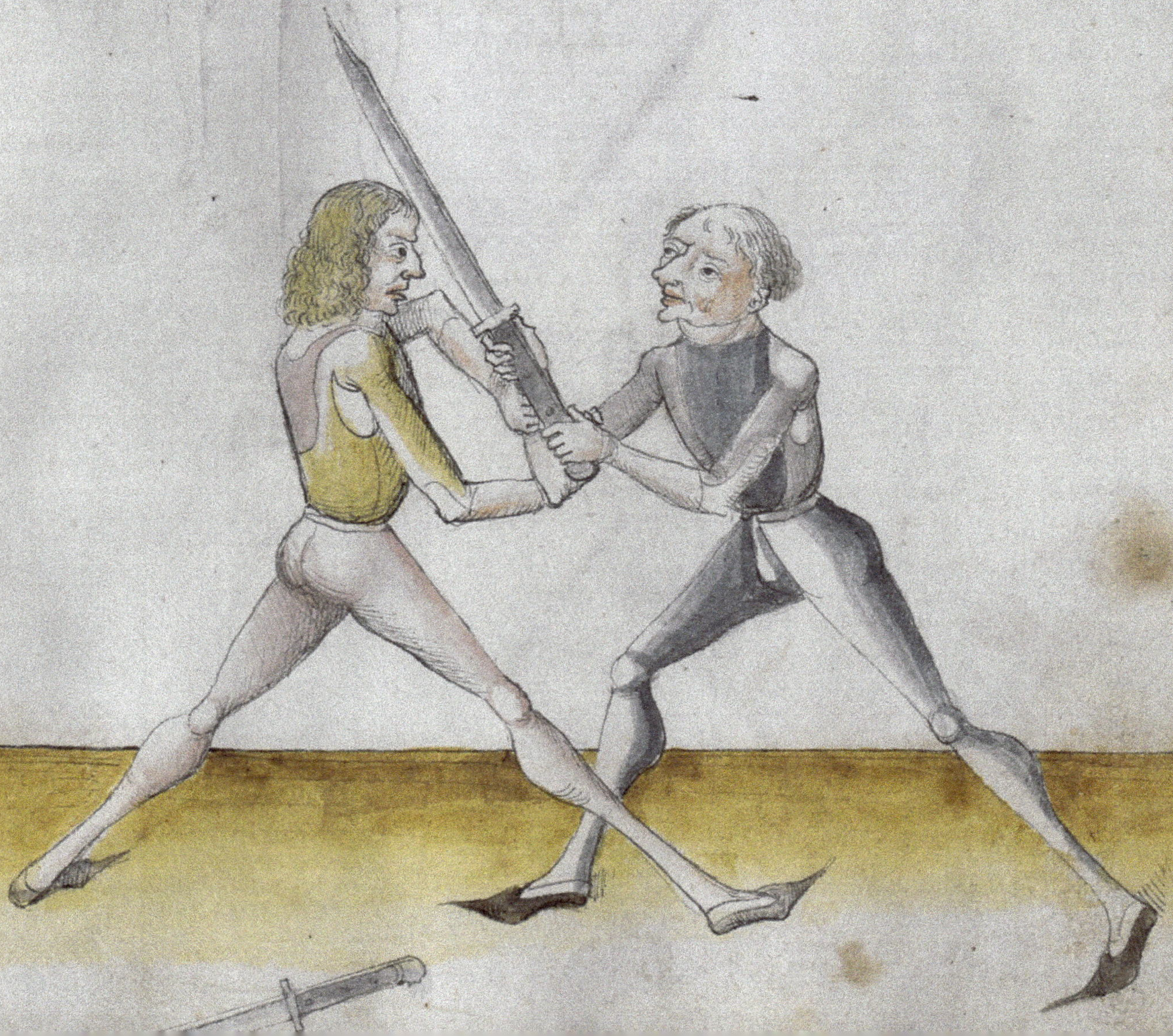

Recht mit linck der arm beschlissen
Hallt in vast zu verdrissen
Mitt messer der arm tauchen
Wiltu der beschlissen prauchen

hye sagtt der meyster aber von eynem beschlyssen vnd spricht Recht mitt linck etc Das soltu also verstan hawt er auff dich seyne oberhaw so haw gegen im den entrust haw vnd kum nohent an in das dy hend zusamen auch indes halt den rechten arm starck an seyne rechten das deyn handt wechslung an seyner stat vnd schlag indes deyn lincken arm in das gelenck seynes elpogens seynes rechten arms außwendig vnd far mitt der lincken handt inwendigs auff deyne rechten arm vnd leg dich mit der praust auff den selbigen arm also das seyn elpogen an deyn praust kum vnd druck vast mit deyne peyden henden also ist er aber beschlossen etc

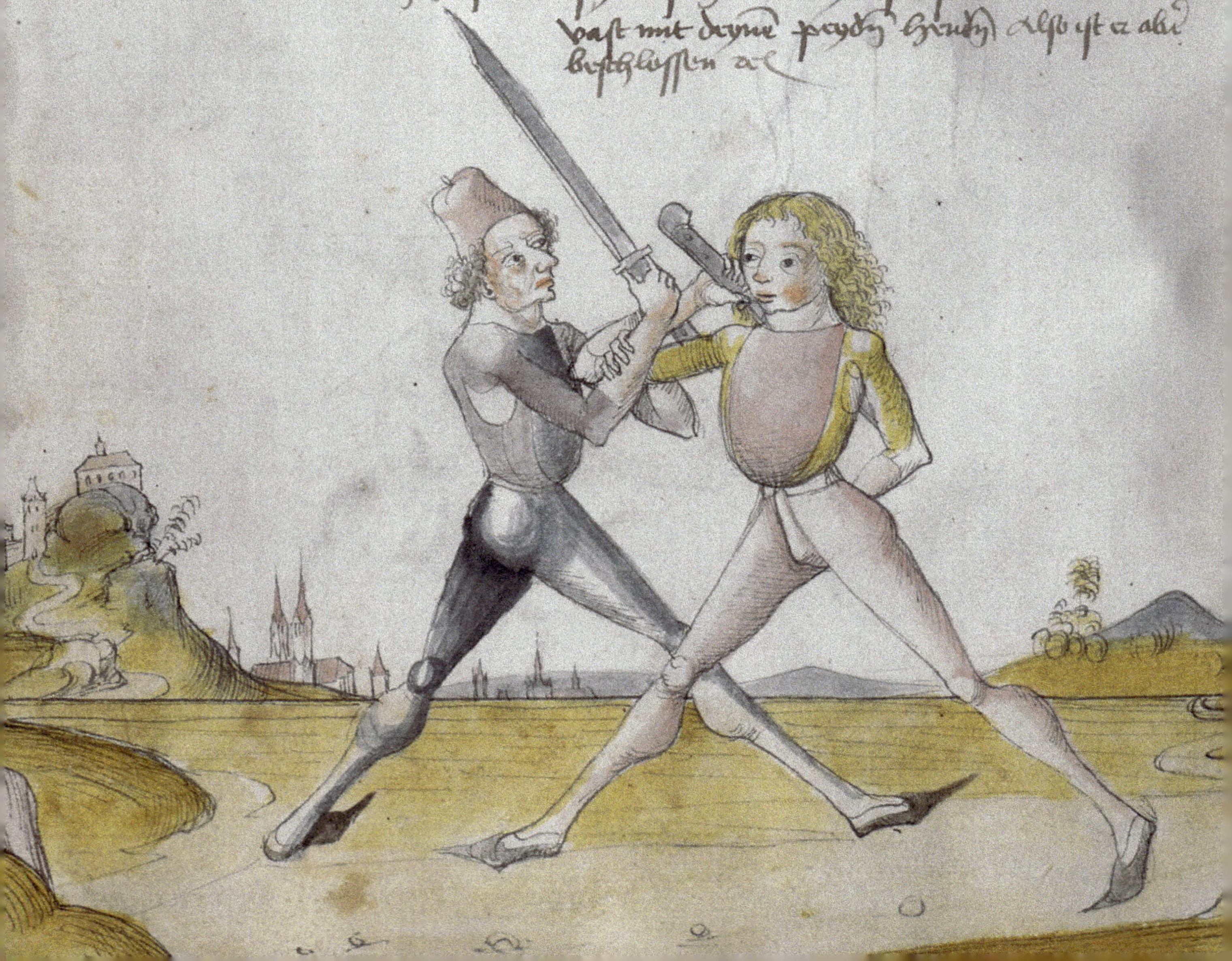

Item aber eyn beschlyssen griff mit deyn lincken handt
ober seyne rechten arm wol zu dem elpogen vnd mit
der selben lincken handt far hyn ab auswendyg hint
seyn arm vnd nym mit deyne lincken deyn messer in
der mitten vnd lass den ortt besyt neben deym lincken
sytten hyn auß gan vnd schreytt mit deyne rechten fuß
hynt seyne rechten vnd stoß in also mit deyne messer
oder arm auff seyn rechte achseln vnd druck mit deyn
lincken handt seyne rechten arm fast in deyn lincke sytte
vnd wurff in ober deyn rechtes peyn oder leg im das
gehultz an den hals in seyn genick auff seyne rechten
sytten etc

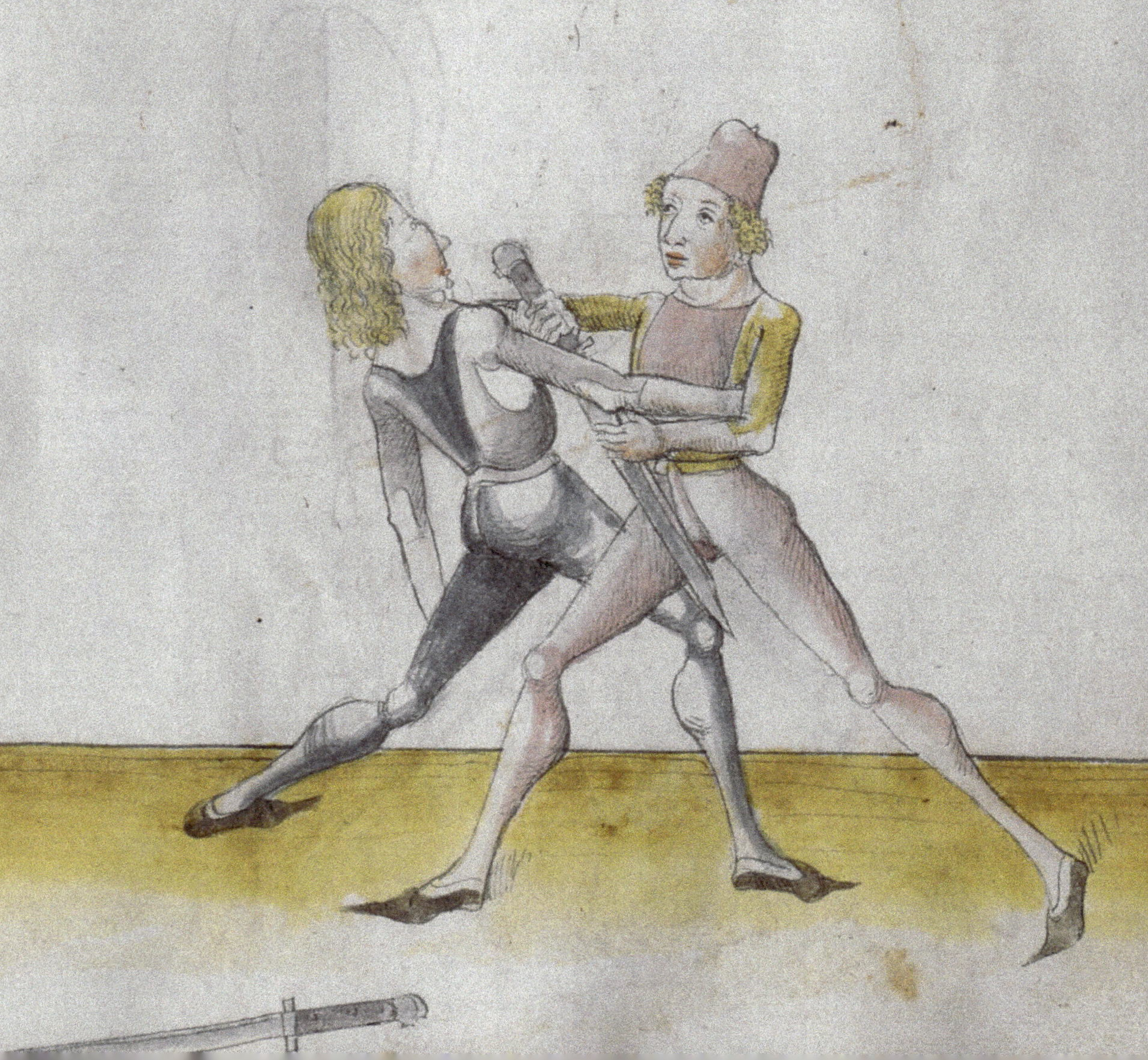

Item ger jm aber durch mit dem messer als vor das die seyn messer kum vnder deyn lincke vaxen vnd fac jm mit der gehultz vnder seyne hals auff seyne lincken seytten vnd schrayt mit deyme rechten fuss hinder seyne rechten vnd wendt dich eyn wenig gegen deyme lincken seytten vnd druck jn vber deyn rechtes peyn zc

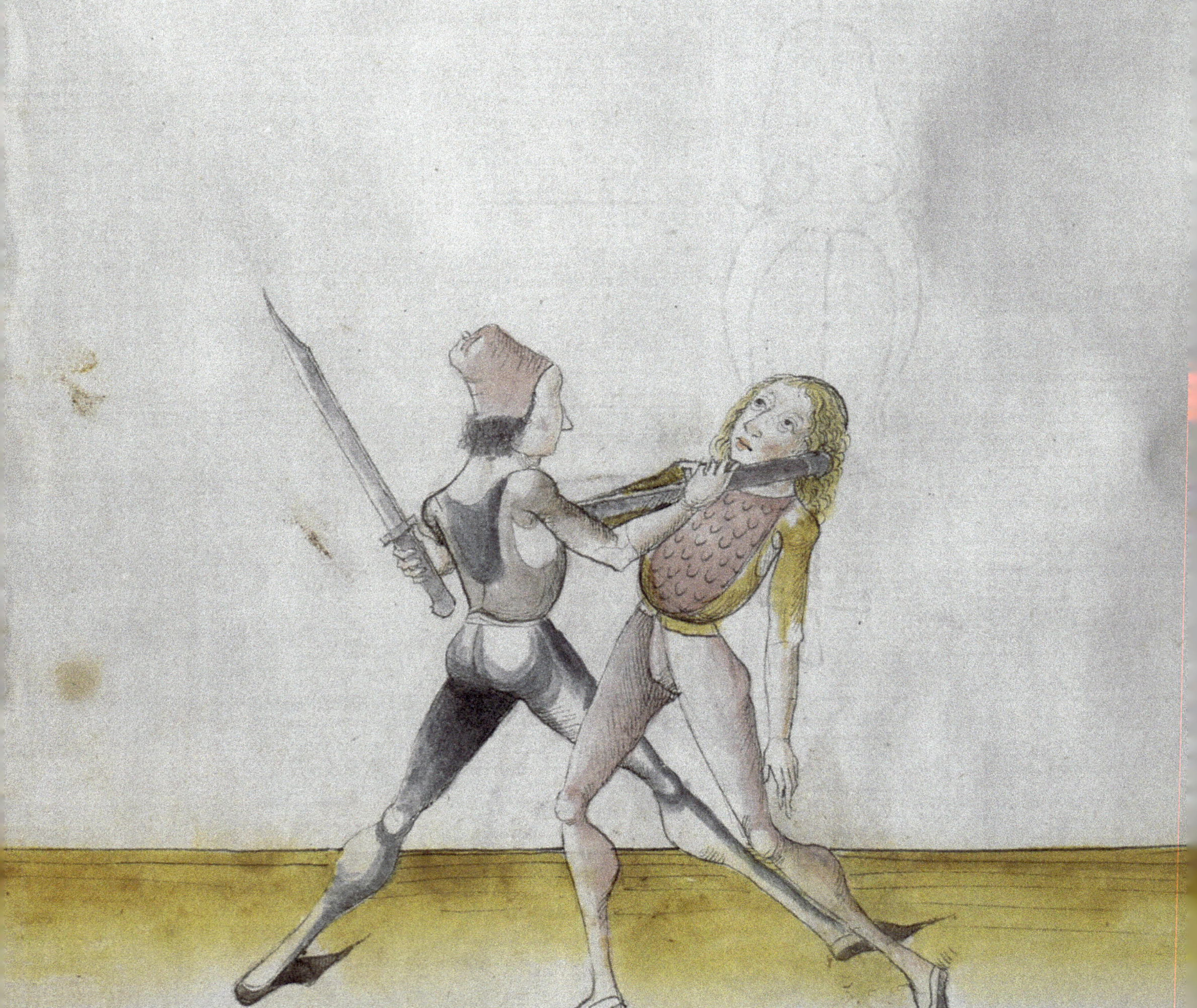

Beschlossen so er dich hatt
Mitt drucken er dir macht natt
Dein messer solt sencken
Auff linck starck ker krencken

Hye lert der maister eyn prauch wyder die begemelten beschlissen und spricht beschlossen so er dich etc. Das soltu also verstan hatt er dir gryffen mit dem lincken arm In das glenck deynes rechten elpogen außwendigs und mit seyner rechten hant deyne rechten und hatt deyn arm auff deyn prust gefast und will dich da mit wider zuruck drucken Indes ster starcklich gegen Im und loß deyn messer sincken nyder In deyn lincken uchsen und greyff mit deyner lincken handt In seyn arm nahent bey der achsel und schreytt mit deynem rechten fuß hynter seynen rechten und kerb dich umb auff deyn lincke seytten und wurff In uber deyn rechten fuß etc.

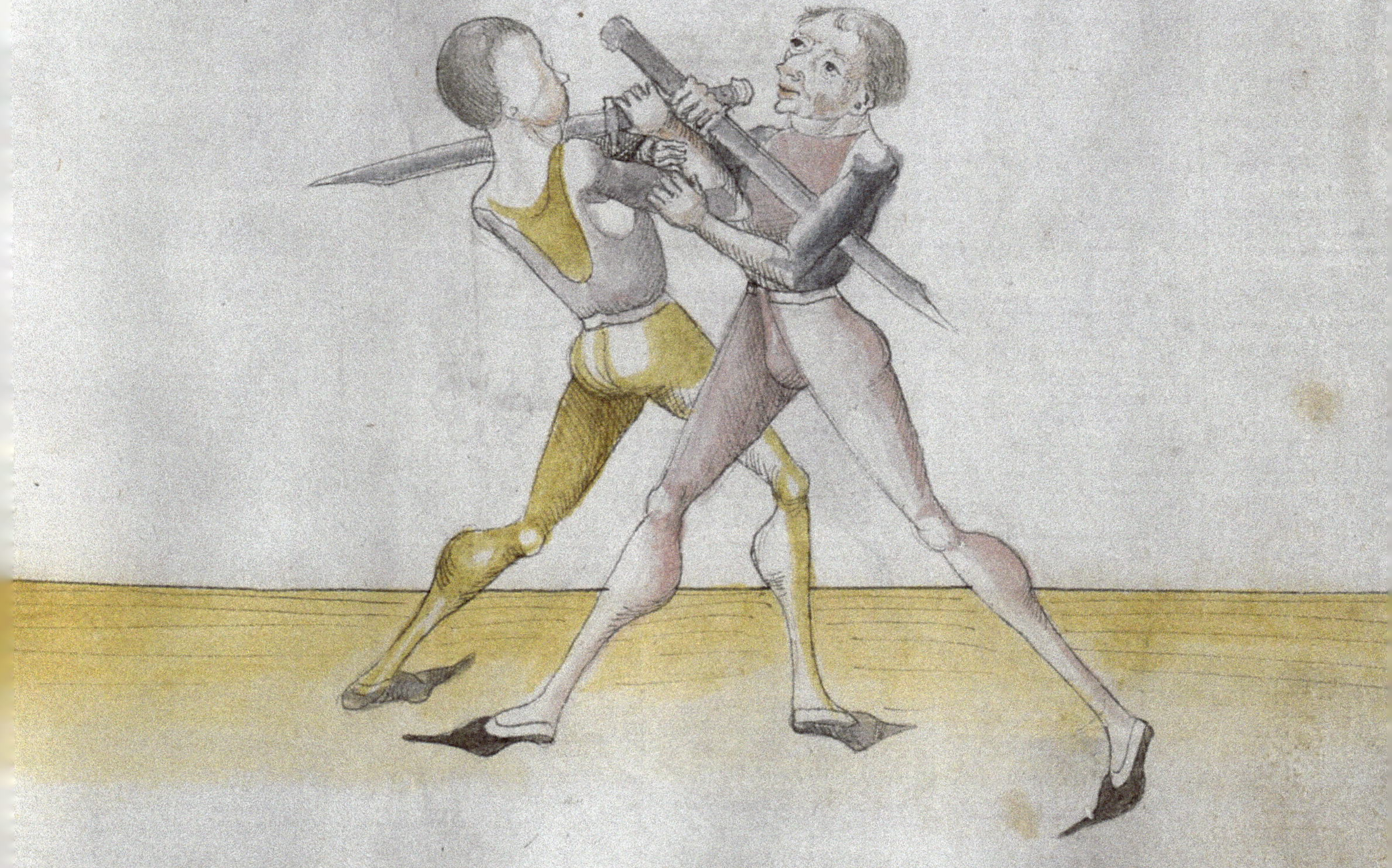

Item aber eyn prauch hatt er dich gefast mit seyme rechten
vntt deyne rechten vnd mit seyner lincken geschlagen
yn deyne rechten alspogen als vor So fall Im dy mit deynes
messers mit deyne lincken handt vnd far auff mit der
klingen In dy höch vnd far mit deyne gehiltz vber seyn
peyde arem vnd schreyt mit dem lincken fuß fur seynen
lincken vnd druck mit dem gehultz starck von oben
nyder vnd mit deyme lincken arem schewb starck seyn
achseln nyder vnd wurff yn vber deyn linckes peyn :

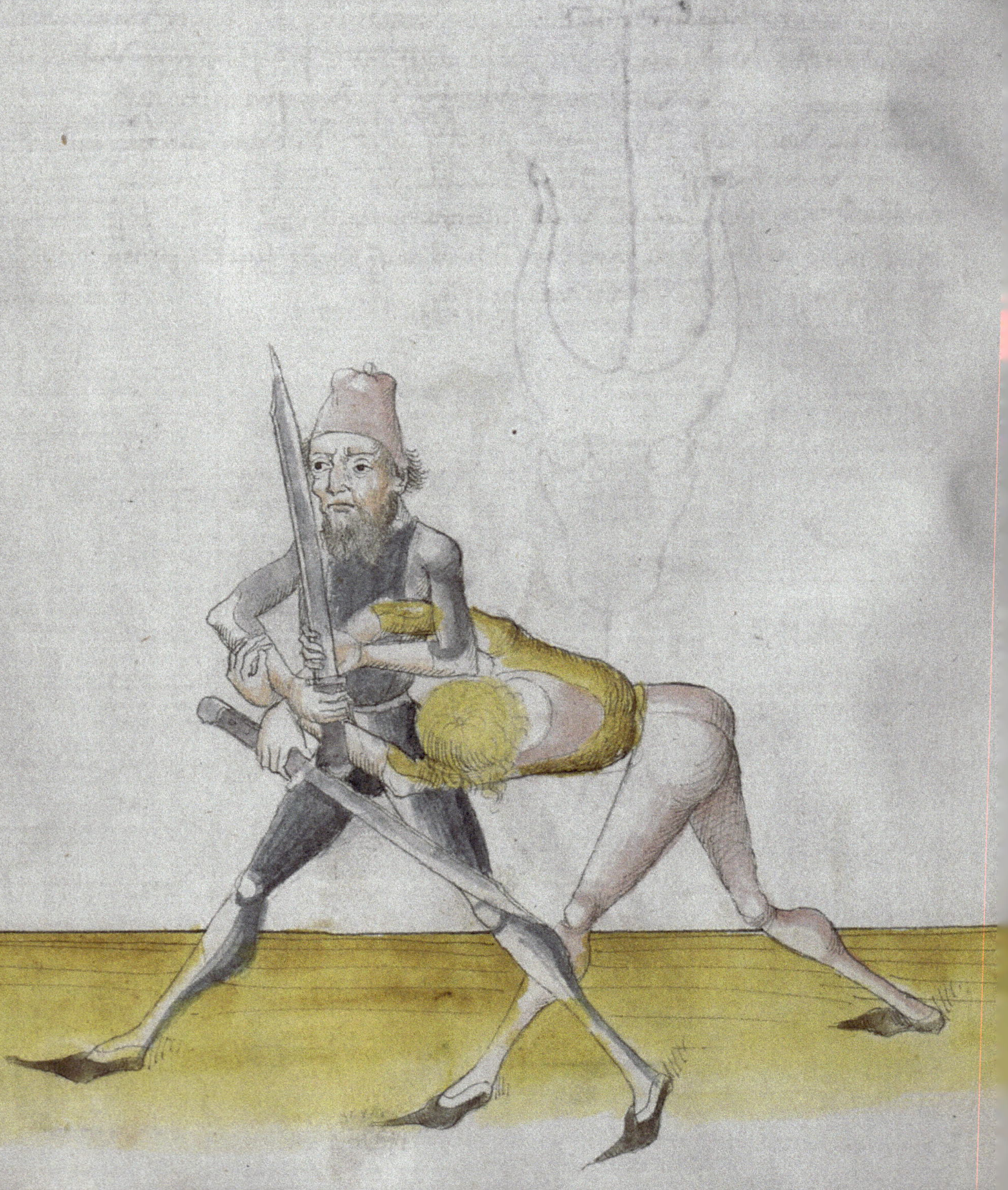

Item hatt er dich gefast als so stoss mit deyner lincken hand
seyne rechten elpogen wol auff seyn rechte seytten vnd schlag
in mit deynem messer auff seyn kopff etc

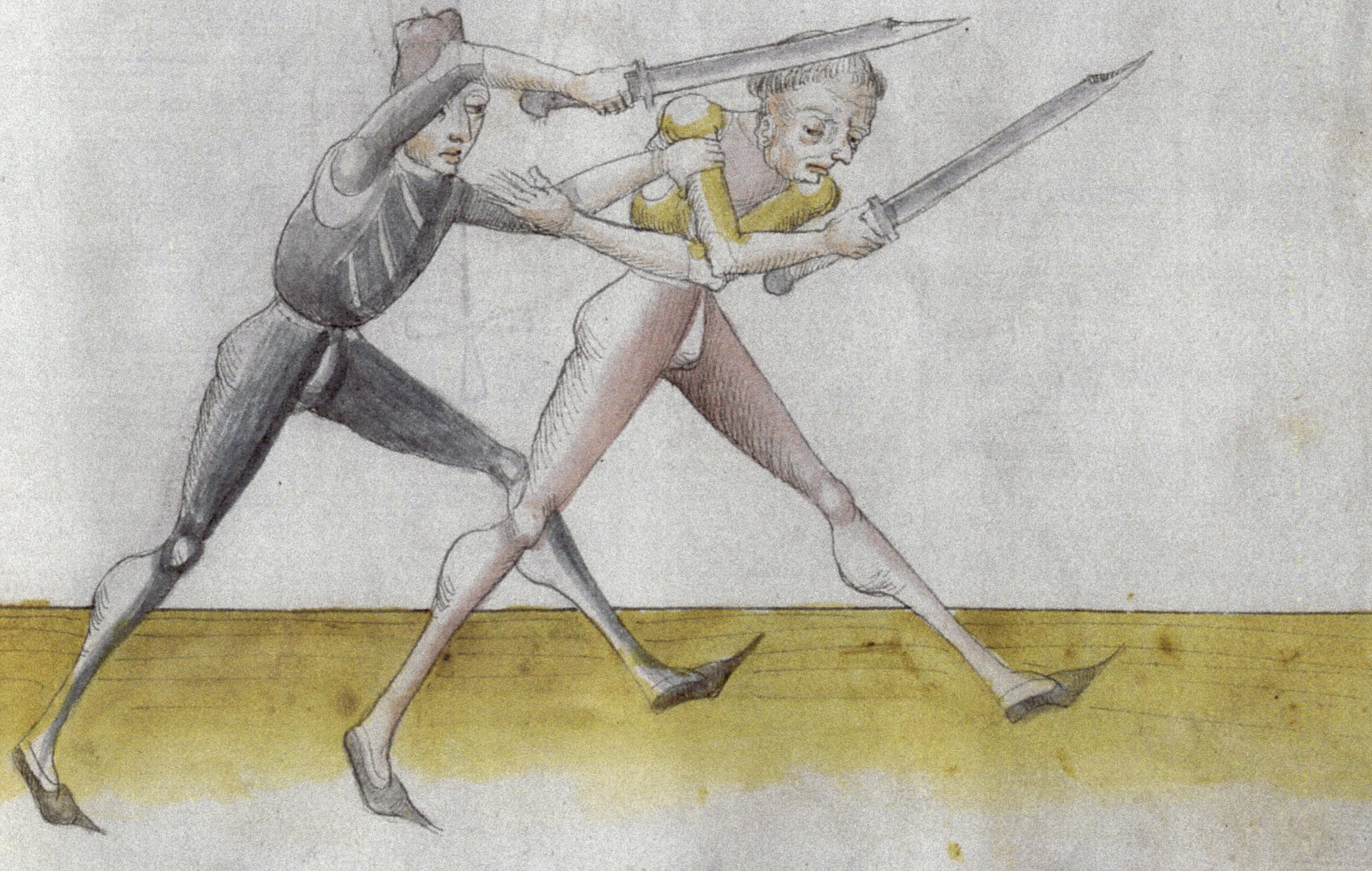

Nicht vergiss der schnytt
Zwen vnttn zwen obn mitt

Hye sagtt der maister von den schnyttn vnd von iren
eygenschafften vnd spricht das ir vyer seyn dy zwen
erstn als dy zwen oben gehoren zu treybn gegen den
vechtern dy auss dem pandt gen vnd dy mit dem messer
gern vmb schlagn zu dem andern synne das praucht
der schnytt also wenn er dir mit dem versetzen oder sunst
an deyn messer pyndett zu deyner lincken seytten vnd
schlecht er denn pald vmb mitt dem entrusthaw oder
sunst zu deyner rechten seytten so spring auss dem haw
mit dem lincken fuss auff seyn rechte seytten vnd fall
im mit der scharpffen schneydn vber seyn arm vnd
druck in mit dem schnyt von dir das soltu albegen
treybn wenn er auss der versatzung schlecht etc.

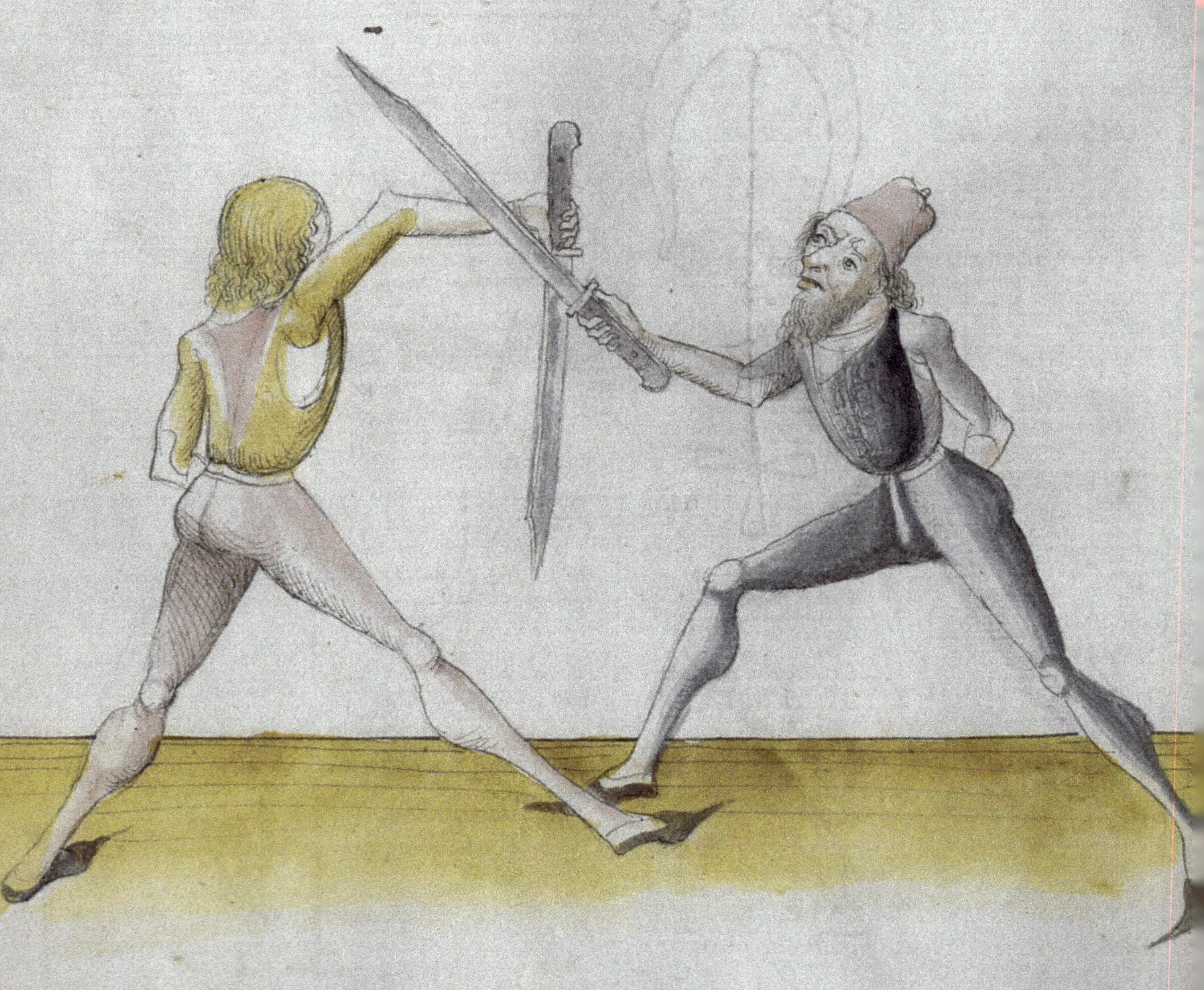

Item ligt er auff deyne rechtn seyttn bey dem ort vnd du
ligest an seyne messer vnttn oder obn so er denn woll vmb
schlagn zu der andre seytte deynes lincken ortz so schneyd
in mit der lincken schneydn in seyn rechtn arm inwendigs
das yst der and schnydt zc

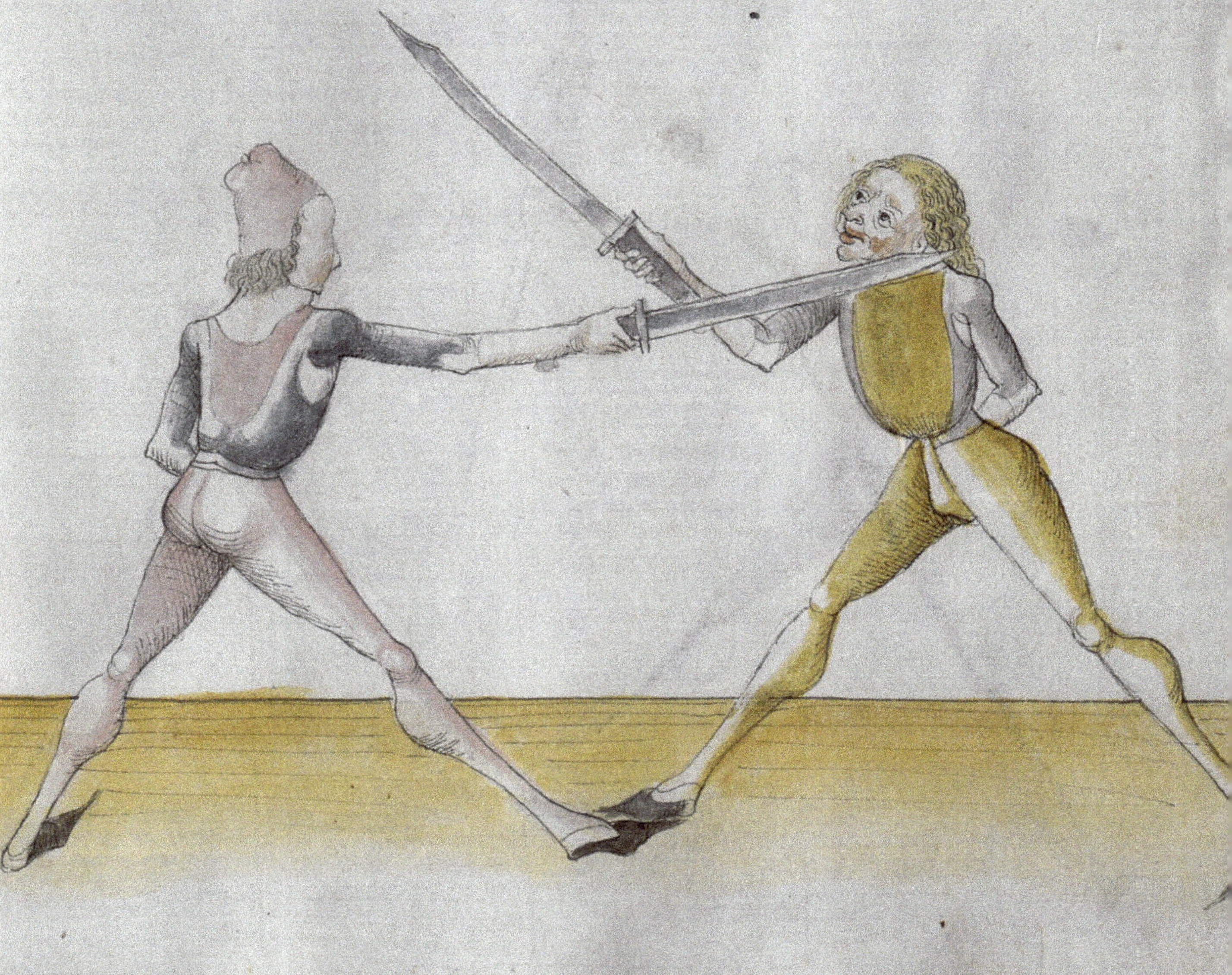

Item dy andern zwen schnytt gehoren zu treyben gegen den
vechter dy do eyn lauffen mit auff geracktn arm vnd
dy schnytt treyb also wenn er dir an das messer pindt
es sy mitt versatzung ad sunst trett er dem hoch auff
mit dem arm vnd lauff dir eyn zu deyner lincken seyttn
so verbent deyn messer das der davon vnttn kum vnd mit
der scharpffen vnter seyn gehultz in seyn arm vnd druck mit
dem schnytt vbersich etc

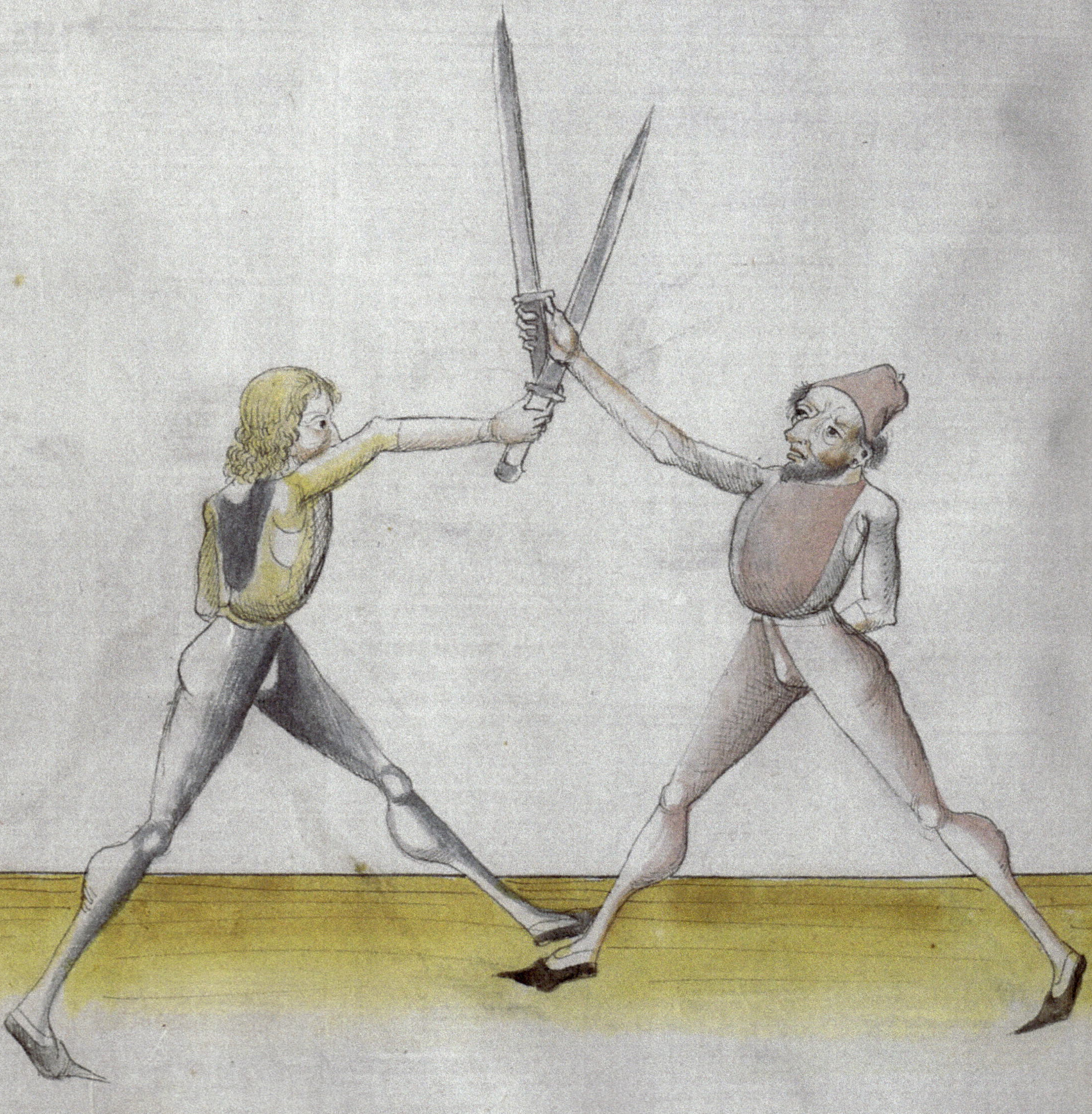

Item laufft er dir ey auff deyn rechte seitten so verbendt deyn
messer das der daum vnttn hin mit der kurczn schneydn vnter
seyn gehultz In seyn arm vnd druck mit dem schnytt vbersich
also hastu dy vyr schnytt vnd wenn du dich recht dar eyn
schickst so magstu dye treybn In allen an pyndn etc

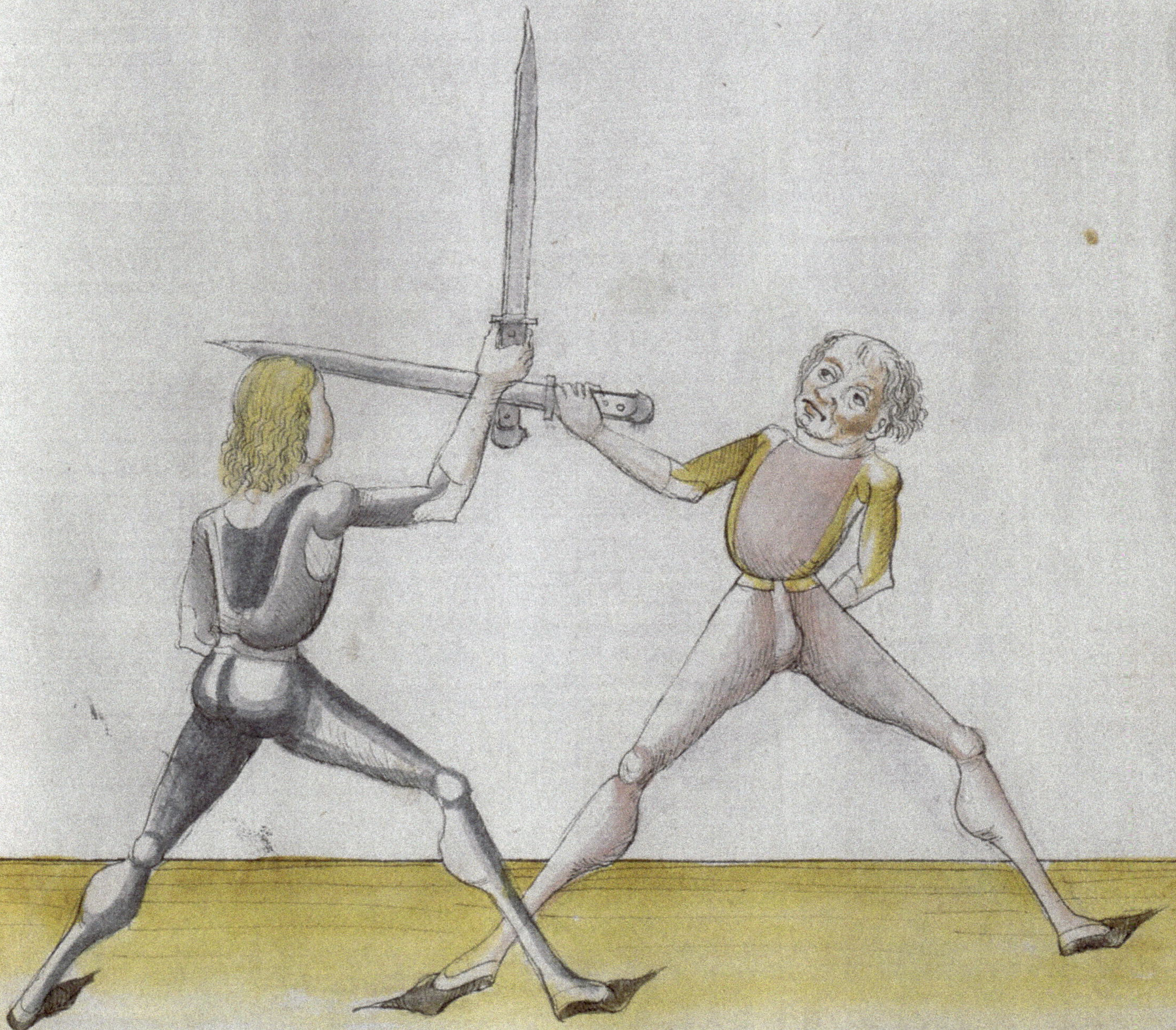

Will er auß dem pandt zucken

Dy handt soltu im drucken

Hye sagtt der mayster wye man eyn schnytt in den andern wechseln solt vnd spricht will er auß zc das soltu also versten Wenn du eyne an gewunden hast auff seyner rechten seytten vnd er ligett ped im hangunden ortt auff der selbigen seytten indes so er vmb schlecht schneyd im an seyn arm vberhalb mit der lincken schneyden indes wendt dann myst vmb auff seyne arm vnd schneyd im den obern schnytt vber den selbigen arm zc

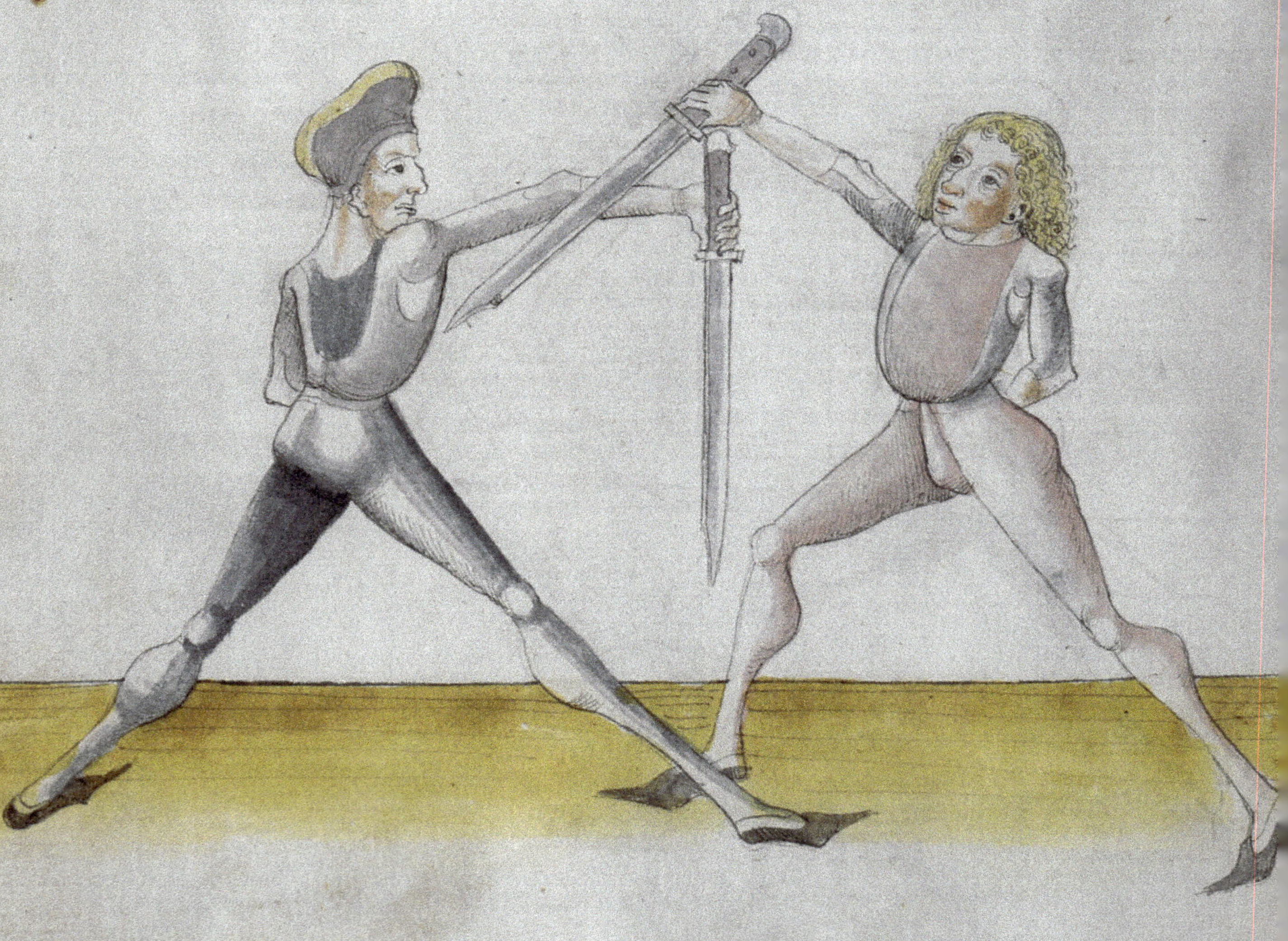

Jm lauffet dir eyner zu deyner rechten seytten eyn mit auffgerackten
arm So wendt im deyn messer mit der kurczen schneyden vnd
seyn gehultz in seyn arm vnd druck vast vber sich vnd schrayt
auff seyn lincke seytten vnd loss das gehultz vnden durch gen
vnd wendt das messer mit der langen schneyden vber seyn arm
In den obern schnytt Druck von dir auch magstu schneyden
den man auff seyn hals an seyn prust vnd dy schnytt treyben
danach als dir der man statt geit

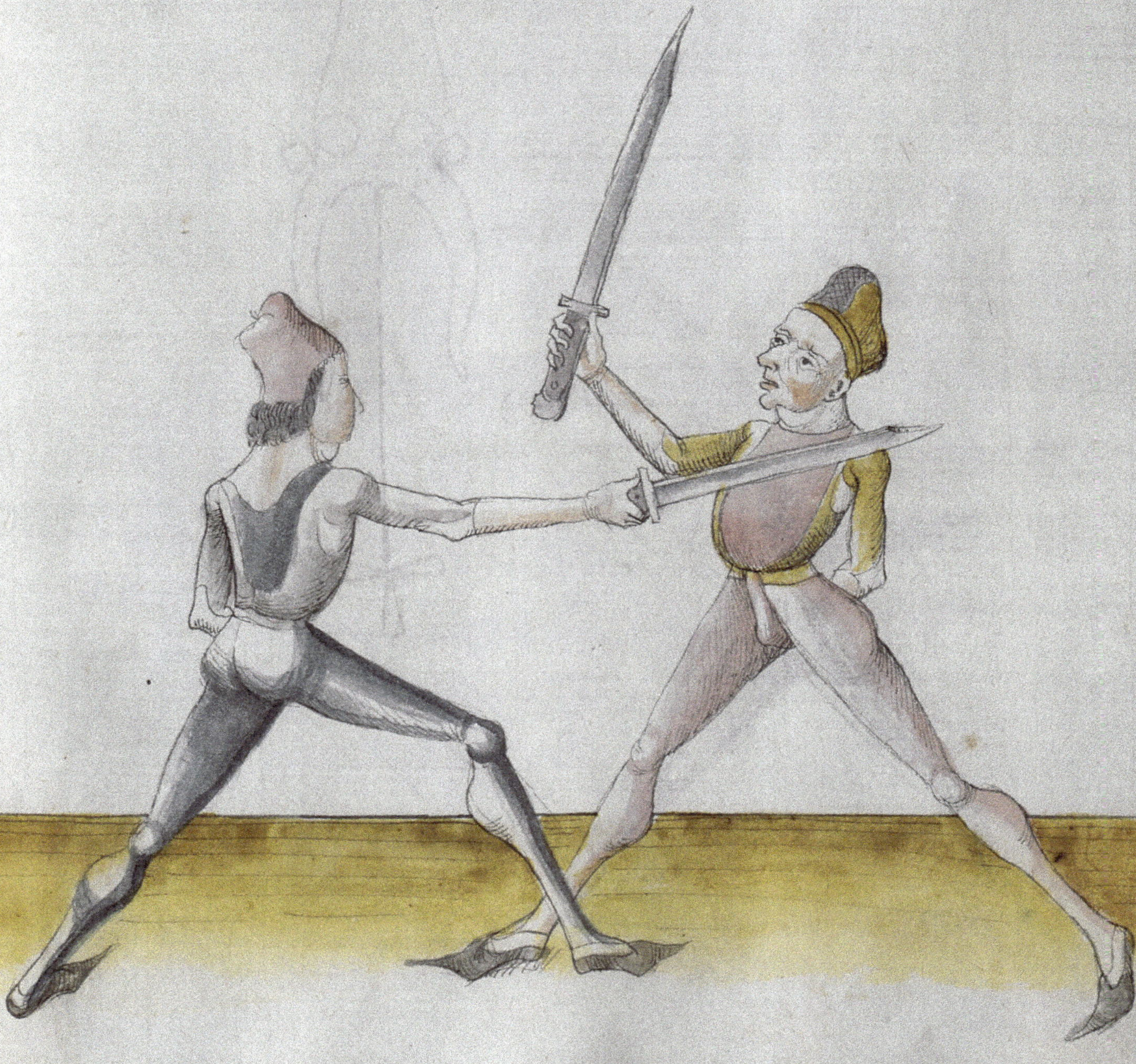

Dy handt will er schneydn
Messer neme solt nicht meydn

Hye sagtt der Meyster der kunst wye man dy schnytt prauchn solt und sprycht dy handt zc. Das soltu also verstan schneydt er dir In deyn rechtn arm außwendigs Indes lass deyn gehultz und handt auff seyn swert und greyff mit deyner lincken handt obn In seyn gehultz hynter seyne handt und reyss starck auff deyn rechte seyttn zc

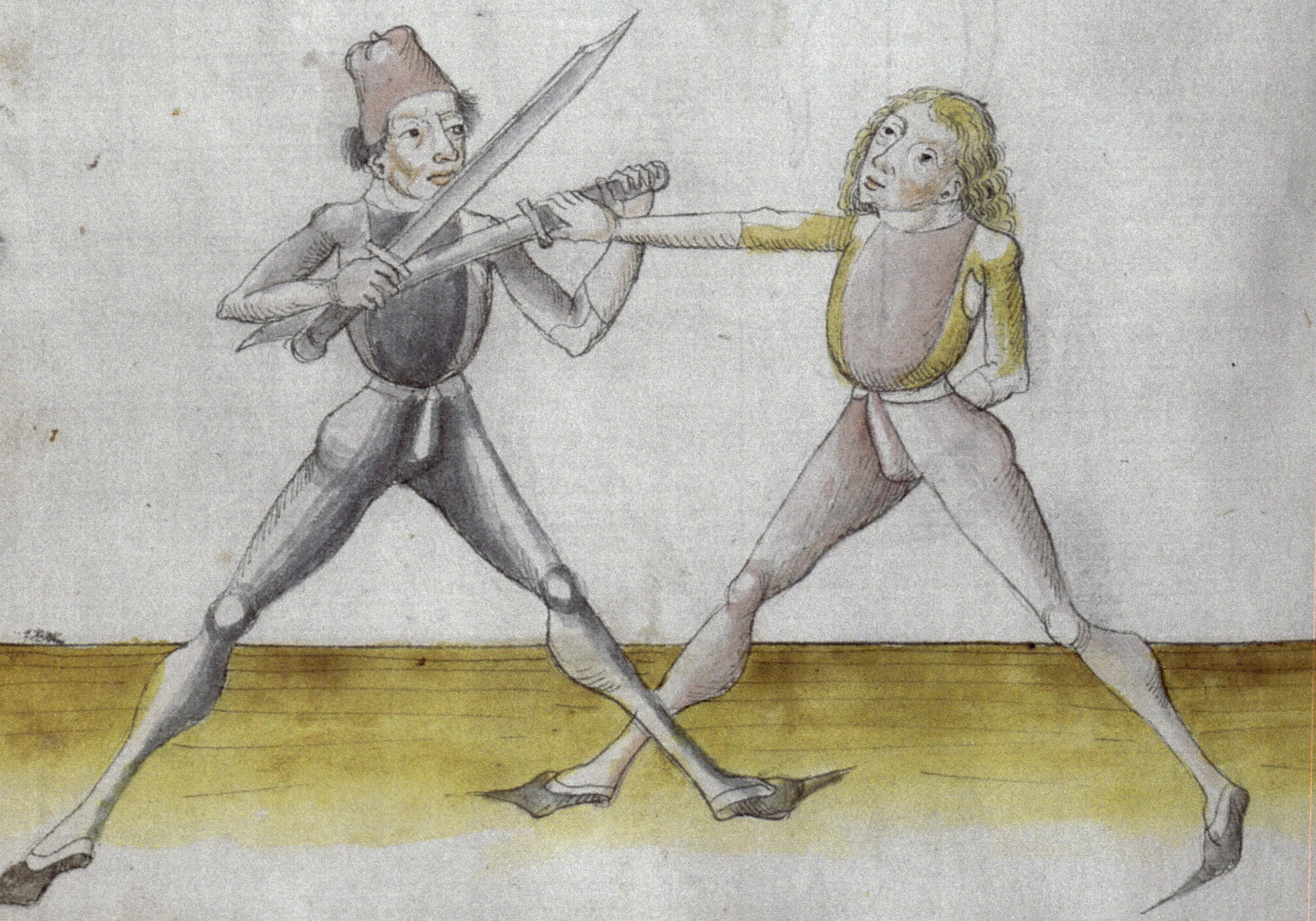

Schneydt er dir dy handt
Obsygen stoß sey dir bekandt
Hye sagt der meyster eyn ander prauch wyder dy schnytt vnd
das soltu also verstan Wiltu vmb schlagen zu seyner rechten
seytten Indes schnydt er dich aussen In deyn arm oder handt
So stoß Indes mit deyner rechten obsygen auff seyn messer auff
der selbigen seytten do er dich schneydt vnd schlag im twerhling
dy kurtz schneyd auff seyn kopff etc

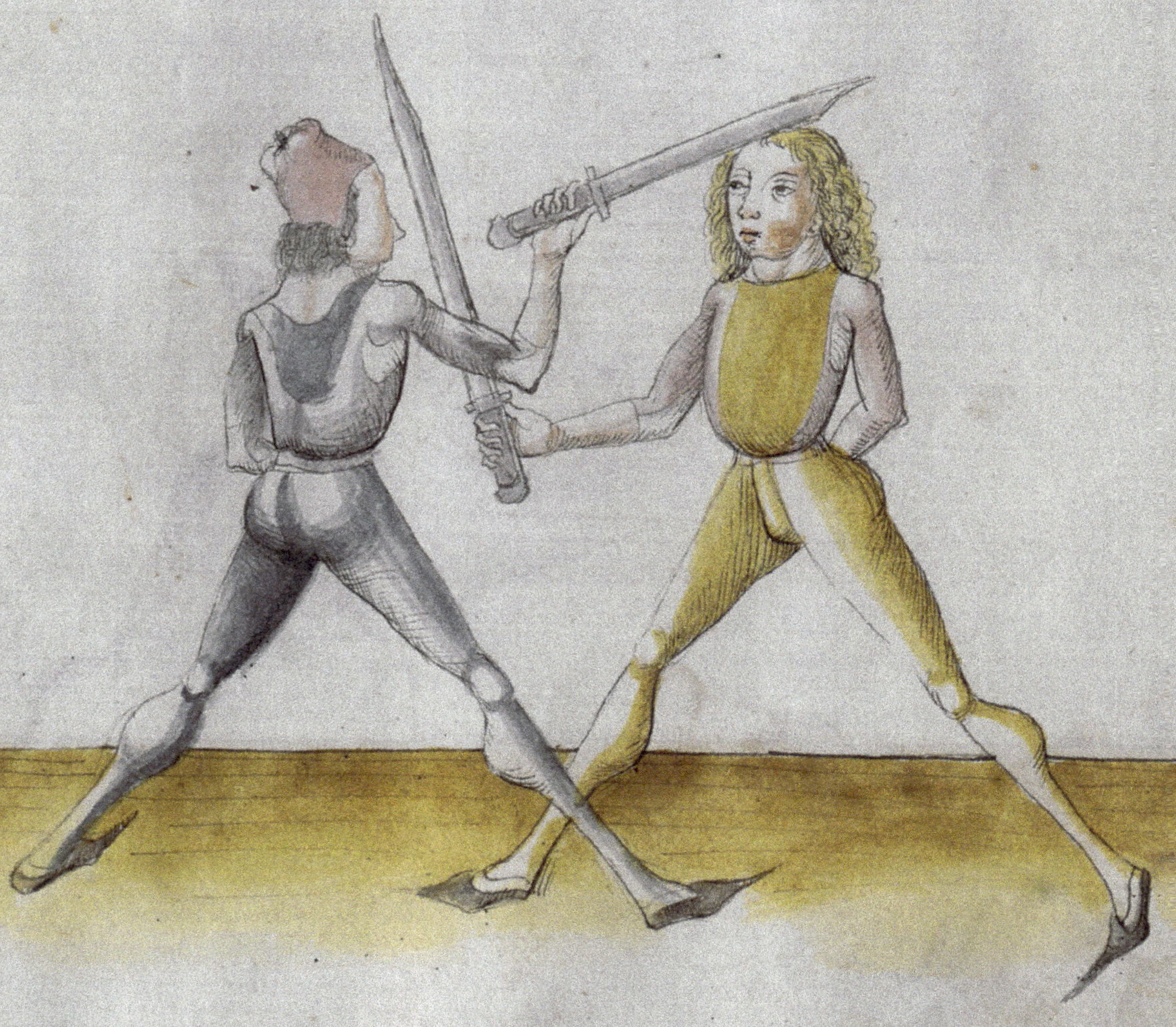

Schnydt er dy handt ploß

Uberlauff gewappend stoß

Hye lertt der meyster aber syn prauch wyd dy schnytt
vnd mach den also schnydt er dich aussbendig ober dan
dem wye vor so far mit dem gehultz auff syn messer
vnd fall mit dyner lincken handt in dy mitt dynes
messers vnd stich in zu dem gesicht gewappendt al

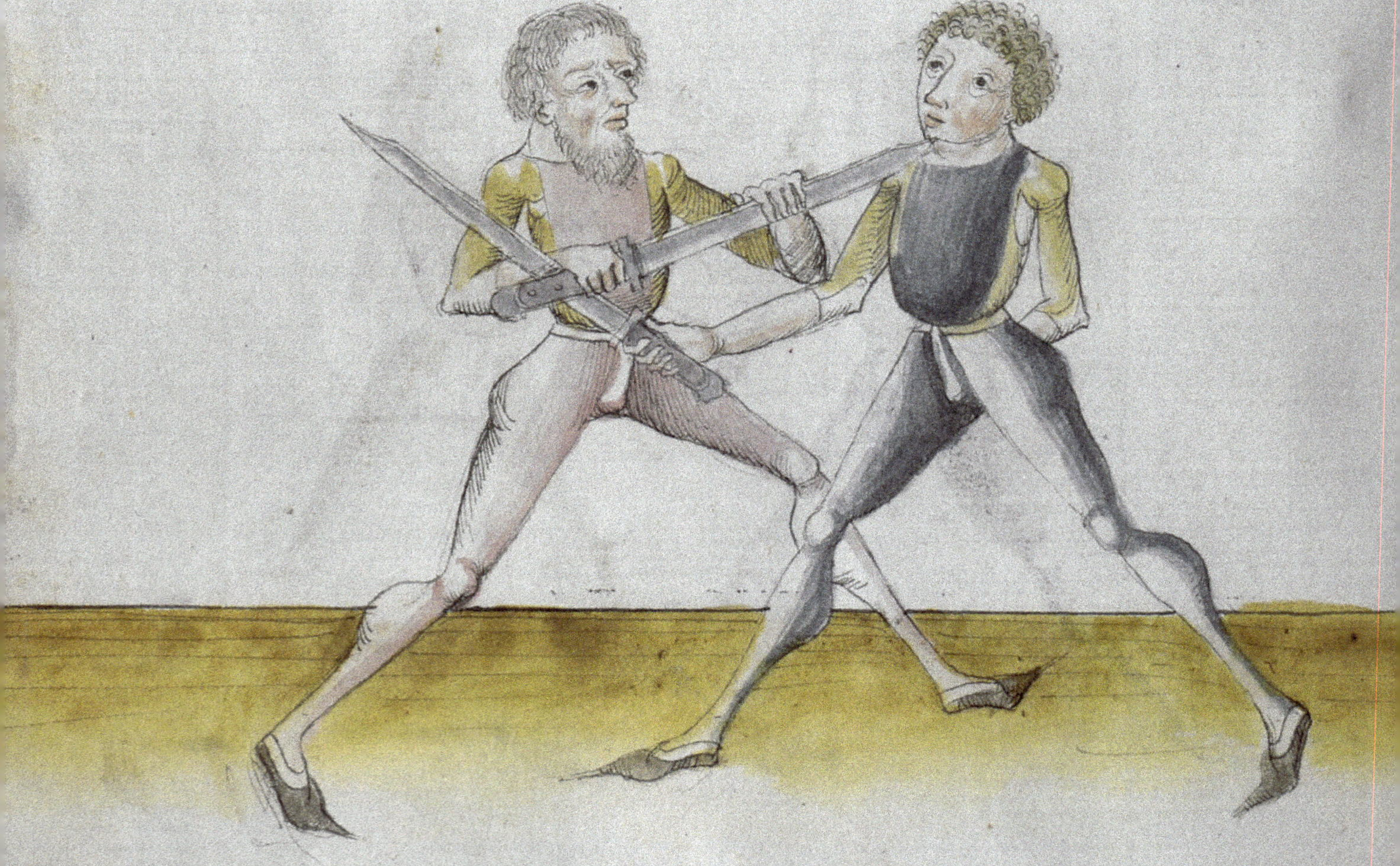

Schnaydt · Innwendig / sprech durchgee

.. Uberbindt haw stich Im gestrichet vor

Das soltu also verstan schnaydt er dich Innwendigs
zu deyne rechtn arm so wind dein messer gegen dem seyne
das dy lang schneyd oben see vnd dy kurtz gegen dir vnd
senck den ort gegen der erdn vnd gee mit der sprech ventn
durch auff seyn rechte seyttn mit der kurtzn schneydn
auff seyn messer vnd haw In Indes zu seyne kopff der
selbign seyttn mit der langn schneydn al

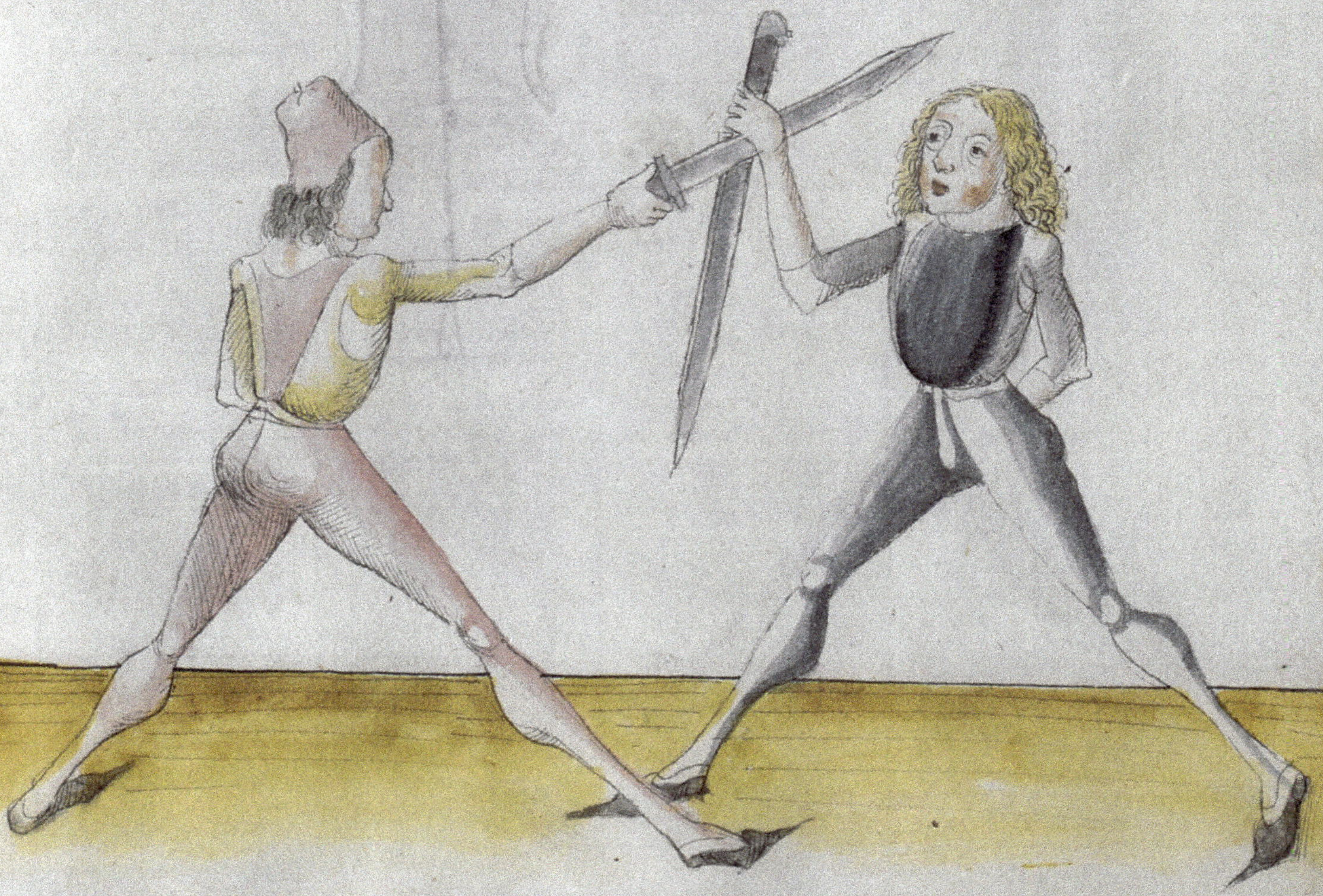

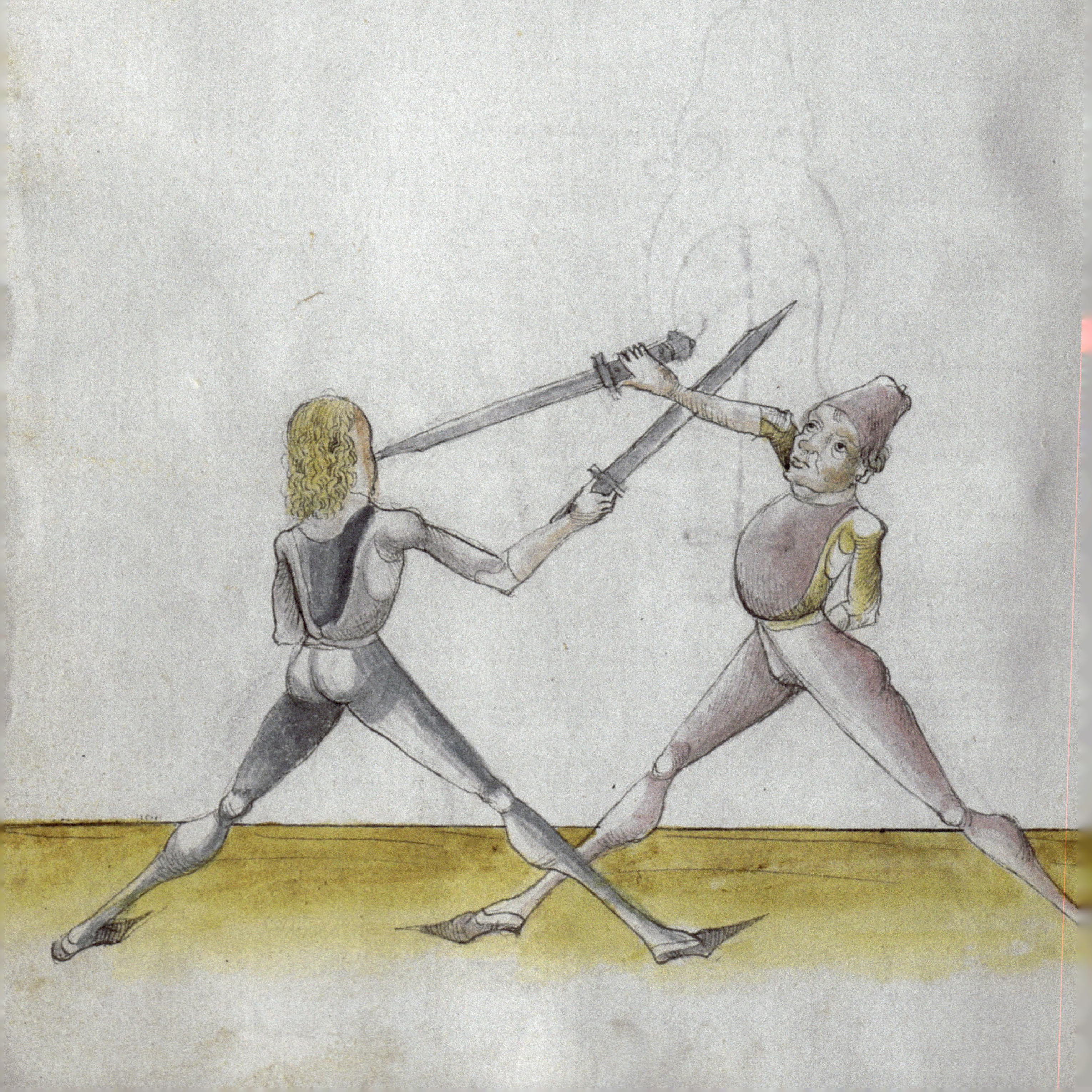

Ob handt ist er schnyden ynne
Stoß handt haw mag gewynne

hye hatt der meyster aber eyn prauch wyd den Juden schnyt
vnd mach den also Schnydt er dich Inwendigs vber deyn
handt oder arem Indes stoß seyne rechten arem wyd mit deyn
lincken handt vnd haw In zu dem kopff mit der langen sch
neydn wye vnten gemalt stett etc

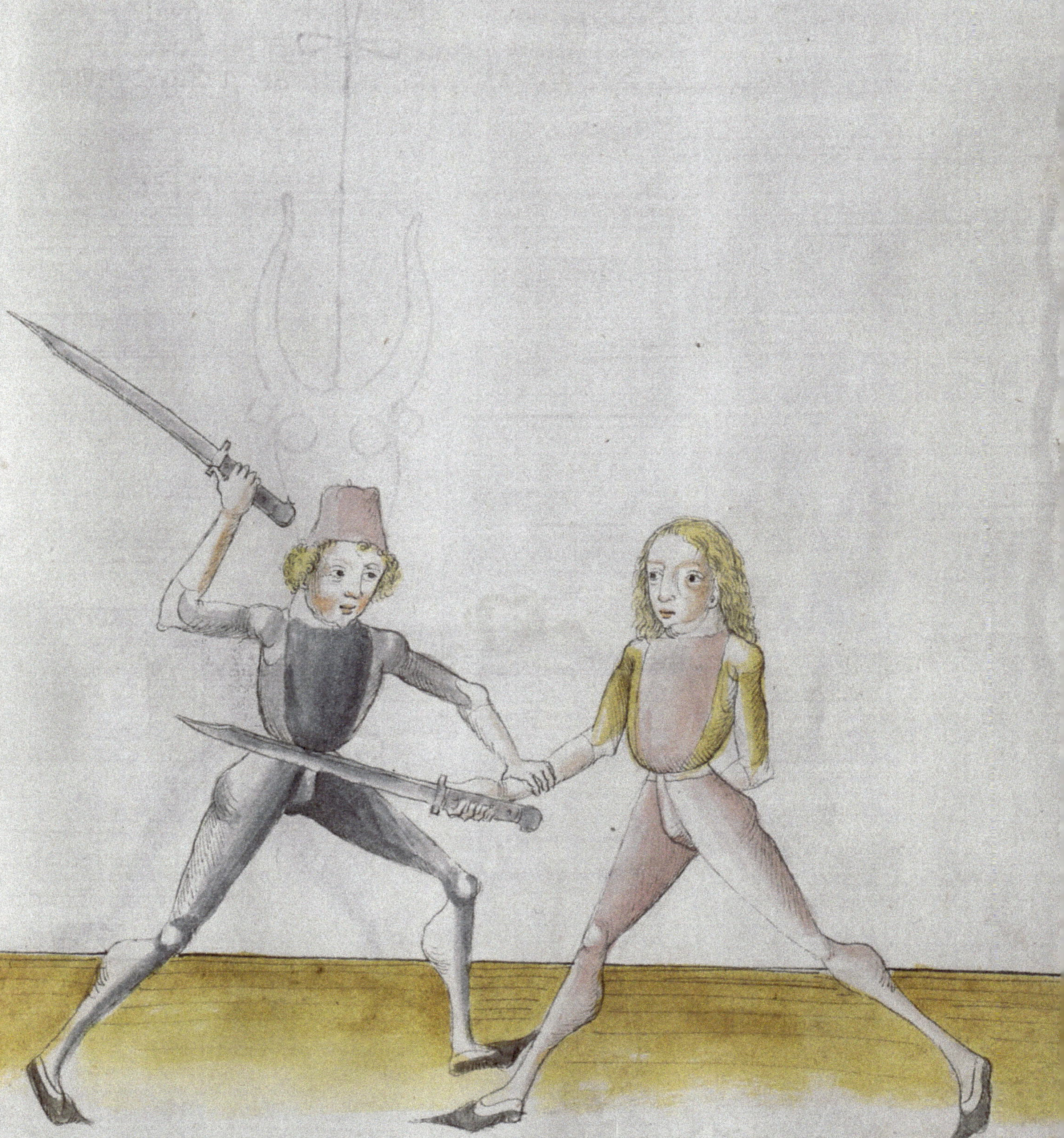

Inwendig handt mit schneydn warett
Durchge auff recht ortt lanck stost harett

Hye lertt der meyster aber eyn prauch wyd den inbendigen
schnytt und mach den also Wer dich schneyt zu deynem
arm inbendigs widers lass deyn messer sincken und wechsel
im den langen ortt durch auff seyn rechte seytten und stich
im zu dem gesicht der selbigen seytten Treyffest zu nicht
mit dem langen ortt so tritt nohendt zu im und wendt im
den hangenden ortt zu seyne gesicht der selbigen seytten etc

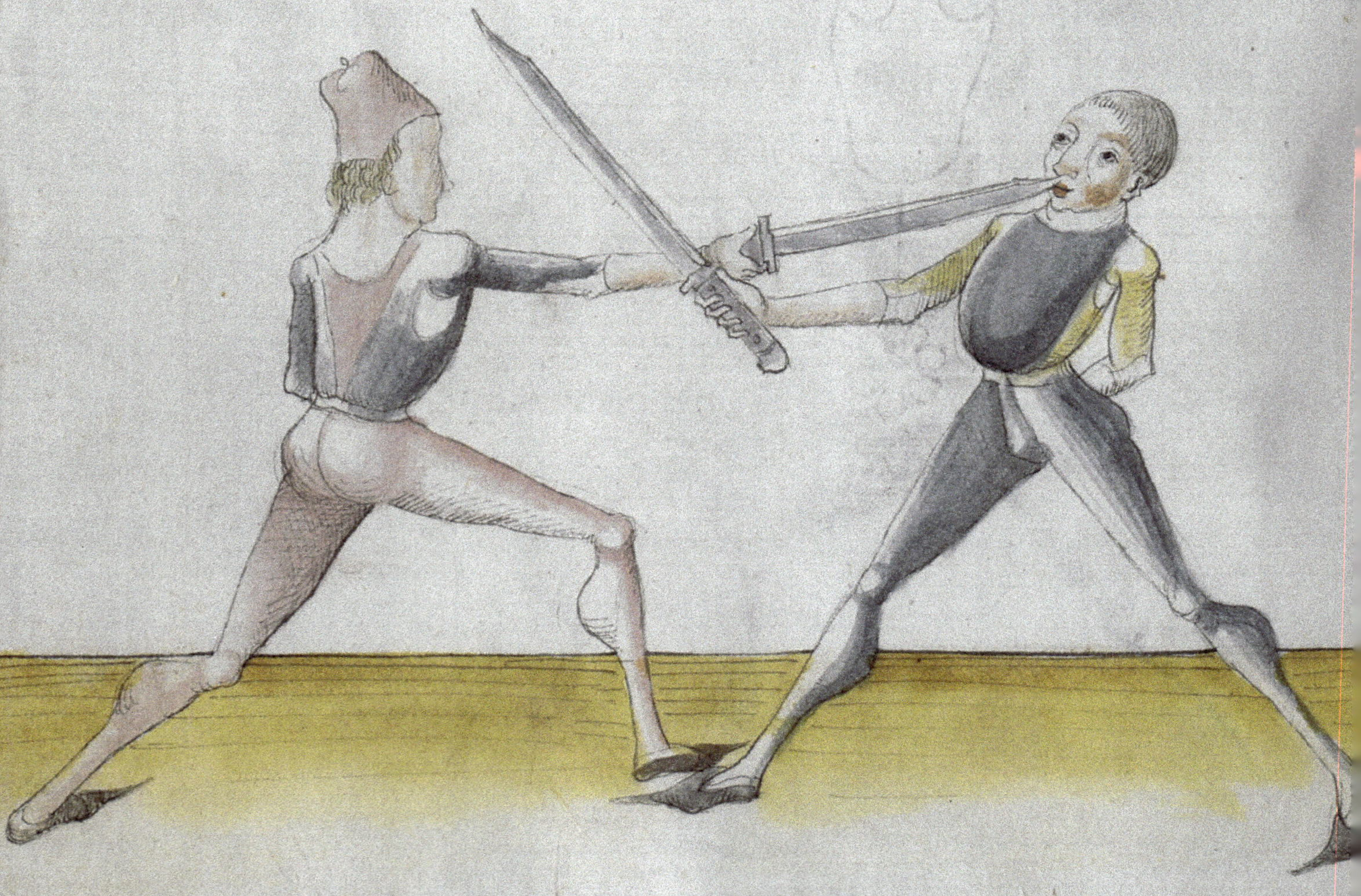

Deyn schwerd ker wendn
Ortt do mit senden

Hye sagtt der mayster eyn stuck auff den schnytten vnd spricht dayn schwaydy ec das soltu also verstan So du den schnytt auff seyner rechten seytten gemacht hast jndes windt dayn messer gegen dem seyne vnd stich jn mit dem hangunden ortt zu dem gesicht oben zu der selbigen seytten vber seyne arm ec

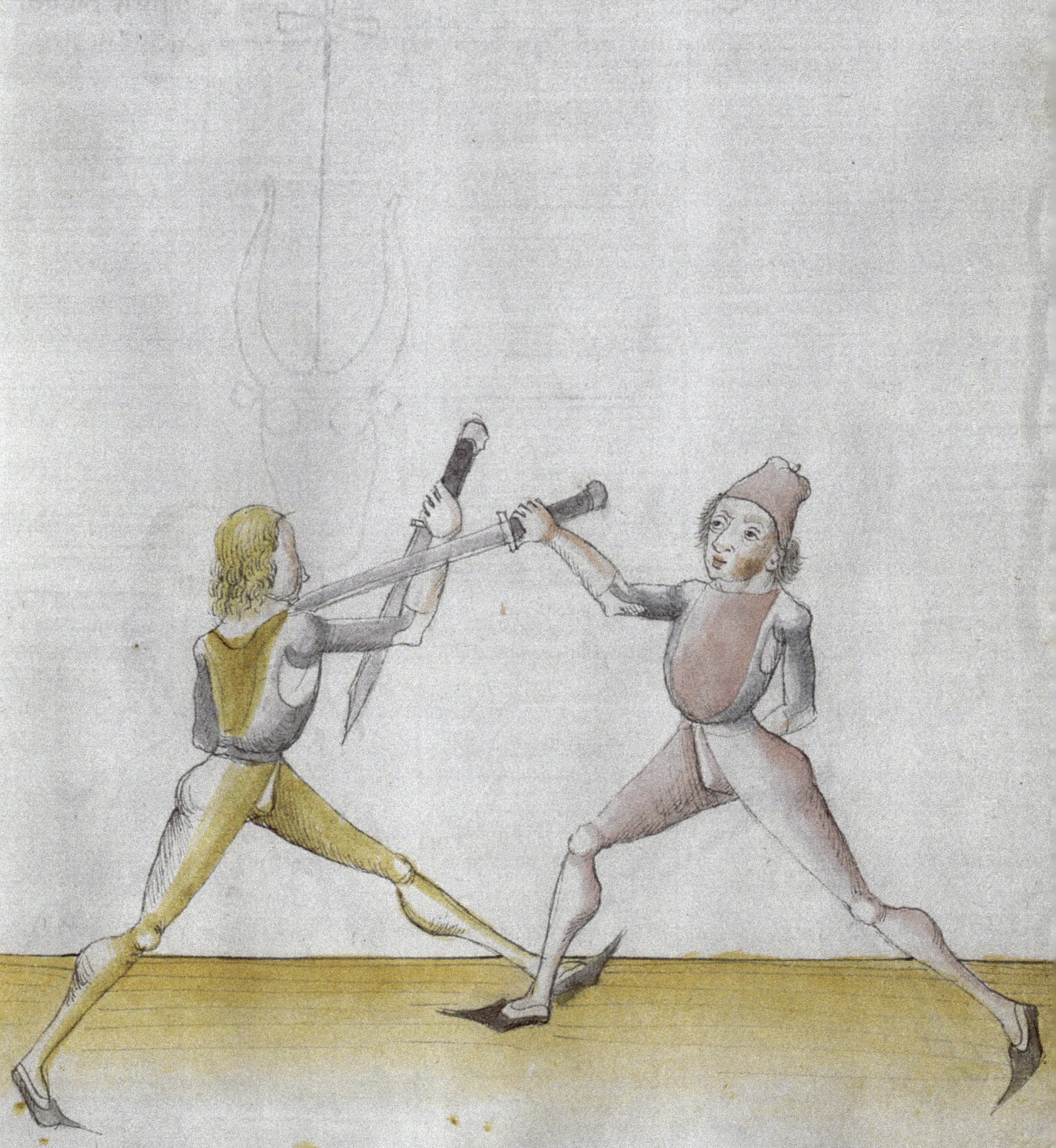

Jn dy andern schnitt

Ortt erbeyt albeg mitt

Hye lertt der mayster wye man dy andre schnytt prauchn soltt vnd spricht den ortt jn dy andre schnyt prauchn solt vnd spricht jn dy andre etc. Das soltu also verstan Schnydestu jm jn seyn rechtn arem jnwendigs jndes wendt deyn messer gegen seyne arem vnd stich jm den hangundn ortt zu dem gesicht wye vnttn gemalt stett Also hastu den stich auß dem andre schnytt etc.

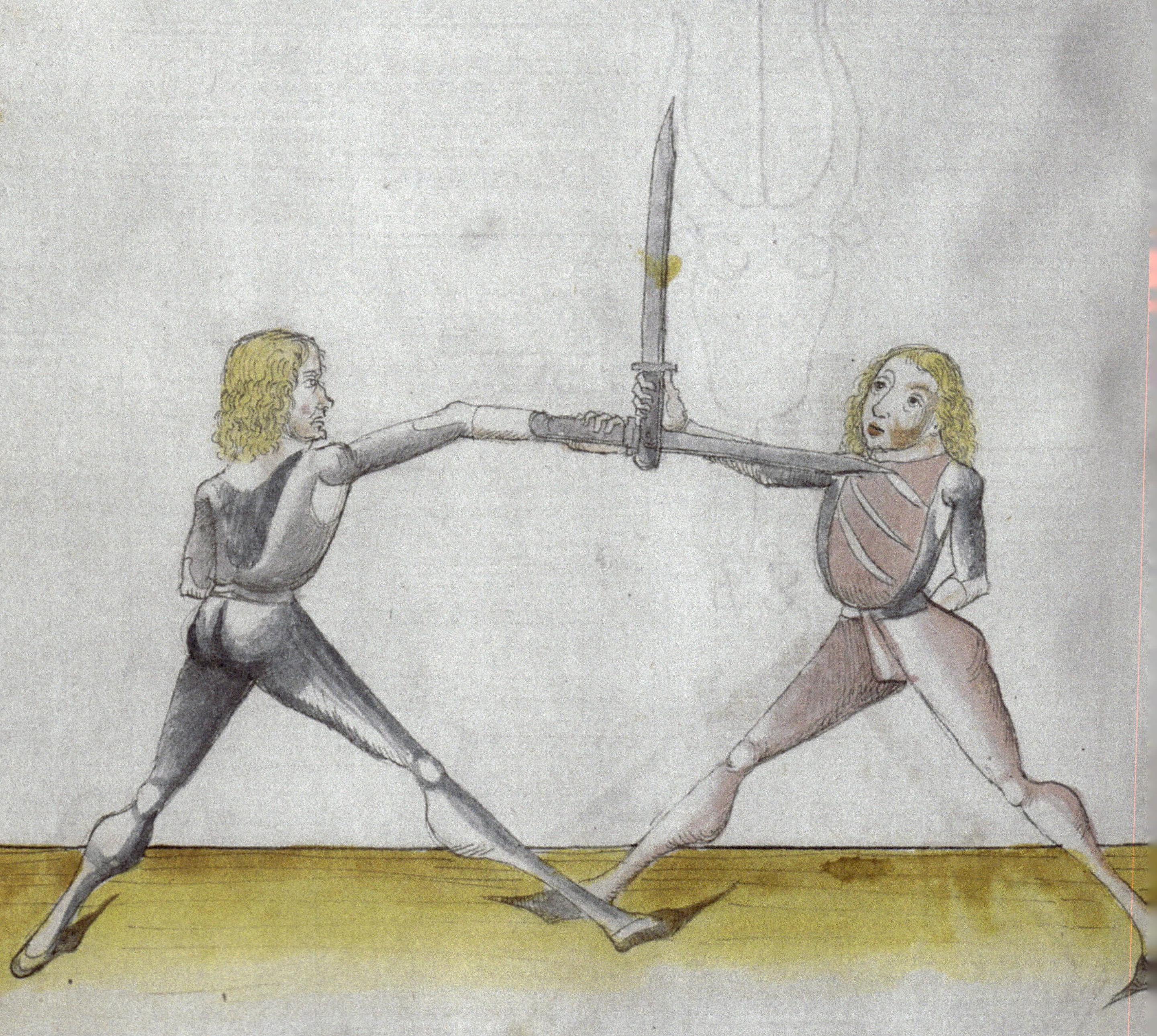

Item Auß dem dritten schritt mach den stich also Zu dem
mit der langen schnyden von vnden auff schnydest dy
sytten oder den arm auff seyne rechten sytten Indes
so du auff das hochst kumest mit dem gehultz deynes
messers Indes stuck Im den ortt vnnd seyn wechsel oder
praust rc

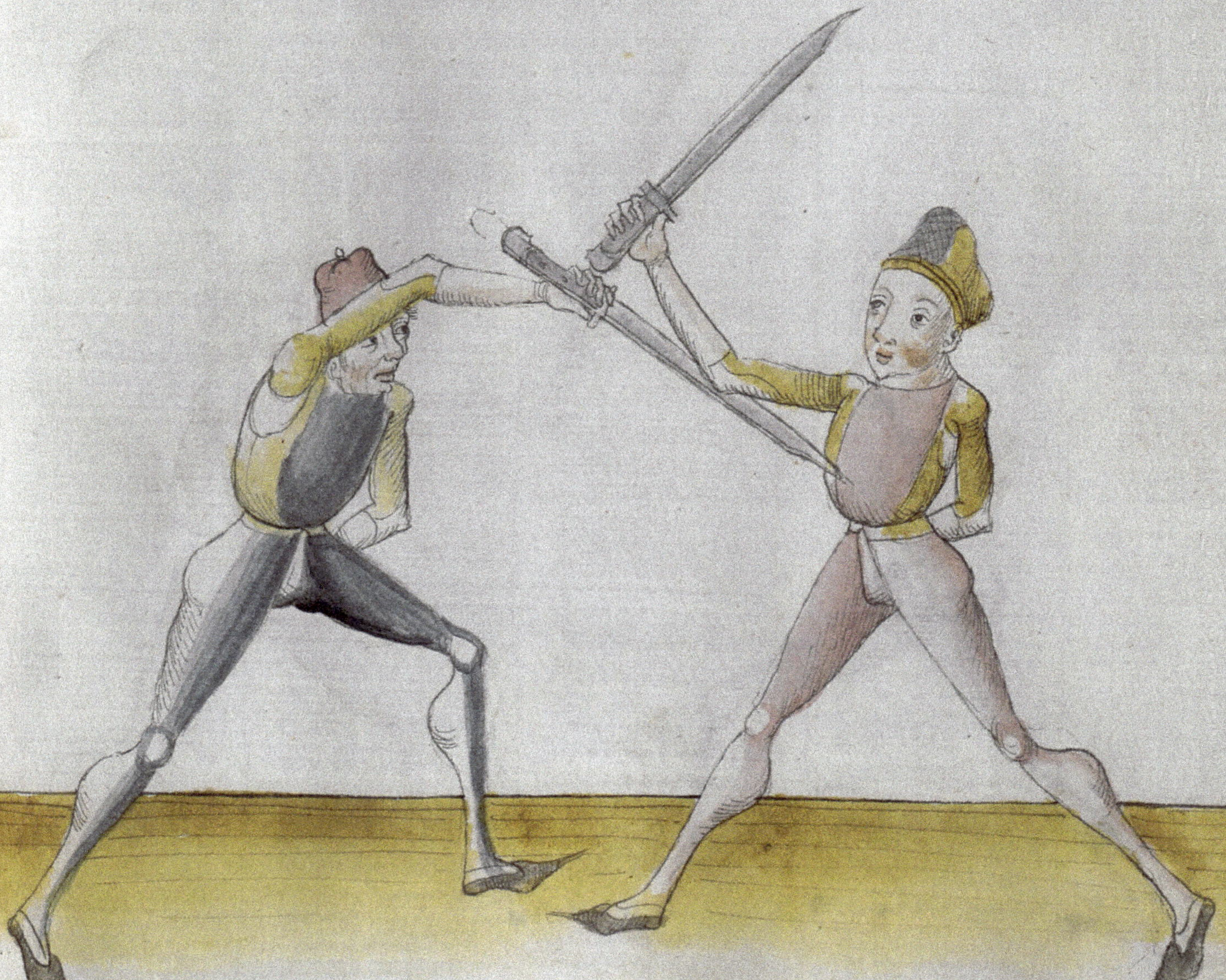

Item auß dem vnterñ schnydt mach den stich alßo So dw
Im geschnytten hast auff seyn praust od Inwendigs In
seyne armen aber Indes far Im mit dem langen geraden
ort zu seyne gesicht seyne lincken seytten etc

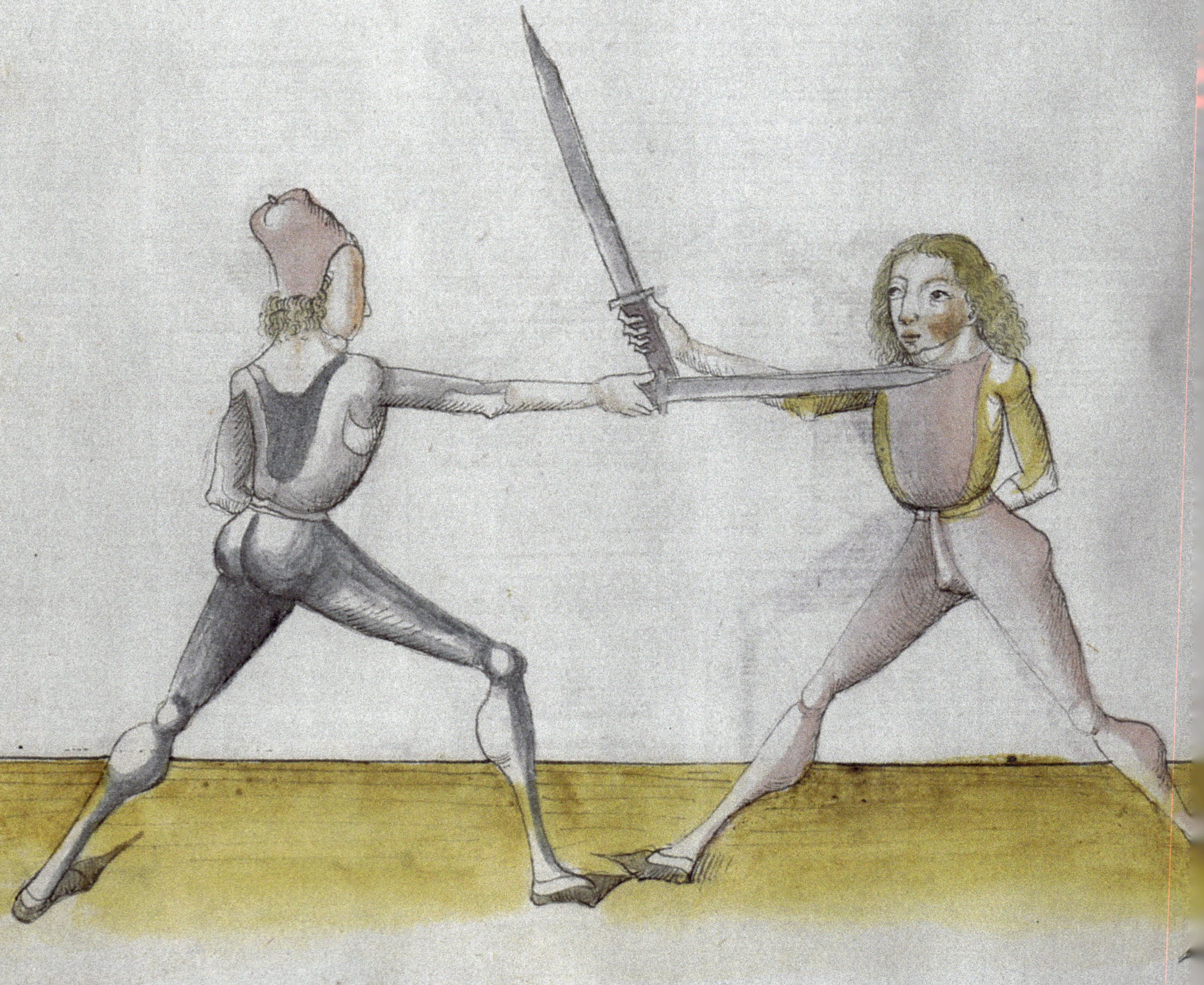

Das sinne zaygen
Mit dem messer wiltu naygen
Dy achsseln tast
Gegen nack druck vast

Hye sagtt der meyster vo eyme stuck das heyst das sinnezayge das mach also hawtt er zu dir oder du zu im Und so dy messer zu samen klitzen so far mit deym gehultz deynes messers uber seyn messer auff seyne rechten seytten Und schreytt mit deyme lincken fuss hinder seyne rechten Und greyff mit deyner lincken handt hinden an seyn achsseln seyne lincken seytten Und ruck in vast zu dir Und far mit dem gehultz und kreutz deynes messers untter seyne hals Und druck im seyn kele ser gegen dem nack das heysset im messer das sinnenzaygen etc

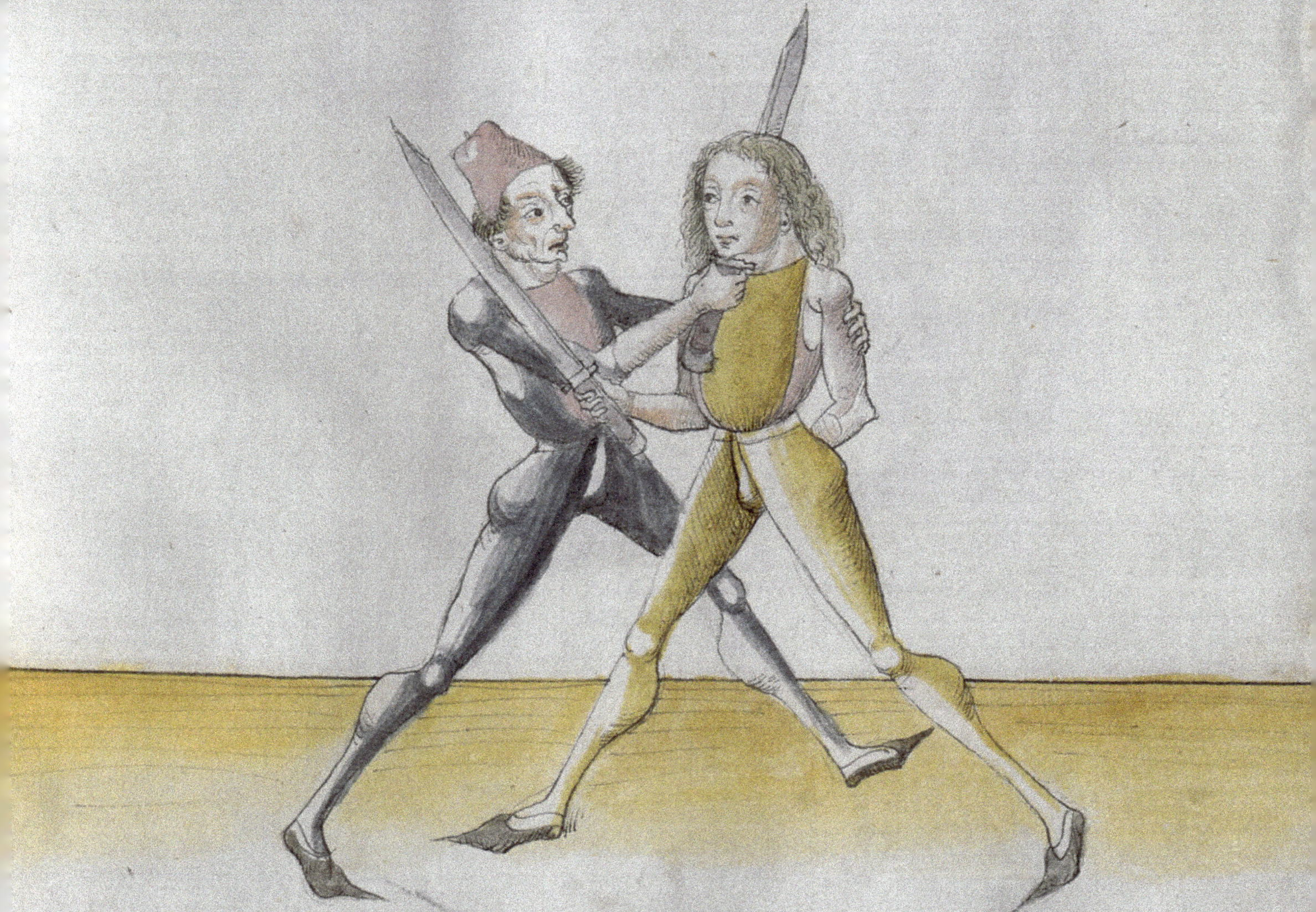

Ob er dast
Vnd gegen nach druckt vast
Den rechten arm vberschlag
Vnd bey dem elpogen nym dy wag

Hye sagtt der meyster seyn prauch vnnd das sinnezaygen vnd mach den also yst er dir mit dem gehultz gefaren vber deyn messer vntt deyne hals vnd mit der lincken hynden an deyn lincke achseln so lass deyn messer fallen vnd far mit deyner rechten handt durch seyn peyde arm oder der zwyschen seyn payd arm vnd far mit der rechten handt auff seyn rechten arm hynden an den elpogen vnd zeuch do mit starck gegen deyner rechten seytten vnd far mit deyner lincken handt auff bedyes vntt seyne rechten elpogen deyner rechten handt zu hylff vnd wendt deyn lincke seytten an seyn rechte vnd scheub mit payden henden mit gantz krafft auff deyn rechte seytten vnd kumpt dir seyn recht arm beschlossen vber deyne lincken vnd auch seyn messer wye es vnden gemalt stett etc

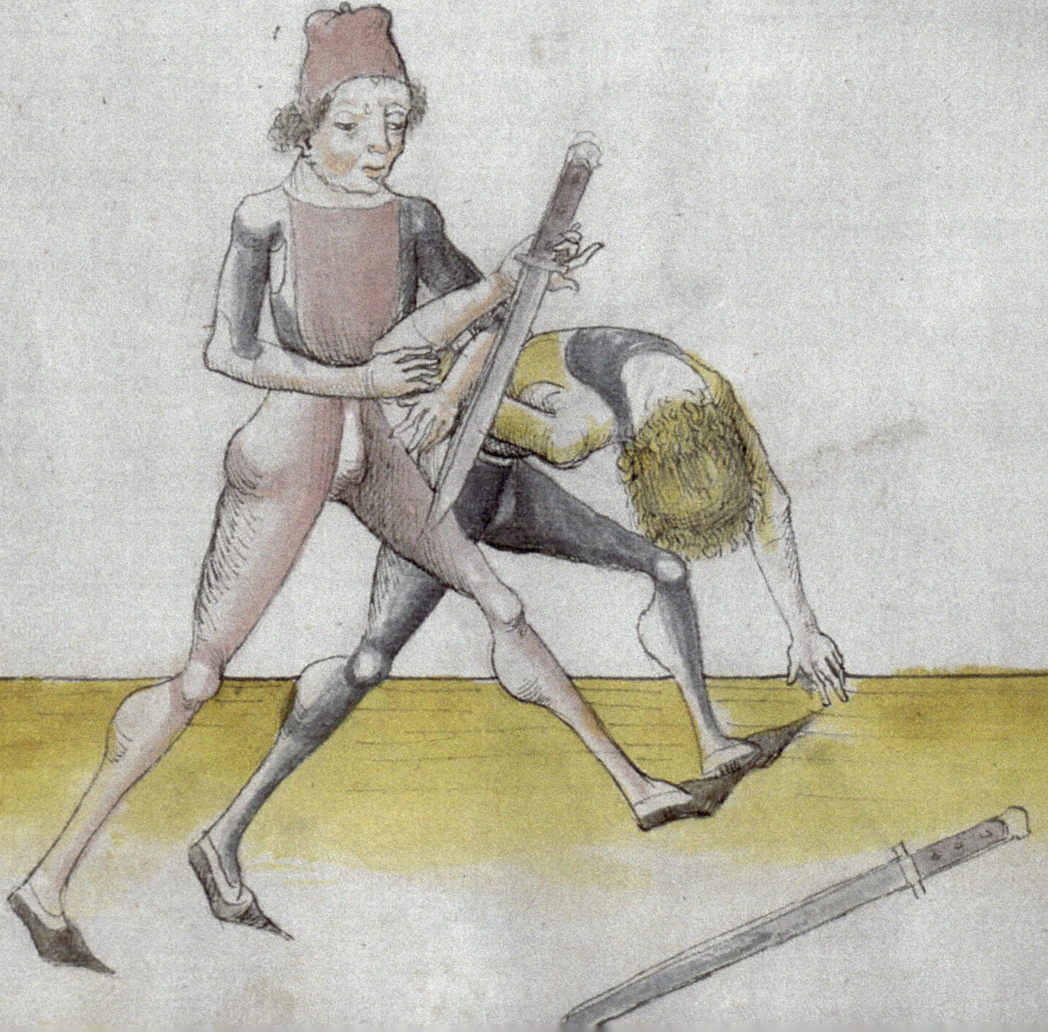

Item hatt er dich mit dem gehultz gefast als vor und wilt
dir aber das slintzaygen machen so far mit deyner linck
und seyn paid arm auff deyn lincken seytten das der ort
hinder auss syn ger und fall zu gewappend handt und
far auff mit dem gehultz und mit dem rechten arm und
wenck mit der faust ym woner zu auch Judis stoss mit
deynem gehultz starck an seyne rechten achssen aussbendig
und schraytt mit der lincken fuss fur seyne rechten und
far mit dem gehultz starck uber seyne rechten achssen
das der ort oben ster und das gehultz gegen der erden inbendigs
an seyne arm und druck starck von oben nyder mit gewappen
der handt auff deyn rechten seytten etc

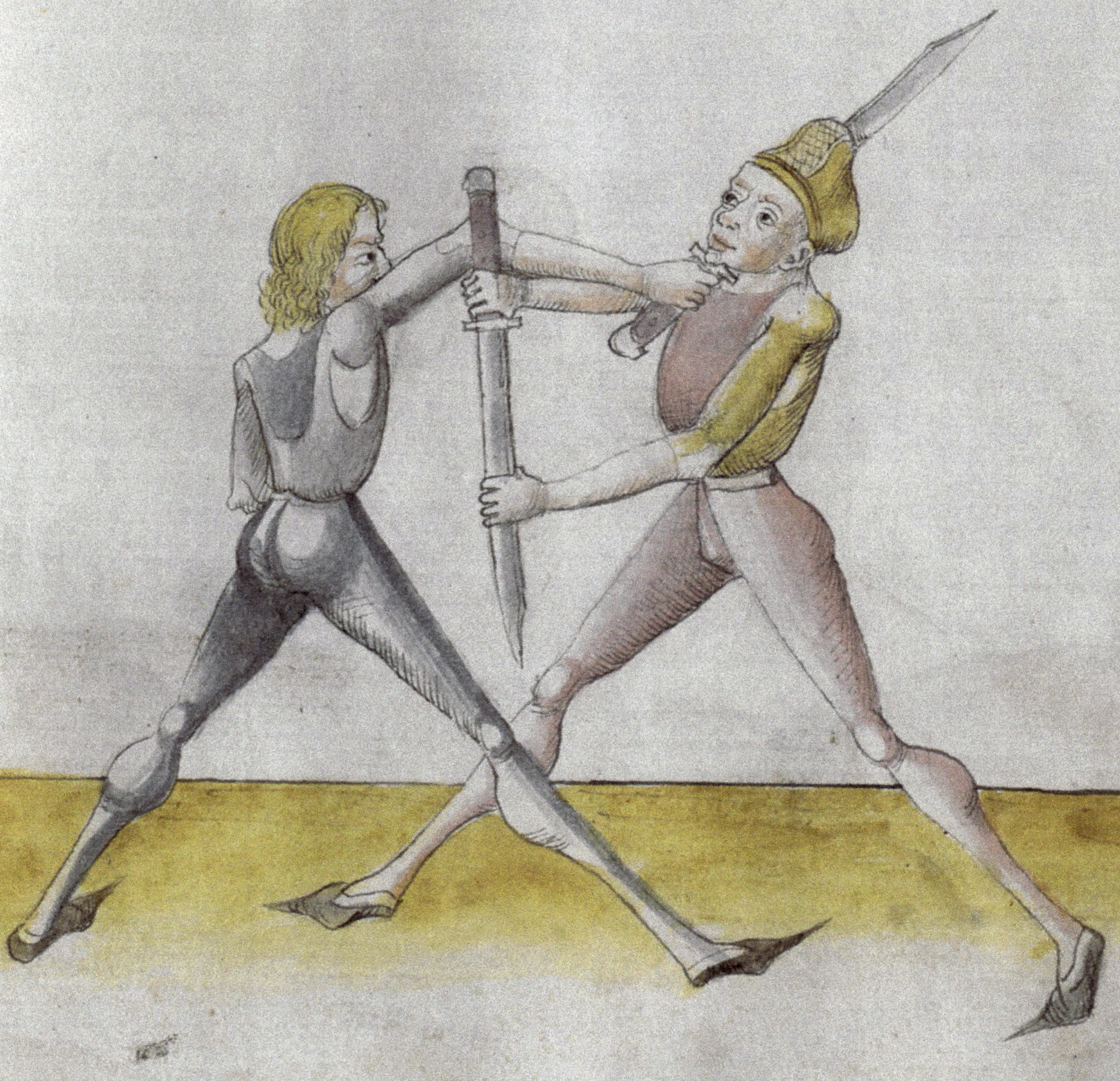

Item aber ein ander prauch hellt er dich als vor mit dē
sinezaygen so far aber vnter sein bayd arm mit dem
ort auff dein lincken seytē vnd far mit dem gehultz
zwischē sein payd arm auff obē Inbendigs vber sein
haubt vnd reyss starck mit dem gehultz vntsich vnd
druck obē fast vnd mit der klingē deines messers
vnd sprinng dich auff dein rechtē seytē zc

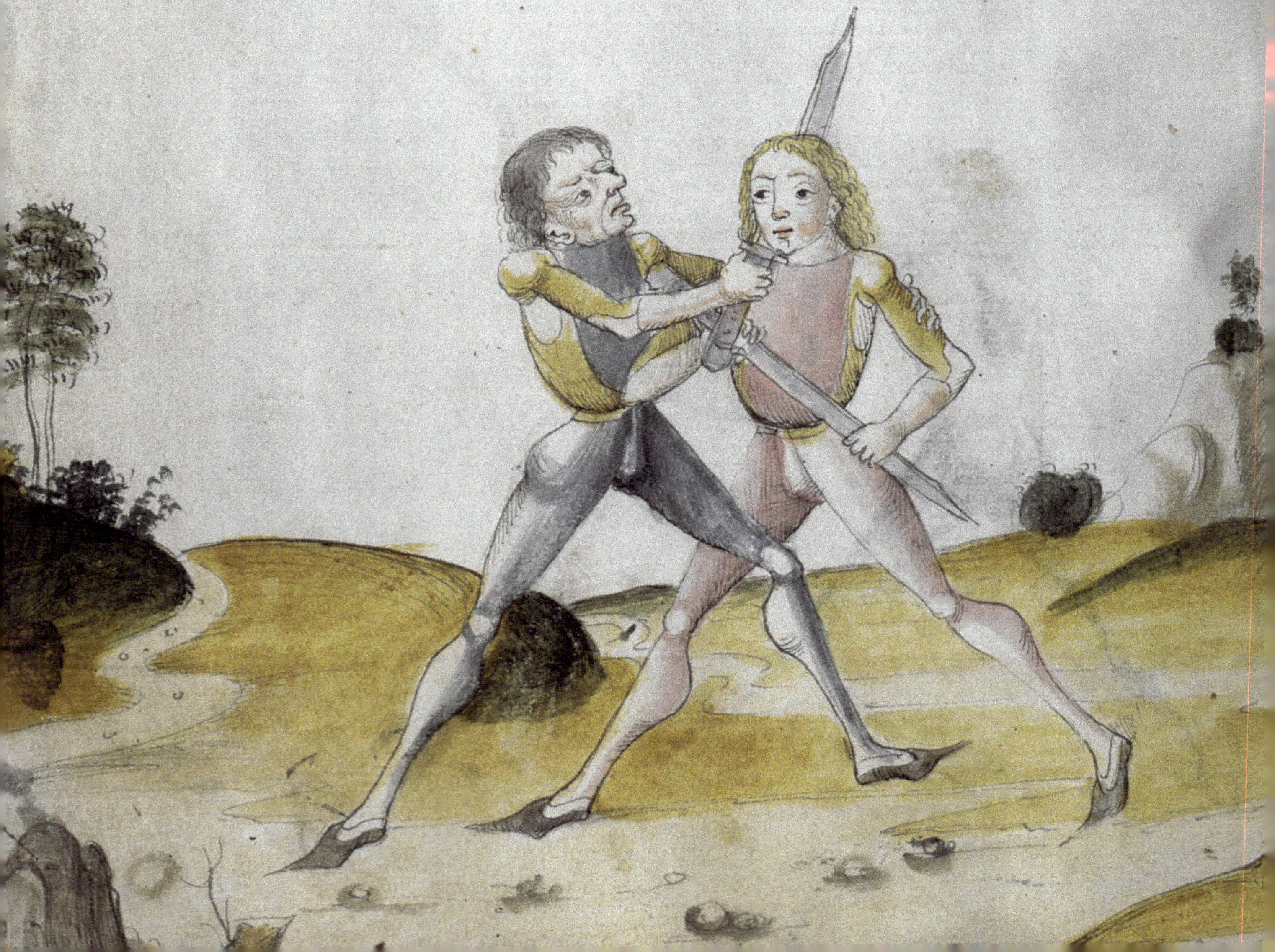

Jtm aber eyn ander pruch hatt er dich mit dem glentzayggn gefast
als vor gemelt Jndes dy weyll er fertt mit dem lincken arm
nach deym lincken achsel so lass in vmb dich mit dem arm nicht
kumen vnd weyll er tasten will gegen dir vnd seyne arm streckt
Jndes far mit dem ort deynes messers mit der swech zwyschen
seyn payd arm auff in das gelenck des alpogens seynes rechten arms
vnd far mit dem gehultz vnd mit der sterck deynes messers von
vntten auff inwendigs in das gelenck seynes lincken alpogens
vnd wendt dich mit deyn rechten seytten an seyn lincke vnd schreyt
mit deyme rechten fuss fur seyne rechten vnd danck geswindt auff
deyn lincke seytten also hast in aber gefangen vnd bracht das du
in furen magst wo du hyn wildt wider seyn danck vnd magst
in auch werffen das er nicht auff mag stan &c

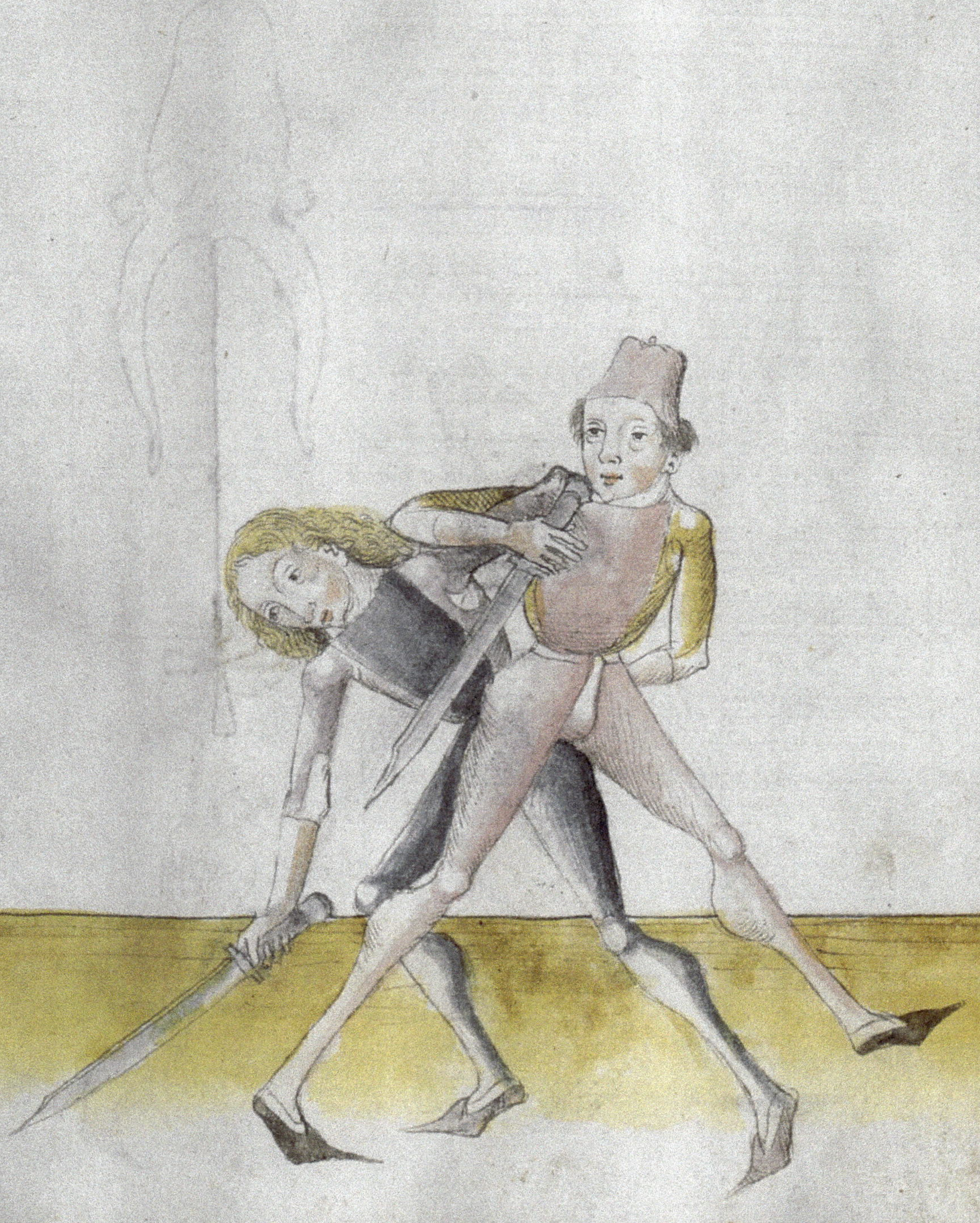

Item helt er dich als vor dem schnitzaygen so far aber mit dem messer mit gewappend handt auff seyn lincke seytten als vor unnz er deyn achsel pegryffen hatt Indes wayll er den arm gegen dir streckt Indes far auff mit dem gehultz zwyschen seyn payd arm und wendt deyn lincki seytten an seyn rechti und schrytt mit deyne lincken fuss fur seyn rechten und zyb mit dem gehultz seyn rechten arm od hand starck wyder und druck mit deynes messer klingen und mit deyne elpogen seyn rechti achsseln starck von dir und leg dich mit deynem arm und prust auff dy selben seytten achsseln wol

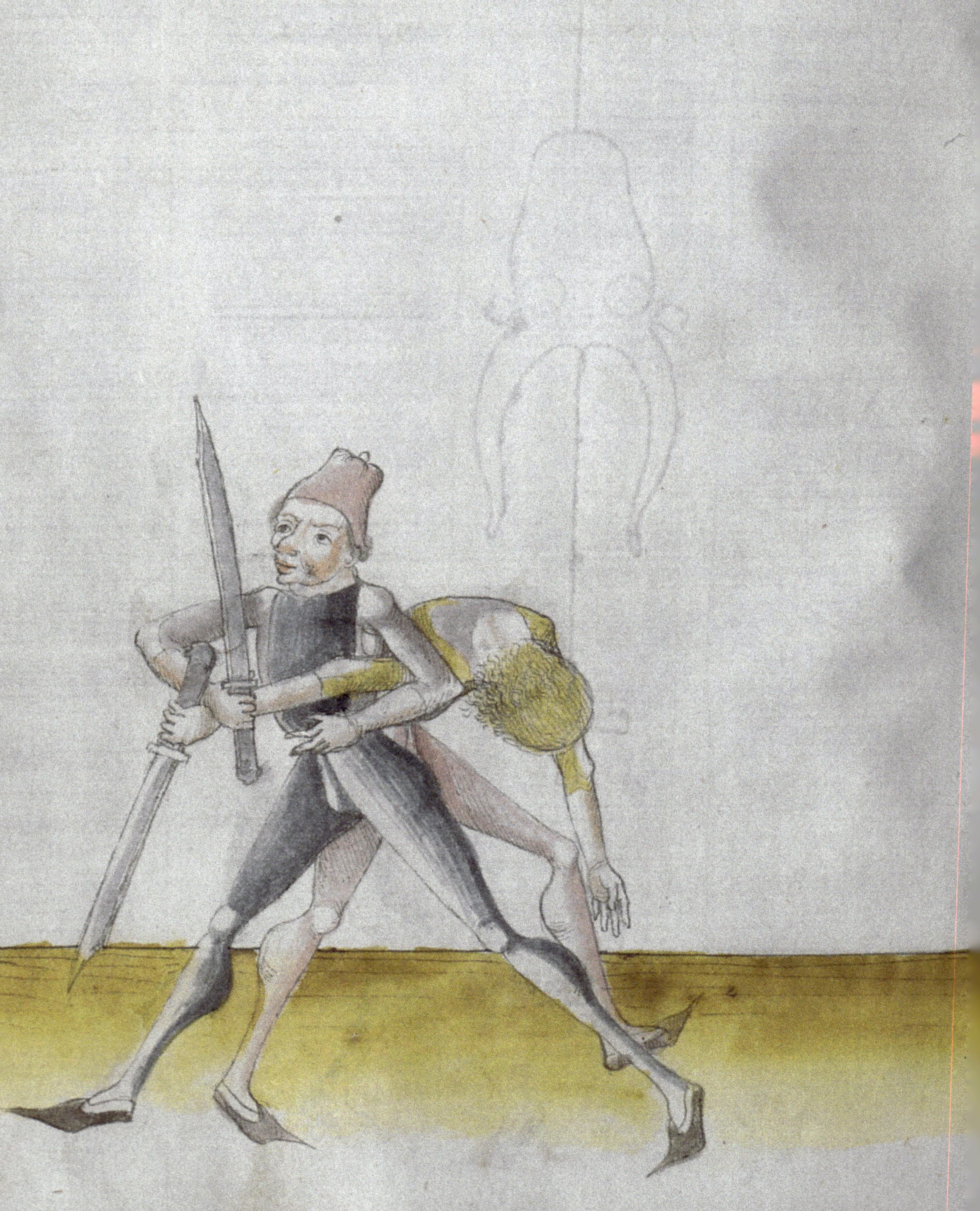

Item hatt er dich gefast als vor dy weyll er aber greyffen will
nach deyner achseln als vor so far mit deyner rechten arm auff
starck vber seyn lincken auswendig yn das gelenck vnd alspagis
auff seyn lincke seytten vnd schreytt mit dem lincken fus hinter
seyn rechten vnd druck in der vber rc

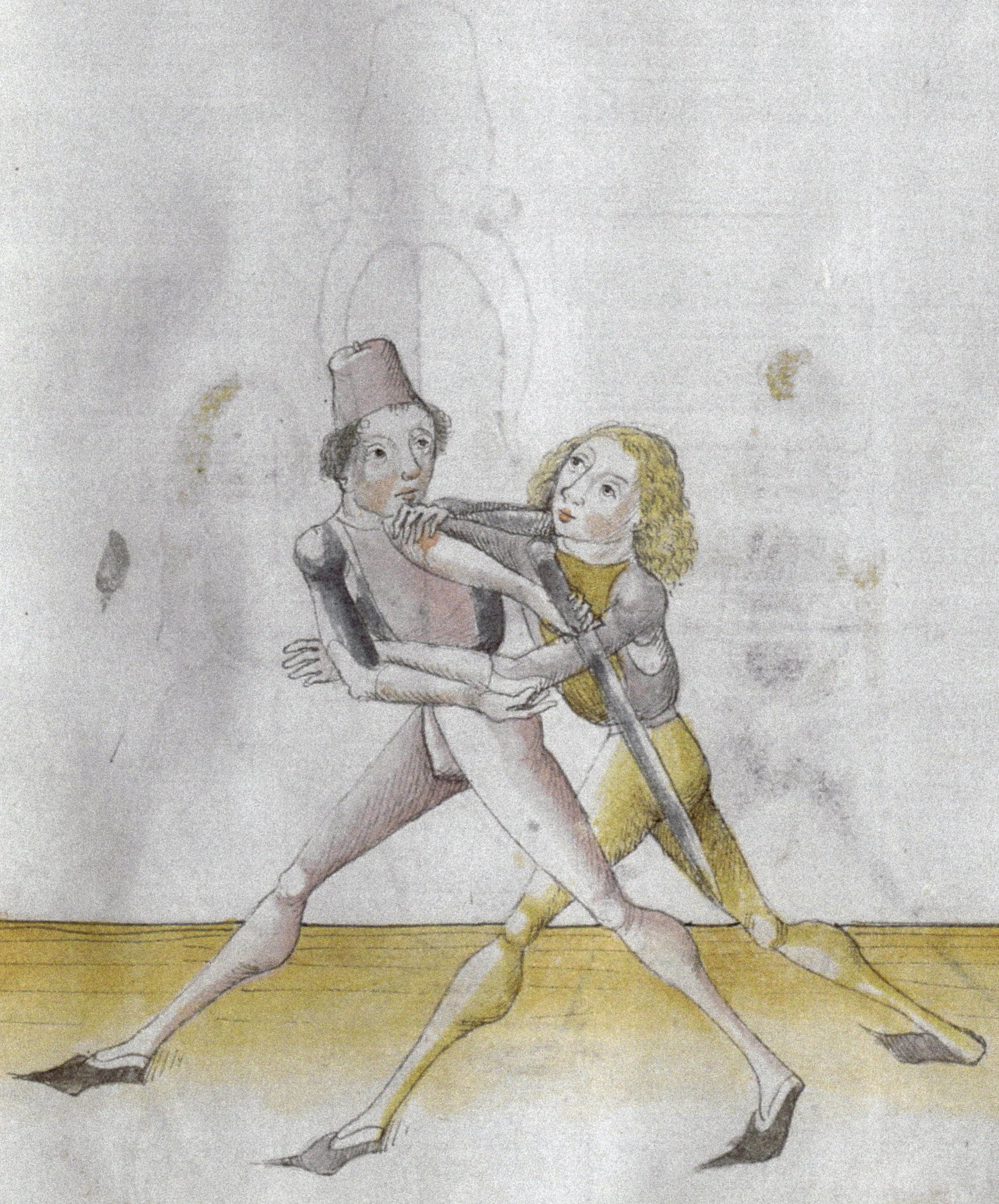

Mit gehultz vberfar

Mit sprech der gelenck nym war

Hye lertt der mayster eyn gutt stuck wye man dem man
das messer nemen soll zu gewappender handt mit der sprech
vnd thu im also kere an den man von deyner rechten seytten
mit dem entrustchaw auff seyn lincke seytten Indes far mit
deym gehultz vber seyn messer auff seyne rechten seytten das
seyn messer vnd das seyn kum Indes far im mit der sprech
domit messers inwendygs zwischen seyn gehultz vnd handt
vnd reyss starck auff deyn lincke seytten etc

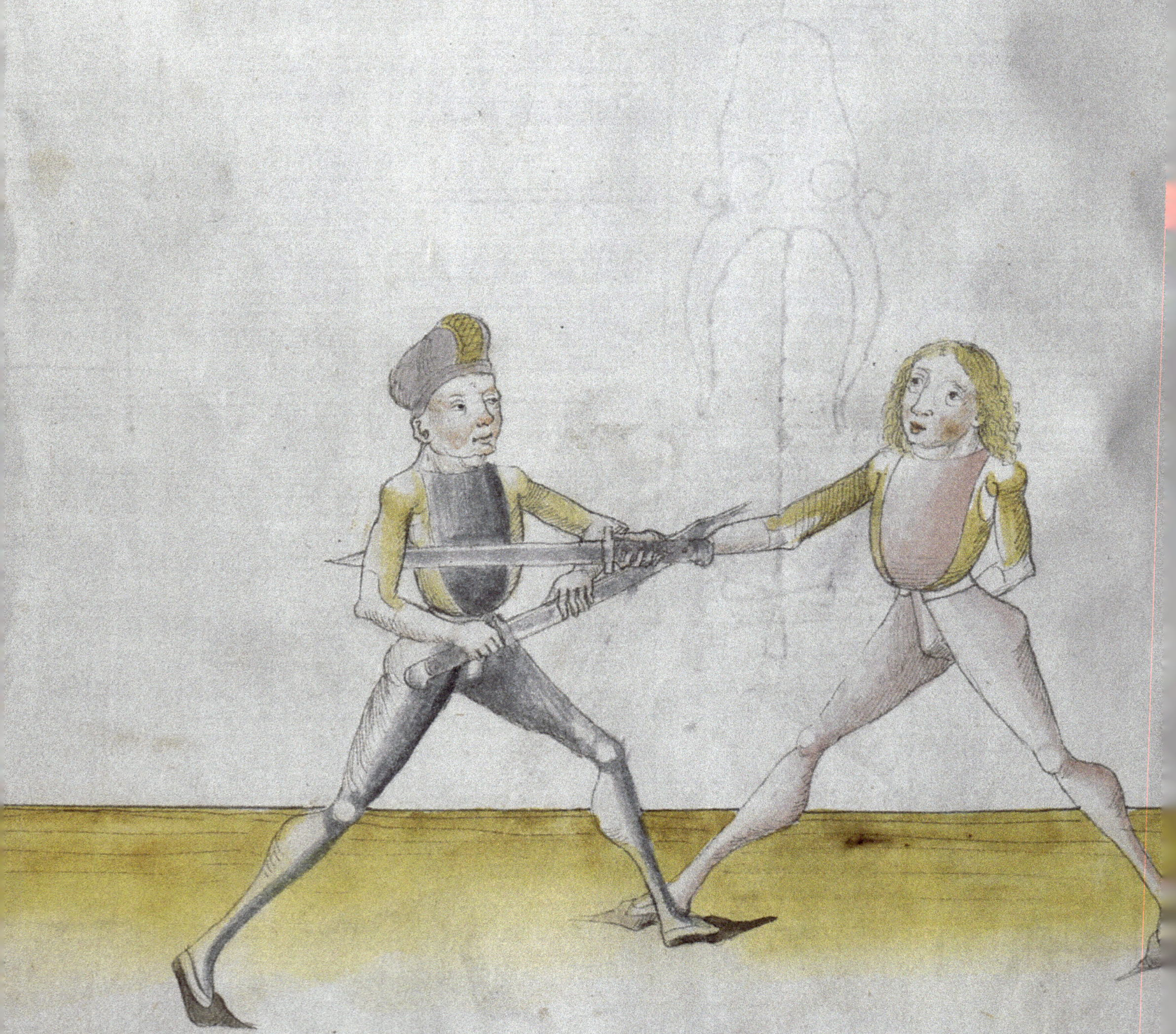

Itm aber eyn gutt stuck. Kere zu im als vor, vnd far
ab mit deym gehultz vber seyn messer auff seyne rechty
seytten vnd lass vntty durch gen dy spitz deynes messers
vnd far im aussbendigs in das gelenck seyne rechtn hand
vnd druck starck auff deyn rechte seytty So nymbstu im
aber das messer etc

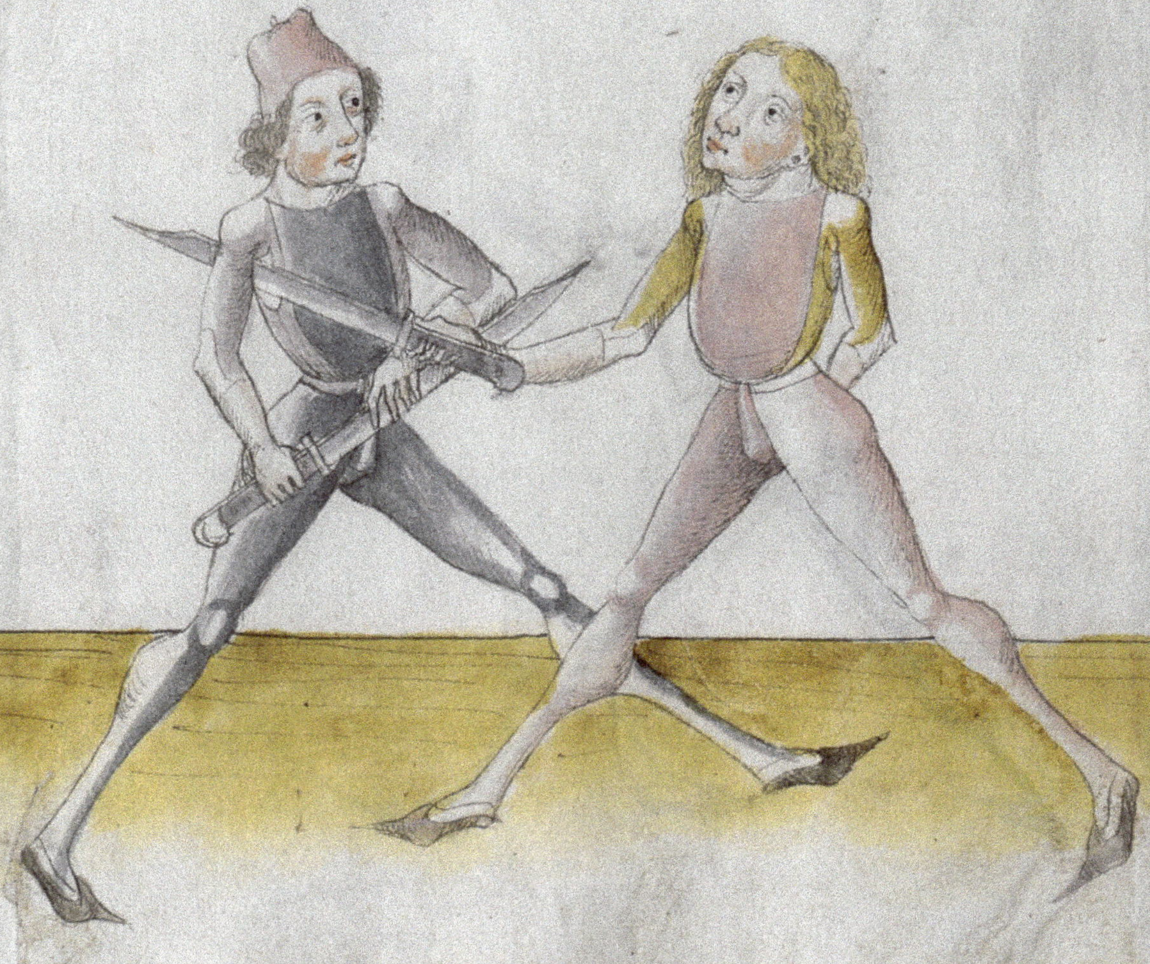

Vberfar gewappendt stuckt

Ortt zu der keln vicht

hye lerett der meyster aber eyn gutt stuck wye man den man zu gewappend hent an setzen soll den ortt vnd thu Im also far vber dir seyn messer mit dem gehultz auff seyn rechten sytten vnd lass dy spitz deynes messers sincken auff seyn lincke sytten ~~wechsel durch wyder auff seyn rechte sytten~~ vnd stich Im jn lebendigen zu dem gesicht vnd das seyn gewa messer kum vntter deyn rechte vchsen zc

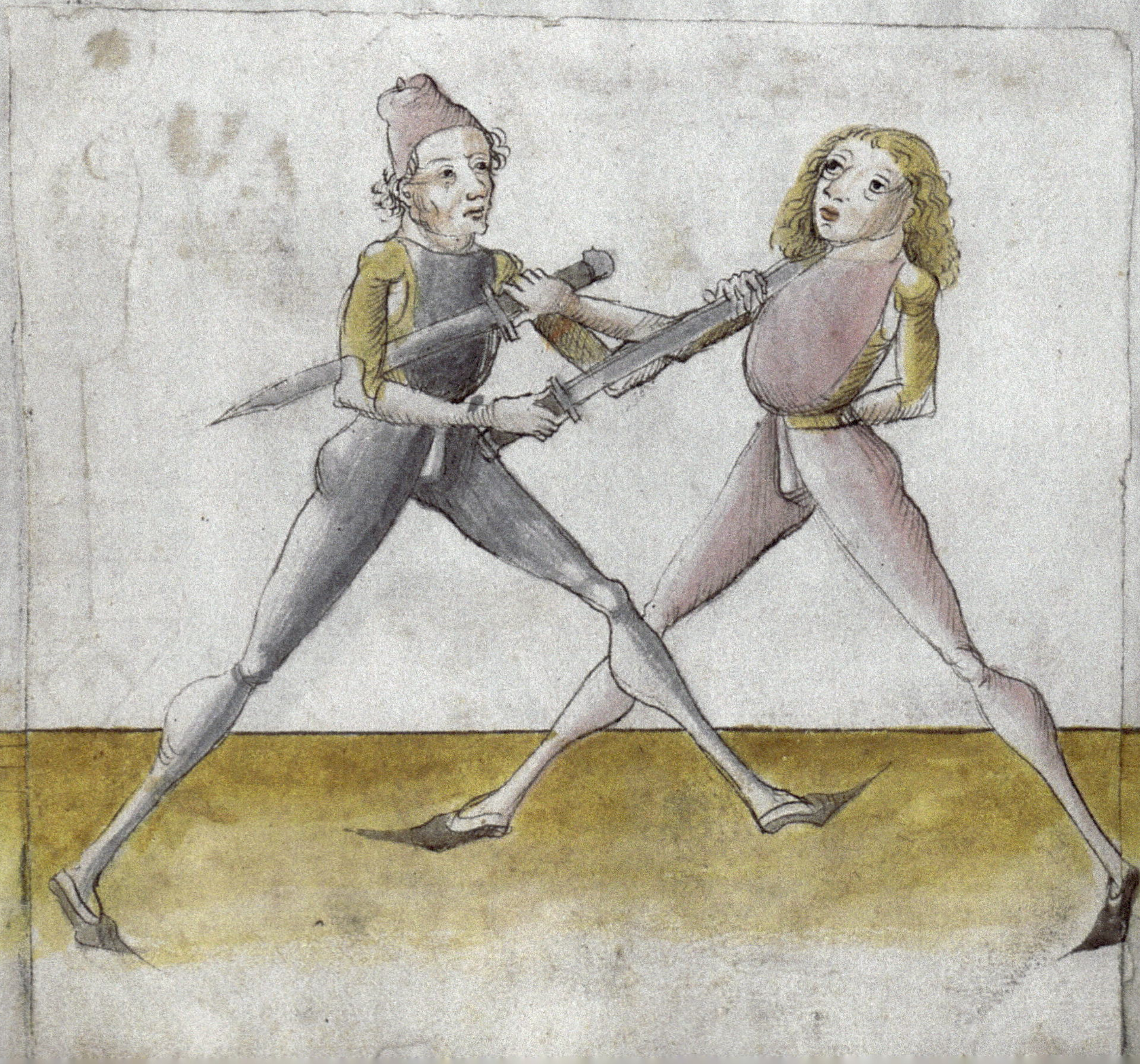

Für schlegt er pultz

Auff linck wer nymb mit gehultz

Das soltu also verstan far im mitt dem gehultz über seyn
messer wer war und so dein swech unten durch ist gegangen
auff dein linck seytten und seyn messer ist dir kumen unter
dein rechte vechsen so kum im mit dem gehultz inbendiger in
das gelenck seyne rechten handt und druck da mit gewondt
auff dein lincke seytten so nymbstu im das messer

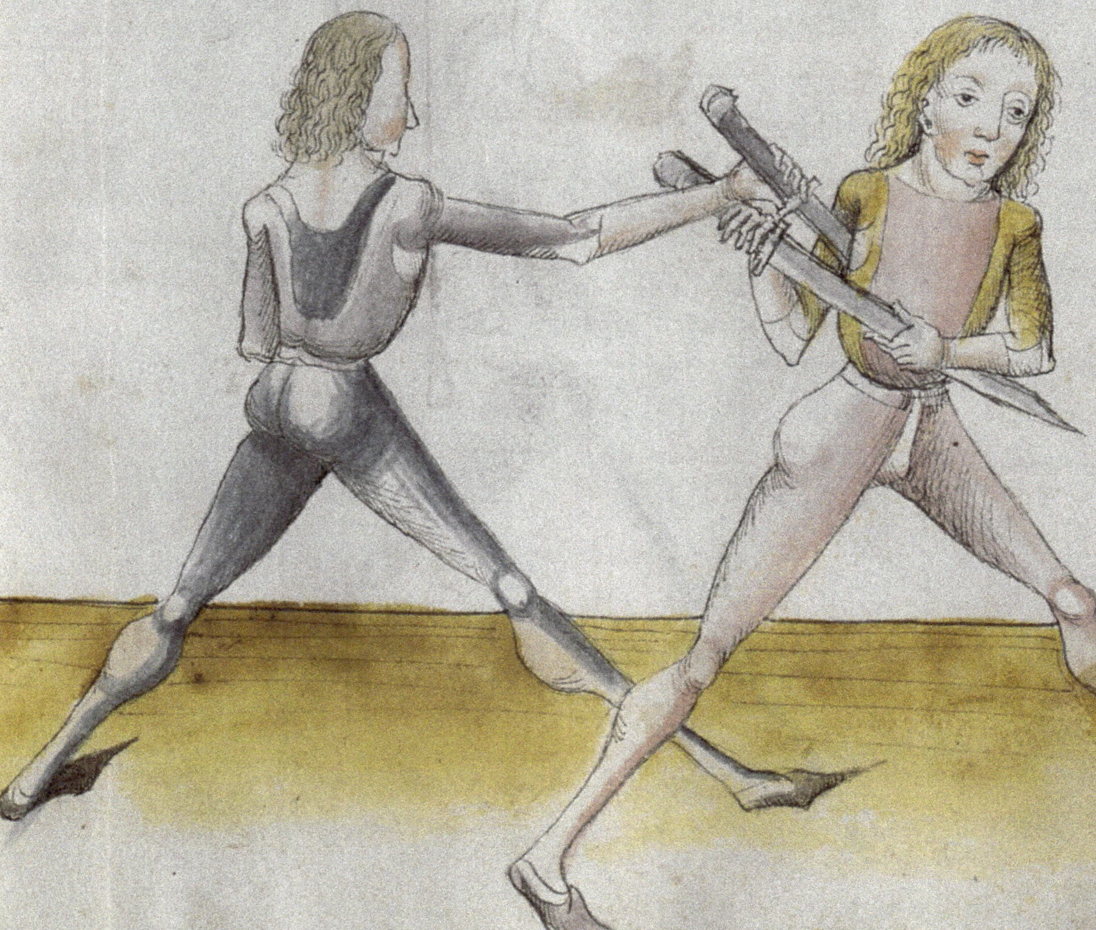

Überfar mit cloß

Mit gehultz hals : uber peyn stoß

Das soltu also verstan Ker an jn mit deyne messer wyr uor
vnd far jn mit dem gehultz uber seyn messer auch vor uor
vnd kum vnten durch mit der swech auff deyn lincke seytten
vnd far mit deyner lincken hant jn dy mitten deynes messers
vnd far mit dem gehultz auff jn an seyne hals vnd schreyt
mit deyne fuß hint seyne rechten vnd swing dich eyn
wenig auff dem lincke seytten vnd wurff jn fur dich uber
deyn rechte peyn zc

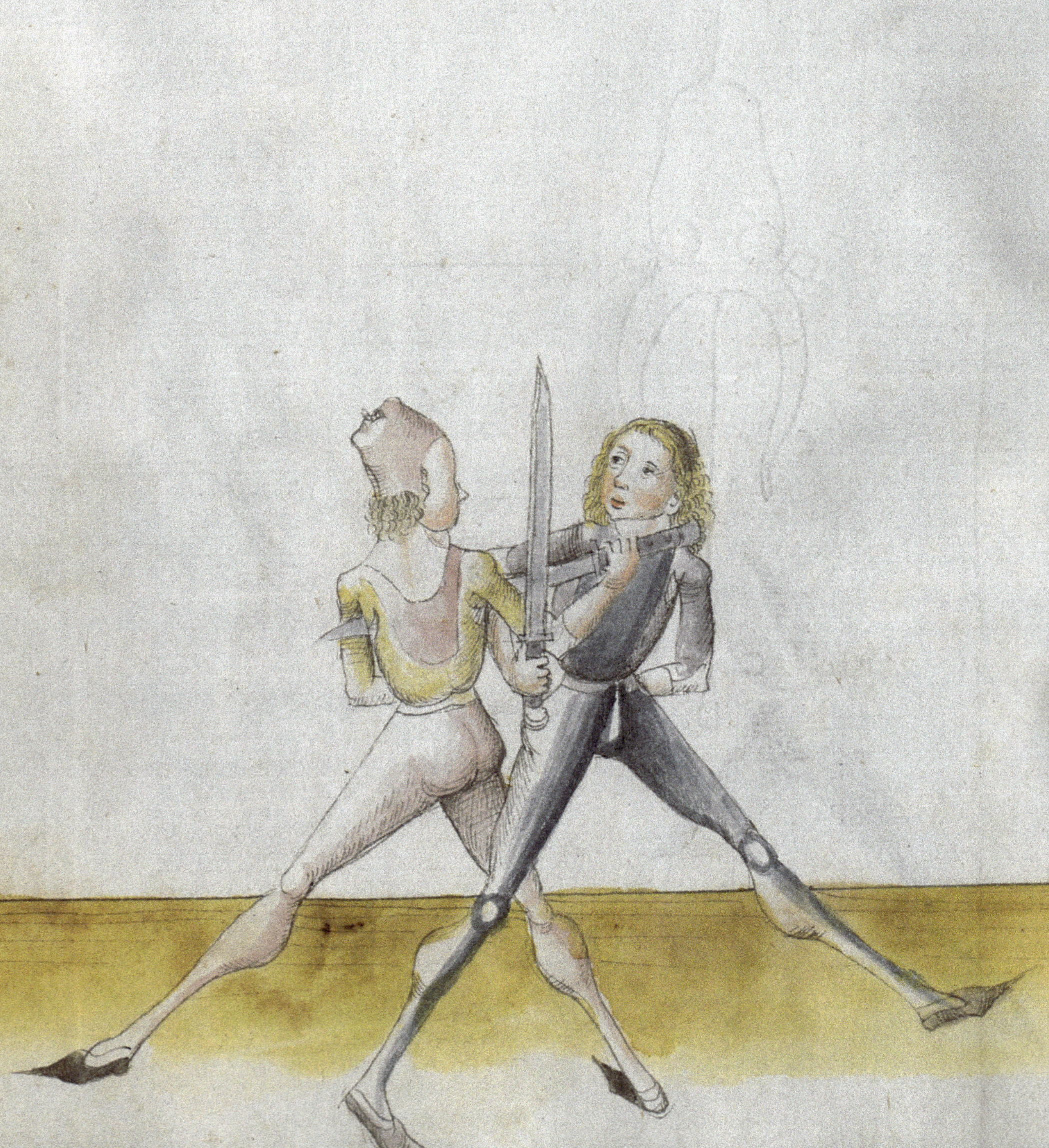

Zu im soltu zücken
Vnd dy handt bez drucken
Hye lertt der meyster aber eyn stuck wye man eynem vahen
solt bey seyner handt vnd thu im also so du mit deynem
gehultz vberstrafft seyn messer vorwar so zeuch mit deyme
gehultz auff seyme messer zu ruck das dy sneyth deynes messers
kum auff seyn rechte handt vnd fall vnder mit deyne lincken
in payde messer vnd auch mit deyne rechten aber in payde messer
vnd druck mit peyden henden vast zu vnd wendt deyn lincke
seyten an deyn rechte vnd mach was du willt etc.

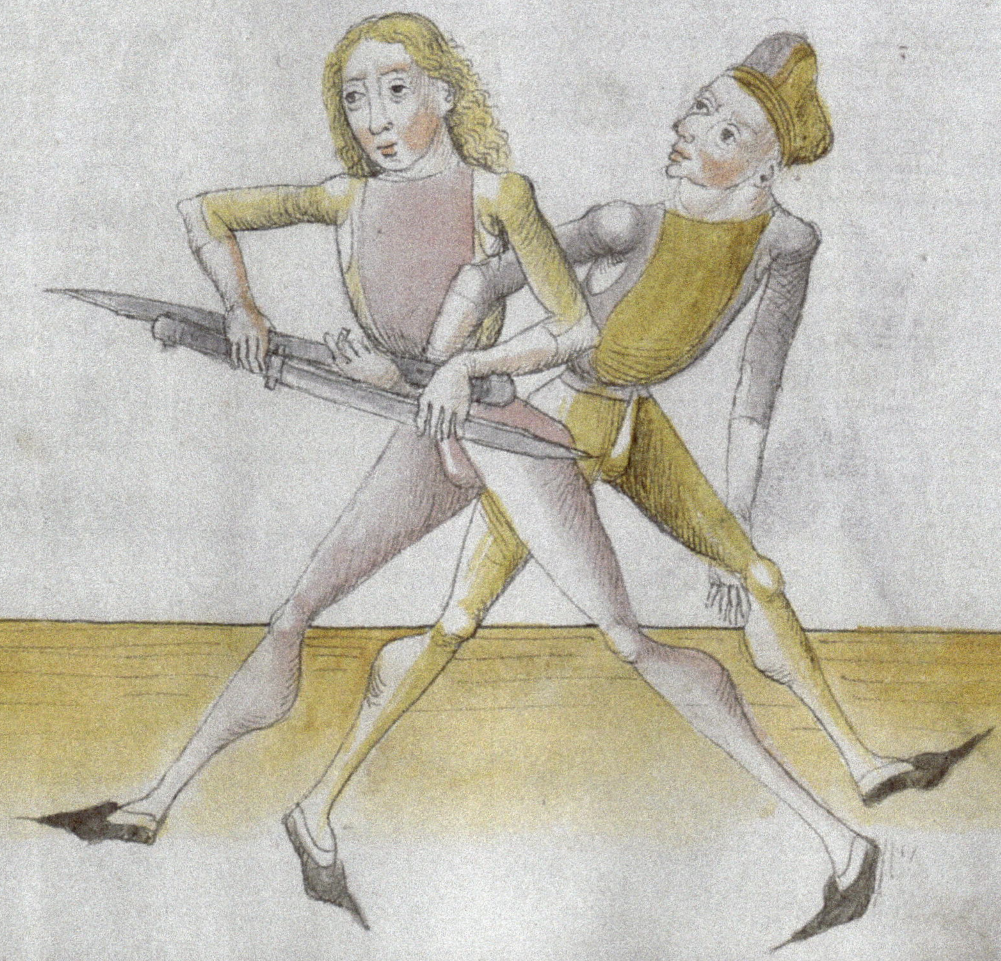

Wiltu ab lauffen

Von paydn seyttn soltu weyssen

Hye lertt der meyster aber eyn haubtstuck vnd sagtt wye du ym
messer ab solt lauffen vnd sprach wiltu ab etc. das soltu also
verstan wann du yn zufechten zu ym kumbst vnd hast
nahendt zu ym mit dem anpinden wiltu den ablauffen mit
dem messer so soltu da mit weyssen als dy fechter wan sy das
gern ab haspeln von paydn seyttn vnd thu geleych als dw
wyd wollest sleg mit dem messer vnd lass das messer von paydn
seyttn abgen doch das der daum albeg vnttn stee auff der
flech des messers vnd wann dw dann sichst das er deym messer
nach gett mit der versatzung indes mach eyn schlag auff welcher
seytten du dan wilt am gewisten meynst zu haben so triffestu yn etc.

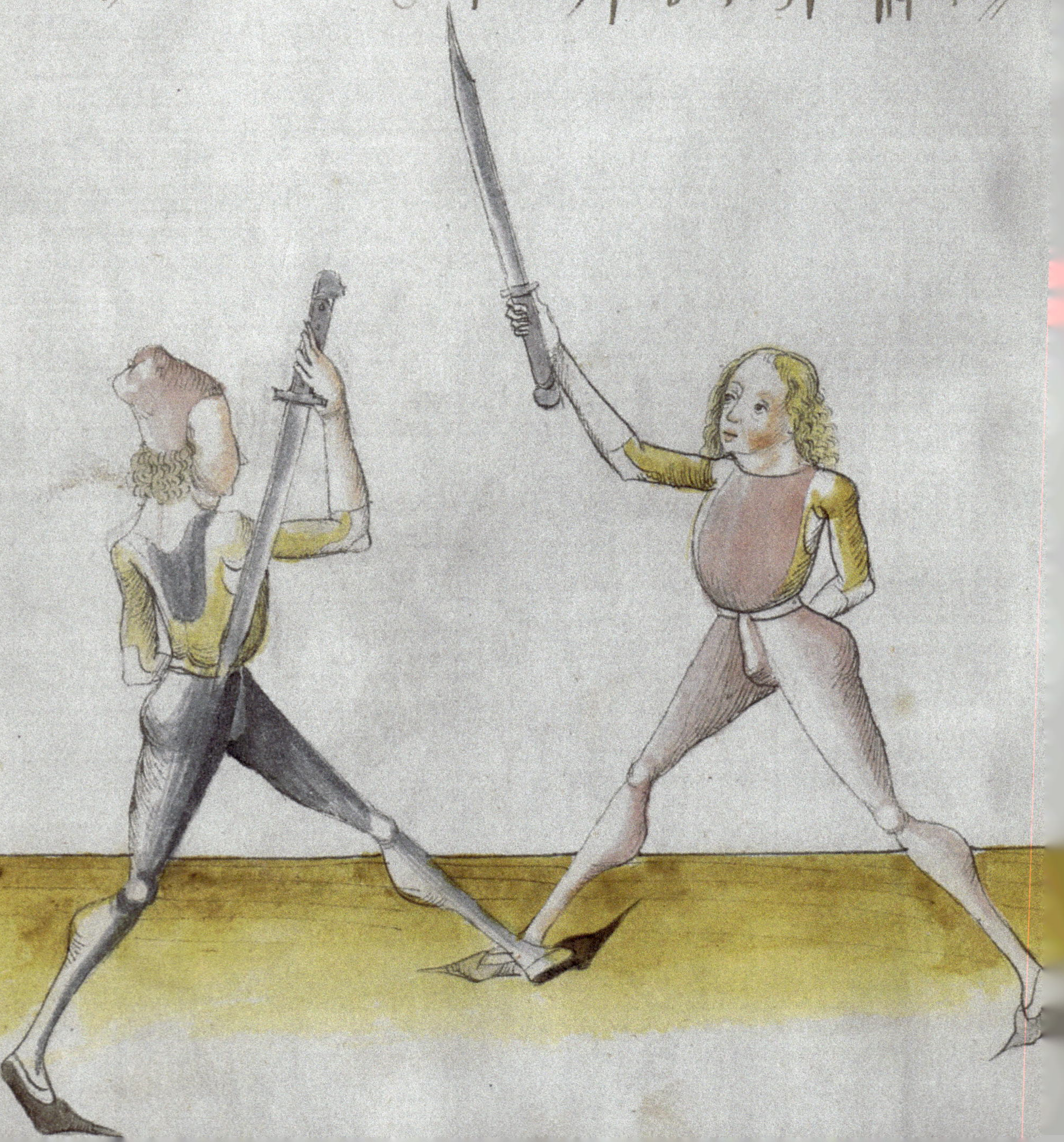

Item oder so du ablauffest der payden seitten Indes so du abgeloffen pist also pald schlag zu der vntern plösse Indes schlag pald wider zu der obern plösse oder schlag Im den ortt In sein prust vnd schlag Indes vochendt zu der payden plösse etc.

Ligt er ym hangunden orcht

Nym das messer an worcht

Mit dem kreutz soltu schruben

Mit payden schneyden dich üben

Hye lertt der meyster wye man sich legen solt In den hangunden ortt vnd dar auß machen sol auff payde seytten vnd schick dich In den hangunden ortt auff payden seytten wye vnten gemalt stet etc.

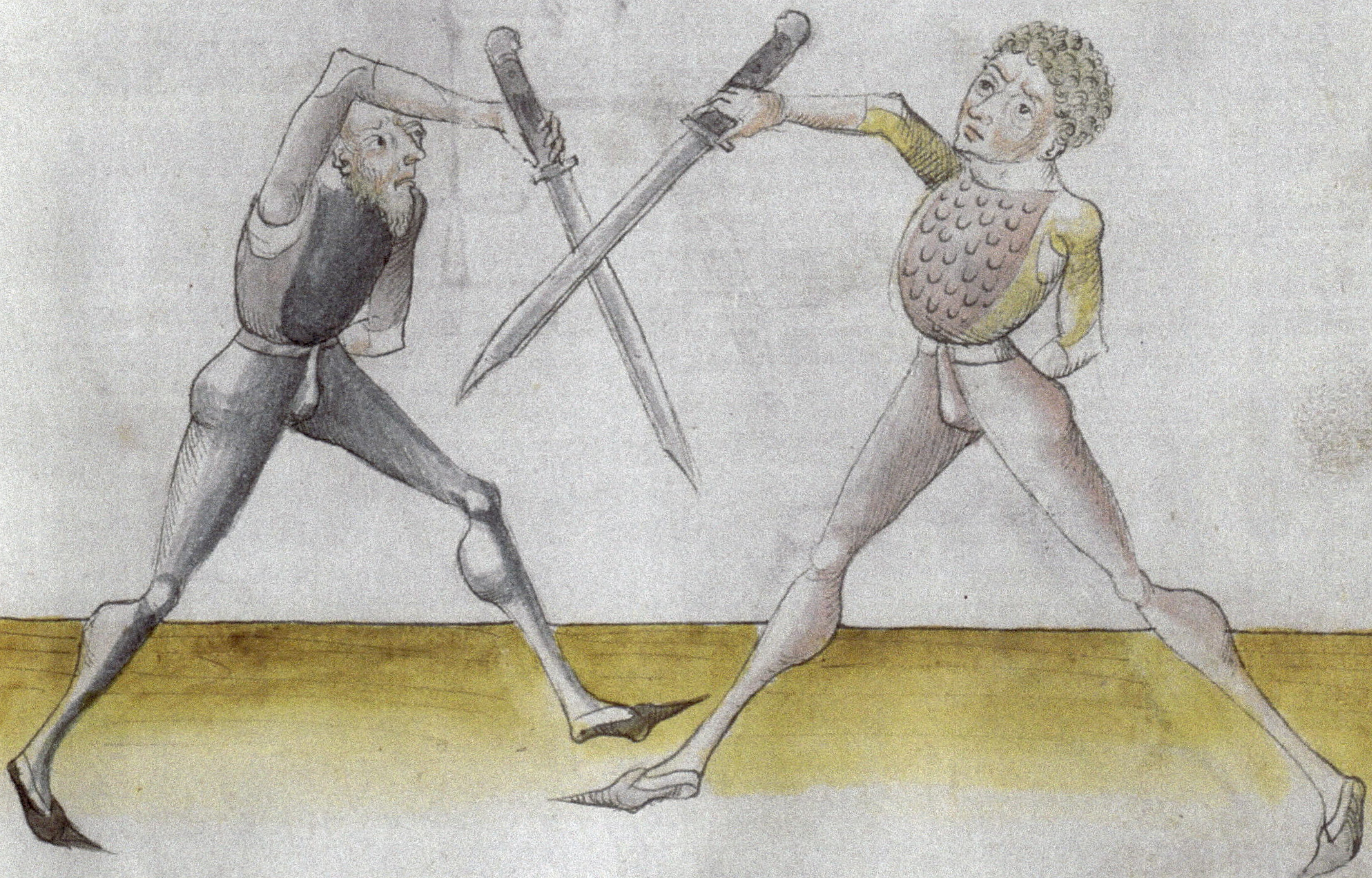

Item hye sagtt der mayster aber von ayne haubtstuck das ist
von dem puenen Nu merck das puenen im messer ist wann
sy im zuvechten zusame kumpt und so sy payde ligtt
im hangunden ortt wye oben gemalt ist ligtt er gegen dir
im hangunden ortt auff dayne rechten seytten und dw ligest
auch auff seyne rechten seytten im hangunden ortt und so sy
also ligtt gegen eyn ander und also stet im paydt so fare
mit dem kreutz auff seyn lincke seytten an seyn messer und
schewb mit dayne messer seyn messer auff seyn rechte seytten
und schreytt uber woll umb auff seyn lincke seytten
mit dayne rechten fuß und schlag in mit der stumpffen
schneyden an seyn kopff etc

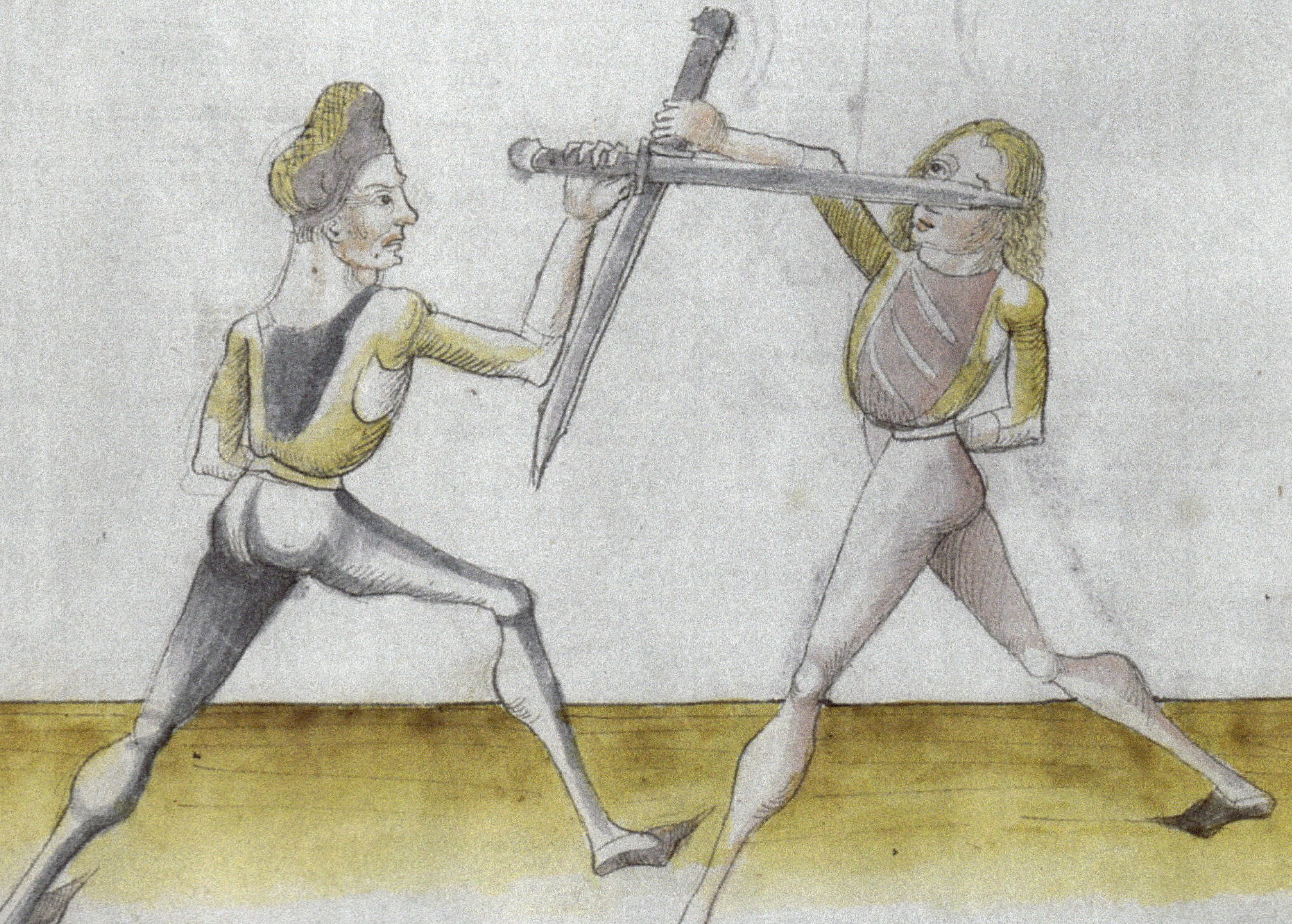

Item ligstu auff seyner lincken seytten an seynem messer im
hangunden ortt so far mit dem creutz oder gehultz auff seyn
rechte seytten an seynes messers klingen vnd scheub im also
seyn messer auff seyn lincke seytten indes schreytt mit deyner
lincken fuss far auff seyn rechte seytten vnd schlag im zu
dem kopff mit der langen schneyden etc

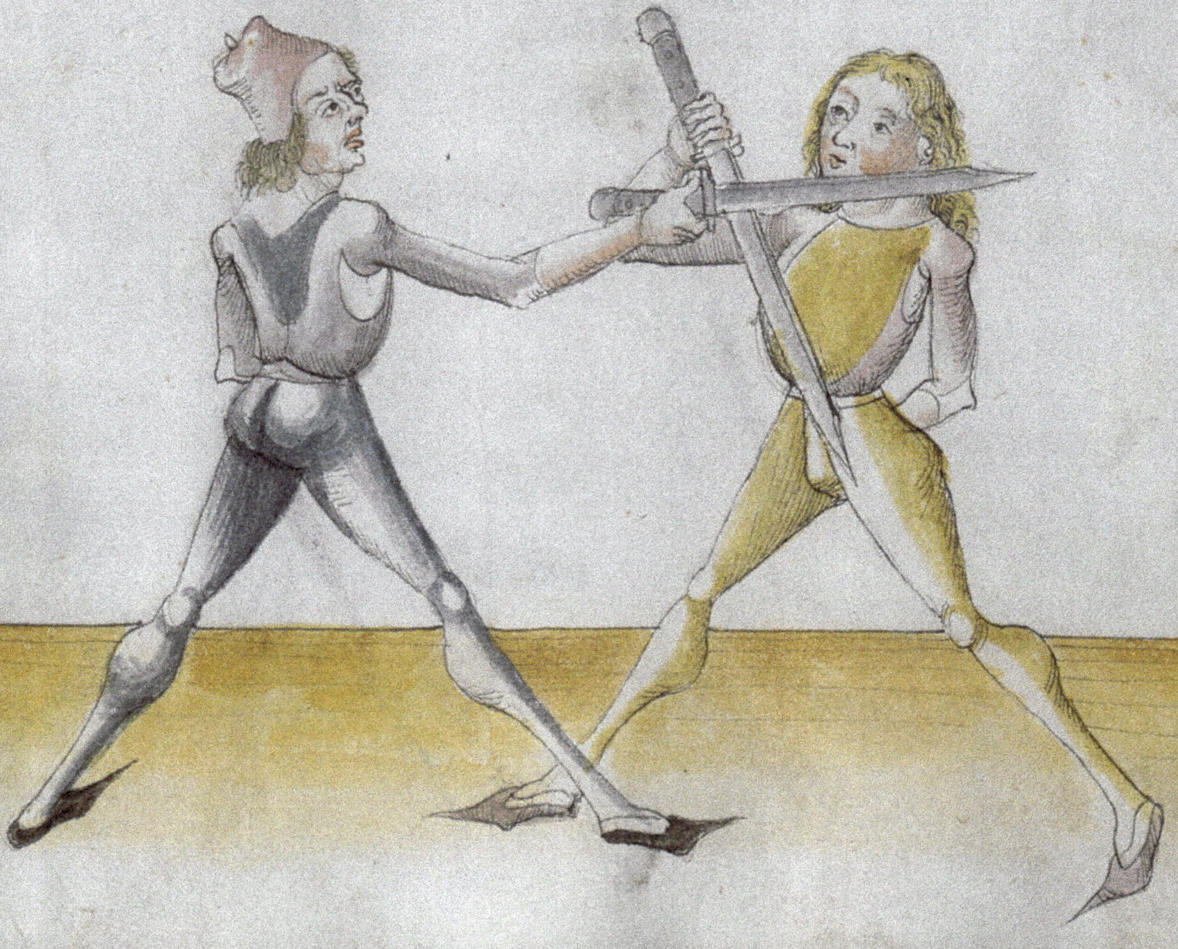

Der im hangunden ortt ligtt
Vnd dy pruene weigtt
Dem soltu durch gan
Wiltu seyn nicht schadn han

Hye sagtt d(er) meyst(er) eyn prauch wid(er) dy pruenen vnd spracht der im zol Das soltu also versten ligtt er im hangundn ortt auff deyner rechtn seytn vnd du auch seyn rechtn seytn Indes dy weyll er deyn messer scheubt auff deyn rechte seytn vnd will schlagn zu deyn linckn seytn zu dem ory Indes zuck deyn messer an dich mit gesencktm ortt vom seyne messer nahendt an deyn leyb vnd kum er mit dem schlag vnd schlag im zu dem ory seyne rechtn seytn

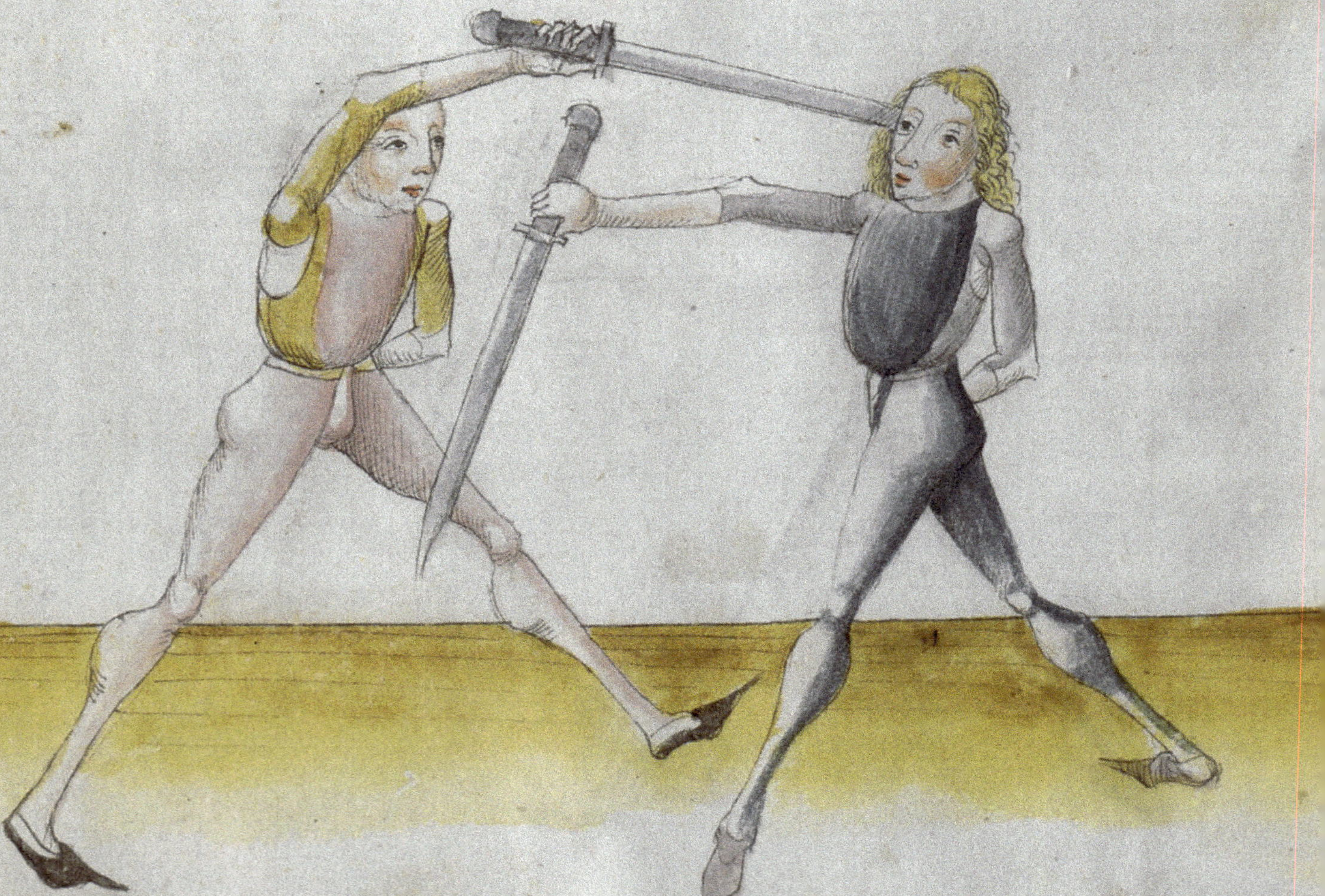

Item ligstu auff dyner lincken sytten jm hangunden ortt vnd
er ligett auch gegen dir auff syner lincken sytten jm hangun
den ortt vnd will dir dyn messer nemen mit synem messer
so merck dy weyl er dyn messer schewbt so zuck dyn messer
gegen dir nahendt zu dynem lyb vnd kum er mit dem
schlag dem er vnd schlag im zu syner lincken or indes
wendt gegen im dyn messer vnd stich im zu dem gesicht
ob du wilt etc vnd der prauch ist fast letz vnd nicht
am pesten vnd so du nicht wyter kunnen magst so magstu
dich darnach do mit behelffen

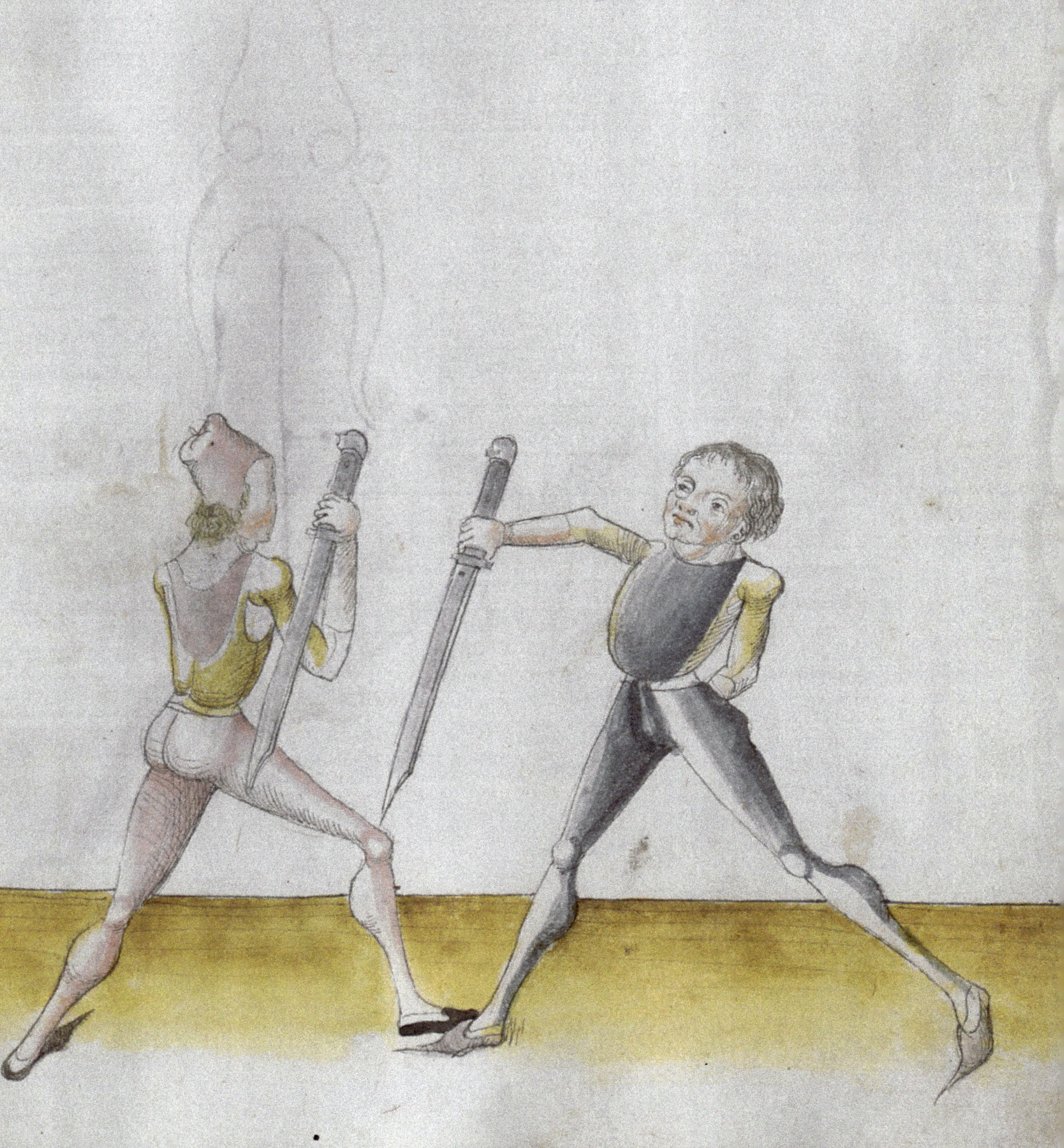

Item als seyn prauch vnd ist der pest will er dich prechen als vor so merck dy weyll er dir nach deyne lyncken orn schlacht vndes far auff mit deyne messer als vor vntt seyn messer vnd setz im den ort an seyn hals auff seyn rechten seytten vnd mach vndes was du willt etc

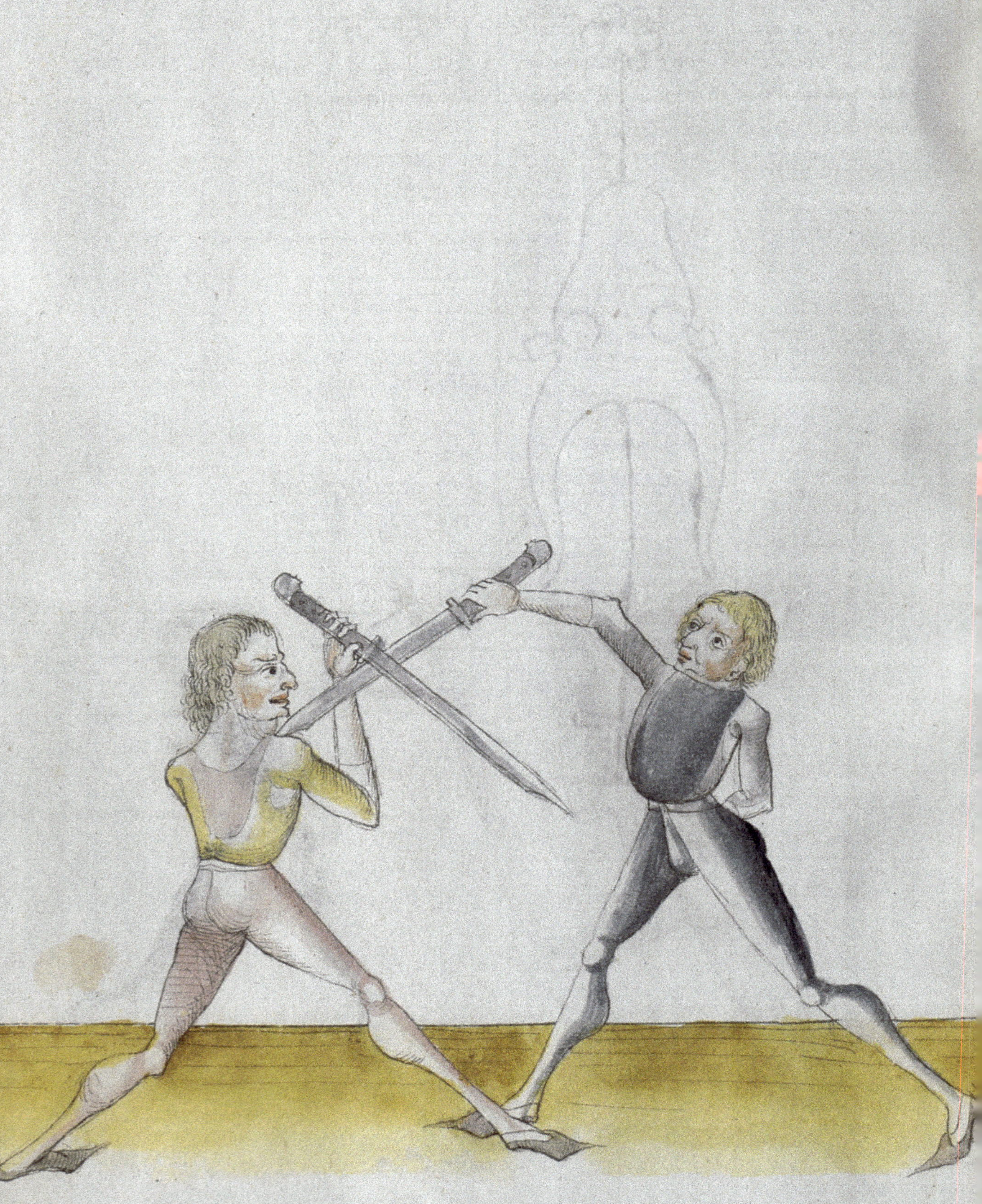

Item eyn pruch wid' dy zuckn Im hangundn ortt Will er
mit seyme messr zuckn In dem hangunden ortt Indes so er
auff sezt mit seym gehultz vnd will zuckn so far mit
deyme ortt starck nach seym gesicht vnd heb deyn arm hoch
auff vnd laß In nicht von dem messr kume vnd volg
nach der ploß vnd seyme messr mit dem ortt etc.

Item ligt er dir Im hangundn ortt auff deyner rechtn seyttn
vnd du ligst Im auch auff seyner rechtn seyttn So thu
sam du In drengn wollst zu der ploß auff der selbign
seyttn Indes zuck vbsich mit deym gehultz vnd messr
vnd stich Im obn eyn zu der ploß seyner lincken seyttn
Der pruch dar obn gehortt vber ditz stuck etc.

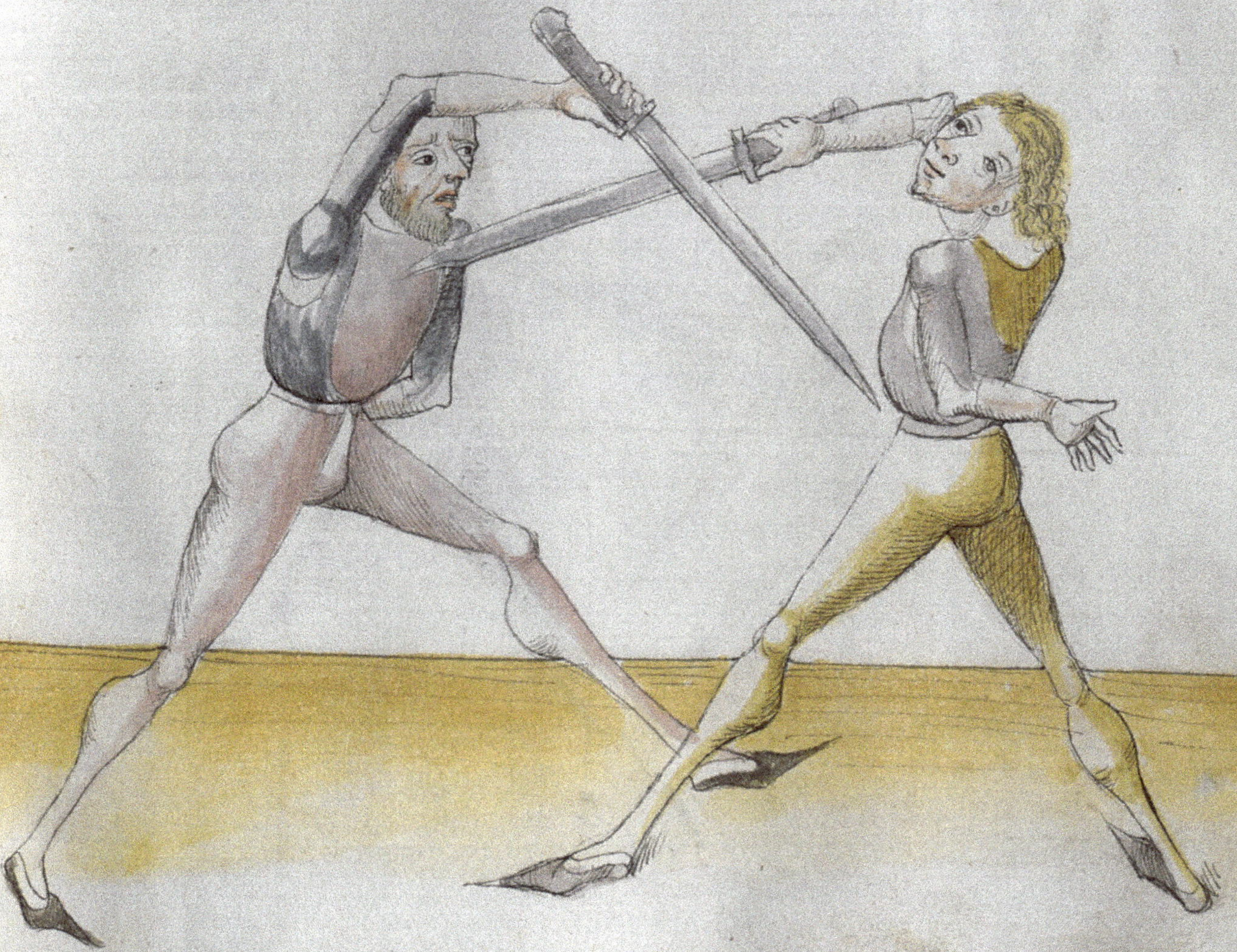

Wiltu jn preme
Mit lincker handt wer neme
Zuck wechsel ob du wilt
Dy wach hab hinder dem schilt

Hye sagtt der mayster wye man den man preme solt vnd
wiltu jn zel Das soltu also verstan wiltu jm seyn messer
neme so thu jm also So er pard ligt jm hangunden ort auff
seyner rechten seytten vnd er auch auff deyner rechten seytten So
prym jm seyn messer woll auff seyner rechten seytten Indes fall
mit deyner lincken handt auff seyn handt an das gehultz des
messers vnd reyß vntersich so nymbstu jm das messer zu

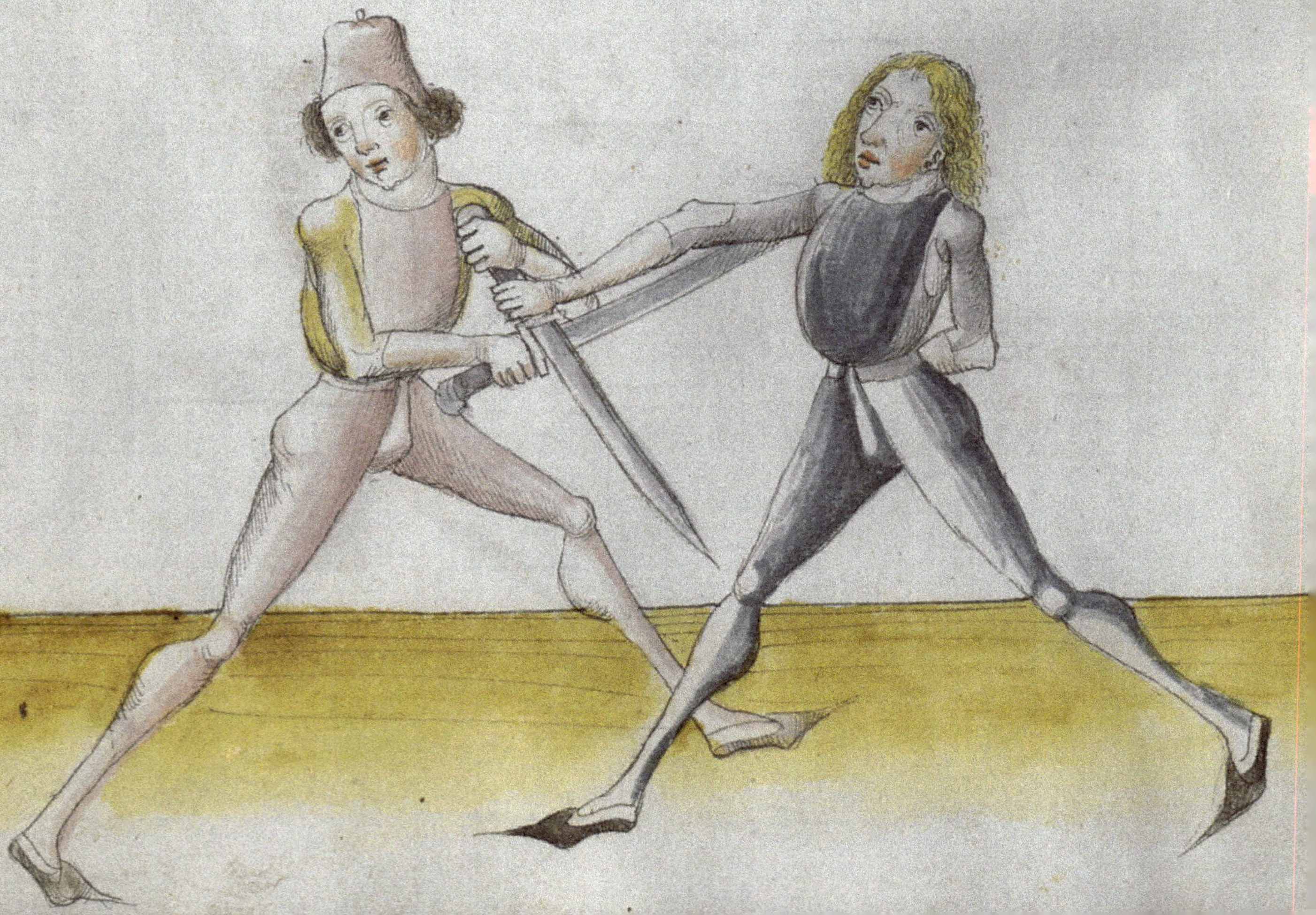

Item ligt der paurd als vor so prüfen im aber mit lerer
hand und thu im also So der paurd ligt im hangunden
ort so greyff mit deyner lincken auff seyn lincke seytten
durch seyn messer und fall außwendigs ober mit der lincken
hand zwischen seyn messer und deyn rechten handt aber
ist er prunnen mit lerer handt etc

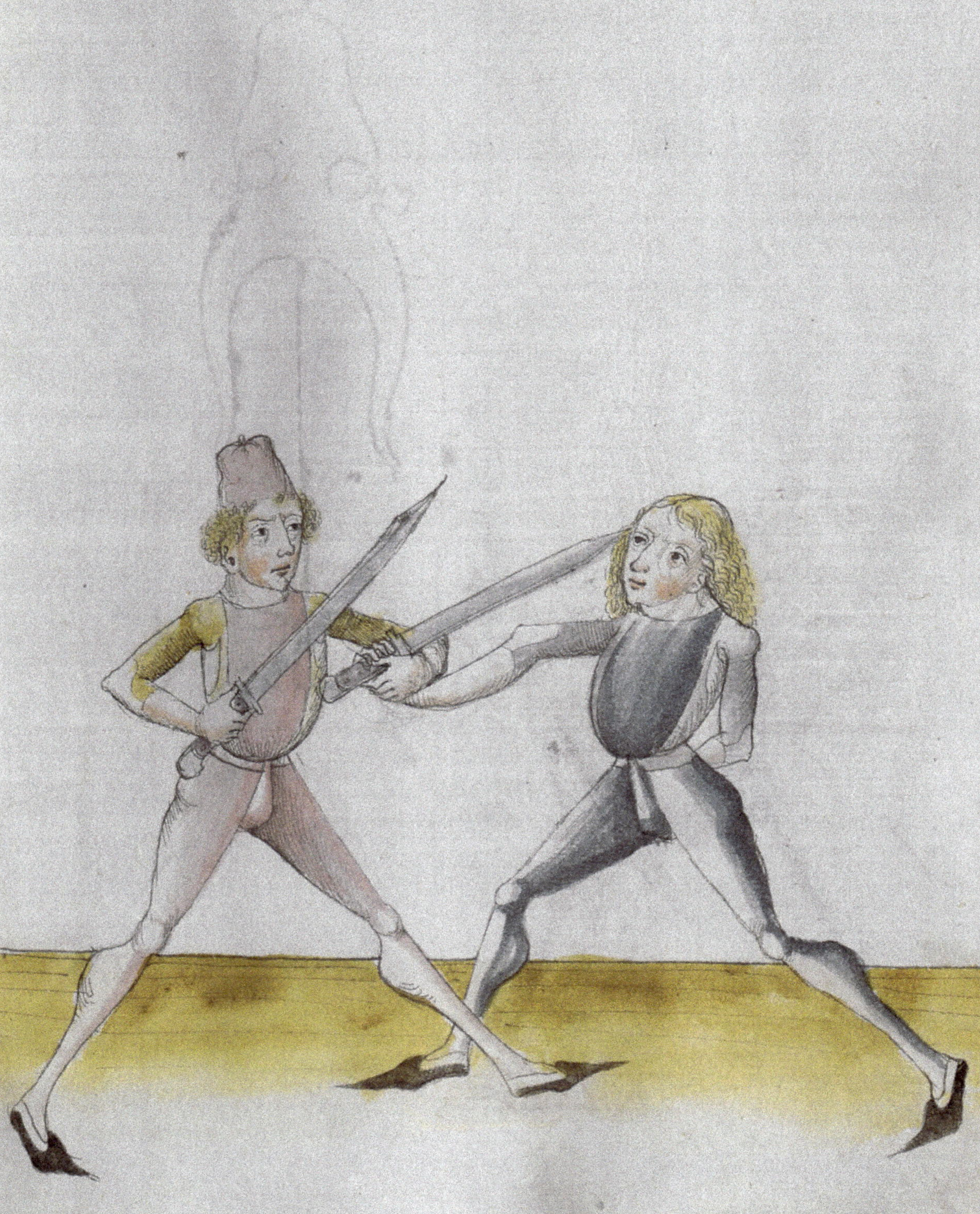

Hie ligent sie peid im hangunden ort so wendt aber dein hand vberschlagen gegen sein tenken vberschlagen vnd greyff vnden mit deiner lincken handt in peyde messer in die mit vnd fax mit deinem gehultz vnten durch sein arm außwendig in das gelenck seiner rechten handt vnd reyss vnder sich starck auff dein rechte seytten mit dem gehultz etc

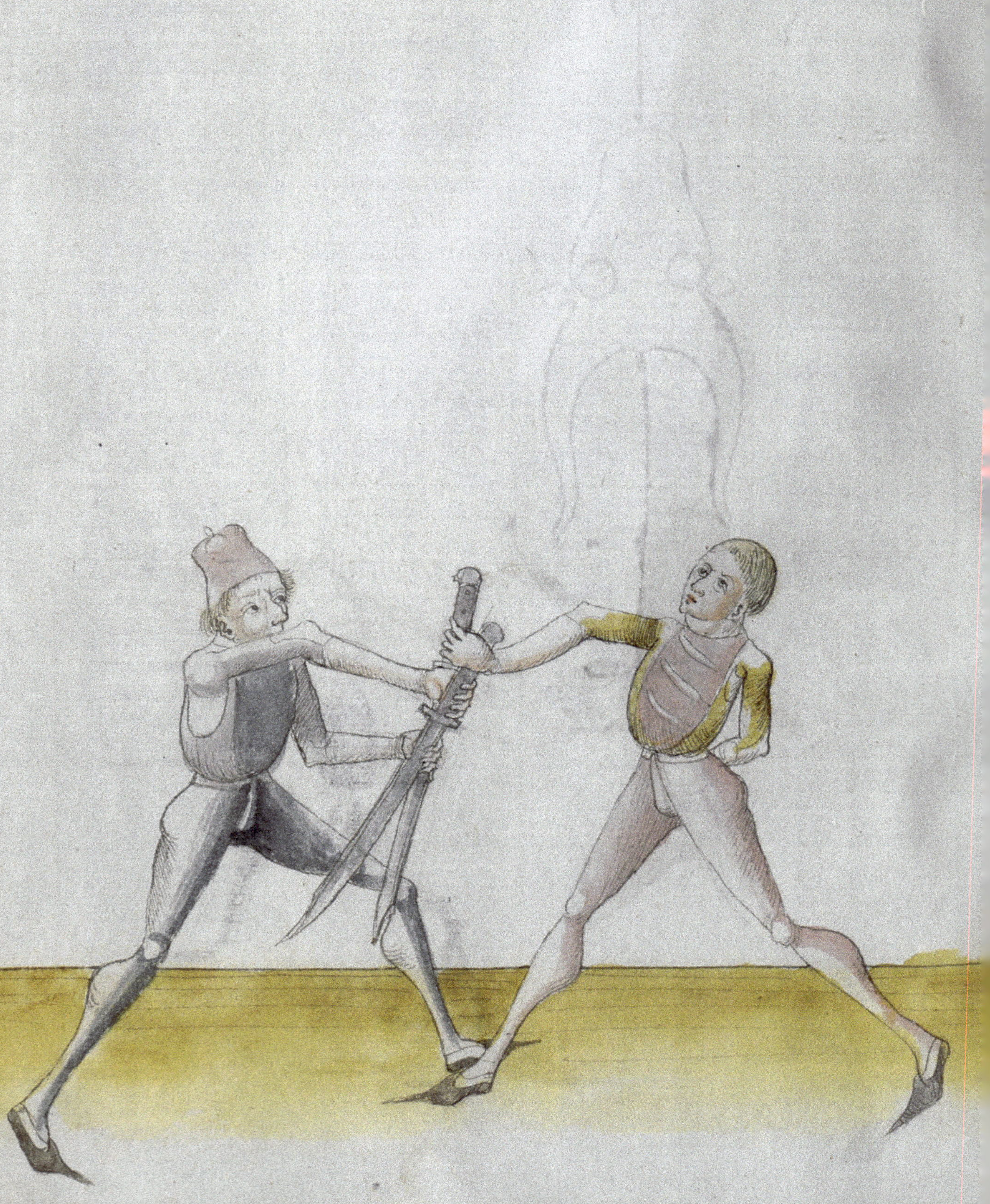

Item ligstu im hangenden ort als vor so magstu auch
durchziechen vnd auch durchwechsseln schnellen etc.
Ich thu im also als du wollest stechen zu den vntern Zynne
Indes stich besytt auff sein rechte seytten vnd lass in
nicht mit dem stich vnd schlag in mit dem krawtschaw
zu sein linchen seytten zu den obern Zynne etc.

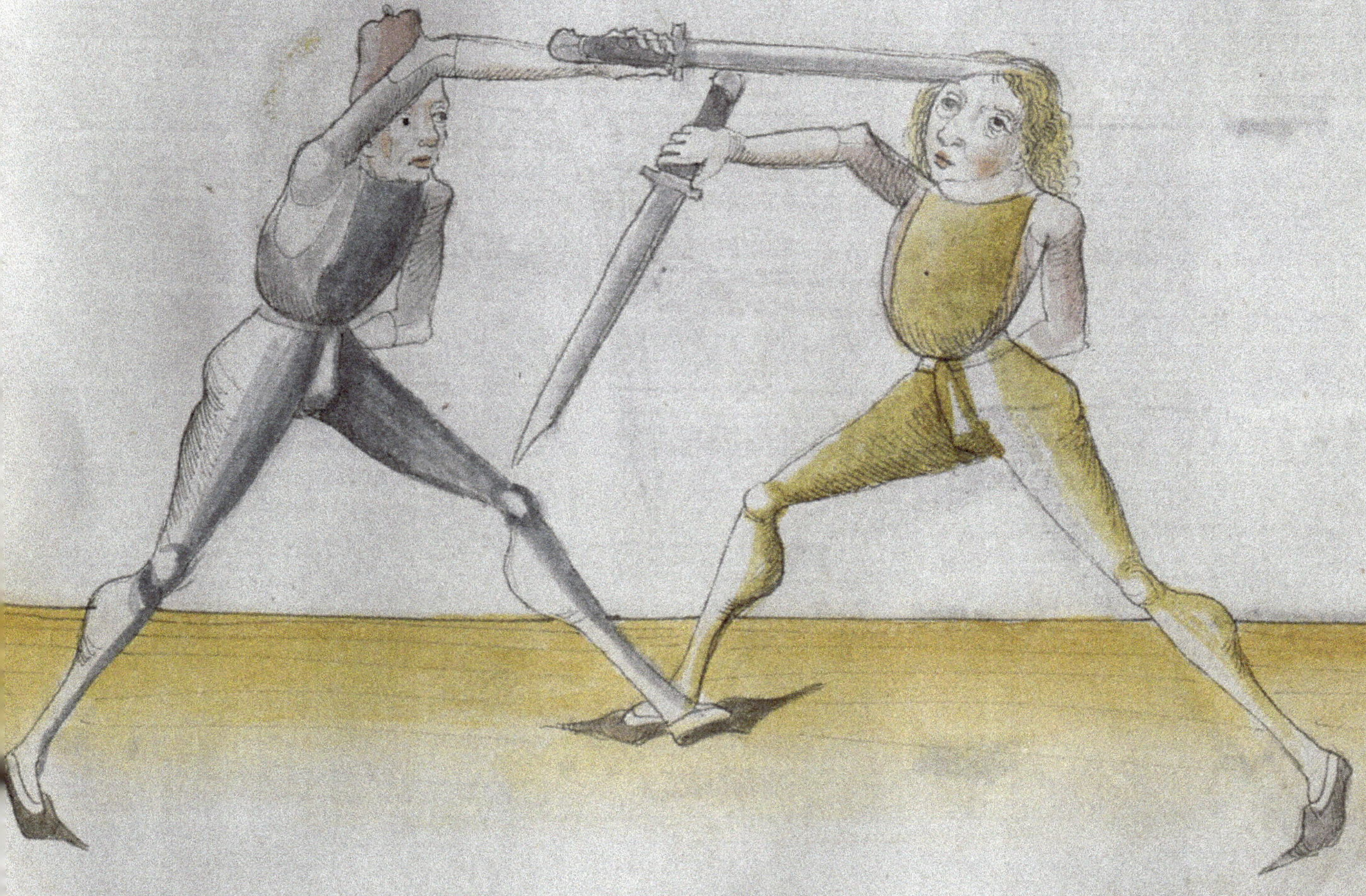

Item So ir payde lygtt als vor Iudeis wendt mit deynem
messer gegen seym messer das der dawm oben ste vnd
stich im behentlich zu dem pauch Iudeis wendt wyder
auff deyn lincke seytten das dy stumpff schnaid vnden ste
vnd stich im zu der vorigen dynne etc

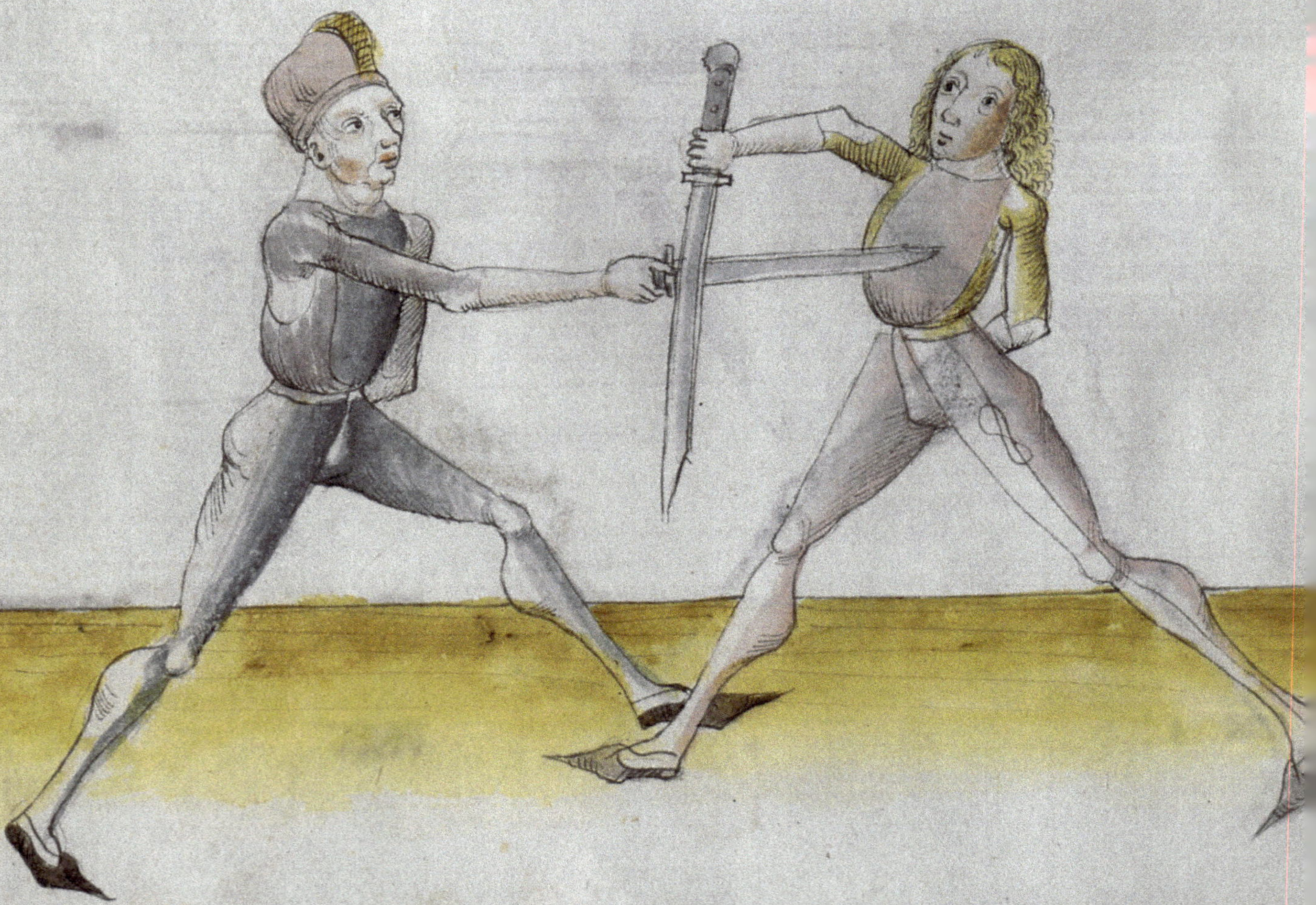

Jtm so du stest als wil so thu geleych Als du Jm zu dem
pauch wollest winden vnd stich Jm den langen ort sider
zu dem gesicht etc.

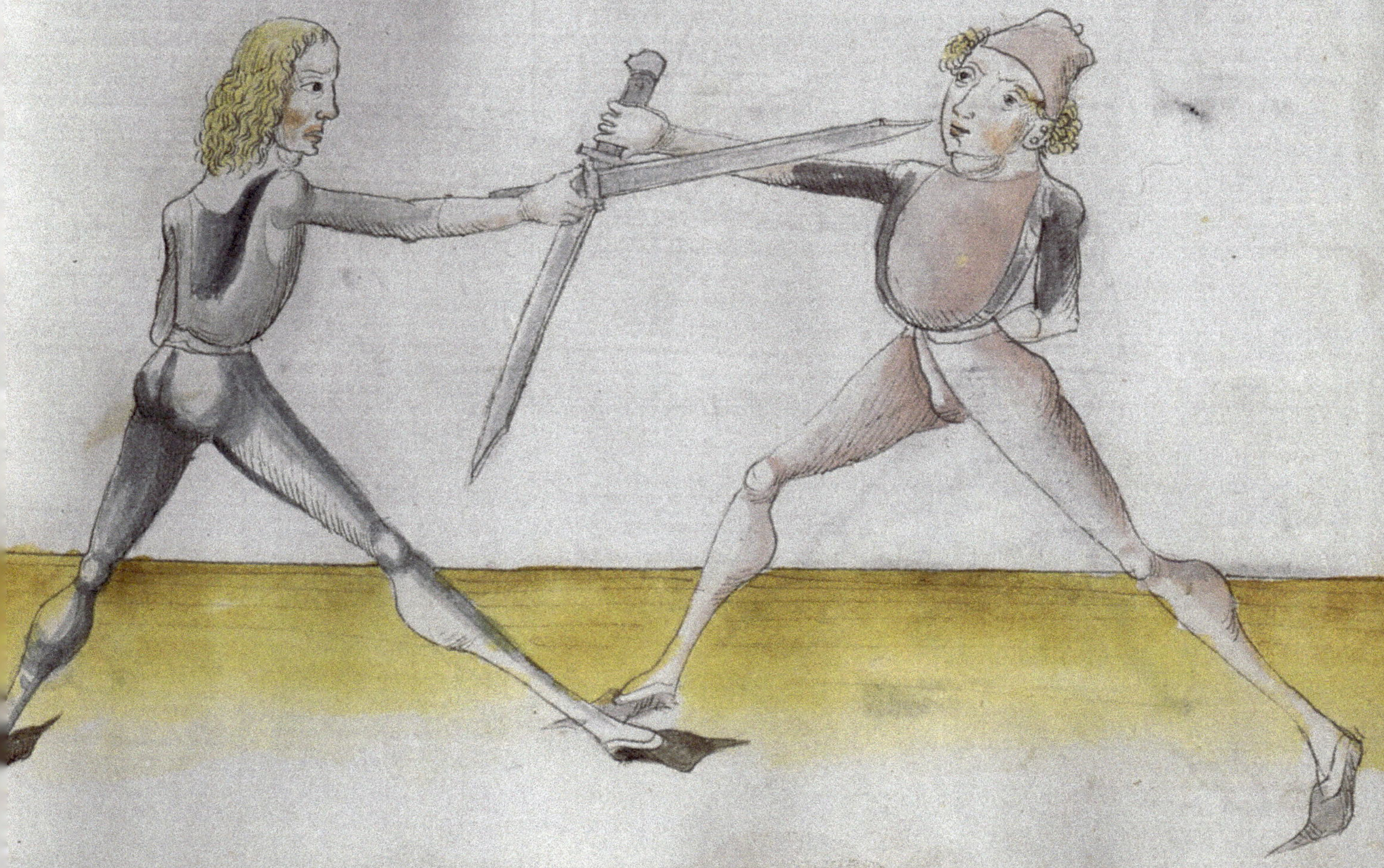

Im winden pis bericht
Deyn ortt trifft vnd seyne pricht
Messe wenne solt er weren
Mit reyssen dich zu im keren

Hye sagtt der mayster eyn prauch vnd spricht Im winden zel Das soltu also verstan Stestu im hangunden ortt gegen seiner rechten seytten vnd er windt seyn messer gegen deyne vnd will jnders durchgen mit dem ortt zu deyne gesicht jnders windt auch gegen seyne messer vnd far da mit hoch auff zu seyne gesicht so trifft deyn ortt vnd der seyn wenett ab gesicht zel

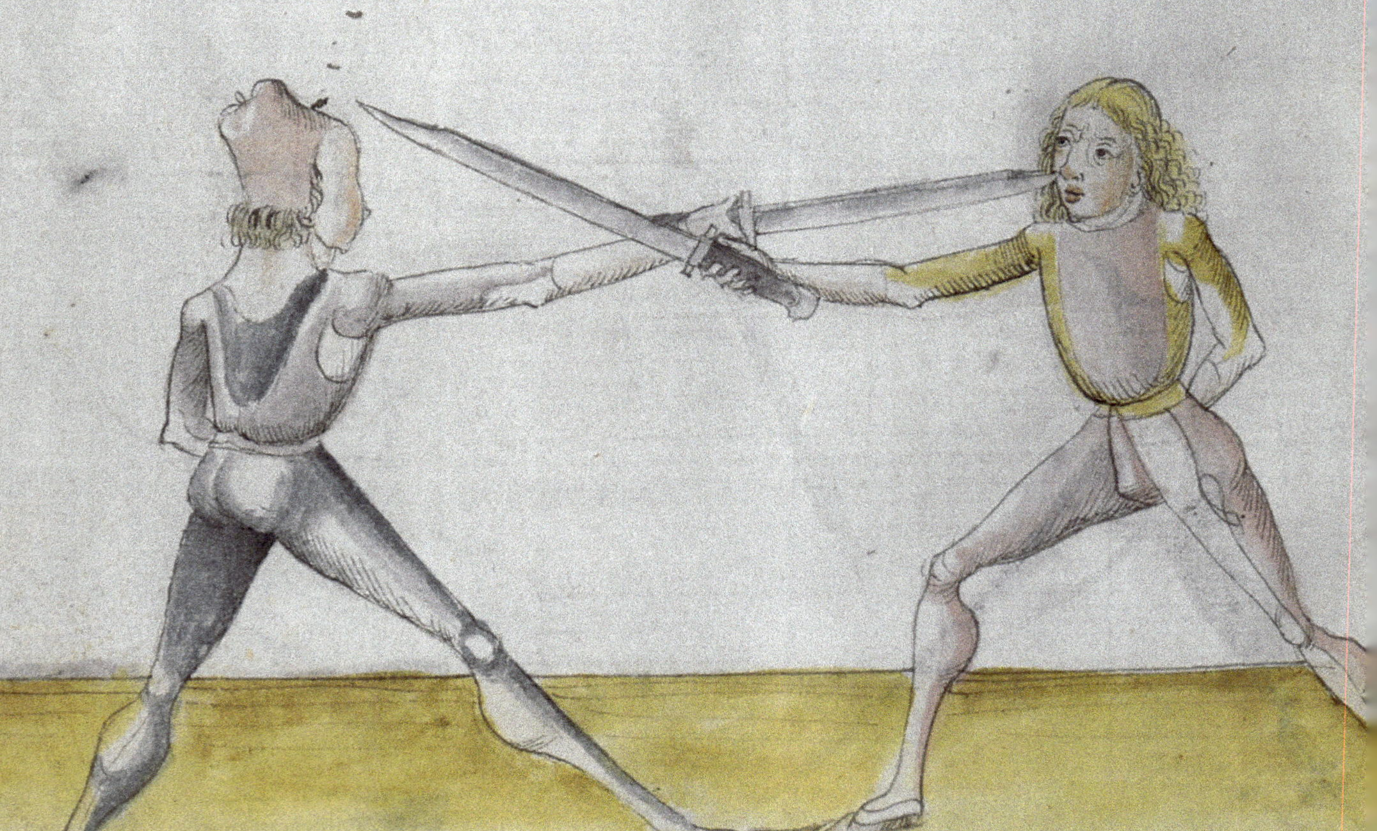

Hie hye sagt der maister von pauch wer das stuck das
er dich im windn an den pauch sticht vnd will du das
prechen so thu im also Wer er dir nach dem leib will faren
vnd windn will gegen deyme messer vnd dich stechen in den
pauch indes so er windn ist gegen deyme messer so fare
auff vnd stich im den langen ort zu seym gesicht wie
vndn gemalt stett etc

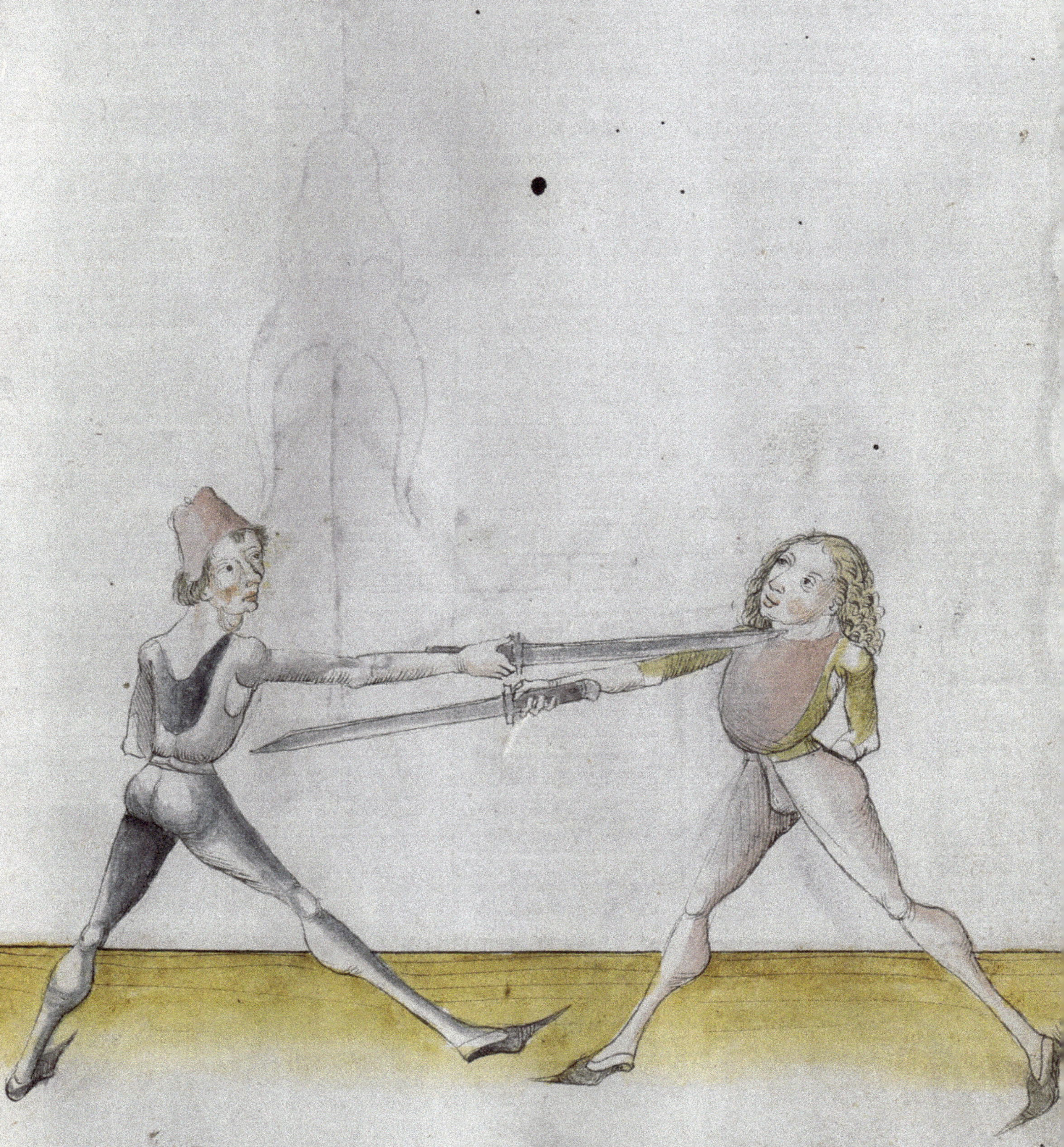

Item ain ander pruch wyder das zuckh in dem hangunden ort
so du mercken pist das er sein messer an sich zuckt vnd
will dir durch zuckh indes so er auff felt mit dem gehultz
vnd auch aim indes far im mit hangundm ort zu seinem
gesicht vnd loss in nicht ab kume vo deinem messer noch
durchzuckh etc

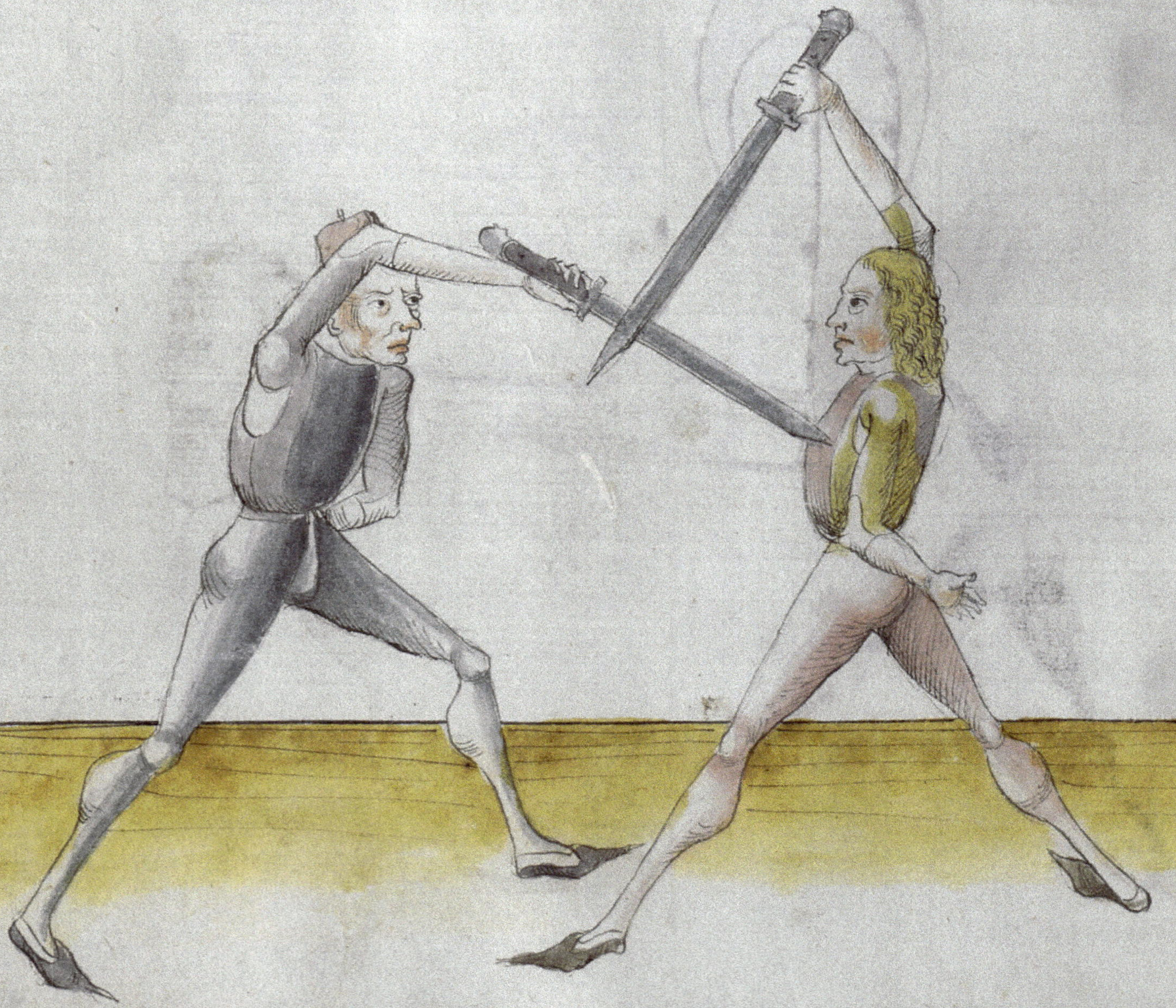

Item Eyn prauch wyder das messer nemen Im hangunden ortt
Nymt er dich auff deyn rechten seytten vnd greyfft mit seyner
lincken handt auswendigen auff deyn rechte handt In das gehultz
vnd will dir das messer nemen Indes so far ~~vnttr~~ e er vntsich
druckt so fall mit deyner lincken handt vnden an das gehultz
vnd mit deyner rechten far wyder oben an das gehultz vnd reyss
mit payden henden starck vntsich so nymbstu Im das messer
wyder vnd hawest In durch den kopff etc

Item das ander messer nemen prauch auch mit disem ee gemelten
prauch der do heysset fray auffgezawmbt etc

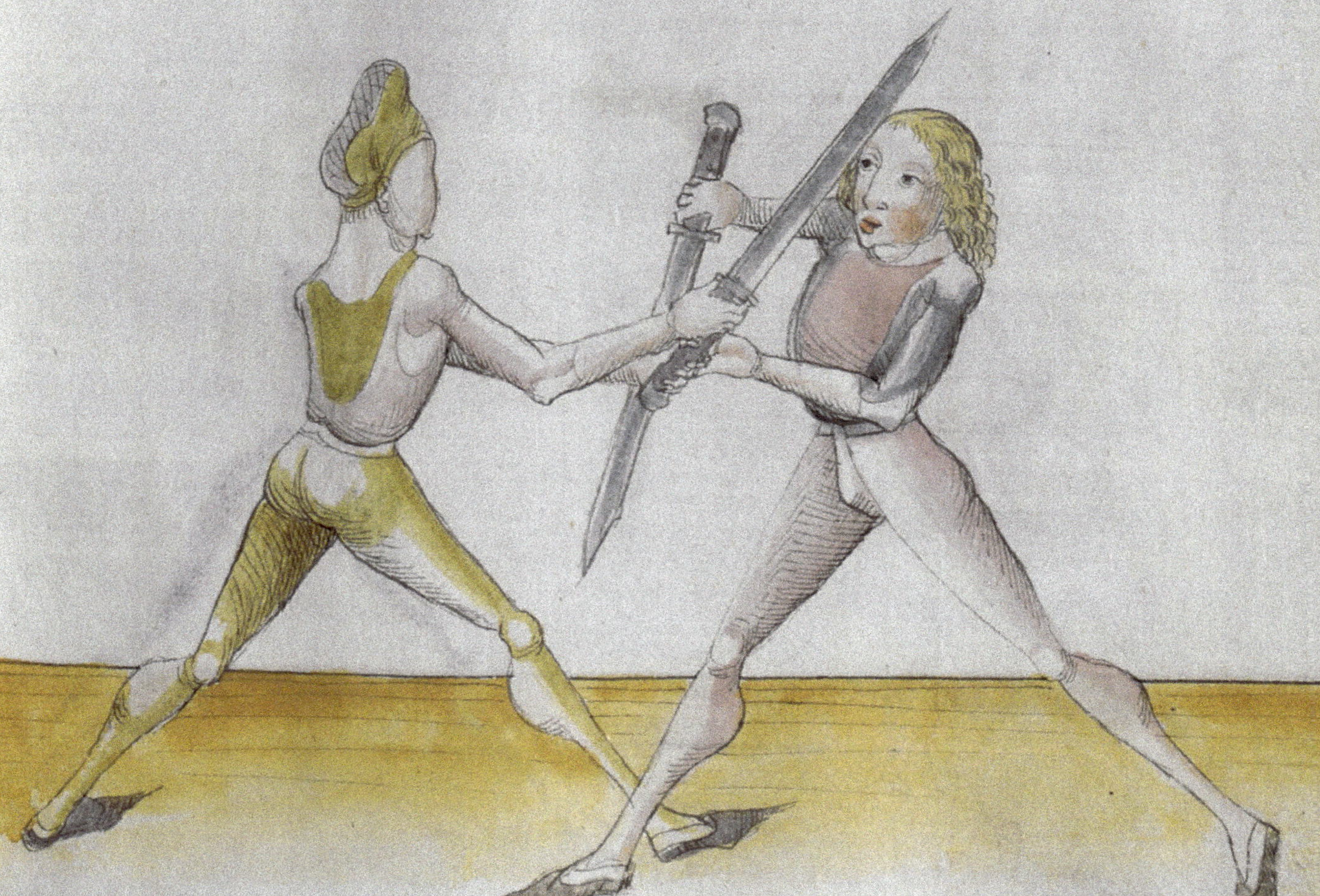

Durchgee die zynne
Hew stich schnytt lere vindn
Die stuck soltu woll bedencken
Vnd do mit die meyster krencken

Hye sagt der meyster wie man mit dem messer durchgen sollt vnd das durchgeen ist stete gutt Jm messer vnd Jm porett Du stest nohendt oder ferr so magstu die zynnen mit ortt hewen oder schnyden Item wenn er Jm zuuechten zusame kumpt wiltu denn die durchgen machen So thu Jm also haw von deyner rechten achsel gerad eyn oberhaw zu Jm eyn auff seyn lincke seytten Indes er dir versetzt mit dem haw So wendt die stumpff schneyd gegen seyne messer vnd streck den ortt nyder vnd gee zwischen Jm vnd dir auff seyn rechte seytten vnd schlag Jm zu dem kopff etc

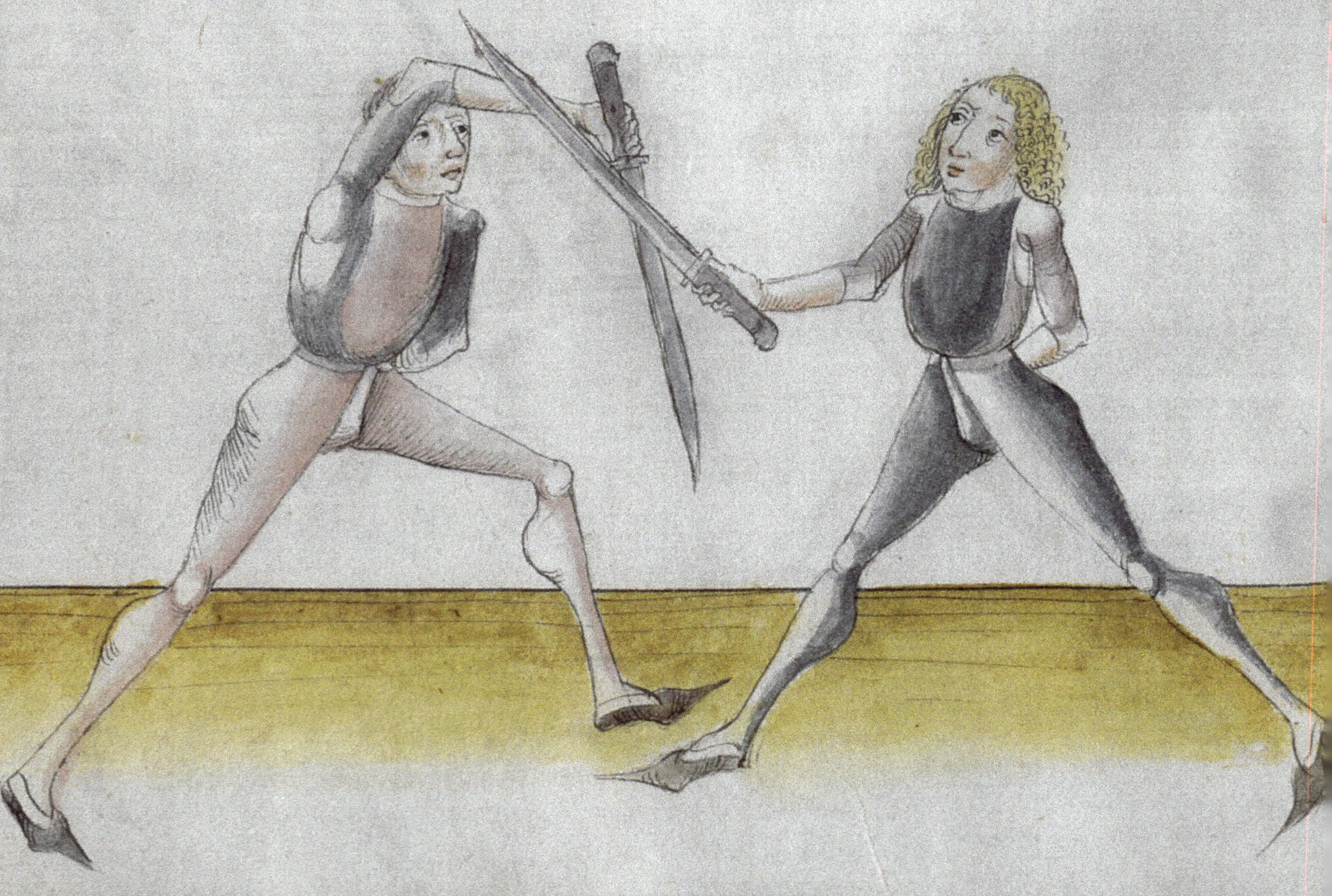

Item kumbt er zu dir im zwerchen So haw aber ein obhaw sterck
auff sein lincke seytten zu dem kopff sider wendt gegen seinem
messer dy stumpff schneyden vnd lass den ortt ynd sincken vnd
far zwischen dir vnd im auff sein rechte seytten vnd stich im
oben ein zu dem gesicht vnd wendt dein messer das dy stumpff
schneyd vnden sey etc

Item So du also auff dein rechte seytten gestochen hast in dem
zwerchen also magstu auch sider durchzucken vnd wyderumb
stechen auff sein lincke seytten etc

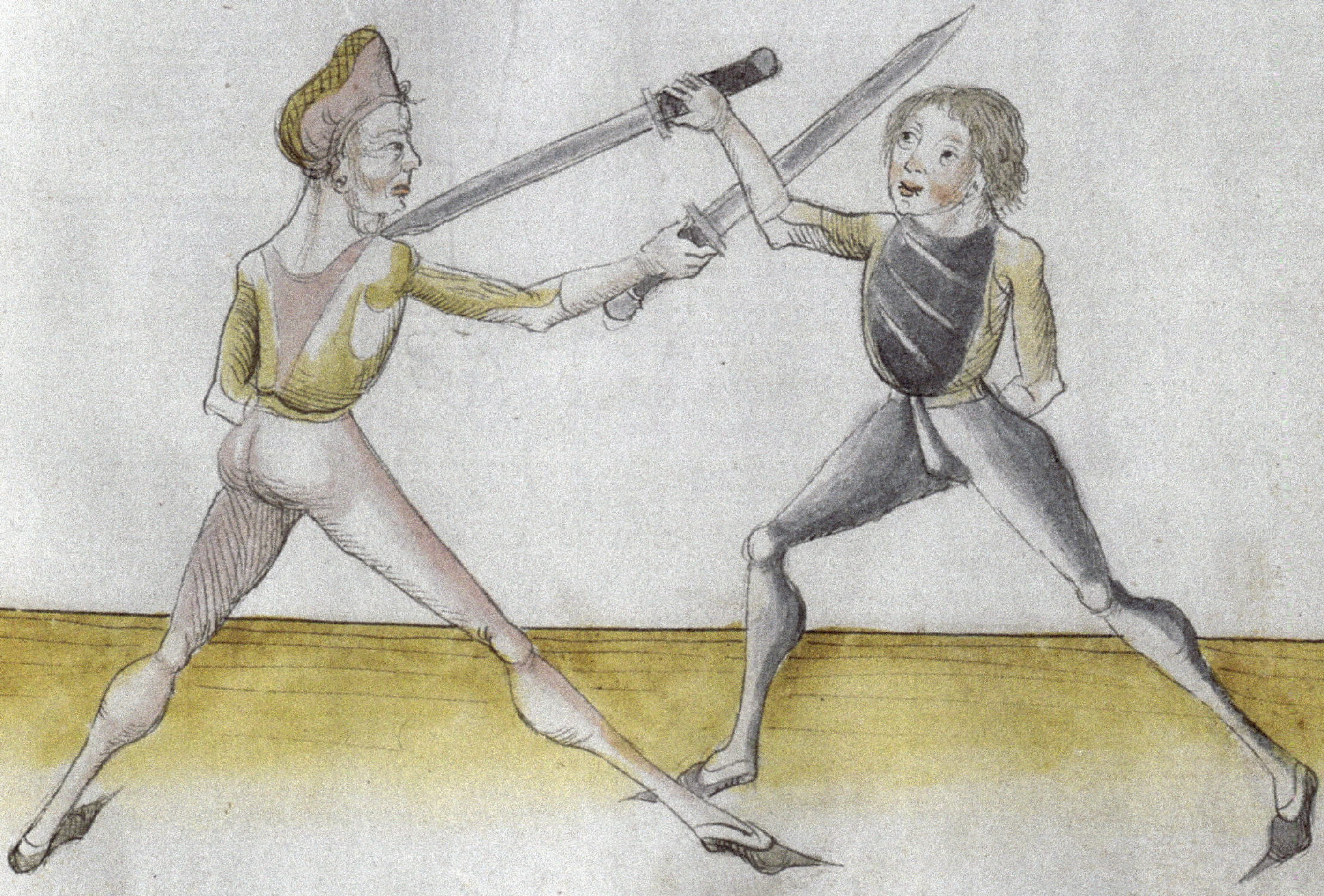

Item du magst dich auch versuchen ob du im magst durch
payde wang stechen und thu dem also So du zu dem
man kumbst in dem zuvechten als vor yndes haw
im starck ein kurtz gezhaw auff in als vor yndes ger
durch mit dem messer auff sein rechte seytten und stich
in zu dem gesicht yndes zuck das messer wider an
dich und stich im zu seyner lincken seytten zu dem gesicht:

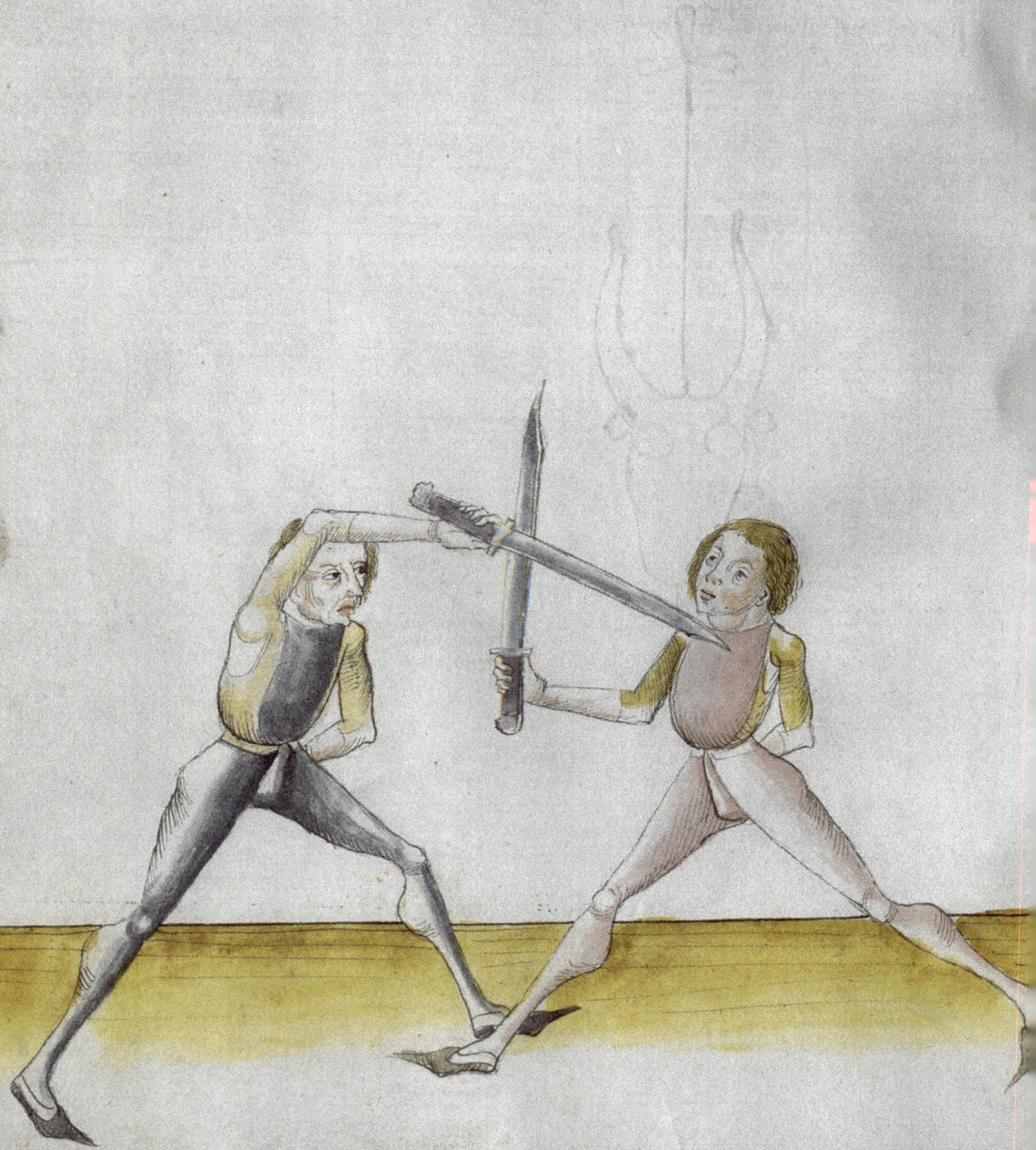

Item haw eyn abhaw auff seyn lincke seytten als vor und
ge aber durch und stich im auff seyn rechte seytte zu dem
gesicht Judes far auff mit dem messer und far uber dem
haubt das der daumen unten auff der fläch sey und wenn
du wilt dy mitt dameis haubtz kunst das dy spitz hinten
ub den kopff hyn auff steig und das gehultz gegen dem
man Judes haw abe wyd eyn auff seyn rechte seytten zu
dem kopff oder schneyd im starck uber seyn arm oder
erbeytt mit dem duplieren od Judes haw zu den unter
zymmi etc

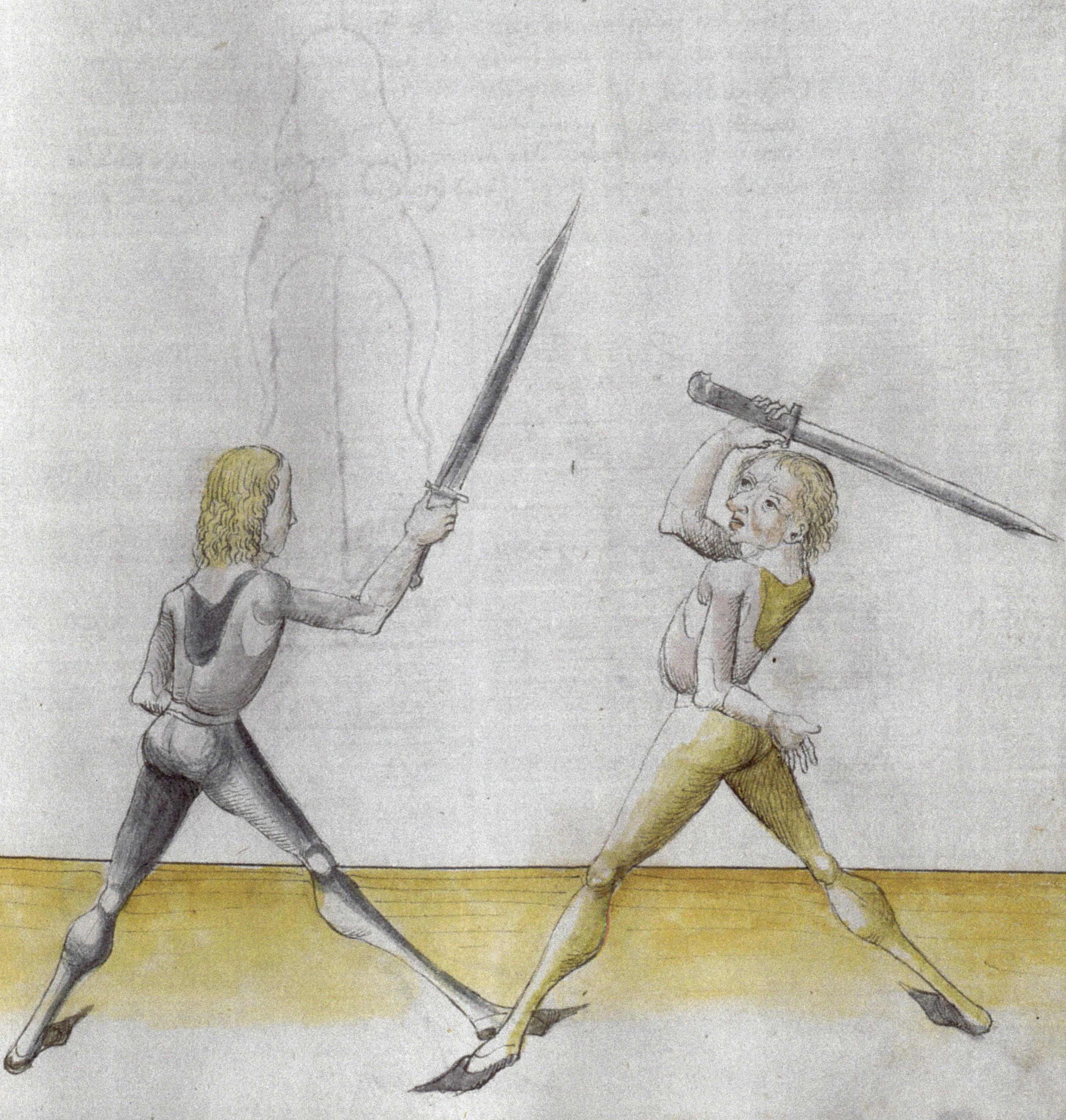

Pogn zwiuach
Deyn erbeyt do mit mach
Von paydn seyttn
Zu mach lere schreyttn

Hye sagt d' maist' ab als von aym haubtstuck als von dem pogn vnd vo seyne aigenschafft das ist nun zu merckn vnd zu wissen das auß dem pogn vill guttr stuck vnd maist' nemen kume vnd vill stuck habn je dar prengn auß dem pogn

Item den pogn mach also halt deyn maist' auff deyne lincken seyttn oberthalb des knys das der ortt gegen dem man stee So er dem auff dich pindt vo seyne rechtn seyttn auff deyn lincke seyttn so peug mit deyne maist' fur deyne leyb auff deyn lincke seyttn das der ortt am wenig gesinckt sey vnd der daum vntn stee vnd dy stumpff schnayd gegen dir stee

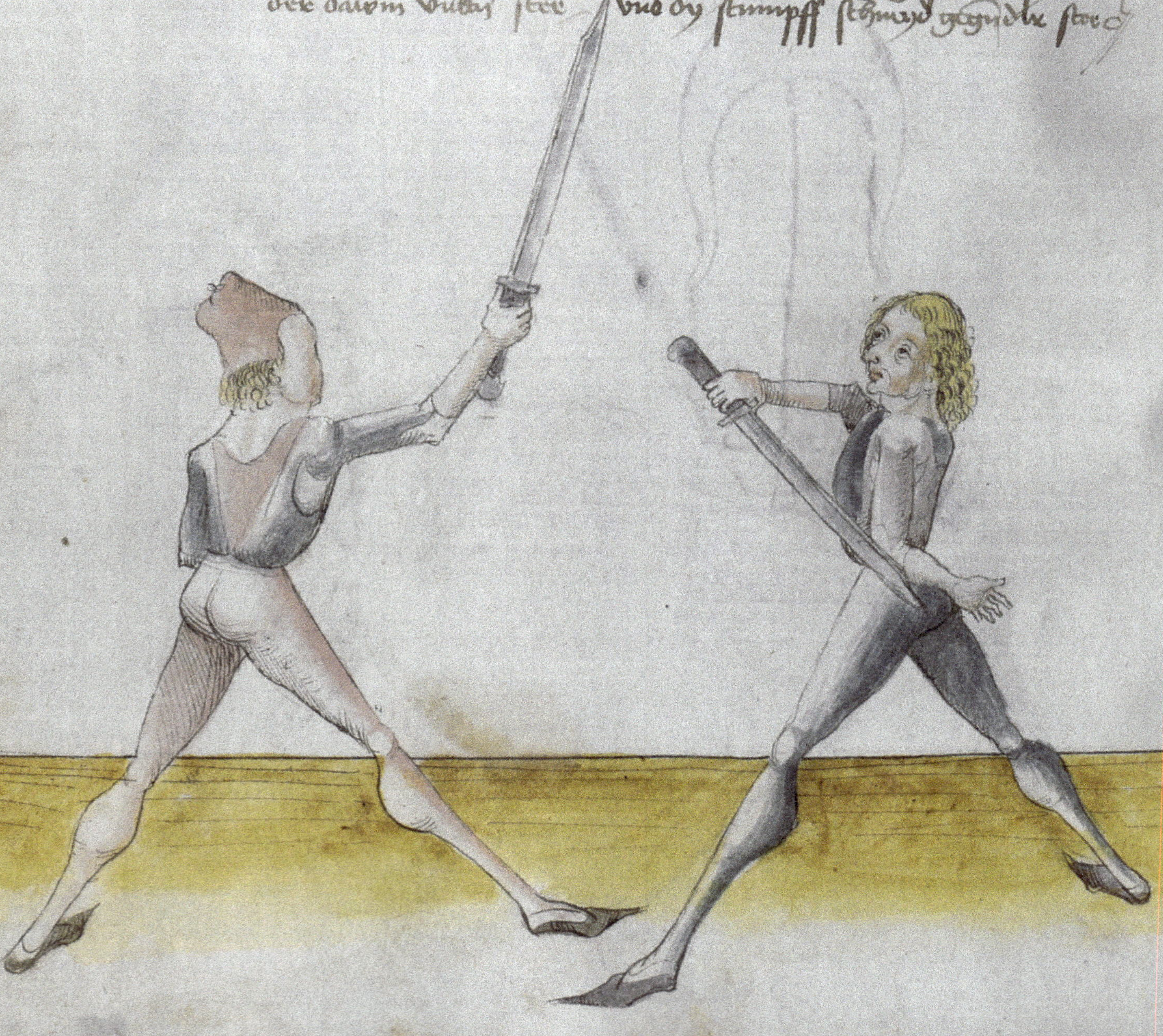

Unders so seyn messer auff das seyn blöst so schreytt auff seyn
lincke seytten wol auß dem hau mit eyme zugenachen
tritt und hau im durch seyn haupt seyner lincken seytten

Item den andern pruch treyb also leg dich mit dem messer auff
deyn rechten seytten als vor und wirt er auff dich hawen
auff deyn lincken seytten nach der ploß so spring mit dem messer
auff unter seyn messer auff deyn rechten seytten das der ort
gee auff deyn rechten seytten und das gehultz stee gegen deyner
lincken und der daum unten und das dy lang schneyd gegen dir
stee schreytt auß dem hau auff deyn rechten seytten eyn zunachen
tritt wol umb in und hau im zu dem kopff seyner
rechten seytten etc.

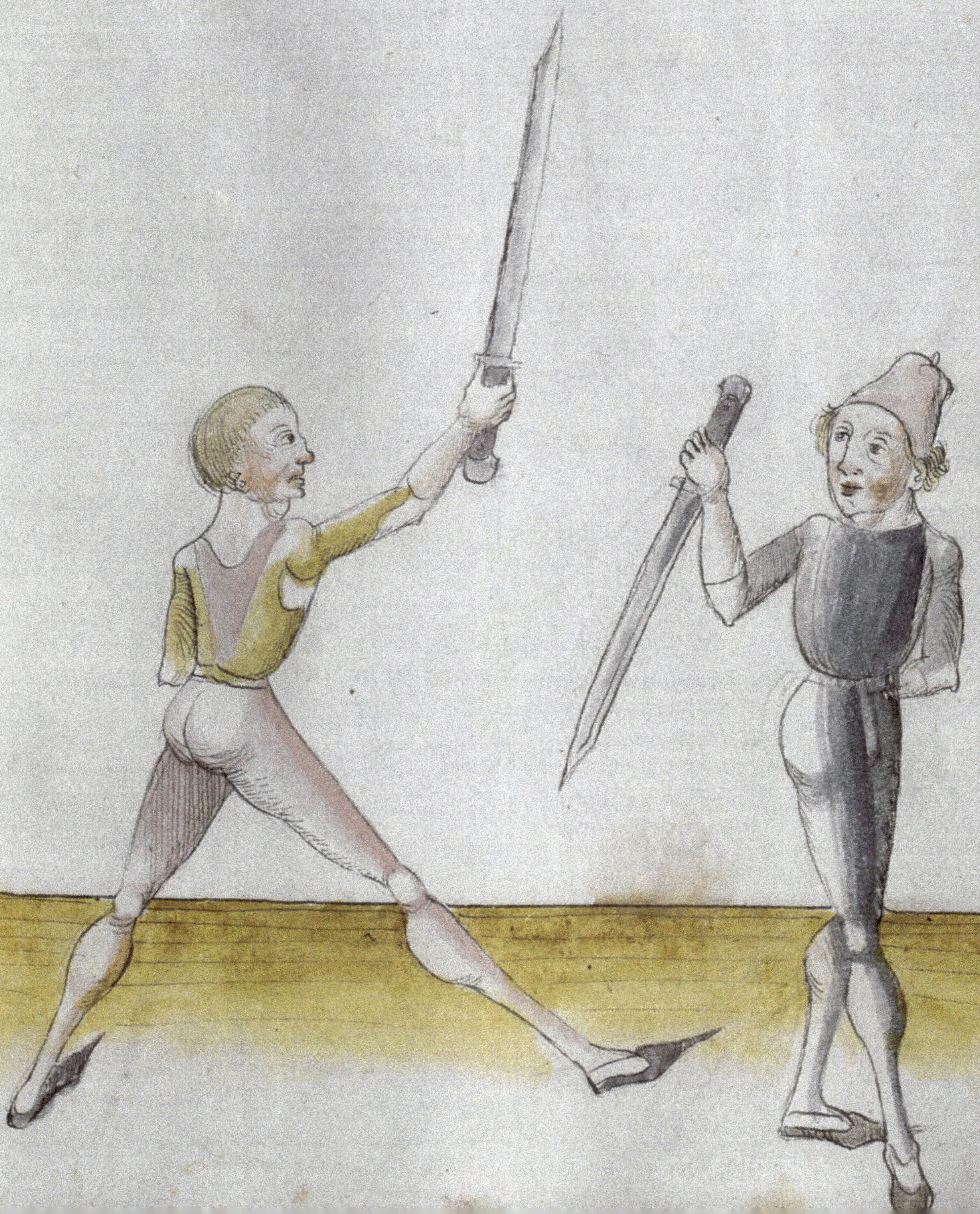

Item Der datt pogen der ist also zu machen leg dich mit
deyme messer auff deyn lincke seytten das der daum aben
lig auff dem messer vnd der ortt des messers auff der erden
vnd dy stumpff schnaid sey gekertt gegen dem man vnd
slä er denn auff dich hawett so spring deyn messer auff
deyn rechte seytten vnd seyn messer vnd hab deyn schillt
das ist dy versatzung woll fur deyn haubtt vnd schreytt
mit deyme lincken fuss woll auss dem haw fur seynen rechten
vnd auff seyn rechte seytten vnd haw im wider durch seyn
haubtt seyne rechten seytten &c

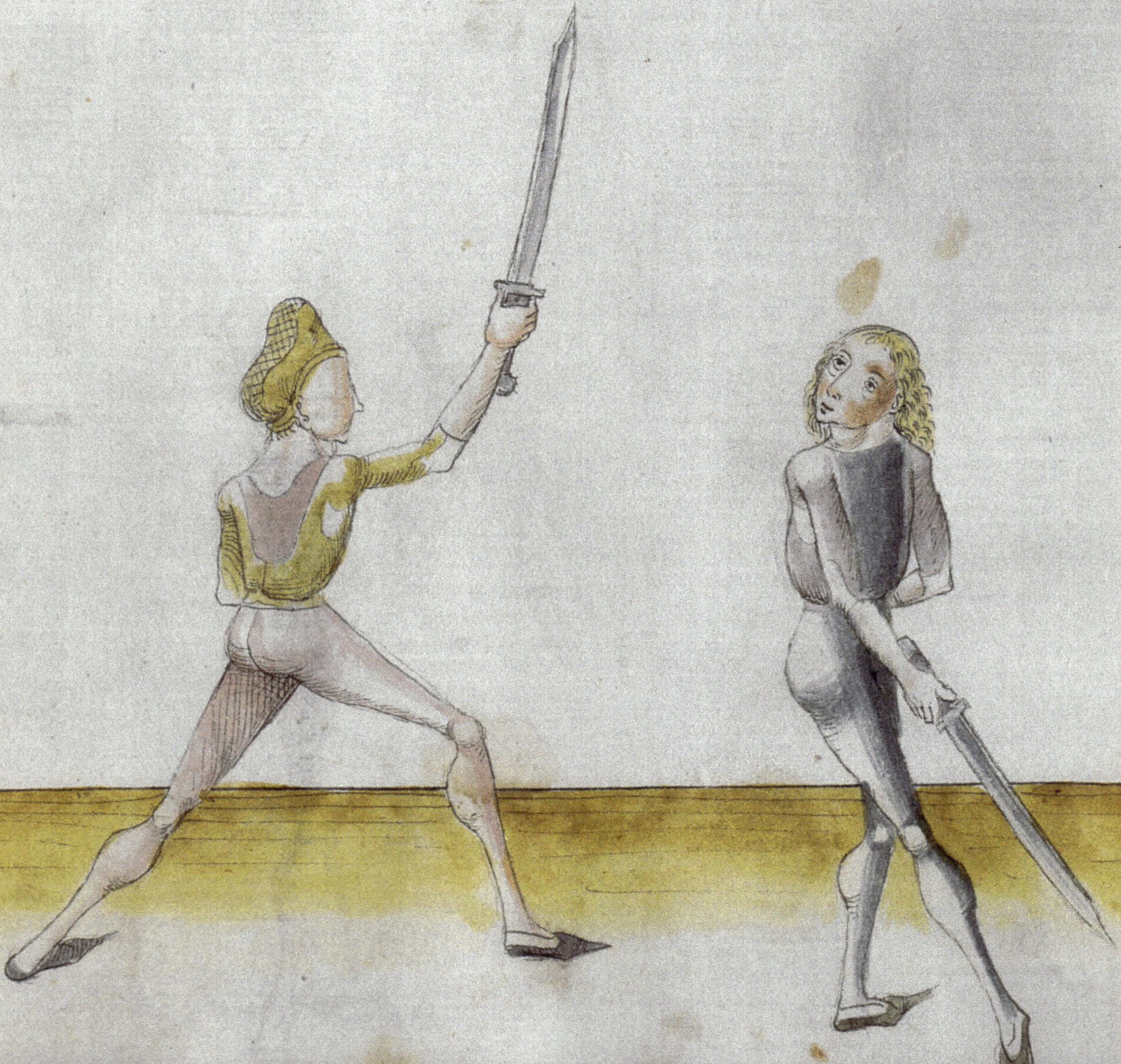

Jtem der vierd pögn ist zu machen auff der linckn seittn
vnd thu dem also leg dich mit dem messer auff dein linck
seittn das der ortt auff der erden sey vnd der daum obn sey
auff der flech vnd gib dich ploß mit deiner rechtn seittn
schlecht er dir dan zu der ploß so preng dein messer wall
auff dein rechte seittn das das gehultz sey auff deiner
rechtn seittn vnd der ortt des messers auff deiner linckn vnd
schreitt zwmach mit deim rechtn fuess wall vmb In
auff sein linck seittn wall auß dem hew vnd haw In
durch sein hawbt sein linckn seittn also hastu den pogn
zwmach vo paydn seittn etc

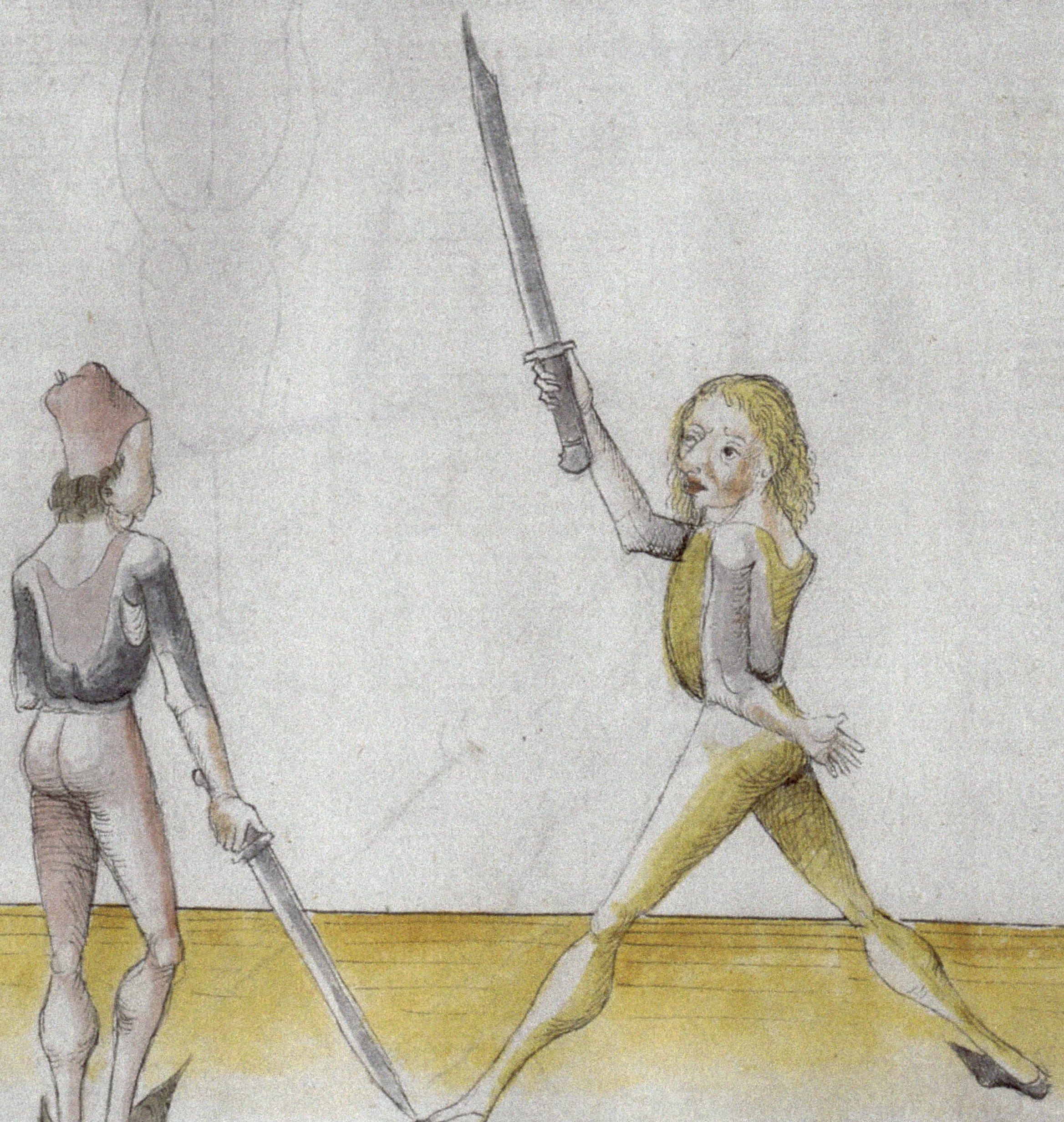

Waß vom pogen lanck kumbt
Ortt schnell das abnymbt
Dy kurtz schneyd ler wenckn
lanck zu haupp laß senckn

Hye sagtt der mayster eyn prauch wyd dy geradn hew dy von dem pogen gehawtt werdn vnd den prauch soltu also machn So du auff In hawest vnd er pewgtt seyn messer dar vntt vnd versetzt vnd Indes schlecht er obn wyder mit eyme geradn oberhaw Indes tritt albegn besytt auß dem oberhaw vnd haw In nach dem kopff oder wendt Indes deyn messer gegen seyne vnd stich In zu dem gesycht Vber so er auff dich schlecht so wendt deyn messer mit der kurtzn schneydn auff seyn messer Indes wendt deyn handt vnd messer gegen In mit der langn schneydn vnd haw In durch seyn haubt etc

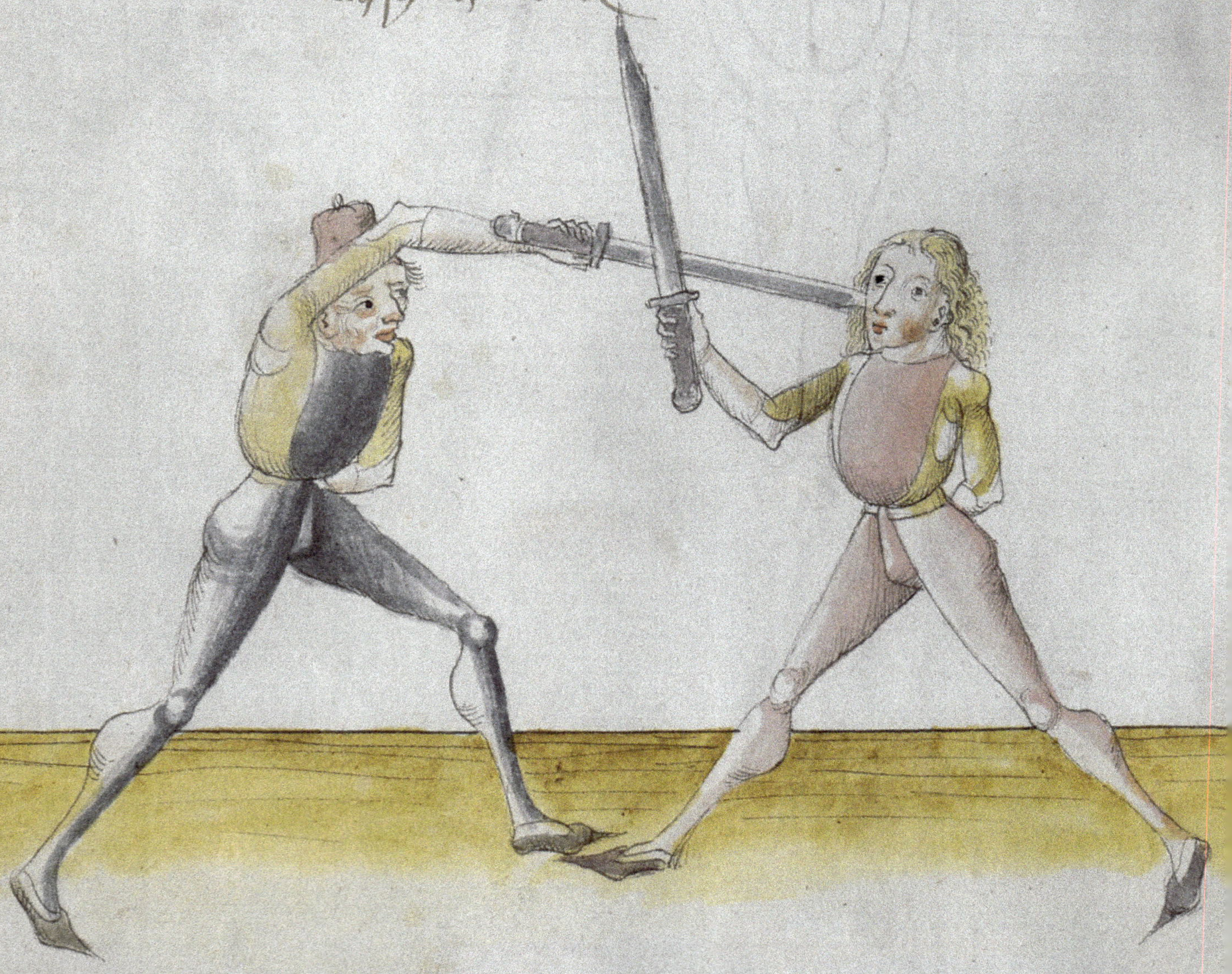

Mit dem messer neme
Magstu In bestheme
Mit bede handt werk nym
Uberwindt auff luck druck gewindt

hye sagtt d meyster ab eyn haubtstuck als vo den messer neme vnd thu im also Ver starck an in mit dem hutzschaw zu seyn lincken seytten vnd im angewinden so dy messer zusame kliten so far mit deym gehultz auff vnd uber seyn messer auff seyne rechten seytten vnd far mit dem kreutz hinwiderss In seyne rechten elpogen vnd stoss mit dem kreutz vnd messer starck von dir vnd mit der lincken handt fall im an seyn spindt hinck seyne rechten handt vnd reyss mit deyner lincken handt starck an dich so nymestu im das messer ac

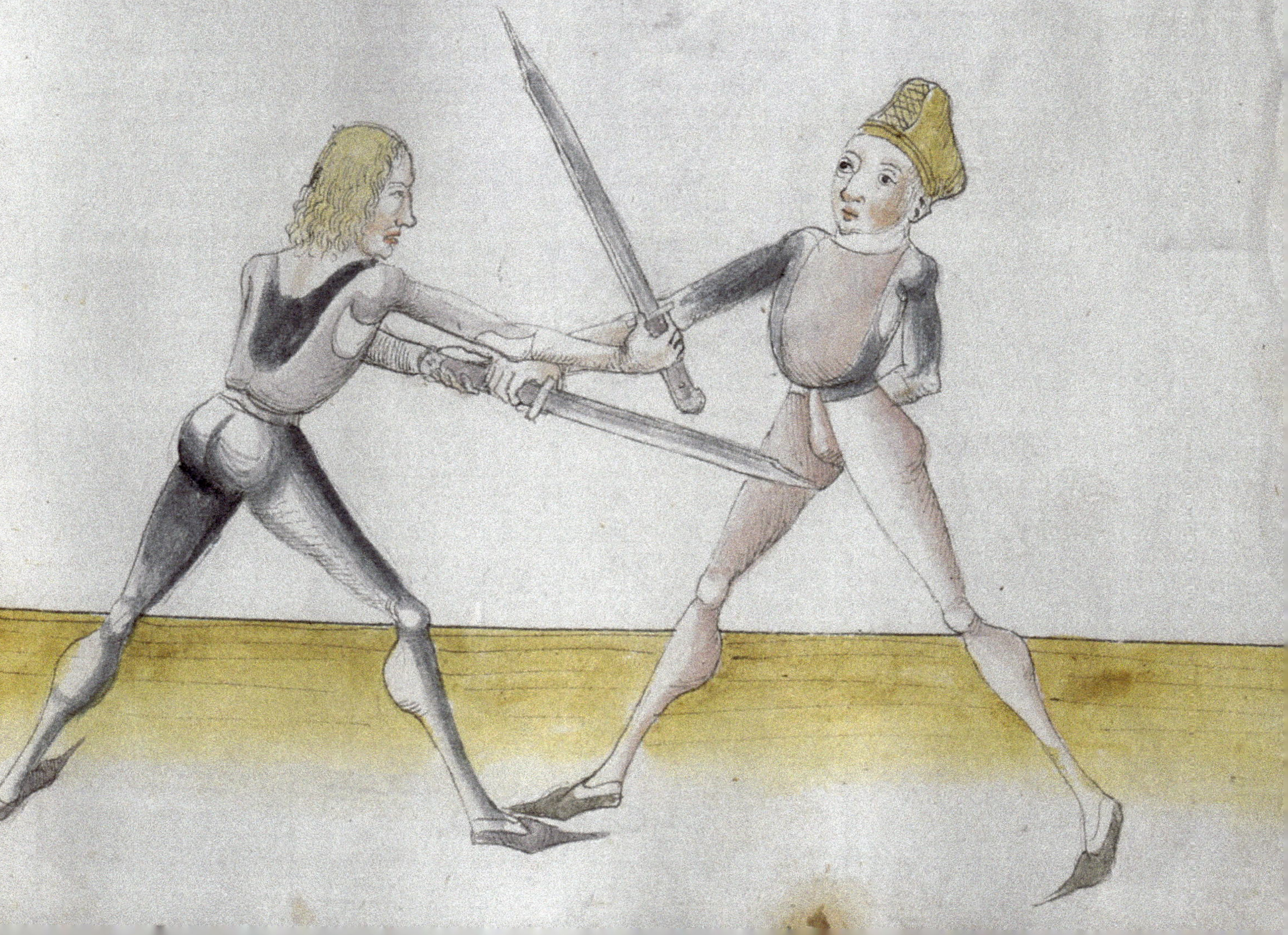

Item hautt er gegen dir eyne oberhaw so haw auch glaych mit
im keyn indes wendt deyn messer mit der zwerch eyn
wenig auff das seyn und greyff indes mit deym lincken
arm uber seyne messer das dy paid spitzen hyndersich und
unter deyn lincke ychsen hin auff sten indes far mit
deyne gehultz unten durch seyn rechten arm und wendt
auswendig deyn gehultz uber seyn rechte handt und
reyss starck ubsich auff deyn rechte seytten ze

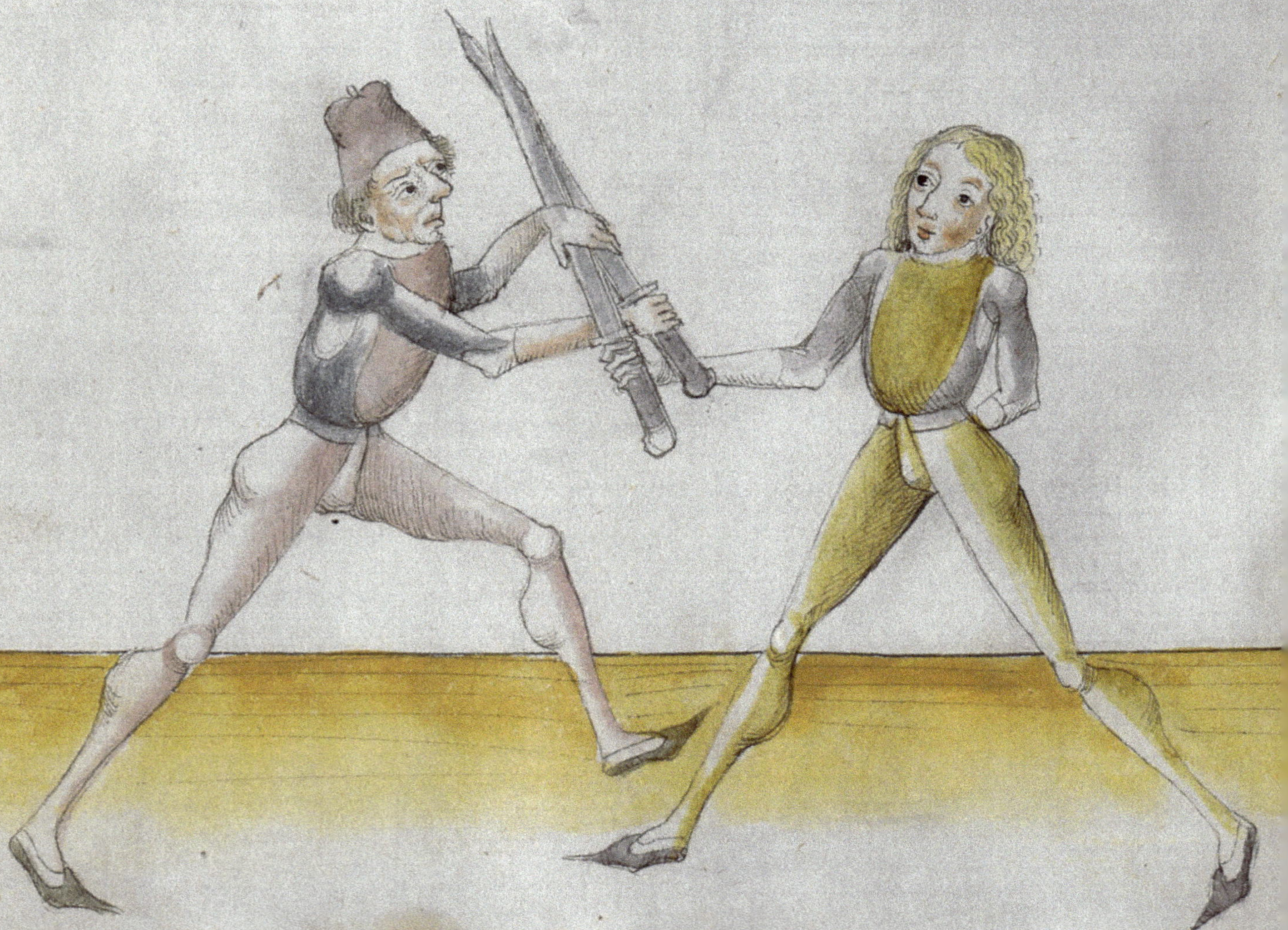

Item pegreyff seyn messer als vor vnd far mit dem gehultz
Inbendigs ober oder seyn arm vnd reiss strack vbersich auff
deyn rechte seytten etc

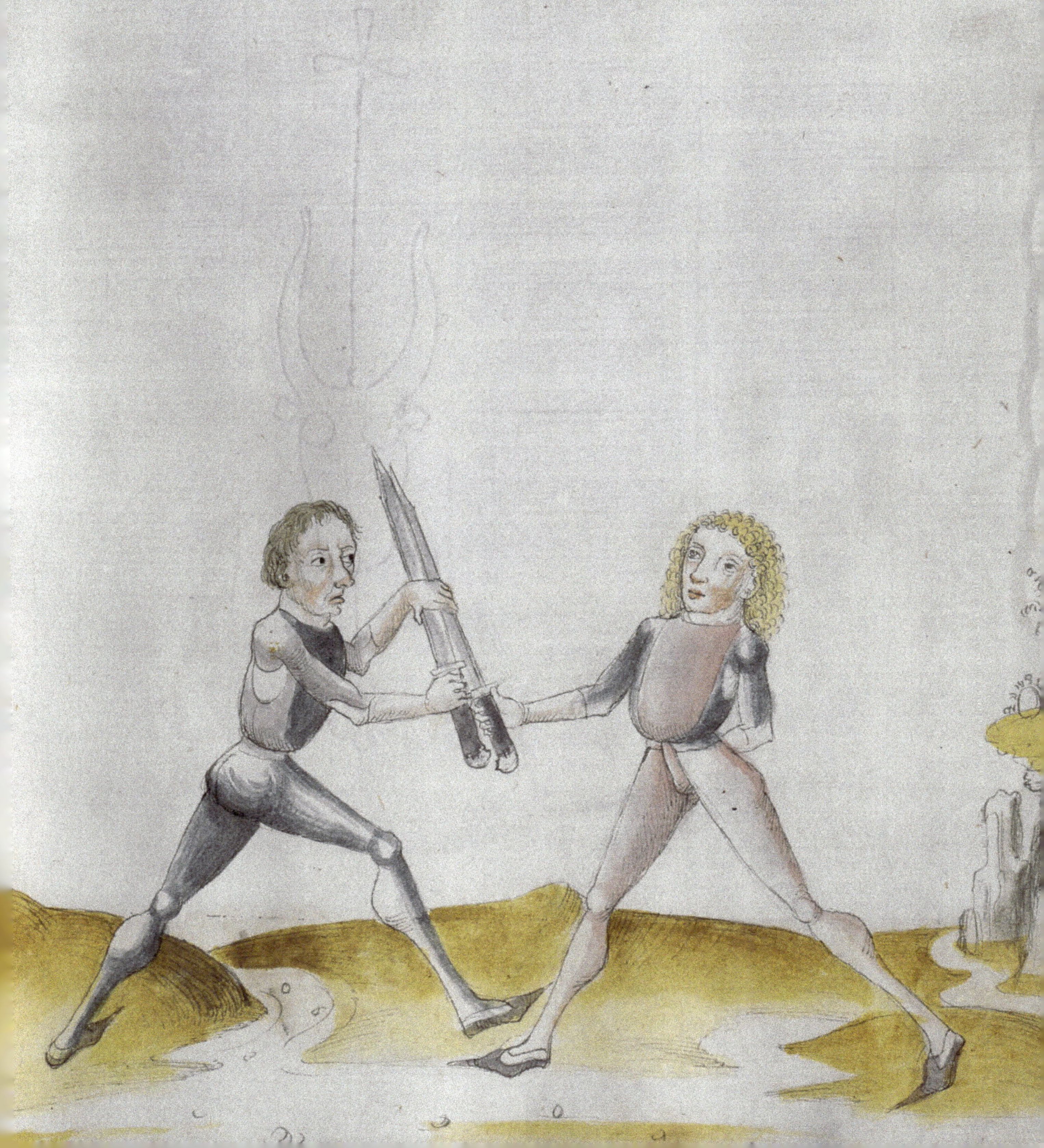

Nun wiltu im das messer nemen mit lerer handt Als mit deyn
lincken handt so merck hauwt er auff dich gegen deyne lincken
seytten so versetz dem messer vnd seyn messer woll auff deyn
lincke seytten Indes spring woll auff seyn rechte seytten vnd
seyn messer vnd begreyff seym arm inbendig bey der hand
vnd druck mit dem lincken arm inbendig zwyschen
seyn handt vnd gehultz starck auff deyn lincke seytten so
nymbstu im als seyn messer ab

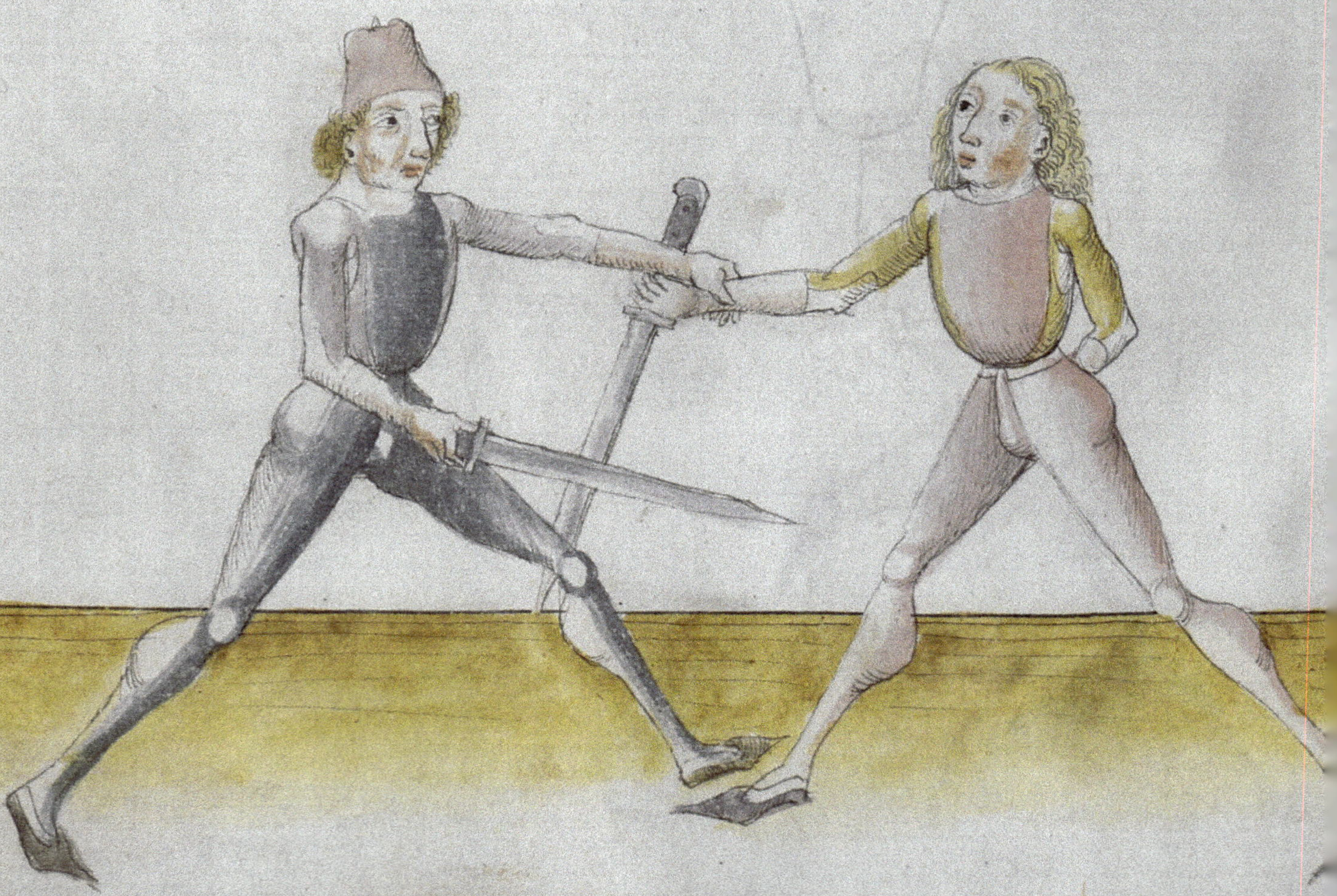

Item Greyff ab mit deyner lincken handt uber peyde messer
hinders far mit deyner hant gehultz an seyn gehultz das deyn
creutz kum hinden aber vorn an das seyn vnd wendt
do mit gegen seyner rechten seyten vnd schreub mit dem hindern
tayll deynes arms starck hinder auff seyn rechte seyten mit
gepogen arm das der ortt gegen vnden ste vnd schreub da mit
fast nyder vnd reyss hinder sich starck nyd auff deyn rechte
seytten so nymbstu im ab das messer ꝛc

Ist er das glenck prelln
Gleych soltu wyder schnelln
Wynnd gehultz an ym wyss
Das man dir sag pryss

Hye sagtt der meyster eyn prauch wyder das erst myster nemen vnd spricht Will er das gelenck ab Das soltu also versten selt er mit dem gehultz vber deyn messer in das gelenck deyns elpogens vnd will dir mit seyner lincky hand deyn messer pey dem pindt nemen So ruck gleych widers so er vbersett mit dem gehultz vber deyn rechte handt widers fare im auch also schnell vber seyn rechte handt vnd fare mit dem kreutz in das gelenck seynes rechten elpogens vnd schewb den von dir vnd greyff mit deyner lincky hande an seyn gehultz vnd seyner rechtn handt vnd reyss starck an dich auff deyn lincke seytten Also prachstu im seyn stuck vnd machst stille das er willen hett zu machen

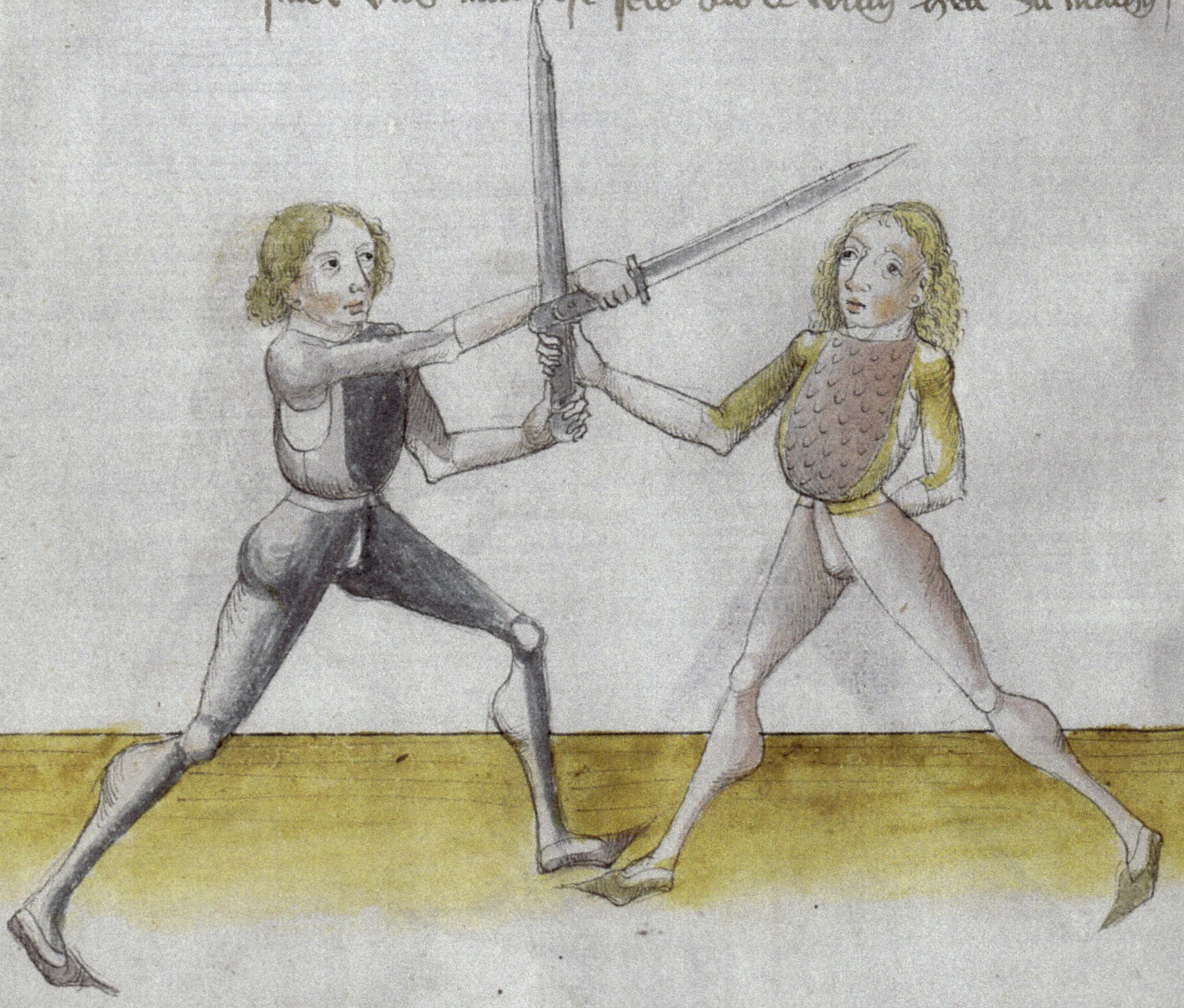

Item ob eyn pauch wyrd das messer nemen mit bayd handt
vnd er dayne rechten arm vnd mit seyner lincken handt
gefast hatt vnd will dich drucken In seyn lincke seyten
Indes kum dayner rechten handt zu hilff mit dayner lincken
vnd begreyff da mit deyn gehultz weytten vnd reyss starck von
oben nyder als du vor gehortt hast etc

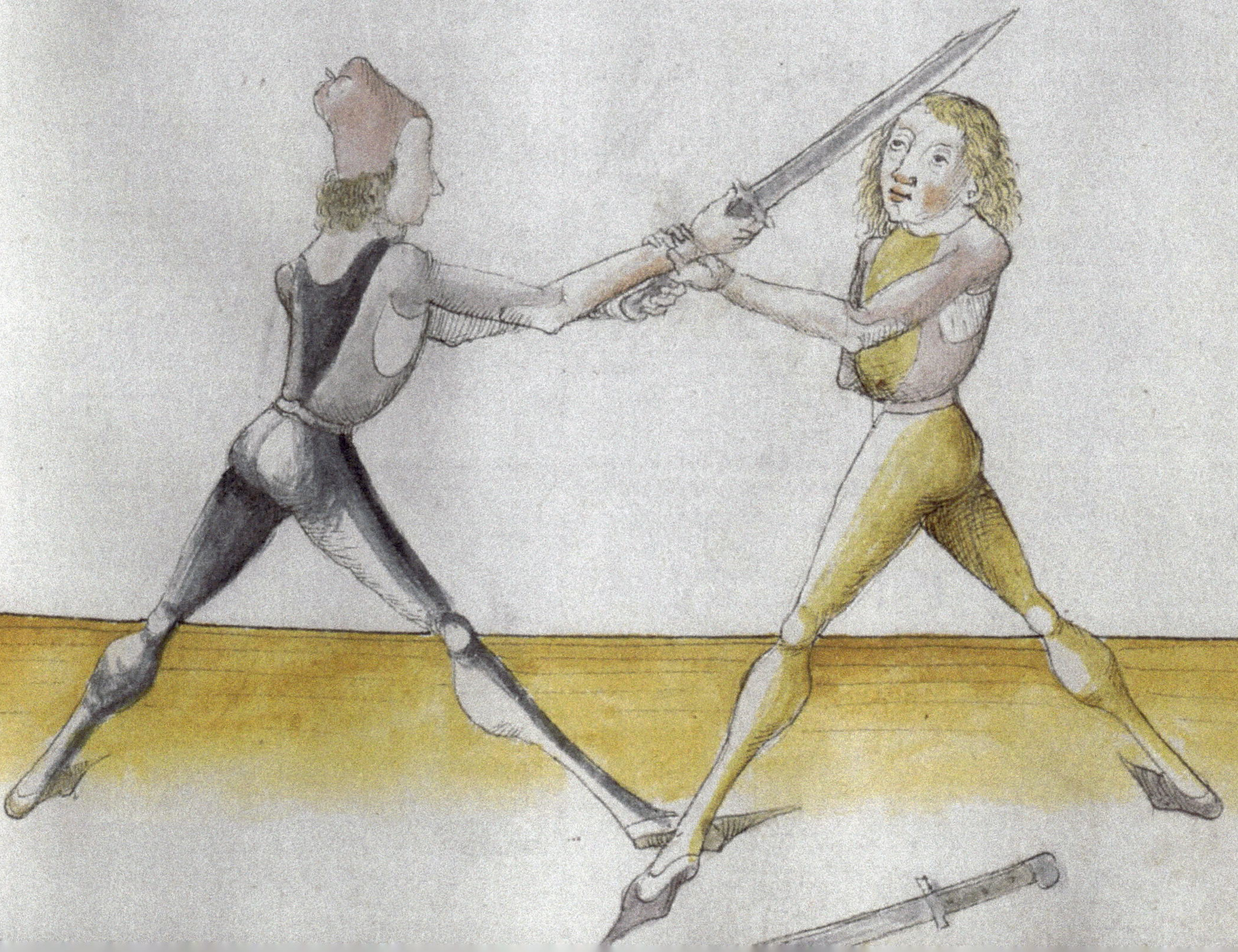

Item hatt er begriffen peyde messer mit seyne lincky arm
und feelt vntten mit dem gehultz durch aussbendigk in
deyn gelenck der handt und will reyssen auff seyn
rechte seytten so des greyff hinder seyn lincke handt vorn
bey der swech des messers und reyss starck auff deyn lincke
seytten zw

Item wye das vorder messer nemen mach auch dysen
begriffen prauch zw

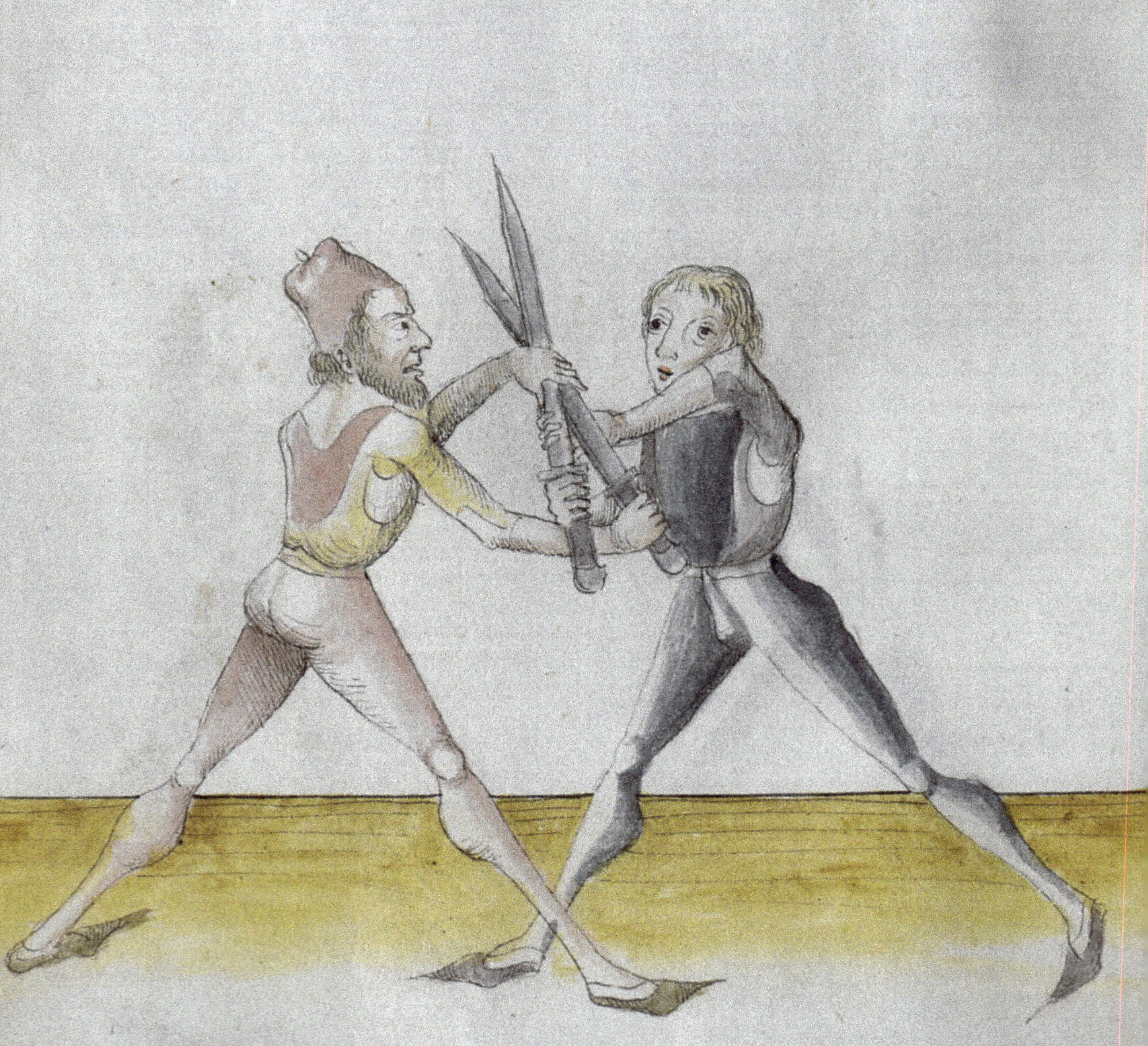

Linck vntsar den rechtn

Mit gehultz vber ryss im rechtn

Hye lert d' meyster eyn messer neme das ist seer gutt
vnd abgewoyssen wiltu das machen So thu im also Ster
mit deyne lincken fuss fur vnd halt deyn messer auff
deyn rechtn syttn sey dem gegn hawtt er dir dann zu
deyne lincken syttn nach der ploss Indes seng vo deym
rechtn syttn auff deyn lincke deyn messe vnd spring woll
auff in vnd leg deyn lincke handt vast vnden an seyn
rechte Indes far mit deyme gehultz auch obn vber seyn
rechte handt Inbendigs vb' seyn gelenck der handt
vnd ryss starck auff deyne rechte syttn So nymstu im
aber seyn messer etc

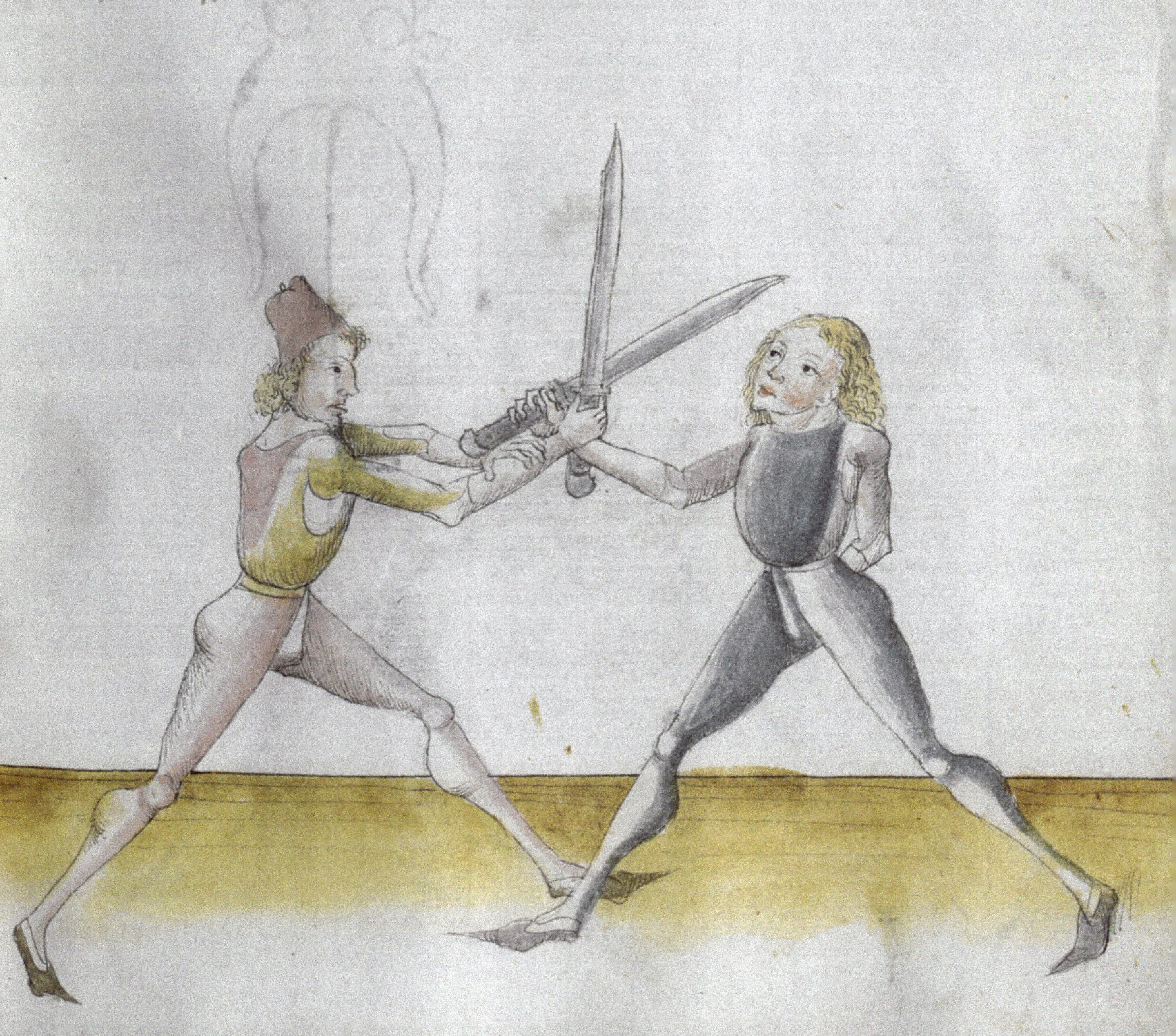

Wider neme solt nicht saume

Dach swertes creyß messer muß raume

Hye lertt der meister eyn pruch vnd das kegenstuck
vnd ist also zu machen So er deyn handt also beschlossen
hatt als oben geschriben stett So stuck deyn messer
gegen deyn lincken seytten auff das seyn vnd far mit
deyne lincken arm vber peyde messer vnd reyß rucks auff
deyn lincke seytten so nymmestu im ab das messer oder reyß
vnd stich mit deyne messer als du vor gehortt hast etc

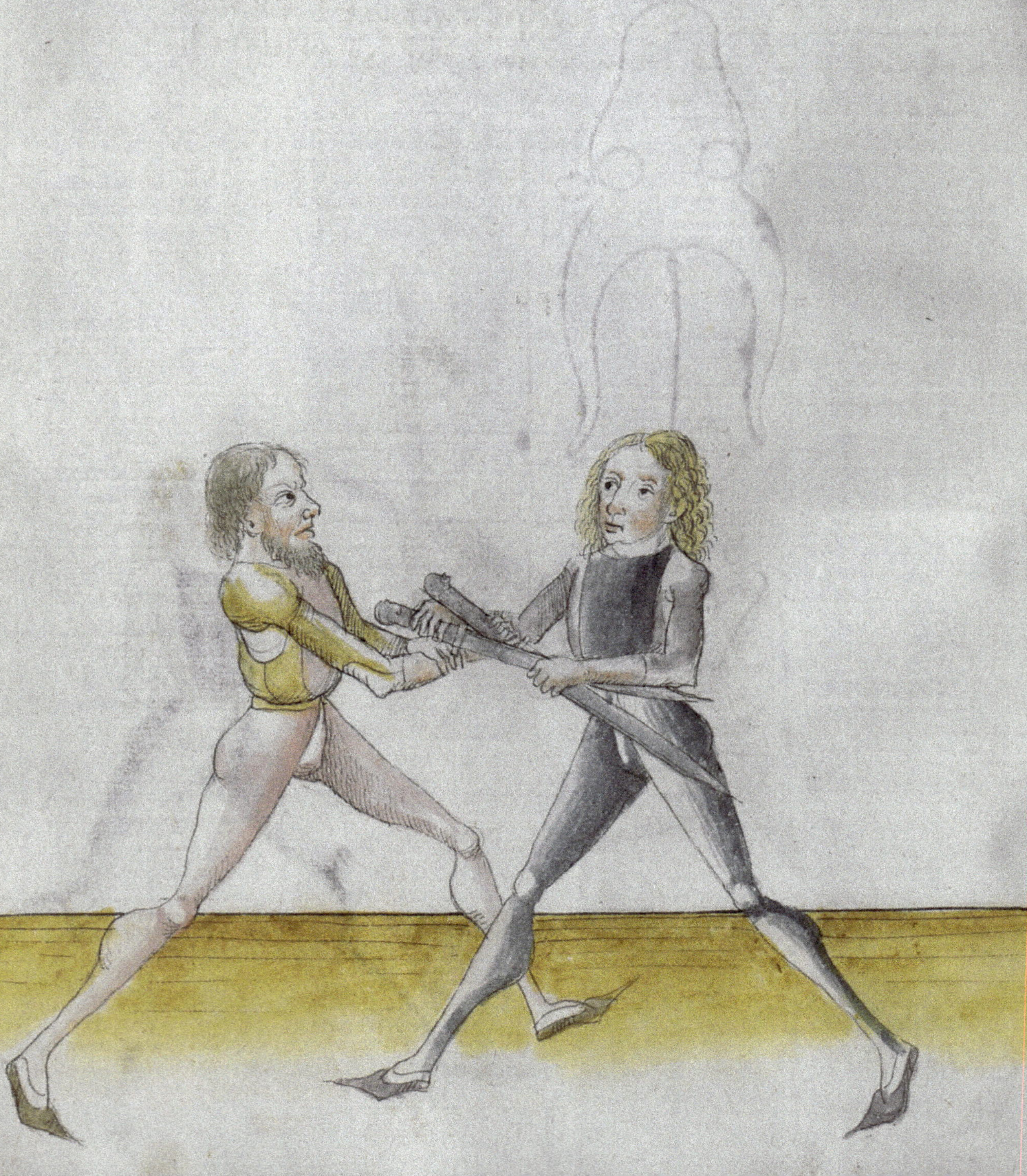

Bestu an were
Wurstu v̈blauffen gefere
Suck an schadn nicht kunst kern
Standt: dich frolich magst weren

Hye: lett d' messr eyn stuck das do treffet eyn nottstuck
und gett zu so du keyn were hast und wurst v̈blauffn
und kumst an schadn nicht entflyhen so standt frolich so du
dich weren must und nicht anders gesein mag so wendt
dich gegen im und setz mit deyne lincken fuss fur und so
er dann auff dich hawett von oben und so tritt mit deyne
rechten fuss gegen seyne rechten und wall bestytt auff und
fare mit gestrackten wall auff: an seyn messr an dy slecht
aussbendig und fare inbendig mit deyne rechten arm ob seyn
messr ober arm und druck den arm wall zu deym leyb und
wendt deyn handt an seyn messr und fall mit deyne lincken
hand an seyn gehulcz od' hant und reyss mit deyne leyb starck
auff deyn rechte seytten so nymbstu
im das messr ec

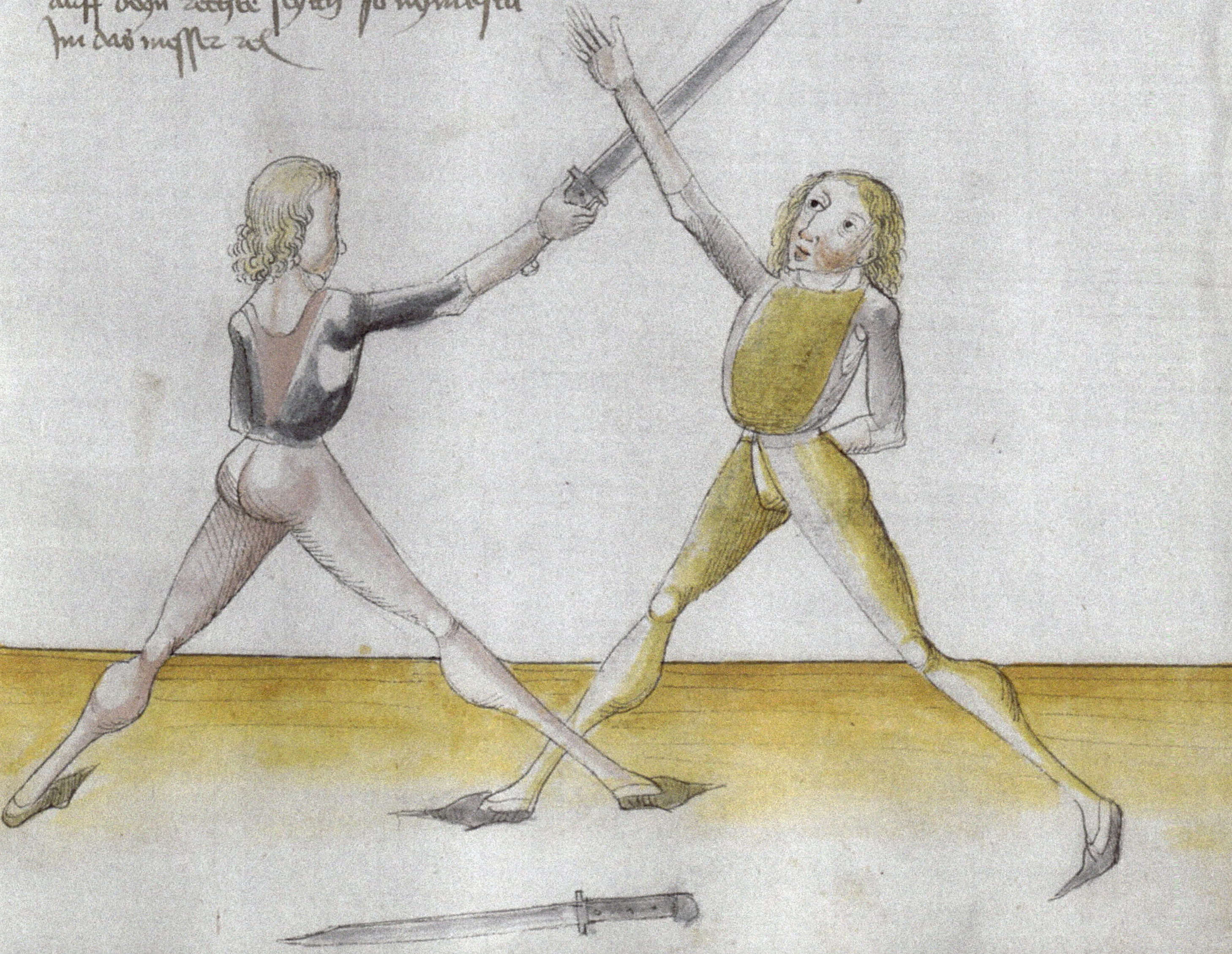

Item hautt er auff dich als vor So ker mit deyne rechtn fuß für vnd schraytt mit deyne lincken auff seyn lincke wolt auff dem haw vnd far mit deyne lincken vber seyn messer vnd schraytt mit deyne rechten fuß gegen seyne rechtn vnd far mit deyne rechtn handt auff seyn gehultz bey der handt vnd seyn messer ~~auff deyn rechte~~ vnd bring mit deyne lincken handt vnd seyn messer auff deyn rechten seytten vnd spring dich starck auff deyn lincke seytten etc

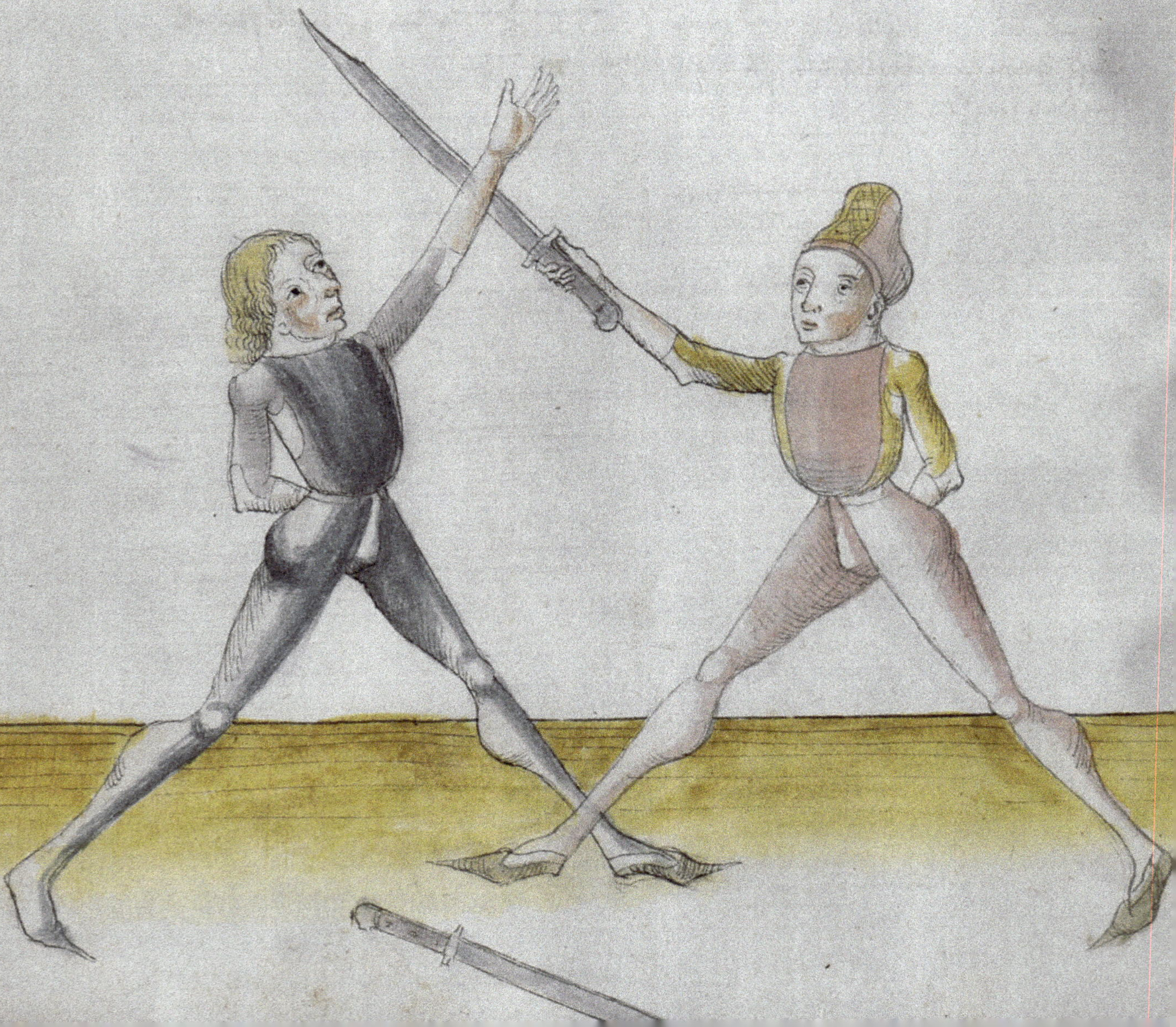

Item hautt er auff dich als vor so schraytt ab auff seyn rechte
seytten stett mit deyne lincken fuß vnd fall ab vber seyn messer
mit dem lincken arm vnd fall mit deyner rechten hand auff
seyn gehultz vnd ryb starck auff deyn rechte seytten etc

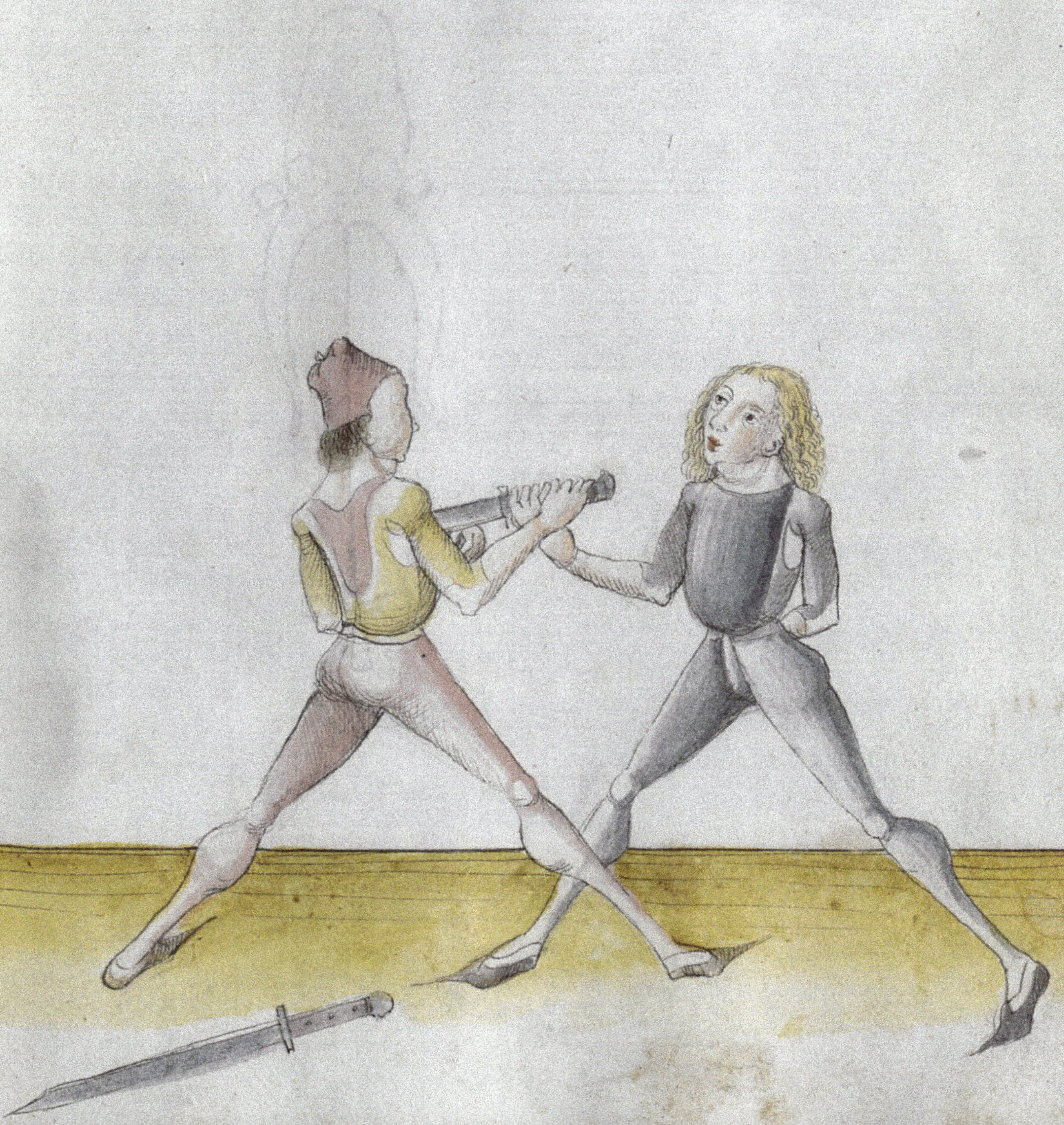

Item schautt er ab auff dich als vor so stee mit deyne lincken fuss
fur vnd schreytt mit deyne rechten fuss auff seyn rechten vol
auss dem schaw vnd far ob seyn messe mit deyne rechten
arm vnd mit deyne lincken handt auff seyn gehultz vnd
reyss starck auff deyn lincke seytten

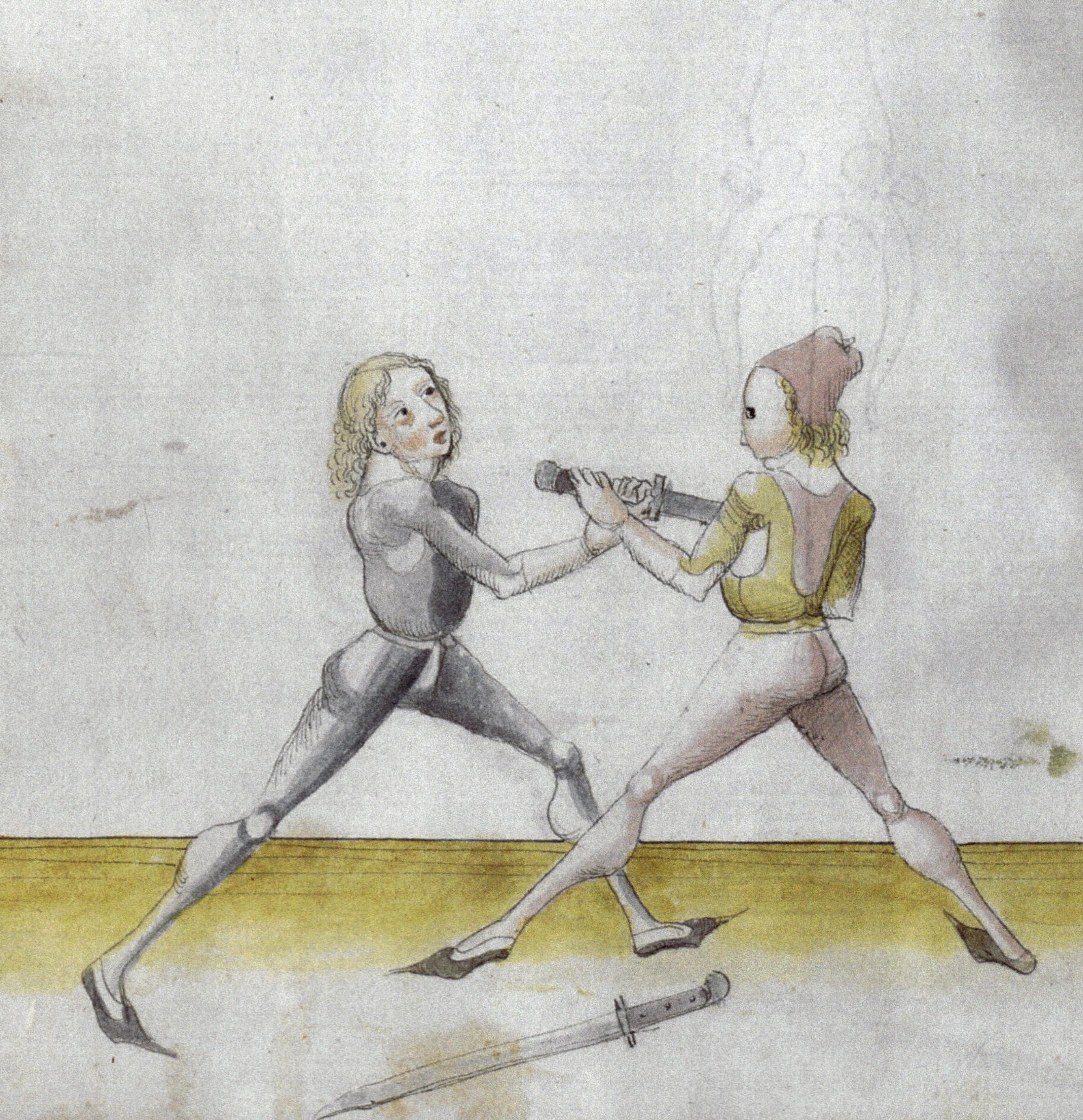

Ob er sterck ist
Und stett in kunstlicher list
Bist gefangen messer solt wenden
Ruck: ortt thut in enden

Hie sagt der meister eyn pruch wyder die obgemelten messer
neme so du auff eyme gehalten hast der seyn messer hatt und
er versetz dir mit dem arm als oben geschriben stet und er
setzt dir uber deyn messer sidres windt deyn messer umb das
dy kurtz schneyd unten stee und far auff mit deyne gehultz
und setz im den ortt auff seyn prust

Item setzt er aber uber deyn arm den pruch vindestu da
der text spricht Will er prangen da wirtt der pruch gelertt etc.

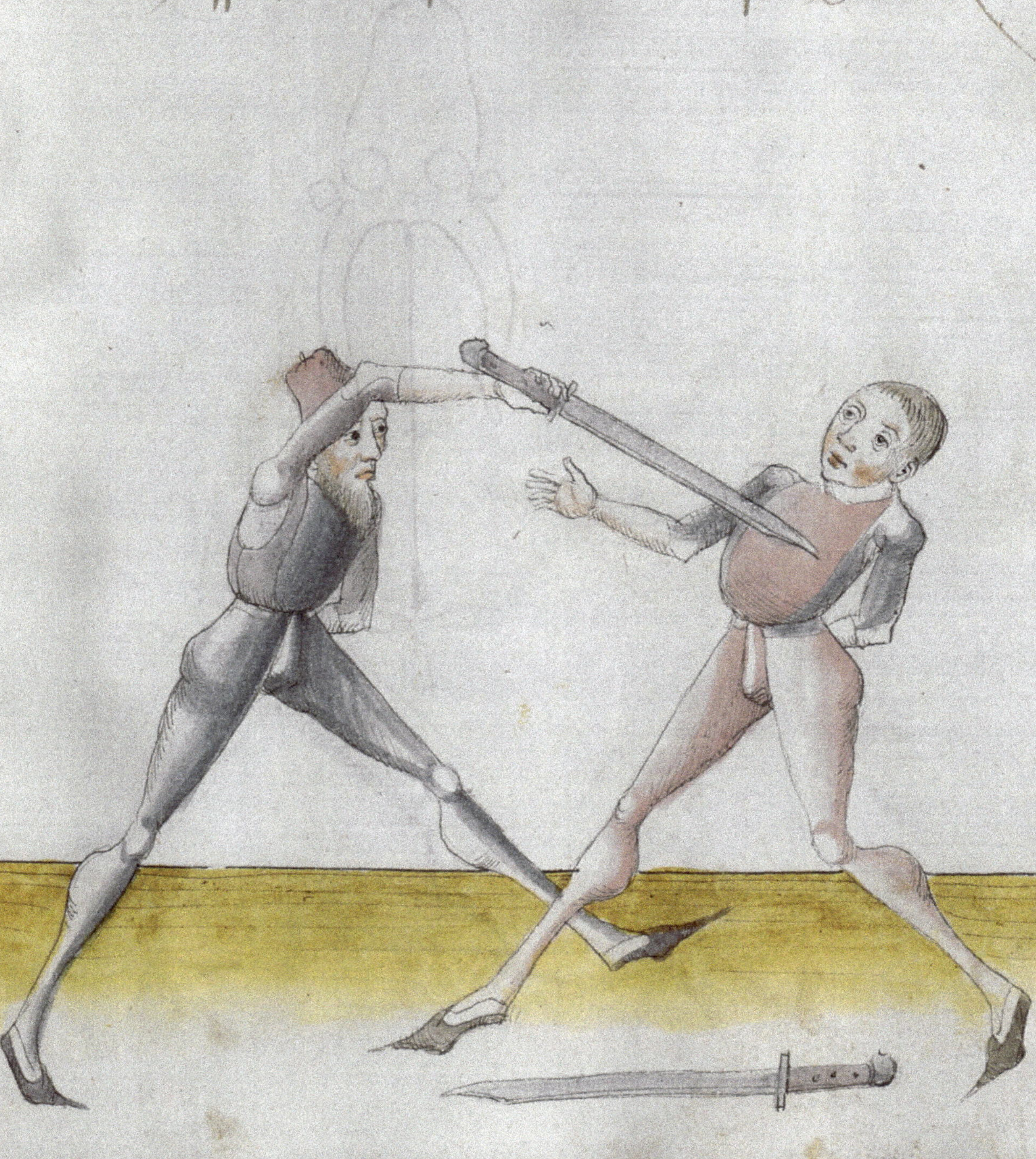

Gewappend wiltu wer strauffen
Mitt gehultz soltu vberlauffen
Reyß starck auff deyn rechte seyttn
Mit dem fuß zu ruck her schreyttn

Hye lert der meyster wye man das messer mit gewappnoter handt eyme soll neme vnd spricht gewappnd wiltu etc. Das soltu also versten hawtt er auff dich von seyn rechtn seyttn auff deyn linck So prich auff mit deyme messer vnd mit deyner linckn handt far vnder in dy mitt deynes messers vnd vach den schlag zwyschen deyn payd hend auff das messer vnd so far auff mit deyme gehultz inwendigs vnd von obn nyder vber seyn handt in das gelenck außwendig vnd reyß starck auff deyn rechte seyttn So nymestu im das messer etc.

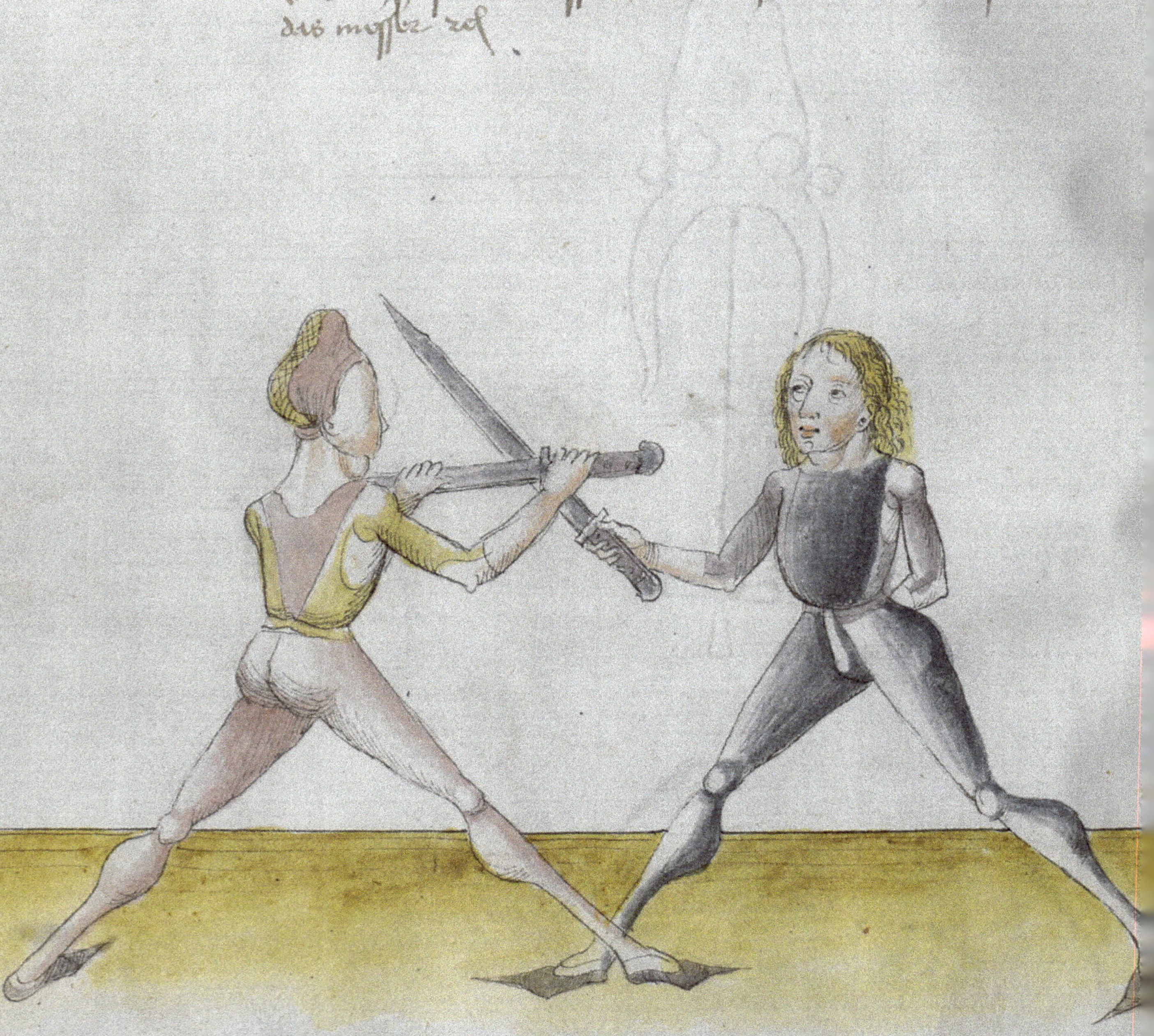

Item du magst gewappend sehn mit dem ortt vnd thu im also
so du im gewappend an gepunden hast vnd ligest im auff seyne
rechten seyten mit dem ortt vor dem gesicht Indes thu sam
du mit deinem gehultz wellest slahen Zu seyner lincken
seyten vnd So du kumpst mit dem gehultz seyne spen wertt
gegen seyner lincken seyten so stich im Indes mit dem ortt wyd
zu seyner rechten seyten zu dem gesicht etc

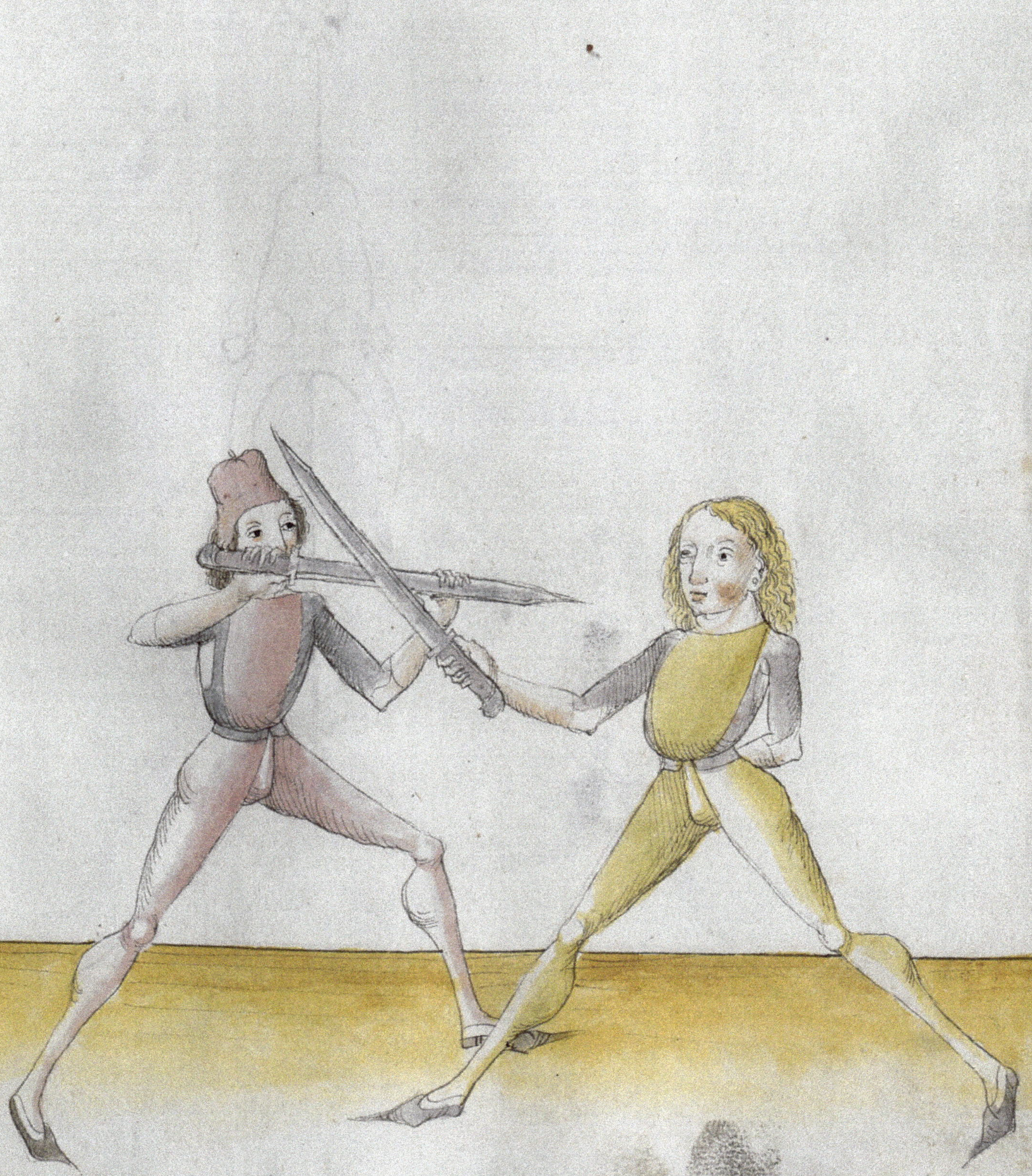

Item ligestu auff seyner lincken seytten gewappend. Also das der
knopff dem man gegen dem gesicht stett. Jn des far aber
auff mit dem knopff oder gehultz vntz vber dy mitt deyns
haubtz Jn des mit dem gehultz schnell wyd vmb zu der
fordern lincken seytten schlag jn mit dem gehultz zu dem
kopff od stoss jn zu dem gesicht etc.

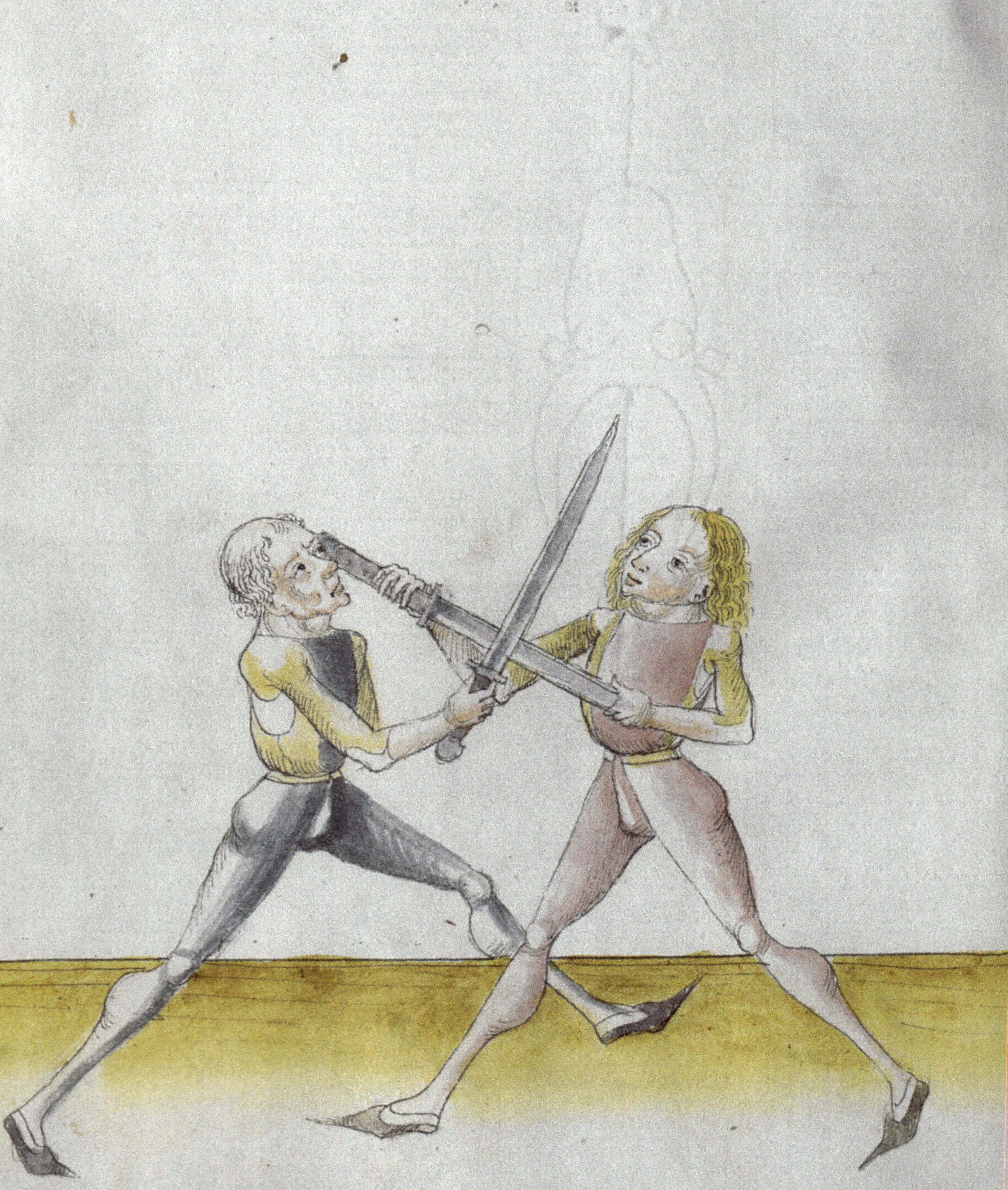

Item du magst auch durchwechsln mit dem lincken ortt Und thu dem also So du ligest vor im mit gewappnder handt auff seyner lincken seytten So thu gleych sam du mit dem ortt wollest gen auff seyn rechte seytten und stechen auff dy selbigen seytten Indes far untten durch mit der spitzen und wechsel durch auff seyn lincke seytten und stich im zu dem gesicht seyn lincken seytten etc

Item So du kumpst mit gewappnder handt an den man So mach dy abläuffen gewappend zu payden seytten Indes fall In dy stich schnit oder hew überlauff seyn messer wuch In pey dem hals und mach also mit gewappnd hant was du wilt etc

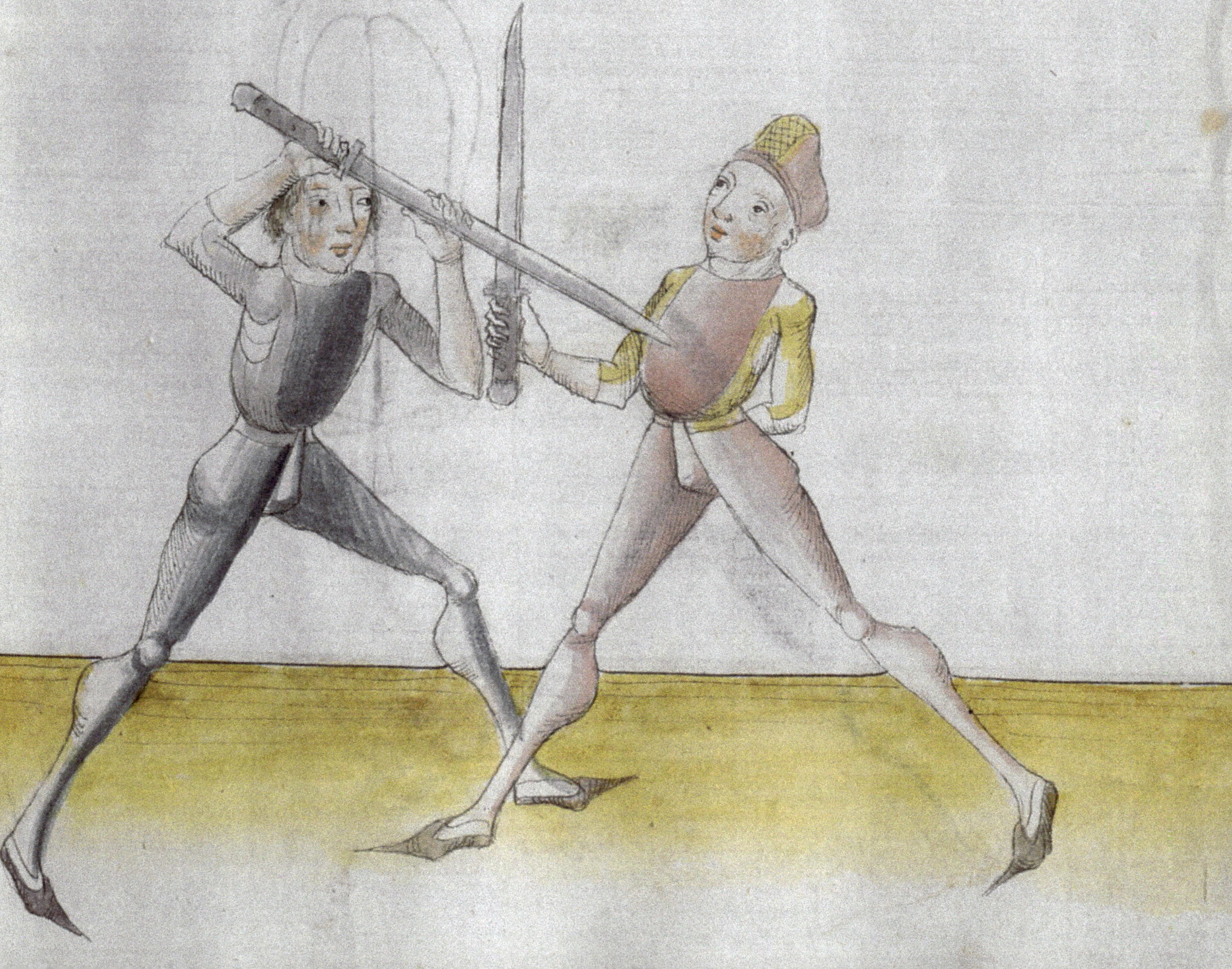

Will er strauffen
Mit dem gehultz vorlauffen
Seyn swech zeuch zu dir
Schreytt recht stoß schir

Hye sagt der mayster eyn prauch wyder das erst stuck als wyder das messer nemen zu gewappender handt vnd spricht wil er strauffen etc. Das solt also verstan Will er dir deyn messer nemen zu gewappender handt So merck eben ob er mit seyner gehultz vor deyn handt fert vnd will reyssen auff seyn rechte seytten Indes greyff mit deyner lincken handt In dy swech seynes messers vnd wendt mit deyn rechten handt deyn gehultz an seyn rechte zwischen seyn payd hend vnd reyß Indes starck auff deyn lincke seytten etc.

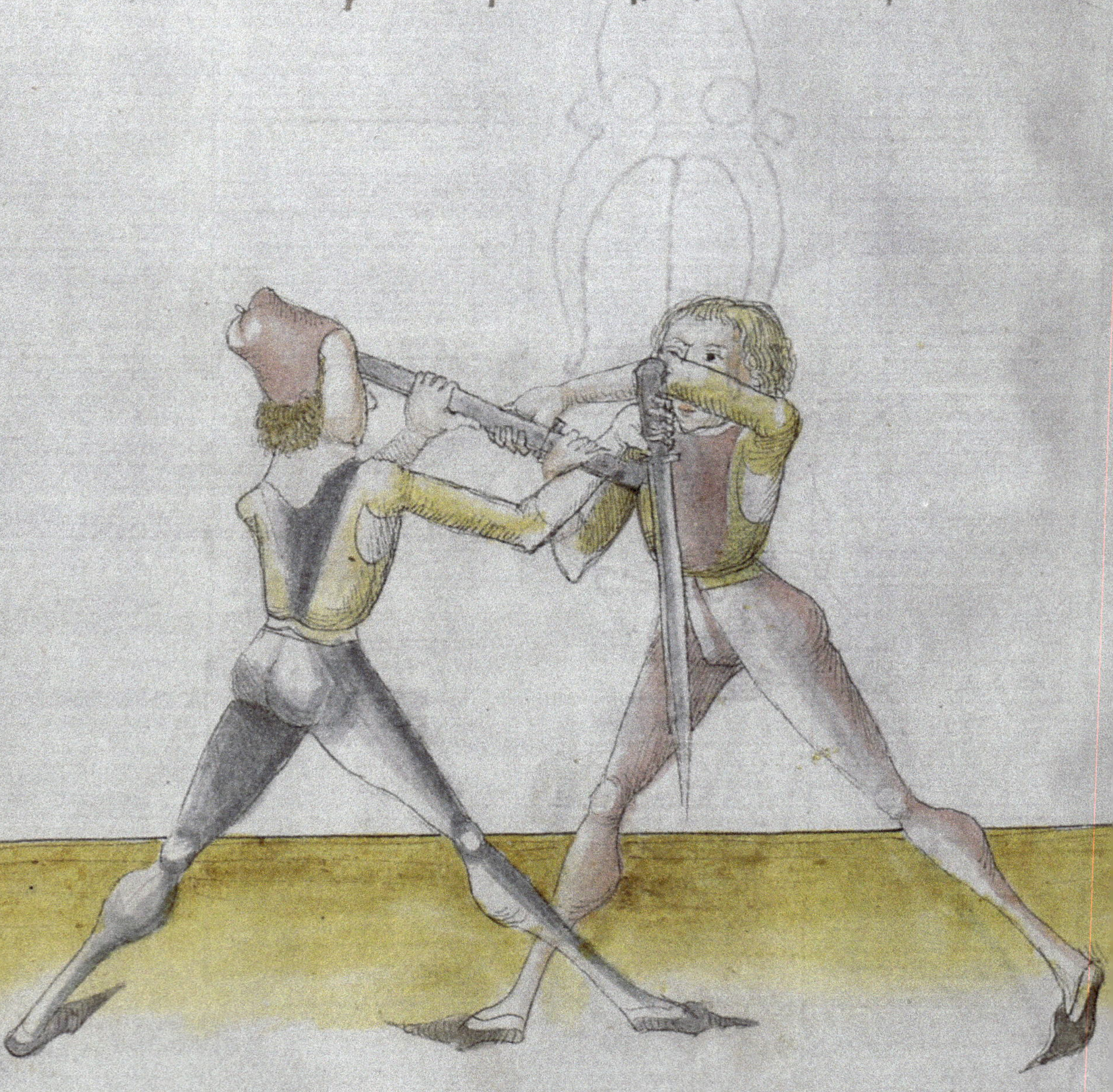

Item aber eyn prauch setzt er mit dem gehultz vber deyn arm
als vor so merck dy weyll er vber deyn messer setzt so fall
mit deyne lincken arm vber payde messer vnd druck dy zu deyn
lincke seytten vnd swing dich sterck auff dy selbigen seytten etc.

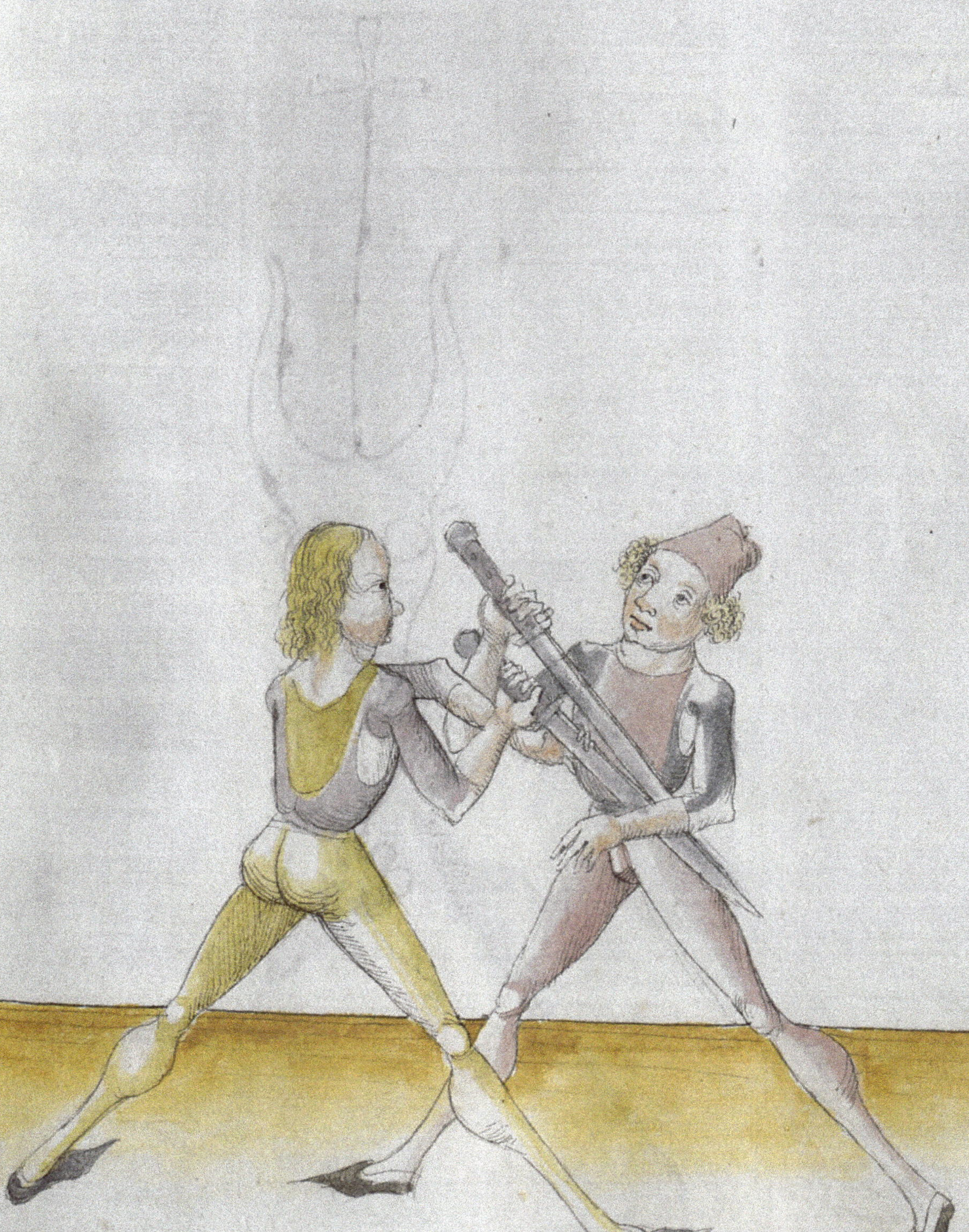

Item ain ander prauch hatt er dein messer gefast wye vor Indes
greyff mit deyn lincken hand In seyn lincke und reyss dy
auff deyn lincke seytten und schreytt mit deyme rechten fuss
fur seyn rechten und schlag geswindt mit deyme rechten
arm hynten starck an seyn lincken elpogen etc

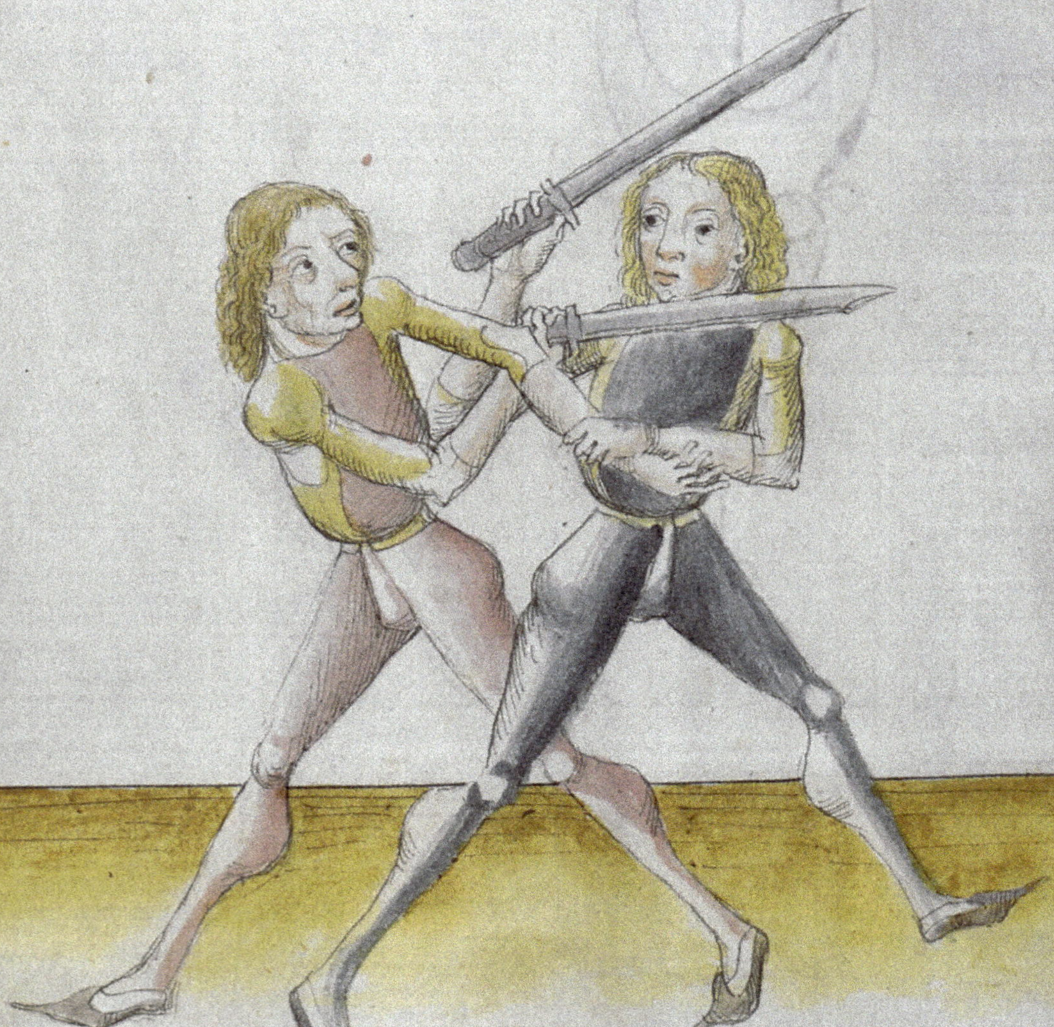

Itm ab eyn paurch fellt er dir mit dem gehultz vbr deyn arm
ab vor mit verwappnd handt so merck Indes dy weyll er vbr
deyn handt mit dem gehultz will slah so wendt deyn messer
auff dem sein vmb das dy kurtz schneyd auff seyne messr stee
vnd schlag In zu dem kopff mit der kurtzn schneydn etc

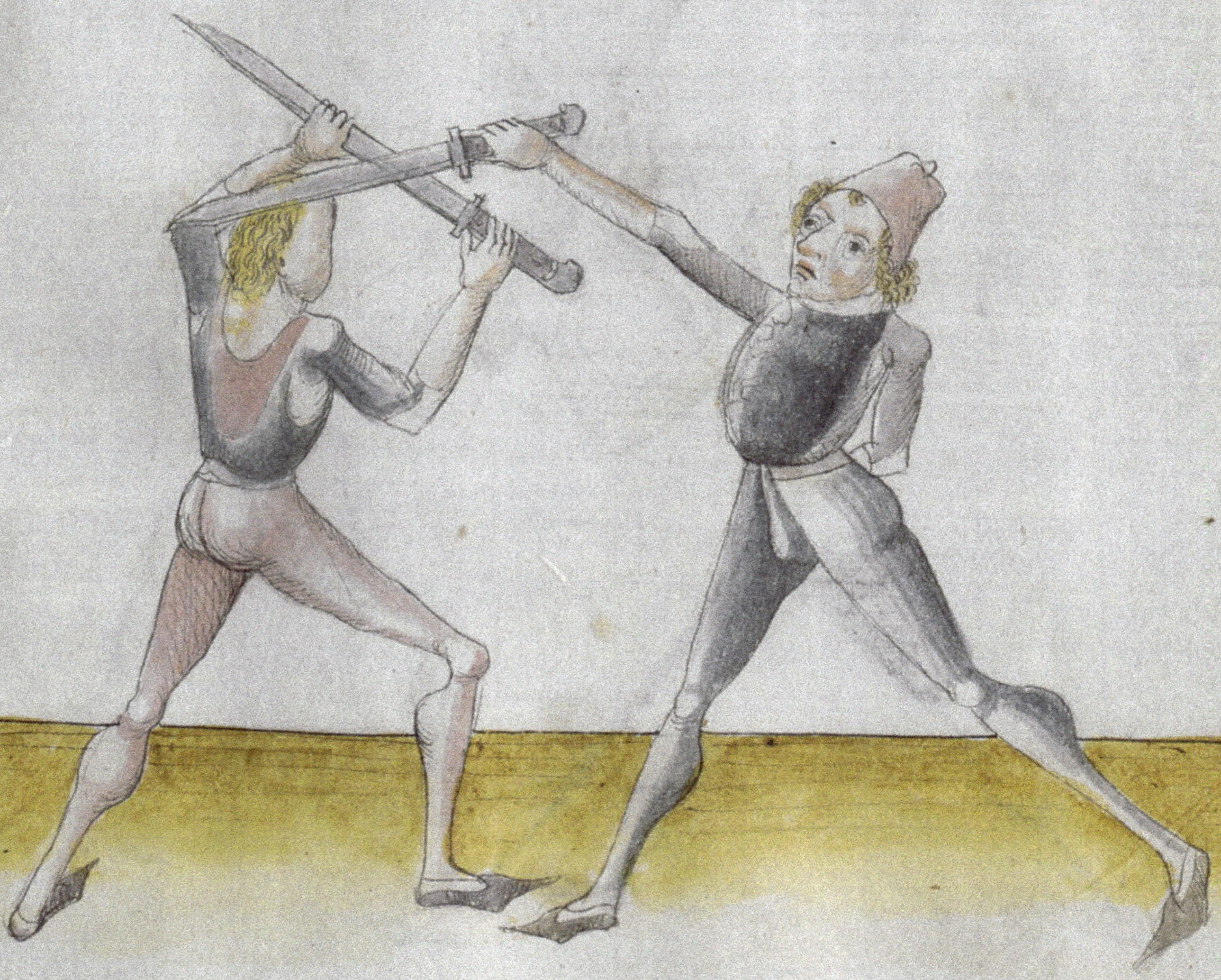

Jtm so du jm also auff den kopff slest mit der kurtzen schnaiden
wye vor Jnnen stat so stymm messer mit deyme ort gegen
seyne lincken seyten zwyschn dich vnd jn mit gesencktn ort
auff dayn lincke seytten vnd senck jm den ort auff seyn prust
vnd schreytt mit deyme lincken fuss sich zu ruck vnd haw
jm zu dem kopff etc.

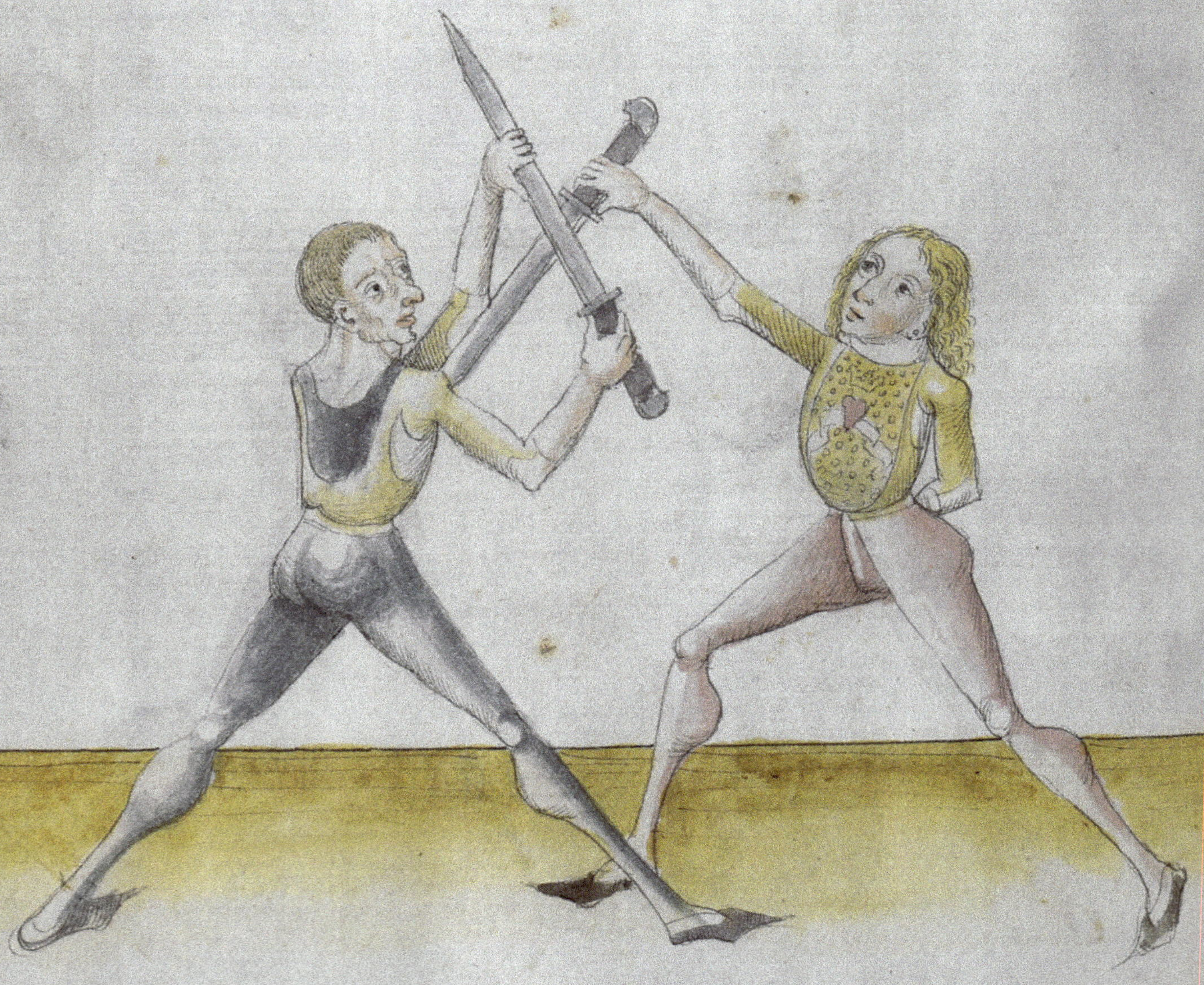

Ist dir kunst zu rume
Das messer ist gewunne
Nicht solt dich sawme
Und den man auff zawme

Hye sagt der meyster eyn pruch wider den ersten pruch des
messers und spricht ist dir er das solt also versten hatt
er dir deyn messer begriffen bey der spitz und reyst auff
seyn lincke seyten und du empfindest das du deyn messer nicht
behalten magst so fall mit deyner lincken handt hyn seyn
lincke an das gehultz mit deyn rechten vor zu seyner rechten
handt und wendt das gehultz gegen im und reyss starck
undersich so nymbstu im wider seyn messer und hawest
im durch seyn kopff etc.

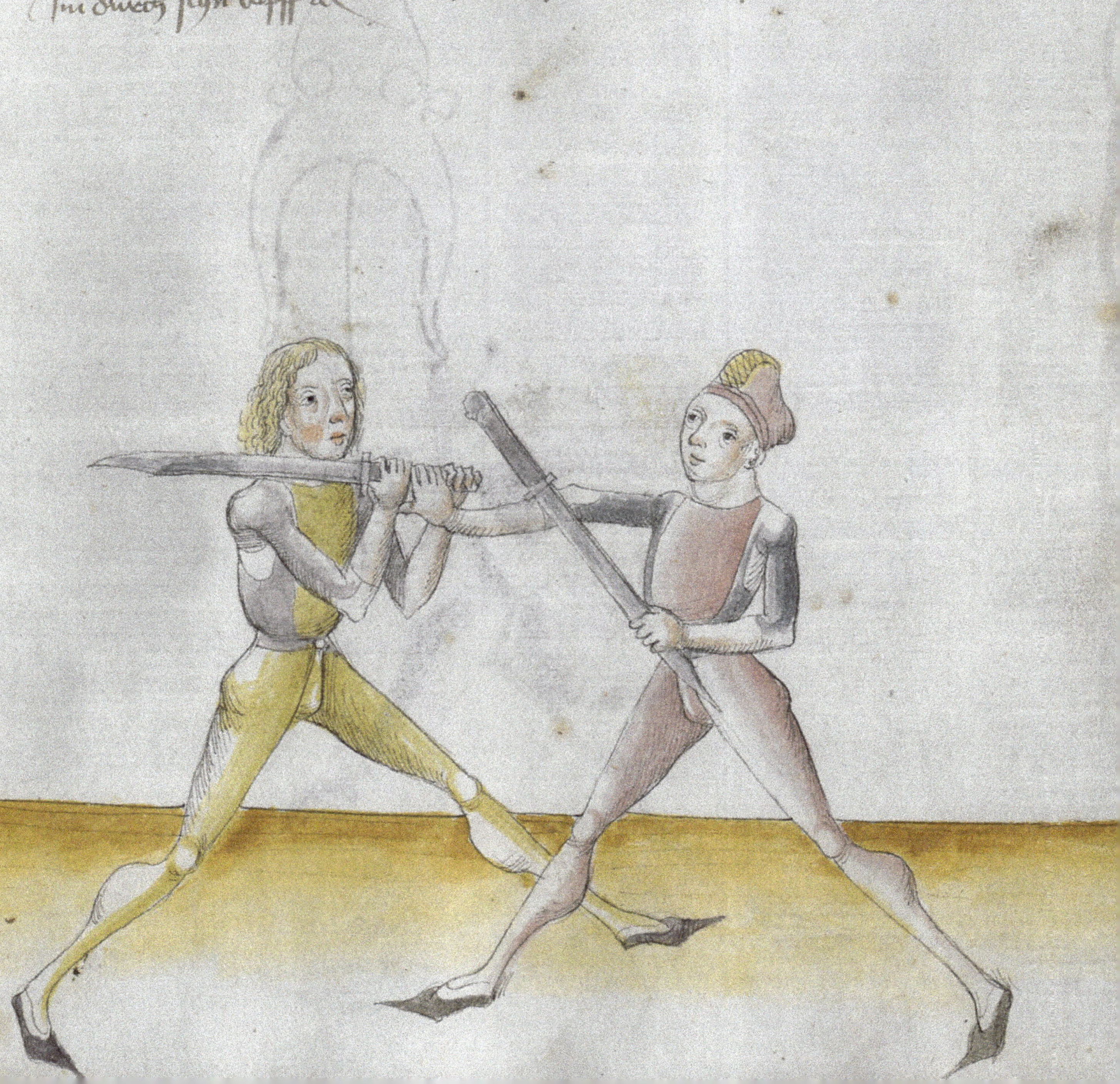

Du magst dich deß rome

Bewappent recht mit clotz hals neme

hye lert der mayster eyn stuck wye man den man mit dem
gehultz auff seyne rechten syttn bey dem hals neme soll vnd
stracht magstu er. Das soltu also versten hastu jm an gepunden
auff seyn lincke sytten mit der zwirch so haw jm vmb zu
seyne rechten vnd ee der haw verpracht wirtt so vberdring
jn mit deym gehultz auff seyn lincken sytten vnd fare jm an
seyn hals seyner rechten sytten vnd schreytt mit deyne rechten
füß hynt seyne lincken vnd druck jn dar vbe er

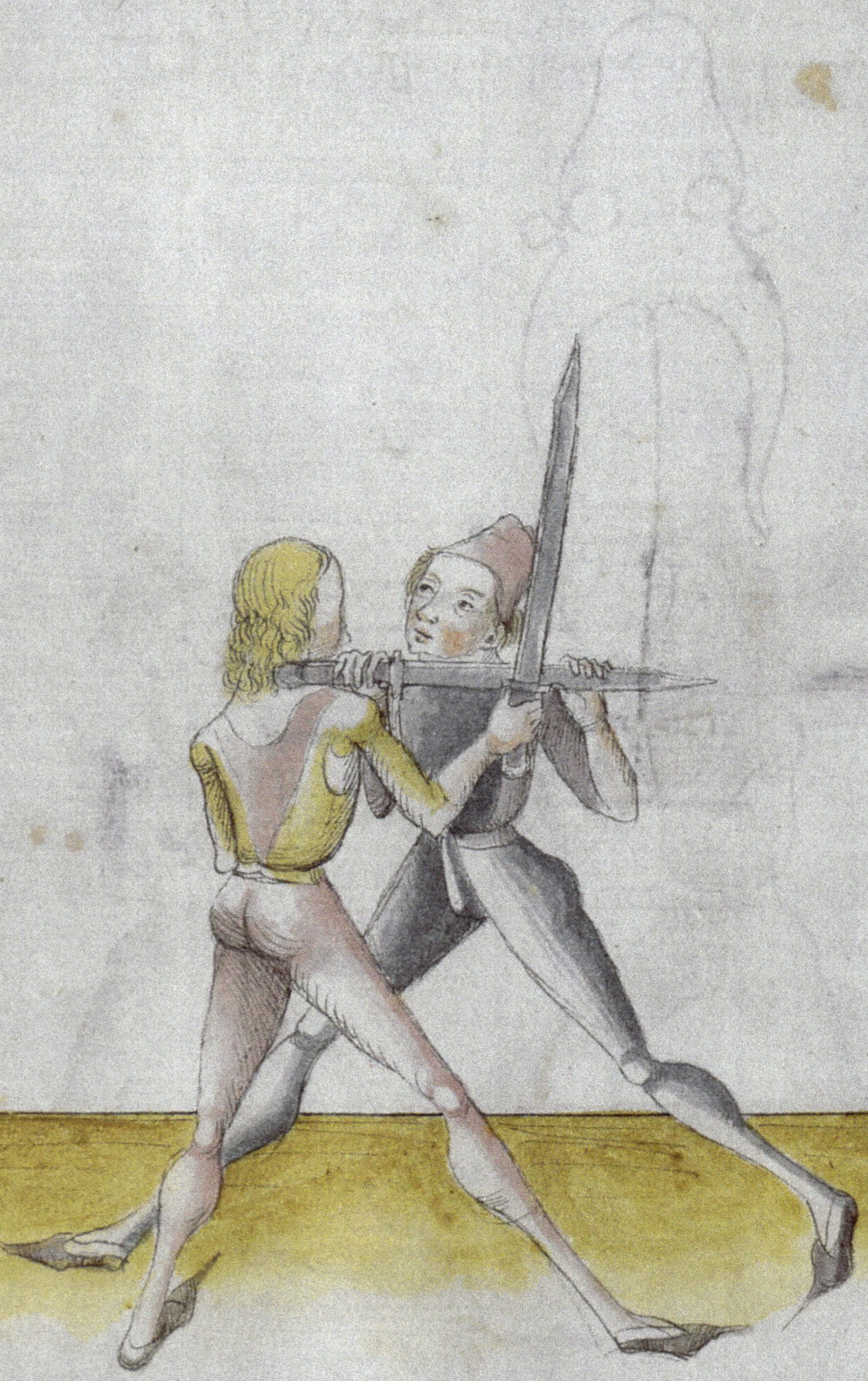

Ist es gelungen
klotz hals hatt gebunne
Mit klotz recht vber sax
Vach arm handt gewynnstu in gar

hye sagt der maister eyn prauch vnd das stuck So man eym bey dem hals helt mit dem clotz vnd ist das der ij erst prauch wann der prauch seyn vill vnd manig lay hyn Der erst prauch so dich eyner gewappent mit dem klotz bey dem hals starck helt so nym dayn messer auch zu gewappender handt vnd sax mit dem klotz vber seyn lincke handt inwendig auff aussen vber das gelenck vnd druck vast vndersich mit dem gehultz vnd heb mit der lincken handt vnd mit der slingen des messers vast vbersich auff vnd schraytt mit dem lincken fuss woll fur seyne rechten vnd druck mit dem pundt seyn lincke handt vast an dich auff deyn rechte seytten vnd schaub in obsich mit deyne messer vast vo dir vnd wurff in furdich nyder auff das antlitz vor deyne rechten fuss etc

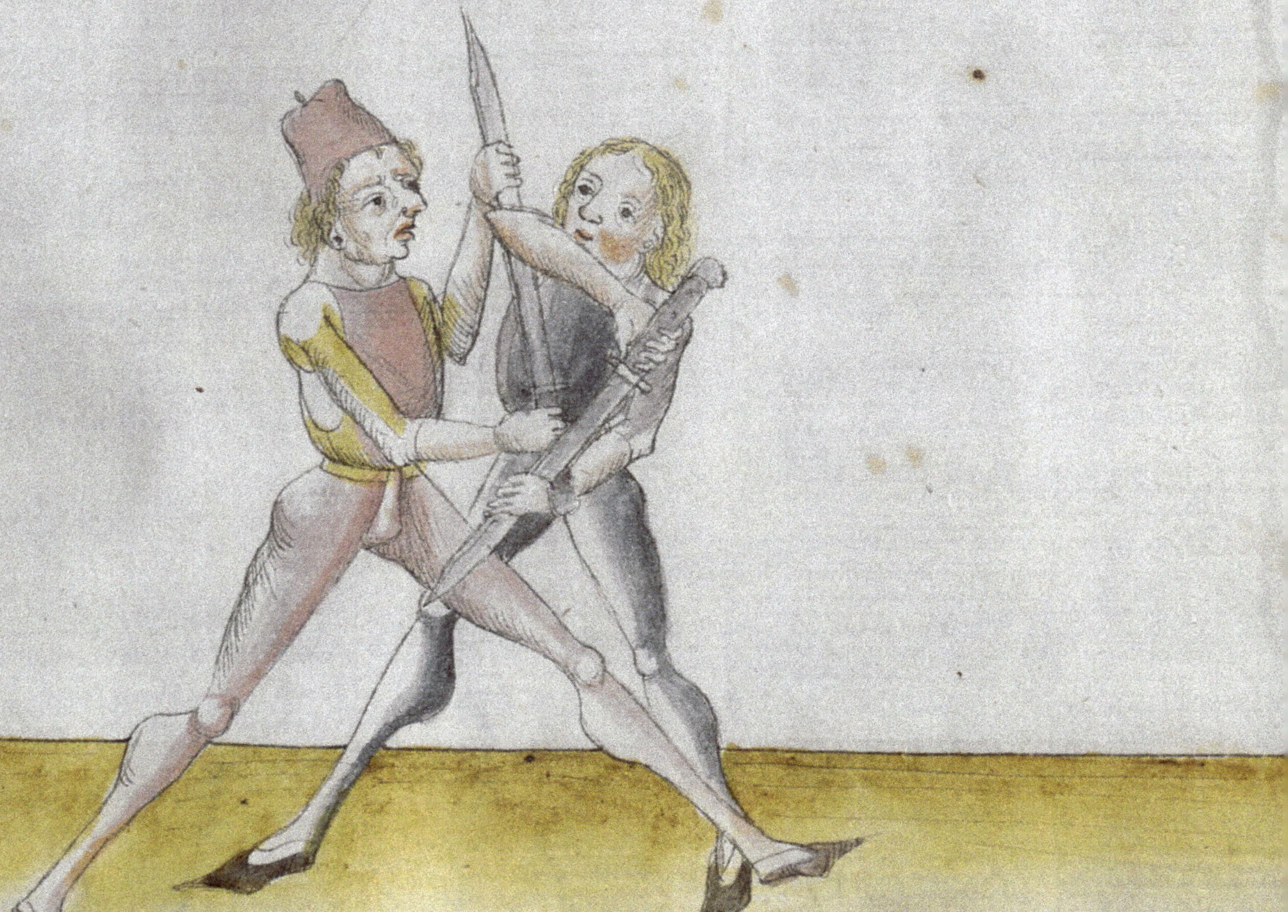

Item ob eyn pauch vellet er dich pey dem hals mit dem pindt
als vor so lass deyn messer fallen und schlag deyn lincken
arm uber seyn rechten ein starck wider und greyff mit deyn
rechten handt in seyn glenck der hendt und spring mit deyne
lincken fuss fur deyn rechten und druck seyn linck handt
wol in deyn rechte sytten und swing dich mit dem leyb
auff deyn rechte sytten und wurff in uber deyn linckes payn
fur dich etc

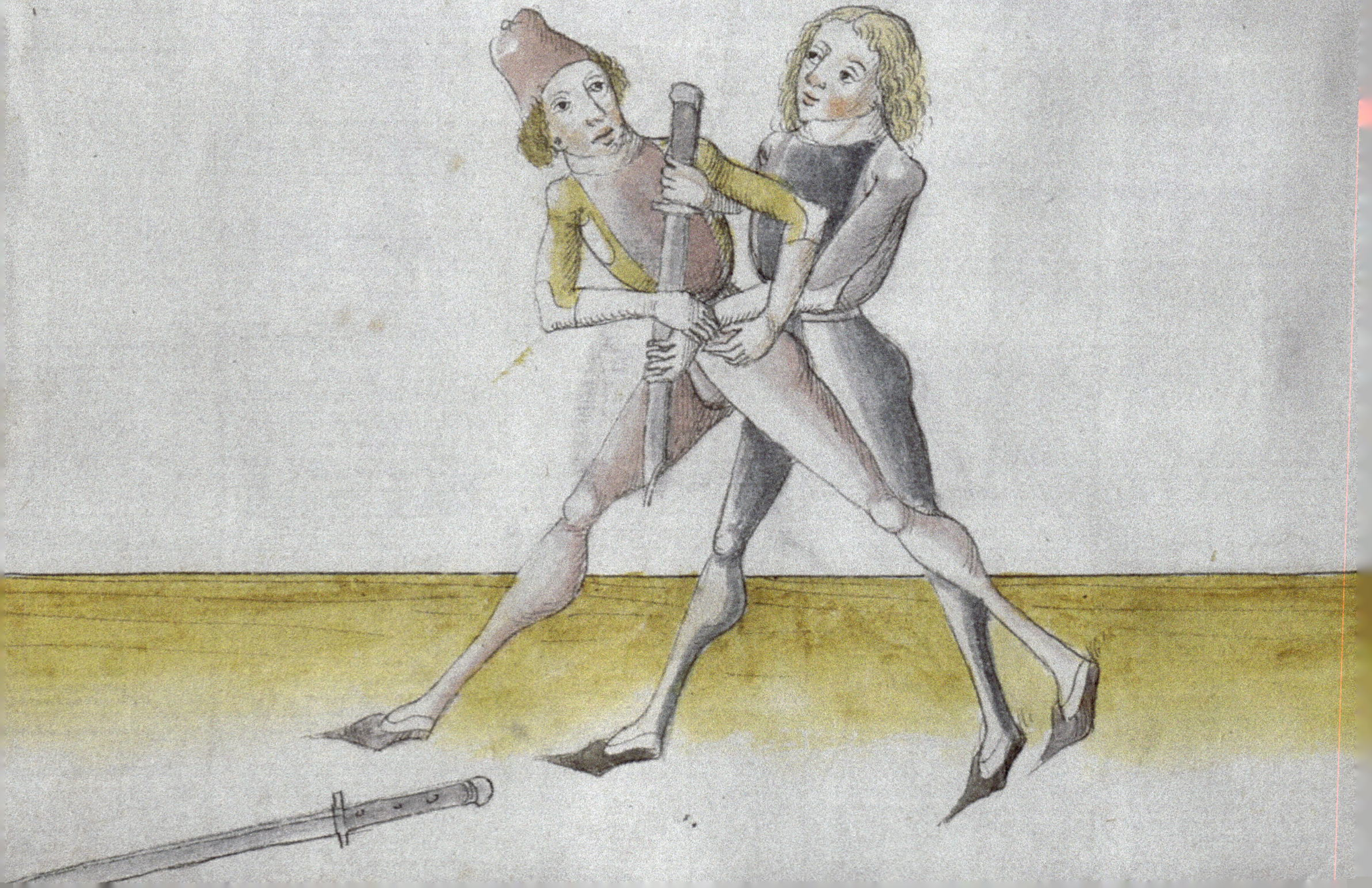

Item aber ayn paurr So er dich bey dem hals hatt als vor
so nymb deyn rechte handt vnd far da mit auff seynes
messers klingen auff zwischen seyn payd hend nahent zu
seyner lincken vnd ruck starck an dich auff seyn rechte seytten
Indes wurtt der klass ledig von dem hals Indes begreyff
mit deyner lincken handt vber seyn rechte In das gehultz vnd
ruck hindersich auff deyn rechte seytten so nymbstu Im das messer
Merck wenn du das messer neme machen wollt so soltu
albeg In dy sneyd des messers fallen mit deyner rechten handt

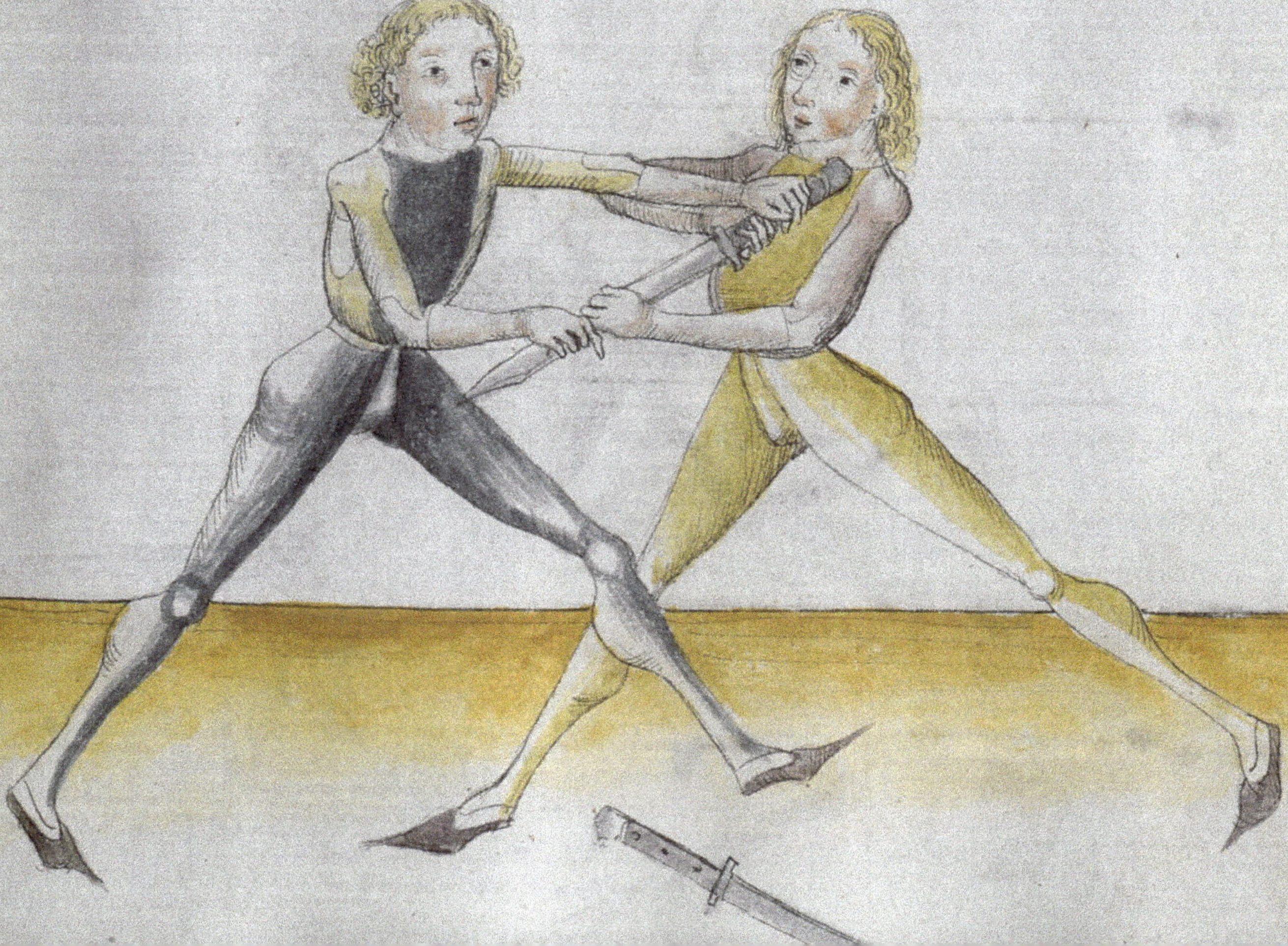

Item ob ain pauch scheub In von dir ob pey seyne ~~lincken~~ rechten elpogn
vnd greyff mit dyner rechten hand an seyn rechten payn ynnent
bey dem fuss vnd schreyt mit deyne lincken fuss fur seynen
lincken hinderigs seyne payn vnd wurff in auff seyn antlitz
wye vnden gemalt stett etc.

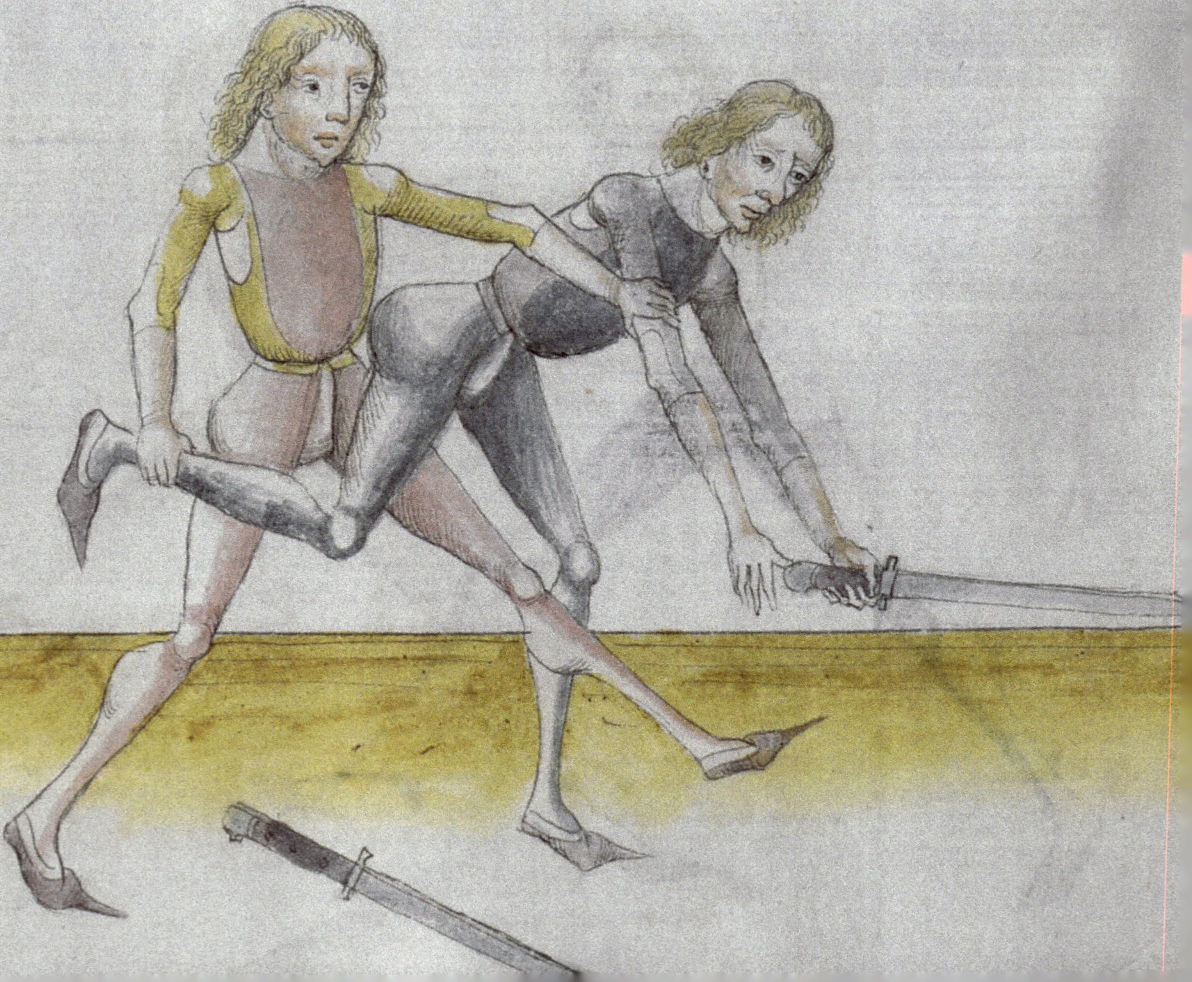

Item ain ander prauch schewb In von dir mit deyner lincken handt vnd nym das gewicht bey dem elpogen vnd greyff Im fazz mit der rechten handt seyn rechte vnd schreytt mit dem lincken fuß fur seyne rechten etc

Item eyn ander prauch schewb In starck von dir mit seyne elpogen mit deyner lincken handt schewb In also auff seyn rechte seytten Indes laß deyn messer vallen vnd greyff Im außwendig In seyn gelenck seynes rechten peyns hebs In auff vnd wurff In auff seyn lincke seytten etc

Item eyn ander prauch hatt er dich gefast als vor so schewb In von dir auff seyn lincke seytten mit deyner lincken handt vnd far mit der rechten handt oder arm vmb seyn leyb vorn vnd schreytt mit deynem rechten fuß hint seyn rechten vnd wurff In vber deyn rechte huff auff seyn ruck oder kopff etc

Im schrub in ab mit seyner rechten elpogen auff seyn lincke seytten
vnd pegreyff in des seyn rechten fuss mit deyner rechten handt
vorne vor vnd ruck den selbigen fuss wol mit deyner rechter versen
vnd halt in also da pey das er nicht auff kan stan wo er auff
eyne seytten sich auff wolt richten So wurff in auff dy ander
seytten vnd stee mit deyne lincken peyn vnd leyb wol zwischen
seyn peyde auff das das er dich mit dem lincken peyn nicht
stossen mug vnd halt in also vnd wurff in so eyner seytten
zu der ander weyse du wilt etc

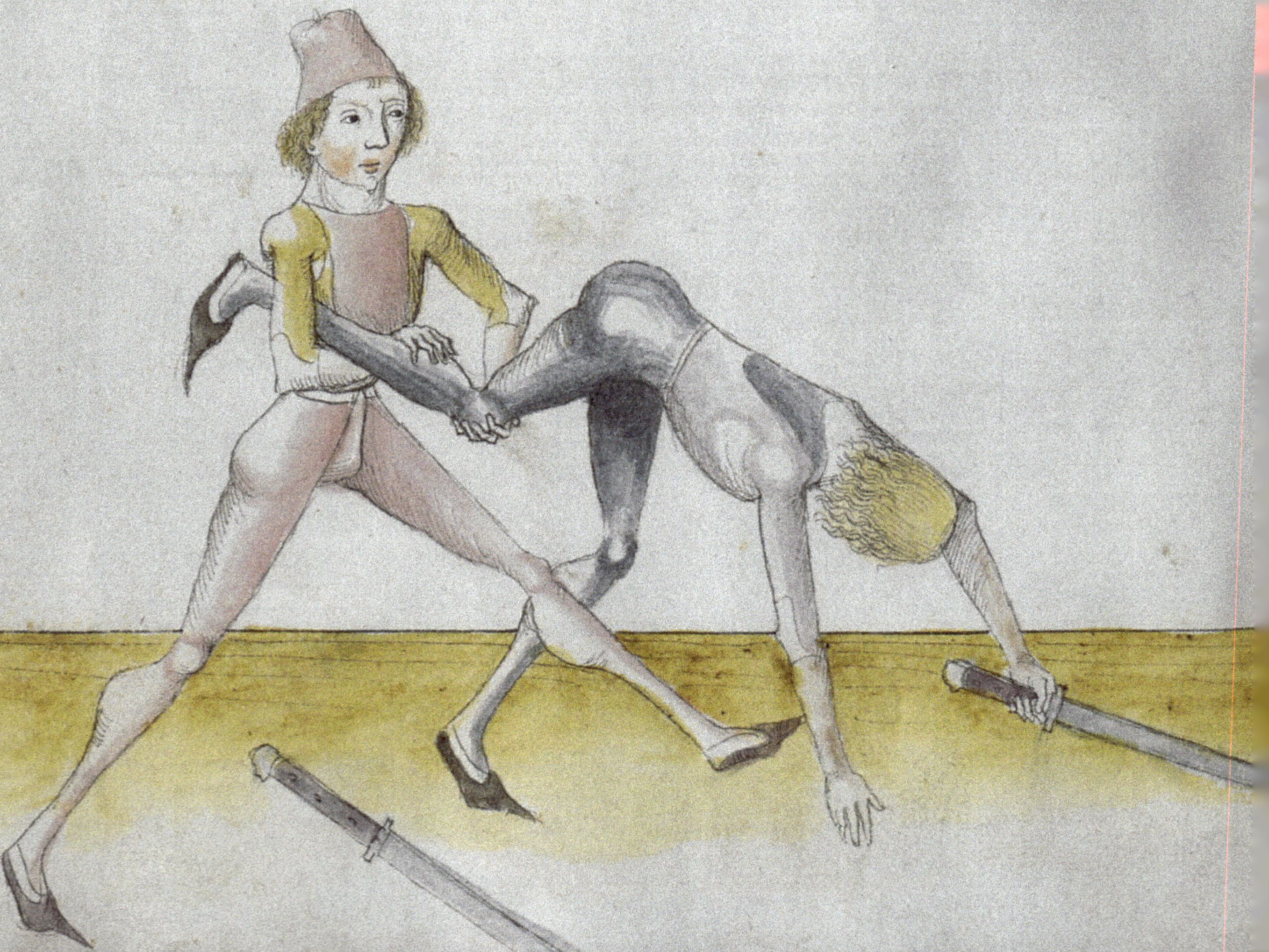

Jm aber seyn prauch helt er dich pey dem hals gewappent
als vor so druck vast zu ruck mit dem nack Judes greyff
auch zu gewappend hantt In deynes messers klingen vnd
seyn messer vnd loss plupssling dy recht hand vo dem pindt
vnd schreytt hinn In auff seyn rechte seytten vnd schlag In
mit dem gehultz In seyn prauch vnd schreytt woll hint
In Judes schlag In hin seyn nackh vnd schreytt aber pass
hyn vmb als du dann woll weyst etc

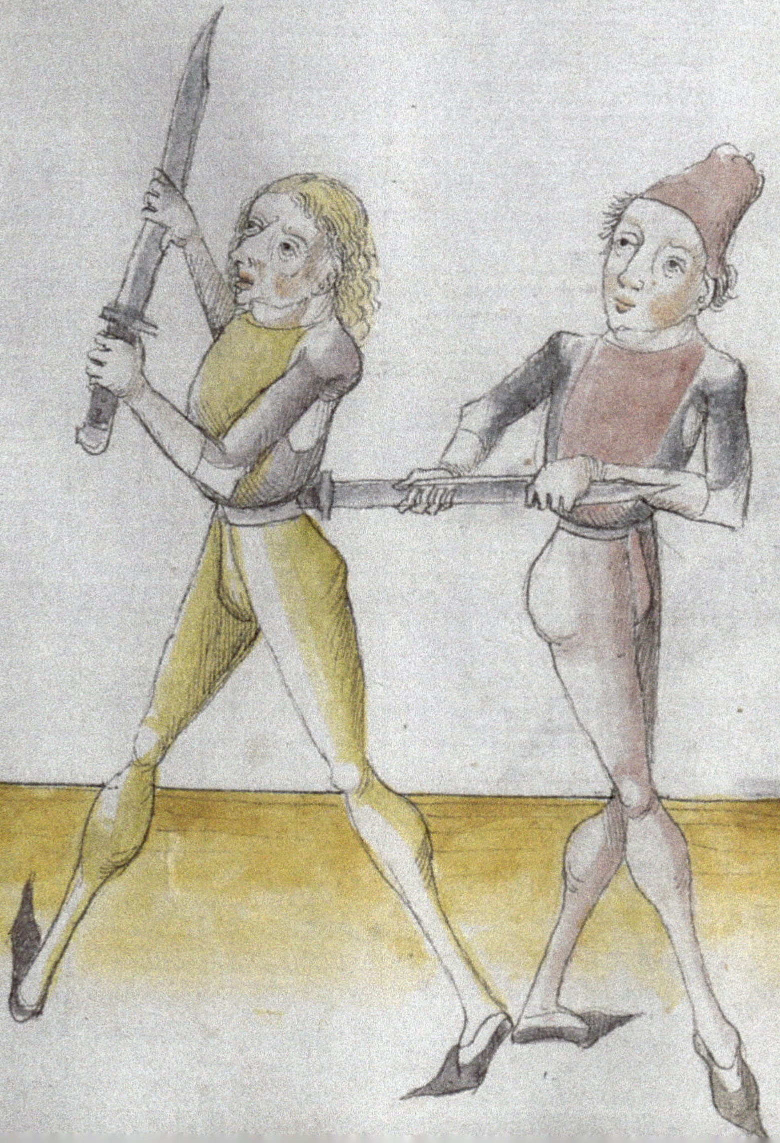

Item hatt er dir gelegtt den klotz an deyn hals als vor So far
auff mit deyne messer vnd fall zu gewappend hantt vnd far
hoch auff mit dem gehultz vnd stich im zu dem gesicht oben
wye vnden gemalt stett etc.

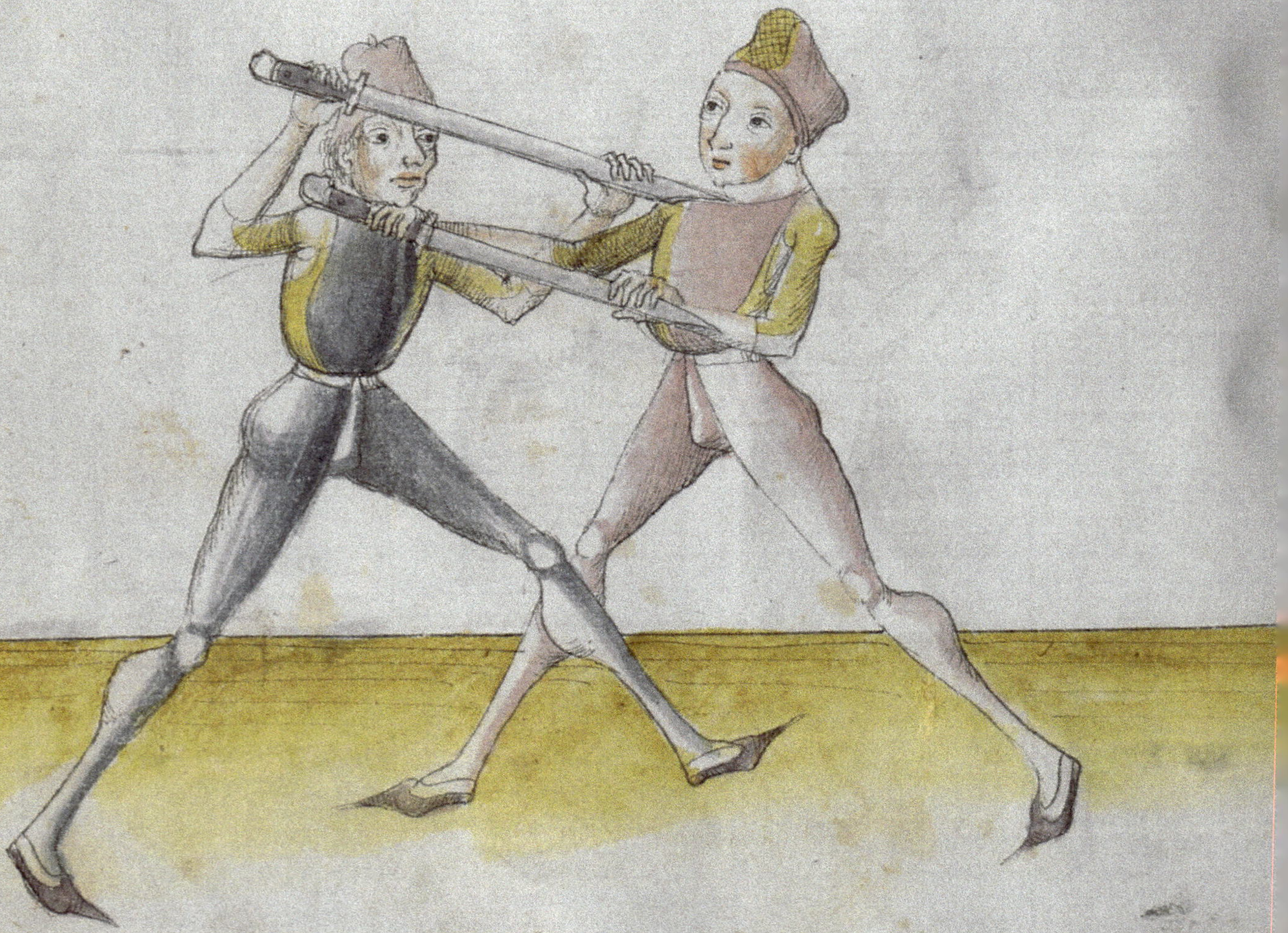

Ayn ander prauch hatt er dich bey deym hals gefast
ab als vor mit dem gehultz Indes las deyn messer fallen vnd
far mit deyner rechten handt hynder seyn lincke zwischen seyn
handt vnd dy sterck seynes messers vnd wendt dich Indes
starck auff deyn lincke seyten vnd ruck starck mit deyner
rechten handt auff dy selbigen seyten etc

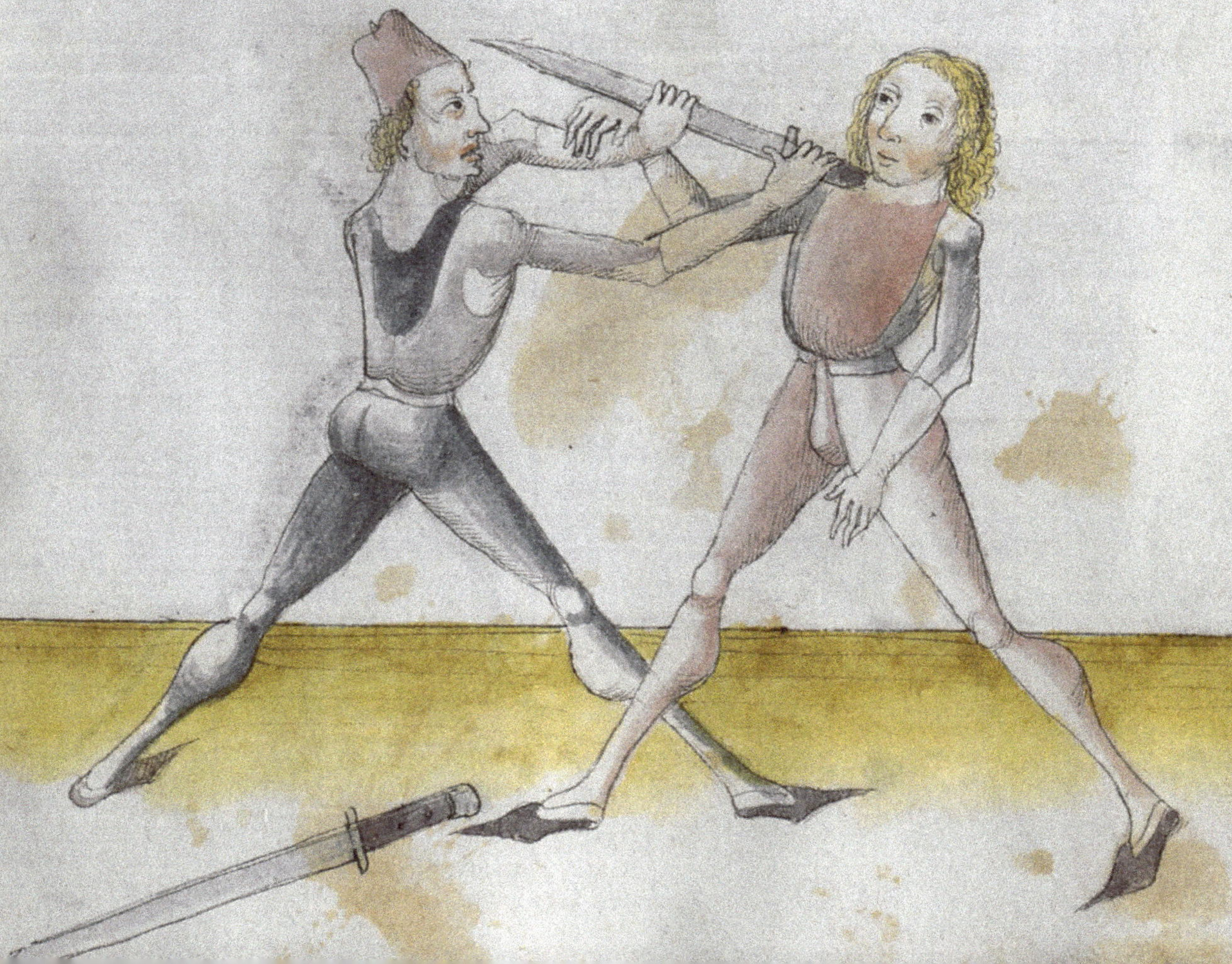

zwen man fechten wil

Item hatt er dich bey deyme halß mit dem gehultz uber
als vor Indes greyff mit deyn lincken handt In dy mitt seynes
messers vnd far auff mit deyn rechten handt vnd thu
sam du In das gehultz In das angesicht wollest stossen Indes
stoß In dy mitt seynes messers starck mit deyn handt oder
arm vnd swing dich auff deyn lincke seytten etc

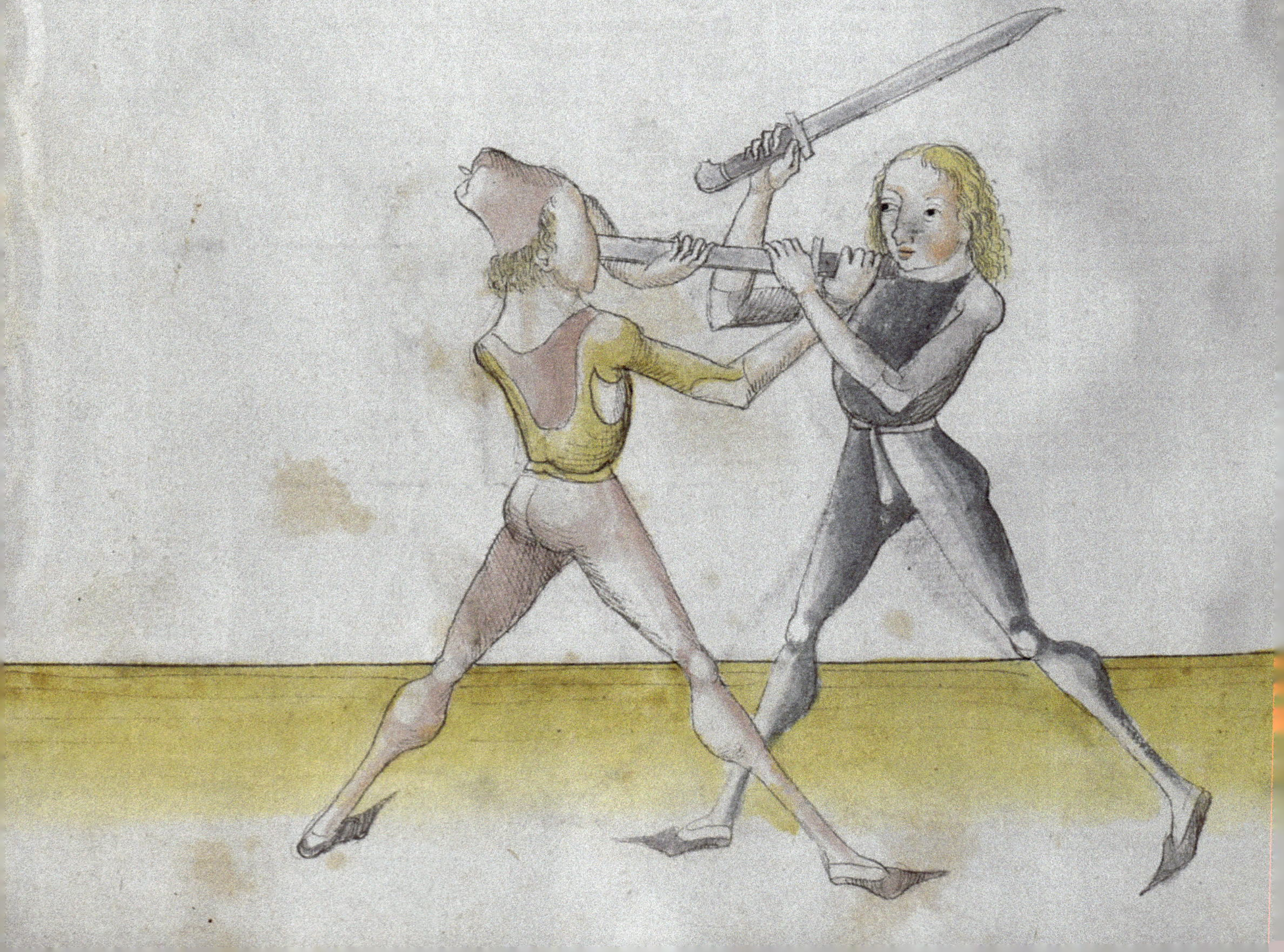

Item aber eyn pruch hatt er dich gefast mit deyner gehultz an
deym hals wye vor So greyff mit deyner lincken handt jn
seyn lincke elnbogen zu der handt vnd reyß jn auff deyn
lincke seytten vnd schlag wider deyn rechten arm vber seyn
pein arm flux wider vnd schreyt mit deyner rechten
fuß hinder seyne rechten vnd wurff jn dar vber zu vnd
spring dich eyn wenig auff deyn lincke seytten etc.

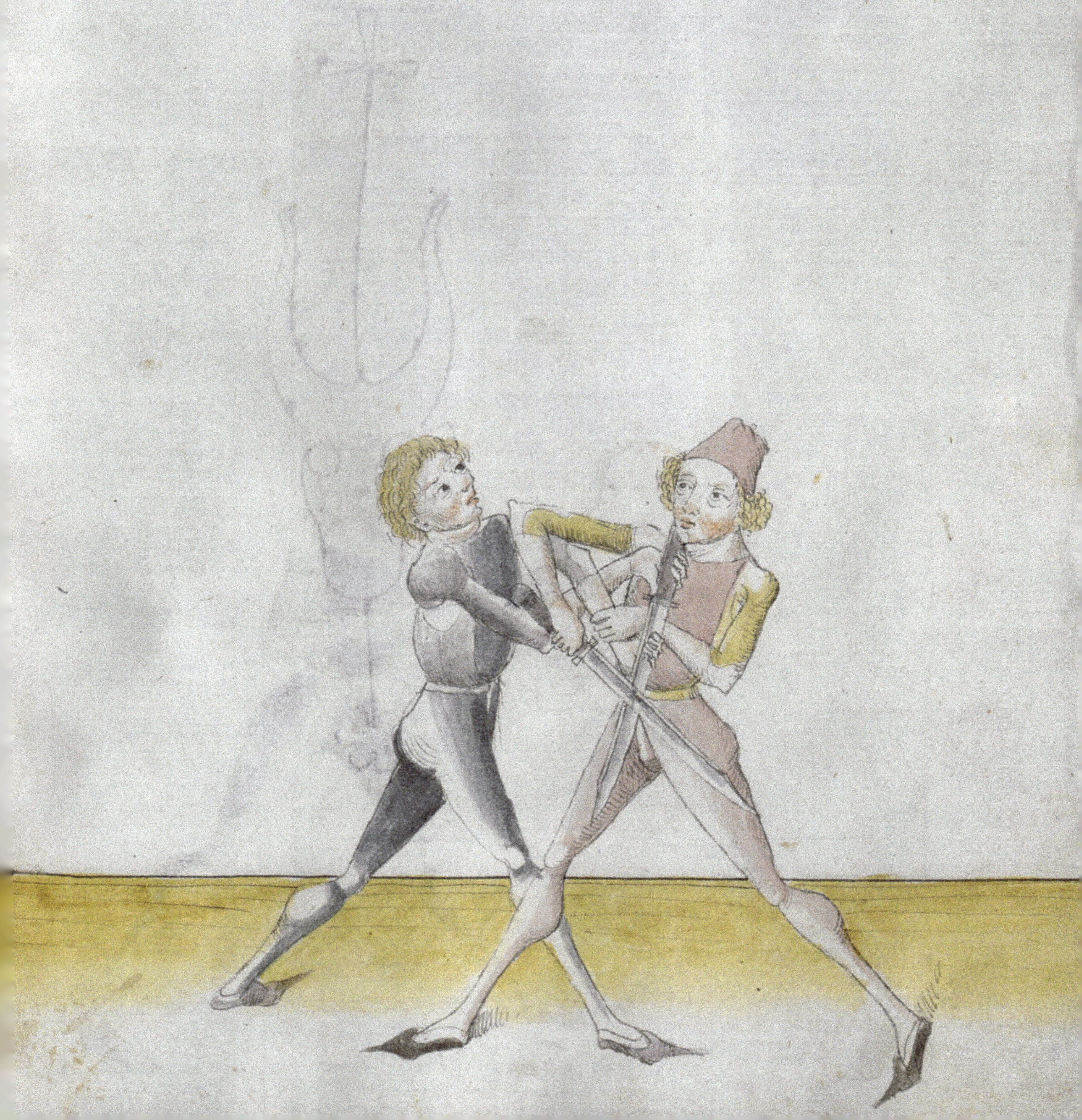

Jtm hatt er dich bey dem hals als vor vnd will dich vber
das payn drucken wie vor Jndes fall zu gewappender handt
vnd stich jm vnder zwyschen seyne payden hendt mitt
gewappender handt auff jn seyn bell vnd wenn du zu
gewappender hant felst so far mit deyne lincken arm oben
vber seyne rechten etc.

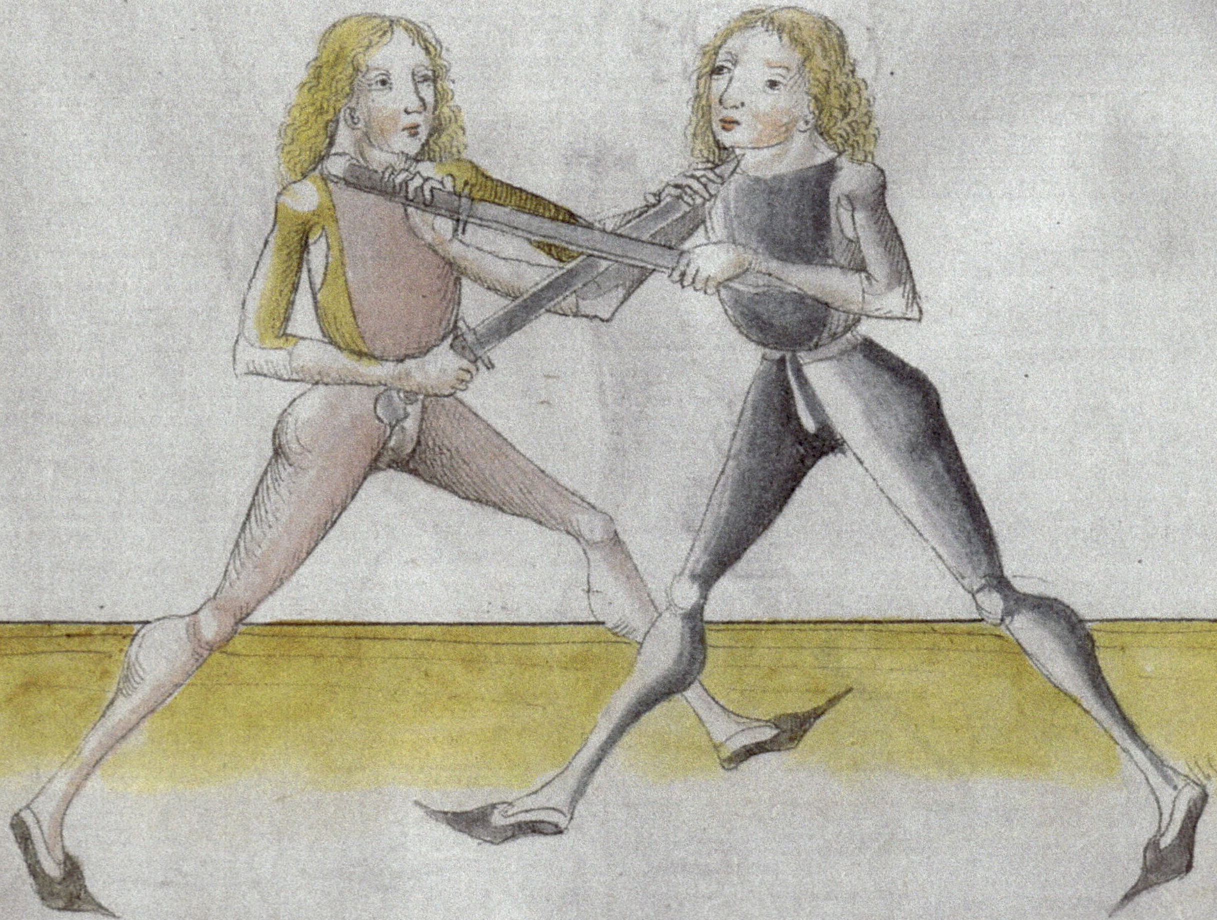

Nun hatt er dich gefast pey dem hals als vor sides stet
mit deme wysse zwyschen euch payd mit der swert auff
dyn ruck liget vnd fall zu gewappender handt vnd
stoß in mit dem gehultz an sein kin als vnten gemalt
stett etc

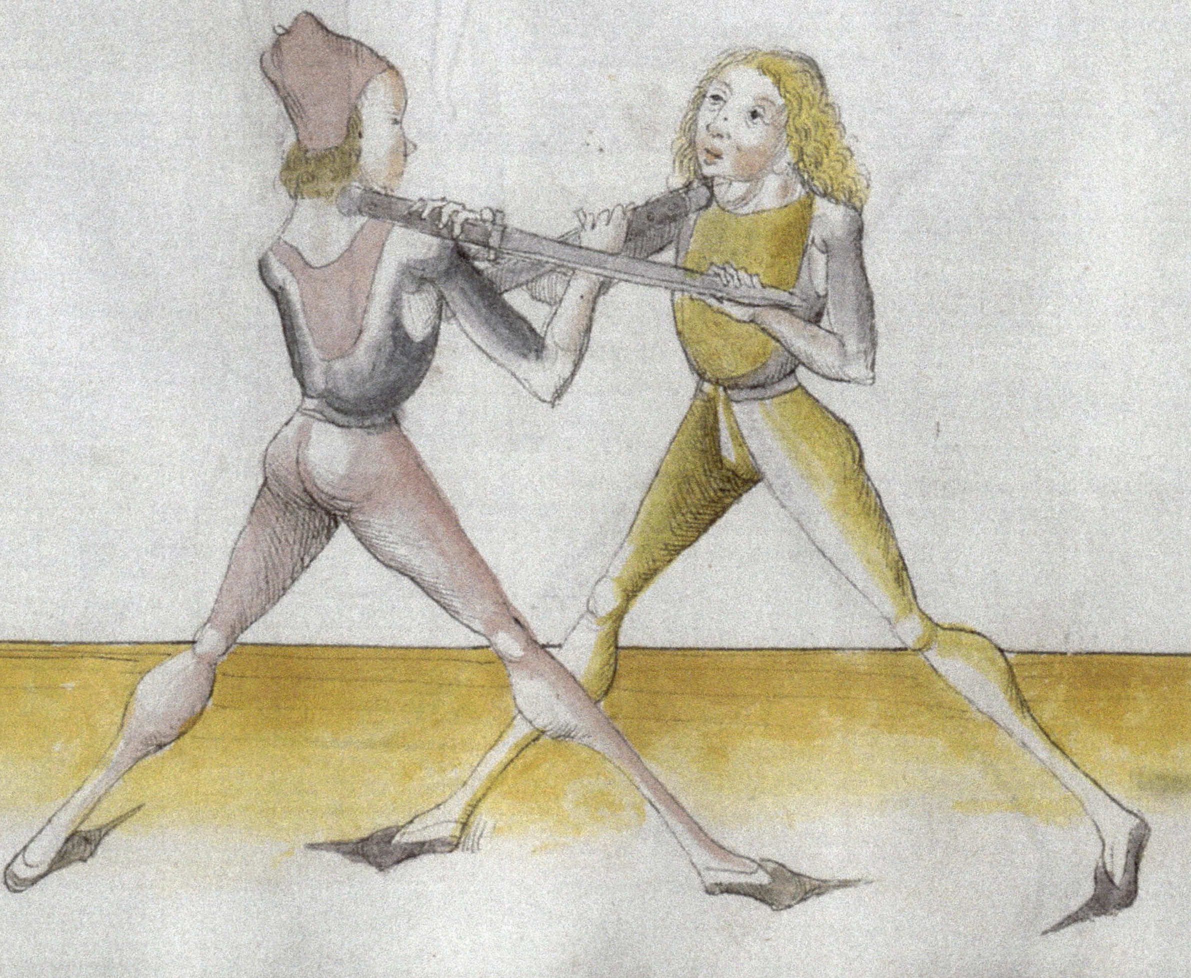

Auß vber durch streichen
Verwappend der wer auß prechen
Auch magstu arm beschlossen
Will gluck des kanst geniessen

Hie sagt der meyster von dem vberdurch streichen vnd dy
selbigen gehoren zu treyben mit grosser fursichtikaytt vnd
nahent bey dem man das du dar ob nit vnderligest nun
thu im also Wer zu dem man mit dayner entrustung
zu seyner lincken seytten vnd schlag darnach vmb zu der
rechten seytten vnd wendt dy sneyd seynes messers vber seyn
messer gegen seyn lincken seytten vnd far vnden durch seyn
arm wyd auff seyn rechte seytten vnd fall im dy mitte
mitt dayner lincken handt in dy klingen deynes messers
vnd druck da mit außwendigs in das gelenck seyns arms
vnd abgangs vnd wendt deyn lincke seytten an seyn rechte
vnd druck mit der lincken handt obey fast nyd vnd mit der
rechten pey dem pindt vnd heb seyn handt vbersich also ist
er beschlossen etc

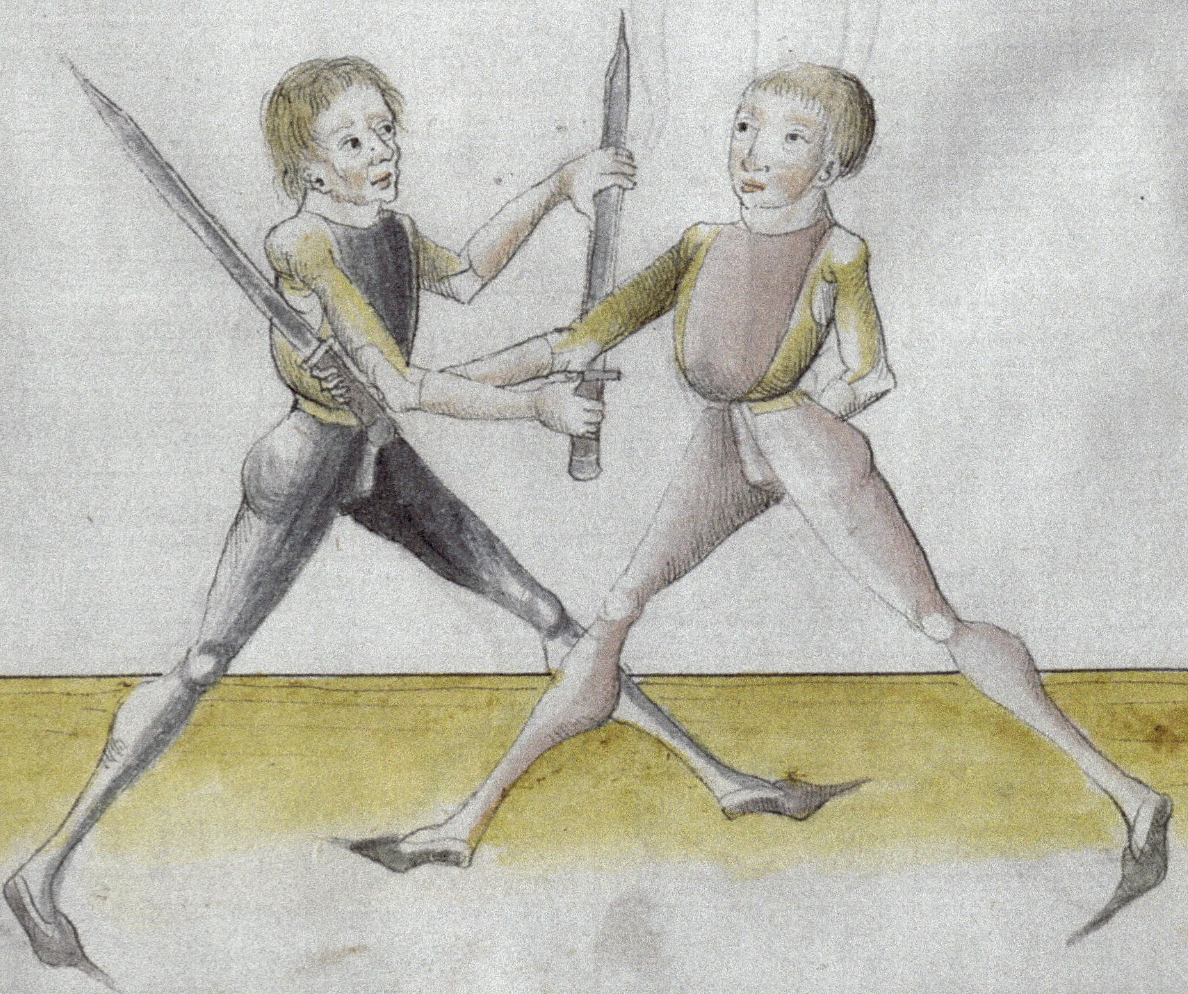

Item Stich im ab vor seyn ~~[illegible]~~ rechte hande vnd fall über
zu gewappender hant vnd kum im nahent das seyn rechte
hande kum vnder deyn rechte vchsen vnd fall zu gewappender
handt mit deyne messer schnitten an seyne rechten elbogen vnd
lain dich mit der prust vast da an vnd ker deyn lincke
seitten an seyn rechte vnd spring mit deyne lincken fuss fure sey
rechten vnd spring dich starck auff deyn rechte seitten

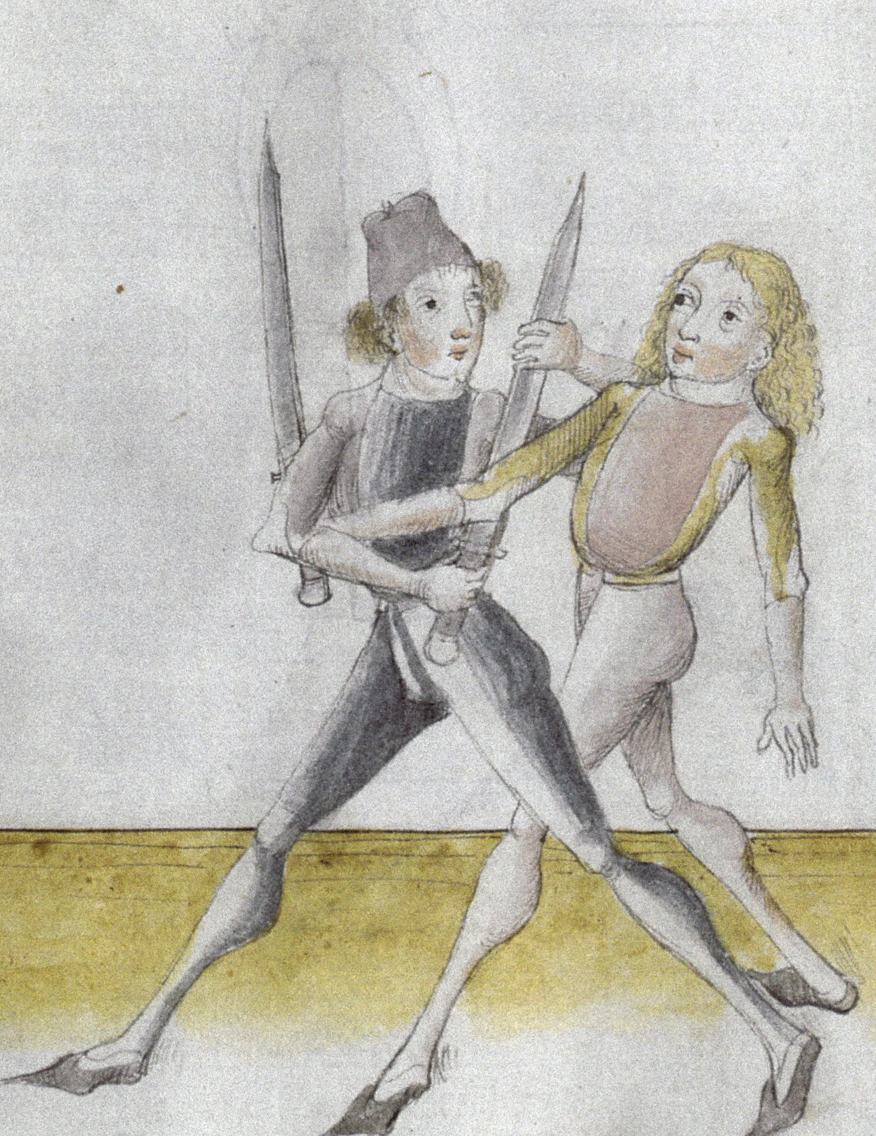

Item aber eyn stuck im durchstechen Thu im als vor und
hindes mit dem gehultz auff seyn rechte achseln an seyn hals
wall hin umb in seyn nacken und heb in mit der lincken
handt wall vesten und verbindt deyn handt auff deyn
nyste das du dester sterker hebst und schrayt mit deyme
rechten fuss hyn seyne rechten und druck in da uber etc.

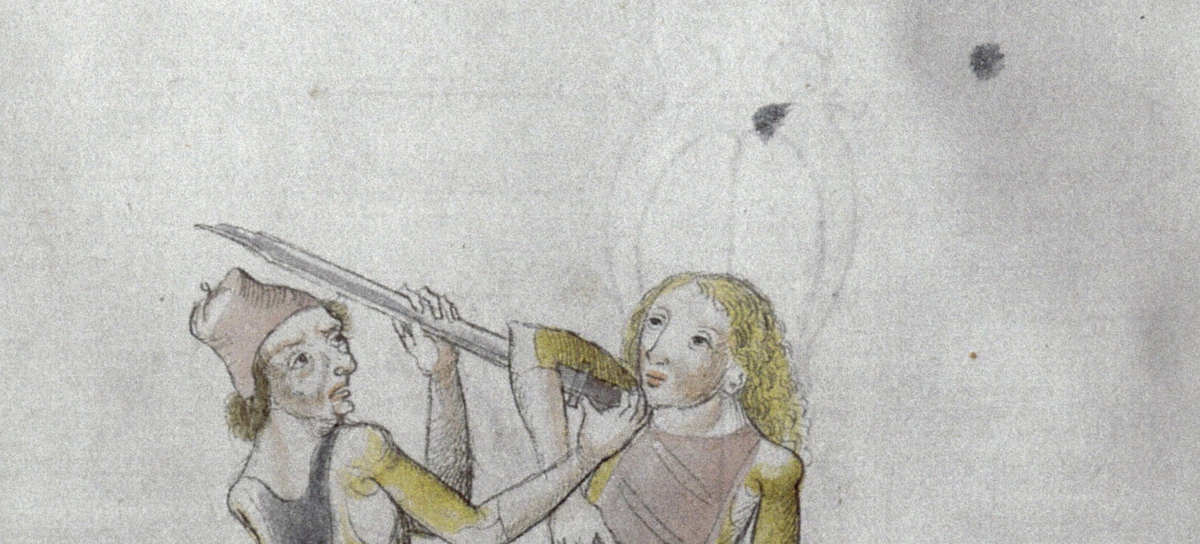

Item far aber in durch mit der spitz vber seinen rechten arm vorn
her vnd far vnden auff deyn lincke syten mit der spitz
synes messers Also das dir syn messer vnder deyn rechte vchsen
kum vnd stoss in mit dem gehultz zu seiner kelh oder
angesicht etc.

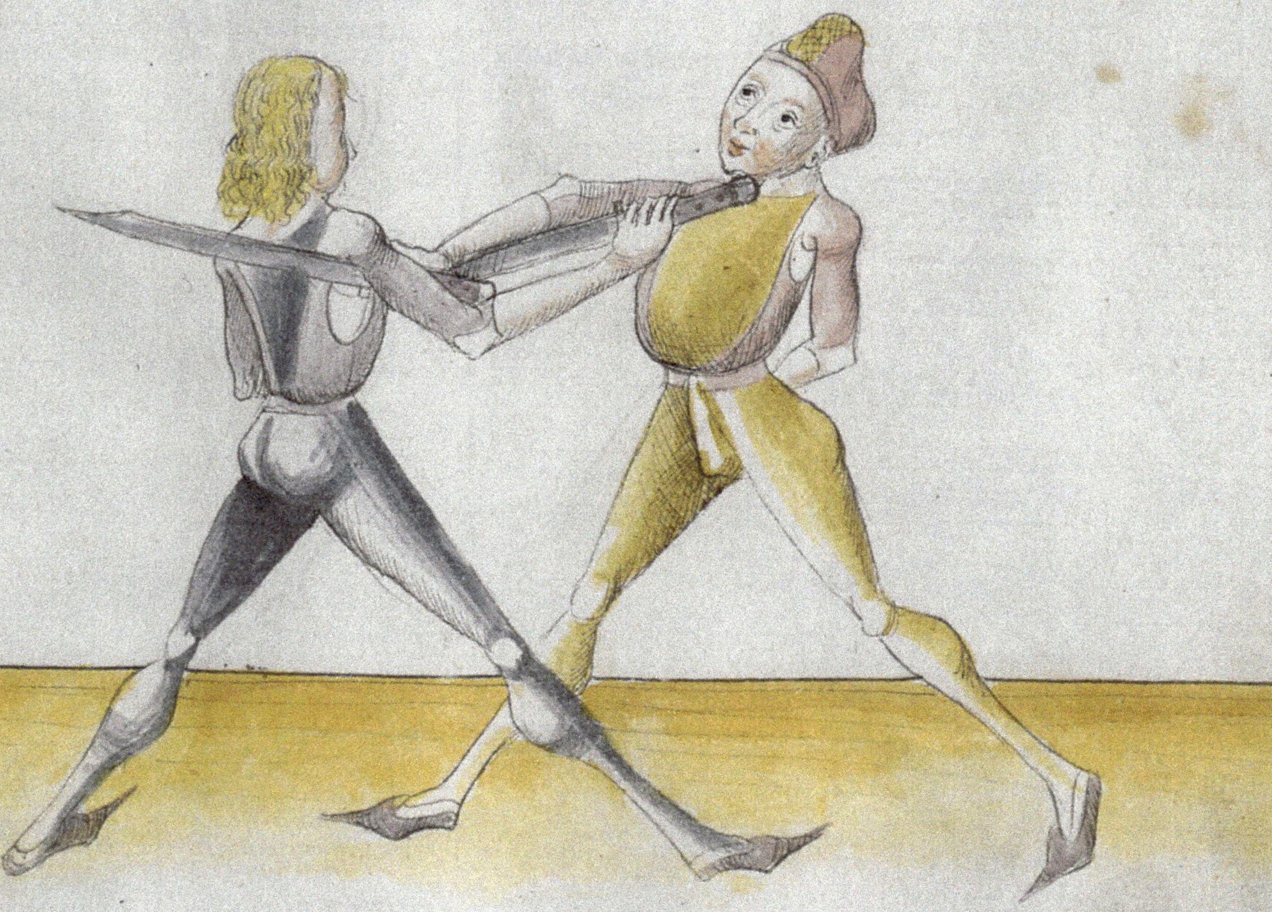

Item aber eyn stuck ist er dir zu starck das du ausswendigs
den arm nicht beschlyssen magst als das erst stuck lautt
So thu im also du ausswendig in wolst beschlyssen indes far
inwendigs oben uber seyn arm an dy achsel und schreytt mit
deyme rechten fuss hinder seyne rechten und druck in dar uber.

Item nota wenn du im also inwendigs in seyn arm ferst mit
dem messer so tritt albegen mit deyme rechten fuss woll hinter
seyne rechten das seyn arm zwyschen dich und in kum so gett
es recht zu wol

Item aber leg im das pindt an seyn hals seyne lincken seytten
und schreytt mit deyme rechten fuss hinder seyne rechten und
druck dy klingen deynes messers an seyn arm fast an deyn
leyb das der ortt auff deyner lincken seytten pestett hyn aus
stee wol

Wer vber durch ist stechn
kunstlich ler auß rechn
Windt recht piß behendt
Ortt zu gesicht sendt

Hie sagt der meyst eyn pruch wid dy dr vb durchstechn vnd spricht wer vb zel Nu wiltu dy vb durchstechn Im mess prechn so thu im also Wenn er dir vbr deyn messer windt vnd will dir mit dem ortt vnt deym arm durchstechen Indes windt gegn im auff seyn rechte seytn deyn messer an das seyn das dy lang schneyd obn sey vnd stich im zu dem gesicht Also kann er zu den abgemeltn stuckn nicht kume zu

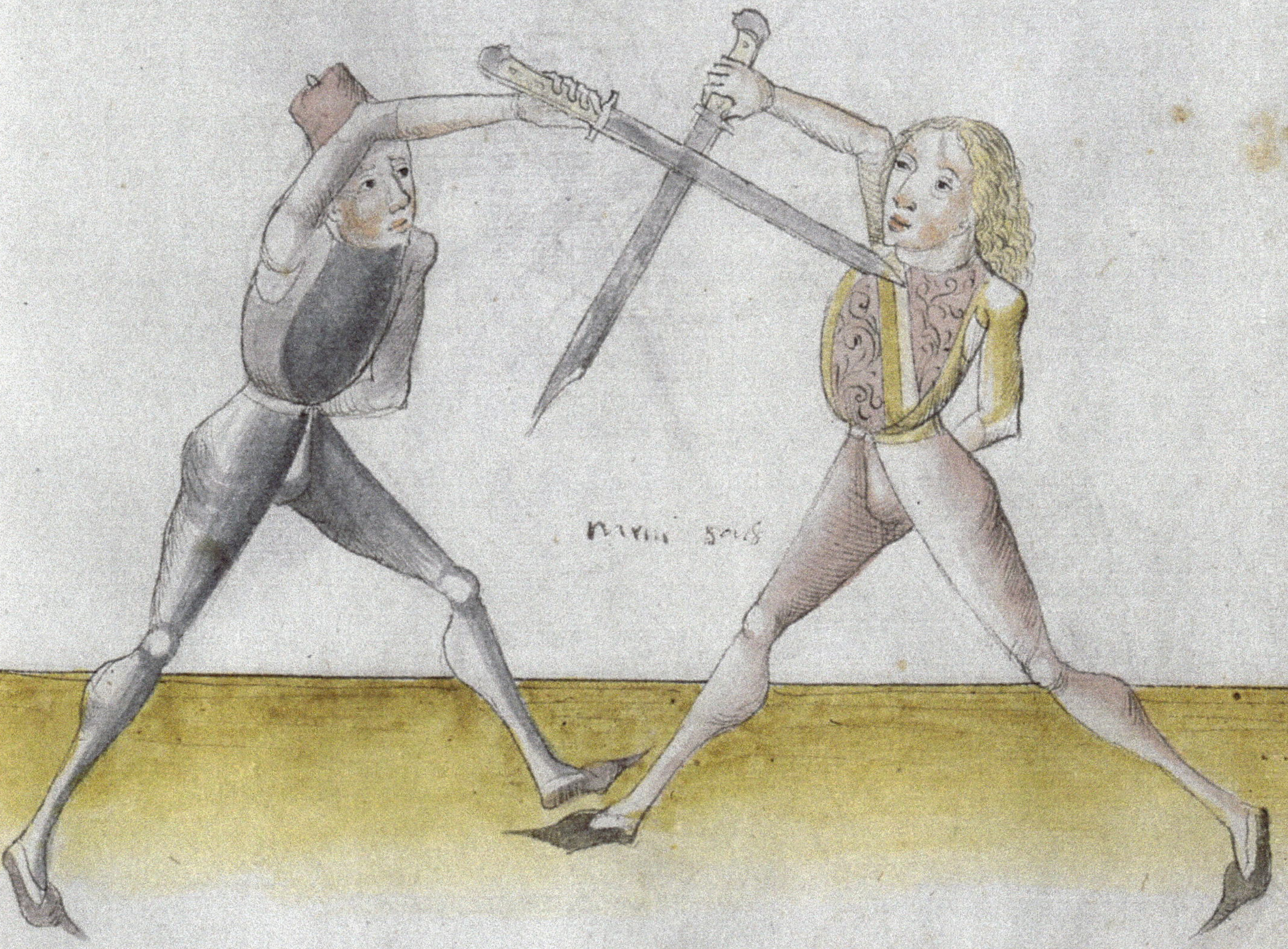

Item aber ein prauch auff das vnderdurchstechen vnd merck
dy weyll er dir dann den durchstechen will vnd dy
weyll er nyd nach dir mit seinem messer will greuffen
hinder far auff mit dem gehultz vnd fall zu geworffen
hant vnd setz im den ort an dy kelen

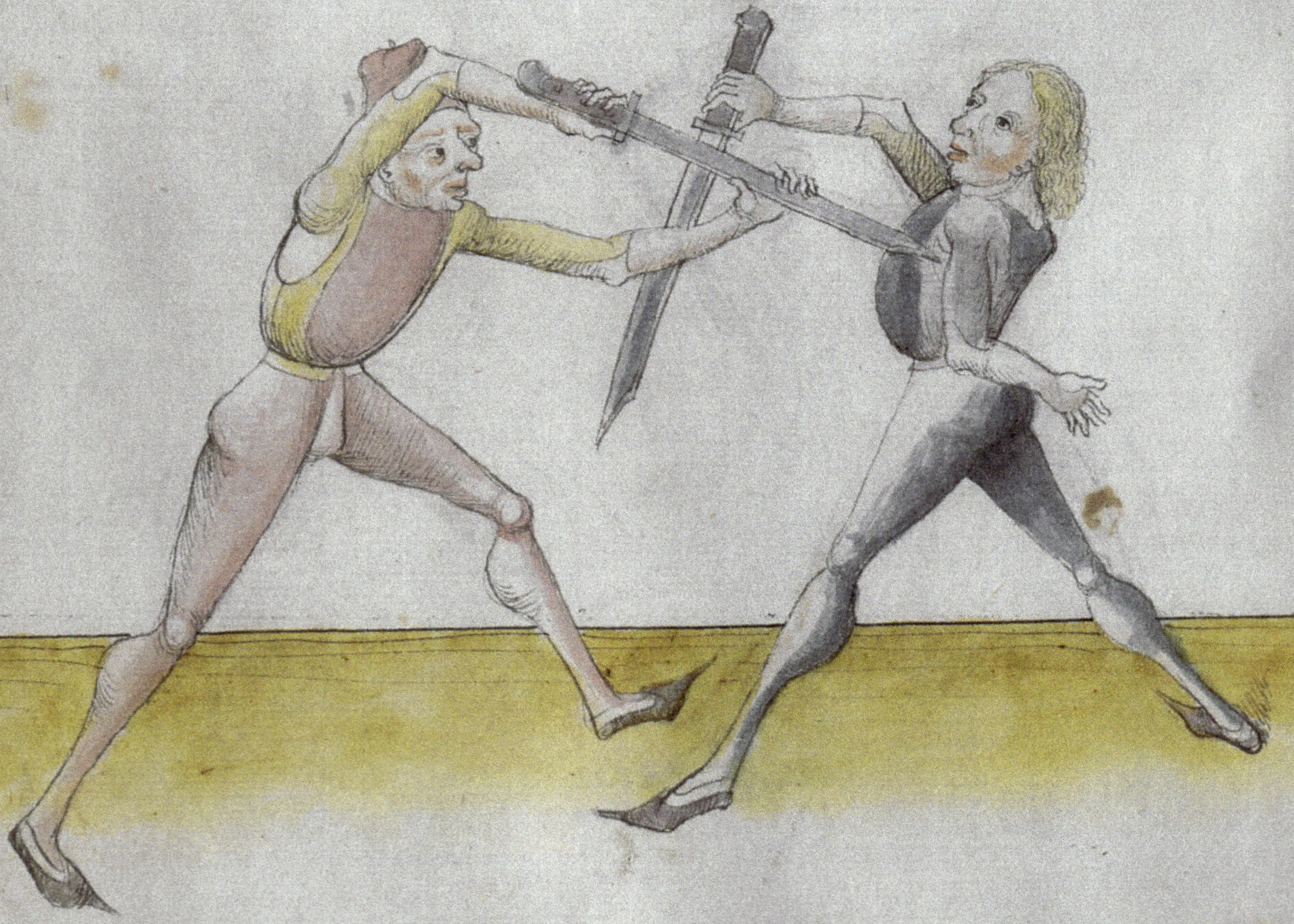

Item leg im deyn messer an den hals auff seyn lincken seytten
zu gewappender hant dy spitz des messers vnd druck im
den slegen wall vnd seyne hals vnd thu als du wol vnd
nicht pist also hastu im eyn pauch vnd das durchstechen

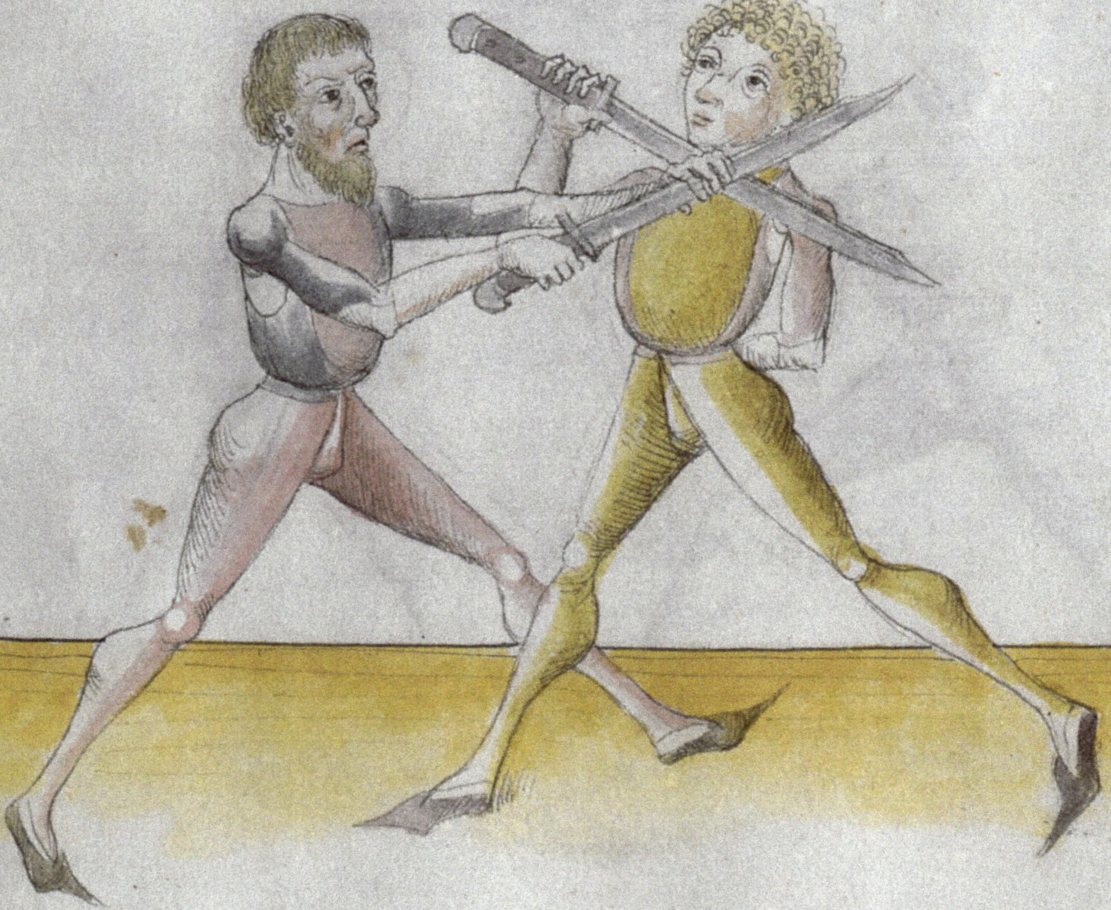

Item aber ey prauch so er durch stechn will jn dem dy weyll
er deyn messe nyd druckt Judeb sex auff mit dem gehultz
Vnd haw od schneid jm durch seyn hals auff seyn lincken seittn
Vnd das geet als behendiklich zu der es nicht treybn kan.

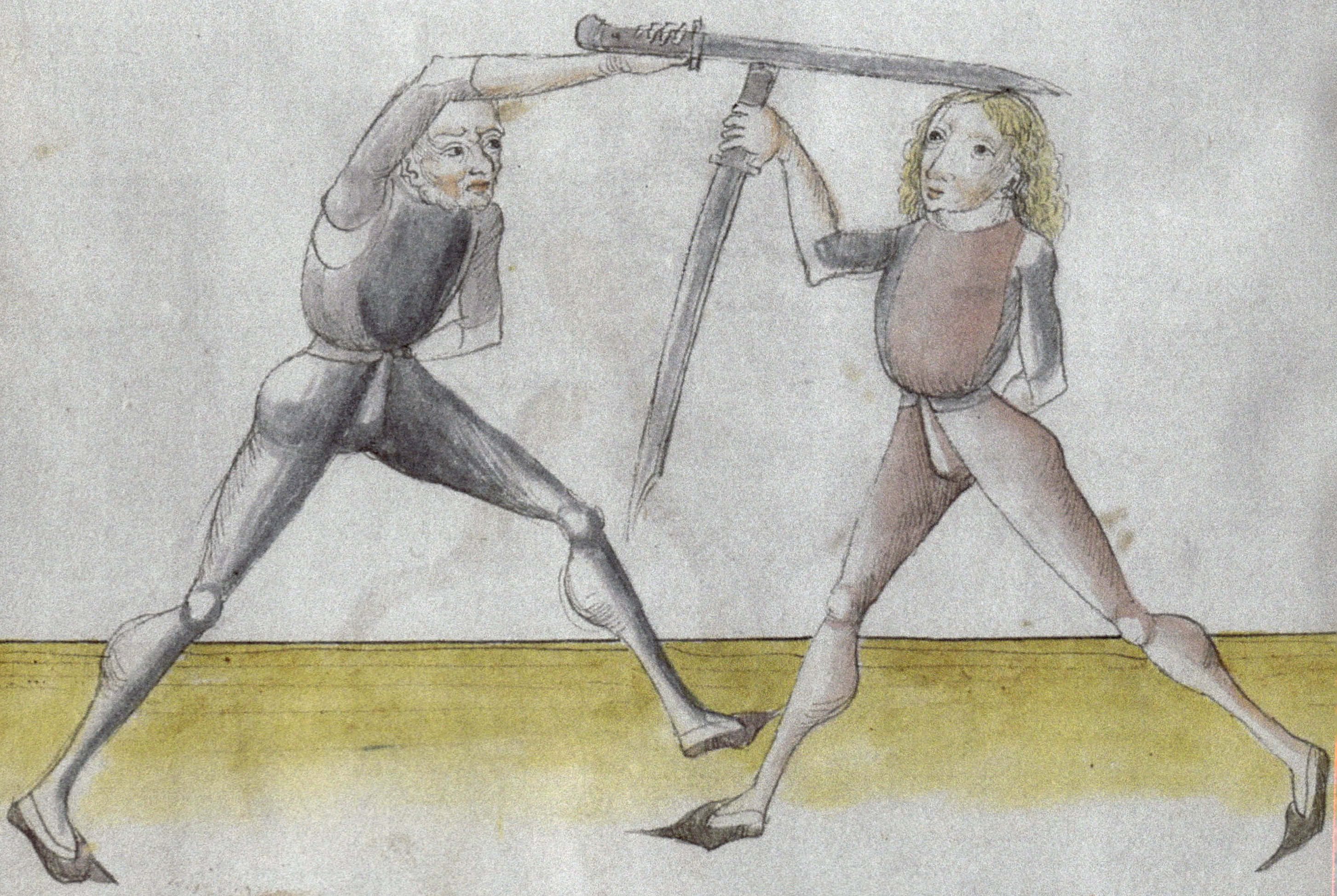

Will er dir nahen
Recht mit linck bey dahen
Setz an dy keln vnd vichsen
Gewappend thut das pussen

Hye sagt der maist(er) eyn stuck wye man das zu gewapp
ender handt treyben solt vnd spracht Will er dir Das soltu
also versten So er im zunachen zu dir kumbt so stee
vnd mit deyne lincken fuss vnd halt deyn messer auff deyne
rechten seytten vnd ob deyne rechten knie vnd das der daumen
oben stee vnd der ortt stee gegen dem man vnd gib dich mit
der lincken seytten ploss schlecht er dir denn der ploss nach so
spring auch mit seyn messer deyn lincke seytten vnd spring
nahent auff in mit deyne gantzen lincken arm greyff
starck vndes ob seyn rechten nahent bey dem elpogen vnd
druck seyn arm fest in deyn lincke seytten vnder greyff mit d

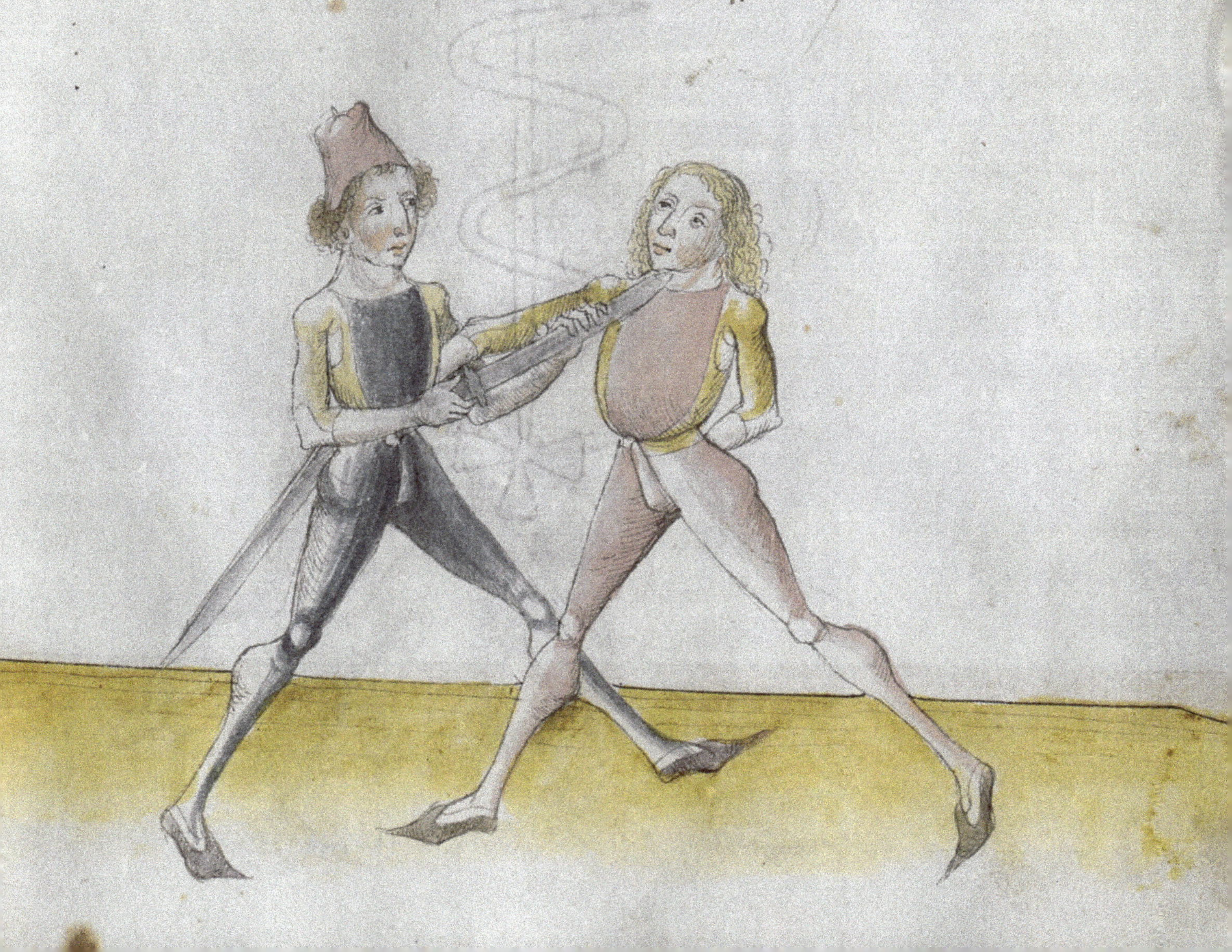

seyn arm in dy mitt deynes messers und setz im den ort
an seyn kely oder unter seyn rechte uchsen oder behallt
dayn messer in der lincken hand in der mitt und lass dayn
rechte handt von dem pinckt des messers und greyff
im mit der rechten handt in seyn rechte kniepüg und
wurff in fur dich ein

Item oder wendt deyn lincke syten an seyn rechte und
schrytt mit deyme lincken fuss fur seyn rechten und far
mit deyme gehultz deynes messers aussbendigs an seyn
hals und schrytt mit deyme lincken fuss fur seyn rechten
und wurff in fur dich ein

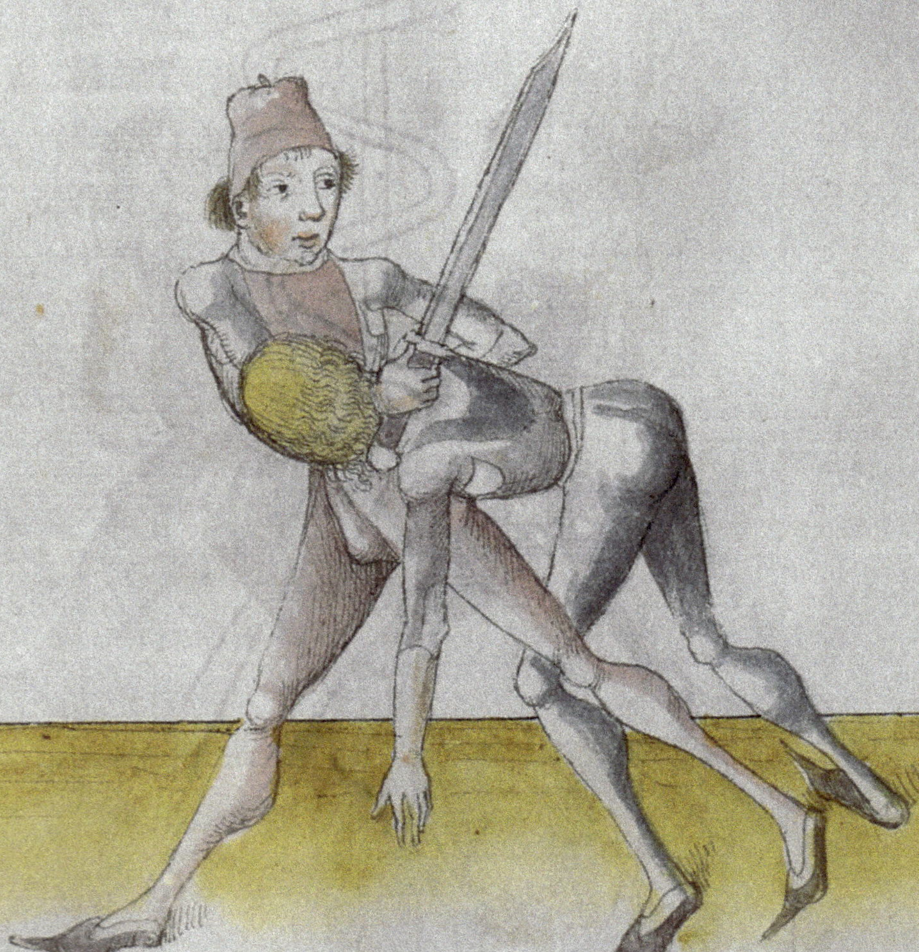

Item eyn andr pruch so dw In pey dem arm gefast hast so
schreytt mit deynē rechtn fuess hindr seynē rechtn vnd far mit
deynr rechtn handt vmb seyn halss Inbendigs auff seynē
linckn seyttn vnd wurff In fur dich vbr deyn rechte huff etc

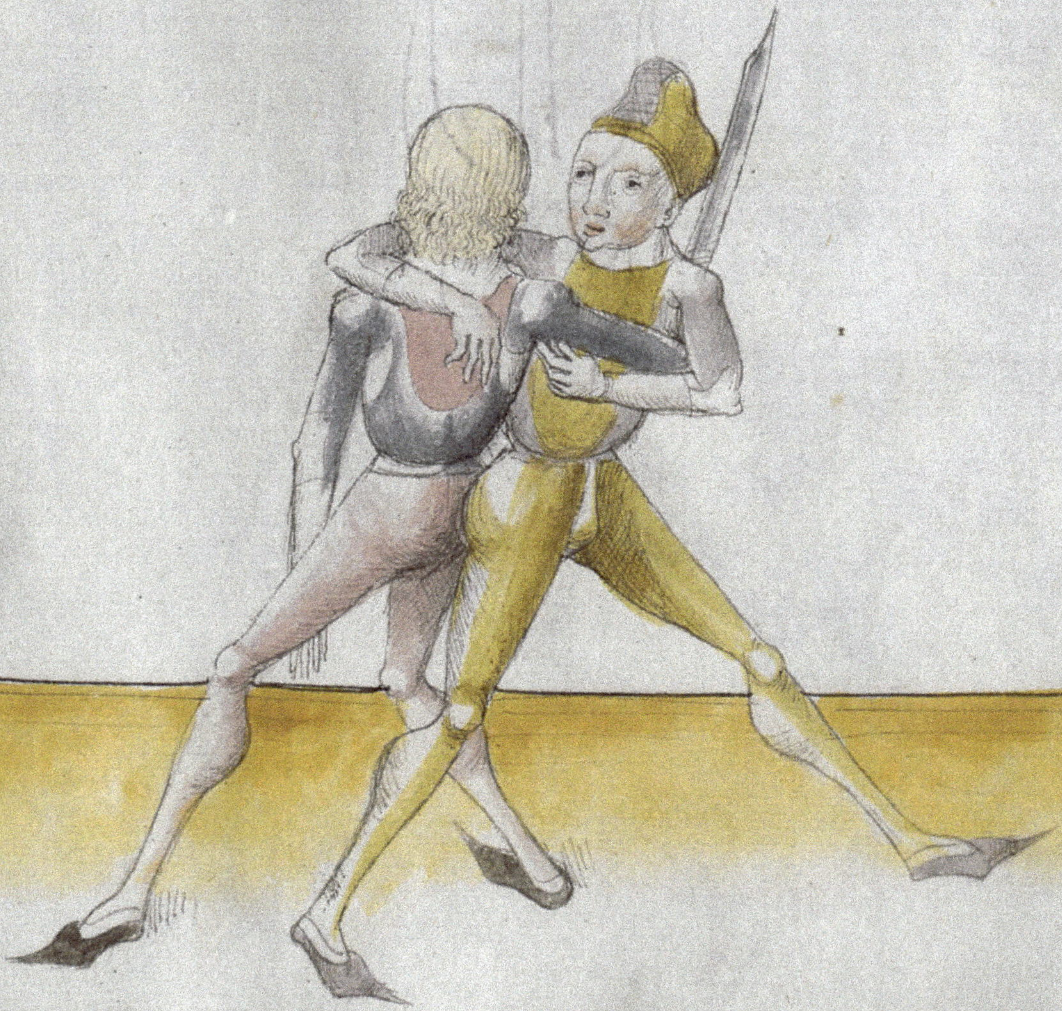

Jtm hym pessers starck so dw empfindest das er will vber
deyn arm fallen gleych under so er solt mit seyne arm vbr
deyne under heb im seyne linckn arm außwendigs starck
auff vbsich vnd schreytt mit deyne rechtn fuß fur seyne
linckn vnd drauck mit deyne rechtn arm fast auff seyne
linckn das dy gelinck der albogen zu seim aussern od
ynnern ist er starck so kum deym rechtn arm od handt
zu hilff mit deyn linckn vnd wurff in auff das antlitz
vb deyn rechtes peyn er

Jtm od greyff inn dy mitt deynes messers mit deyn linckn
handt der rechtn zu hilff vnd zeuch starck auff deyn
linckn seyttn vnd drauck ob nyder mit der linckn handt
vnd spring mit deyne rechtn fuß fur seyne linckn vnd wurff
in dar vbr also hastu den rauch vnd das erst stuck

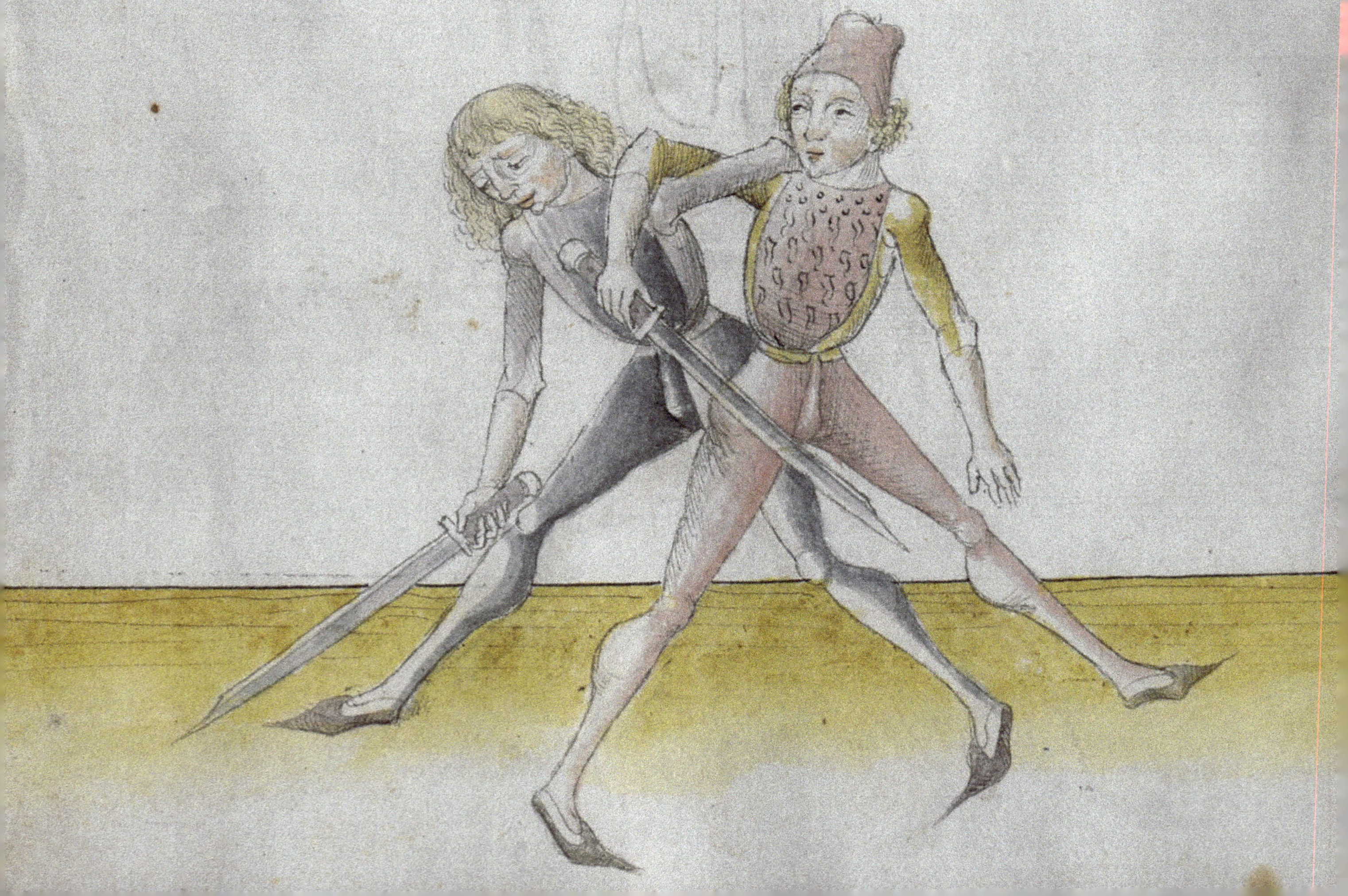

It Will er prangen
So der arm ist gefangen
Den uberfar dy kelen
Mit drucken soltu nicht velen

Hye sagtt der meister von prauch wider das stuck so eyner deyn rechten arm gefangen hatt mit seynem lincken und spricht will er sich prangen etc Das soltu also versten ist deyn arm gefangen mit deyme messer so far mit deyme messer aussen uber seyn arm und leg im das messer mit der schneyden forn an den hals in dy kelen und druck fast von dir in mit dem messer mit gewappeter hantt etc

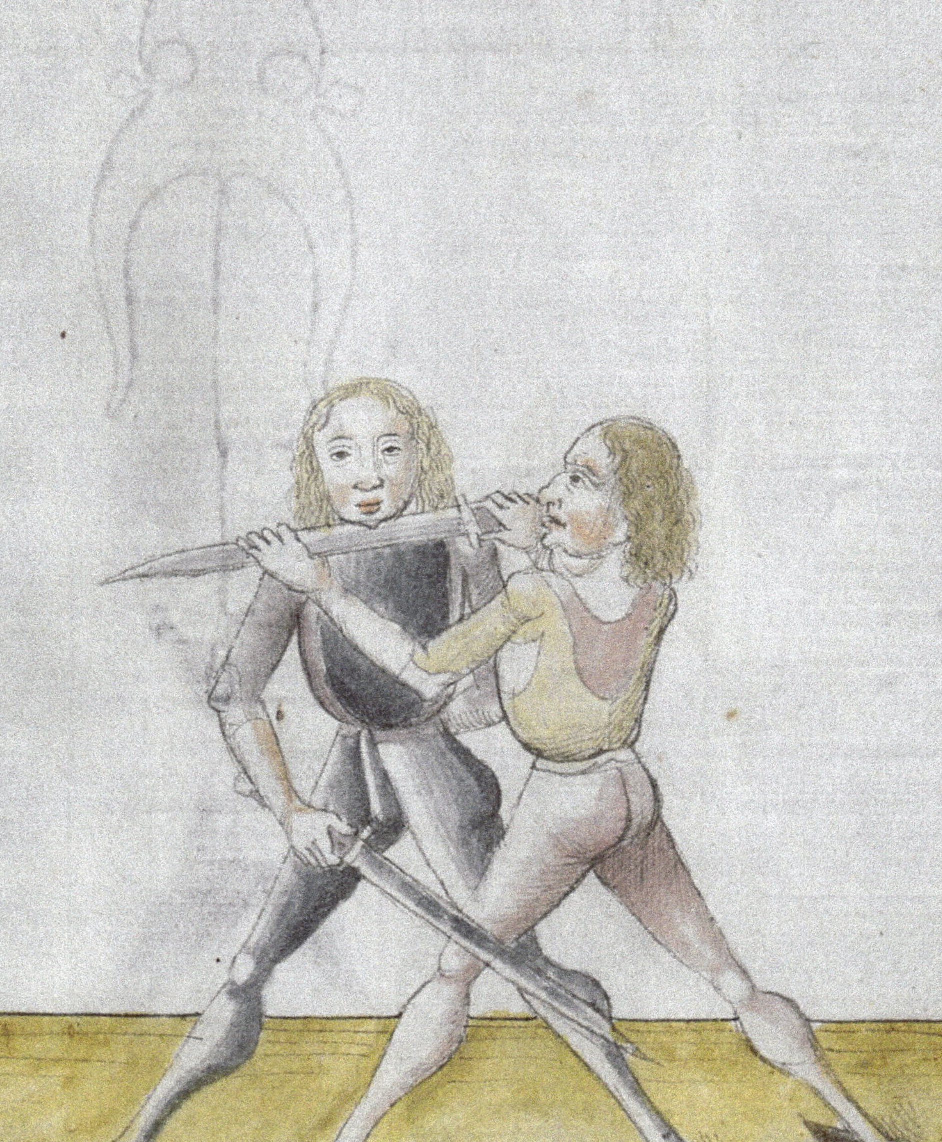

Mit messer wil er dein drucken
Dy were soltu rucken
Nit lang thu peyten
Ansetz oder recht piß sey reytten
Hye sagt der maister seyn vorsprauch vor den gemelten
sprauch und spricht Mit messer wil Das soltu also versten
wenn du eym über seyn messer pist gevallen und er will
dir deyn leyb drucken als oben geschriben stett Indes nymb
seyn messer bey der kluegen mit deyner rechten handt oder
gehultz und druck dy kluegen seynes messers vast an dich
zu deyner rechten seytten und far mit deyner lincken handt
oben auff seyn rechte Inbendigs an seyn pindt seynes messers
und reyb starck auff deyn rechte seytten so nymbstu im das
messer etc

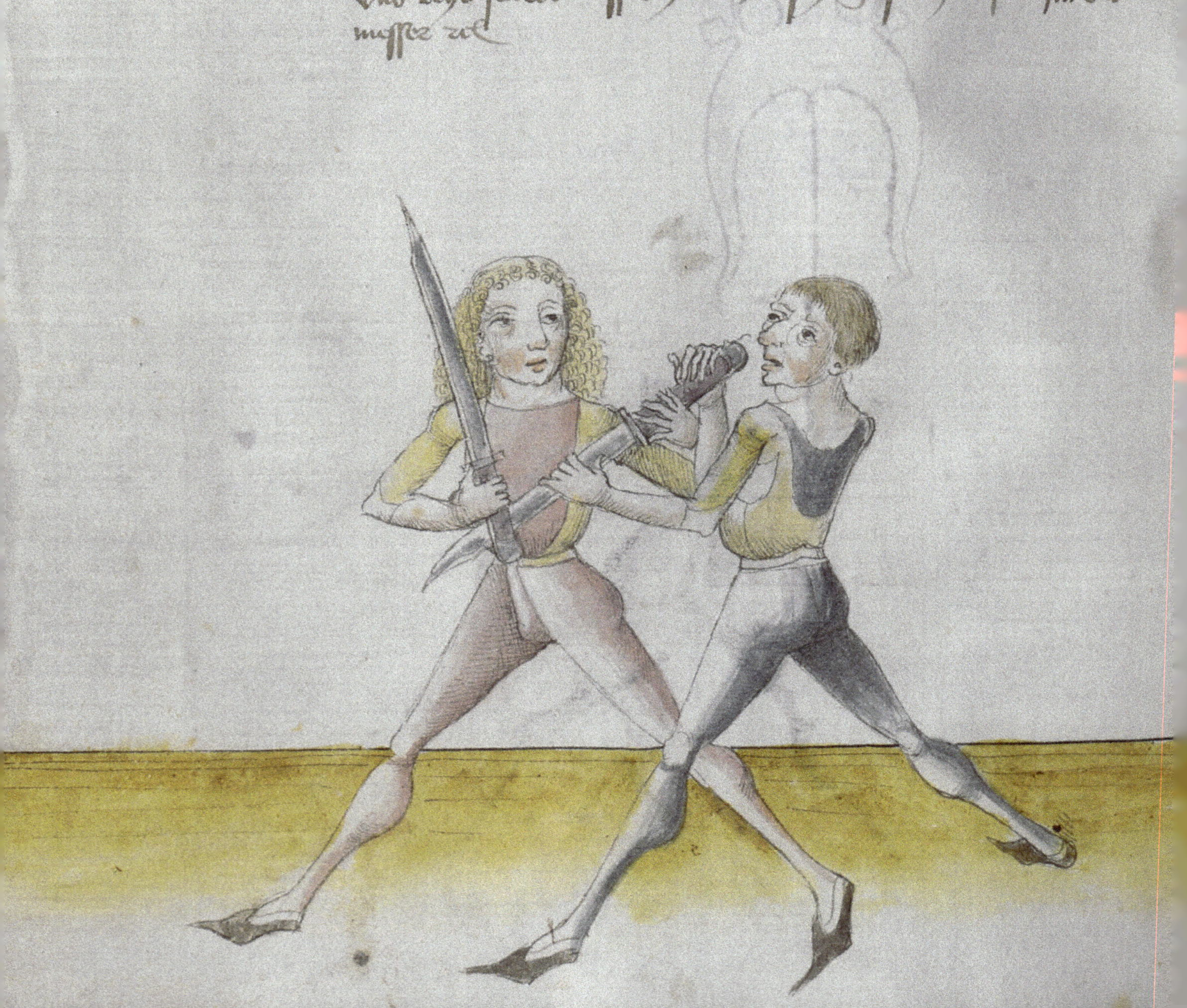

Item als eyn ander prauch will er In dy kely drucken mit
synem messer als var indes dy weyll syn messer In dy kely
will fallen so fall zwyschen dich und In mit deynem messer
an das syn und loss deyn lincke handt und fall In dy mit
deynes messers und setz Im den ort an dy kely etc.

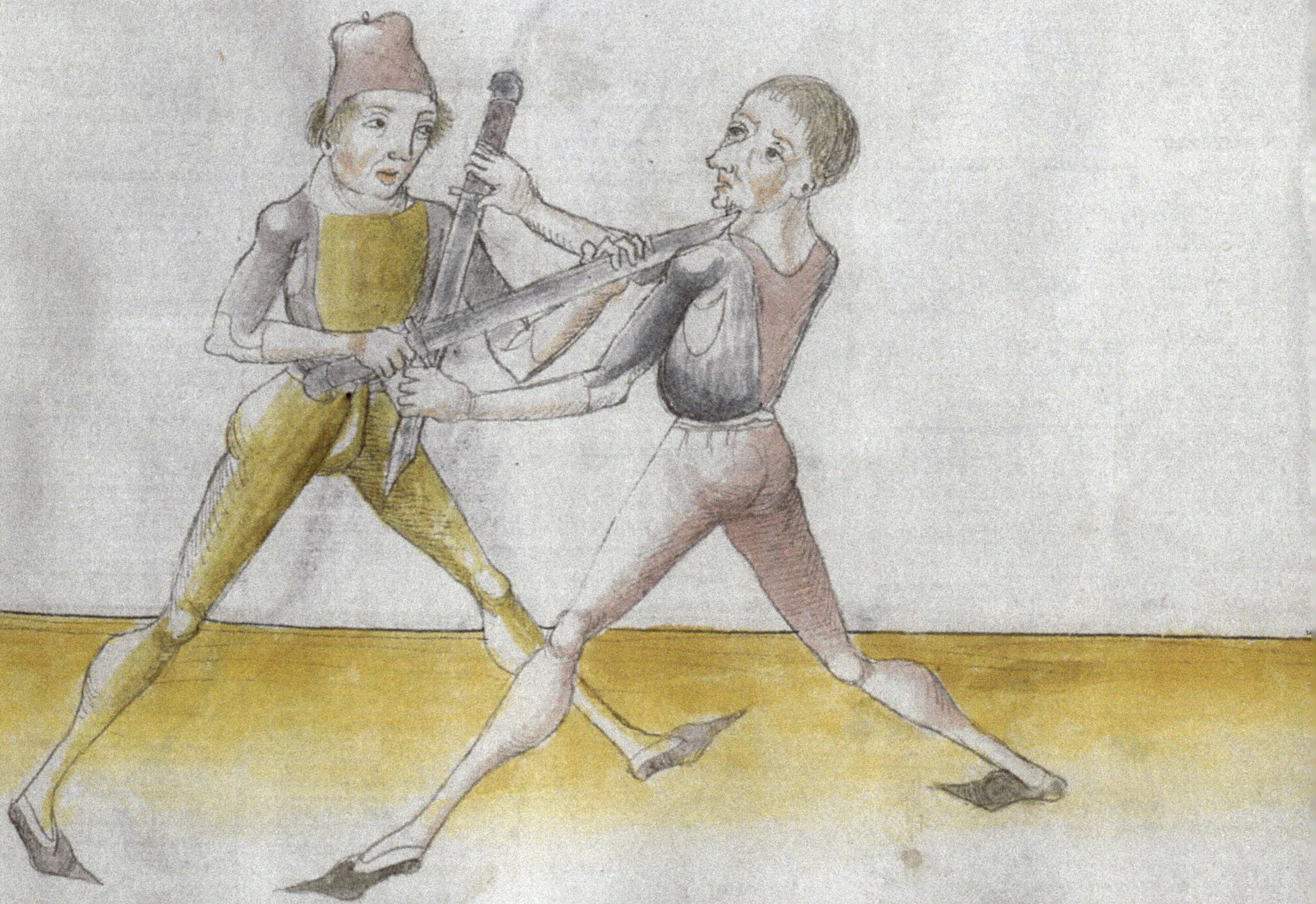

Item eyn anders stuck so du seyn arm hast gefangn als vor
vnd er will dir nach der keln farn wider sprung dich auff
deyn rechte seytn wall vmb so kan er aber nichtz schaffn

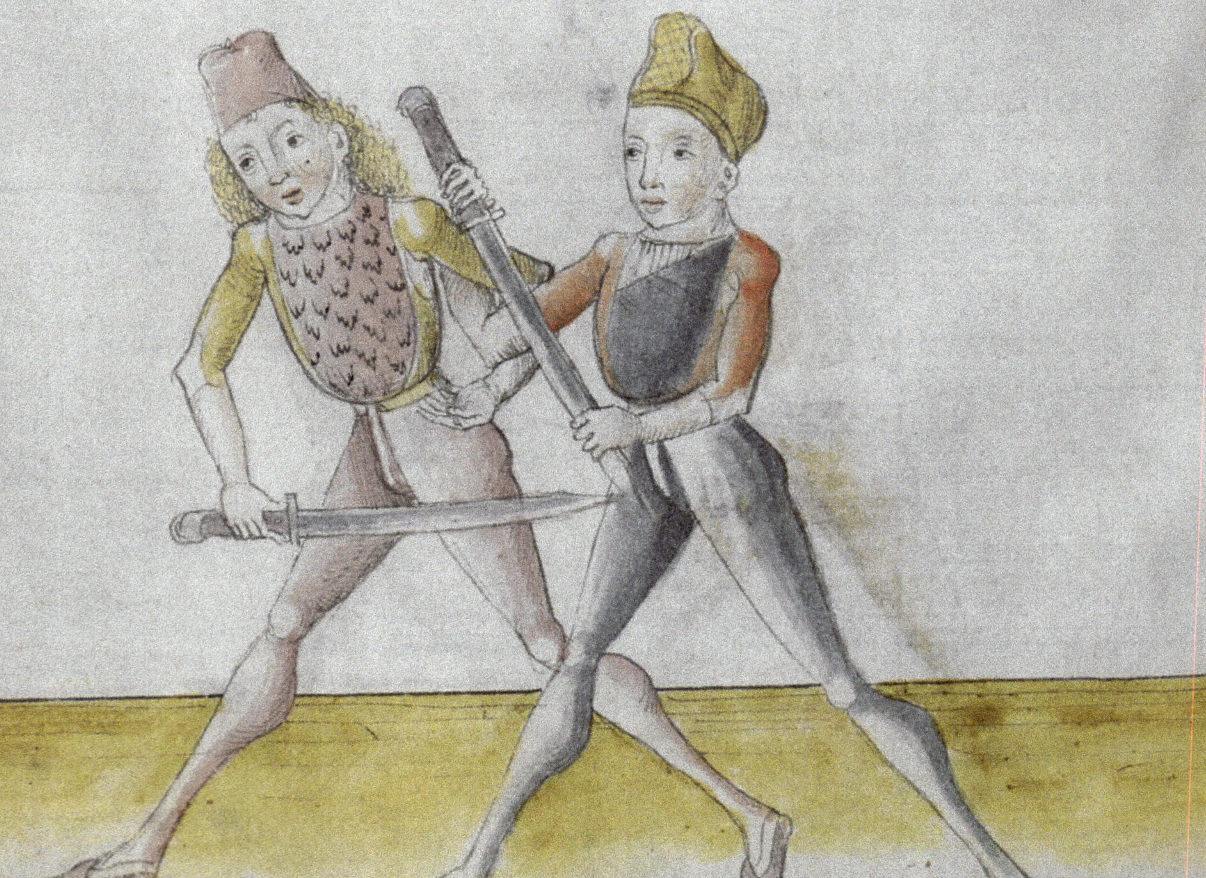

Item aber eyn ander prauch will er zu dem hals mit
seyne messer als vor hinder sterck deyn linckn arm mit
deym leib wall nider und druck den fast an deyn leib und
peug dich mit dem ruckeyn so ist seyn will ab umb sunst

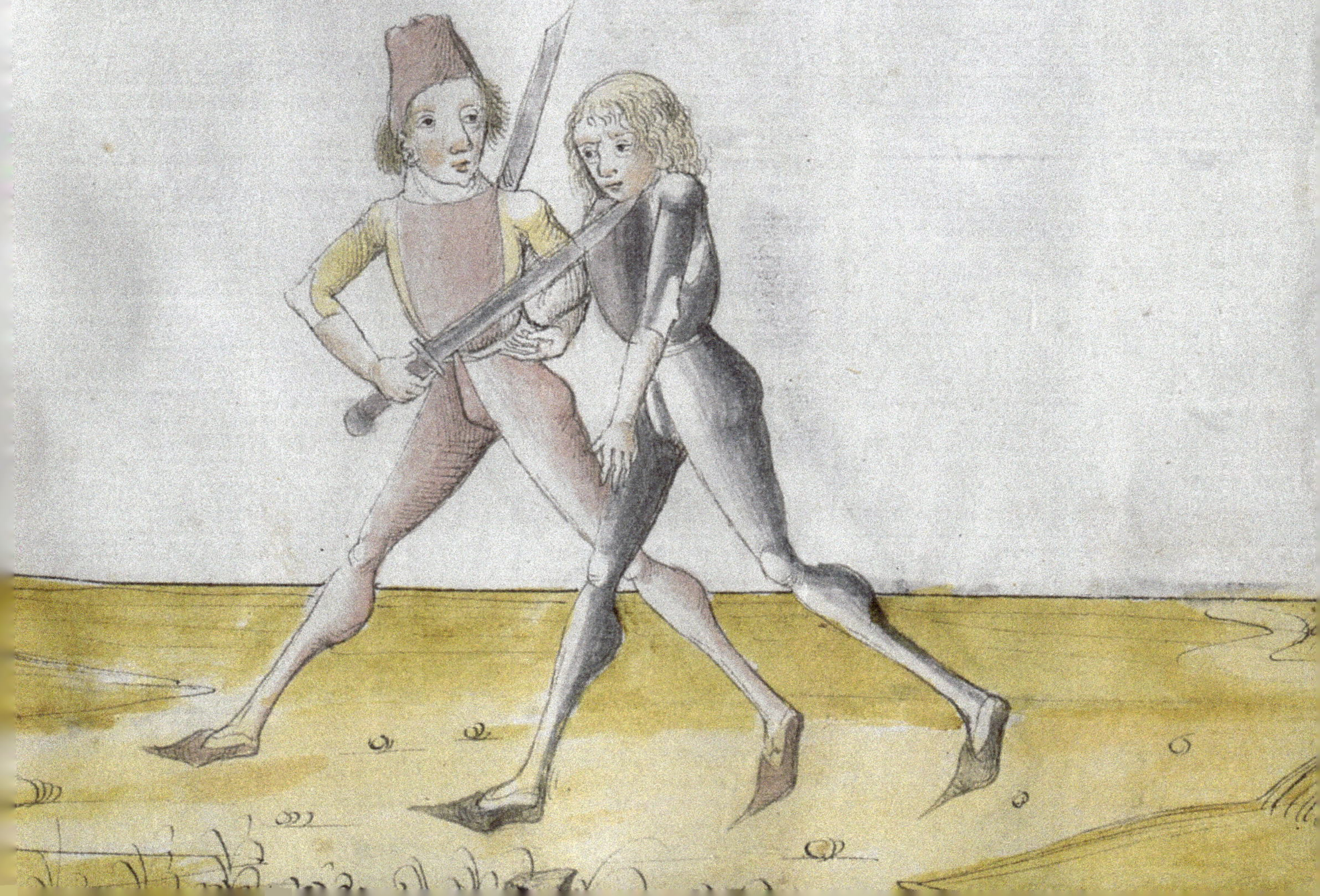

Item hatt er dich mitt dem messer gefast hinder dich wye vor
so greyff mit deyner rechten handt in die sneyd des messers vnd
druck vast auff deyn lincke seytten vnder greyff mit deyner
lincken verkerten handt oben auff das gehultz hinder seyn rechte
handt vnd reyß starck von sich auff deyn lincke seytten zu

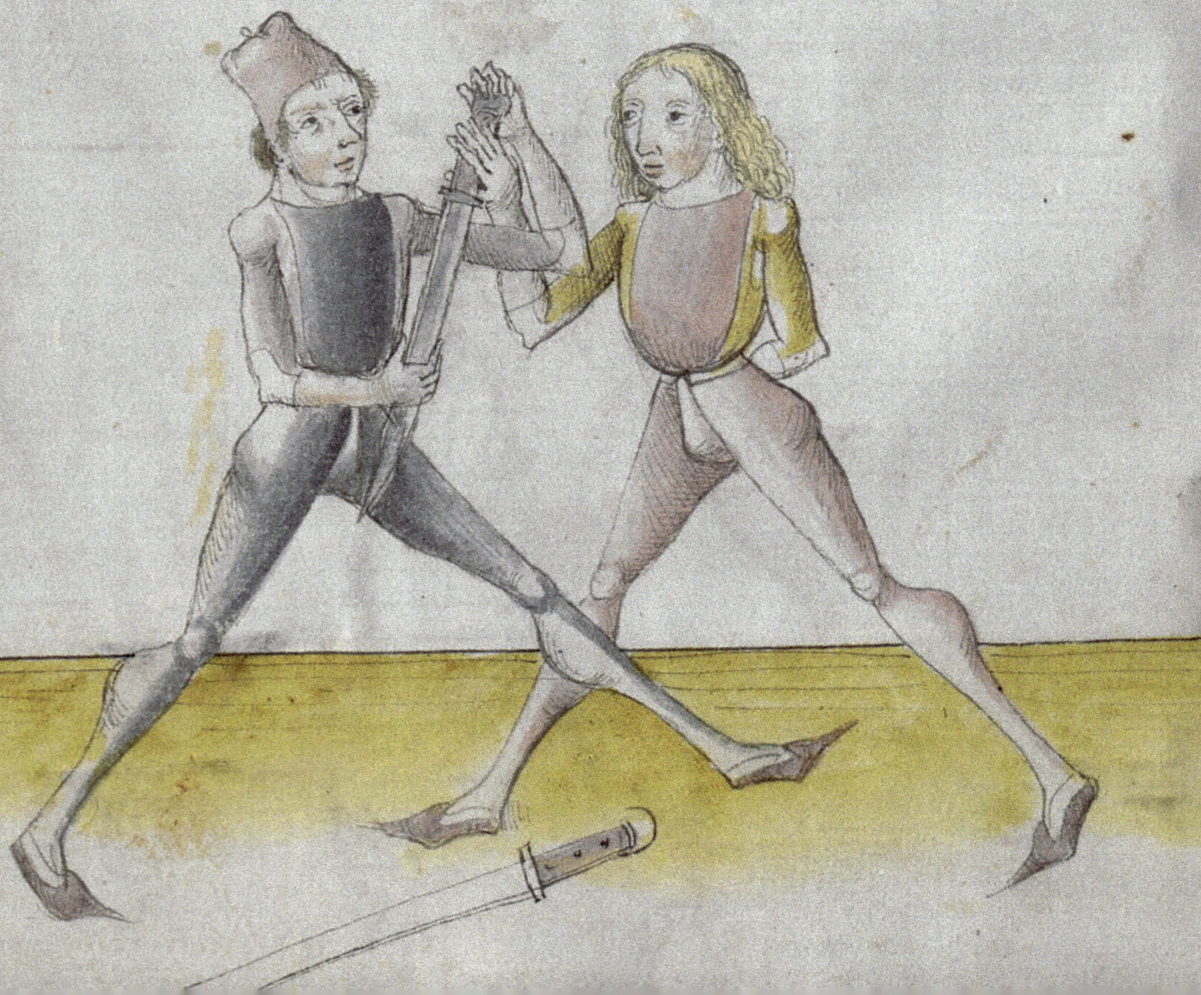

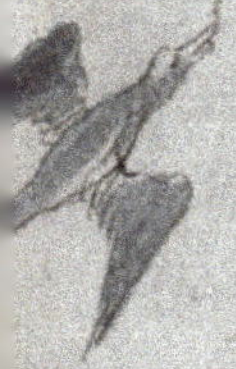

Item ab ein prauch greyff ab als vor mit deyner rechten handt
seyn rechte reyß dye starck auff deyn lincke achseln seynen
rechten arm vnder far mit deyne lincken arm starck vmb seyn
hals auffbendigs vnd schawtt mit deyne lincken fuß fur
seyne rechten vnd swing dich auff deyn rechte seytten etc.

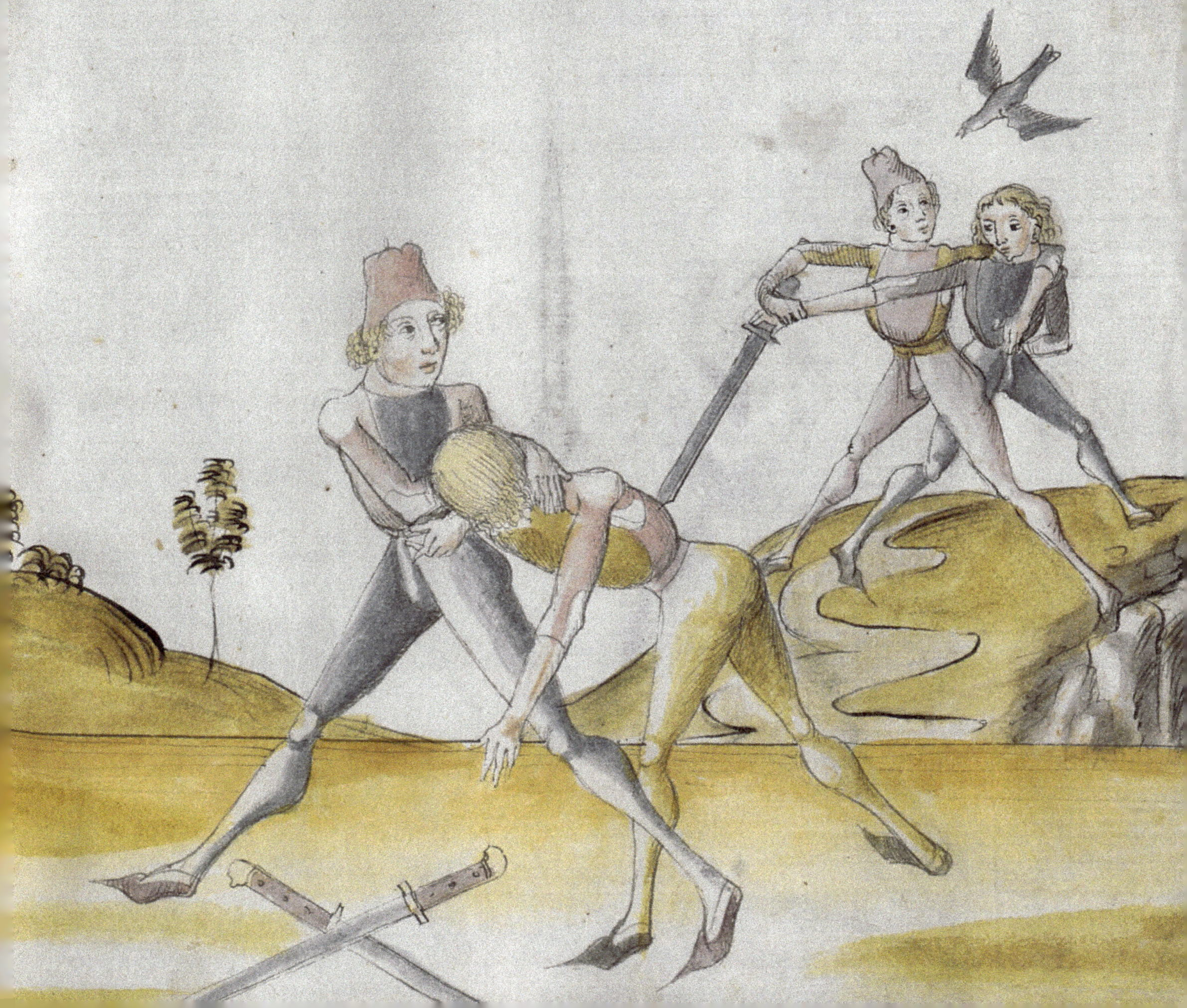

Item greyff seyme achsseln arm als vor vnd auff starck ob(er)
deyn lincke achsseln vnd druck vast nyder Indes druck auch
seyne lincken arm daz Jme die seyne achsseln arm vast vnd
druck mit deyme lincken arm vast In deyn lincke seytten vnd
kum mit deym lincken vntten Indy mitt deynem messer
vnd schreytt mit deyme fuss fur seyn lincken vnd swing
dich auff deyn achte seytten etc

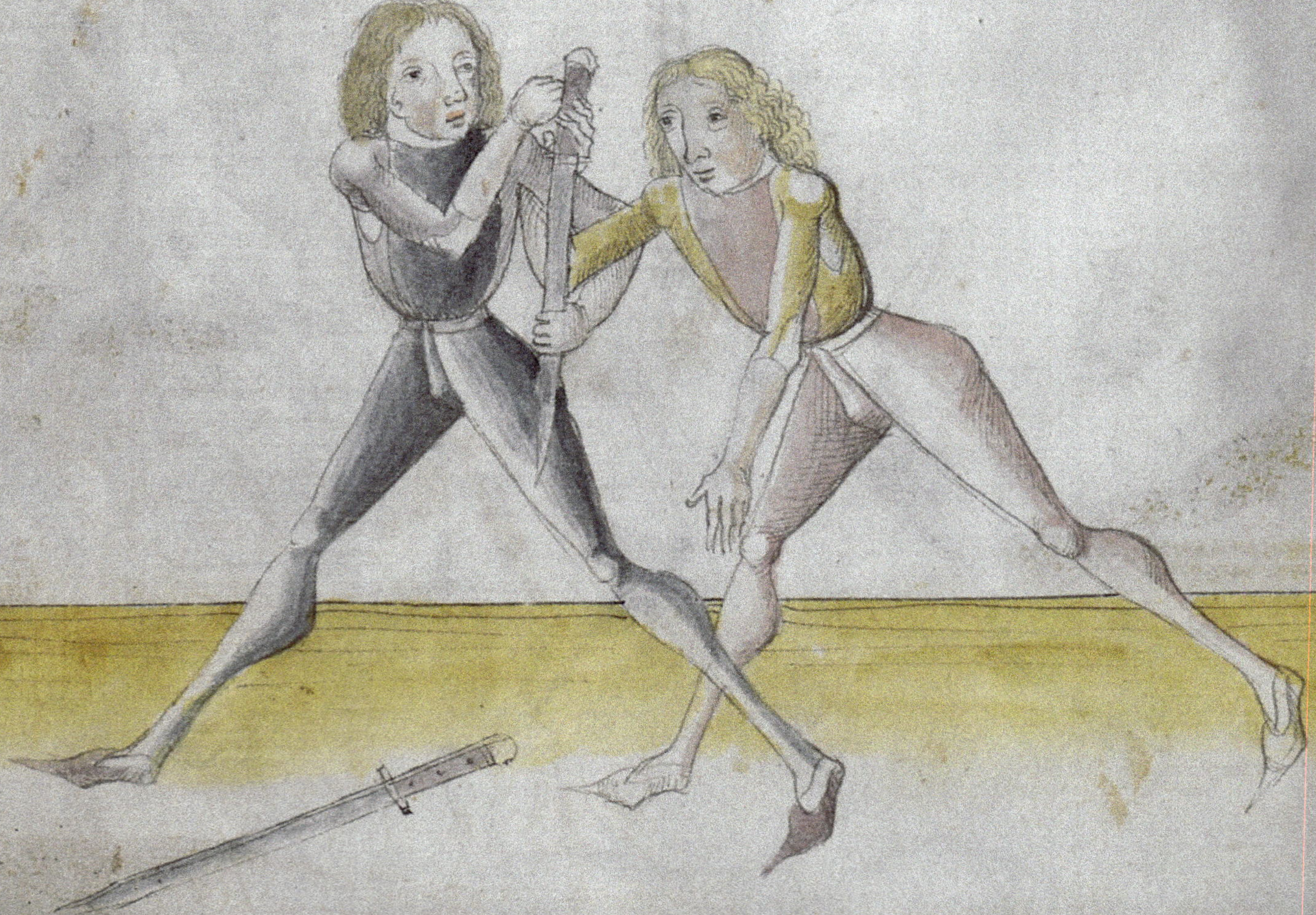

Will er dich beschirme
Das messer pey gehultz neme
Seyn handt ser ruckn
Den olpoyn soltu druckn

Hye sagt der meyster eyn pruch vnd den wyderpruch das soltu also versten Will er dir das messer neme vnd greyffen mit seyn lincken handt oben an deyn pindt vnd schraubt dir deyn messer nyd auff deyn lincke seyten vnd will dir das messer neme Indes greyff mit deyn lincken handt In seyn lincke vnd reyss starck vntersich auff deyn lincke seyten vnd schlag deyn rechten arm oben vber seyn lincken vnd far vnten durch den selben arm mit deyn rechten handt vnd spring dich wol auff deyn lincke seyten vnd wurff In vber deyn rechten fuss wyer vnten gewalt stett zel

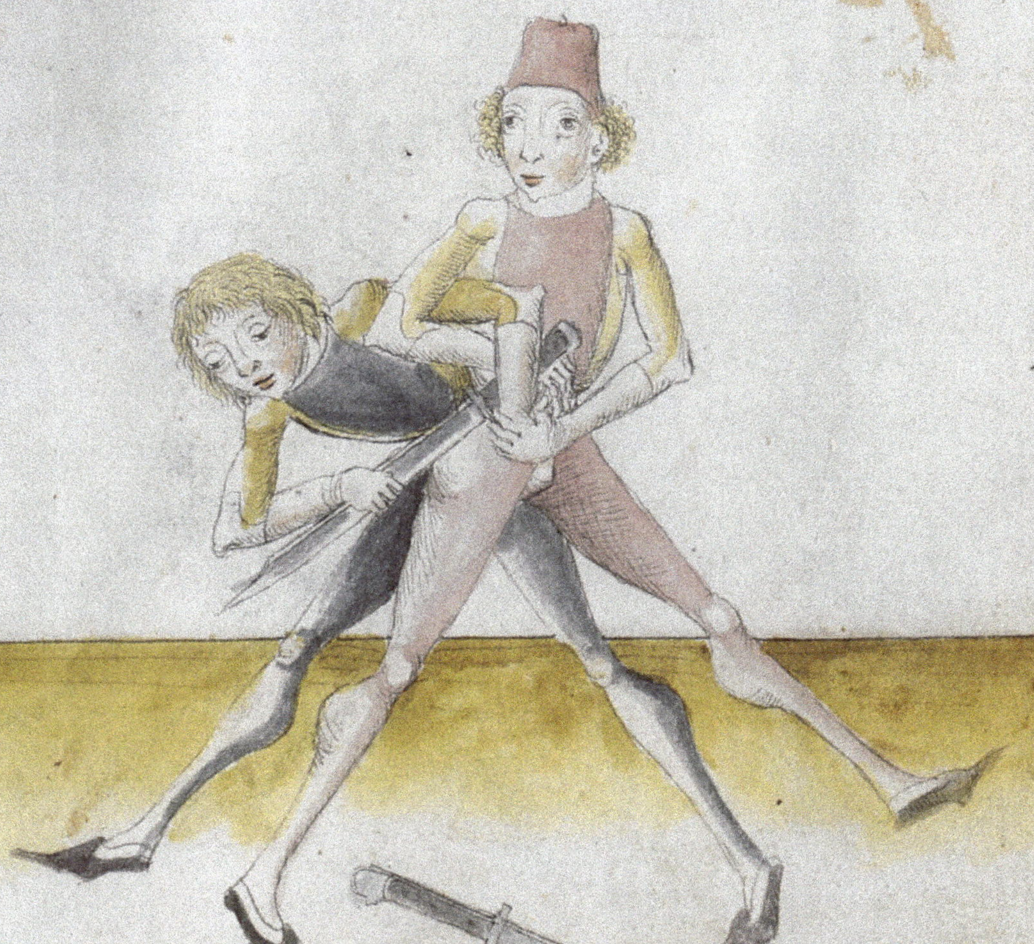

Item eyn ander prauch wyder den wider prauch thu im also
hatt er dyn messer gefast als vor so fall mit dyner
lincken handt hynter in syne lincken elpogen und rasch
mit dyner schultz und rechten handt starck wyd ober
syn lincke achsel und schrant mit dyner lincken fuss hint
syne lincken und spring dich auff dyn rechte seytten etc

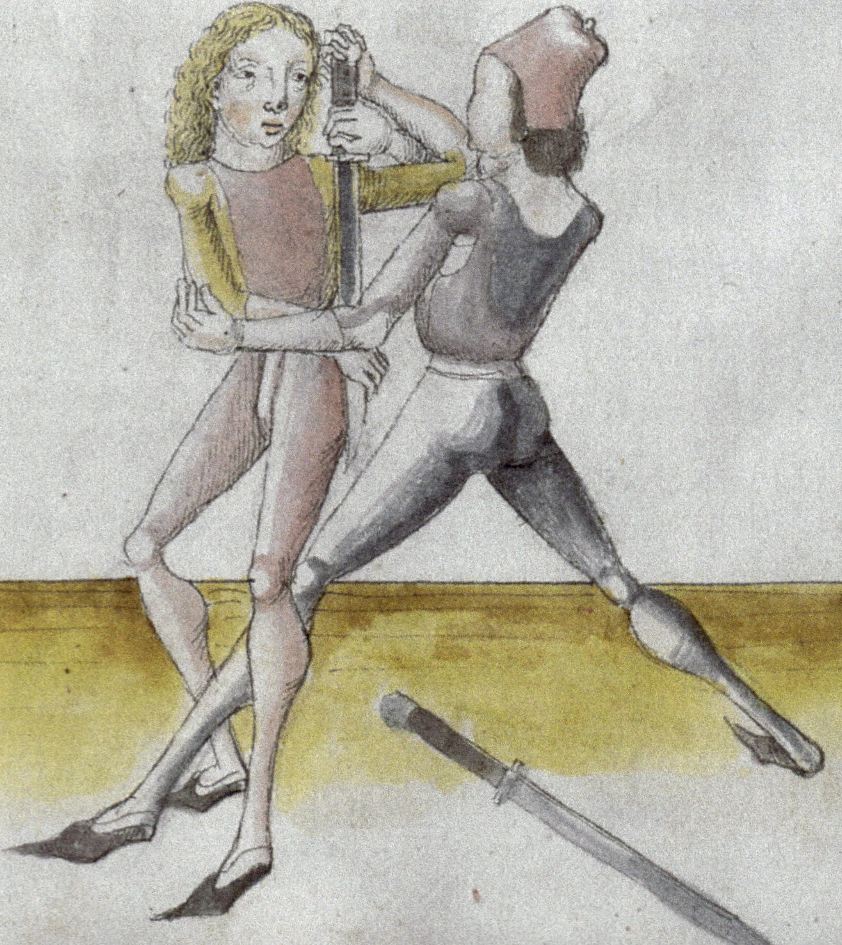

Itm aber eyn pruch wyd den wydpruch hatt er dir
gefast deyn messr als vor jnnes so er will schyby deyn
spicz auff sey linck seytty so fall jnnes mit deyner lincky
handt jn dy spicz deynes messres fur seyn handt jn
dy mitty vnd scheub jm deyn messr starck jn seyn hals
vnd druck mit deyme gehultz wyd auff seyn lincky achssly
vnd schrytt mit deyme lincky fuss hint seyne lincky
vnd swing dich auff deyn rechte seytty etc

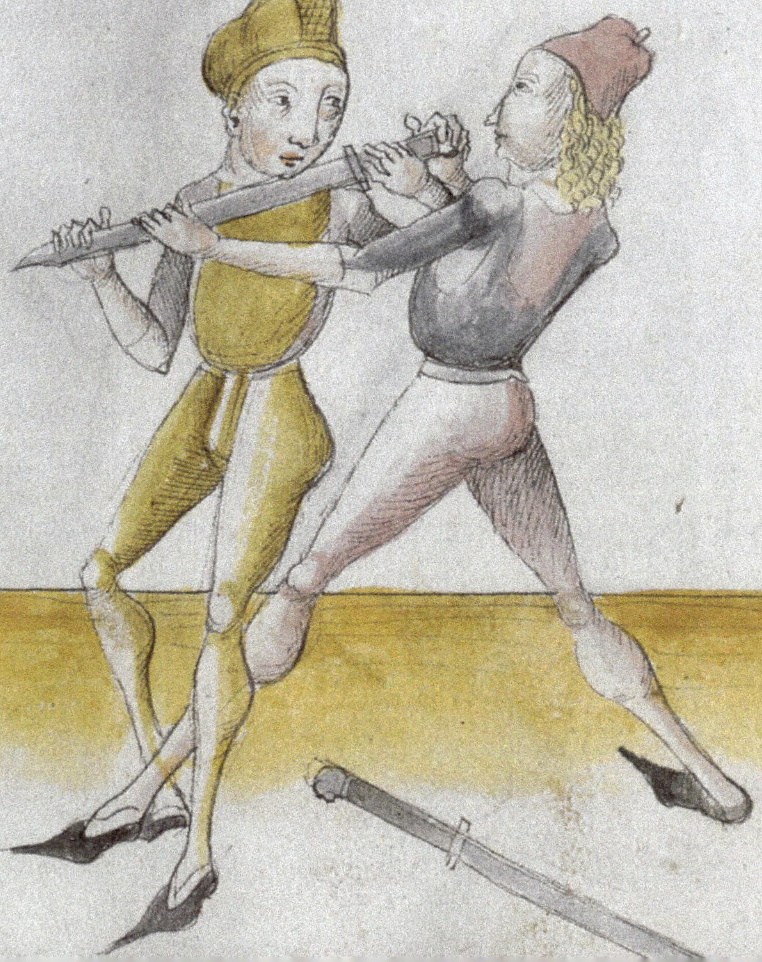

Will du dich rechen
Recht mit linck prechen
Recht auff linck wer gesprungen
Linck zu hillff recht mayst kunne

Hye sagt der mayster von eyme arm prüch als er dem oben sprecht Woltu dich re Das soltu also verstan vnd wye du den arm prüchen solt Ste mit deyme lincken fuss fur vnd halt deyn messer auff deyne rechten seytten als auff de lincken peyn das der ortt auff ste gegen dem man schlecht er dir den nach der ploss auff deyn lincke seytten so spring mit deyne rechten fuss fur auch mit dem lincken woll zu im mit auffgezogne messer Jndes fall mit deyner lincken hant vber seyne rechten elpogen schutten an den vnd druck mit gantzer sterck Jn deyn lincke seytten Jndes wende dich mit deyme leyb von im vnd spring mit deyme lincken fuss stark auff deyn rechte seytten mit gantzer leyb vnd krafft so prichstu im den arm ab

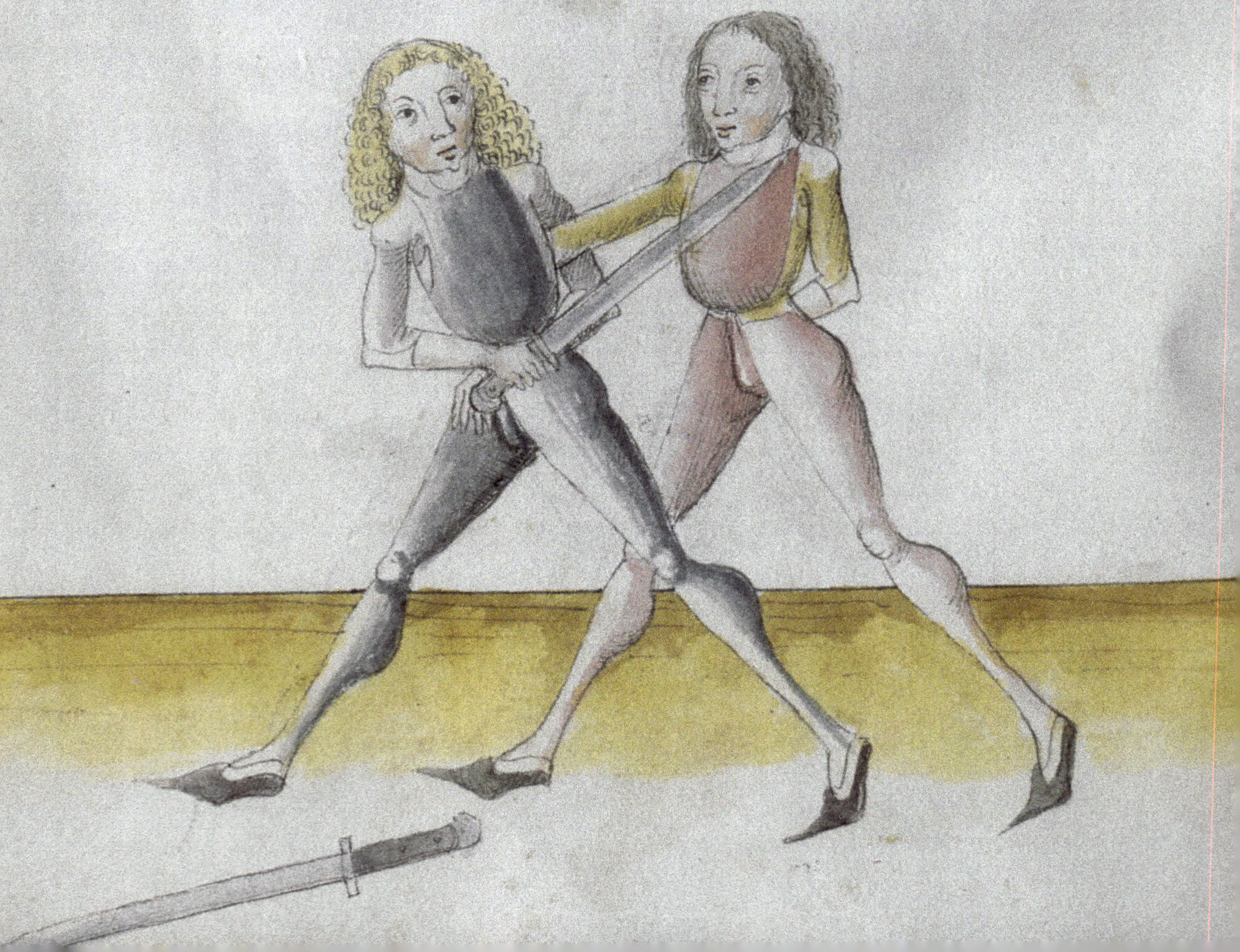

Item ste als oben geschriben stett vnd greyff seyn rechte handt mit
deyn lincken hinden schlag deyne rechten arm starck vber seyne
rechten vnd heb mit deyn lincken handt auff seyn rechten arm
vber deyn rechten arm vnd druck deyn payd arm fast zu samen
vnd schreytt mit deyme lincken fuß hinter seyn rechten vnd
wurff In da vber etc.

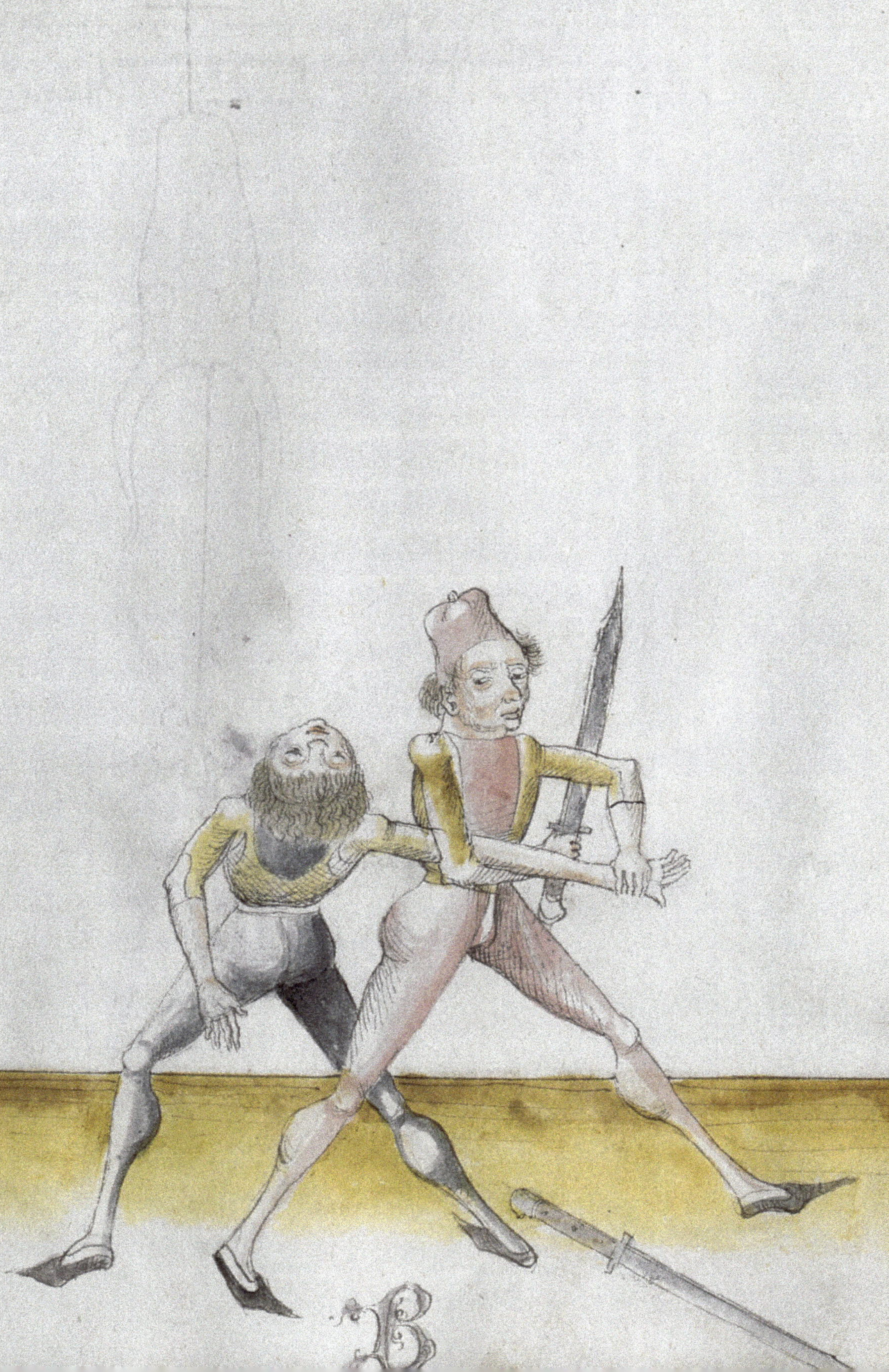

Item eyn ander ansprauch wenn du im zu nechsten zu im
kumpst so ste als oben geschriben stett hawtt er dir dann
zu deyn lincken sytten so fax gepogen mit dem messer und
seyn messer und mit sprang zwimach zu im als vor
indes pegrayff seyn rechte handt mit deyner lincken in
bendigs und wendt im dye umb auff deyn lincken sytten
an deyn prust und fax mit deyner rechten arm untten an
seyne rechten elpogen und prich starck ubsich also prach
estu im seyn rechten ub deyn ~~lincken~~ rechten zc

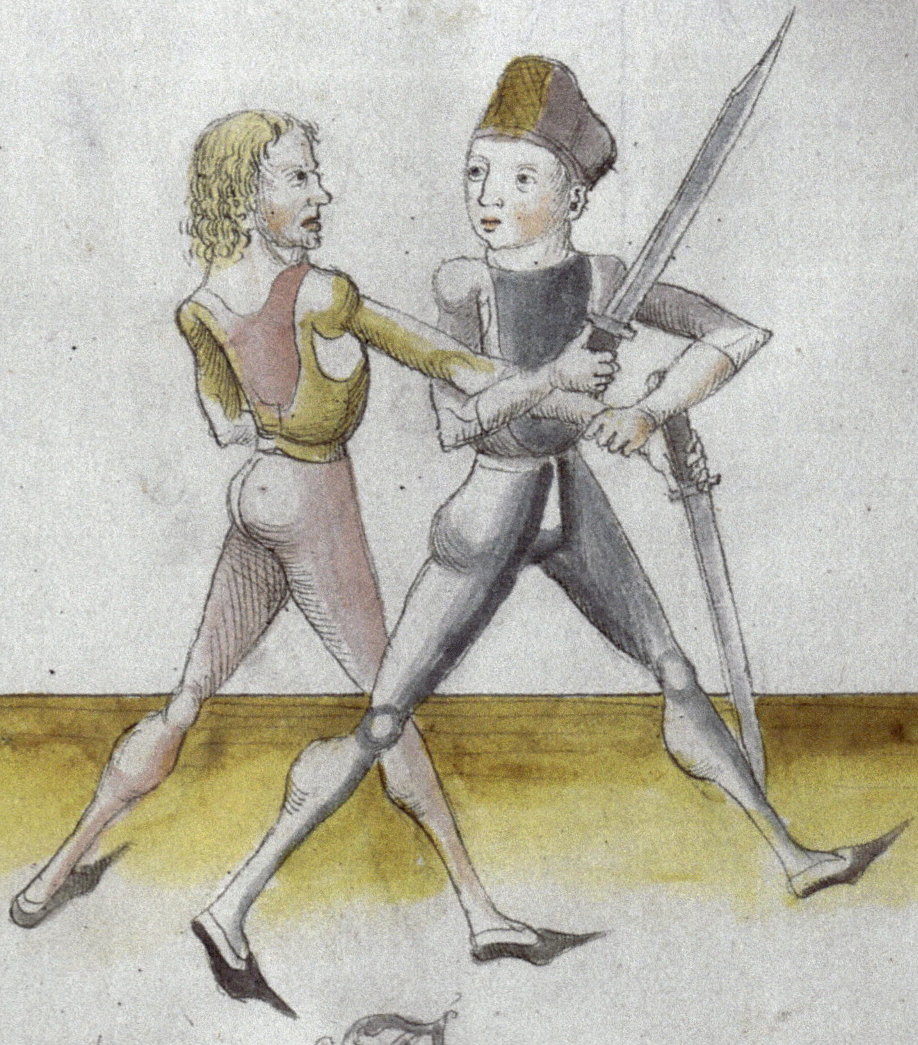

Auff recht will er wencken
Vnd arm renckn
Linck hinn linck ber sprengn
Dy achsel recht solt drengn

Hye sagt der maist' der kunst von prauch wyd' de armprauch
vnd spricht also auff recht will er das soltu also versten
hatt er dir mit seyne lincken arm vber dayn rechten gefarn
vnd will dir den prechen vber seyn rechte seyten Indes so
er sich vmb wendn will vor dir auff seyn rechte seytn
so spring mit deyne lincken fuss hint' seyn lincken vnd
druck mit deyne lincken arm vnd abzogen seyn lincke
achseln vnd wenn du seyn achseln stossen wollest so greiff
mit deynd lincken handt vber seyn arm In dy mit deynes
messers vnd druck oben vnd vnden mit gantz macht auff
deyn rechte seyten vnd wurff In auff seyn ruck etc.

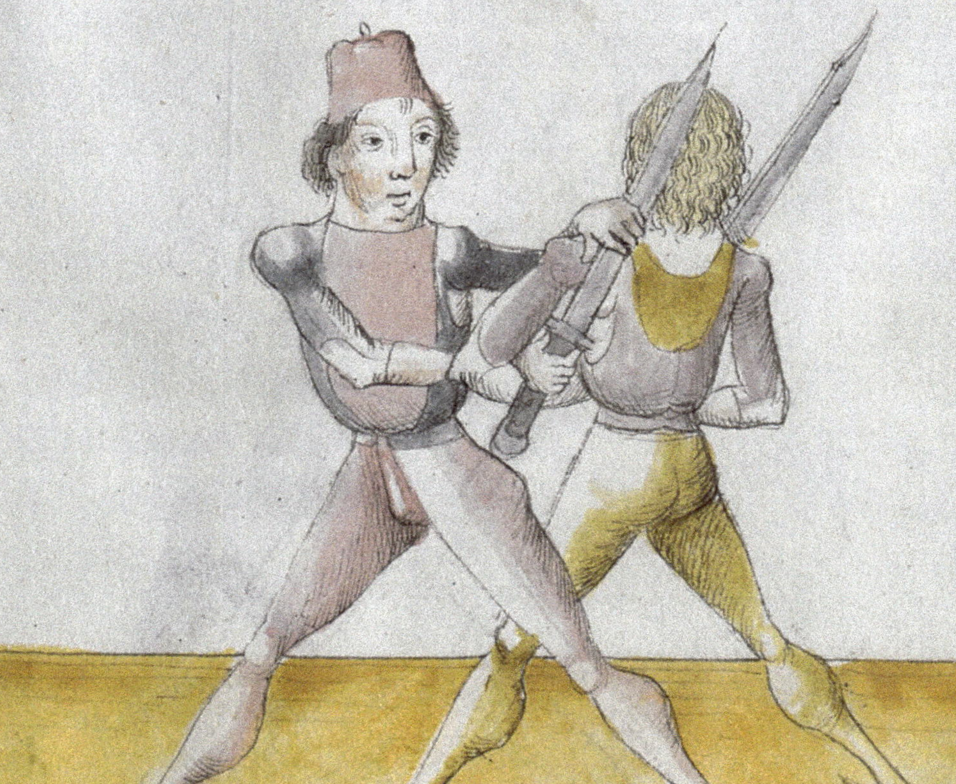

Item ob eyn pruch werd das ander stuck und dem pruch
hatt er dir deyn rechten arm aber pegriffen mit seyn
lincken und hatt seyn messer lassen fallen als vor und
schlecht seyn rechten arm ob deyn rechten inwendigs
In deyn elpogen ob und will dich werffen uber deyn
rechtes peyn Inders schrytt mit deyne lincken fuss fur
seyne rechten und fax Im mit deym gehultz ob uber
seyn rechte handt und reyss starck ubersich und schlag
deyne lincken arm ob uber seyn arm und uber
seyn lincke handt und spring dich auff deyn rechte
seytten und wurff In aber auff seyn antlitz etc.

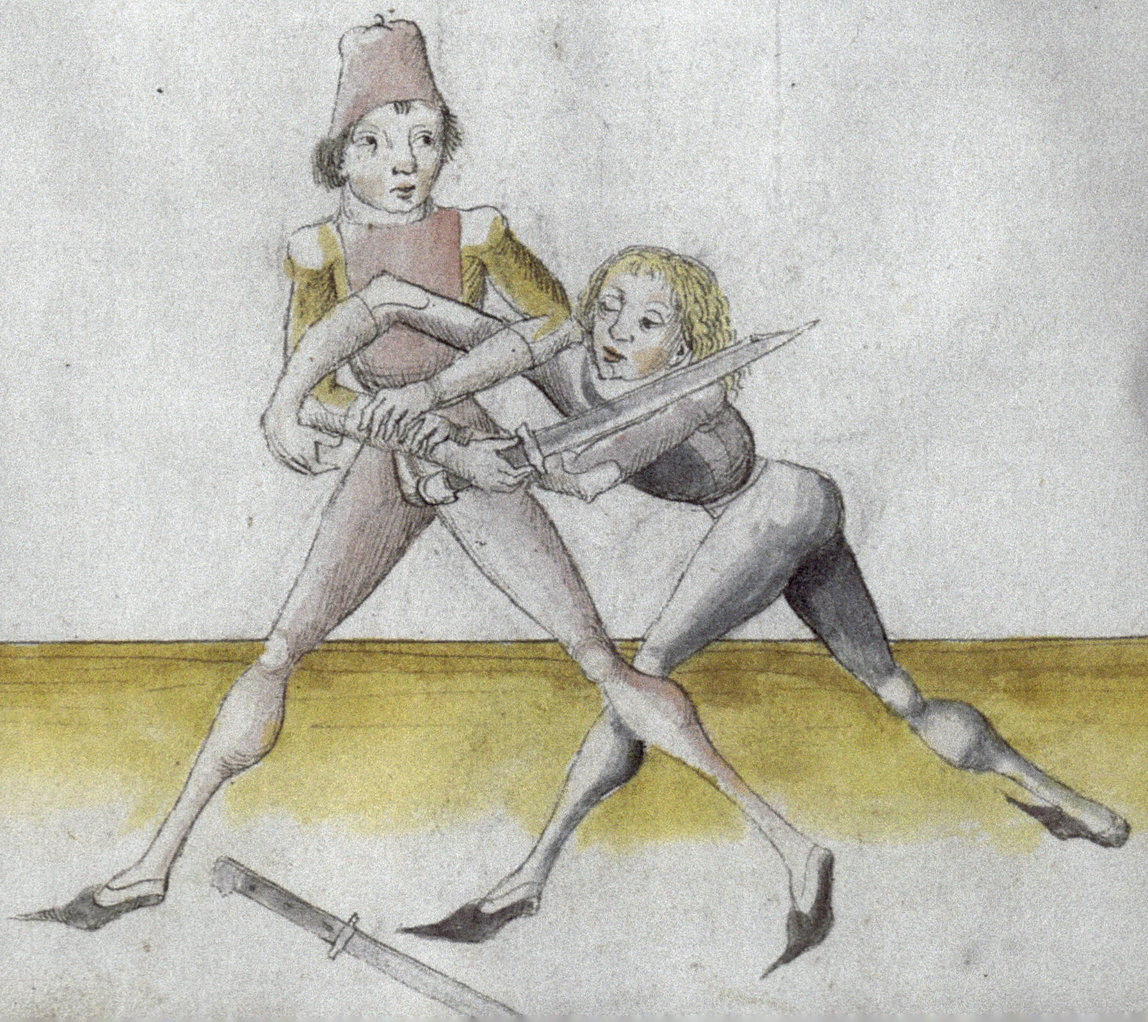

Item ab eyn prauch hatt er dir mit seyner lincken handt gryffe
In deyn rechte vnd hatt das messer lassen fallen vnd fertt
mit seyner rechten arm vnt deyn rechten elpogen vnd will
dir deyn rechten arm also da vber prechen Indes lass deyn
messer auch fallen vnd prich deyn rechte handt auss
seyner lincken vntsich vnd far mit deyner rechten handt
vnden durch seyn lincken arm vnd far Im indes vnter
seyne rechten elpogen vnd wendt deyn handt vnd arm
starck vber seyn rechten arm vnd druck seyn rechte handt
an deyn prust od vntt deyn rechte vechsen vnd spring
mit deyner lincken fuss fur seyne rechten vnd schlag
deyn lincken arm auch starck vb seyn rechte achseln
vnd druck Im starck auff deyn rechte seytten vnd wirff
In fur dich auff seyn angesicht etc

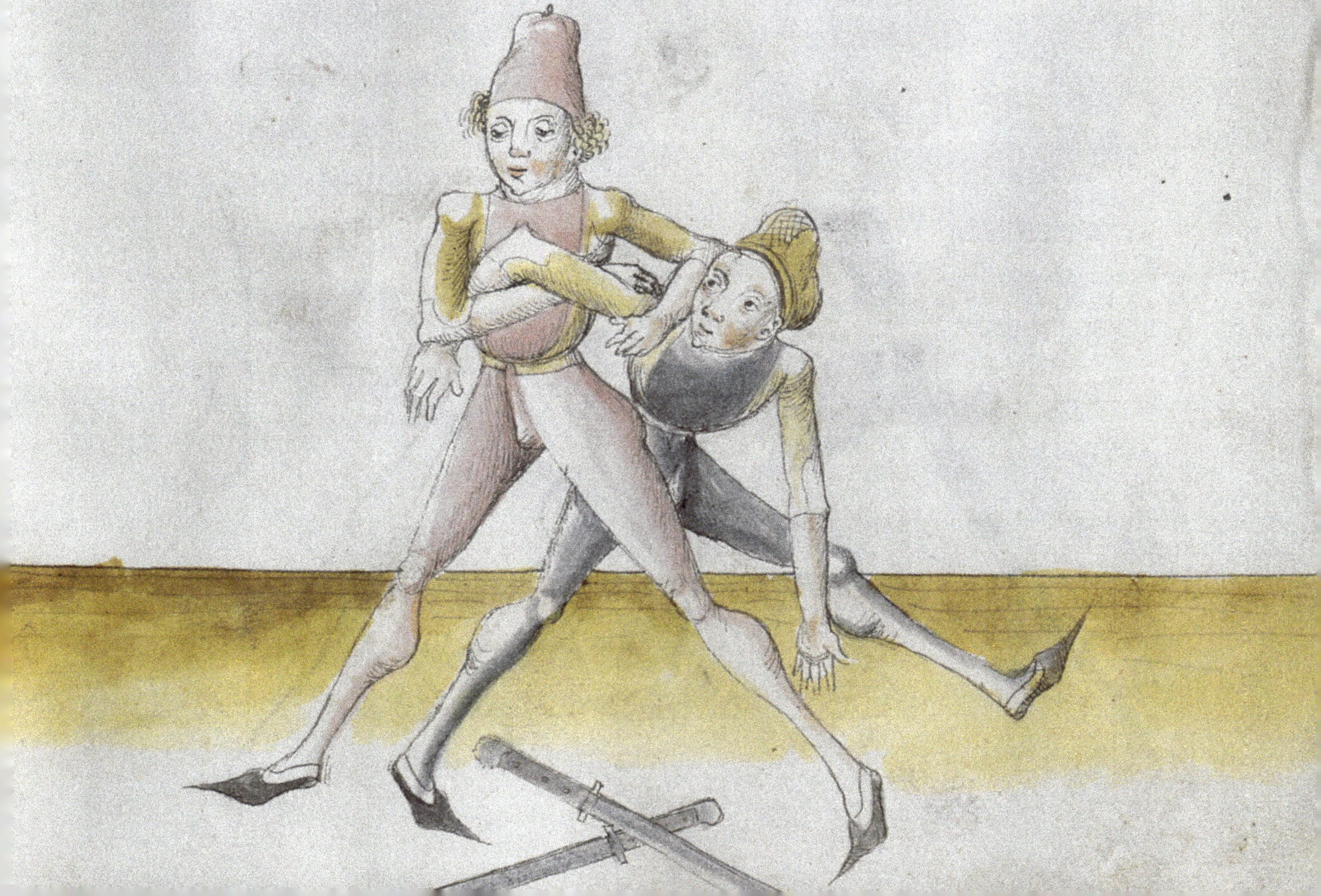

Hutt dich vor den greyffen
Iudes hant begreyffen
Ruck: druck: ablaytt
Schlach stich schnell piß peraytt

Hye lertt der meyster die kunst wye ma soll ledig
werden so ma eyne seyn handt gefangen hatt als mit
der lincken handt seyn rechte etc. vnd thu im also
hatt er deyn handt gefangen vnd er wöll machen
armpruch oder waß es sey so loß in da zu nicht kumen
prich im deyn handt auß seyne zum ersten also
wendt dy kurtz schneydt aufstendigen an seyne arm
das dy flech dar an layn Iudes reyß stark vnd stich mit
gesencktem ortt auff seyn lincke seytten so wirstu ledig
Iudes schlag in durch den kopff oder dem etc.

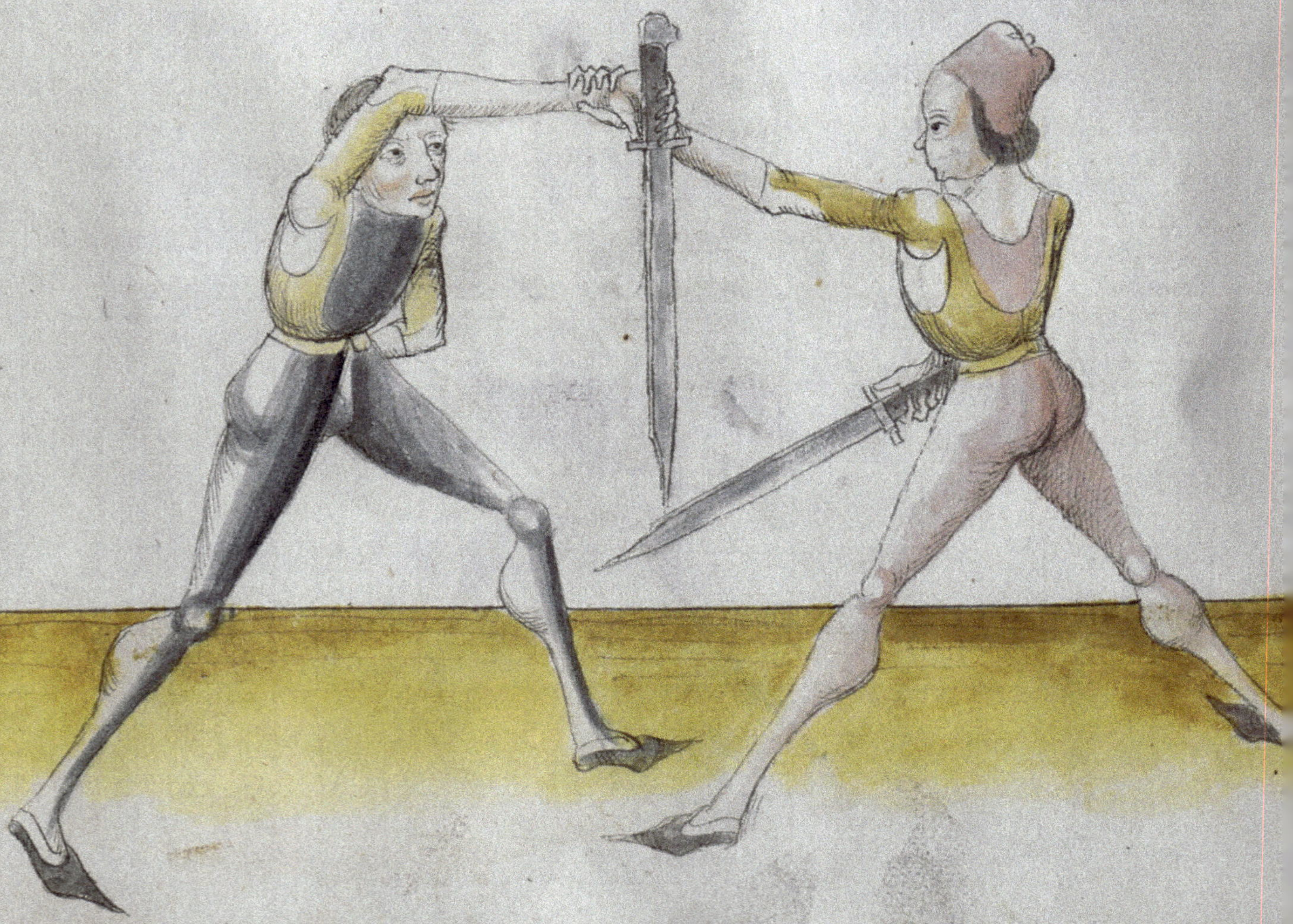

Jtm eyn ander ledigung far mit deyne gehultz starck vber
syn linckh arm oder handt vnd ryss starck vntsich auff
deyn rechte sytten vnd schlag in wider auff syn kopff etc

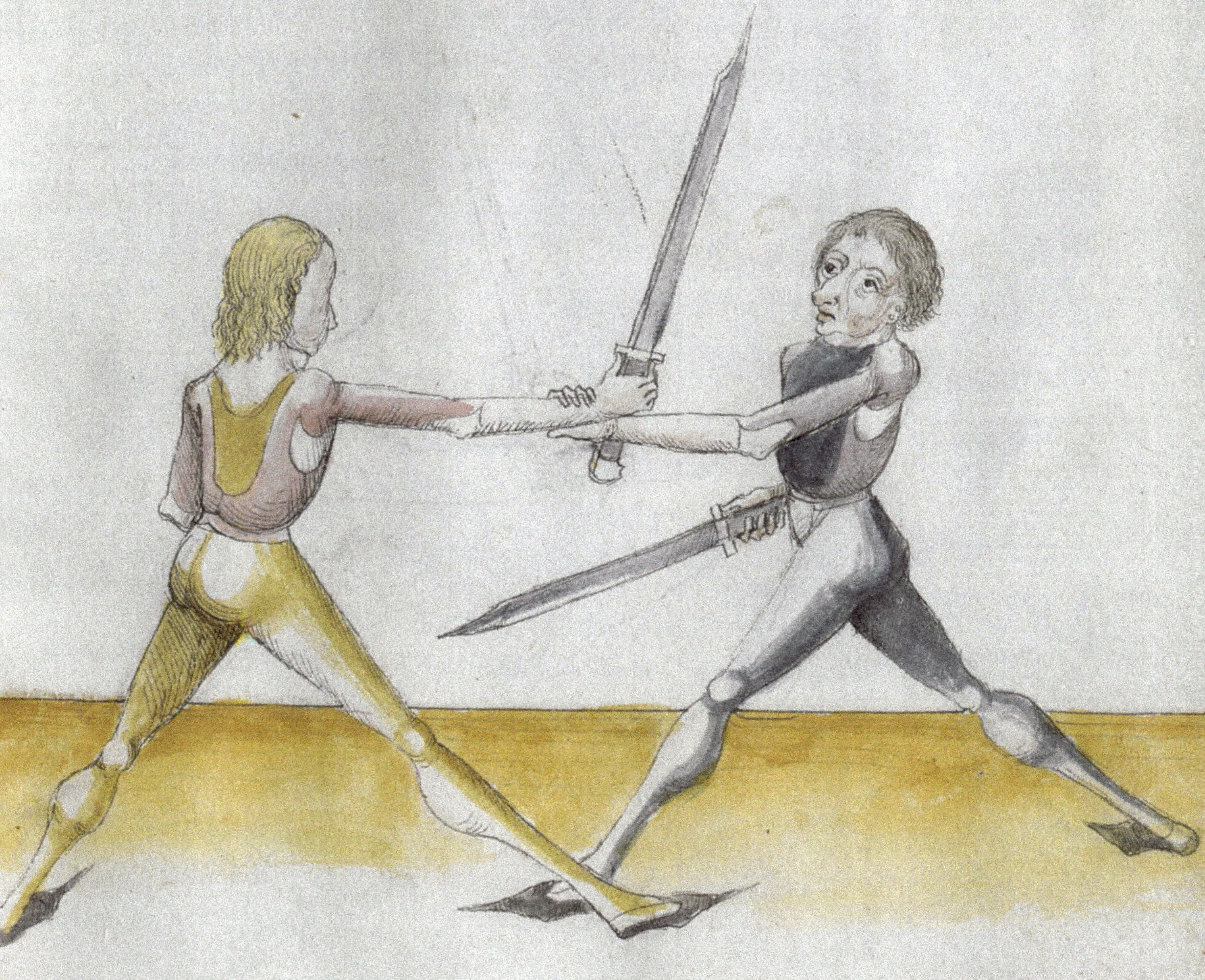

Item ist er aber starck das dw im nicht wyder reyssen kanst
mit dem gehultz oder das er mit seyn rechten handt
seyn lincken zu hilff kumpt sunder gryff auch
mit deyn lincken handt jn das pindt deyn rechten
zu hilff vnd reyß starck vnd spring auff deyn lincke
seytten vnd schlag im durch den kopff etc

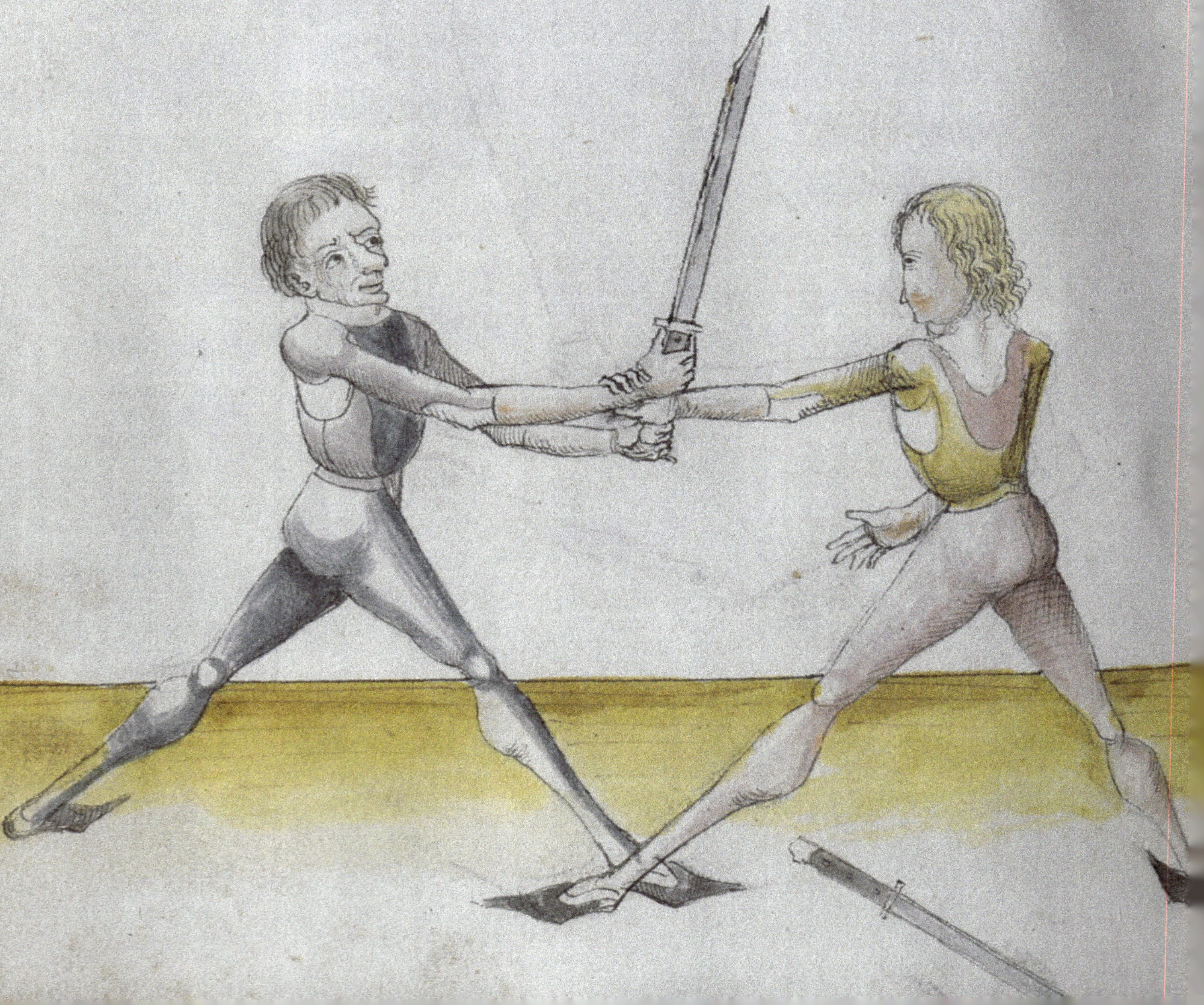

Item hatt er dir deyn rechte handt gefast mit seyne lincken
wye vor sides wendt abe aussen an seyn arm mit gestrekten
ort uber im untten durch auff den selbigen arm und fass
in gewappendt pey dem hals schraytt mit deyne lincken fuss
hint seyne rechten und wurff in dar uber et

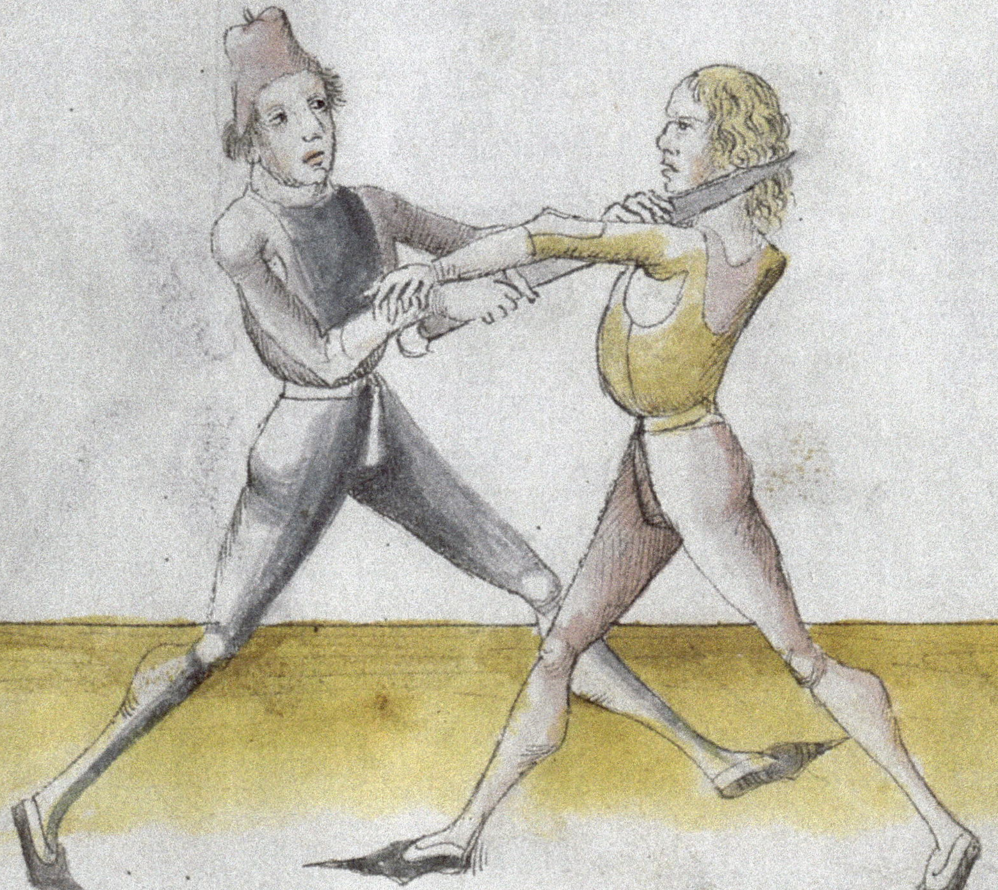

Item hatt er dir begriffen deyn rechte handt mit seyner
rechten so reiss aber mit deyner gehultz starck vm sich
vnd thu im als vor stet

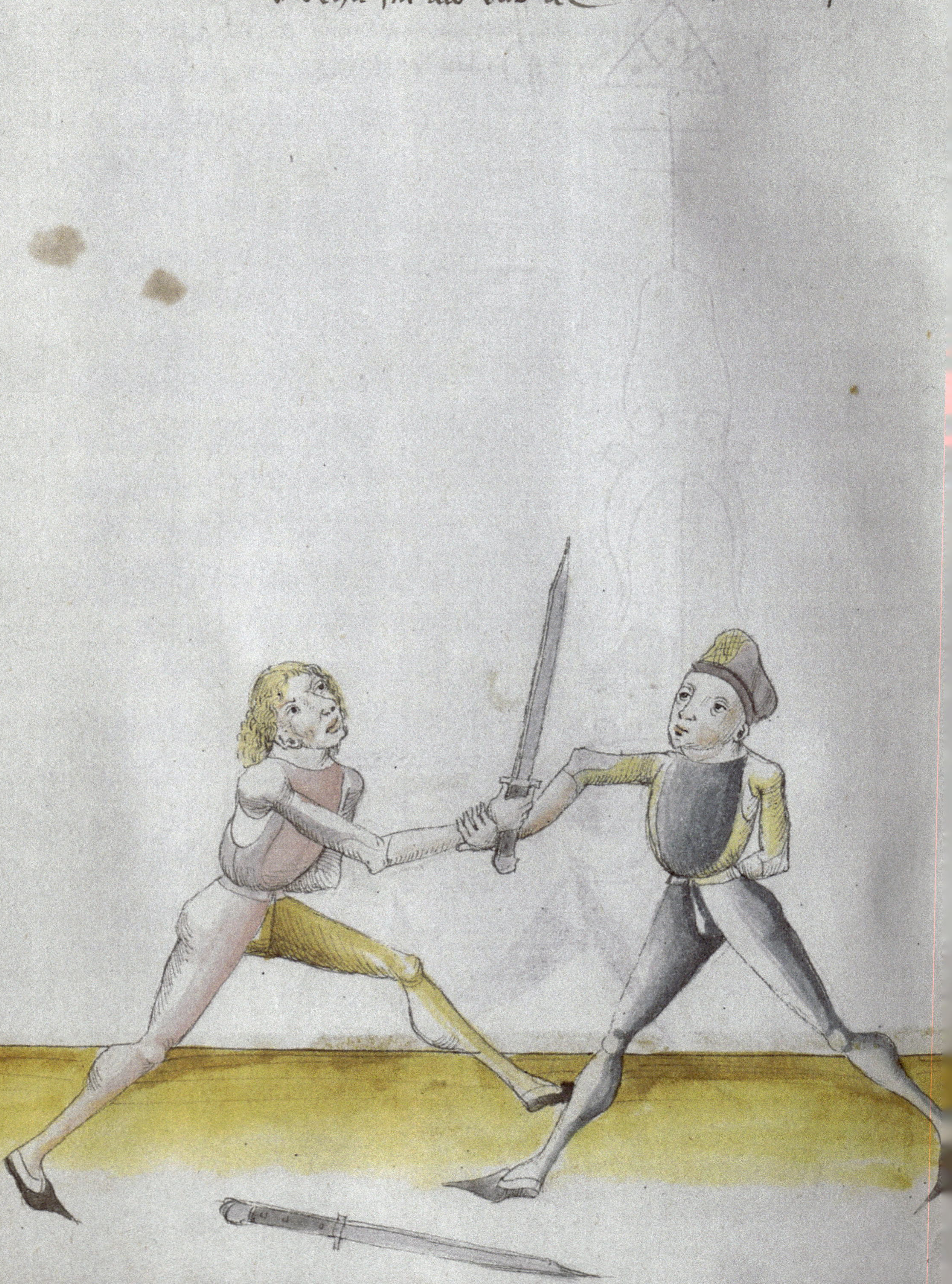

Item hatt er deyn hant gefast als vor vnd du wilt vntsetzen
reyssē mit deynē gehultz vnd er ist dir zu starck so kum
deyner rechtē ab zu hilff mit deynē lincken an das gehultz
vnttē vnd reyß vntsetz als vor etc

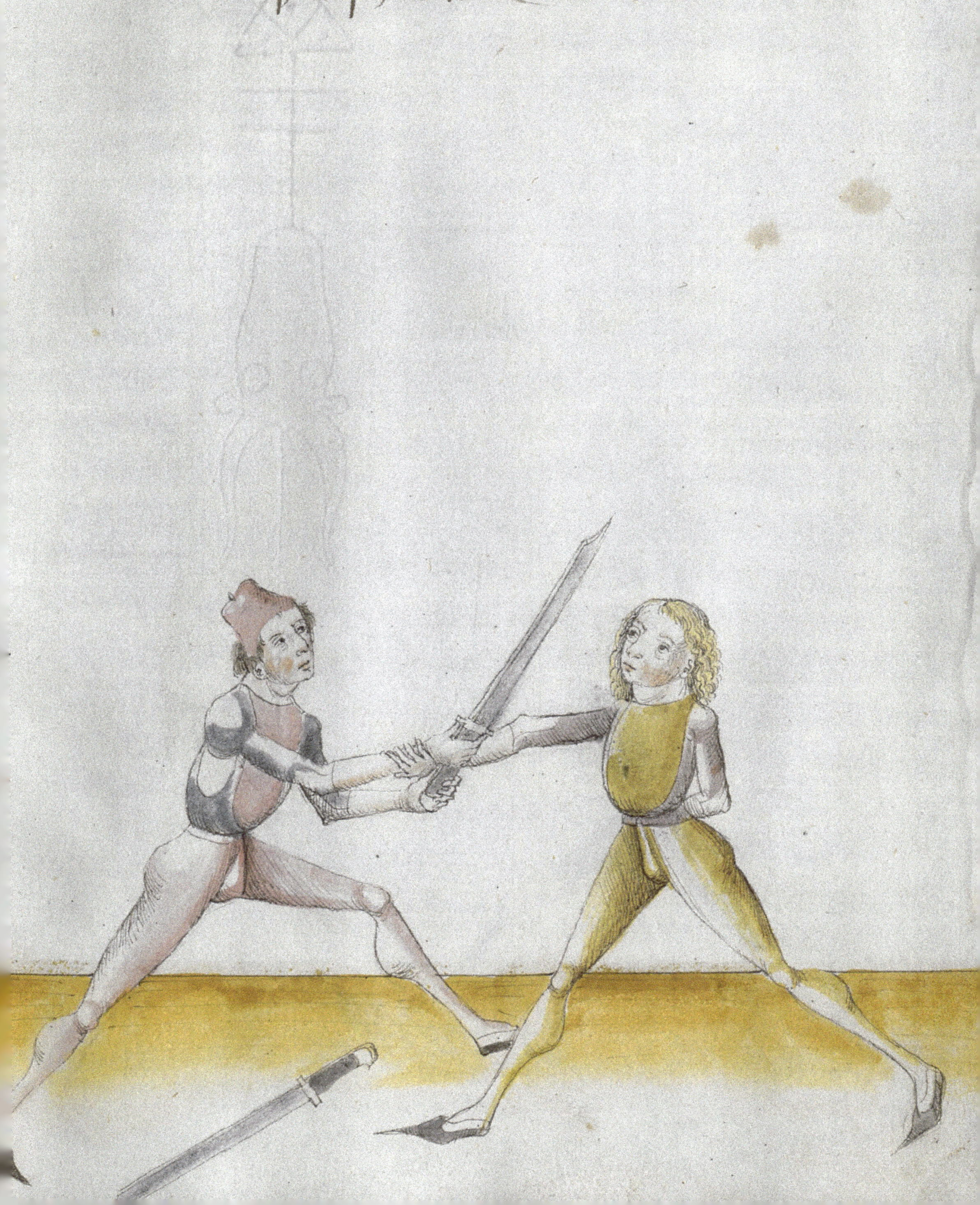

Jtm hatt er dir dyn rechte handt gefast als vor so
wendt dyn messer Inbendigs an syne arm vnd gee
vntten durch außbendigs auff syne arm etc

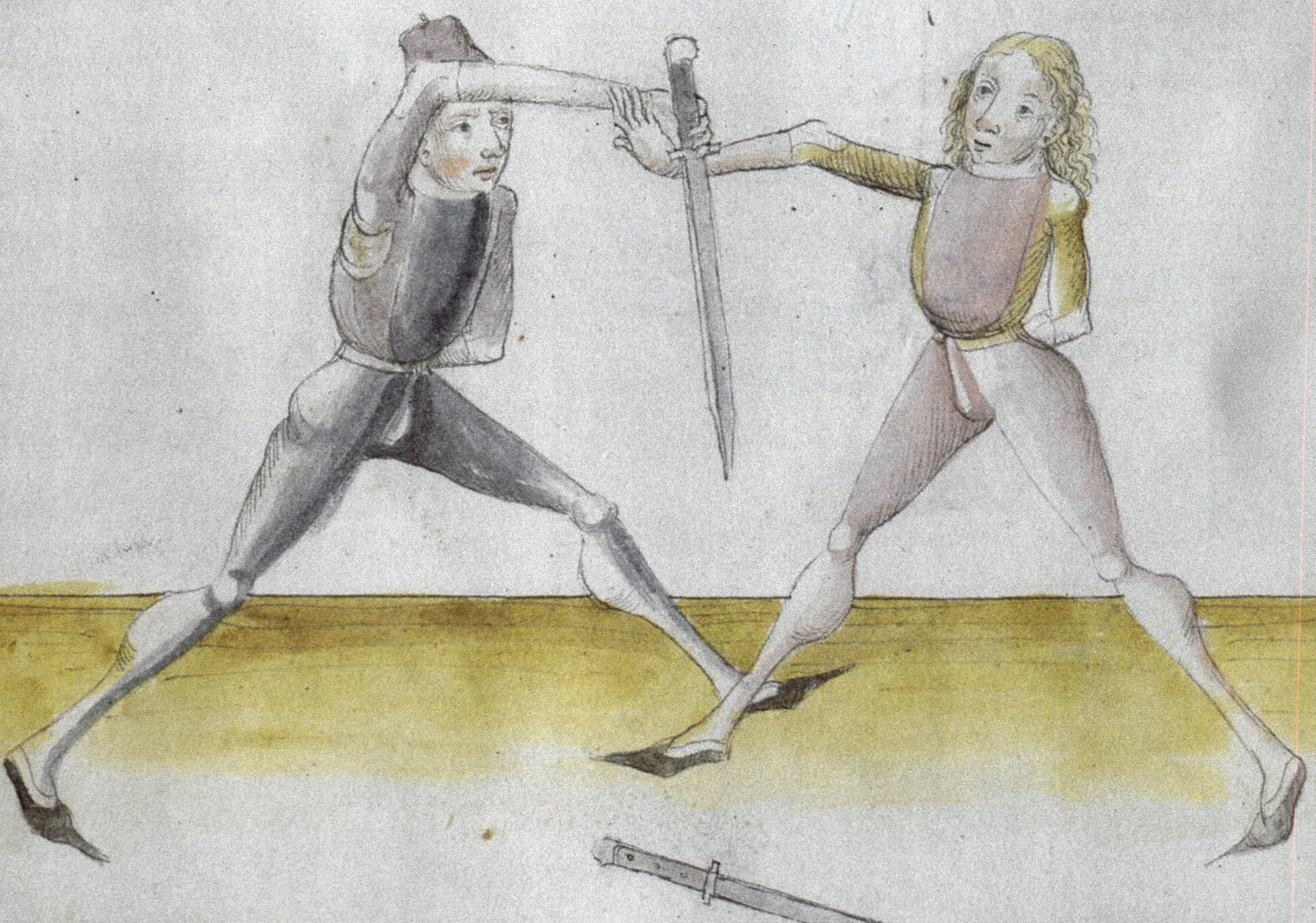

Item hatt er dir deyn rechte handt gefast ab als vor so windt
im ab Inbendigs durch auff seyn rechte seytten außbendigs an
seyn arm vnd tritt hinder vahrendt In Inn vnd nymb In ge
wappendt pey dem hals auff seyn lincken seytten wye vor etc.

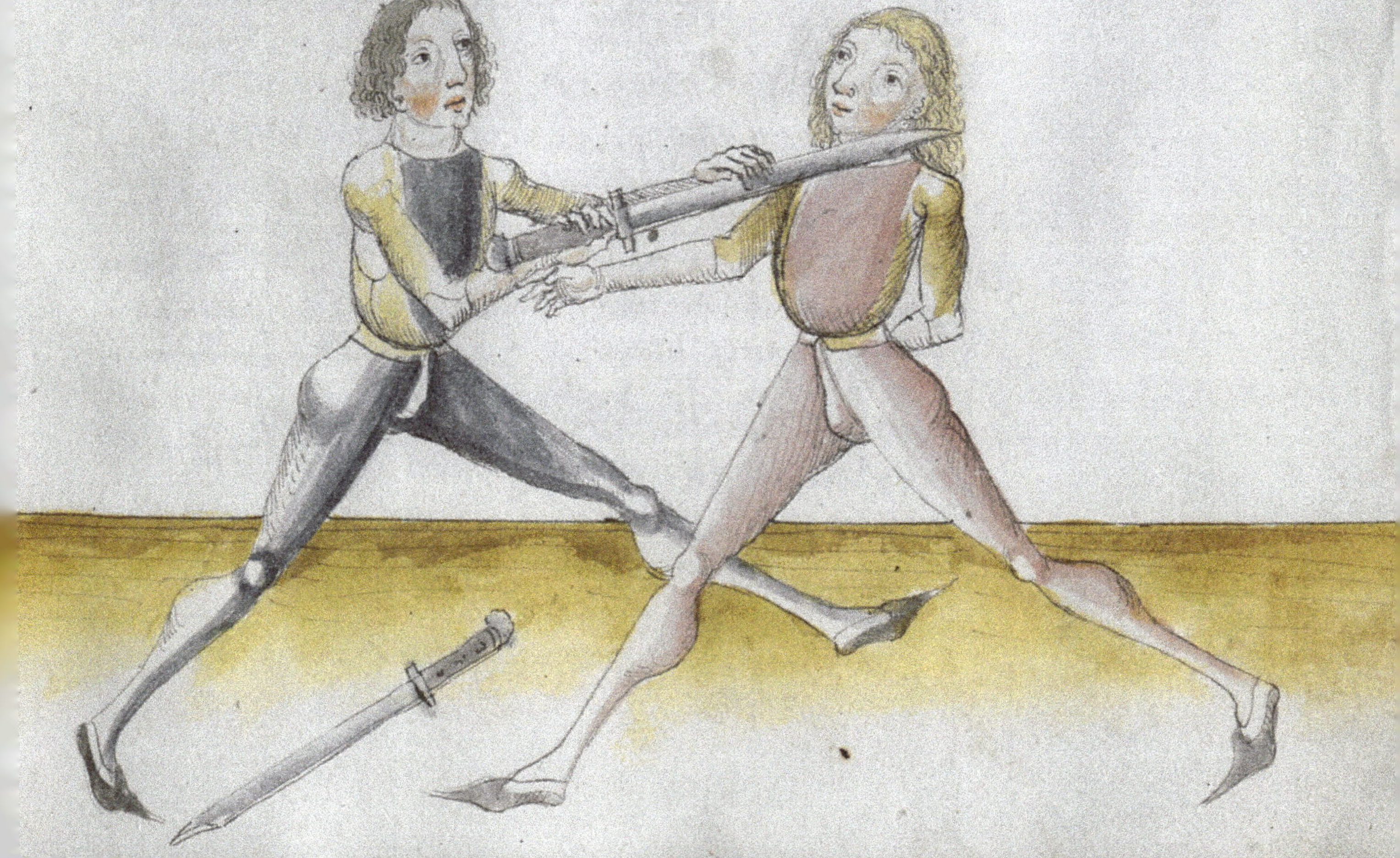

Dy zetyl merck
Begreyfft er handt arm sterck
Exbryt schnell piss besune
Zu stucken mag er hart kume

Hye sagtt der meyster eyn gutte ler vnd spricht dy zetyl
zel das soltu also versten das du im messer solt wyssen
dy rechten zeytt zu eyme ydlichen stuck vnd prauch
du solt auch wysse wenn wy vnd wo vnd gegen welchen
vnd haben vernust vnd dich nicht lassen erzorne das du
der kunst nicht vergest Du solt auch nicht allayn auff
dy prauch gedencken wye du dye recht treyben mugst
sunder auch auff dy stuck vnd das du weyst wye du eyne
ydlichen pegegne solt vnd er mach was er wall das
du eyn stuck oder eyn prauch vindest der do zu fuglich
sey kanstu des nicht so lass dich es vnderrichten eynen
der es kan vnd kanstu aller meyster kunst vnd weyst
nicht wenn wye oder wo vnd gegen welchen versetzen
hewen stuchen prauchen schnytten dytz oder genes du das
treyben salt so ist der das keyn nutz Du must auch in
eyne ydlichen prauch grosse schnellikayt haben vnd
rechte anlegung sterch vnd sterck das ist wenn dir
eyn deyn messer halt vnderloffen vnd halt dir deyn handt
oder arem pegryffen preyn oder fuss hastu denn dy kunst
gemerckt so helt er dich nymmer hastu dy kunst
recht verstanden so pleybest woll lang meyster
Nota Etliche stuck vnd etlich prauch dy gen zu ee der
man in dy handt greyfft vnd dy selbigen sall man
machen gleych iudes so er will in dy handt greyffen
iudes so er greyffen will in den arem oder faren iudes
so er will schlagen iudes so er will pestelysse iudes
stechen hawen schneyden etc

Item wann etliche stuck synd als pald e dich In dy wag prangett So kanstu hartt ledig werden es ist pess ledig wenn eyn In de stuck ligtt vnd nymbtt war kleine danach weiß dich zu richten etc

Item etliche stuck gen zu so der man gantz gefast hatt vnd wie dy prauch seyn wenn du zu lang harrest oder pytest also seyn etlich prauch so du sy zu schnell machest Also mustu wissen dy recht art dyser ding etc

Item du hast manigerlay stuck vnd prauch Schimpfflich vnd ernstlich gefellt dir eynes nicht so nym eyn anders wer dyse ding recht verstett vnd ytlichs zu seyner zeytt treyben kan dem gefallen dyse ding etc

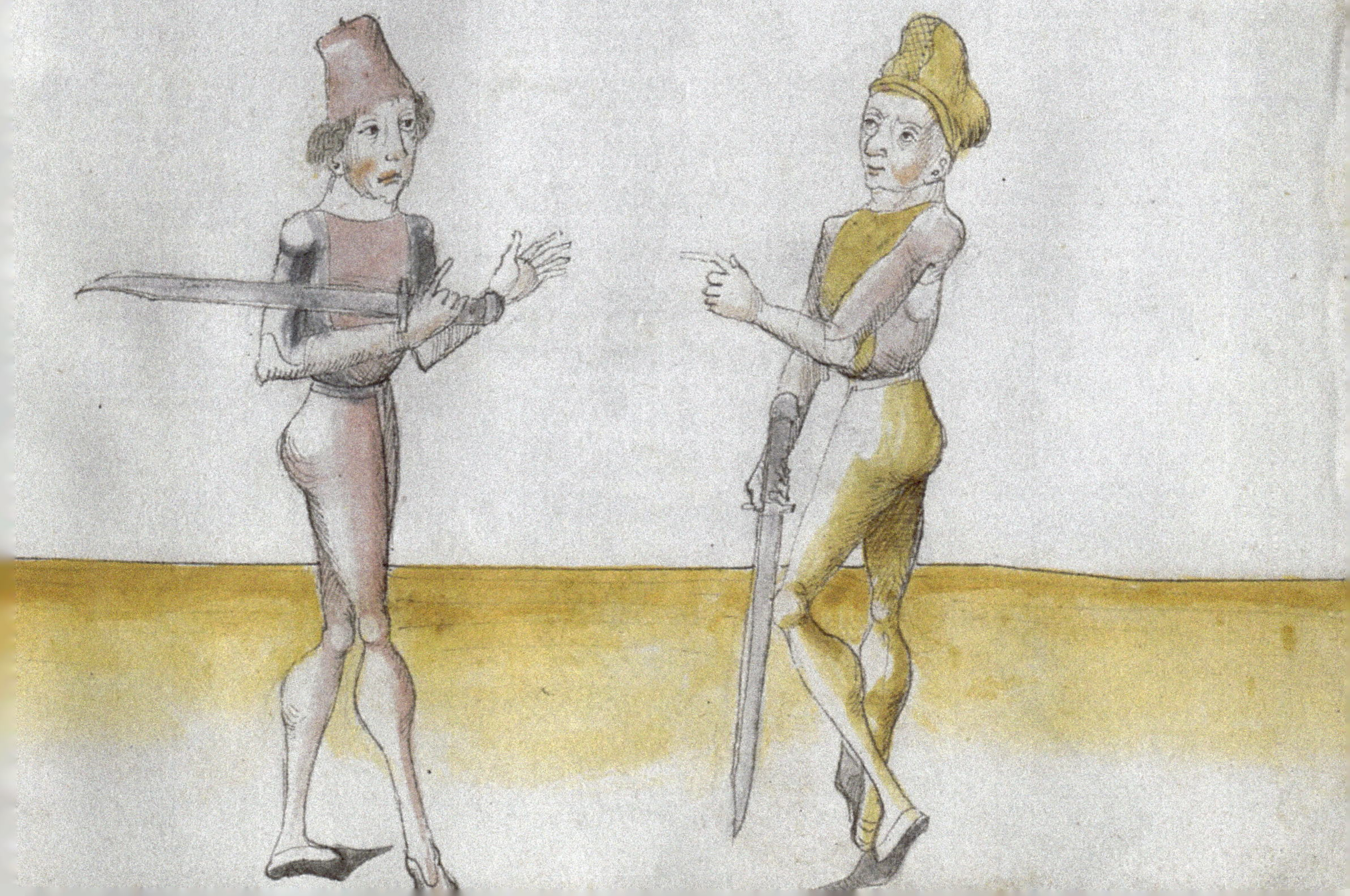

Wiltu dich müssen
Mit gehultz handt und stossen
lere handt vergyß nicht
Aussen und inne stoß mitt

Hye sagtt der meyster wye ma dy stuck machen sall
wye ma den dem mit dem gehultz und stuß und
wye ma auch des geleychen thun mag mit lerer
hand Nu zum ersten ist zu wissen wen er im
zuvechten an dir trumpt so far greyff im mit der
lincken hand stark auff syn lincke sytten Indes far mit
dem gehultz ob syn rechte handt außwendigs und
stuß dy sterc vo oben und gegen der erden Indem far
auff mit dynem messer und haw im durch das angesicht
oder schnyde im daz durch etc

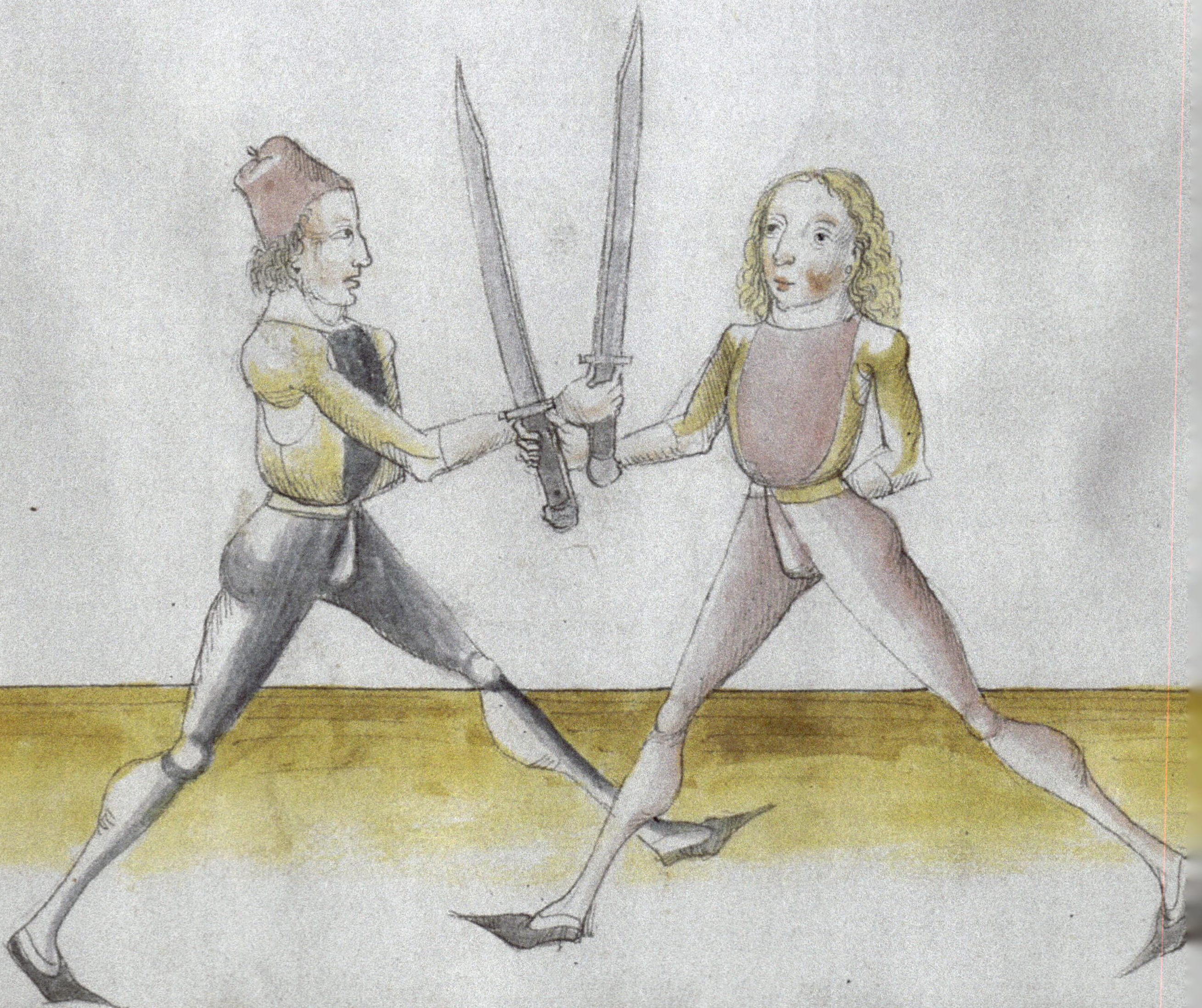

Item hawestu im auff seyn rechte seytten mit eyme oberhaw
oder sunst Vnder so dy messer zu samen glitzen so stoss
inbendiger mit dem gehultz vber seyn rechte handt oder
arm vnd gegen der erden Vnder schlag im durch den kopff.

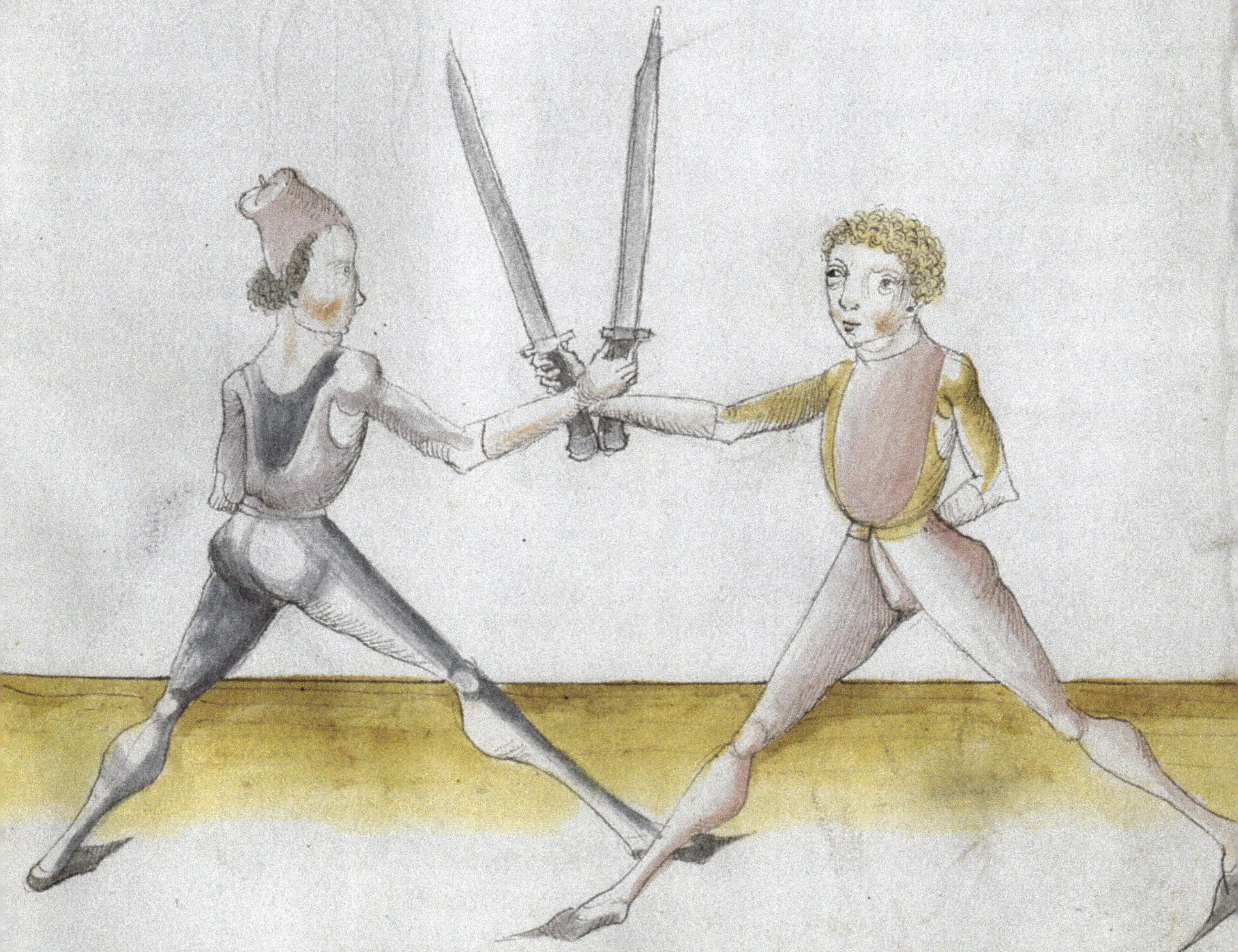

Item ist er dir mit dē gehultz vb' dyn rechte handt gefalen
vnd will dir dy nyd drucken Indes fall mit dynem
gehultz vb' syn rechte handt aussbendigt Indes fall
mit dyn lincken handt In syn gehultz vnd syne
handt vnd ryss starck mit payden henden vnd stoss
auff dy rechte seytten so nymbstu Im ab das swert

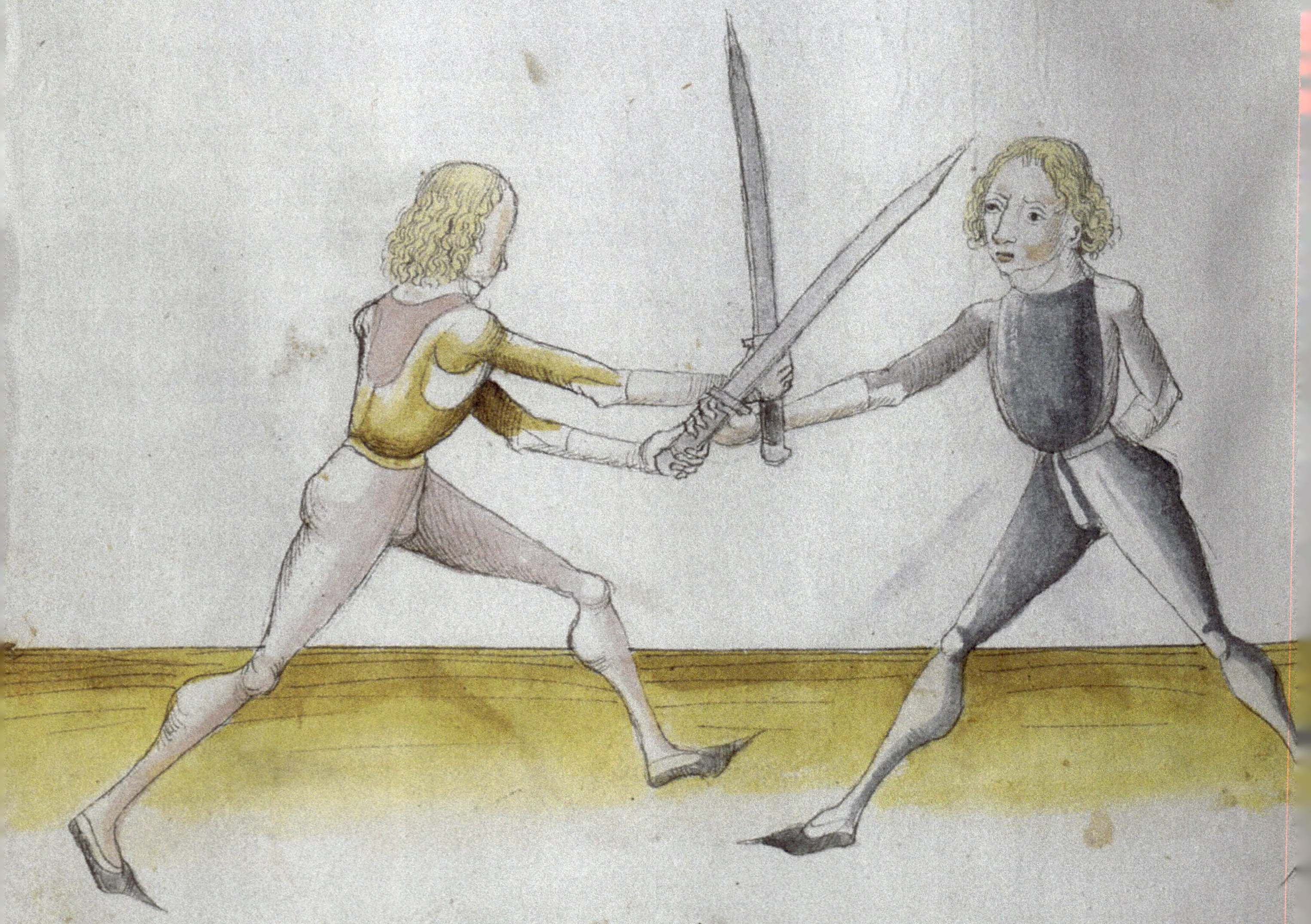

Item syn and prauch stoss im syn handt mit dem gehultz
inbendigs nyder und gryff mit dyner linckn handt untten
an syn gehultz und ryss wye vor etc.

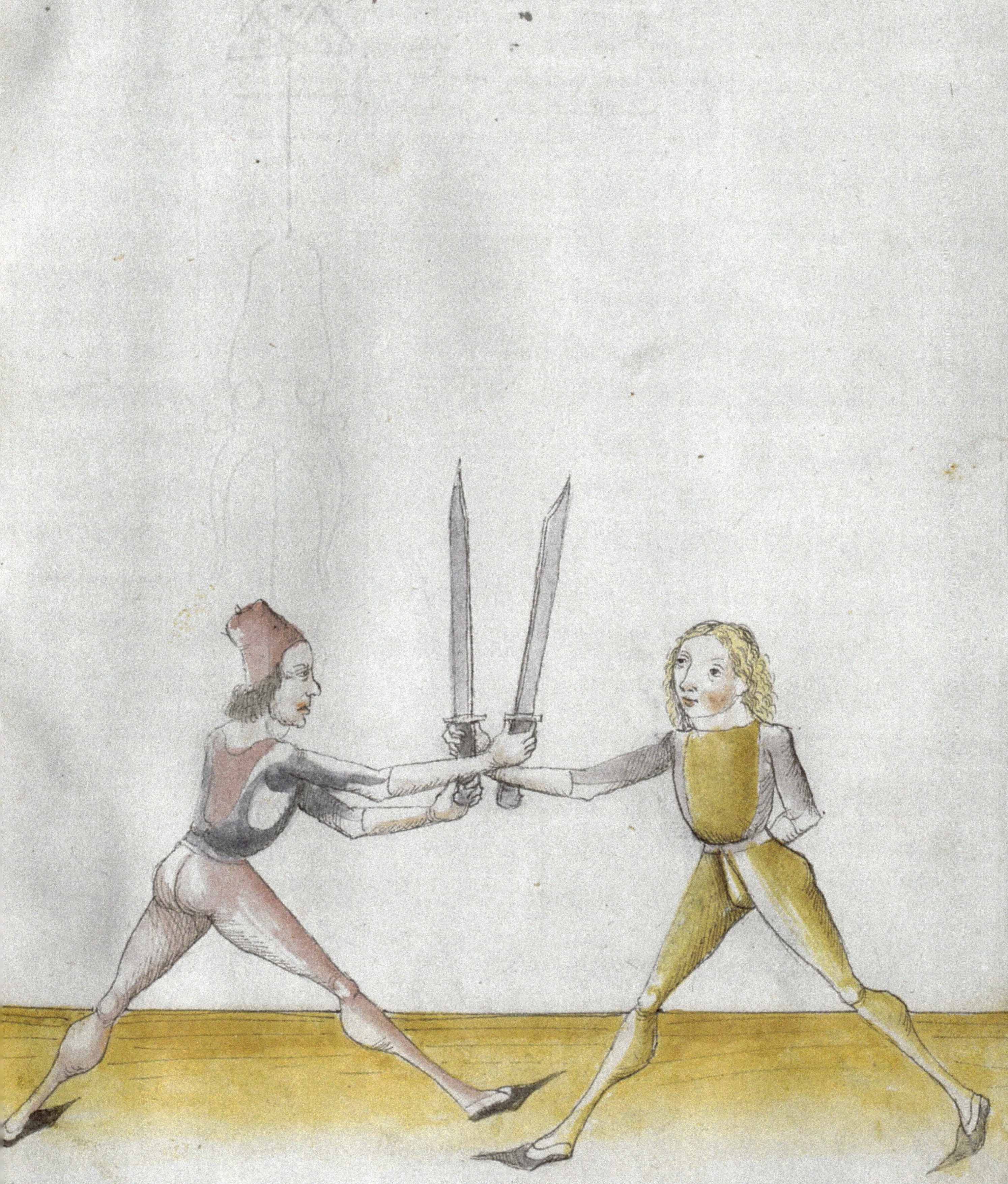

Item Eyn ander prauch felt er dir vber dyn rechte handt
oder elnbogen mit dem gehiltz so fall auch mit deynem
gehiltz vber sein arm vnd ruck fast da mit vnd yndes
greyff mit deyner lincken handt vnd seyn rechte in sein
messer vnd pey der handt in dy klingen vnd reyss
starck mit payden hendn auff dein lincken seytten so nymb//
stu im ab seyn messer etc

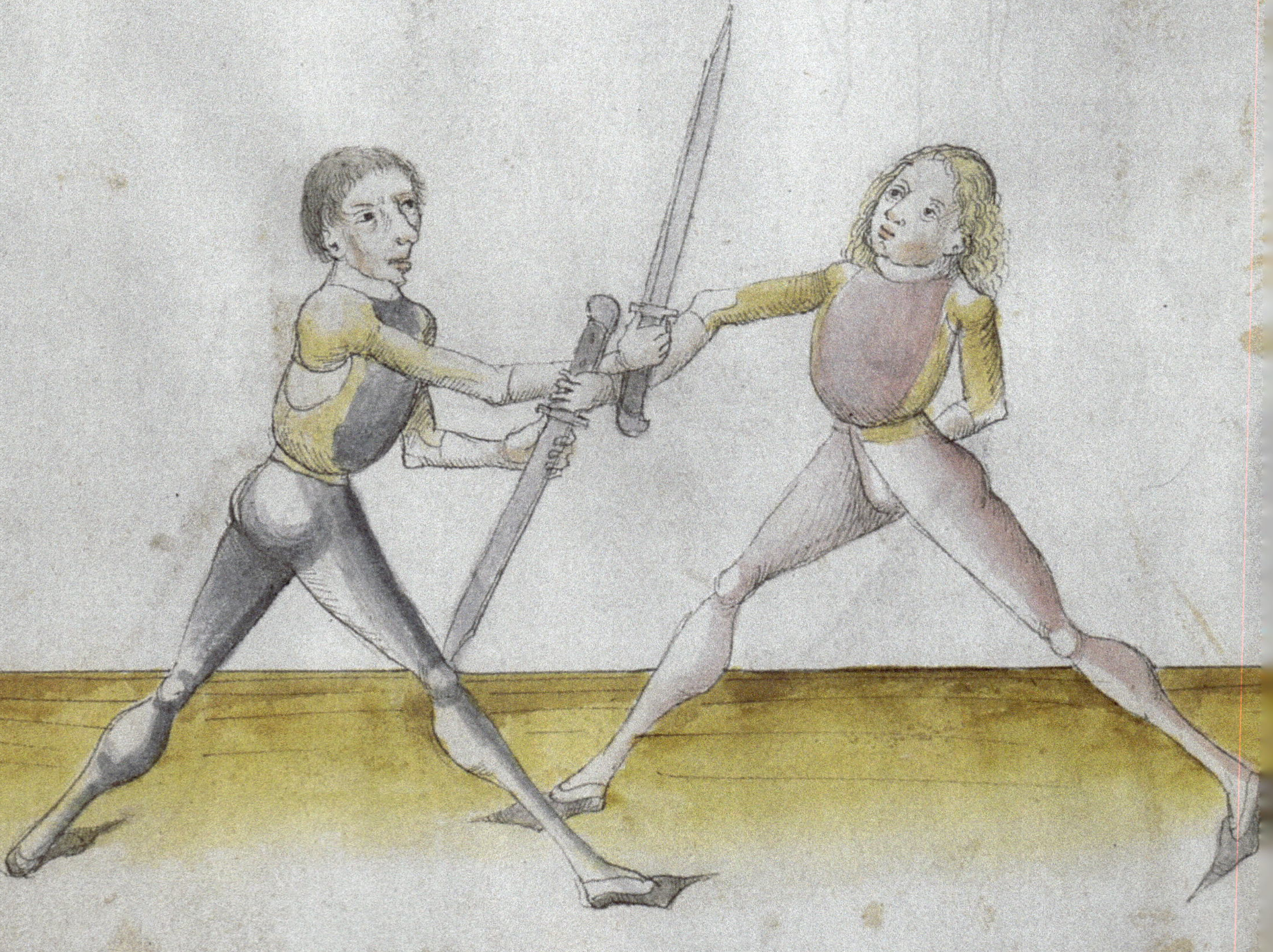

Itm willtu dir deyn messer neme wye e gemelt ist
vnd du enpfindest das du dey messer nyme haben
magst sunder greyff mit deyn rechten handt oben an
sey messer od an seyn rechte handt vnd far mit deyn
lincken handt vnten an sey pindt vnd wendt das vber
sich vber seyne rechte handt aussplendig vnd reyss starck
vntersich auff deyn lincke seytten so nymbstu Im aber
das messer vnd der pruch heyst auffgezawmt etc

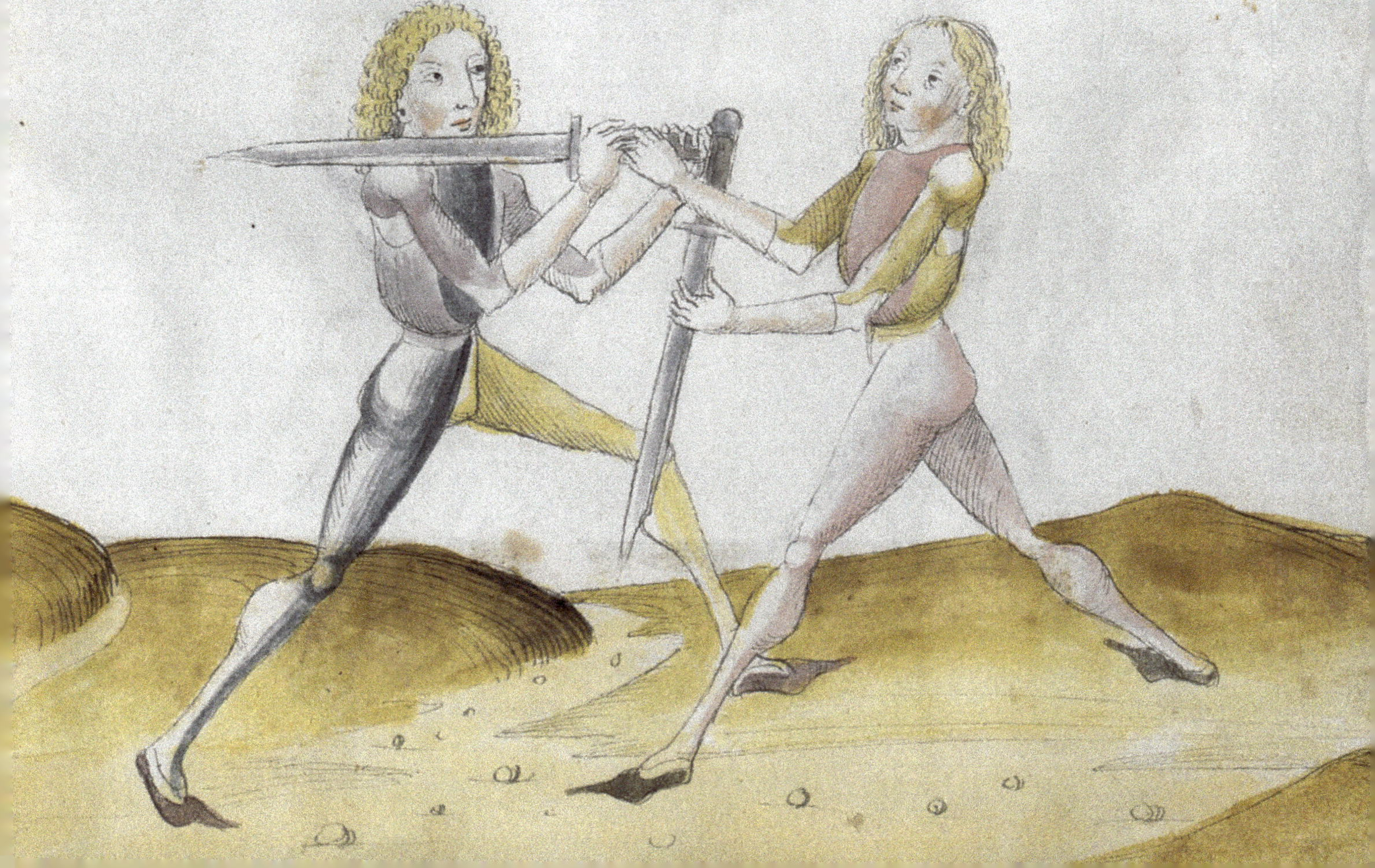

Item seczt er dich mit dem gehultz Inwendig vber deyn
hant Inders far mit deym gehultz auch Inwendig
vber seyn rechte hant vnd far mit der lincken hant
Inwendig vber seyn messer In dy mitt deynes messers
vnd reyss starck auff dey rechte seyten so nymbstu
Im ab seyn messer etc

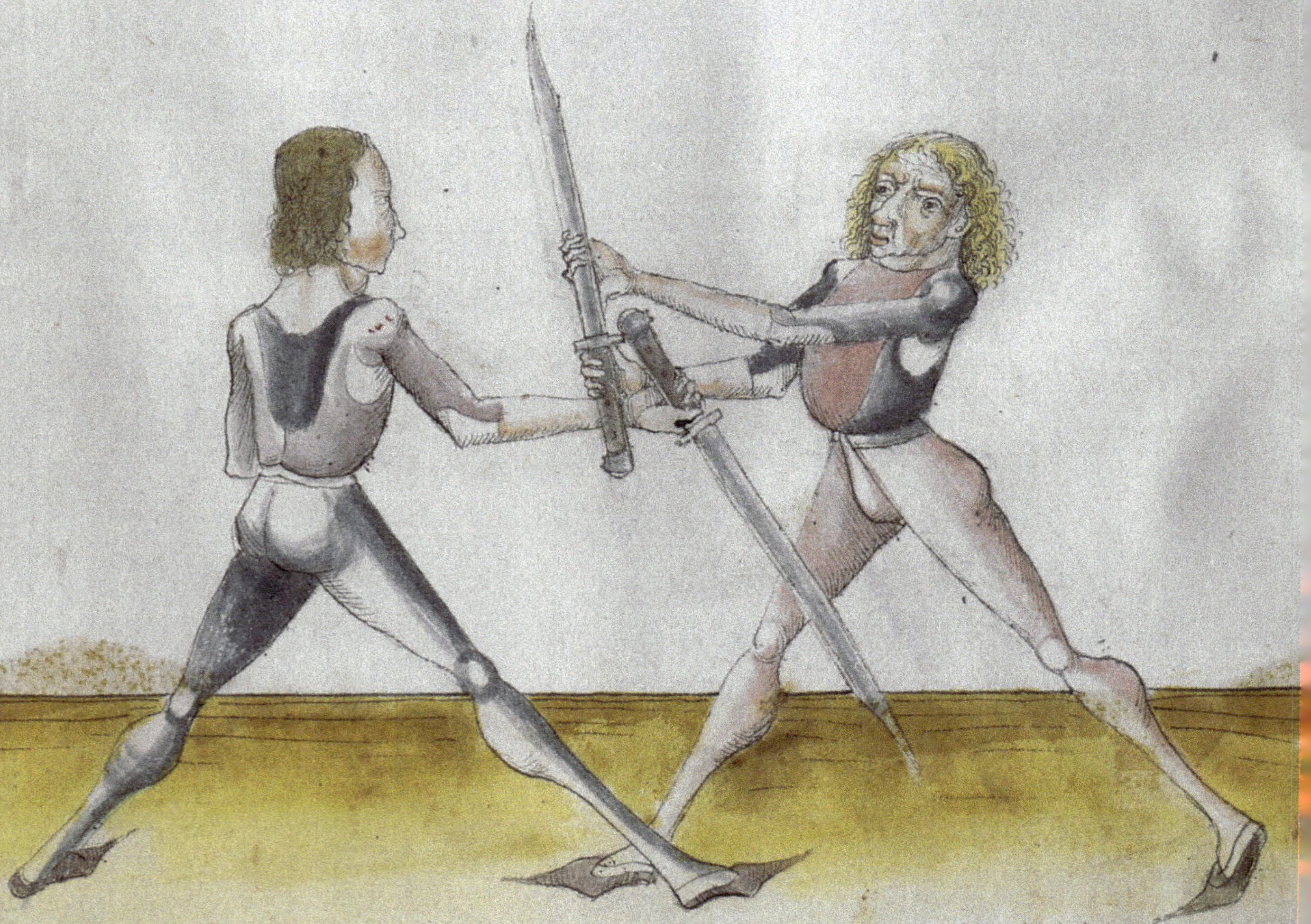

Itm vellt er dir Inwendig vb deyn handt mit dē gehultz
vnd will er dir deyn rechtē handt nyd stossen so ders
fall jm auch vb seyn handt Inwendig mit dē gehultz
vnd greyff mit deyner lincken handt In sein klingen vnd
reyß starck auff deyn lincke seytten so nymbstu jm aber
das messer

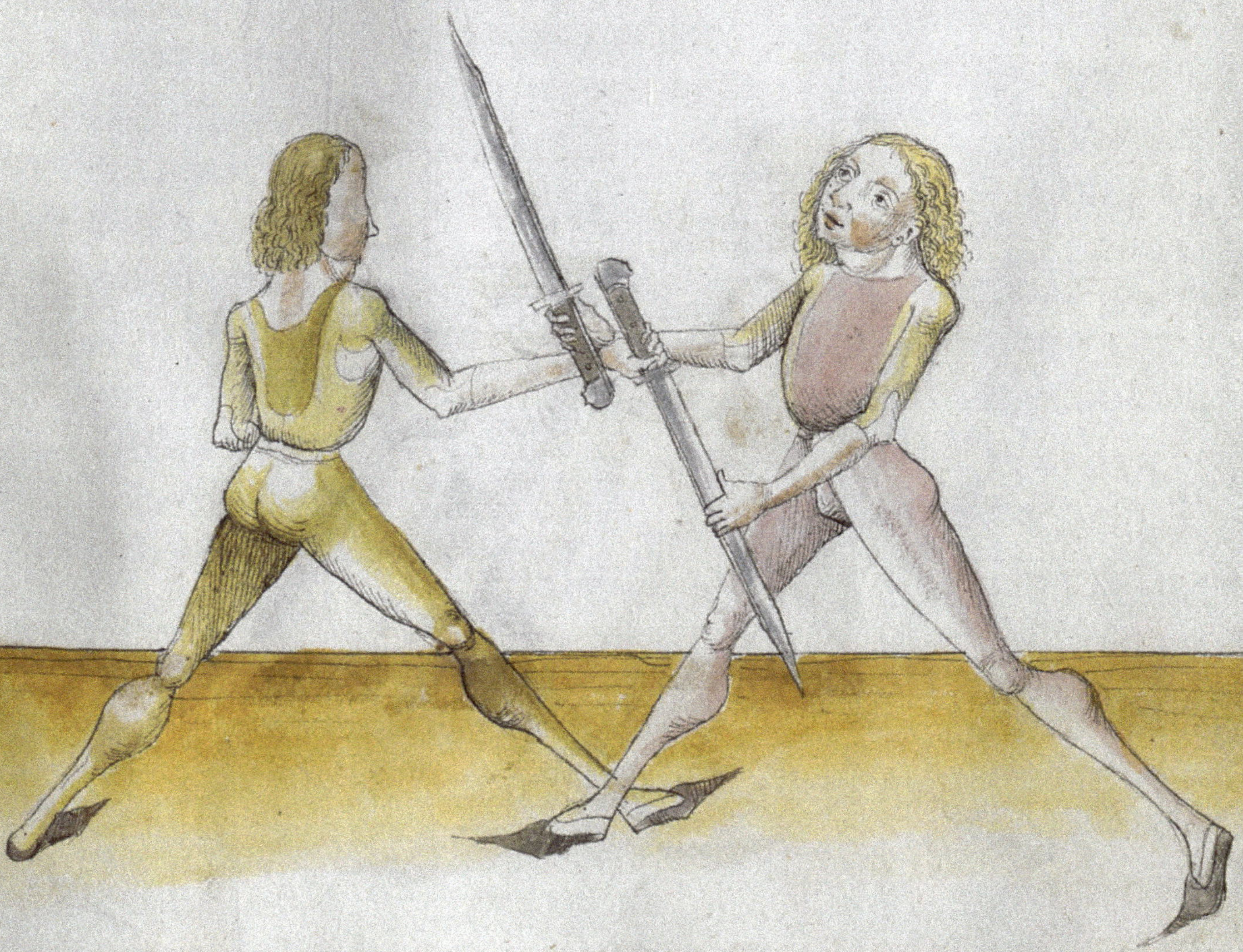

Item eyn pruch wyd den wyd' pruch selstu Im mit de
gehultz vō sey rechte handt aufzbrechn vnd er felt
dir wyd' vor deyn handt auch also vnd er greyfft
mit seyn' lincken handt an deyn messer hinden an
das gehultz vnd reysst mit seyn rechten starck auff
seyn lincke seytten vnd nymbt dir also deyn messer
vnd ligtt deyn rechte handt vor vnd seyn rechten
handt so du denn empfindest das du deyn messer nicht
mer magst halten mit deyn rechten handt so fall mit
deyn lincken handt In seynes messers klingen nohent
pey d' hanthab vnd druck mit deyn rechten handt
sey gehultz gegen Im vnd reyss mit deyn lincken
seynes messers klingen starck ~~an~~ auff dey lincke
seytten so nymbstu Im das messer ab

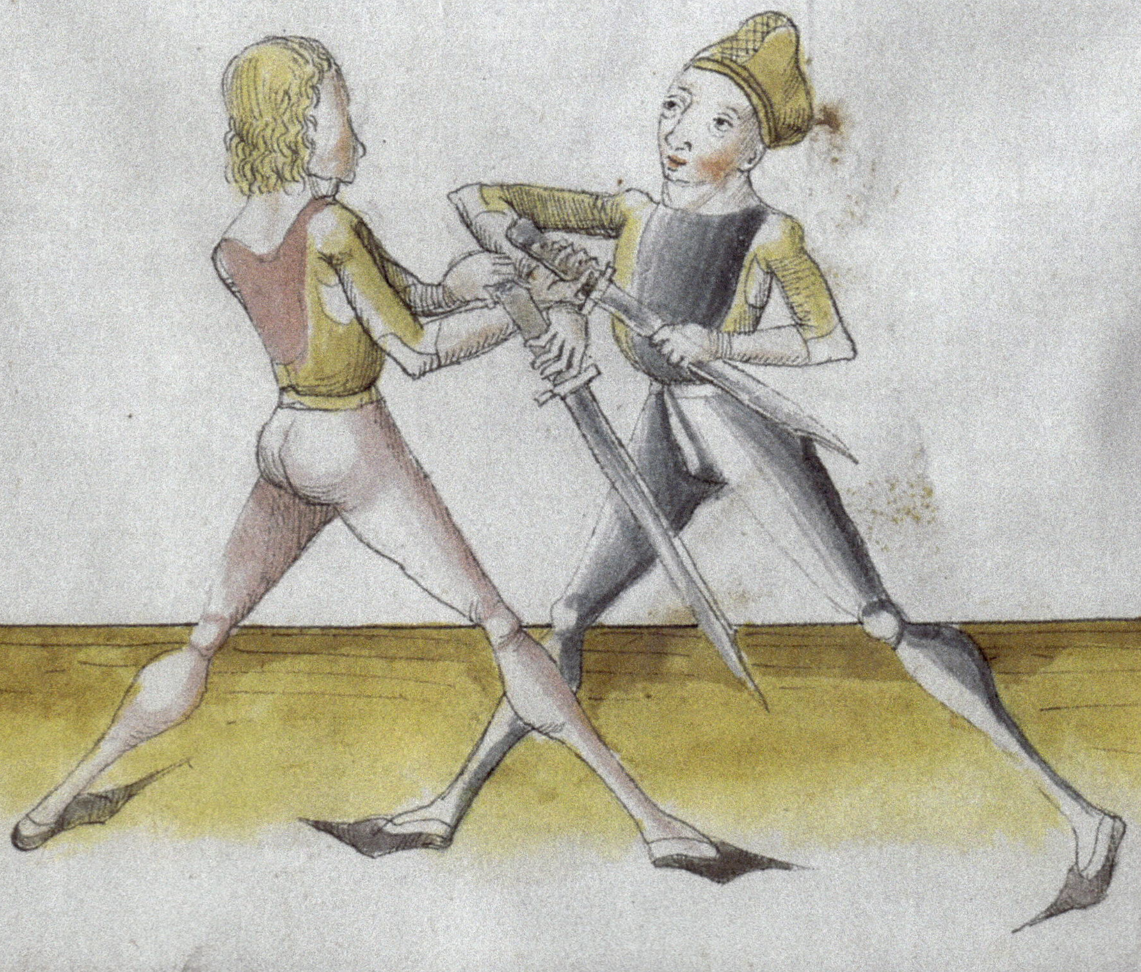

Item stestu im vor seyn arm mit deyne gehultz vnd er
dir weyt vnd er reyst nyd deyn handt vnd grayfft mit
seyn linckn vntt beyd payd hendt indy klingn deß
messers vnd reyß stark auff seyn lincke seyttn indeß so
du enpfindest das dw dey messe nicht mer haltn mayst
so fall mit deyn linckn handt in seyns messers klingn
vnd so yst dey rechte handt wer an deyn rechtn Indeß
druck mit deyn rechtn handt auff seyn rechte oder gegn
seyn rechtn achsel vndtsich vnd reyß stark seyn
gehultz auff dey rechte seytn so nymbstu im auch sey
messer etc

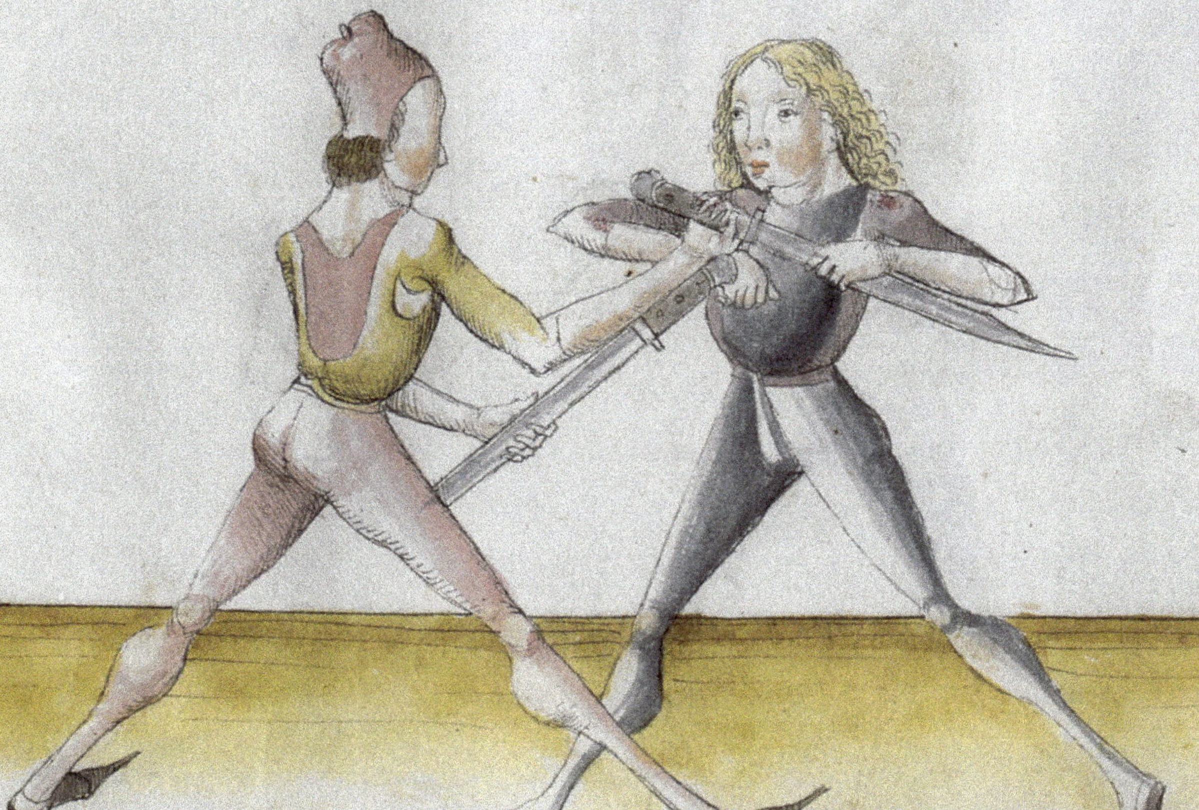

Item fert dir ayn nach dem arm jnwendig mit dem
gehultz und will dir dein handt und stossen unden
weyll er fert mitt dem gehultz nach der handt so
far mit deyner lincken handt über sein rechte handt und
mit deynem gehultz auch über seyn rechte auch jnwendig
und druck dein peyd hendt und gehultz fast zu samen
und reyss starck unden auff dein rechte seytten so nymbstu
im das messer wol

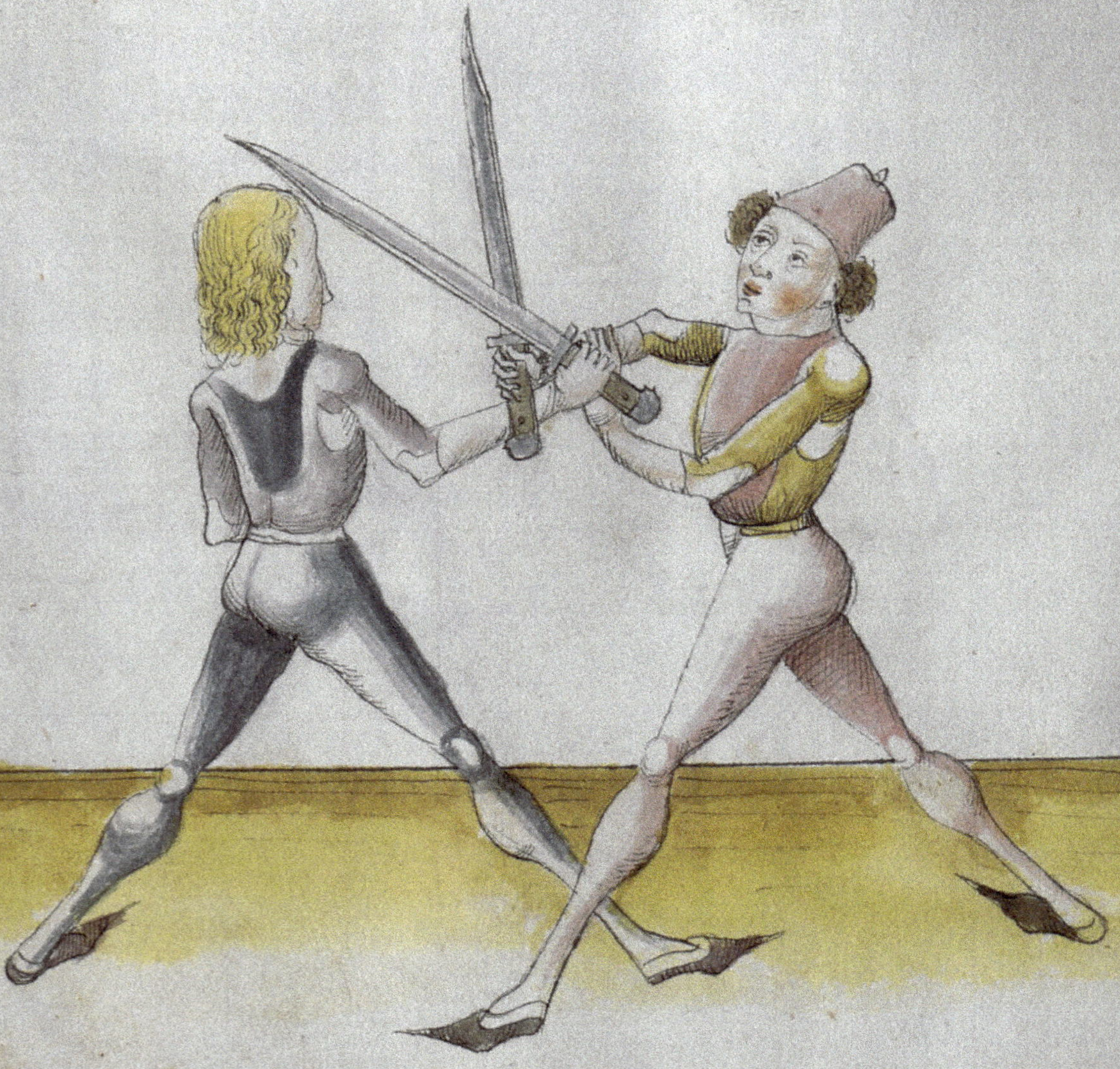

Item woll er dir mit de gehultz inbendigs deyn handt
nyder stossn jnderr wendt dey schnyd vbersich vnd sch-
nyd in dar eyn vnd far mit dem schnytt vbersich auff
deyn lincke sytten Also schnyd in auch aussbendigs in sey
handt etc.

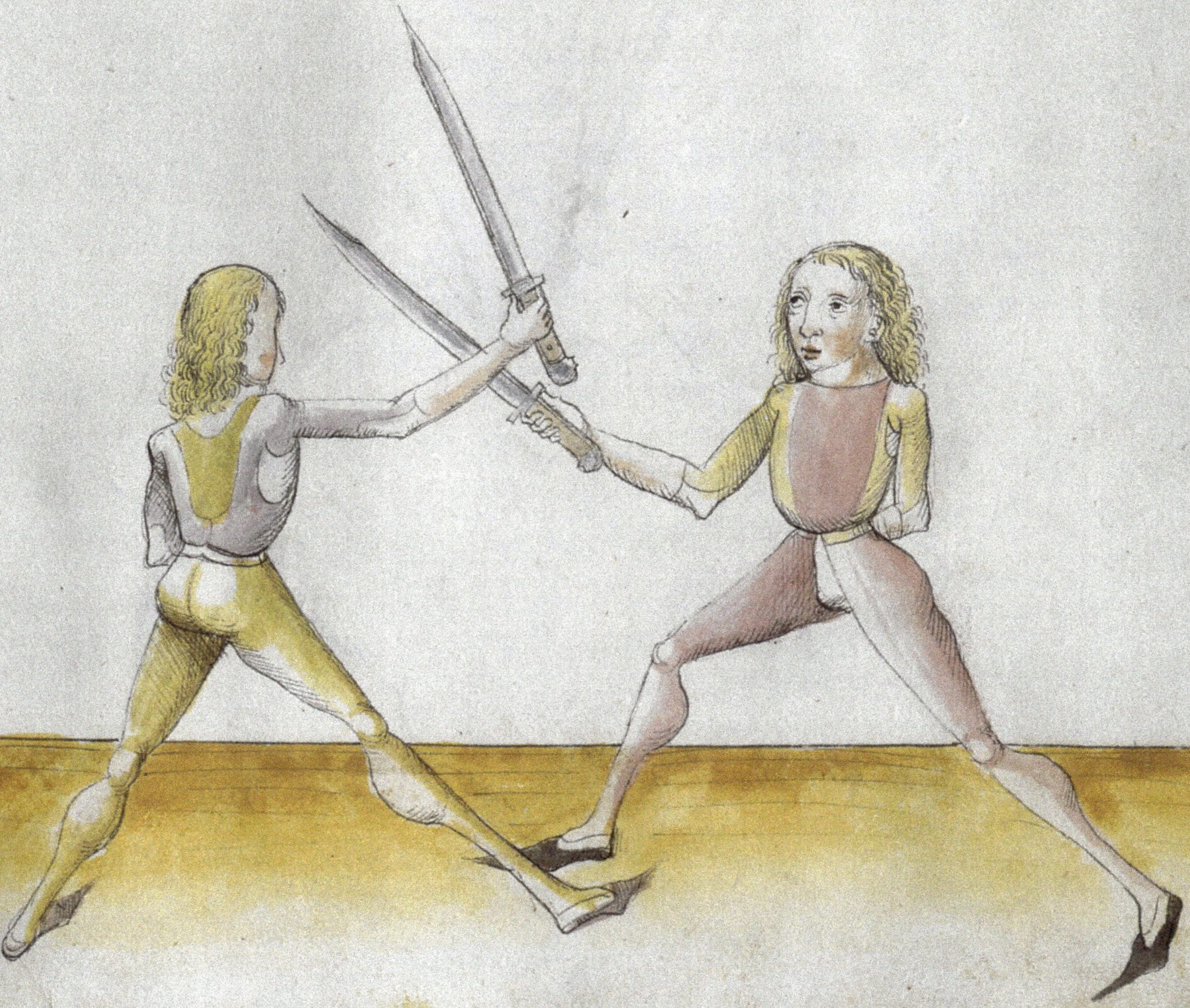

Hÿe habent sÿ payde an gepunden als vor vnd er will
dir außwendig vb deyn handt mit dem gehultz fallen
Jndes wendt deyn knopff mit de gehultz vntt deyn
arm vnd streckt den ortt jm jn seyn vechsen od seyten
ode wendt jm jndes dy kurtz schnaid auff seyn kopff
seyn rechten seyten

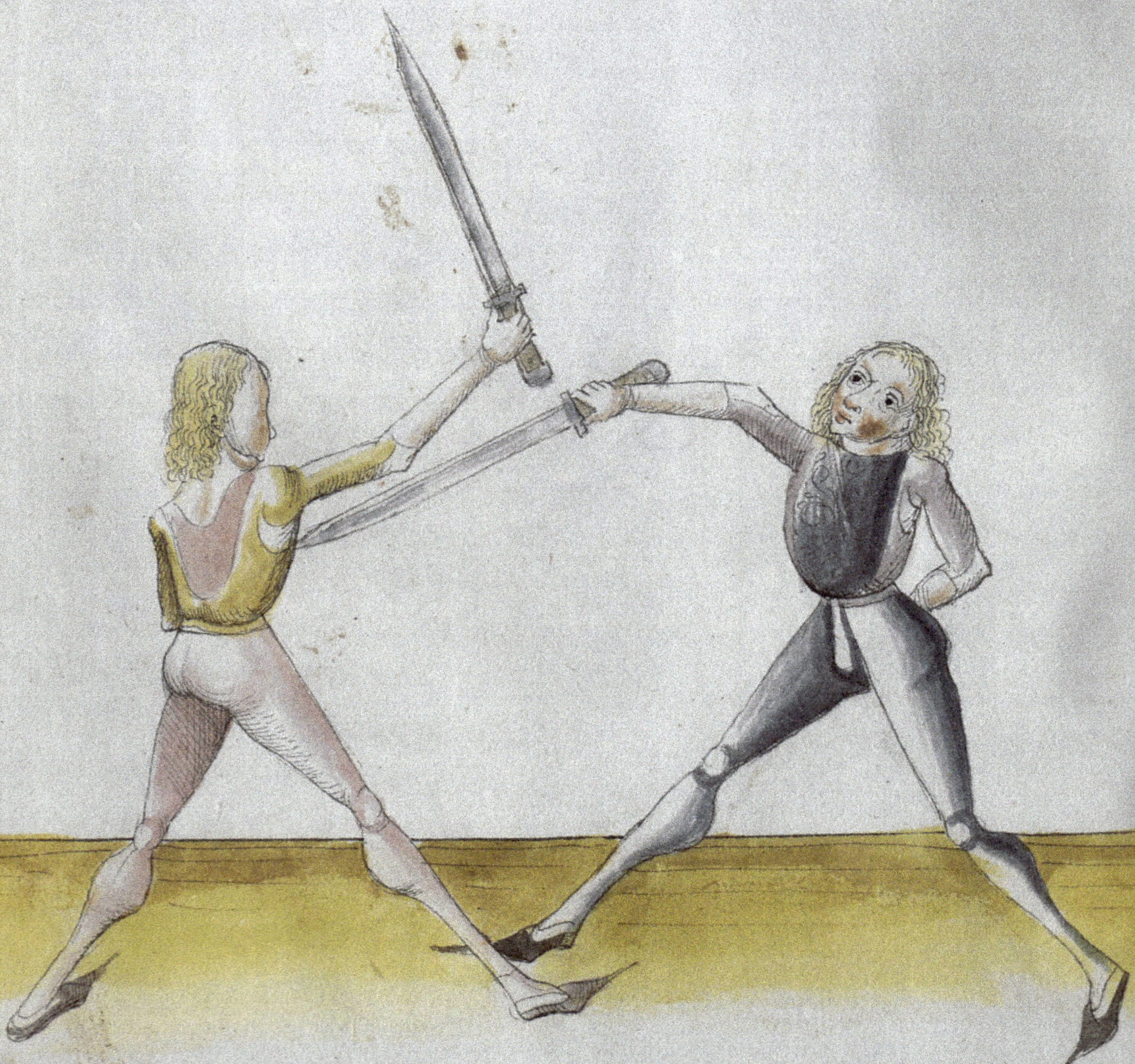

Item will er dir deyn handt ab und stost Inbendigs mit dem gehultz So windt gegen Im auff mit deynem messer und erhoch deyn gehultz und fall zu gewappnder hant und setz Im den ortt an seyn hals seyner rechten seytten Will er dir das weren so erbertt mit dem gehultz auff seyn linck seytten Inbendigs ob seyn handt und nym Im das messer als du vor gelertt pist etc

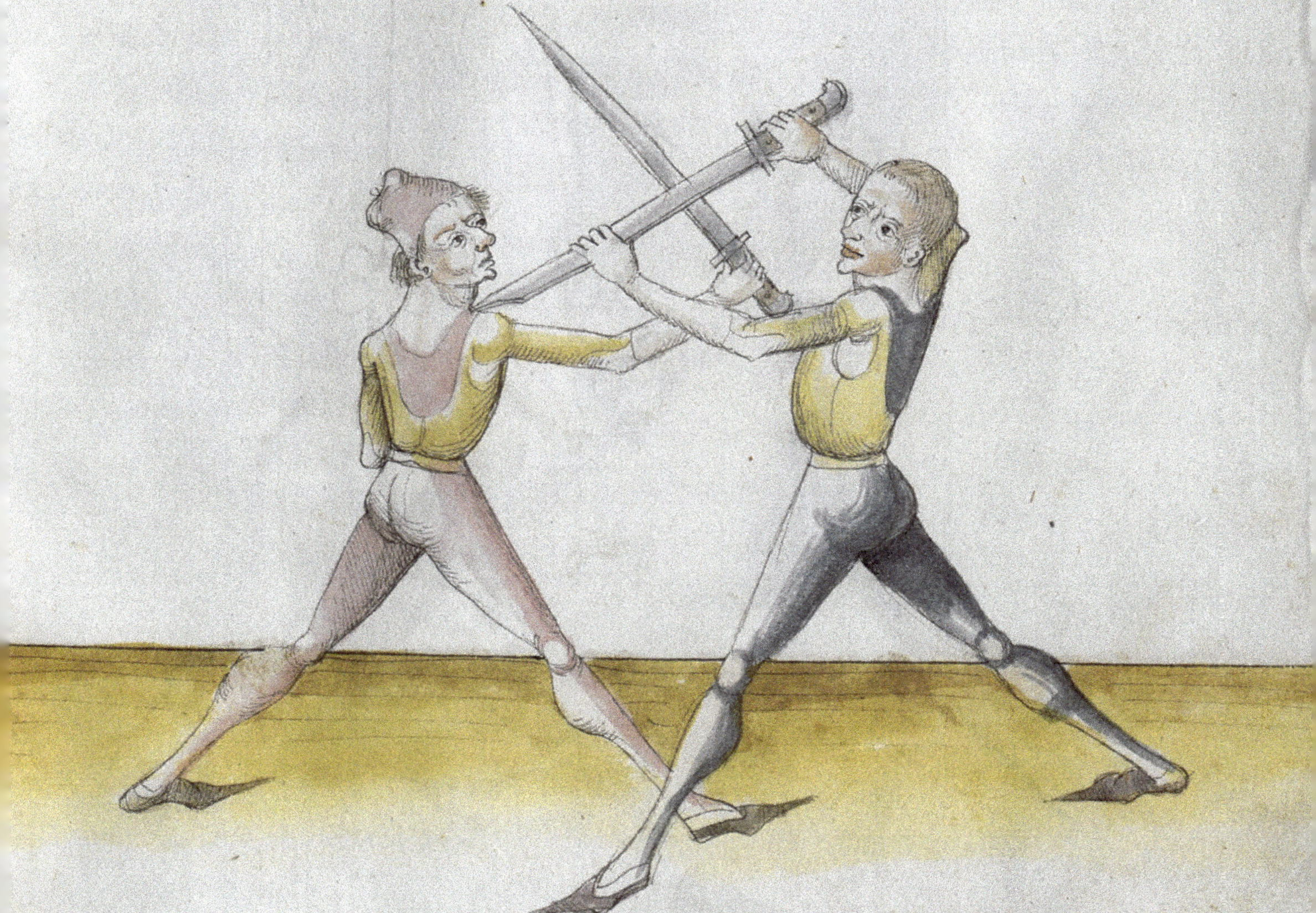

Item sellt dir eyn ob dein gehultz außbindigs ob dein
handt vnd du im wyder vnd druckt er nyder vnd greyfft
mit seyner lincken handt vnd tzwo pard hendt in die
klingen deines messers vnd will dir es also nemen so
fall mit deyner lincken verkerten handt auch in deines
messers klingen ob seyner lincken handt vnd schreytt mit
deinem lincken fuß hindter seynen lincken ob fur seynen lincken
vnd druckt mit deyner lincken handt vnd mit der klingen
seynes messers starck auff sein lincke seytten etc

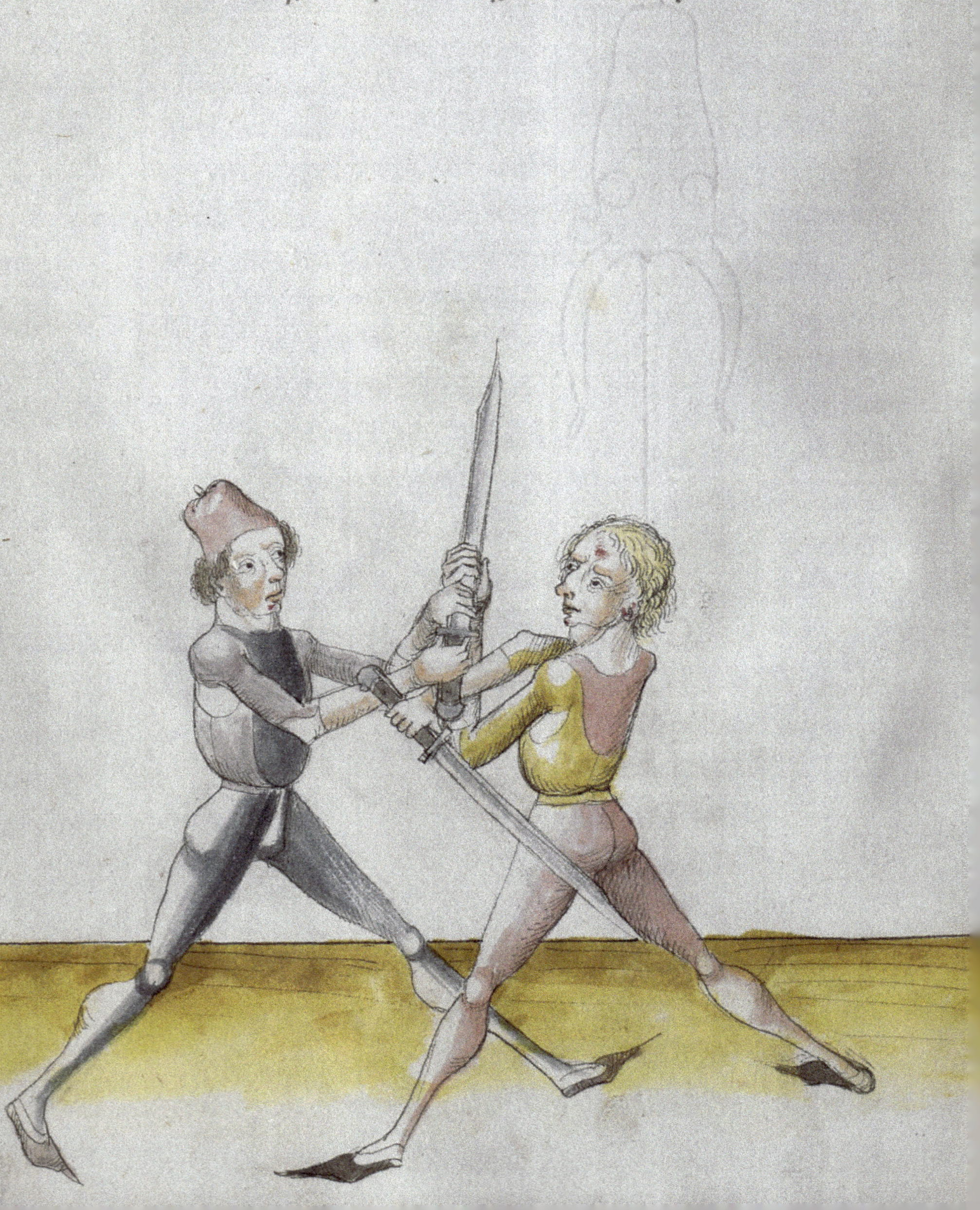

Item hawestu im oder er dir von oben zu deyner lincken seytten
So haw auch geleych mit ym eyn zu seyner lincken seytten
Vnd stoss sein rechten arm mit deyner lincken handt
aussbendigs vnd gegen der erden vnd haw im mit deynn
rechten durch sein kopff auff seyn rechten seytten ;

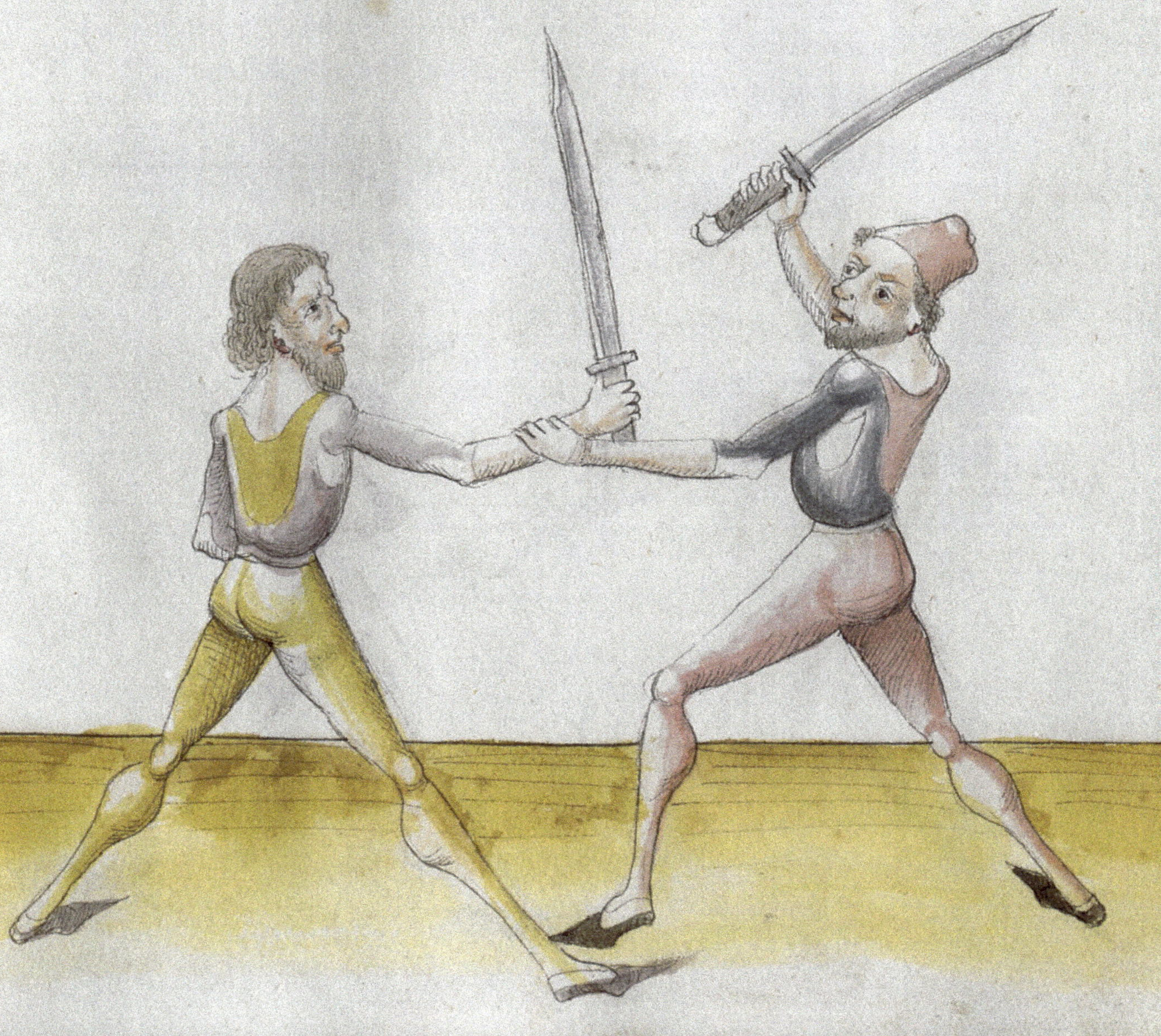

Item hautt er dir vo oben eyn eyn abhaw auff deyn lincke sytten
Indes pewg dich nyder vnd das syn swert stoß mit
deyn lincken haudt auff sey rechten inwendige oben wyder
vnd haw im durch den kopff etc.

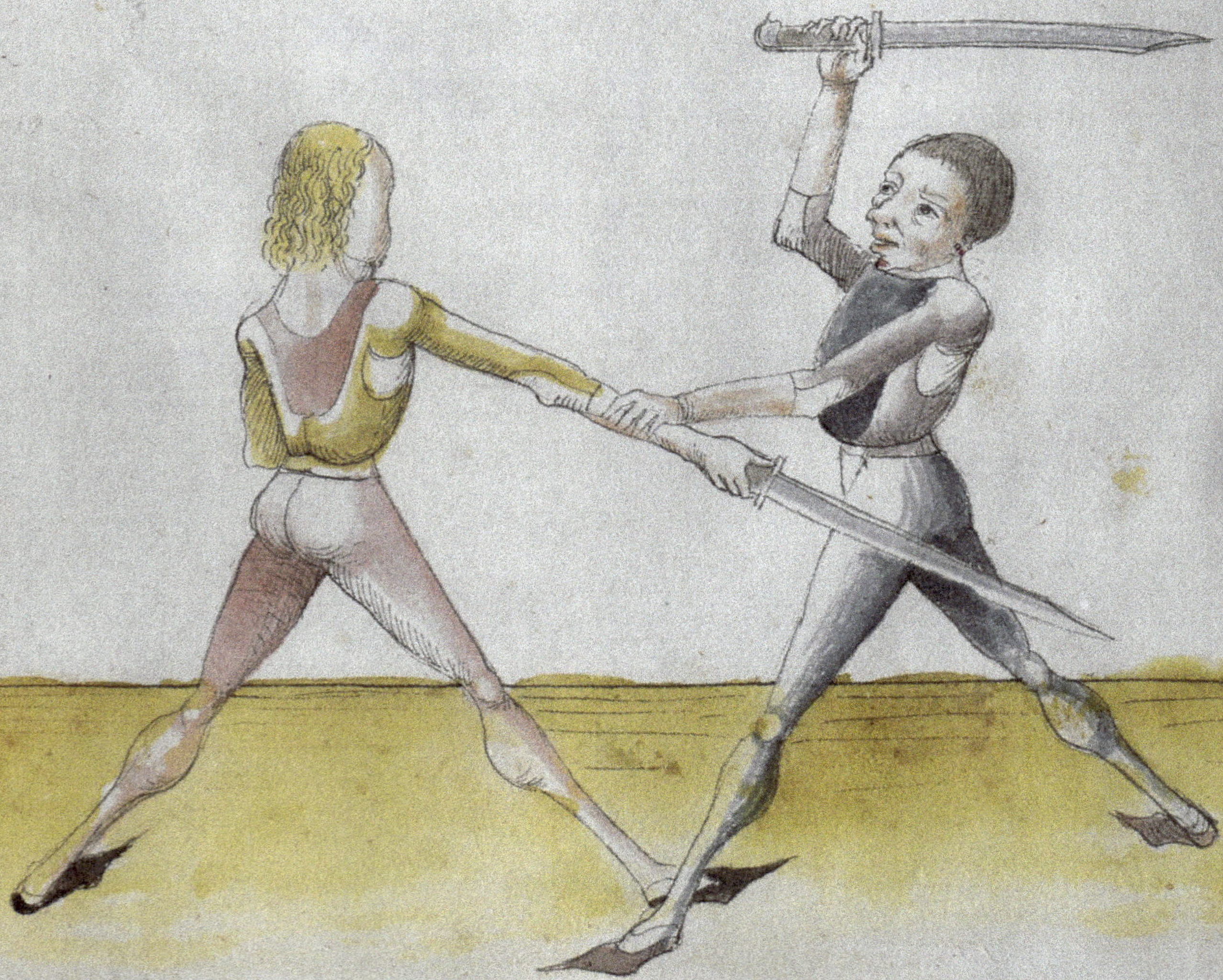

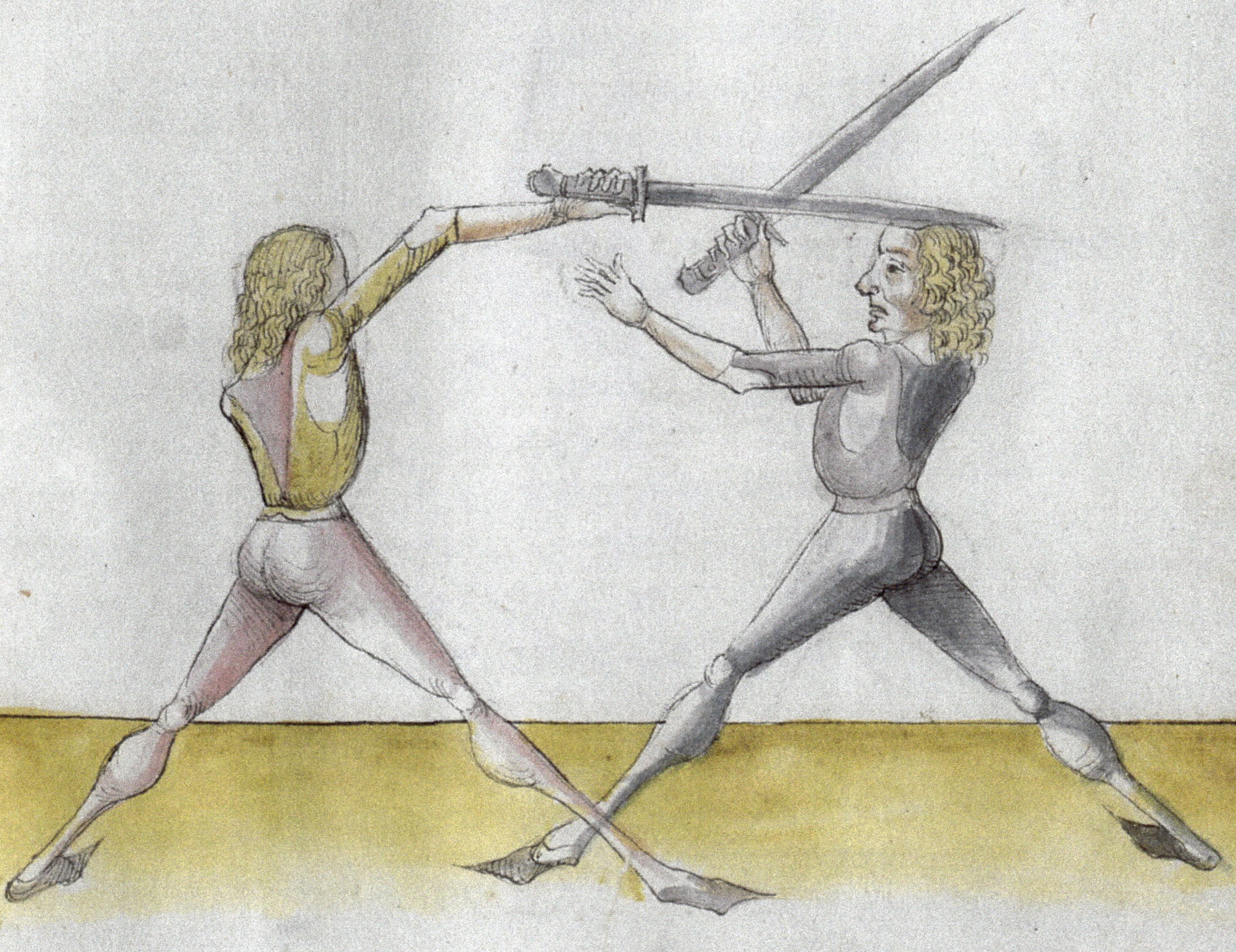

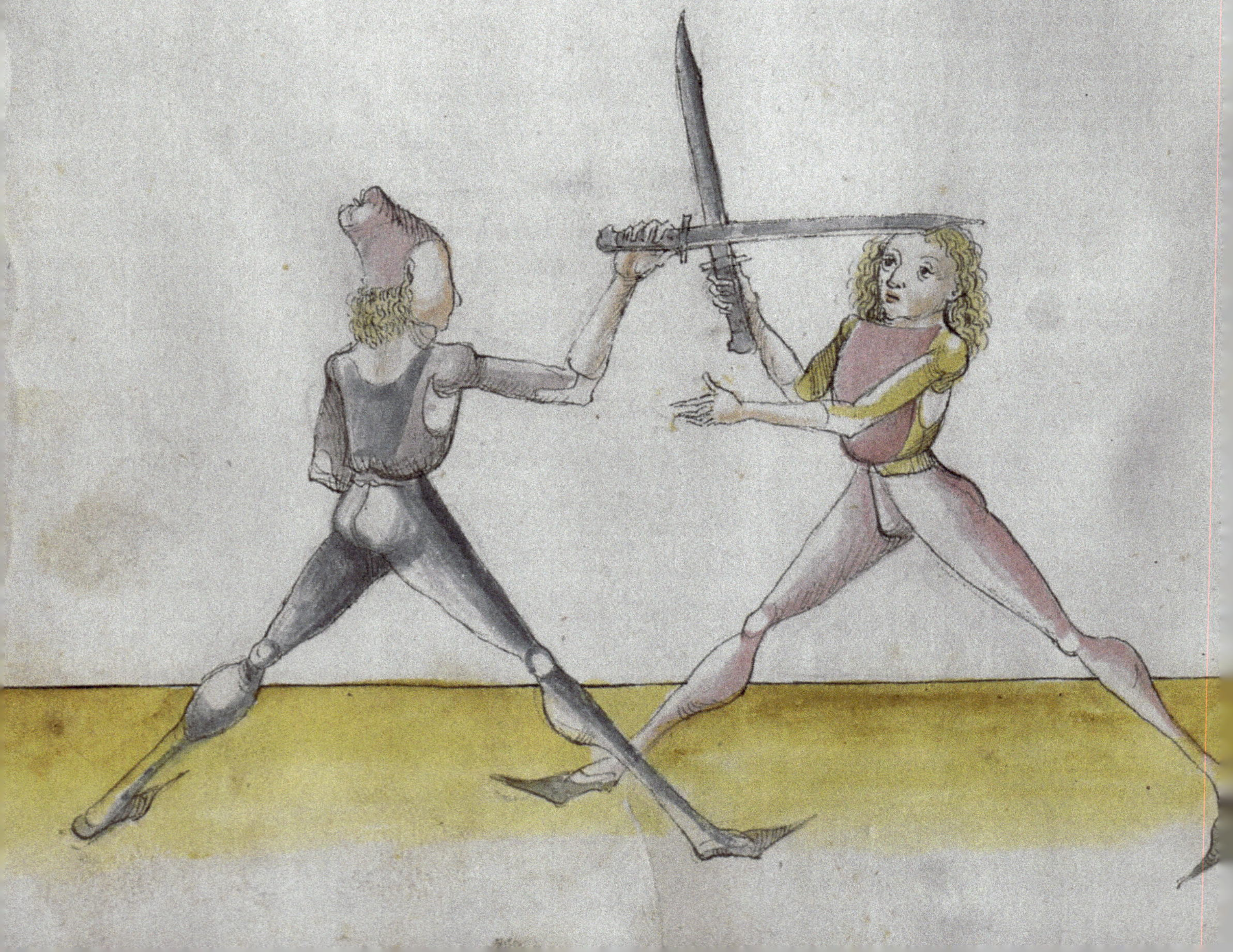

Wen man fechten wil

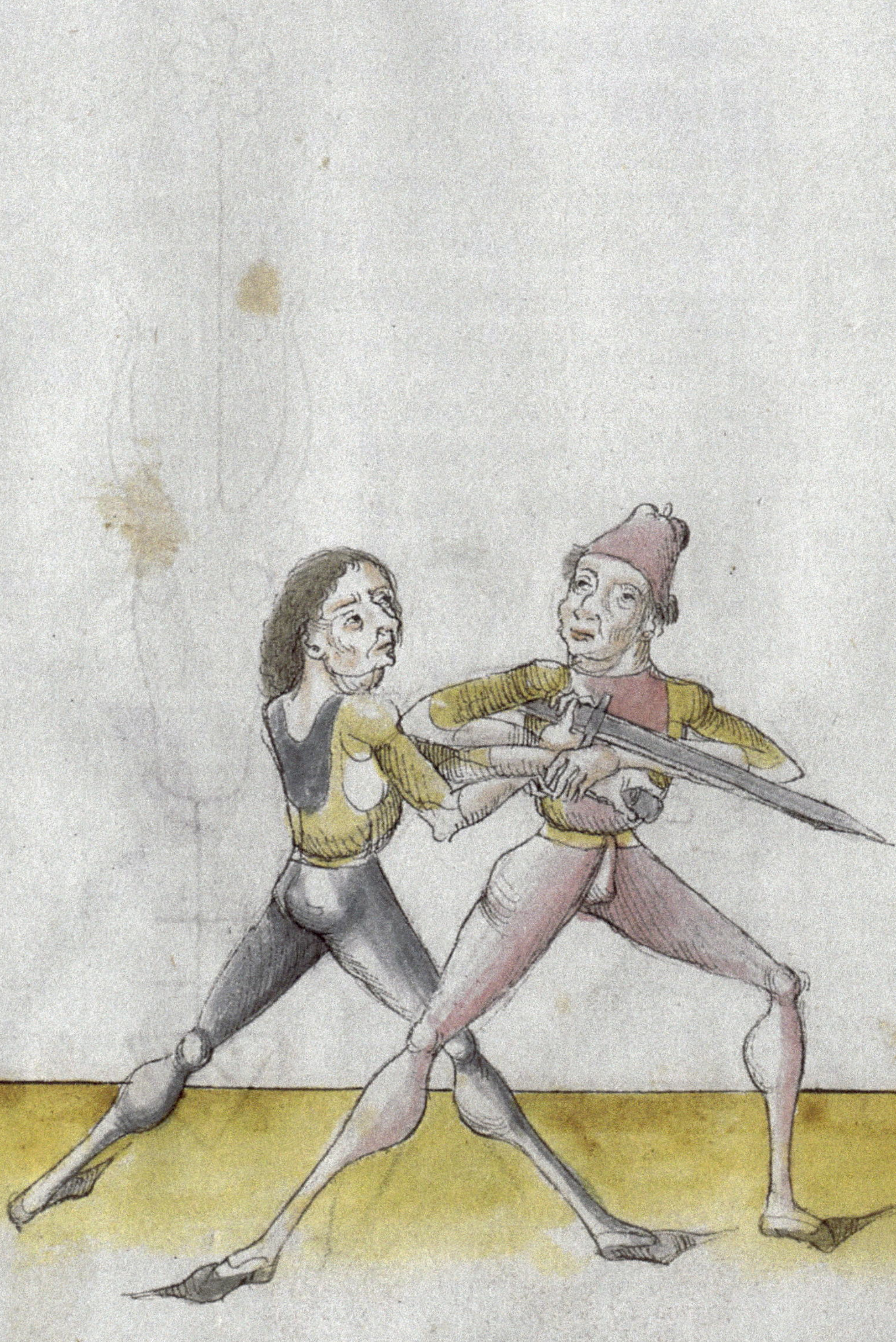

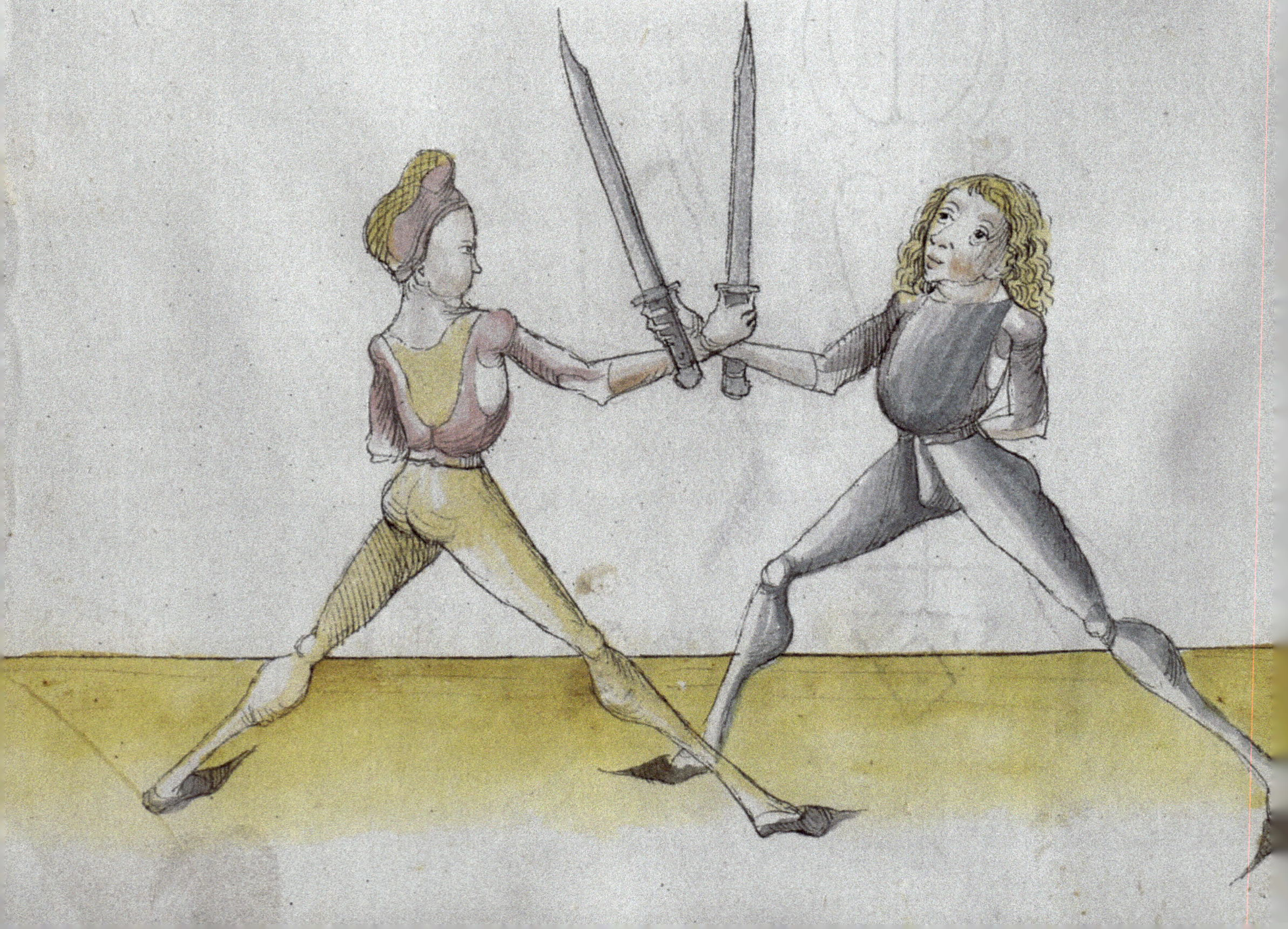

Item felt er dir vb' dein rechte handt außwendige so fall im
auch vb' sein rechte handt außwendige vnd mach iedes
was du wilt etc

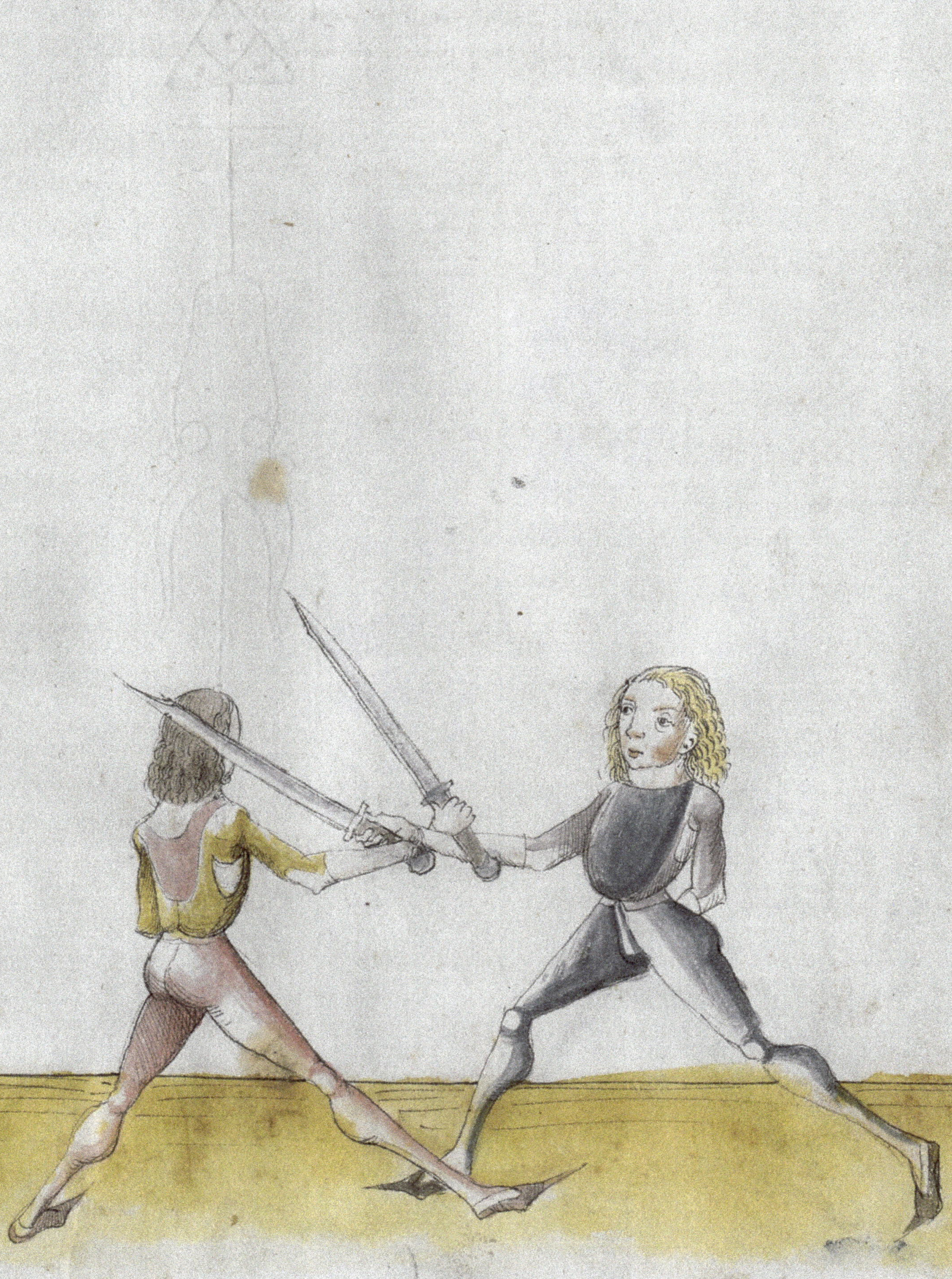

Item fertt er dir mit sein gehultz vbr dein rechte handt
außwendig vber vnd Inders far Im auch vbr dar vbr
außwendig vnd reyß wall vmb vnd stoß Inders das
gehultz seynes messers mitt deyn lincken handt starck
auff dein rechte seytten so nymbstu Im das messer etc

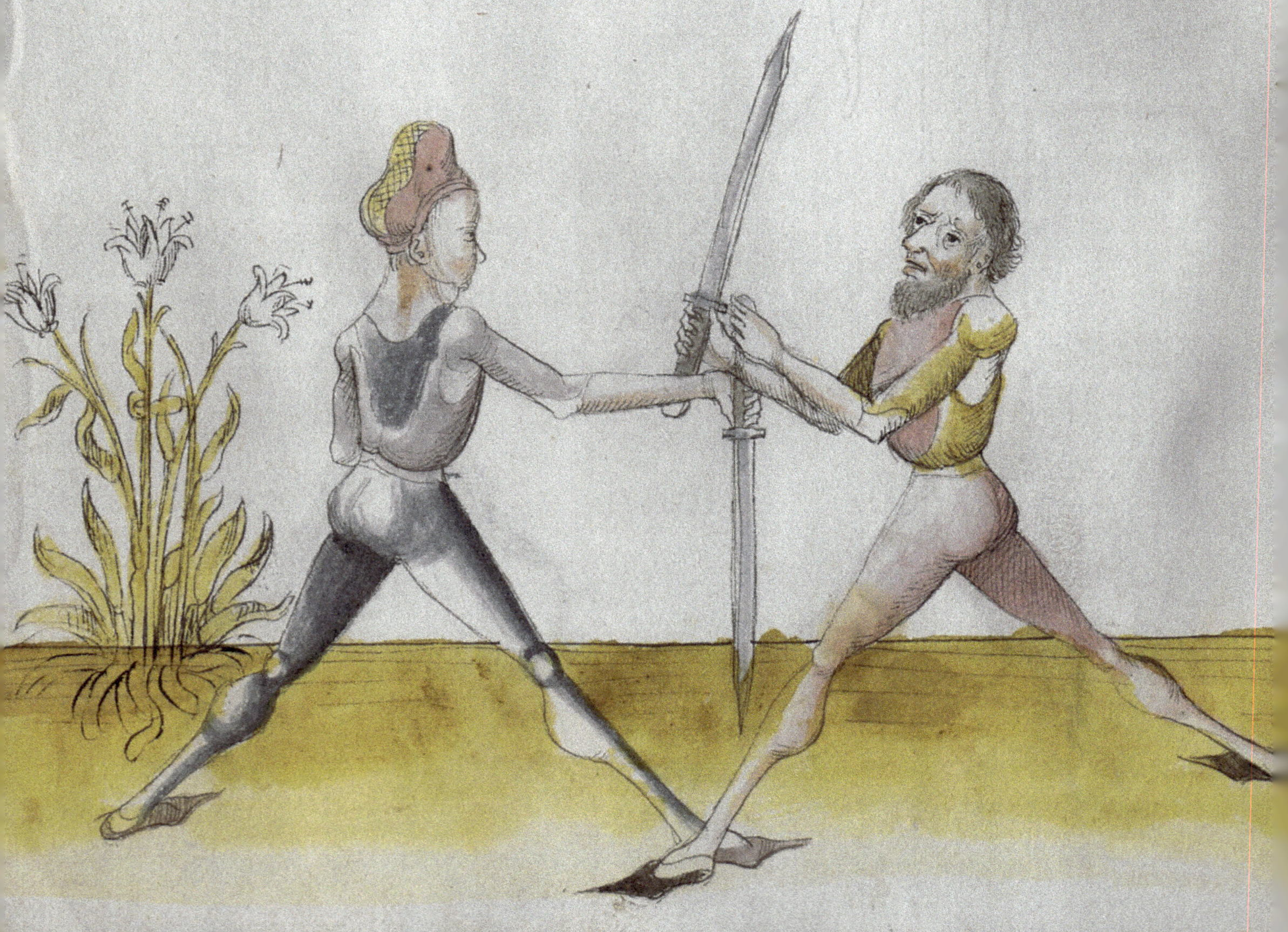

Den ölpogn ler fassen

Schewb linck haw recht zu der taschen

Hyr sagtt der maist von ayne stuck das ist schimpflich zu
treyben wiltu das machen so thu im also so du auff in
pindest auff sey linck seyten Indes schlag vmb zu
seyn rechten seytten vnd im schlag fur hinten an sey
ölpogen vnd stoss in vast von dir auff sey rechte seytten
vnd Indes greiff er dir den nach so schlag in auff sey
huff hinten oder hatt er ayn taschen auff sey ars geschoben
so schlag in da auff zu

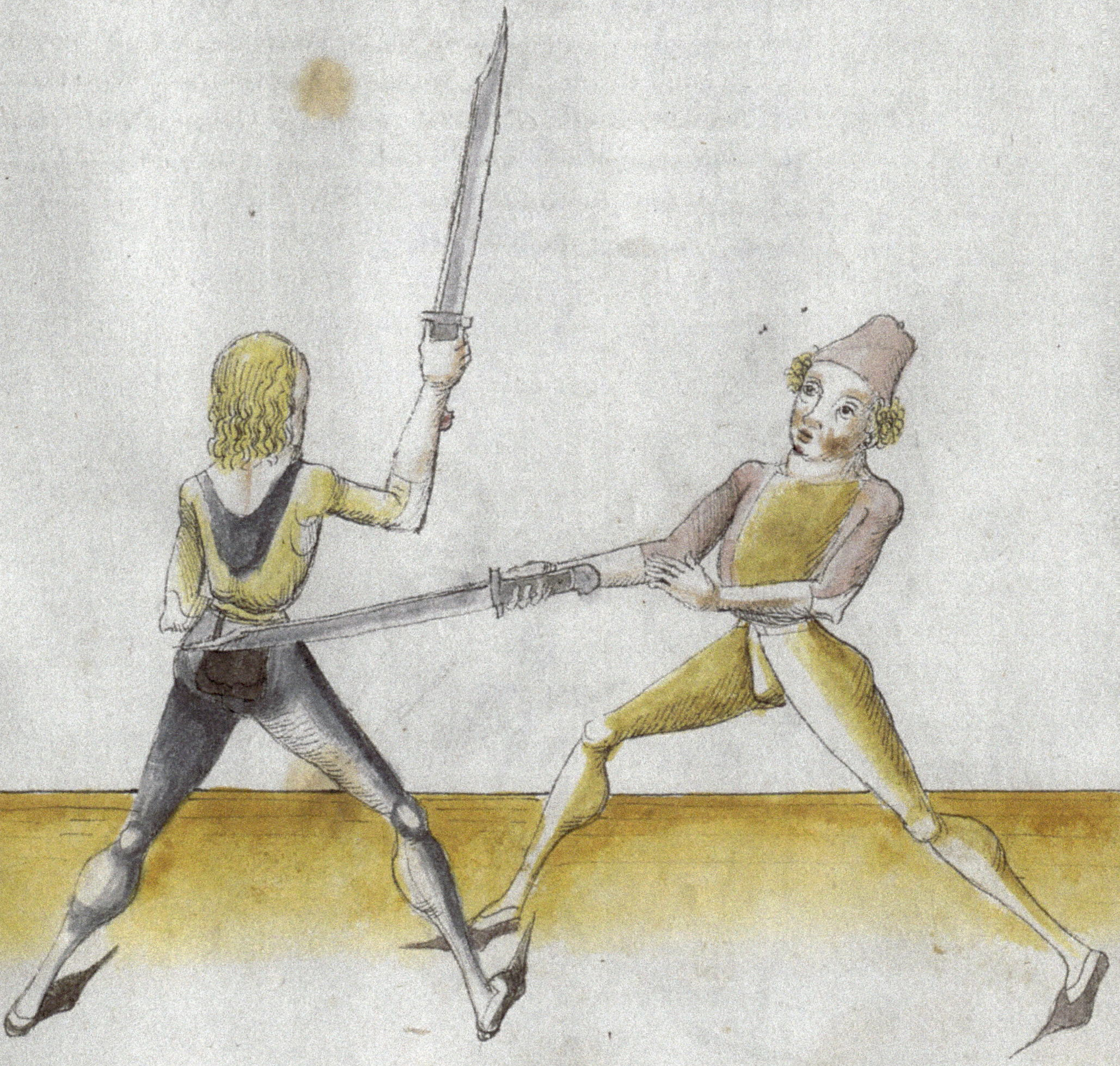

Linck vbsax
Unders nymb war
Ruck gegn pauch wendt
Durch peyde peyn stich behendt

Das soltu also verstan So er im gemechtz zu samme kumpt auff sein lincke seitten so schlag im zu der rechten seitten unders wendt dein lincke seitten an sein rechte seitten vnd sax mit deinem lincken arm aussen vbe sein messer vnd wand dein ruck gegn im vnders fall mit deinn lincke in dein messer in die mitt vnd stich im durch dein peyde pey vnd halt dich well mit dem ruck an im das er seines messers nicht mach auß dem arm zuch vnd ruck dich wey nyder vnd stich im in den pauch vnd zuch den ortt vber wyder um in dein lincke handt das er dich hinder mitt dem ortt deines messers nicht pegreiffen mag vnd stupff im also einer od vier mall behentlich in den pauch od auff das gemecht vnd das stuck ist leichtlich zu treyben auff der schull etc

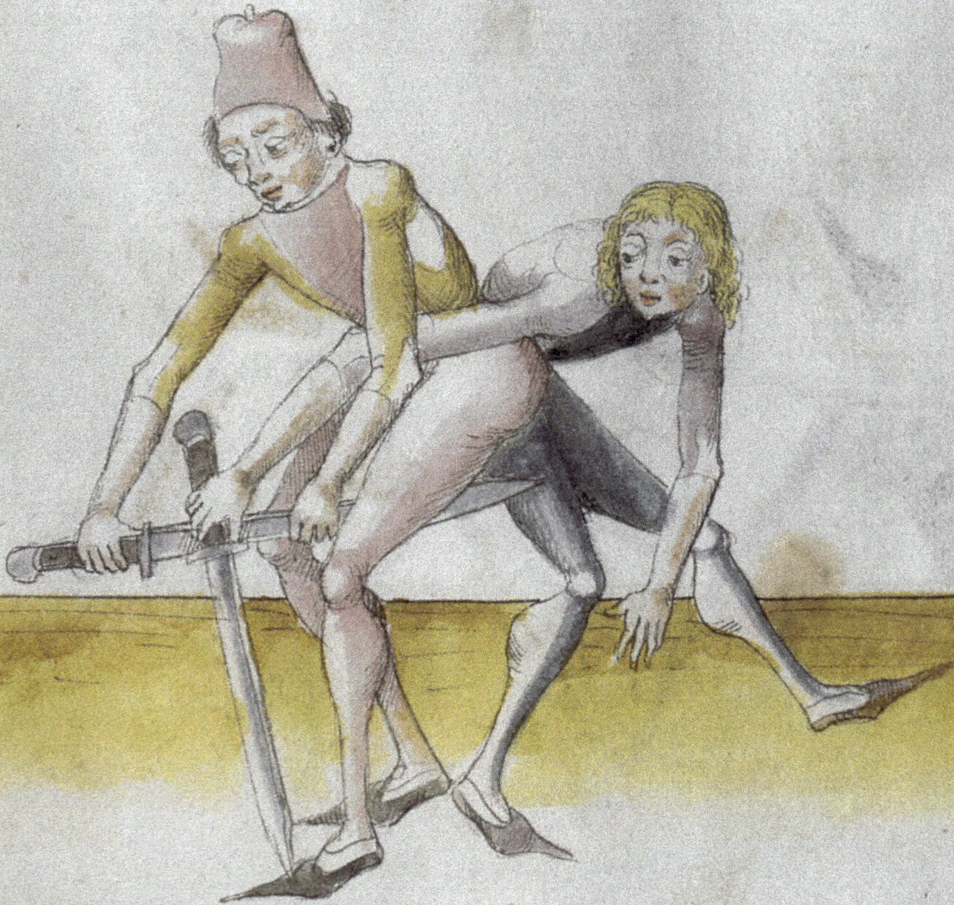

Das merck zu rechtem prym halt
dy wer prich mit gewalt
den lincken fuss fur setz
mit schratten hew stich letz
von payden seytten
griff dy lem wiltu schrayttn

Hye sagt der meyster von etlichen stucken dy dy lem stuck
heyssen da mit man eyne lam machen mag wann dy stuck
sall man machen zu den glidern des arm und der hant &c

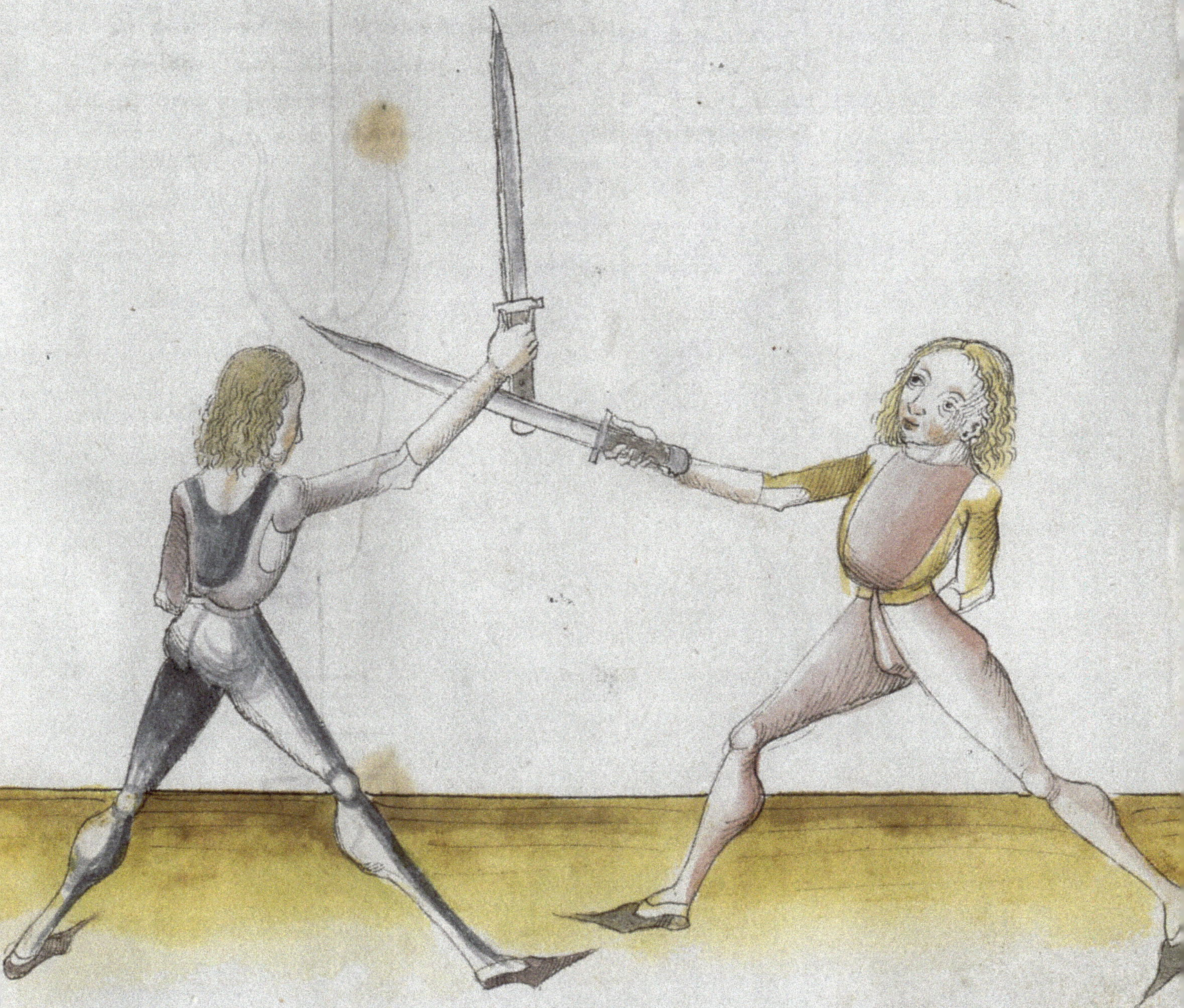

Item wiltu dyse stuck machen so schick dich da gen also
Setz deyne lincken fuss fur und halt dey messer auff deyner
rechten seytten und auff deyne rechten pey das der ort gegen
dem man ste und der davorn oben sey auff dem messer und ste
also als jn eyner hutt hawtt er dir dan zu der ploß
auff deyn lincken seytten jndes schreytt mit deyner rechte
fuß wall auff seyn lincken seytten keyn zwomachen tritt
wall auß dem haw jm zu dem lem seyner rechten handt
oder arm jnbendigs oder wo du zu der lem am negsten
hast als oben gemalt stett etc

Item leg dich auff dey lincke seytten mit deyner messer das der
tett auff der oben sey und der davorn unten auff dem messer
und dy recht schneyd ste gegen dem man und ste mit
deyner rechten fus fur hawtt er dan auff dich oben zu
dem kopff so versetz jm nicht sunder tritt jm mit deyner
lincken fuß woll auff seyn rechte seytten woll auß dem
haw und schreytt mit deyner lincken fuß dem rechten
nach jndes haw jm nach oder aber troser kem seynes
rechten armß als unten gemalt stett etc

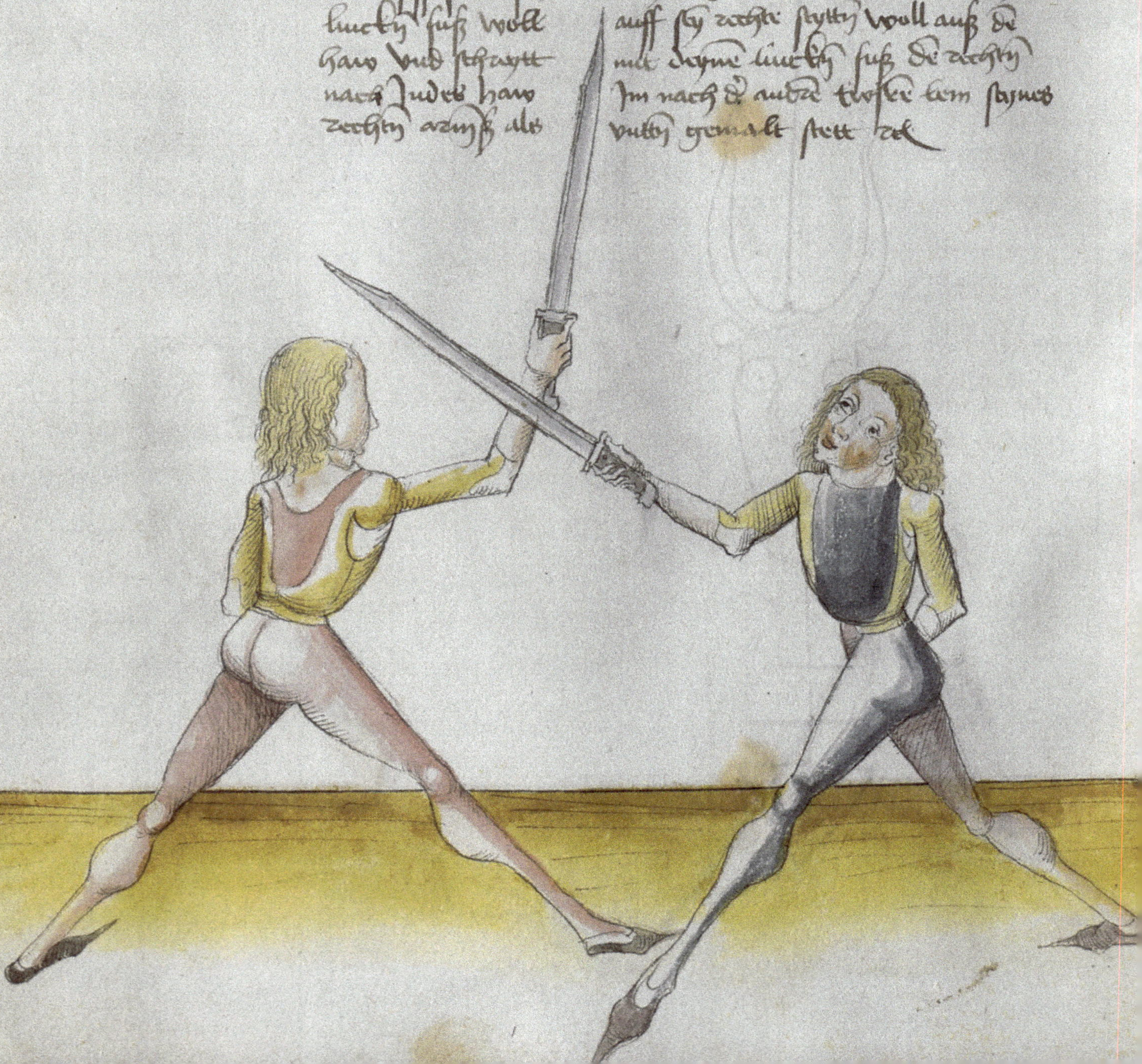

Item merck gleych als du mit de messr auff de erdn
ligst also ser gerichtes gleych auff mit de schneydn
In sey arm etc

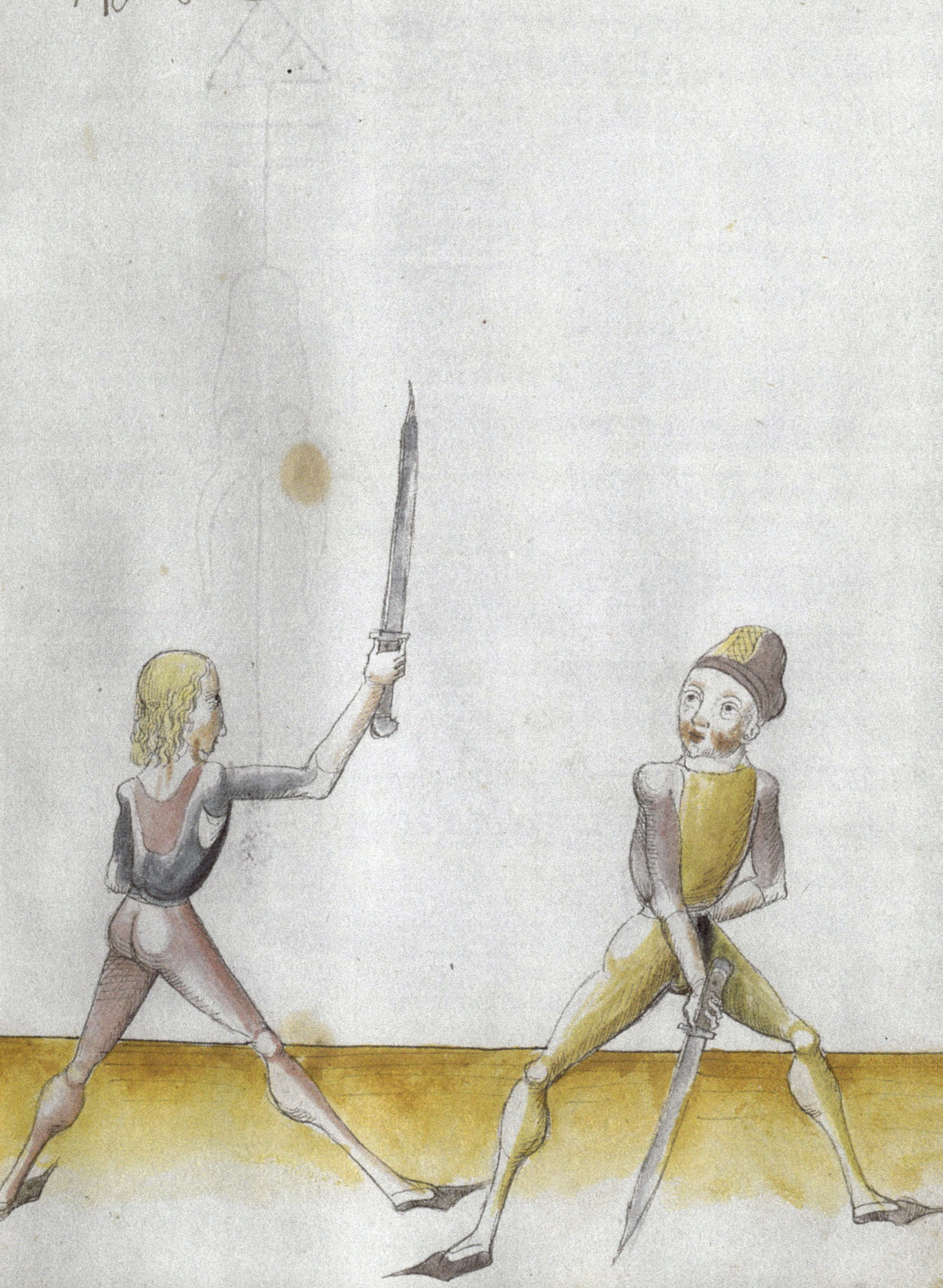

Nun ste mit deyme lincken fuß fur vnd hallt dey messer
auff deyn rechten seytten das der ortt gegen dem man ste
vnd der darum oben lig auff de messer vnd gib dich
ploß mit deyn lincky seytten hawtt er dan dar nach
der ploß so zuck deyn lincken fuß zu ruck auff das
weytest vnd haw im nach der handt in das glid zc

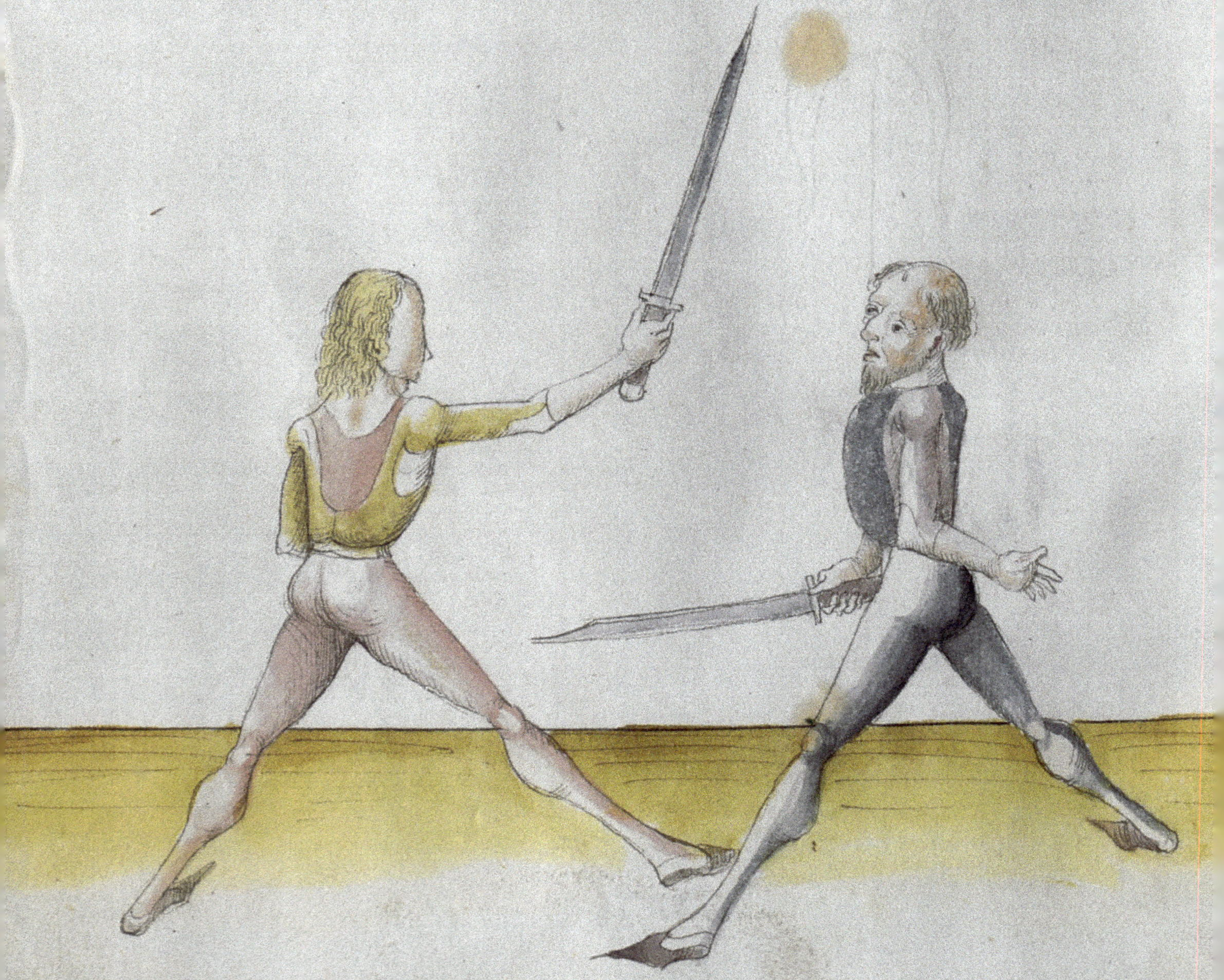

Item stee mit deyne rechtn fuß fur vnd leg dein messer
auff dein lincke seyttn mit de ortt auff d' erden das d'
dawm vnttn sey od' auff dem ruck des messers vnd dy
scharpff schnayd sey gegen de ma hawtt er dir auff dy
rechte seyttn nach der pleß so zuck deyne rechtn fus
an dich wall zu ruck bestet auß dem schlag im gleich
gleych als du gelegen pist nym de messer mit de scharpffn
schneydn auswendigs nach de hawbt Indas glid vn
leg dich wyd' In das leg auff deyn rechtn seyttn das
deny dy linck seytt vo ser hawt er dir dem als auff dey
lincke seyttn so thu als vo geschribn ist vnd haw im
wyd' In das gelenck Inwendigs vn leg dich wyd'
In das leger auff deyn linckn seyttn also magstu dich
eines ydlichn weren In schimpff od' ernst etc

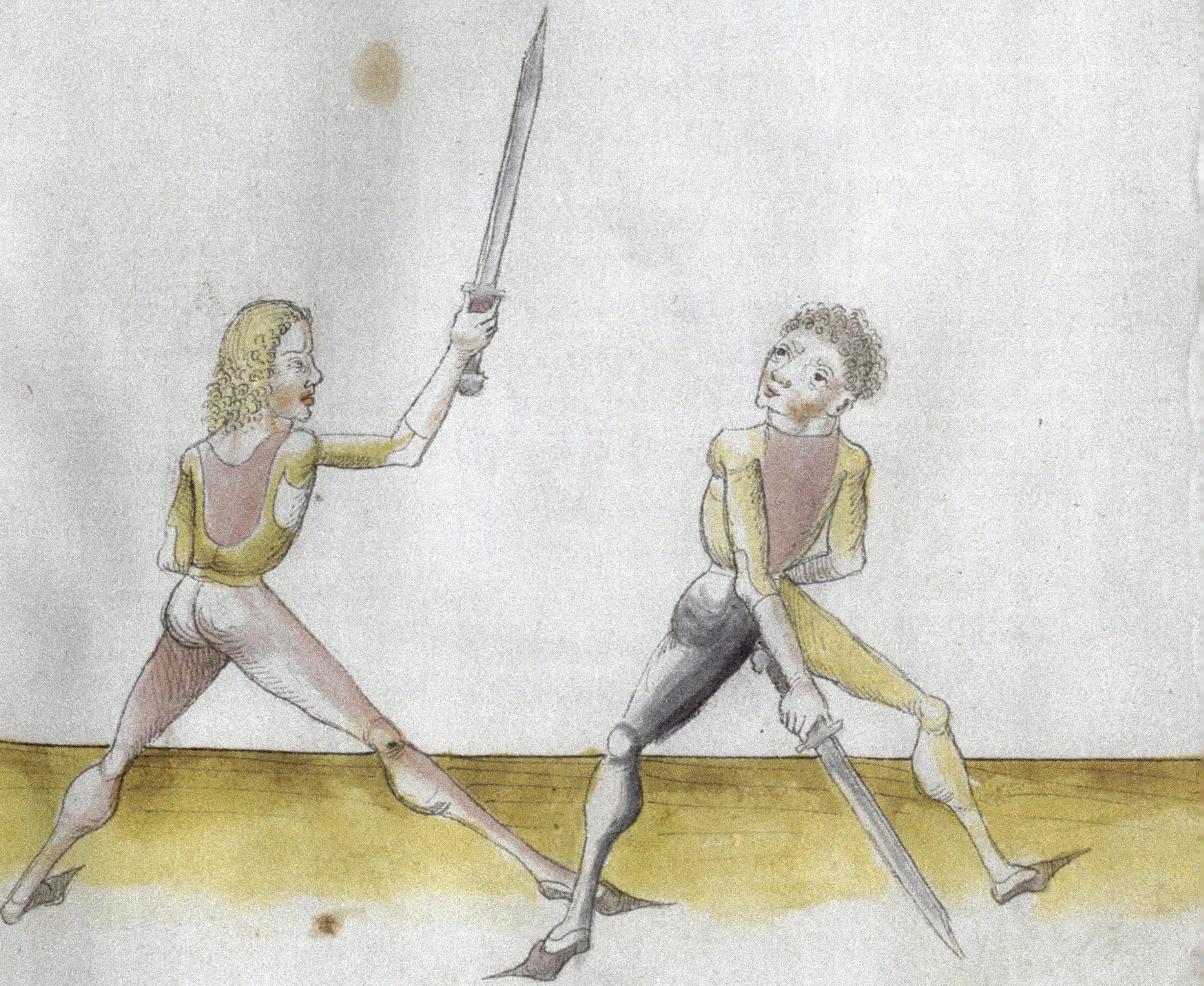

Item lig ab auff deyner rechten seytten als bald hawtt er dir
nach deyner lincken seytten so schreytt auß dem haw mit deynem
lincken fuß woll auff seyn rechte vnd in seyne haw so
haw im nach seyner rechten arm außwendigs nach dem
lem etc

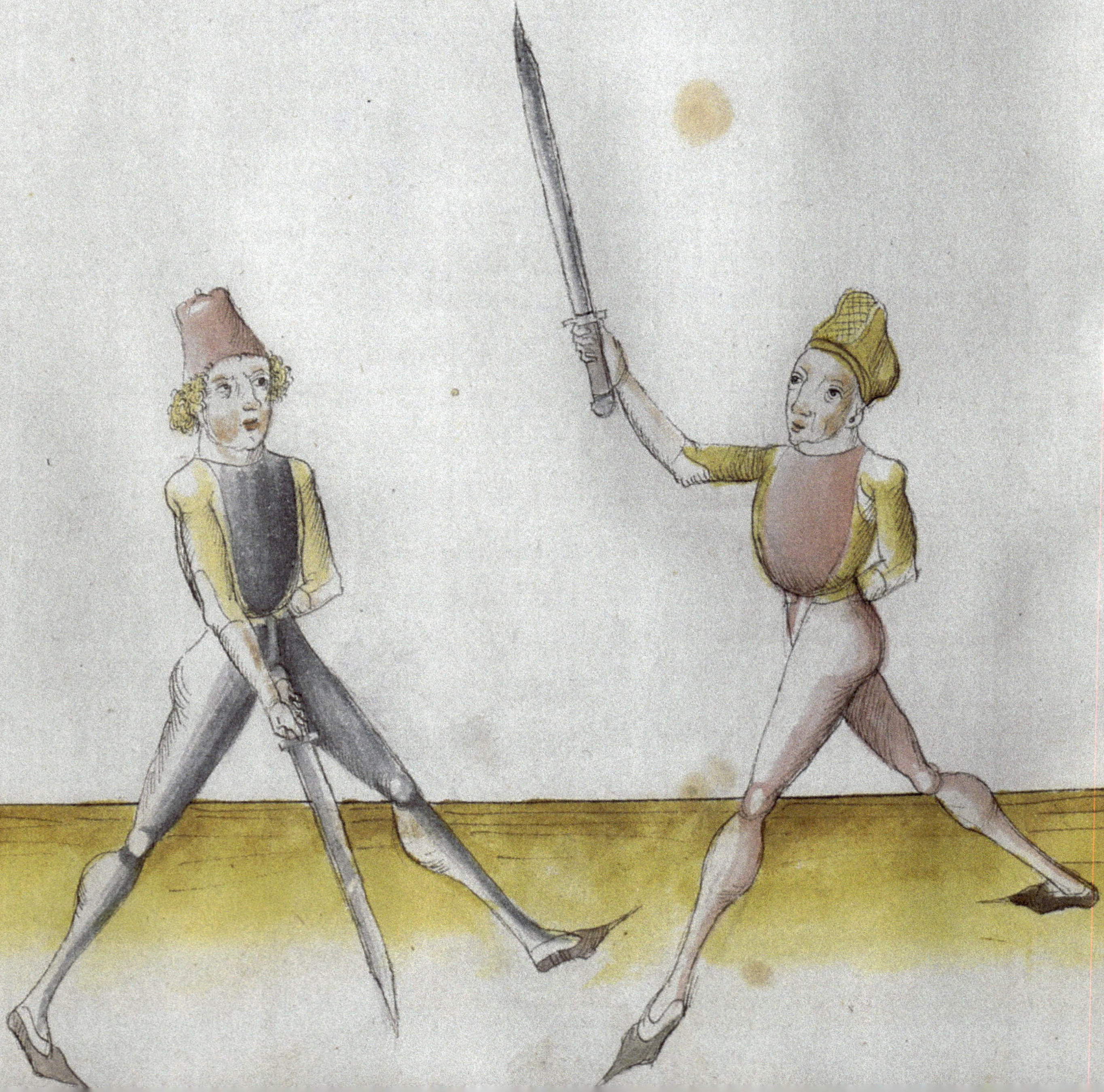

Item sticht er dir zu de gesicht mit hangende ortt auff welcher seytten du denn ligst mit de messer so zeuch den lincken fuß schnell zu ruck od den rechten welcher den vor stett der selbig wer zu ruck gezogen sunder haw im außwendigen od inwendigen nach der hande vnd fall im schlag eyn wenig mit dem kopff bestytt auß ze

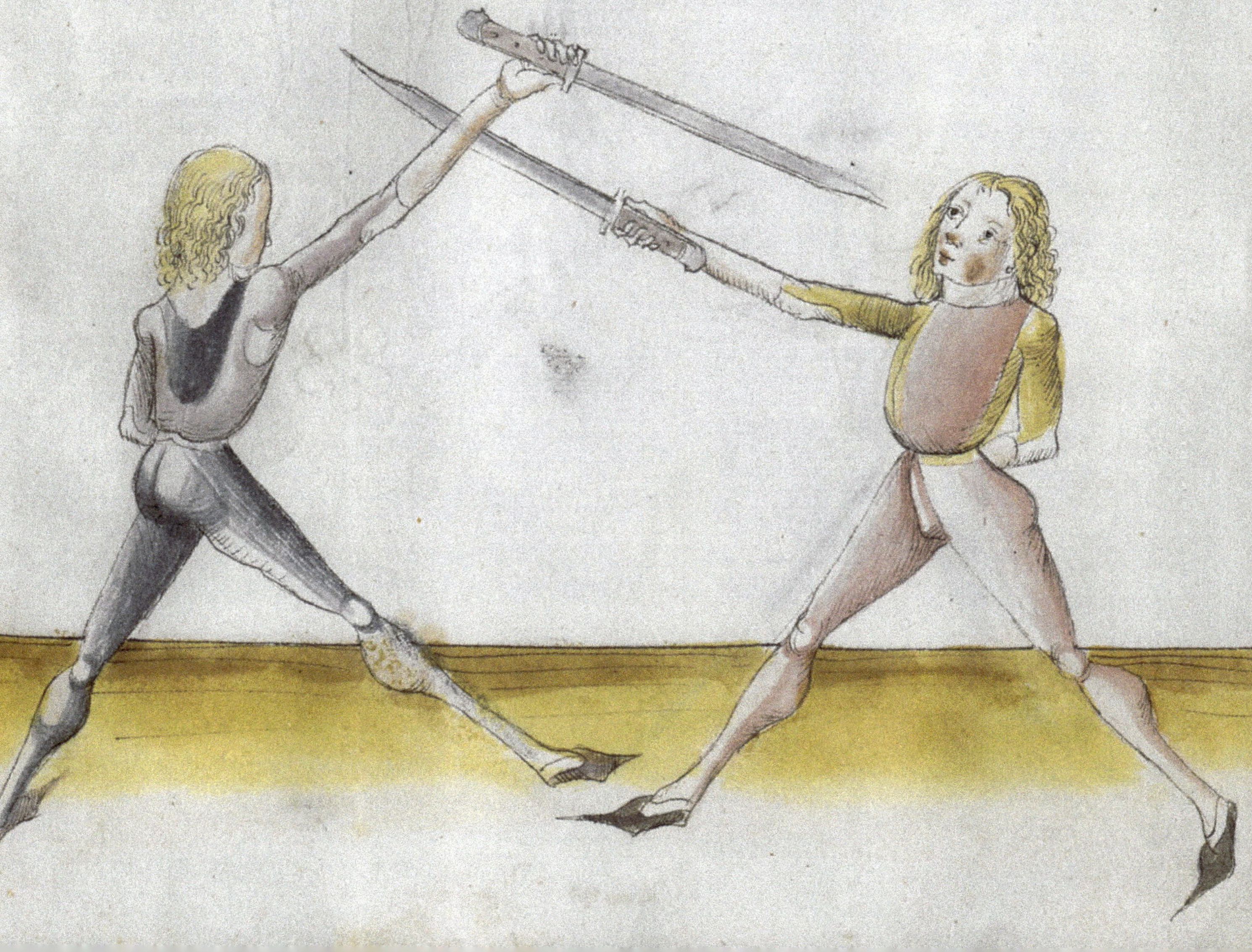

Furtz dich woll
Im pandt pisz schnell
Haw stück zu seyn lucken
Der rechten handt soltu wencken

Hye sagt der maister von eyme stuck wye man eyme auff seyn handt oder arm hawen sol das soltu also versten so du das stuck machen wilt so müstu gar schnell seyn im anpinden und thu im also haw im zu seyn lucken seyten stück von oben ee eyme abhaw indes die weyll dy messer zu samme klitzen oben so haw im schnell auff seyn rechte handt oder arm auszlendigen seyner rechten seyten etc.

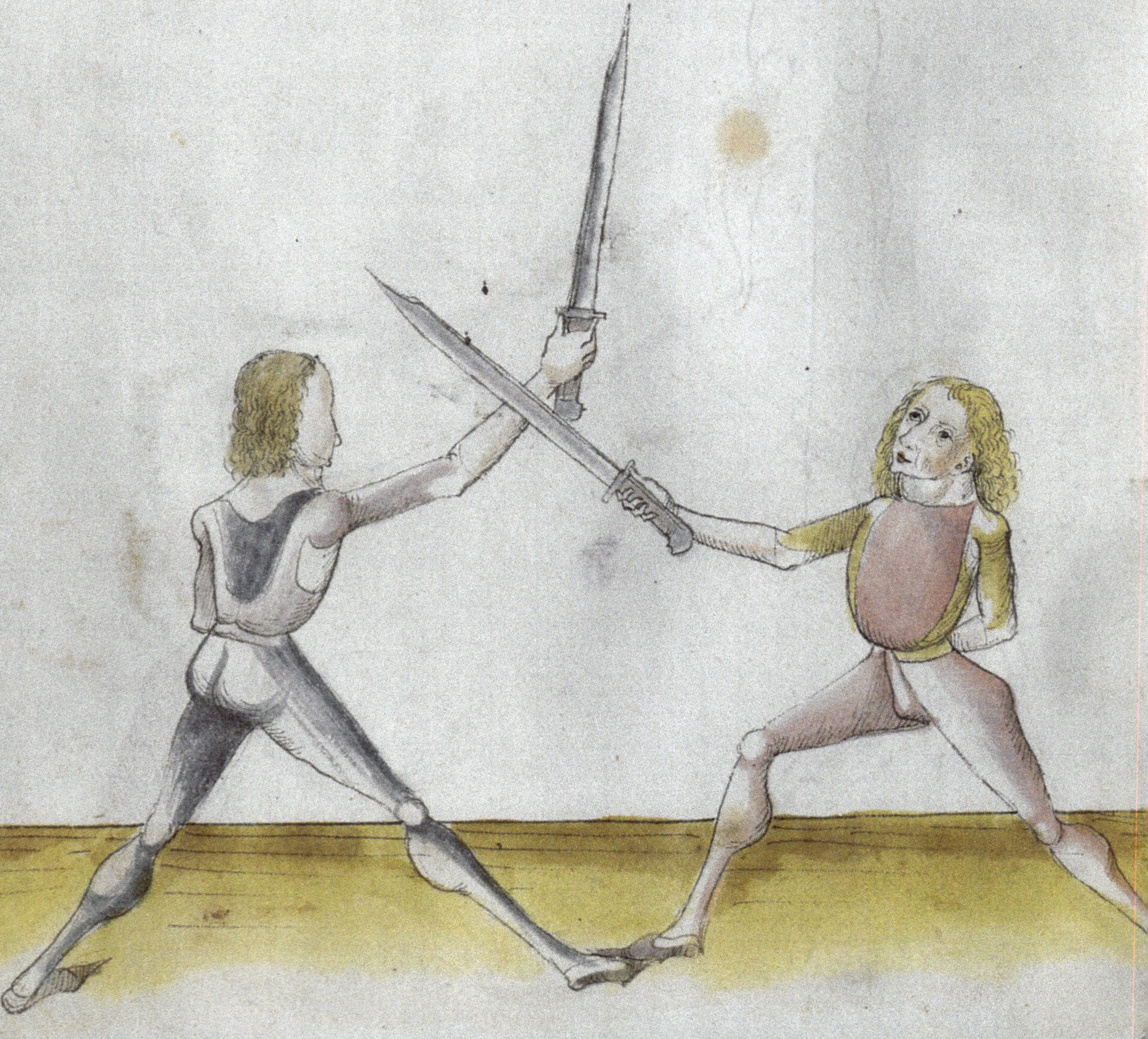

Nach dē handt will er hawen
Des orttes soltu dich frawen
Windt ortt zu gesicht vnd messer
Indes erbeytt ist das pesser

Hye leitt der mayst eyn prauch wyder das tzgemellt stuck
so ma eyme zu seyme rechtē handt hawett als oben
stett vnd spricht also nach der handt .etc Das soltu also
versta Will er dir nach deyn rechtē handt hawen
das soltu also prechē Wenn er dir hatt angepundē
auff deyn lincken seyttē vnd will dir indes schnell
nach dē handt ab vm hawē vmb zu deyn rechtē
seytten So wendt indes deyn messer gegē dē seyne auff
dey lincke seytten das dy kurtz schnayd vnden stee indes
stich im zu dē gesicht vnd erbeyt sy pass zu dē maystē
ploss etc

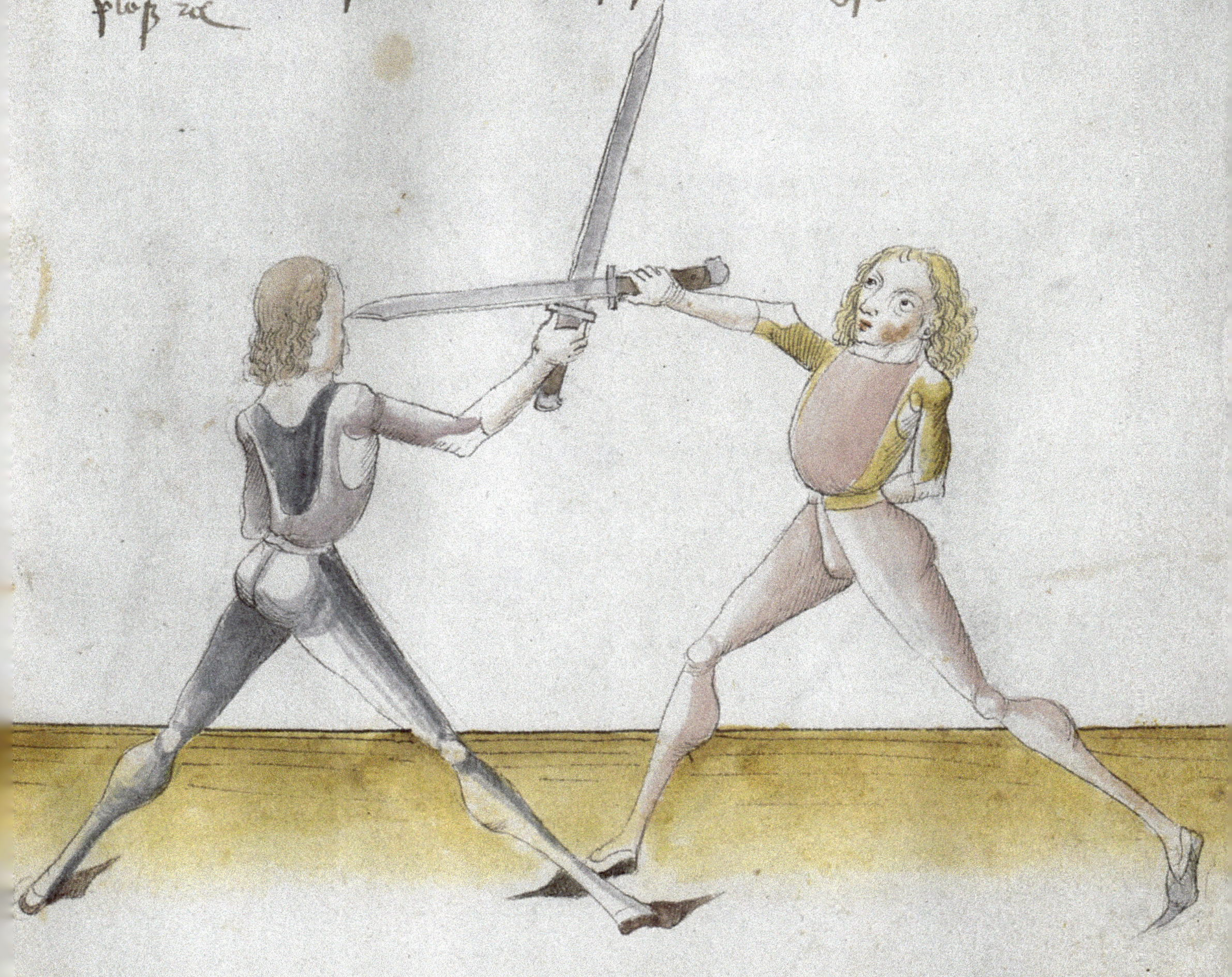

Linck schreyß. vo handt

Ortt schlecht er vo lugenstandt

Das soltu also versten Wenn du stest mit deyme linck
fuß vor vnd hast deyn messer auff deyn rechtn seytten
an dem pey also das der ortt gegen dem ma ste vnd der
dawm lig obn auff der flech deß messers hawtt er
denn zu auff deyn linckn seytten nach der ploß so
versetz im nicht sunder scheub im mit gestracktn
arm dy weil er im schlag ist den ortt geradt mit
gestracktn arm starck in das gesicht vnd im schuß
schreytt im auff sey lincke seytten mit deyne rechtn
fuß etc

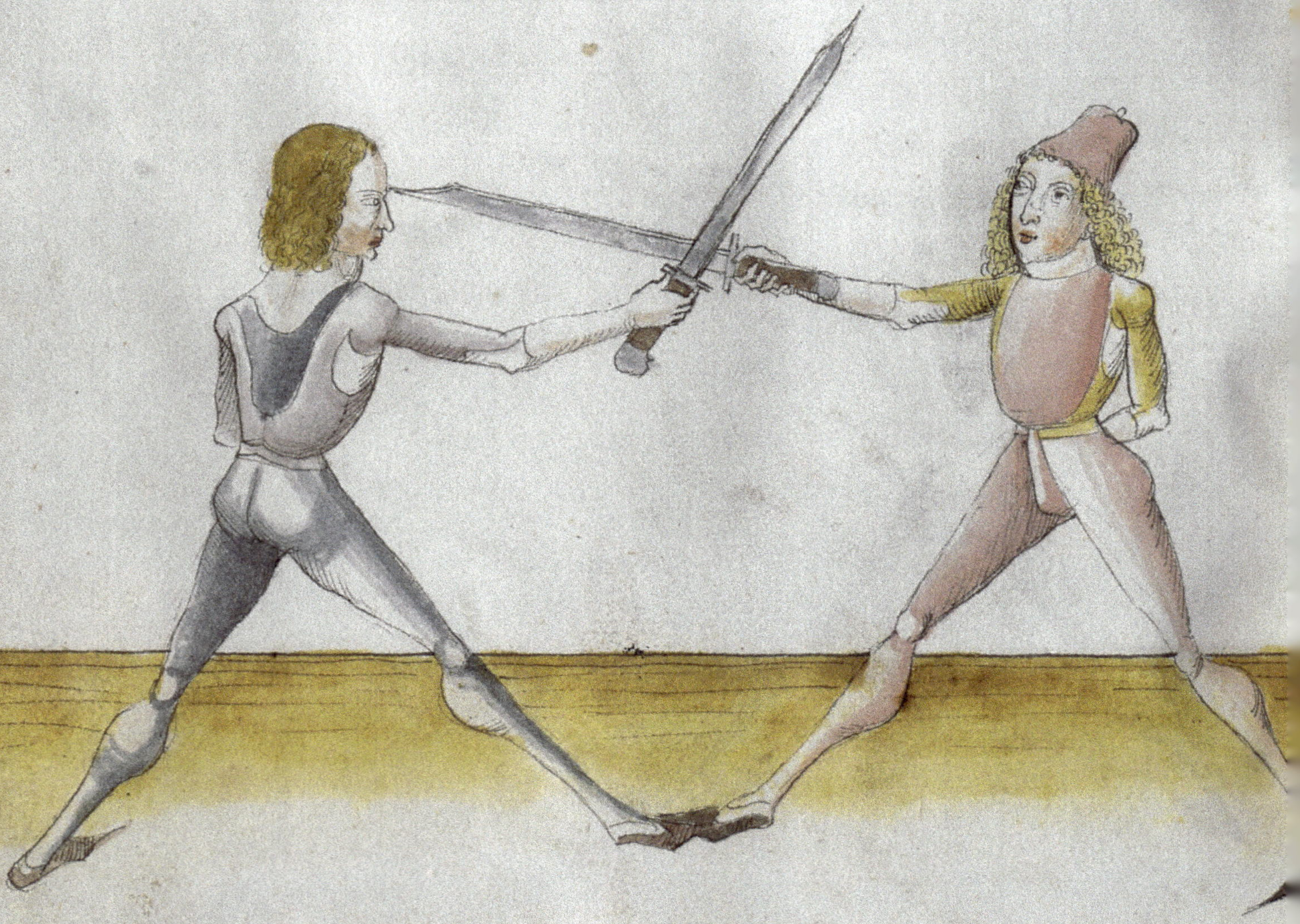

Will er auß arm schyssen luck

Schreuß geradt ortt wyndt vnd winck

Item wyder das eynschyssen lertt der meyster eyn prauch
dar wyder vnd spricht Will er tol das schu also vorstan
stelt er sich in dē leger das er syn messer hatt auff seyner
rechten syttn auff seyne rechten peyn das der ortt gegen
dē man ster vnd so er dir denn den ortt eyn scheust sider
schreuß geradt mit im eyn geradt zu seyne angesicht
auch mit gestrackten arm sider wendt deyn messer an
das seyn den ortt zu dē gesicht also das dy recht
schneyd oben ster vnd dy lincke stumpff vnden vnd
halt mit deyne gehultz wol hyn dan auff dey
lincke syten vnd stich im zu dē gesicht seyner lincken
syten vnd erbeytt sider etc.

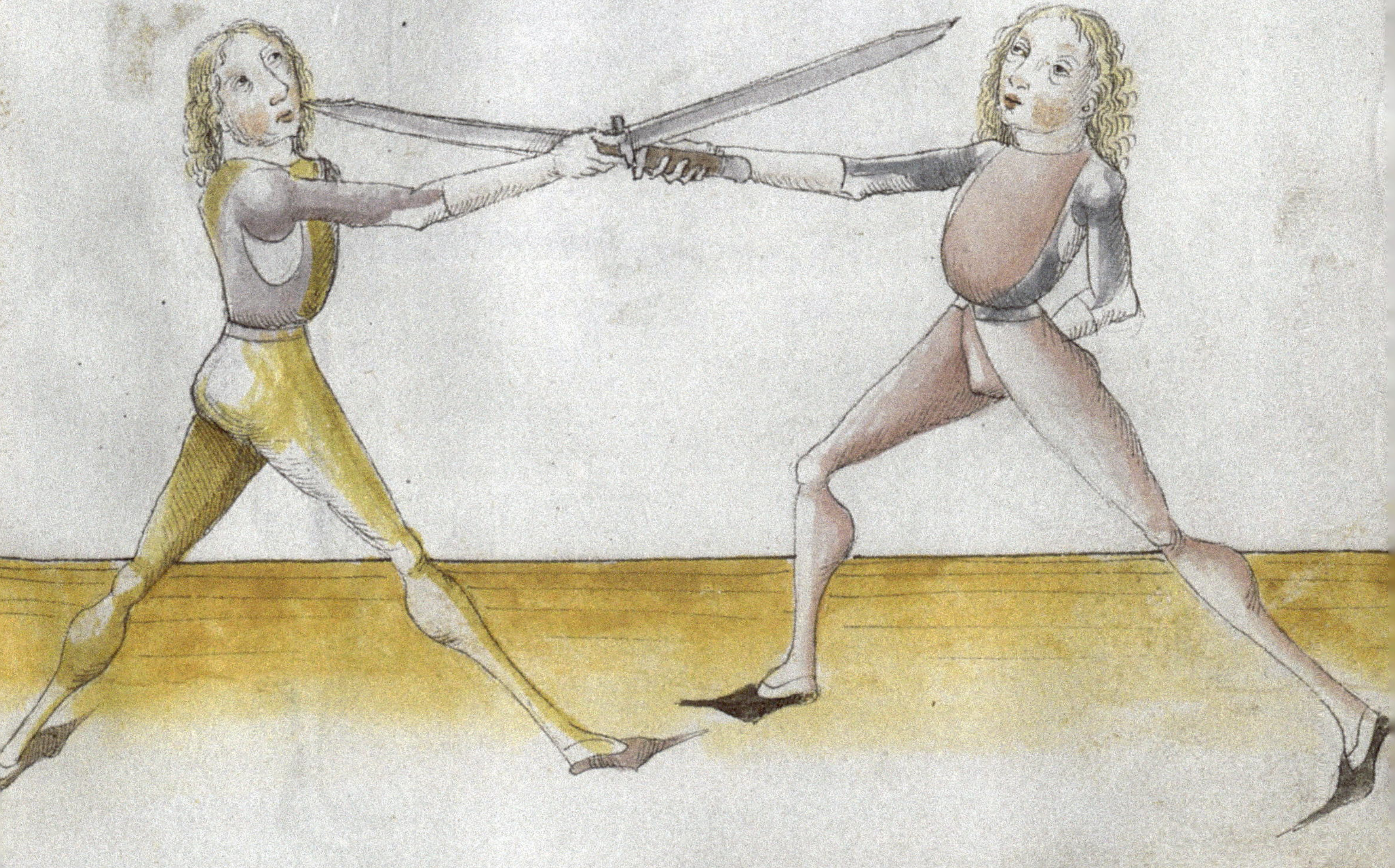

Den storchsnabel soltu erlernen

Das furpayn zu ruck ker prengen

Wie sagt der mayster von ainem dar das stuck das do hayßet der storchschnabel machen soll und thu im also ste mit deynem lincken fuß fur und halt deyn messer auff deyner rechten seytten pey deynem rechten fuß oder ob deynem rechten knie das der ortt gegen dem man ste und gib dich ploß mit deyner lincken seytten hawtt er dann also nach der ploß so zuck deynen lincken fuß woll zu ruck auff das vorgetrett und heb deyn messer mit gestrackten arm gegen seyn prust und loß in an den ortt lauffen;

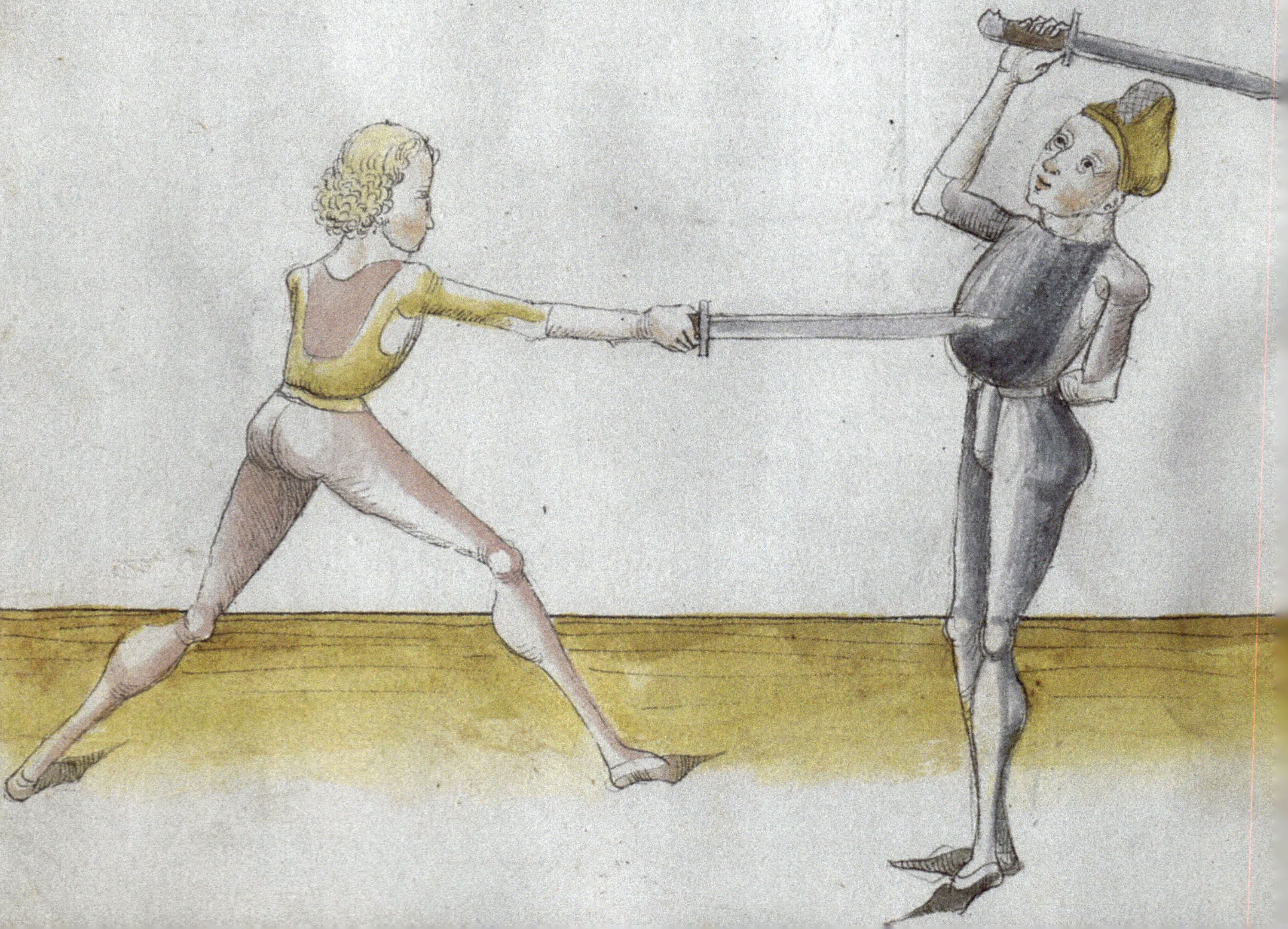

Jm far als vnder so er auff dich hauwett aber eyn oberhaw vnd zeuch deynen linckn fuss zu ruck vnd far auff mit dem messer geradt vnd mit den gestrackten arm vnd far jm mit dem ortt nach der handt oder arm vnd loss jn da eyn schlagen

Jtm dyse stuck gehören zu tzaybn wider dye dy do heyn lauffen vnd dy gern hoch fechten vnd lurtz oder dy verboffen hew gegen dem man machen vnd auch sprengen mit verboffen hewen zu dem man also hastu den storch schnabell vnd gegen welchem stuck oder eygenschafft du das machen solt pist du yetzund vnterricht etc

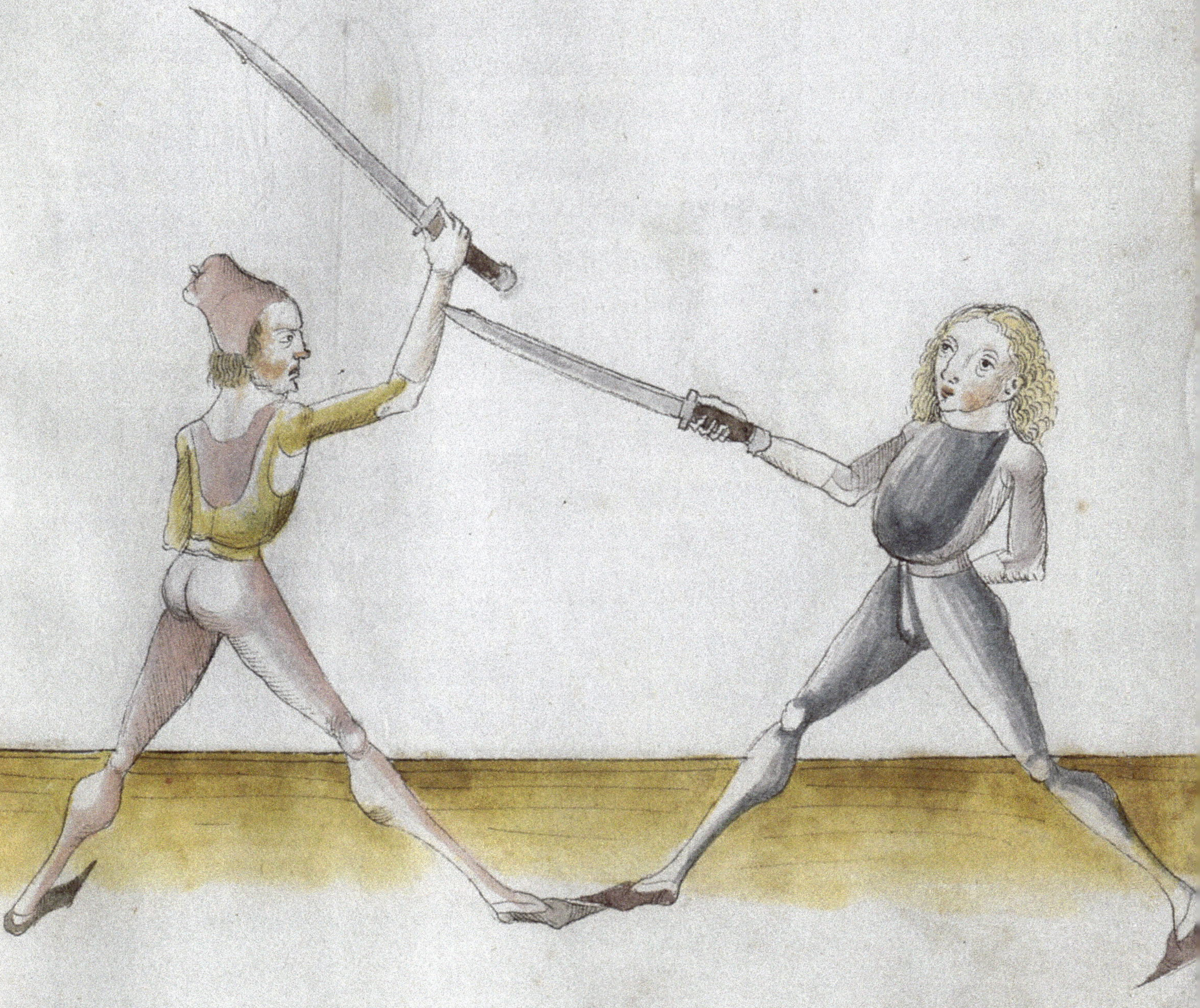

Wer dir will eyn lauffen
Mitt dem ortt soltu In gauffe
Zu springent will er schlagn
Ortt zu ruck lertt iagn

Hye lertt der meyster eyn stuck wyder das eynlauffen vnd
wyder dy vechtt dy gern ey lauffen schick dich gegen in
also setz dich In dy Hutt der pastey vnd wenn er dir denn
ey lauffen will so halt dein messer mit dem ortt fur dich
vnd lass in dar ein lauffen will er dir denn versetzen den
ortt vnd sezt nach deyne messer so wechsel in dem
durch zu der andern ploss &c

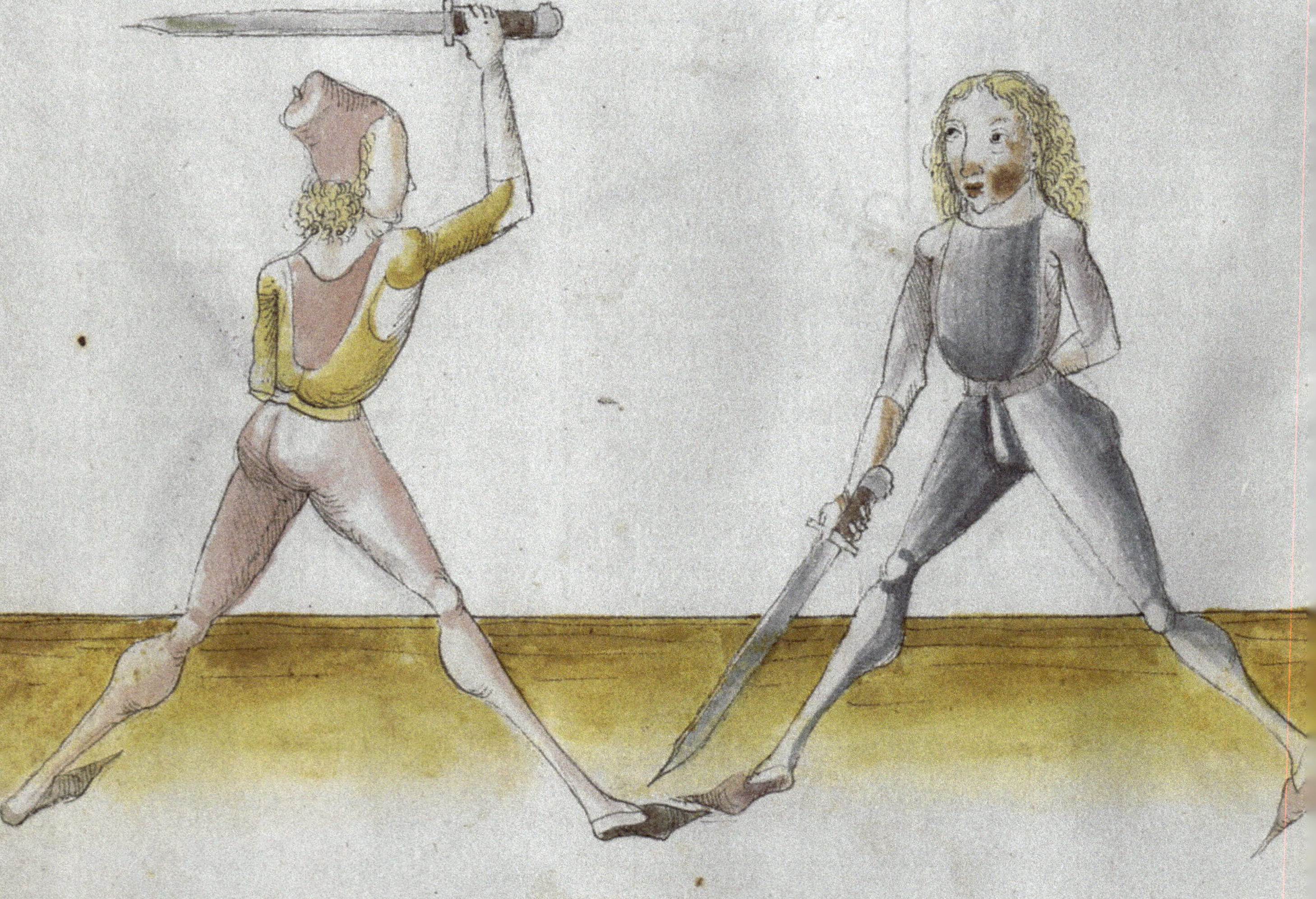

Item leg dich In dy hutt lugenslandt wenn er dir dein
yn lauffen woll so far hoch auff mit dem arm vnd
stich Im ob der wer In das gesicht oder auff dy prust vnd
schewb In also von dir etc

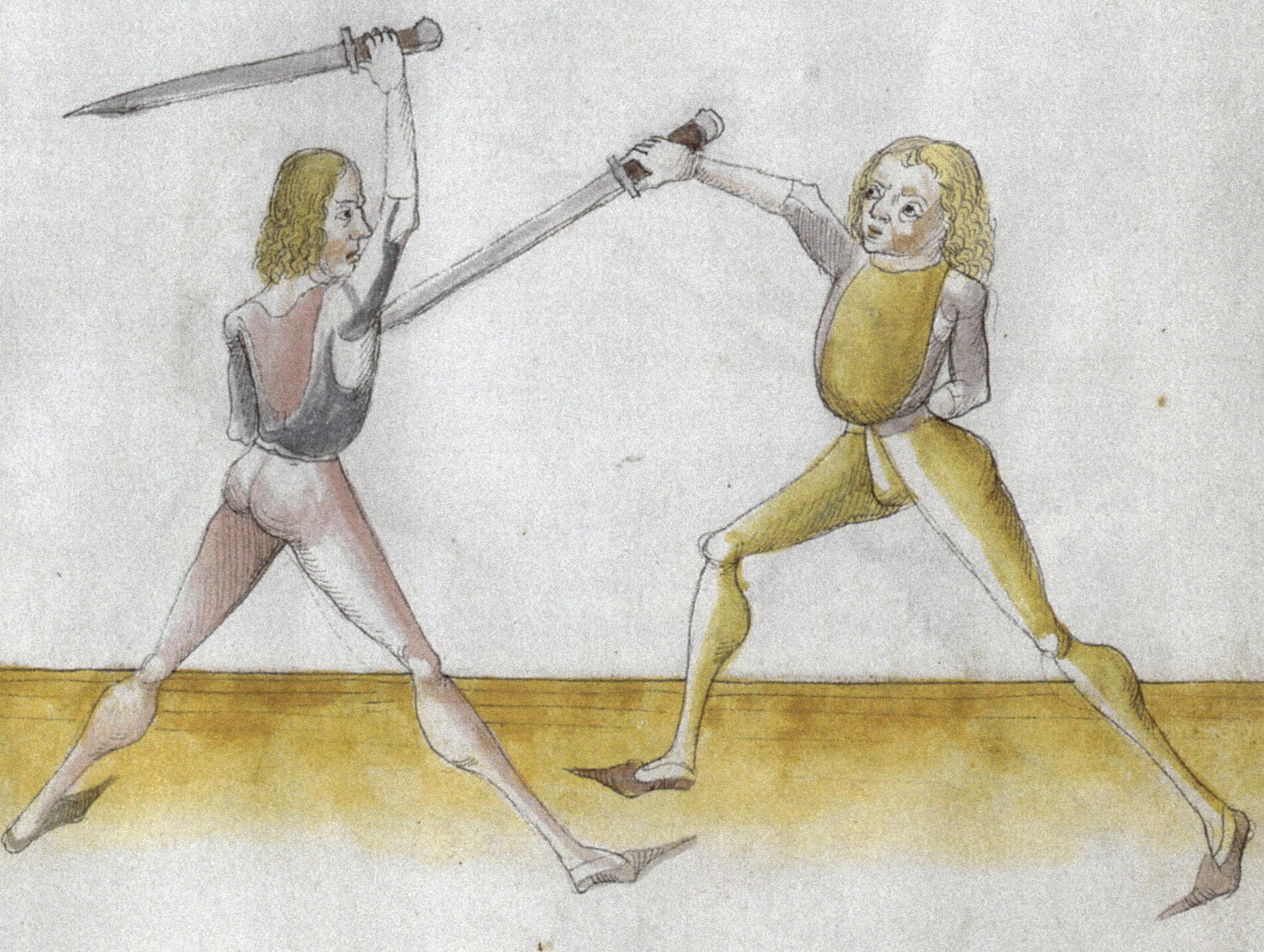

Itm nota In dysem stuck so du mit de messr auff setzt
so soltu windn das gehultz vnd dein arm woll vbersich
fur das haubtt Merck felt er dir dan nach dem ort
so schlag In zu de haubtt etc

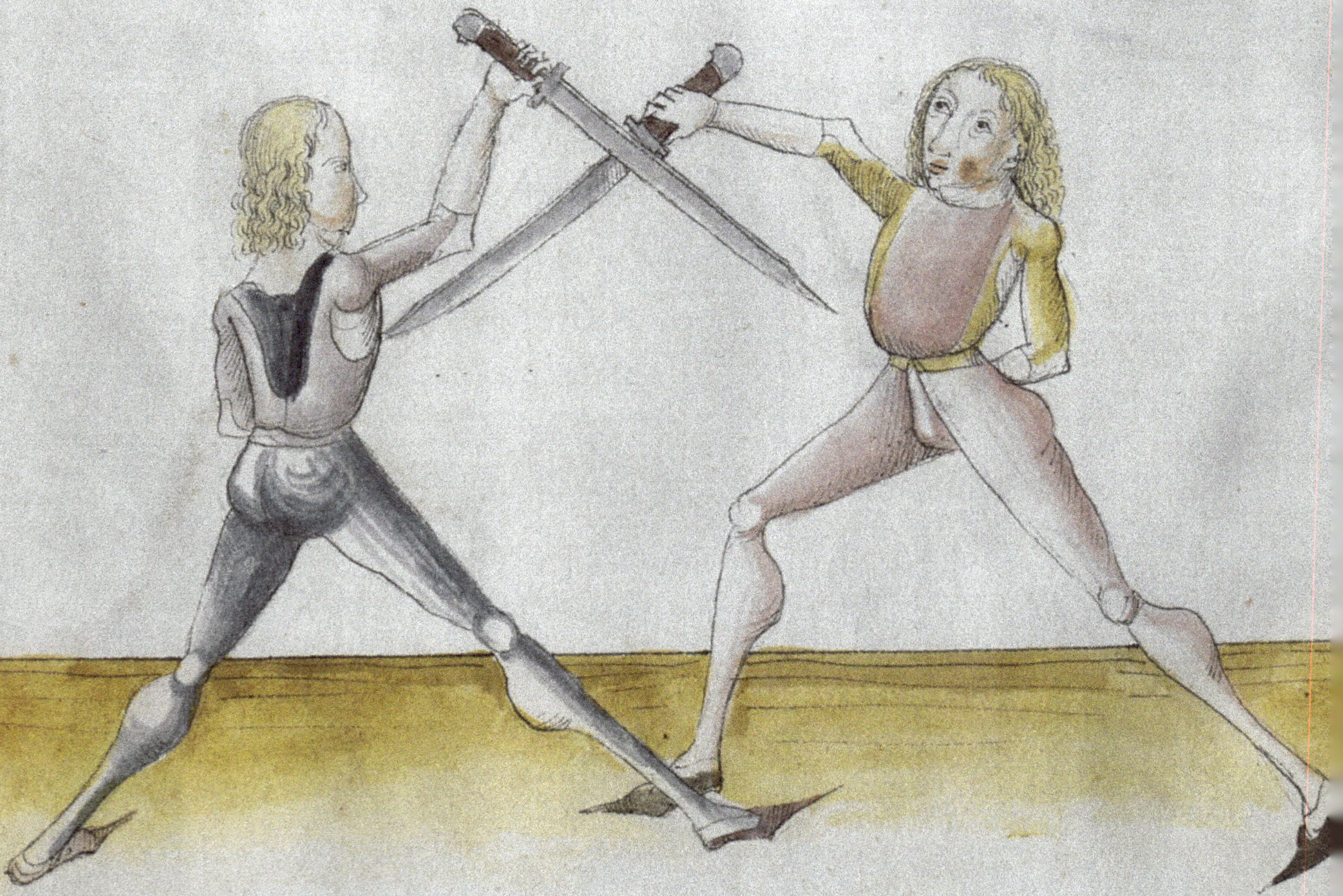

Will er auff dē pandt schlagn
Ortt macht In verzagn
Sucht er dy plöß
Mitt ortt In verdröß

Die wortt soltu also versten wenn er dich an gepunden hatt an dein messer auff deinen lincken sytten vnd er will schlagn zu deiner rechten sytten so var auff mit dem gehultz vnd dem arm vnd senck den ortt nyd vnd stich im zu dem hals od̄ zu der prust etc

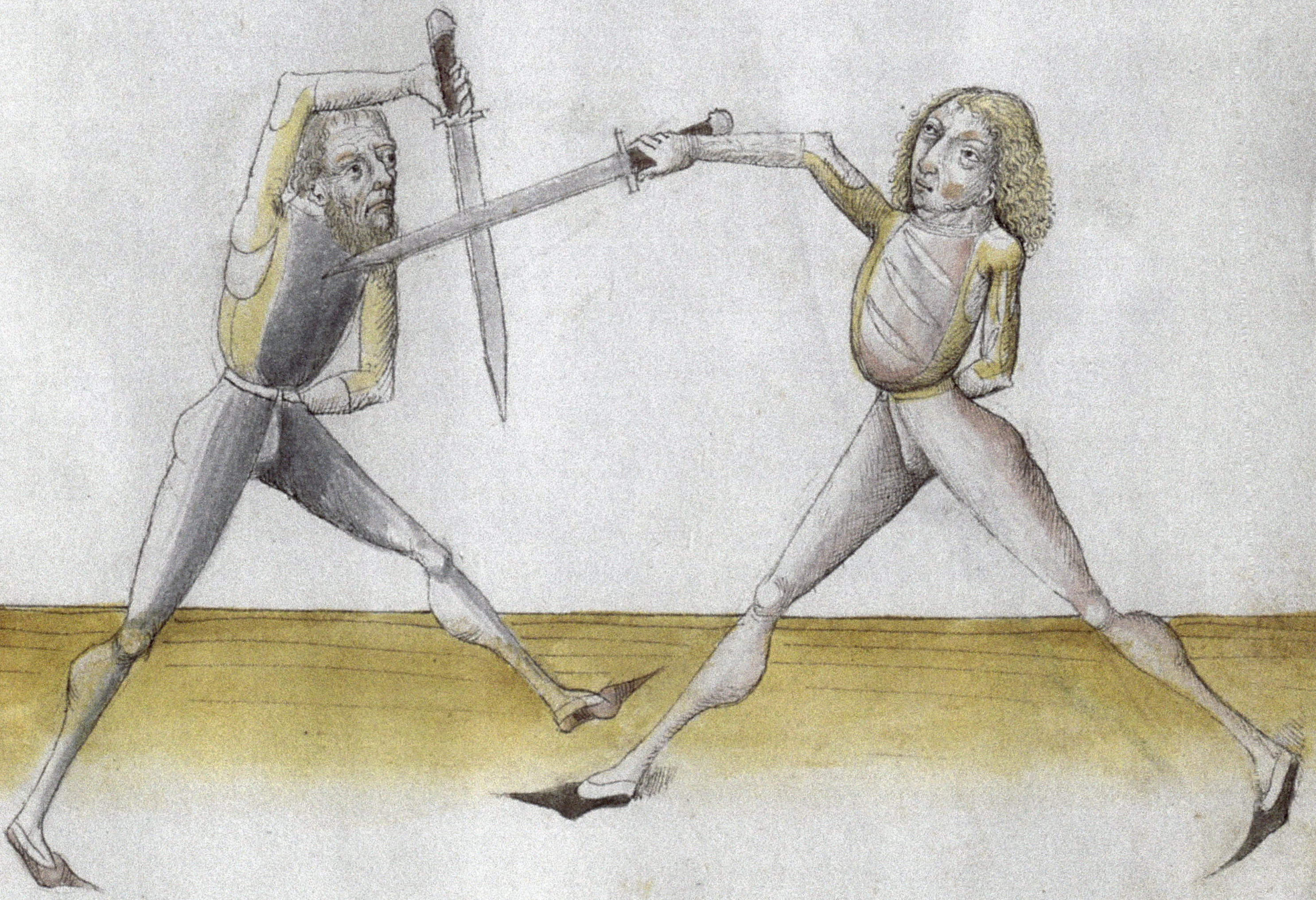

Item hatt er dir an gebunden auff deyn rechten seytten vnd
er will schlagen zu deyn rechten seytten thu als vor vnd
setz im den ortt an zol

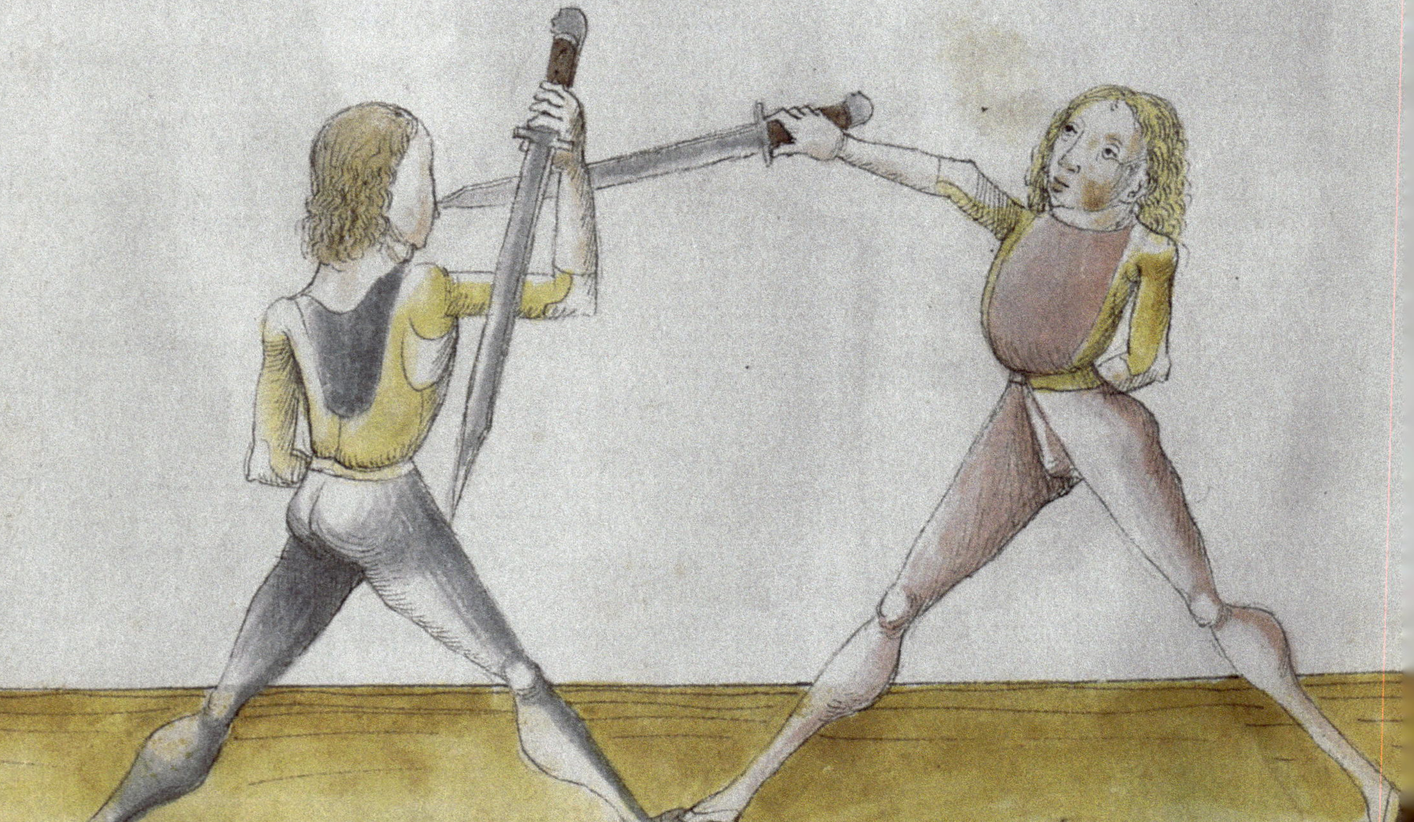

Item nota was auff dich wortt gegrundt das du albeg
fuders den ortt zu de gesicht solt winden es versetz sey
oder krump So magstu albeg den ortt prauchen wiltu
oder aber schlag od stich mitt de ortt weren

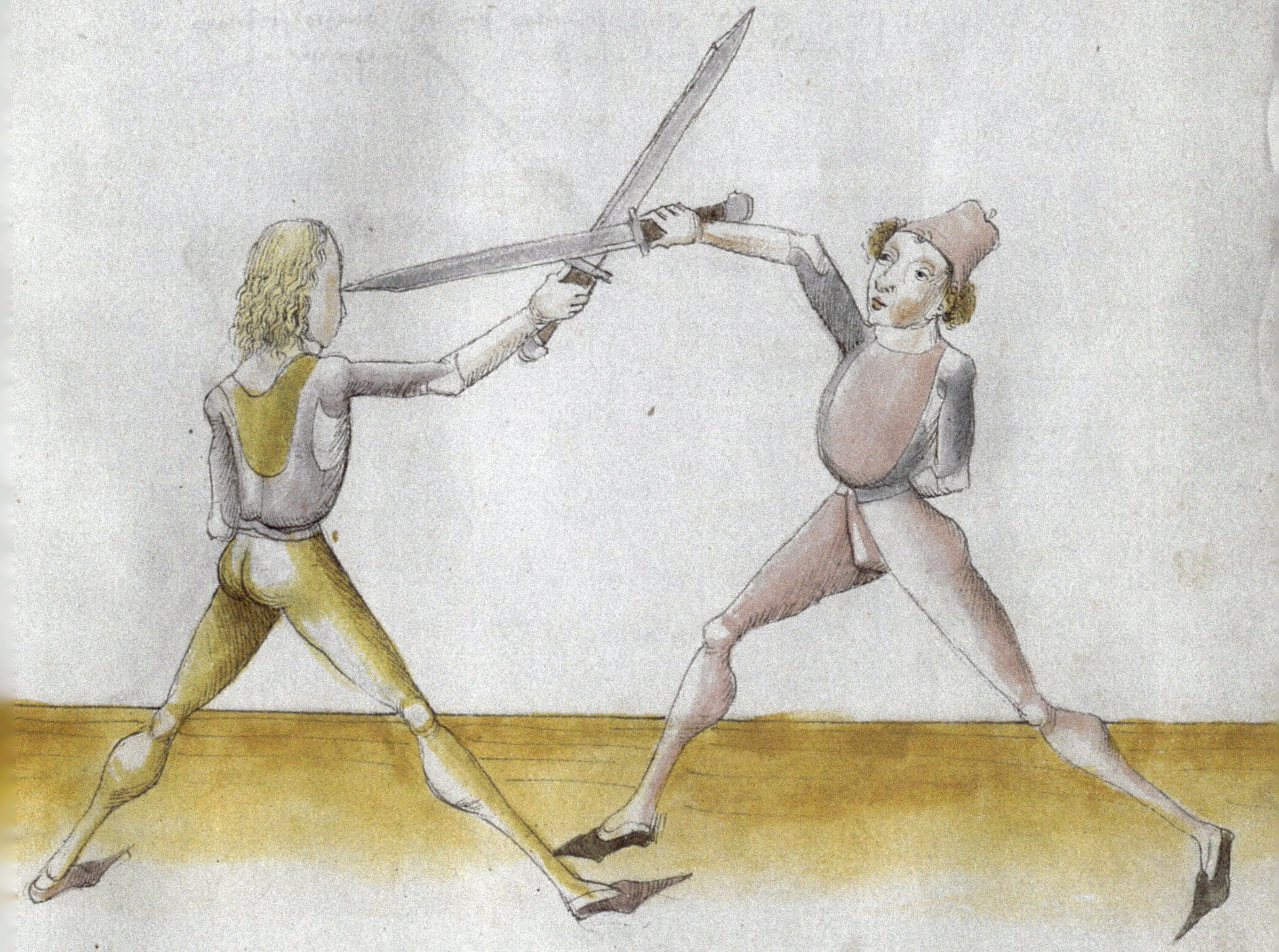

Scorpia mit seyme kar
Dem antlitz ist gevar
Dy kurtz schnayd gegen haup laß fallen
Schlag recht zwyrach las prallen

Hye sagtt der meyster von der kunst von eyme stuck das heysset der
Scorpia und das stuck treyb alsz hauw ym von deyner
rechtten achsel zu seyner lincken stack eyn zu dem haubtt
mit gestrackten arm es eyne obehaw Jüdes so du gehawen
hast so laß dy kurtz schnayd deynes messers snell glayen
gegen deyne haubtt dy kurtz schnayd untten auff dey lincke
achselen Jüdes stich ym von zu dem gesicht seyne lincke seytten
trafstu yn dann nicht treffen mit dem stich so ruck dey messer
mitt dem ortt nyder gegen dir doch das der ortt gesnellt sey
auff dey lincke seytten und schlag yn mit der kurtzen schnayd
auff sein kopff seyne rechten seytten Jüdes wendt dey scheultz
untt dey rechten arm und schreytt mit deyne lincke fuss
hintt seyne rechten und schlag ym dy langen schnayd vbr
syn haubtt und dass stuck hayst der scorpian kar

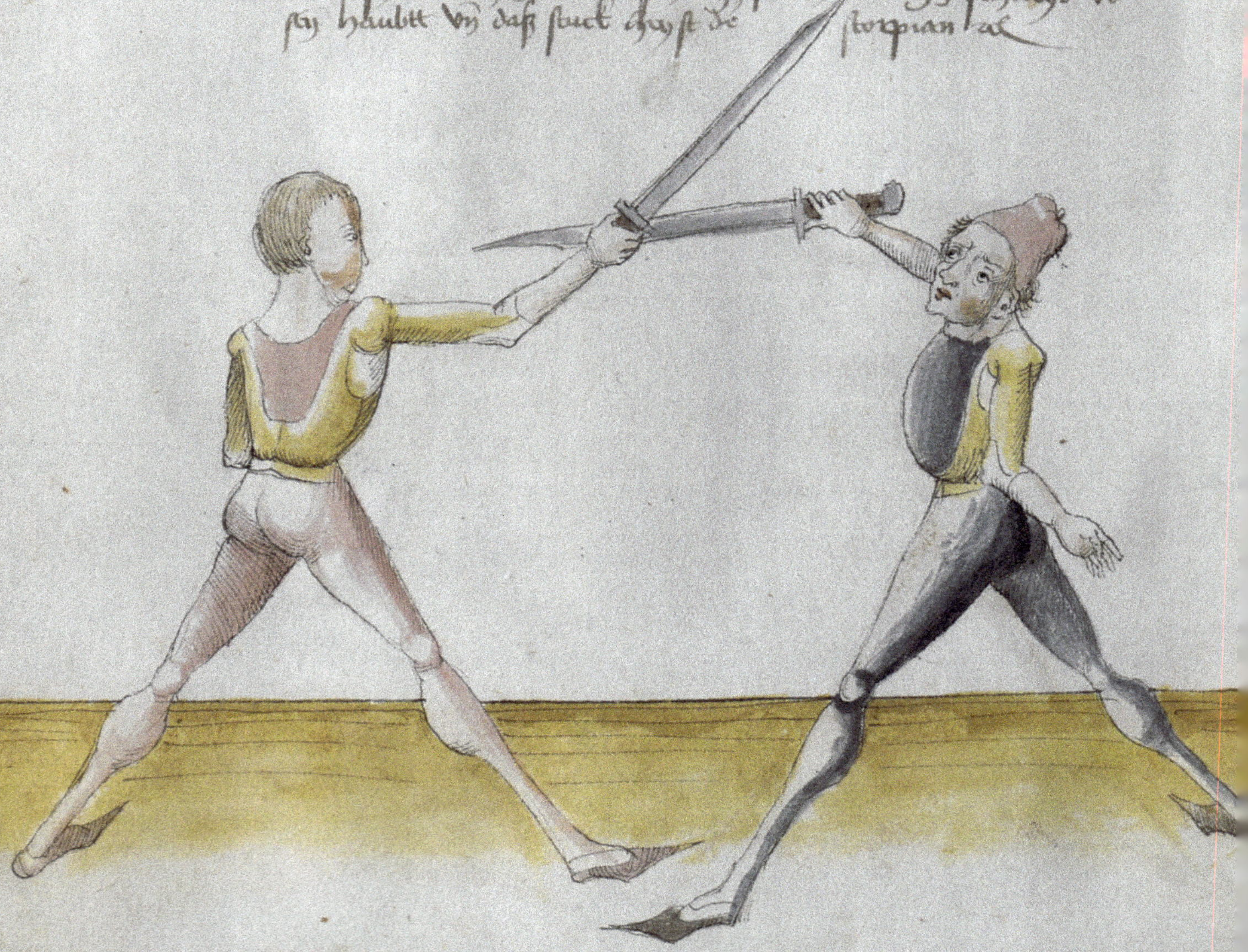

Waslistus mit seyne gesicht
dy meyster macht bergifft
Vergifft dy preüst an vorcht
Und versetzt das haubt mit schlagendem orcht

Nu der waslisten mach also so ir payde an gewunden habt an dy messer Un er ist In der kurtze versatzung oder sust so leg dich auff sein messer mit d langen schnyden Und watt kvemn er dir Zu deynen rechten seytten schlagen will so er denn nohent bey dir ist Im pandt Merck dy weyl er Im schlag ist so fall zu ge-wappnet handt und stich starck auff sein lincke seytten zu dem obern zymme Zu den orn so er den versetzen will und setzt auff mit dem messer so far hoch auff mit deyne arm und stich In mit gewappnet handt starck auff sein preüst Will er denn auff dein messer falle mit der versatzung so schlag Im das gehultz des messers auff sein kopff und loss dy rechten handt wyder vo d mitt des messers und greyff dein gehultz wyder In de rechten handt und setz Im Im den ortt wyder In dy preüst also hastu den waslisten gemacht also hastu den waslysten gemacht etc

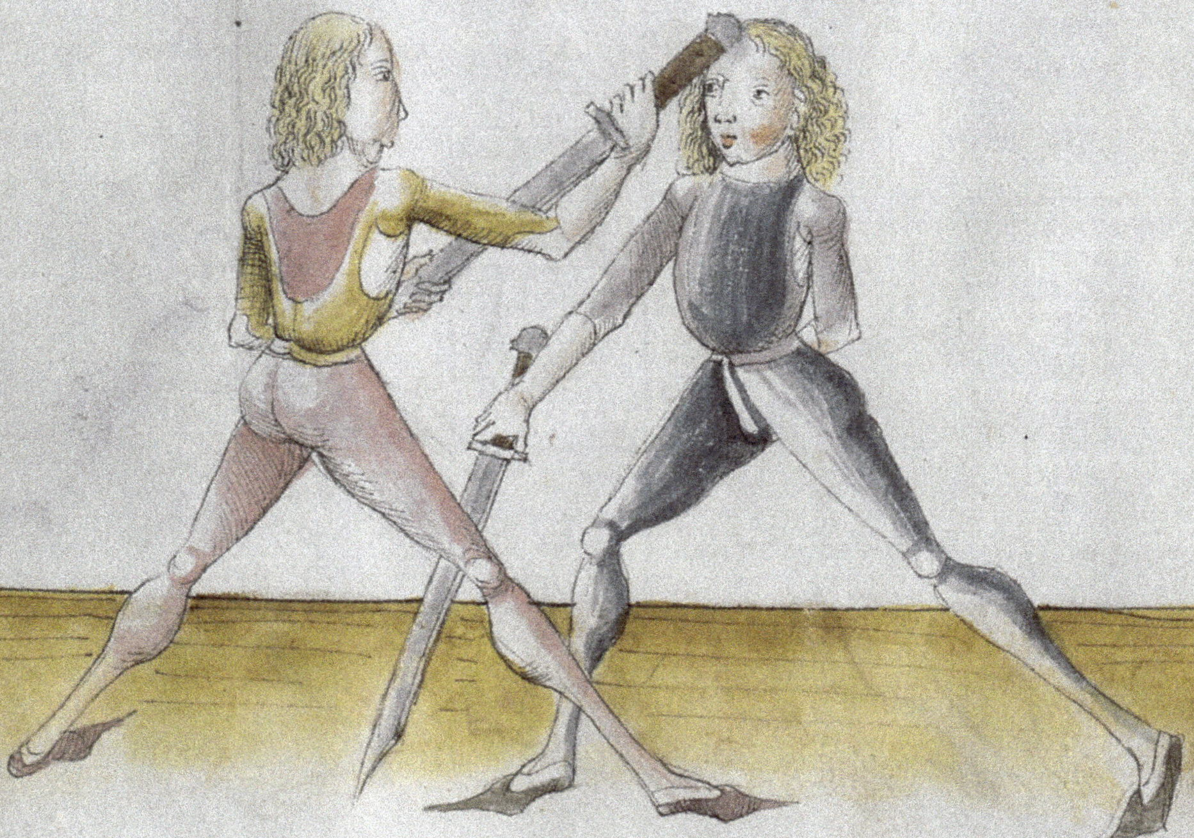

Klotz mit seyme wartt
Zu den oren stost er hartt
Indes pis behendt
Gewappendt ortt zu prust wendt

Hye sagtt der mayster von eyme stuck vnd spricht der klotz mit zer Das soltu also versten wenn du im gerad auff seyn messer vnd wartt wenn er mit der kron will hawen zu deynen lincken seytten wann mit dem lincken fuss soltu vor sten weyll er dir denn hawett zu deynen lincken seytten Indes fall zu gewappender handt vnd schraytt mit deyme rechten fuss wol zu seyme rechten fuss vnd stoss in mit dem gehultz des messers zu seyme rechten oren Indes zuck mit gewappender handt den ortt gegen deyn lincken seytten yersyst ab vnd setz im den ortt in dy prust versetz er denn So arbeyt Indes mit dem schlagenden ortt zu dem kopff aussen oder fass gutt dem gehultz oben vber sey handt vnd mach das messer wenne zer

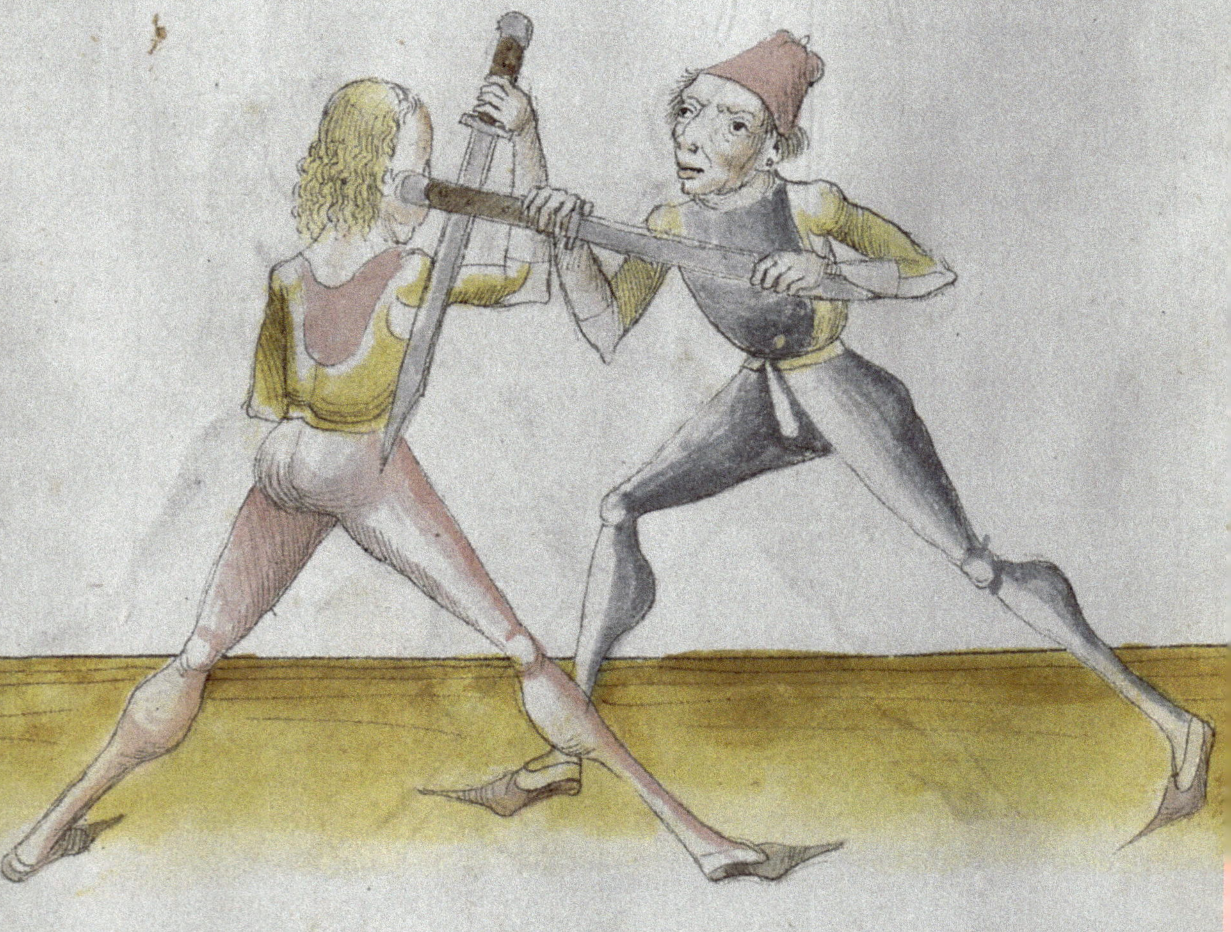

Gewappend mit de kloß
Zu der prüst stoß
Gewappend oder sünst
Versetz recht eß gibt dir lust

hye sagt de meyst wye du mit de kloß daß ist mit
dem gehultz soltu den ma jn dy praust stossn vnd thu
jm alsz Verslecht er dir zu de oren oder zu de kopff
dryn rechtn ode lincky sytty so fall zu gewappnd
handt vnd stuck jm daß gehultz auff sey praust vnd
erbeytt mit der klingy darnach mussest aby stack zu
de haubtt od far mit gewappnd handt beytytt ab
vnd setz jm den jn daß gesicht od praust ec

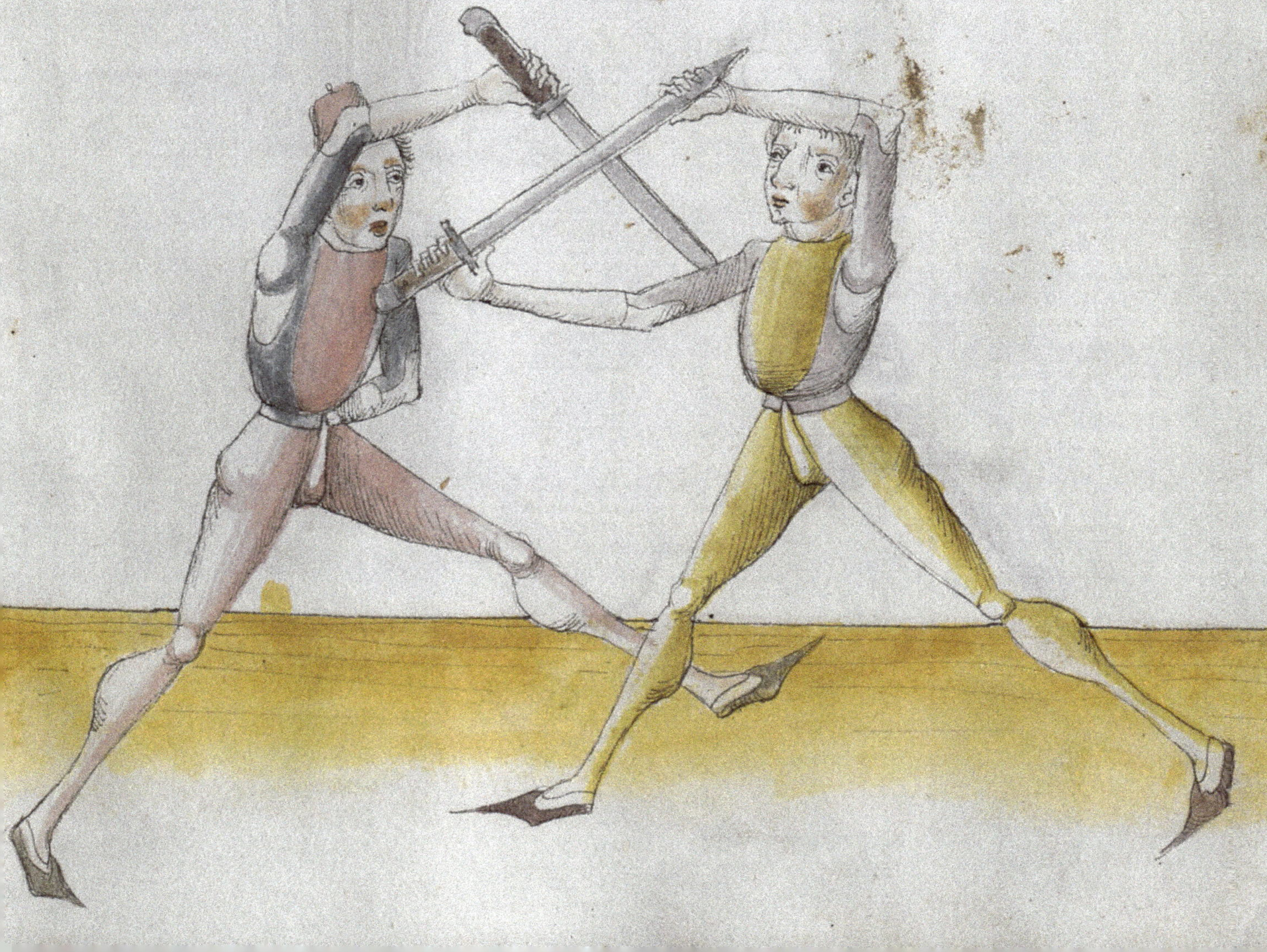

Item schlett er dir zu deyner rechtn sytten so er payd syt nahent
pey eyn ander in dem so er schlecht zu deyner rechtn sytten so
fare auff mit den arm vnd setz im den ortt in sein prust mitt
gewappender handt Wiltu denn so magstu mitt dem ortt
foren vntt sein gehultz vnd magst im den ortt setzen in das
gesicht Gewappendt etc

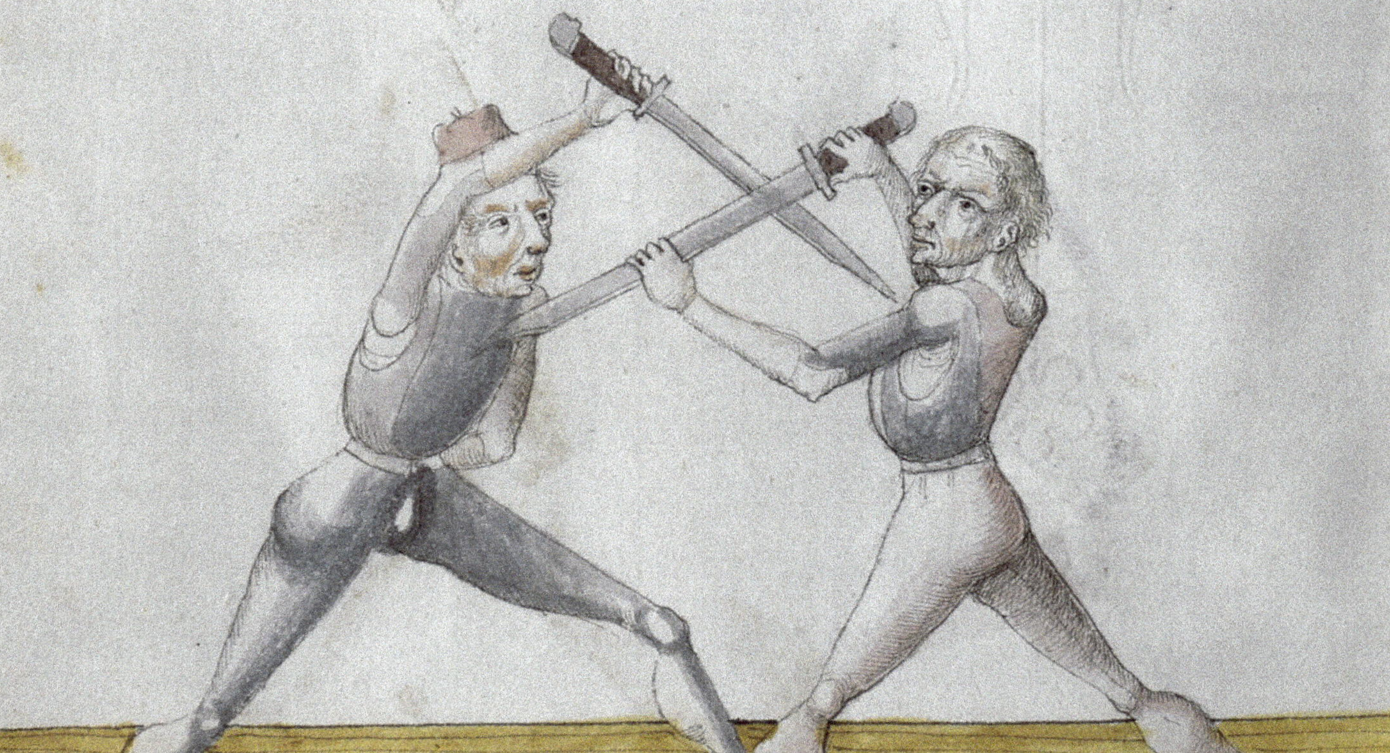

Item ligt er im pandt mit dir vnd will dir abr
schlagen zu deiner rechten seyten zu der obern zynne
Indes far auff ~~mit deyne rechtn~~ sey prust mit gewappndem
ort das ist mit gewappnde handt Indes far mit deyne
rechtn arm vbr sey messr vnd mit dem ledern teyll
auch gewappnd far im zwischen das gehultz oder
handt vnd stoss sey mess mit deyne lincken olpogen
auff deyn rechte seytten So nymbstu im das messr etc

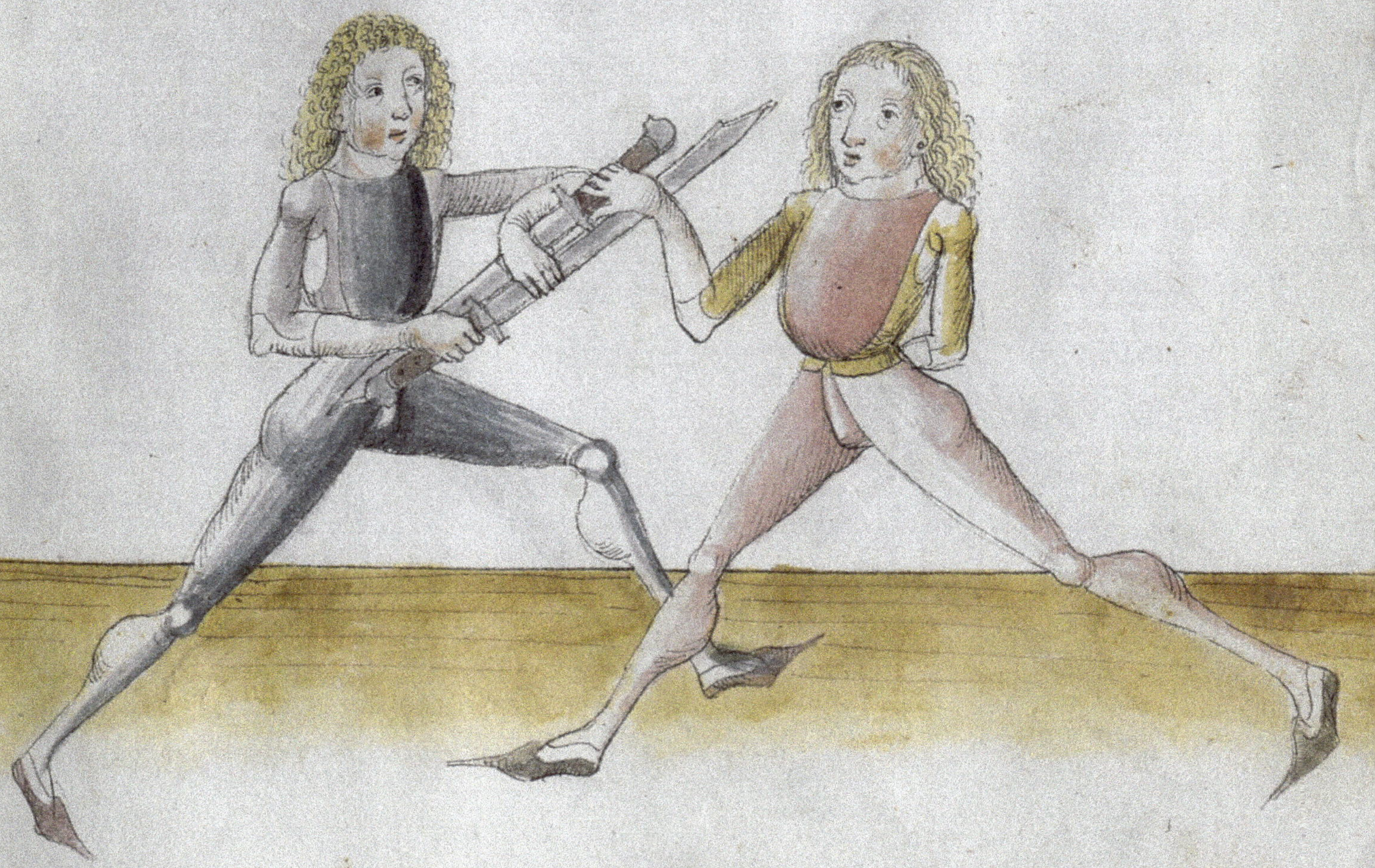

Will er mit klossen
Zu dem prust stossen
Versetzen soltu dermitten
Und dy wer an gewynne

Hye sagt der maister ein prauch So man einem mit dem kloss oder mit dem gehultz In dy prust will stossen und spricht also Will er mit dem klossen etc.

Item den prauch mach also wiltu schlahen zu seiner rechten oder lincken fertt er dir zu gewappender hantt mit dem gehultz auff dein prust lincker greyff mit deiner lincken handt forn an sein gehultz zwischen seiner rechten handt und stoss mit deinem rechten arm starck an seines messers klingen und schreitt mit deinem rechten fuss zu seiner rechten und stoss starck auff dein lincke seytten etc.

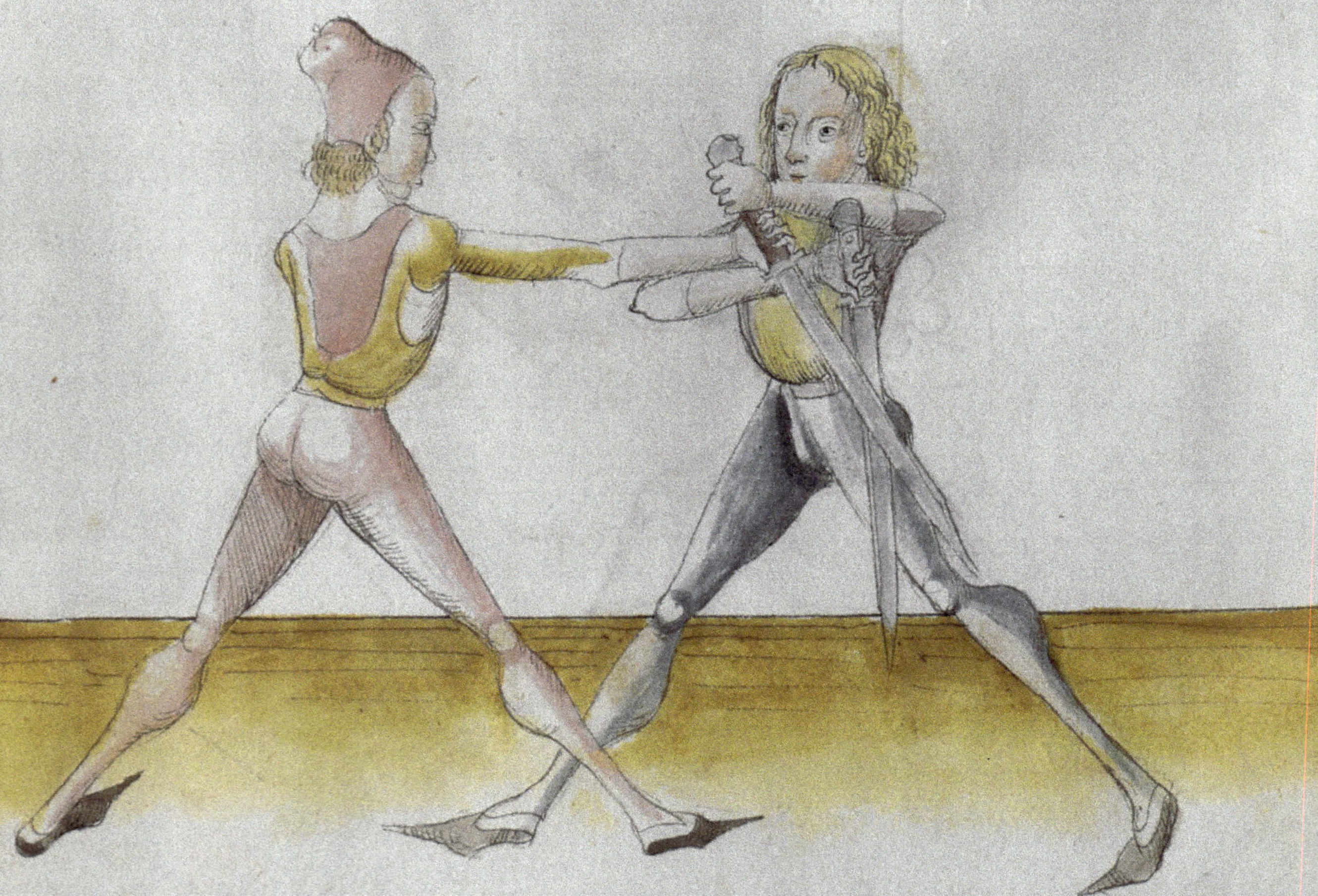

Item schlecht er dir zu deym lincken seytten vnd er besitz
das mit hangunde ortt sunders wyndt im mit deyne
messr mit de mittlen an seyne messr zu seym prust
oder an gesicht etc

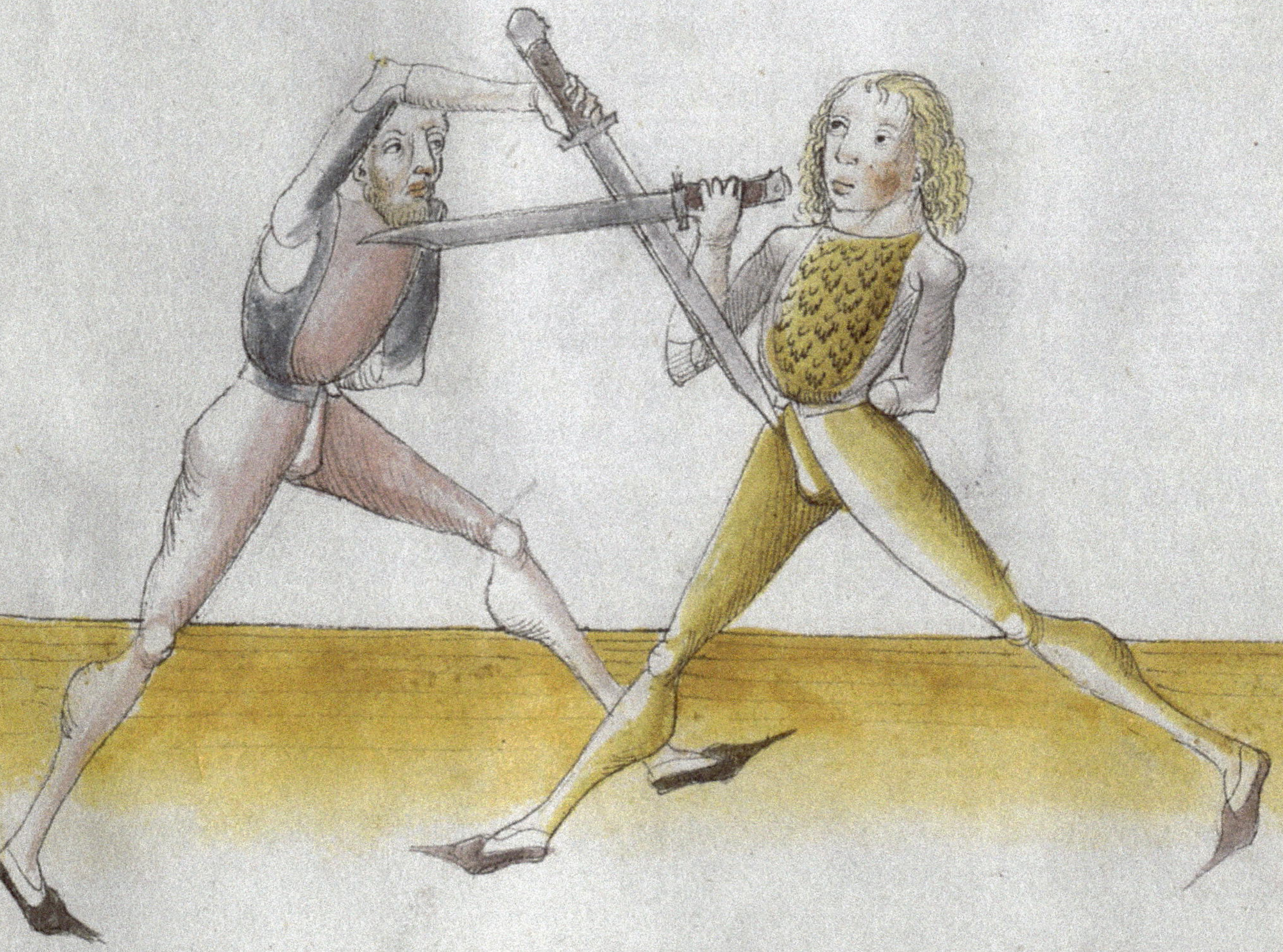

Item schlechstu eyne zu seyne lincken oder mit dem entrust//
haw vnd er sezt dir mit de gehultz gewappent auff
der prust Indes far mit der gehultz gegen seyn rechten
seytten vb seyns messers klingen vnd greyff mit deyner
lincken handt in seyn gehultz starck zu der rechte seytten
nyder vnd mitt deyner lincken handt scheub starck vo
dir auff der rechte seytten nyder vnd mit deyn lincken
handt scheub starck vo dir auff der rechte seytten so nymbstu
im ab das messer etc

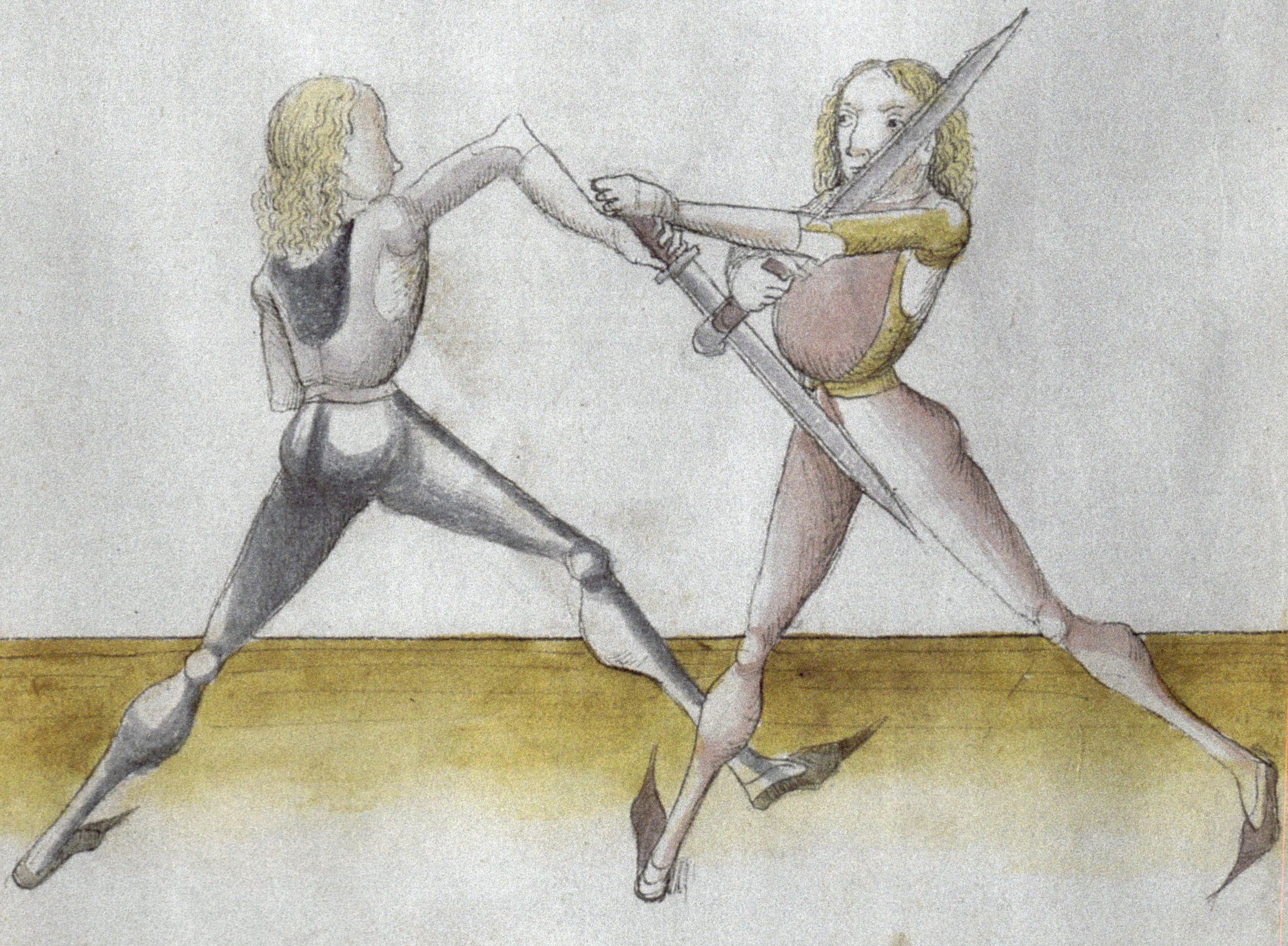

Vyer seyn der hengen
Dar auß ler: haw: stich: schnyt: erkene
In allem gesiczt
Lyge weych oder hertt

Hye sagtt der mayster wye du dy vyr hengen machen solt
Im messer und wye dy genat syn also endt er ydlichs
mit name eyns nach de andern;

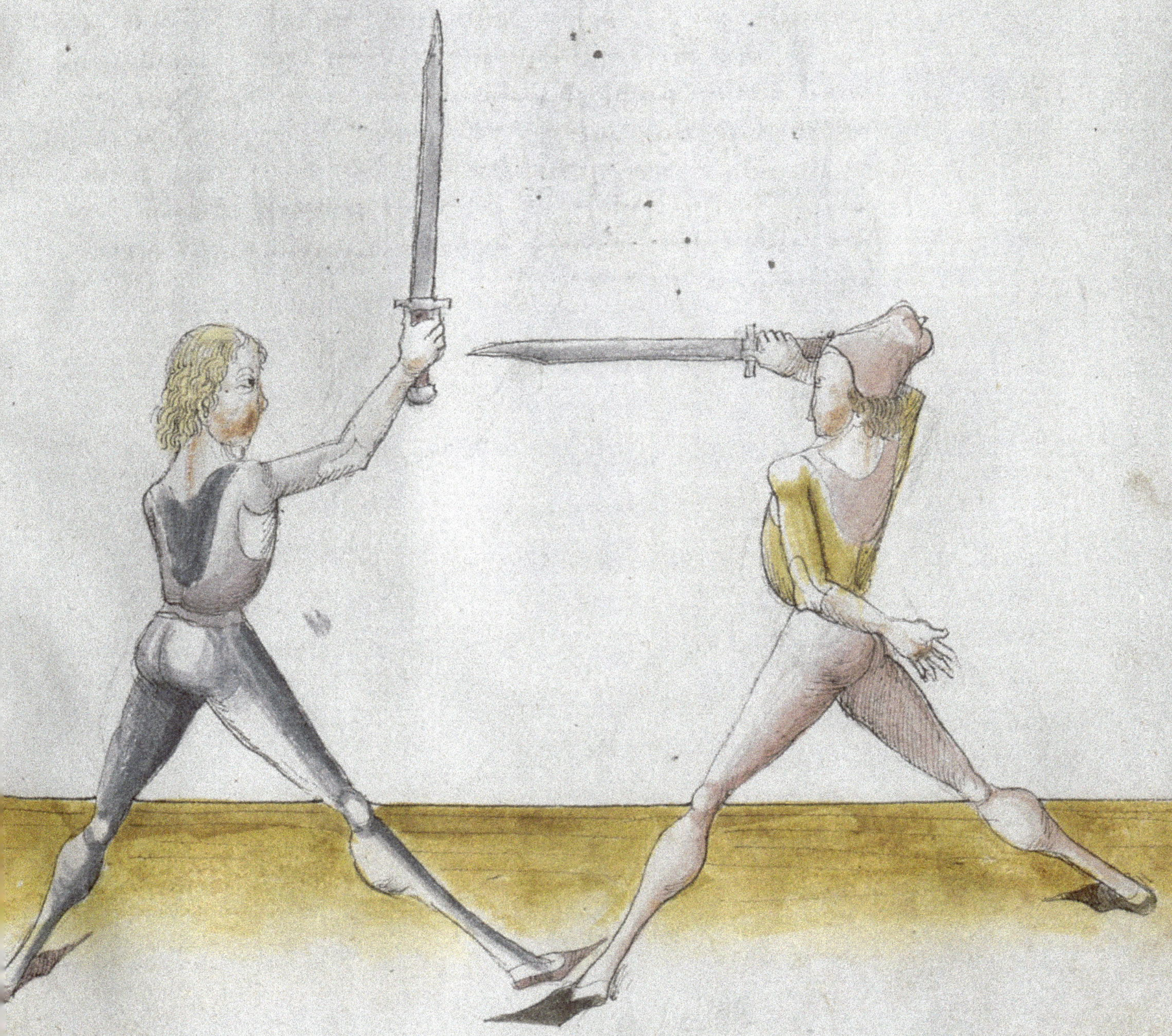

Item das erst heyst d' ob' vō payden seytten Das and' der
seix auch vō payden seytten vnd dar jnne soltu gar woll
ge vbett sein vnd also das du erkeñst das auff gar wol treyben
mugst auch soltu wisse das vyr hengen sein zway
vnden vnd zway oben vnd wye sy genandt sein hastu
oben gehortt Nun auff de vyr hengen soltu acht wynden
treyben vnd dy selbigen acht wynden soltu also wegen
Das du auff ydlicher wynden solt machen vnd treyben ey
stich vnd ey haw vnd ey schnytt das sein dy vyr ob gesch
riben wynden etc

Item Eyn and' oberhengen mit zwayē wynden das treyb
also wenn du mit de zuuerthen zu im kumbst so stee vō
deyner lincken seytten jn dem stich hawtt er dir denn oben
zu deyner rechten seytten so winde gegē seyne haw dy lang
schneyden an sein messer vnd stich jm oben ey zu de gesicht
das ist abe eyn wynden setzt er denn den stich ab gegen
deyner rechten seytten so plaib jm am messer vnd windt
wyd' auff dey lincke seytten wyd' jn de stich dy flech
an sein messer vnd stich jm oben zu de gesicht seyner
lincken seytten das jn de stich dy stumpff schneyd' vnden
stee also hastu zway wynden an seyne messer wye
oben gemalt stett etc

Item Nu merck wye du auß den vyer hengen solt treyben
acht wynden das erst vberhengen hatt zway wynden vnd
treyb das also Wenn du mit dē zufechten zu im kumst
so stee vor deyner rechten seytten in dē Stier schlecht er dan
oben eyn zu deyner lincken seytten so wind gegen seyne haw
dy kurtz schneyd an sein messer wydē in den Stier das
ist eyn wynden Setz er dann den stich ab vō seyner lincken
seytten so pleyb am messer vnd wind wyder auff dein rechte
seytten wyder in dē stich dy flech an sein messer vnd stich
im oben zu dē gesicht das ist eyn hengen vō der rechten seytten
mit zwayen wynden an seynem messer etc

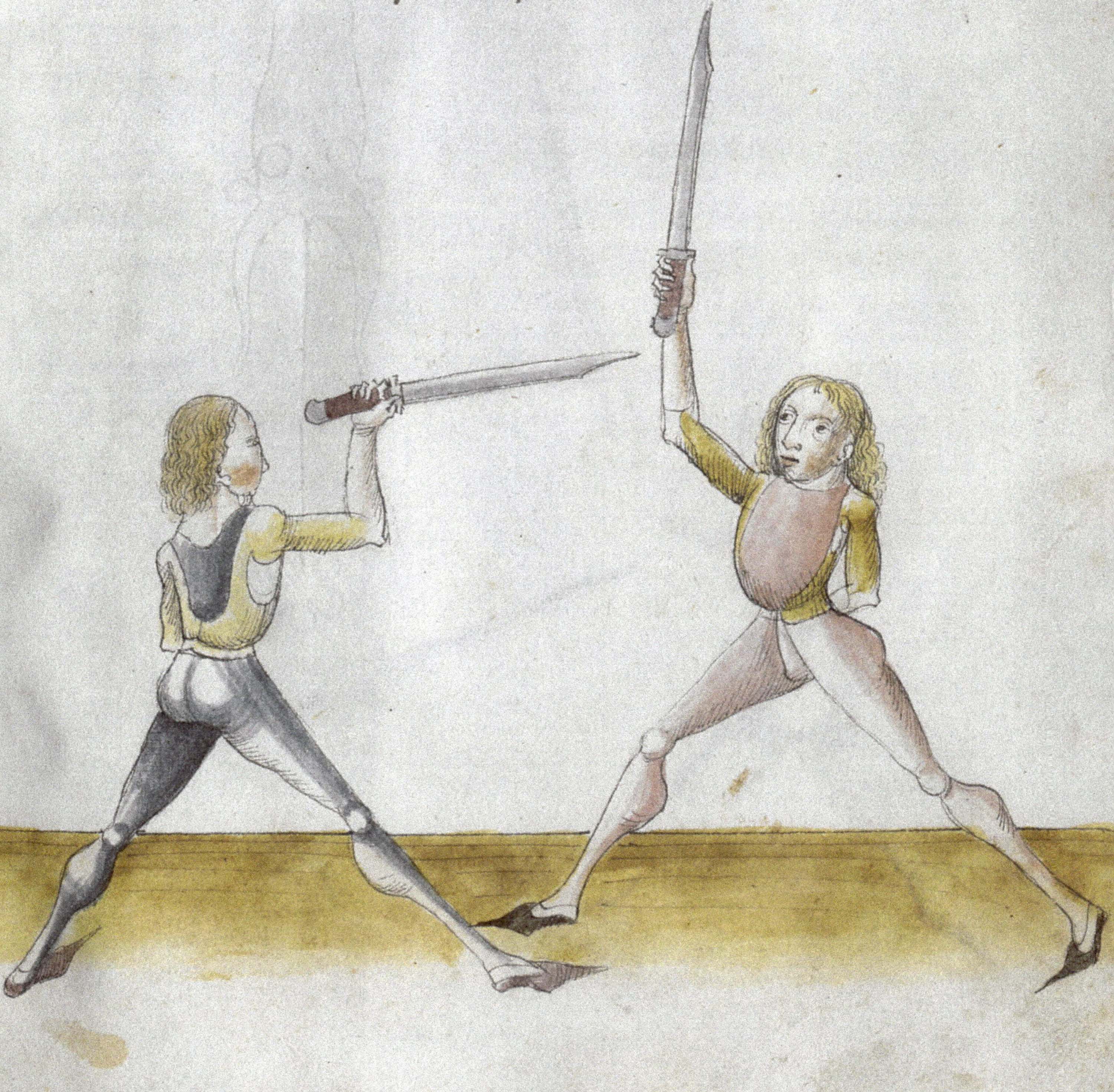

Item du solt auch wissen das auf de untre zwayen hewen
das ist der elle vn paydn stytn treybn solt auch vir hengen
auch vir wendn mit allen sex gesetztn Als auf de obern
das sind dy acht wendn Vnd als oft du wendest so gedenck
In ayme ydlichn wendn an de haw an de stich vnd an den
schnydt Also kume auf de acht wendn vier vnd zwainzig
Vnd auf welichn vnd gegn welichn stuckn vnd gegn welichn
hewen stichn od schnyttn du den haw vnd den schnytt
treybn solt das yrstu zu gutt maß vo vnttach wordn etc

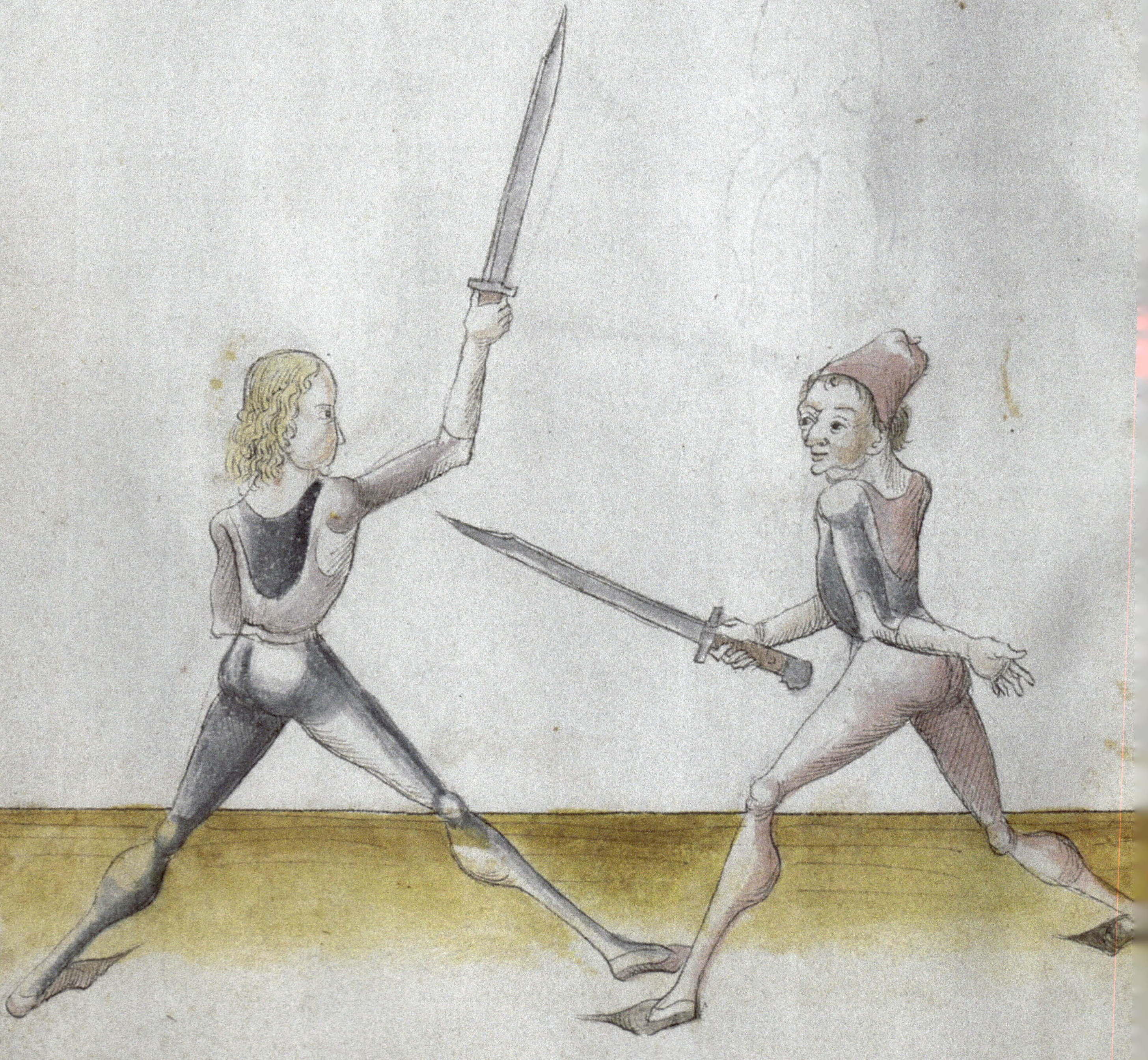

Item will du dich auß der pastey weren so thu im also
wenn du mit de zuvechten schir zu im kumbst
so setz deyne lincken fuß fur vnd hallt das messer
mit de ortt gegen der erden Als du woll vnderricht
pist kumpt er dir denn entgegen als oben geschriben ist
so far mit deyne gestrackten arm auff mit dem ortt
im zu seyne gesicht od in dy prust hastu in getroffen
mit de ortt vnd er erschrickt vnd zuckt den leyb
od kopff zu ruck hinwid fall wyd her ab mit deyne
messer in dy hutt der pastein vnd zeuch deynen
rechten fuß wyd zu ruck vnd loß dich an schaden
mit auß der hutt pastey prangen vnd also thu im
auch auff deyner lincken seyten etc

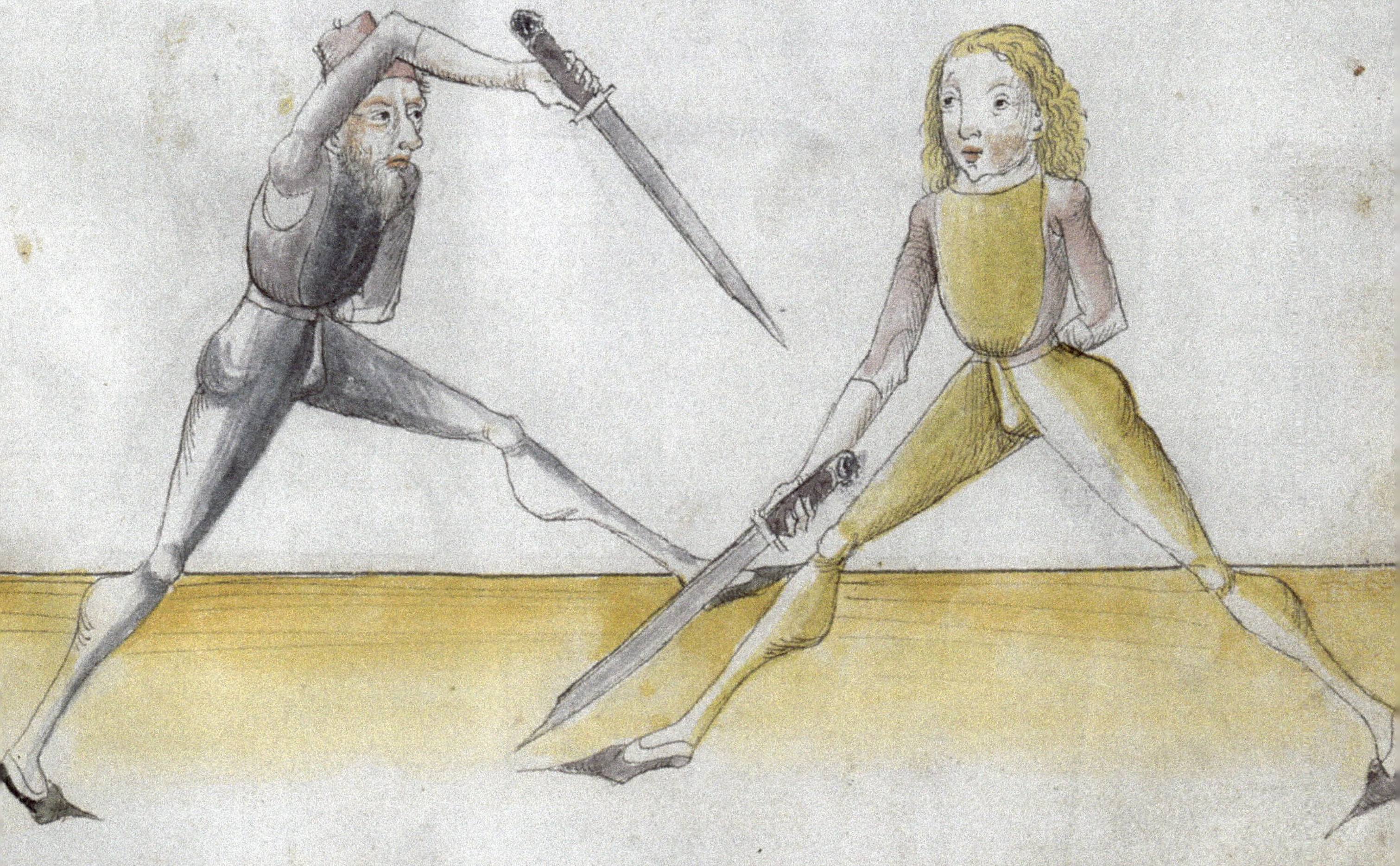

Item ligstu in der hutt pasty es sey auff der lincken seytten oder auff der rechten seytten Siechstu das er da auff woll kummen mit dem messer oder funst da auff will fallen so wechsel unten durch als du woll weyst etc

Item ist er hoch im pandt so far mit dem ort zu dem gesicht oder prust Ist er aber nider mit den arm so watt der augen etc

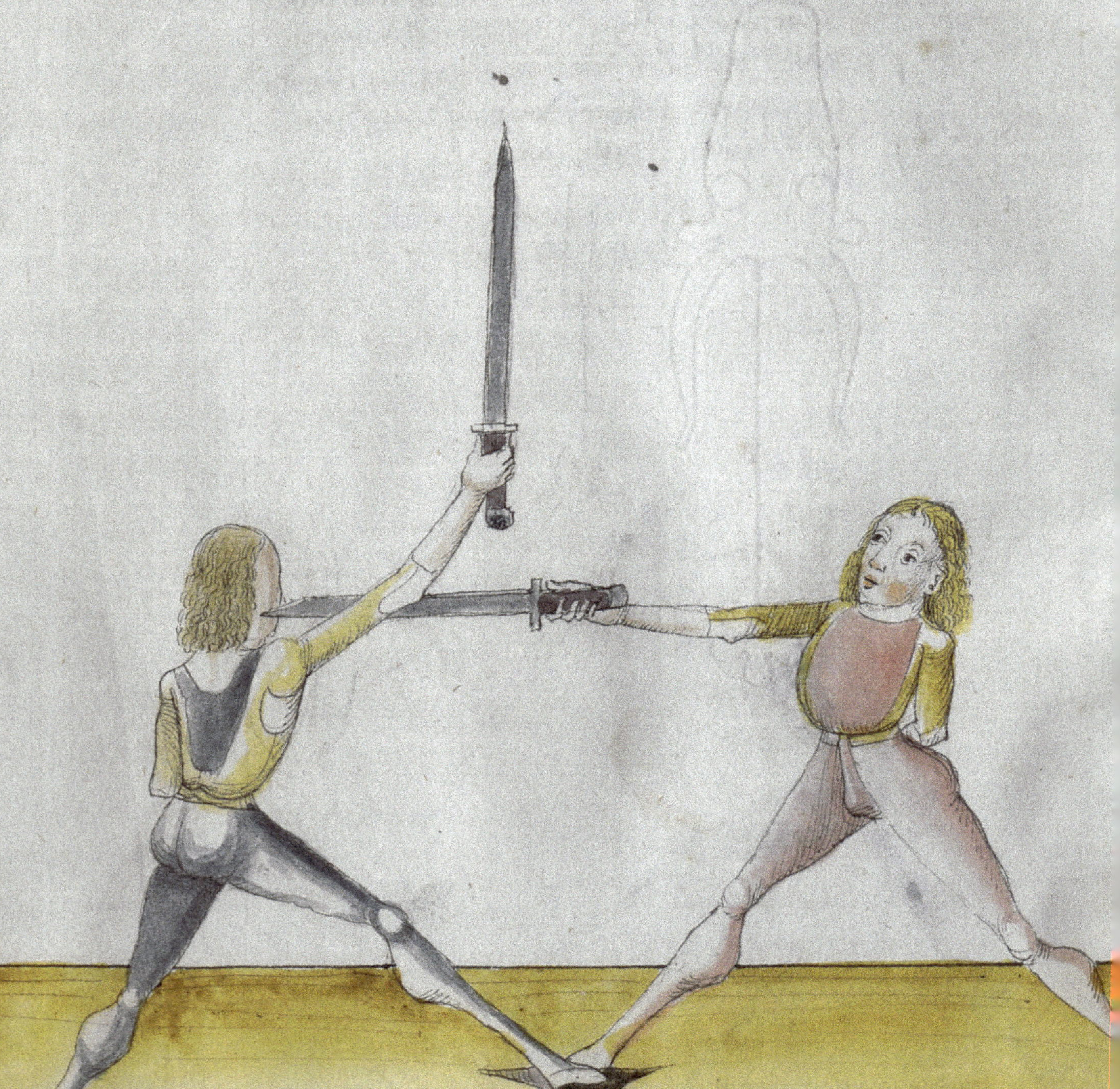

Dy zynne will er streychen
Pastey ortt thutt im ab treyben
Waß auff langem land wurtt geschlagen
Pasteyn ortt ist das ab tragen

Nota dy maynung des text ist so du ligest in der hutt der pastey will er dir im zufechten zu den obern zynne schlagen das soltu mit dem ortt als oben geschriben stet weren etc.

Item dy ander maynung des text ist waß den obern zynne zu geschlagen wurtt das soltu mit dem ortt versetzen auß der hutt der pastey doch zu merer erklerung soltu wyssen das man sich mit dem langen ortt gegen allen angreyffen weren solt und den ortt da wyder prauchen er hau oder stich so pricht das der lang ortt etc. Wann der lang ortt ist dy pest wer im messer und im swertt und wer da auß vechten kan der zwinget den man das er sich uber seyn danck schlagen muß lassen und ob er das nit wolt geben so magstu im das nemen mit dem langen ortt, nedes erbytt mit deynem messer nach dem nach etc.

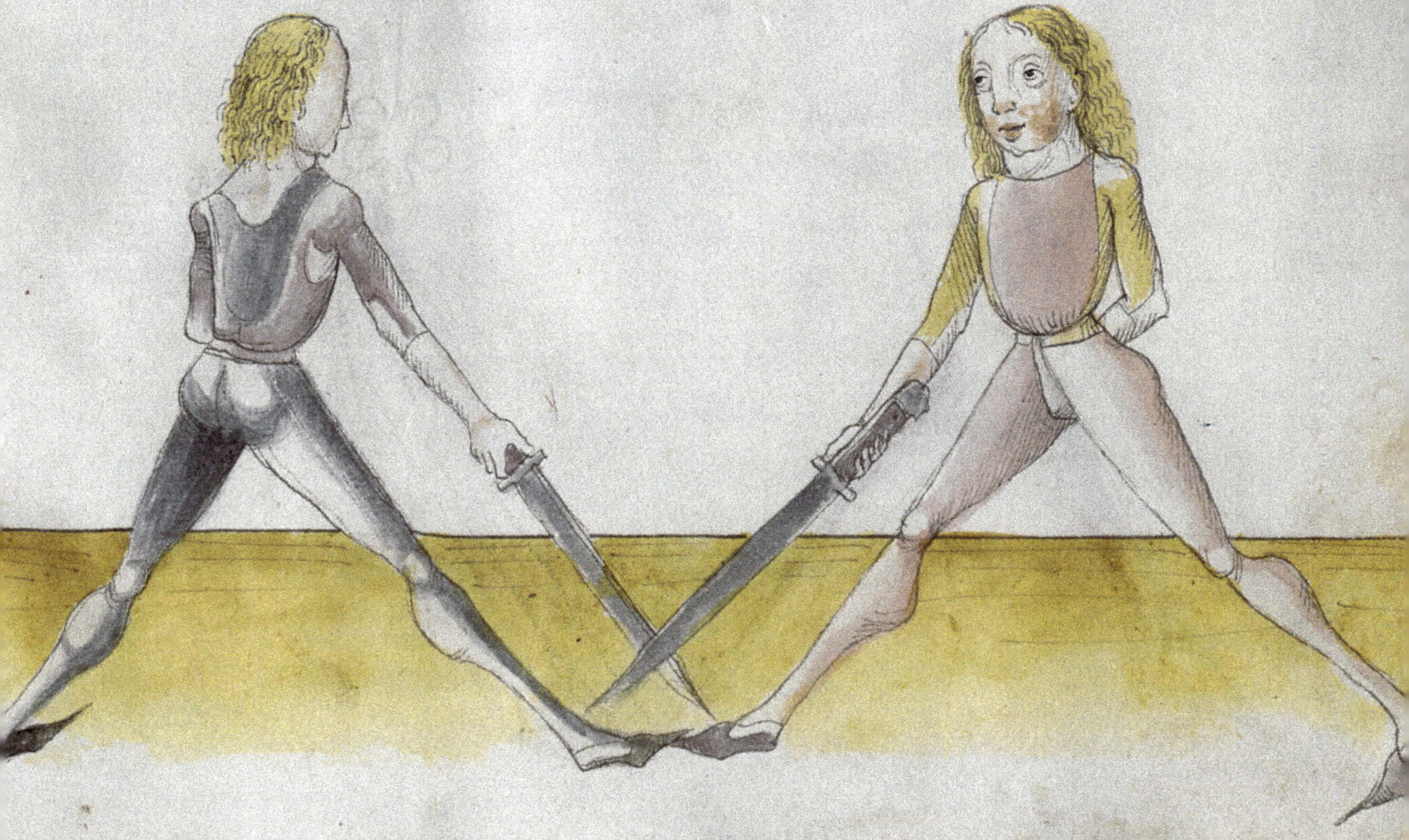

Item setz deyne lincken fuss fur vnd leg dich in dy hutt
pasteyn schlecht er dir den zu vo luginslandt zu deyne
lincken seytten zu de kopff so far mit deyne messr auff
vnd wechsel auff seyne rechten seytten durch vnd stoß
sey messr mit deyne messr oder zuck dein messer eyn
wenig beyseytt vnd haw im mit de langen schneydn
durch sey angesicht od schneyd im durch sey rechten
arm vnd leg dich wyder in dy obgemelten hutt etc

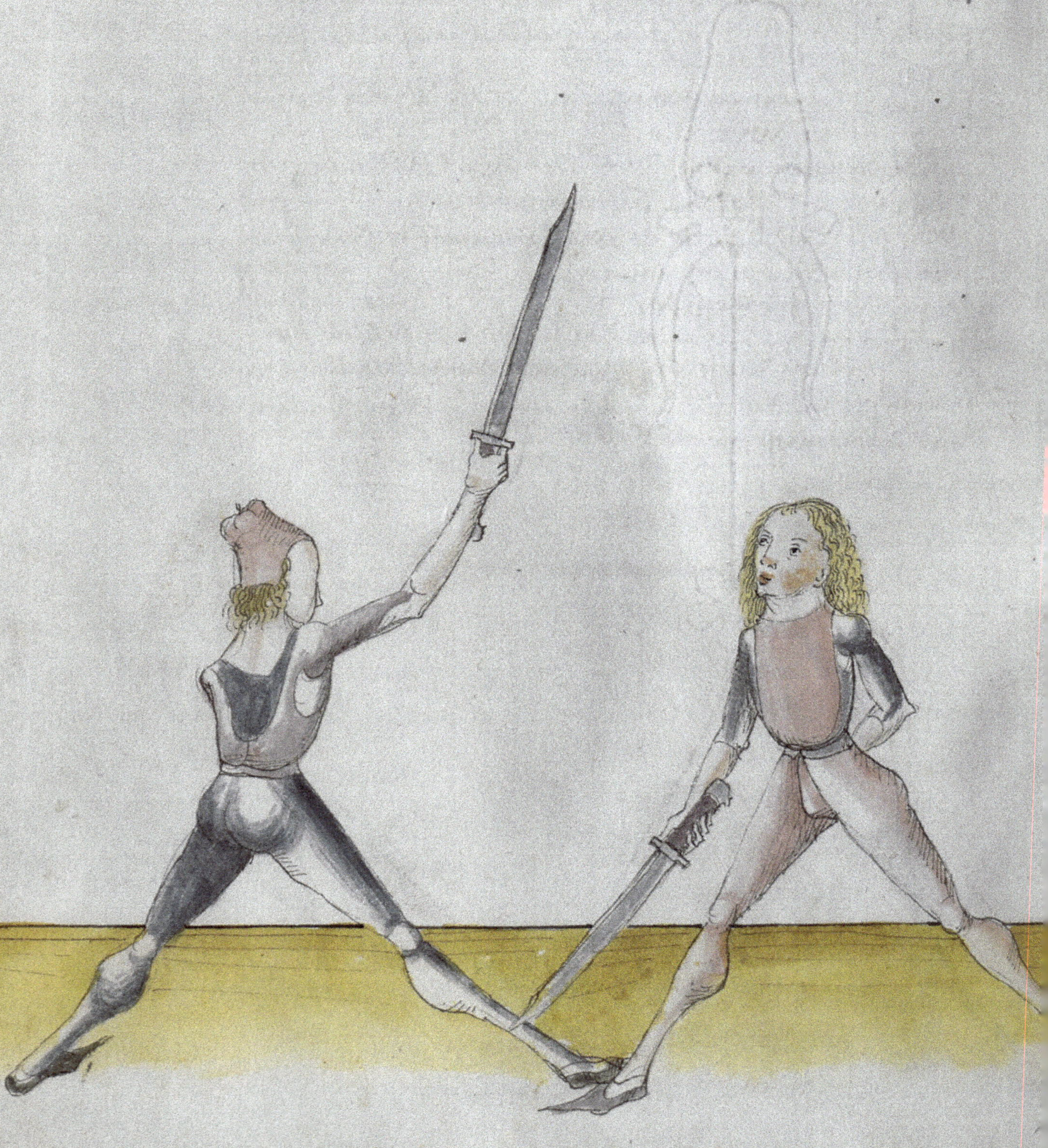

Item lig als vo(r) hautt er als auff dich vo(n) d(er) hutt lang
ardt so gee gerad auff mit gestrackten arm vnnter
seyn messer auff seyn rechten seytten vnd im durchwechsel
schraytt mit deyne rechten fuss fur gege(n) seyne rechten vnd
stich im mit gestrackten messer zu de gesicht seyn rechten
seytten wiltu denn so magstu machen den duplirn oder
durchgen wiltu aber nicht so leg dich wyd(er) aber in den
pasten etc

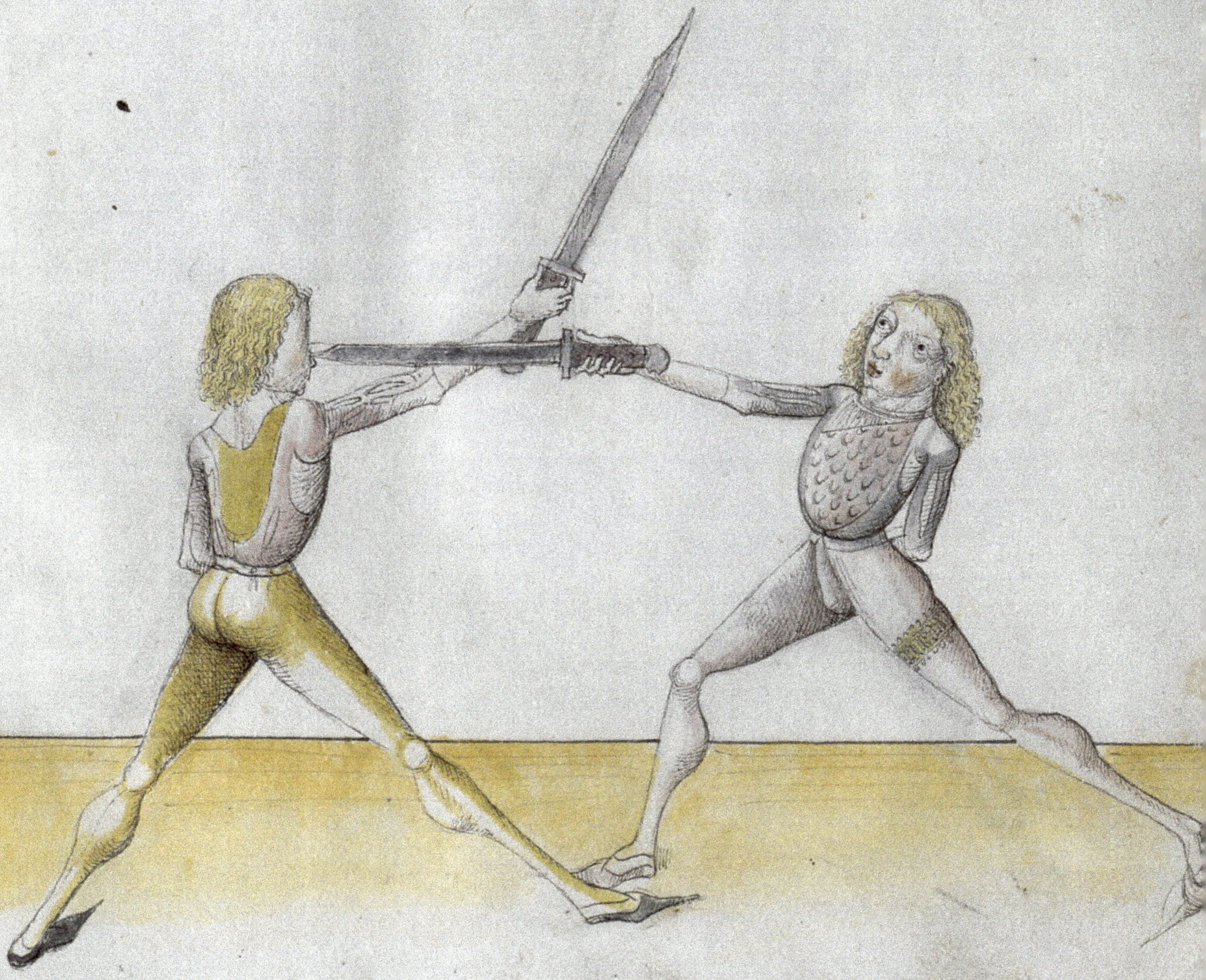

Item gleych als du dy ding machest so du leyst in der hutt
pasteyn auff deyner rechten sytten so der linck fuß vor statt
Also magstu durchwechslen so du stest in der hutt der
pasteyn auff deyner lincken sytten so der recht fuß vor statt
vnd da auß hawen stechen vnd schneyden Denn das ist
vor der lincken sytten etwaß leychter zu gett denn auff der
rechten vnd eyn vngeubten In der messer ga vnpequem
dunckt etc

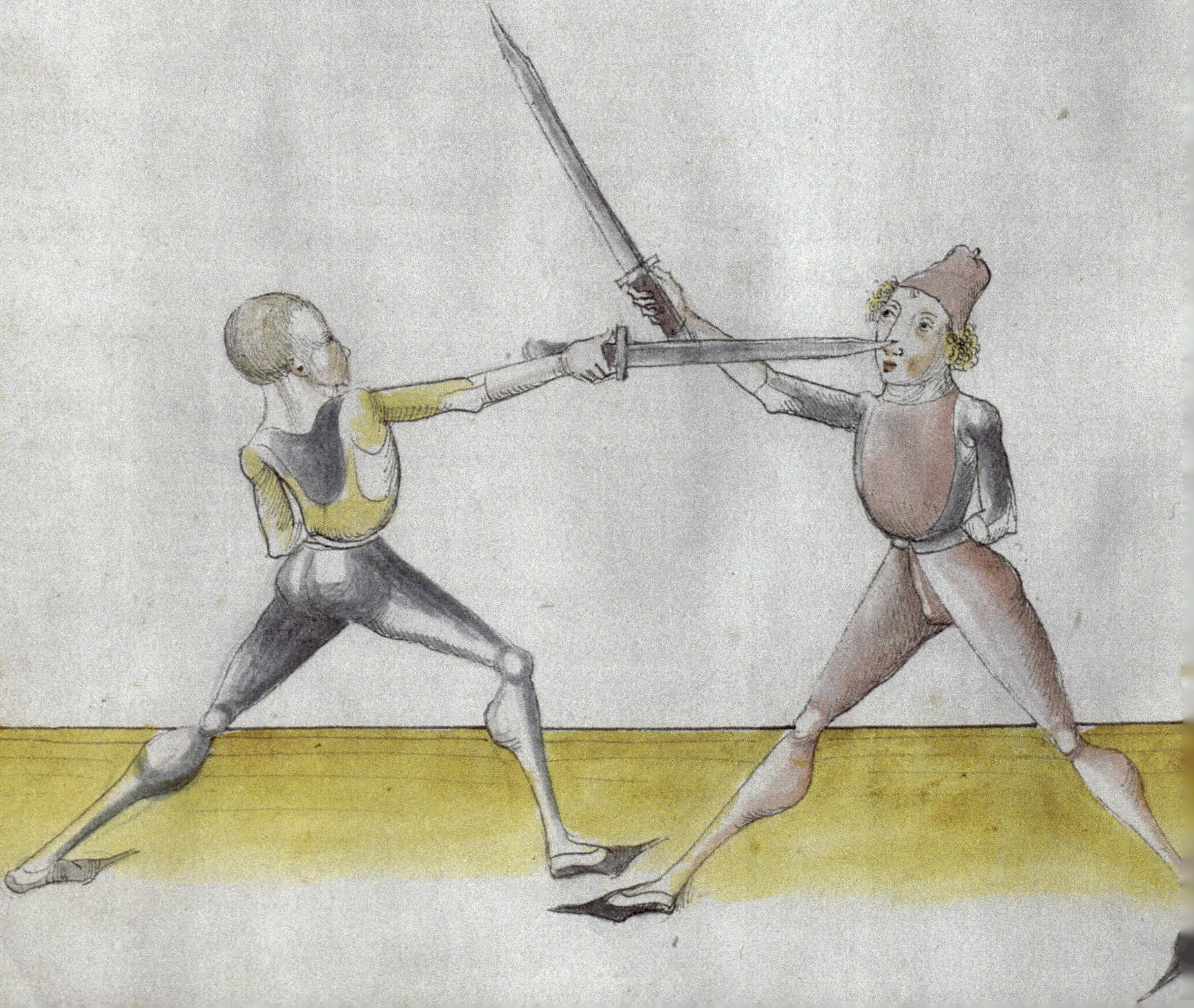

Wer der pastey zu setzt
Vom lugynslandt wirtt er geletzt
Dringtt er jm an prechn
Ortt zu gesicht solt wendn

Hye ist zu wyssen das dass dy maynung des textz ist also
was den vatter zynne wirtt zu geschlagn oder gestochn
das soltu weren auss de hutt lugynslandt auch mit dem
langen ortt vnd ob du mit de ortt gefelt hast so wendt
albegn dyn messr mit dem styne zu de stich vo prechn
stytten gett das zu etl

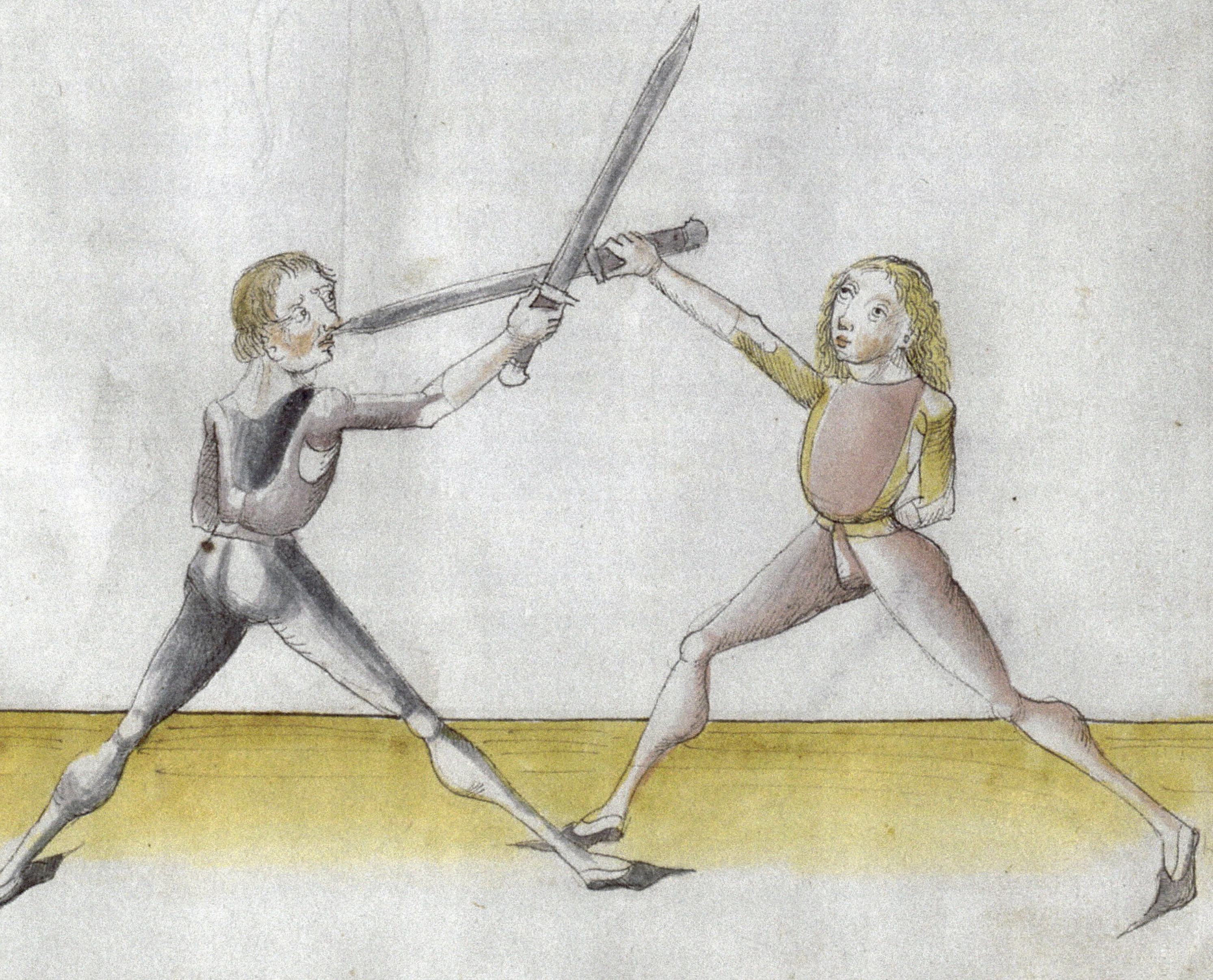

Nun ligstu In der hutt hyngslendt so ste mit deyne payn
woll In dy wag und halt dey messer gestrackt und
laß In machen was er will kanstu Im recht thun
so kann er nichtz schaffen er wechsel durch oder mach
waß er wall du magst dich auch In . dyse hutt legen
auff sey messer also gestrackt und da auß machen waß
dw wold und alle ploß da mit stichen und wo du daß
sunst sichst offen sta so sich frolich dar ein mit deynem
ortt oder mit deyne haw und mach Inder waß du vor
unttericht pist wol

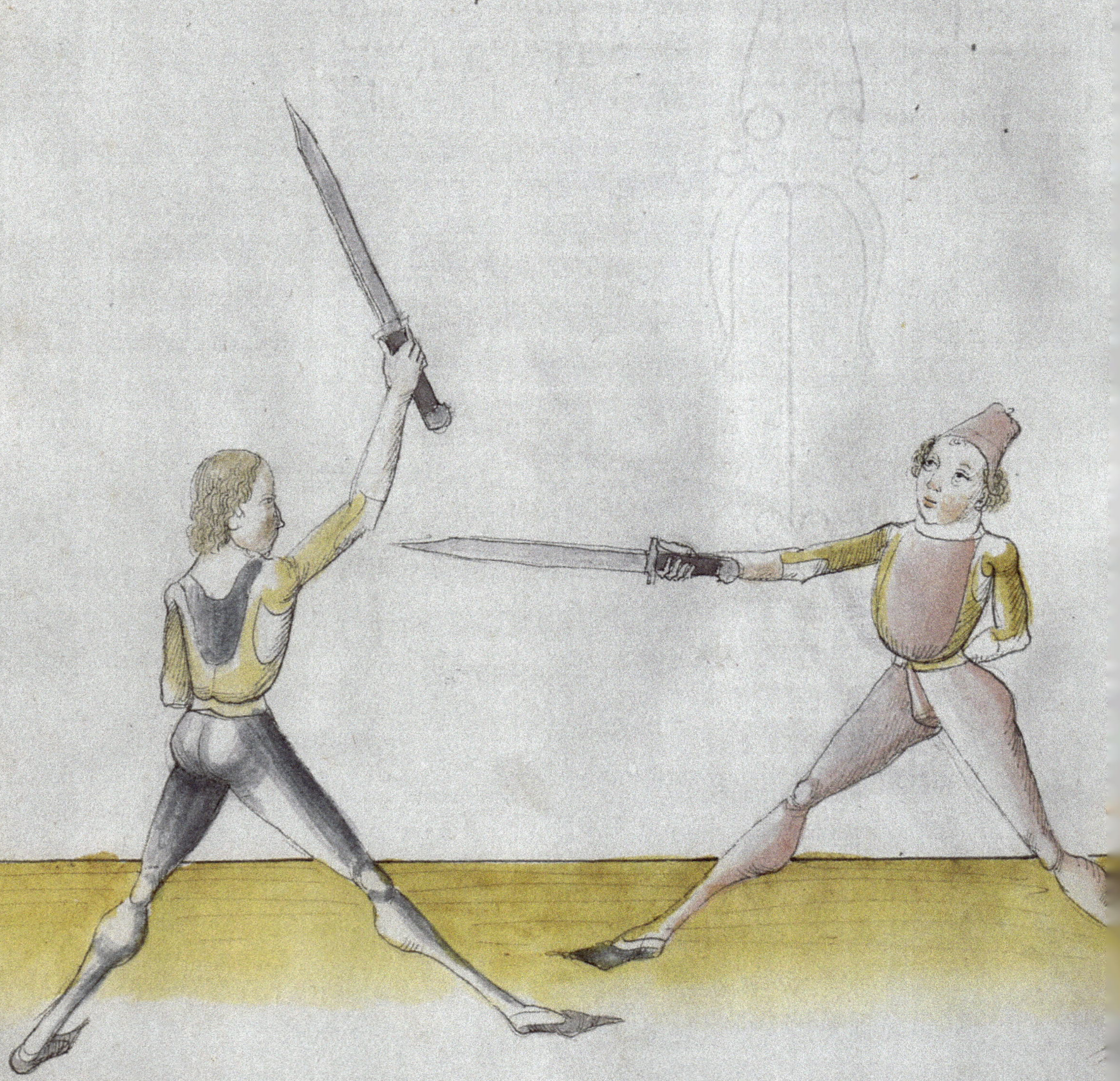

Item du magst dich tewren alle putheyn auß d' hutt legst
laudt mit dem ortt vnd gestackt jn vo allen ein stichst
den ortt zu de gesicht vnd sticht ob du wilt durchwechsseln

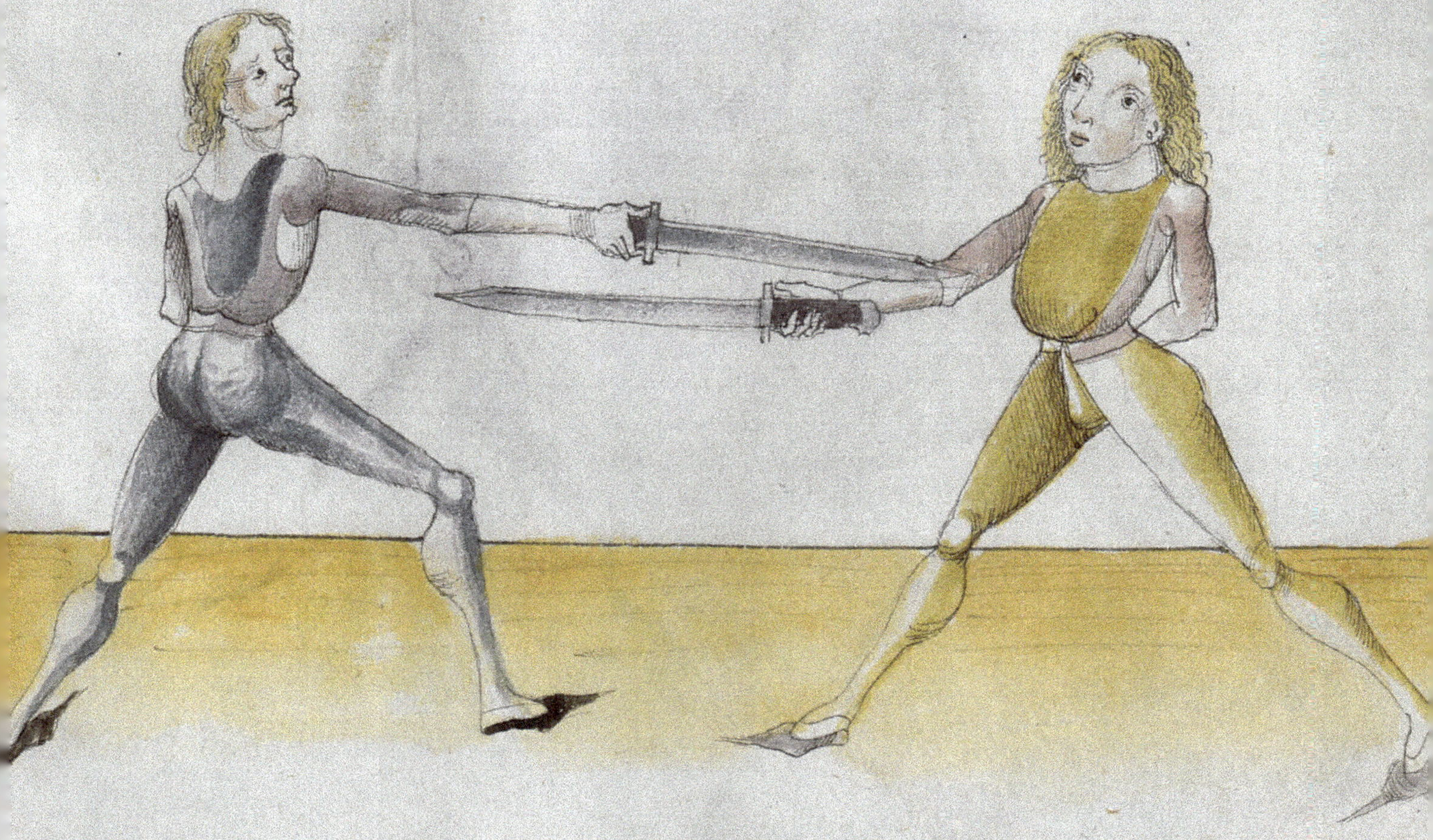

Krump wer versetzt
Wundt stich er wol(?) gelezt
Der wunden solt du dich erwern
An der krump bey sich ler abnemen

Hye sagtt der mayster wan dir ymant mit der krum
versetz wye du dich gegen jm solt halten so er payde
an gepunden habtt vnd du ligest auch jn seyne messer
vnd er ligtt vntt deyne. Thu jm also ligtt er auff
deyn lincken seytten gegen dir ad an dir gegen deyn rechten
seytten vnd hast auff sein messer auch gepunden das dy stupff
schneyd gegen dem man stett jnders vnd dein messer mit
der langen schneyden jm auff sein haubtt etc.

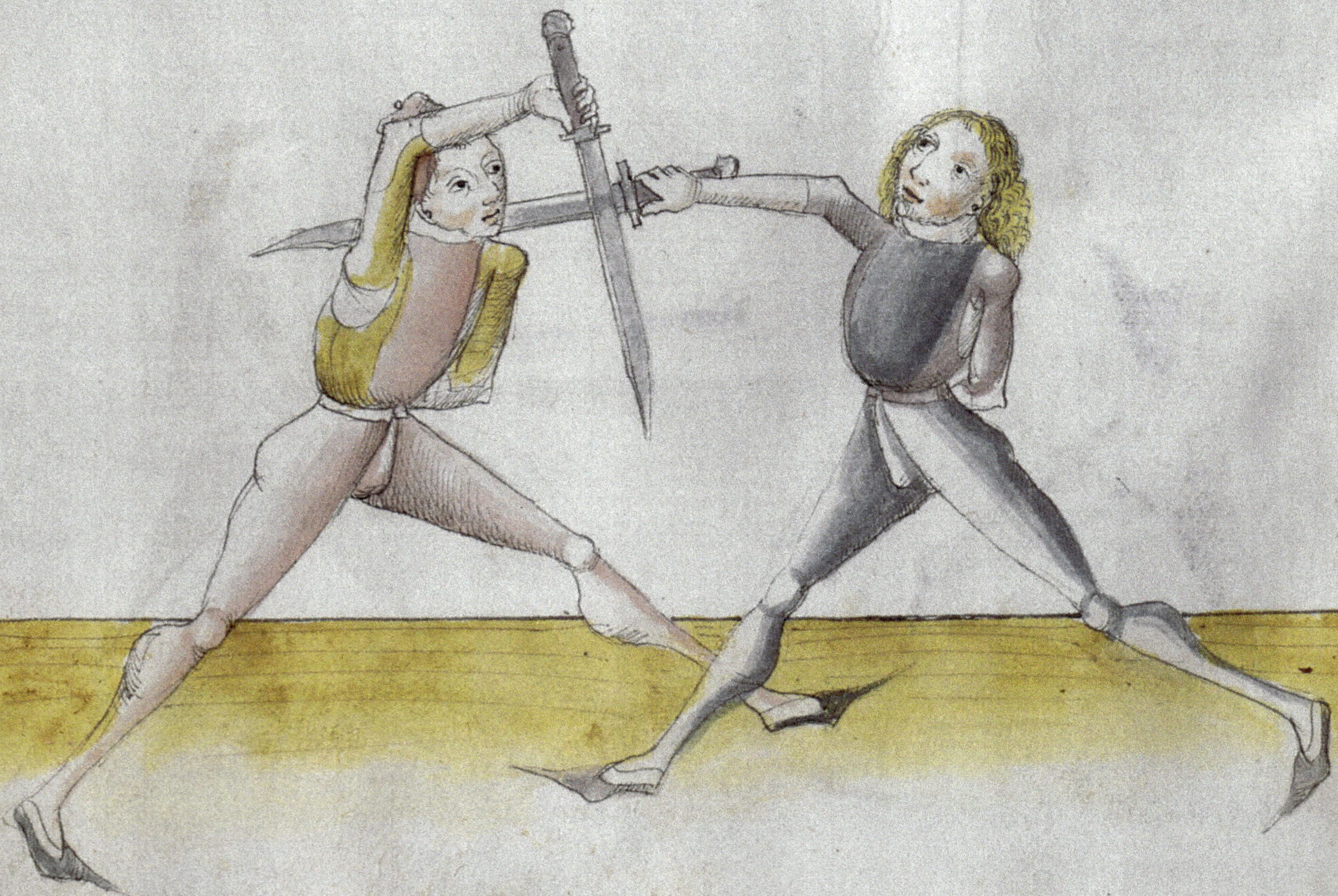

Item fert er auff vnd ist hoch mit de arm das du Im
de haubt mit de messer nicht magst kume vnd hast
ver numme od siechst das er hoch auff fert so wind hoch
auff vb sy messer gegen deyn linckh seytt auff seyn
rechte vnd fall Im mit de ortt vb seyne messer Im
In dy kelch od auff dy prust etc.

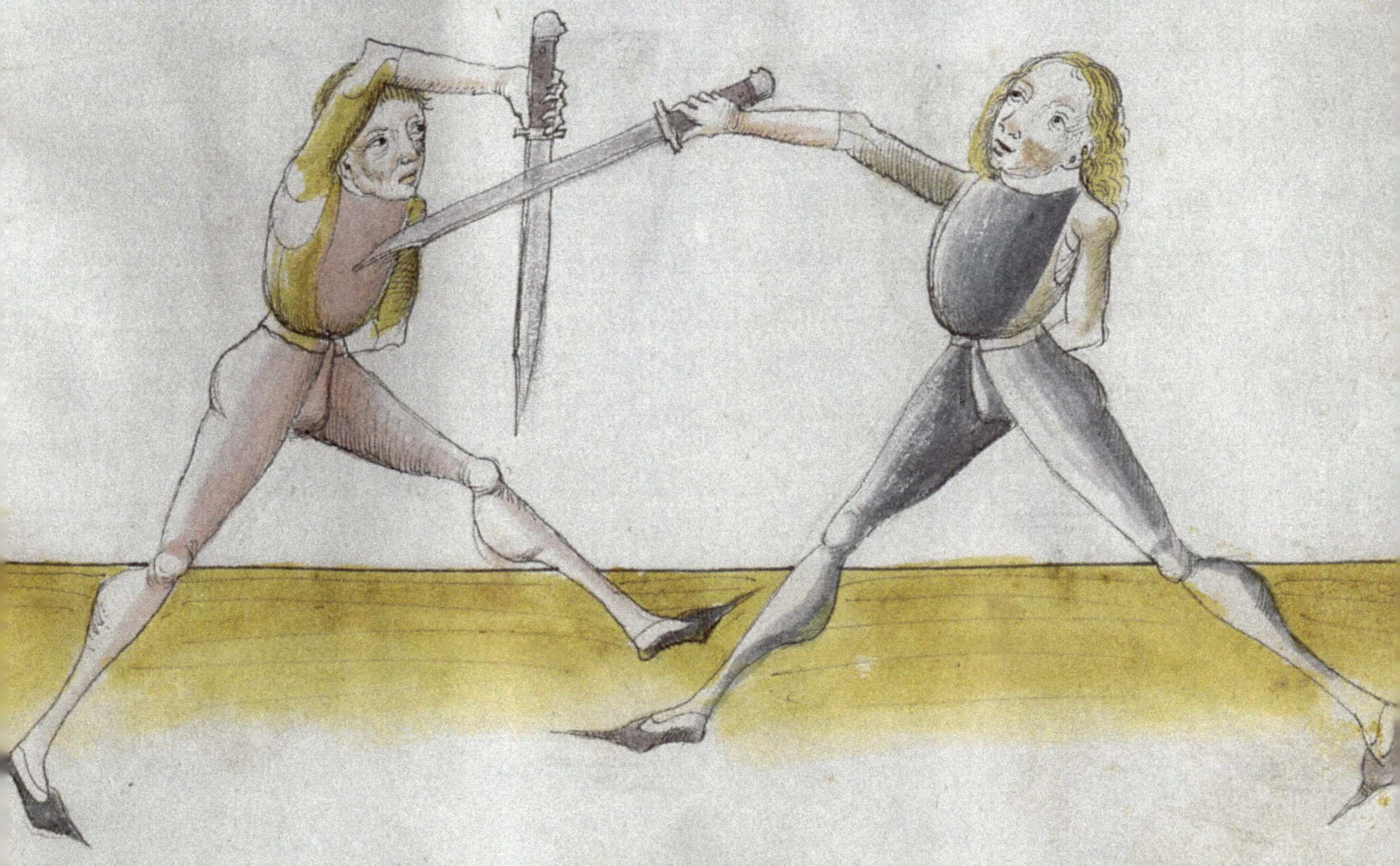

Item ligt er mit der krumen versatzung als vor auff deyner
rechten seytten so windt dy lang schnayd gegen seyme
haubtt sticht er dan als hoch auff mit dem arm vnd
will versetzen als vor so merck im winden weyll dy
gegen dem haubtt yst winde auff sey messer auff seyn
lincken seytten vnd schlag im dy kurtz schnayd auff sey
haubtt das er davon wentten sey vnd lig auff der flach dy
nicht messers · versetz er dyn den schlag · fellt dan auff mit
seyme messer so wenst weyd behendtlich an seyn messer
zu dem haubtt aber mit der kurtzen schnayden hatt er
das versetzt so windt weyd auff dy lang schnayd gegen
seyme haubt vnd lass den ort aber fallen auff deyn
lincke seytten fred vnd zu seyn rechten seytten in dy kelen
oder prust etc

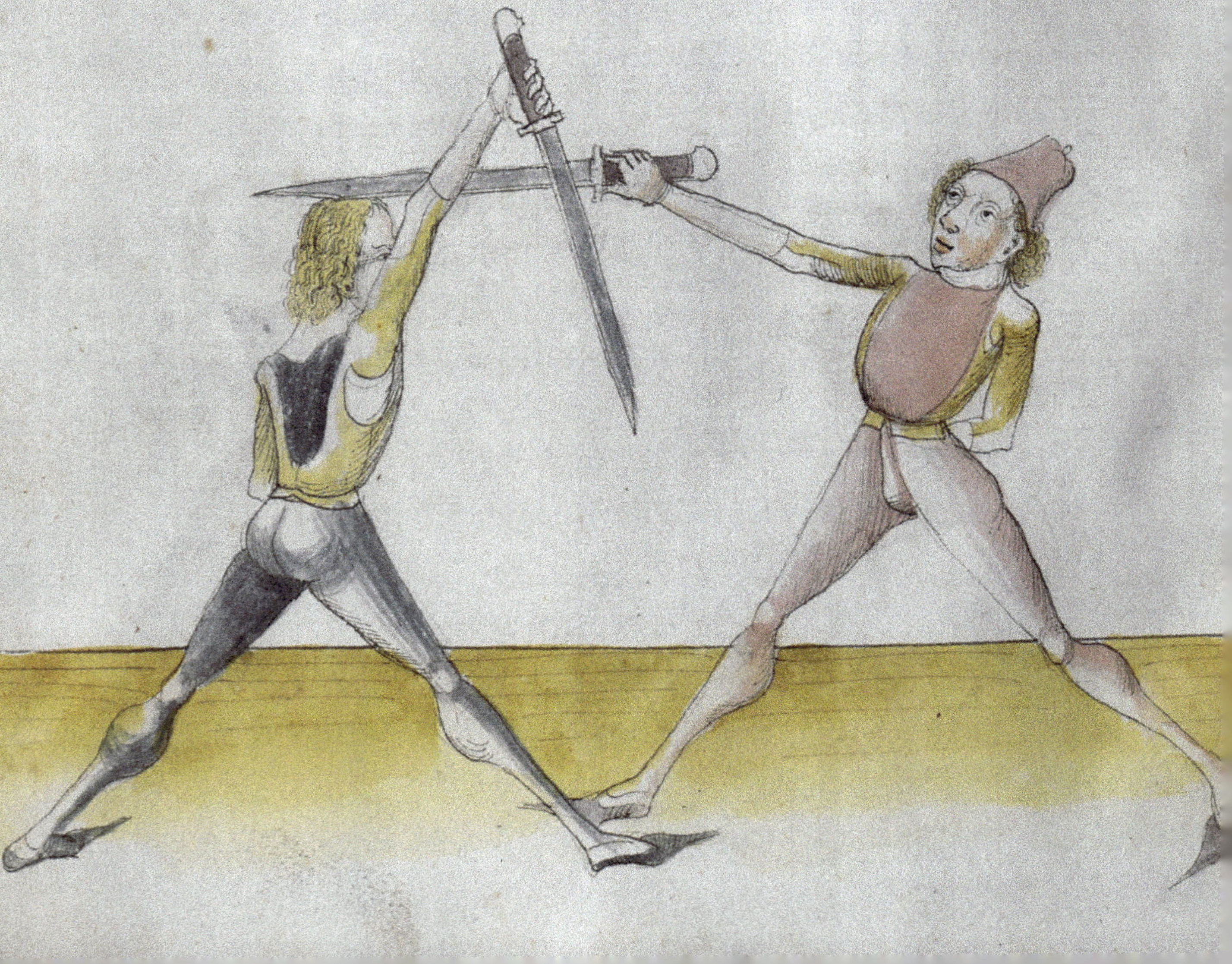

In windendn wilt besuren
Zwirach soltu dupliren
Wiltu dich paß rechen
Durch die wang ez stechen

Hye sagtt der maister wye man auff der kampff soll dupliren
Wiltu im das dupliren machen so thu im also der feynde
habt an gepunden und er ligtt dir auff deynem rechten sytten
und du im auff seyner linckn sytten und du ligst mit deyne
messer auff der seyne und das dir der davon unttn an deyne
messer stet Indes windt dy lang schneyd auff sy haubtt
und indes schlag im zu seyne linckn oren mit der kurtzen
haw auff seynes messers klingen mit der stumpffen schney
den wall umb zu dem haubtt Will du dich abnemen
am messer das magstu auch thun etc.

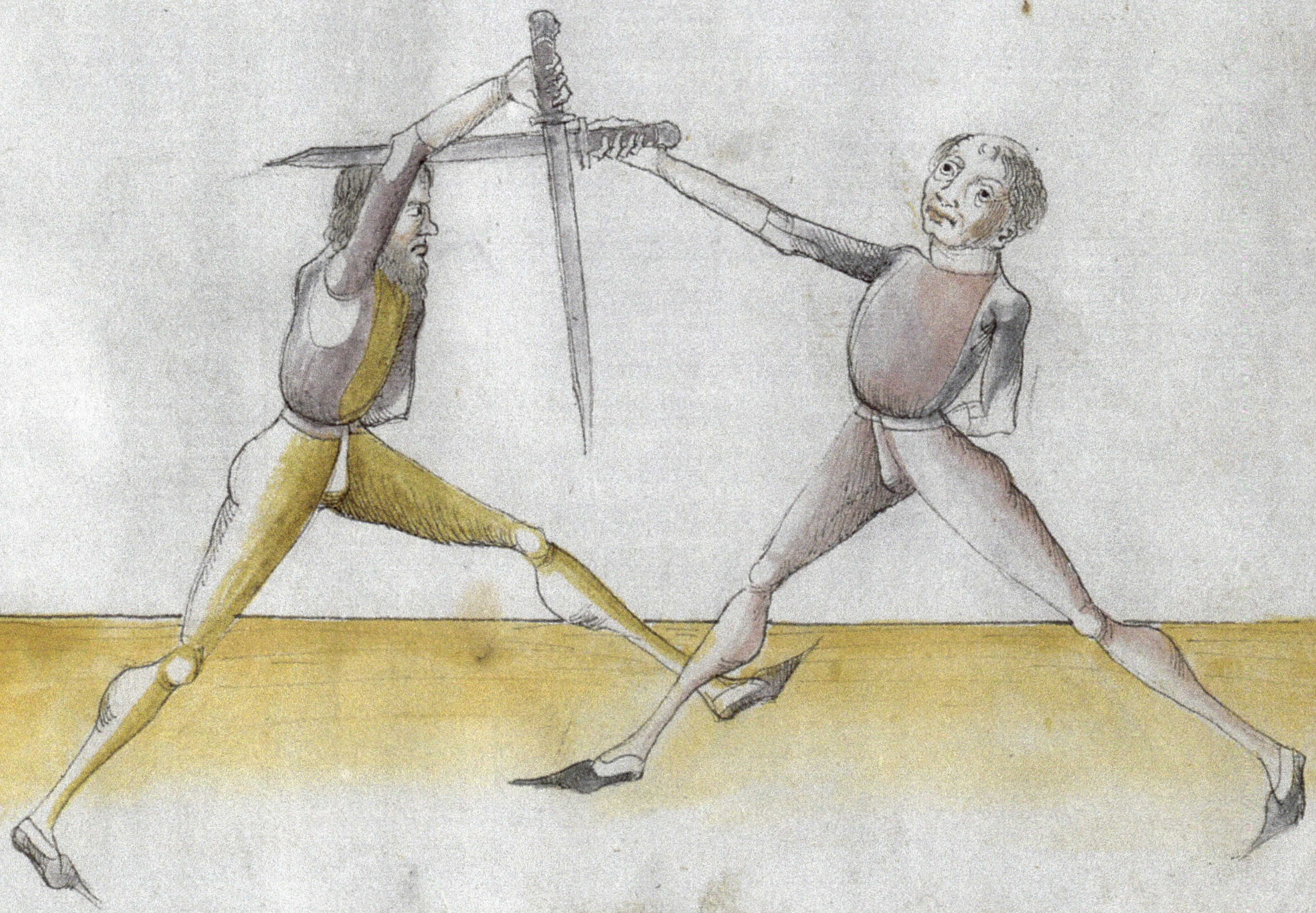

Item ligtt er auff deyner rechtn sÿtten gegen dir als oben ge-
schriben stett Thu sam als du im zu dē gesicht wollest
windn auff sein linckē sÿttn den ortt nach seinem
linckn wang vnd streck den arm woll vō dir auff
dein sÿttn vnd windt im dē ortt zu dē gesicht etc

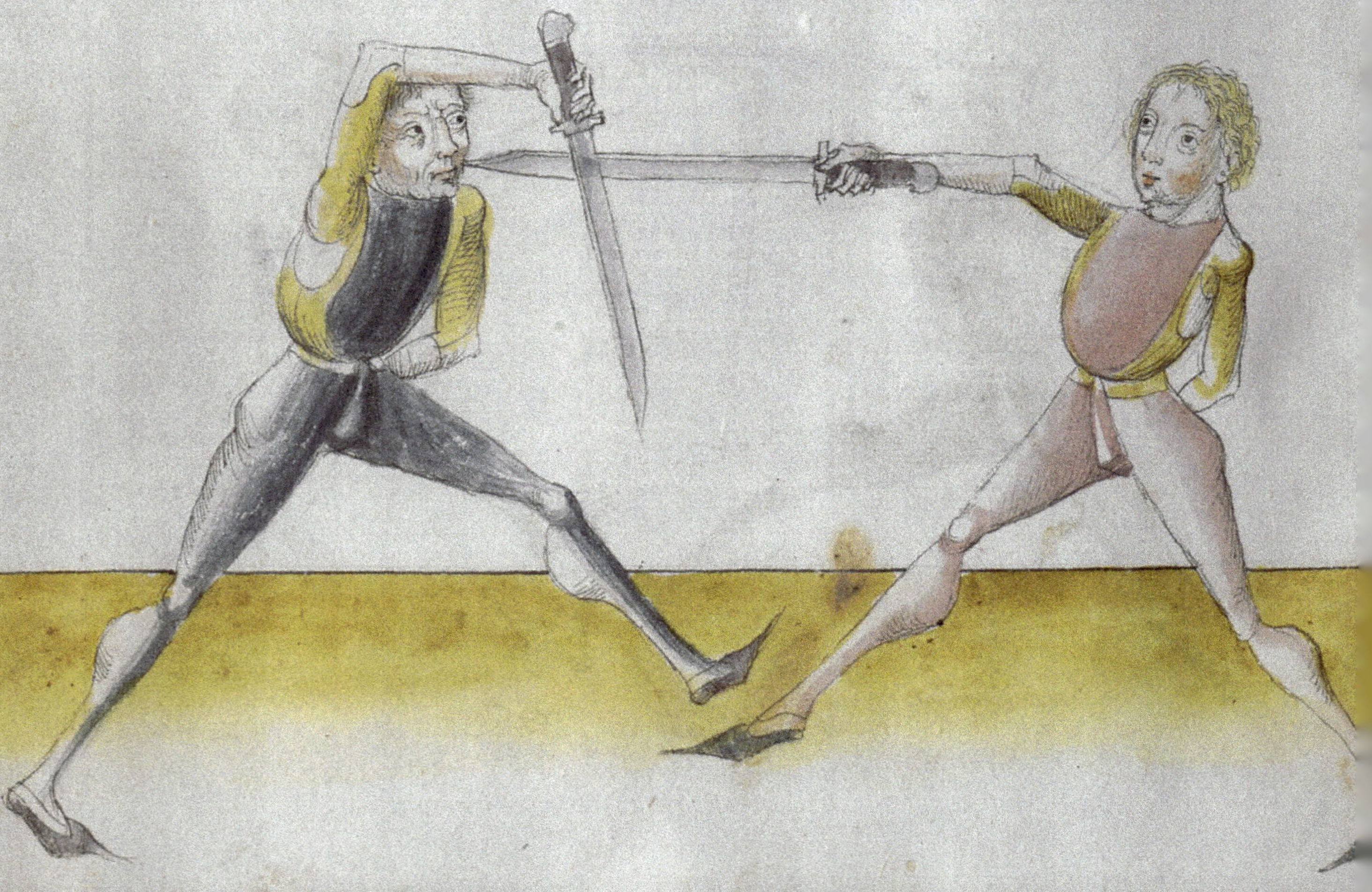

Item als du dy stuck gemacht hast auff der rechtn seyttn
Also magstu dy machn auff der linckn seyttn vnd was
dy wynden eygnschafft gehabt habn vo der rechtn seytn
dy selbign habn dy auch vo der linckn seyttn dy ab nem
magstu auch machn vnd zu de kopff schlagn denn
Wenn du auff de linckn seyttn gegn deyne haubt win
dest so magstu mit der stumpffn schneydn schlagn auch
magstu zu seyne rechtn wang stechn etc

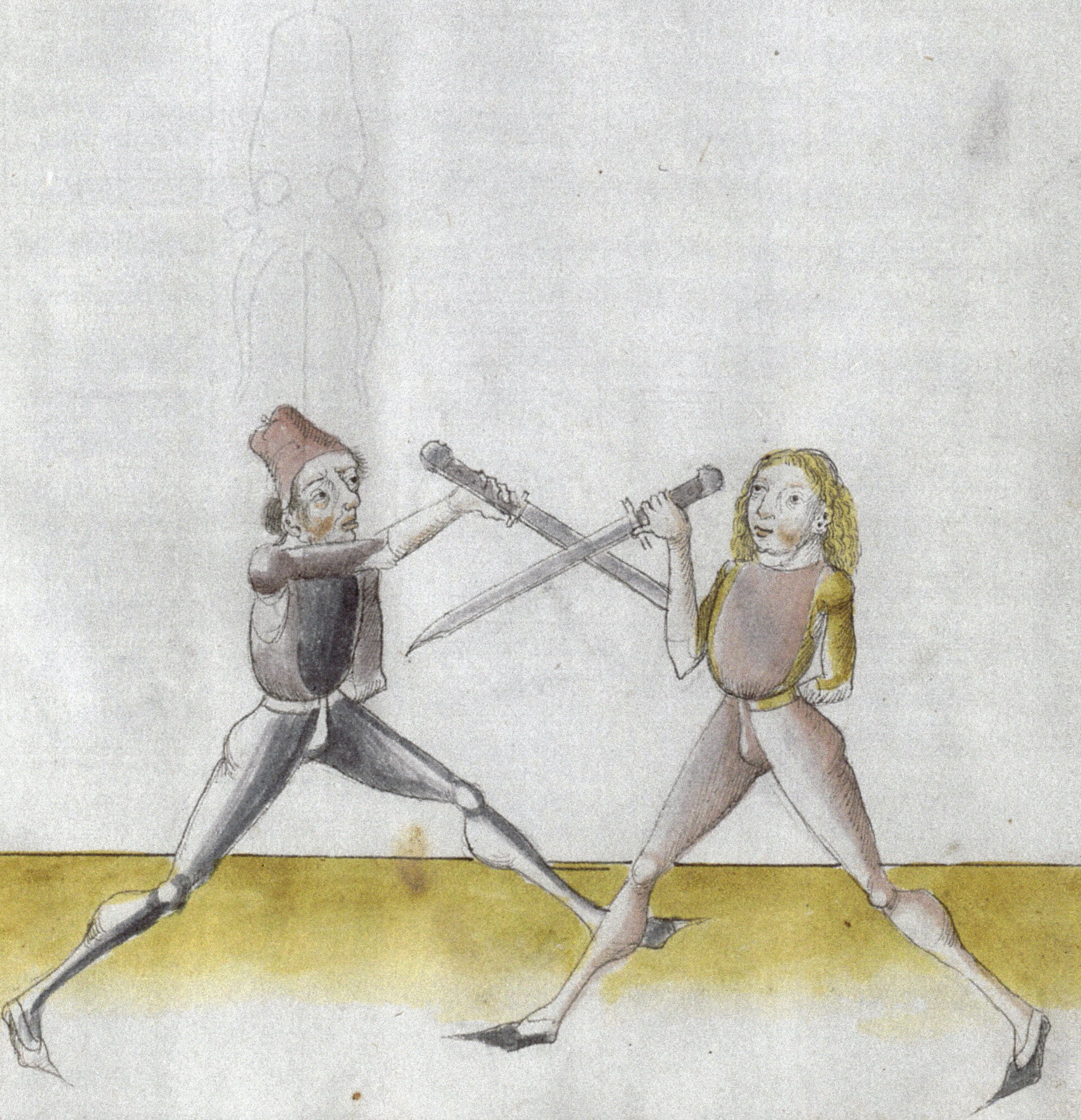

Item wiltu im das messer nemen so er ligt im hangunden
ortt auff seyn lincken seytten vnd du ligest auch auff
seyne so windt jndes ob sey messer dyn lang schwerd
die ortt jn sey seytten vnd mach das mutiren jndes
ortt behentlich auff jn mit deyne lincken stoss das
sey messer neben deyn rechten seytten beslytt mit dem
ortt hyn auss gett jndes fall mit deyne lincken handt
hinter sey rechte vnd reyss starck da mit pey de pindt
auff dyn rechte seytten vnd stoss jn mitt de ortt deyness
messers starck jn sey leyb etc

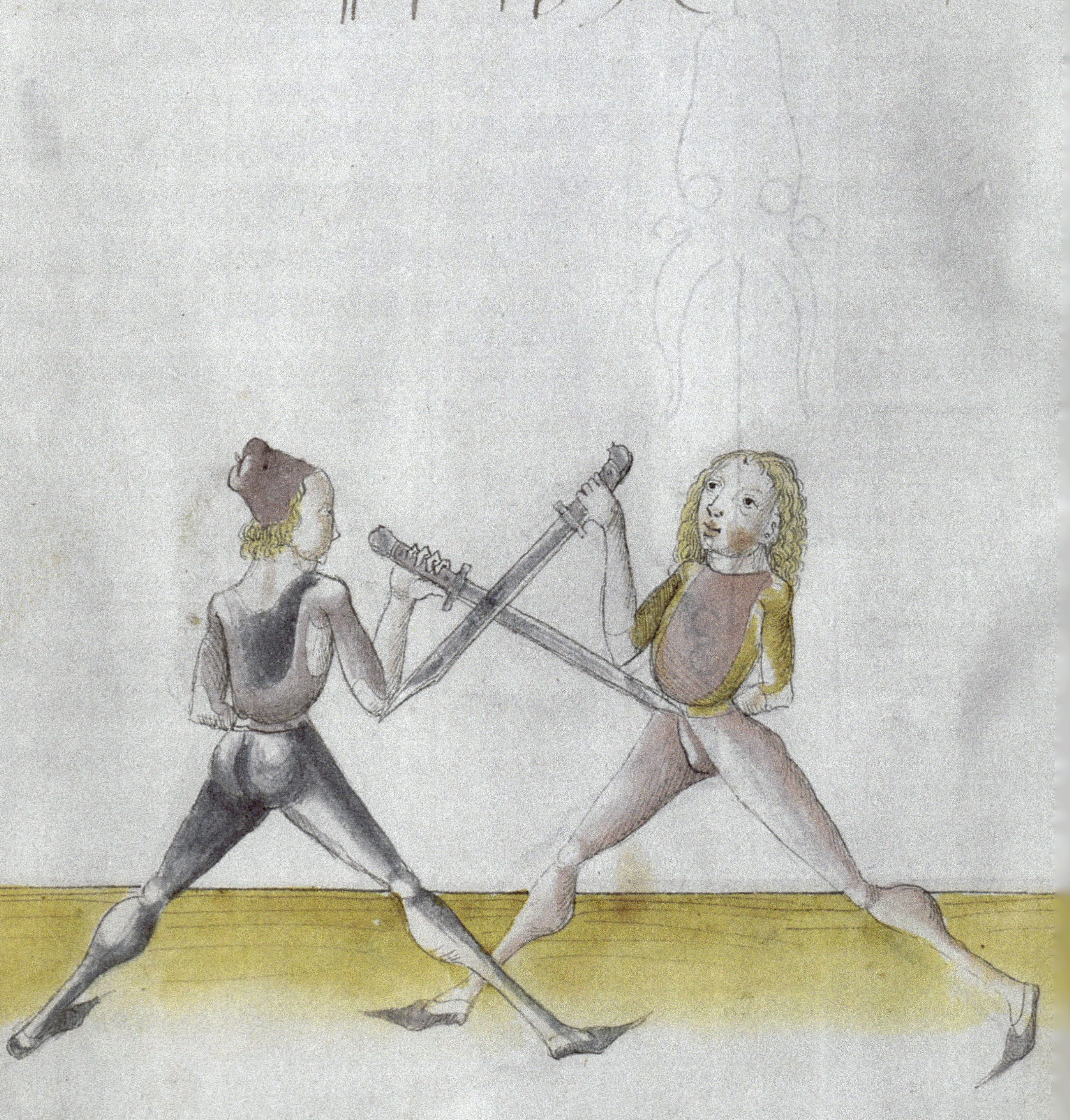

Item ligtt er im hanttgenden ortt auff seyner rechten seytten vnd
du ligest vntt dem seyne pudens fall mit deyner lincken handt
vnd sey magst pudens fall in dy mitt deynes messers vnd far
im also mit de ortt an sey kelen vnd leg im deynes messers
klingen an sey hals auff seyner lincken seytten vnd schrayt
mitt deyne lincken fuss hintt seyn rechten vnd druck in
da vber zu

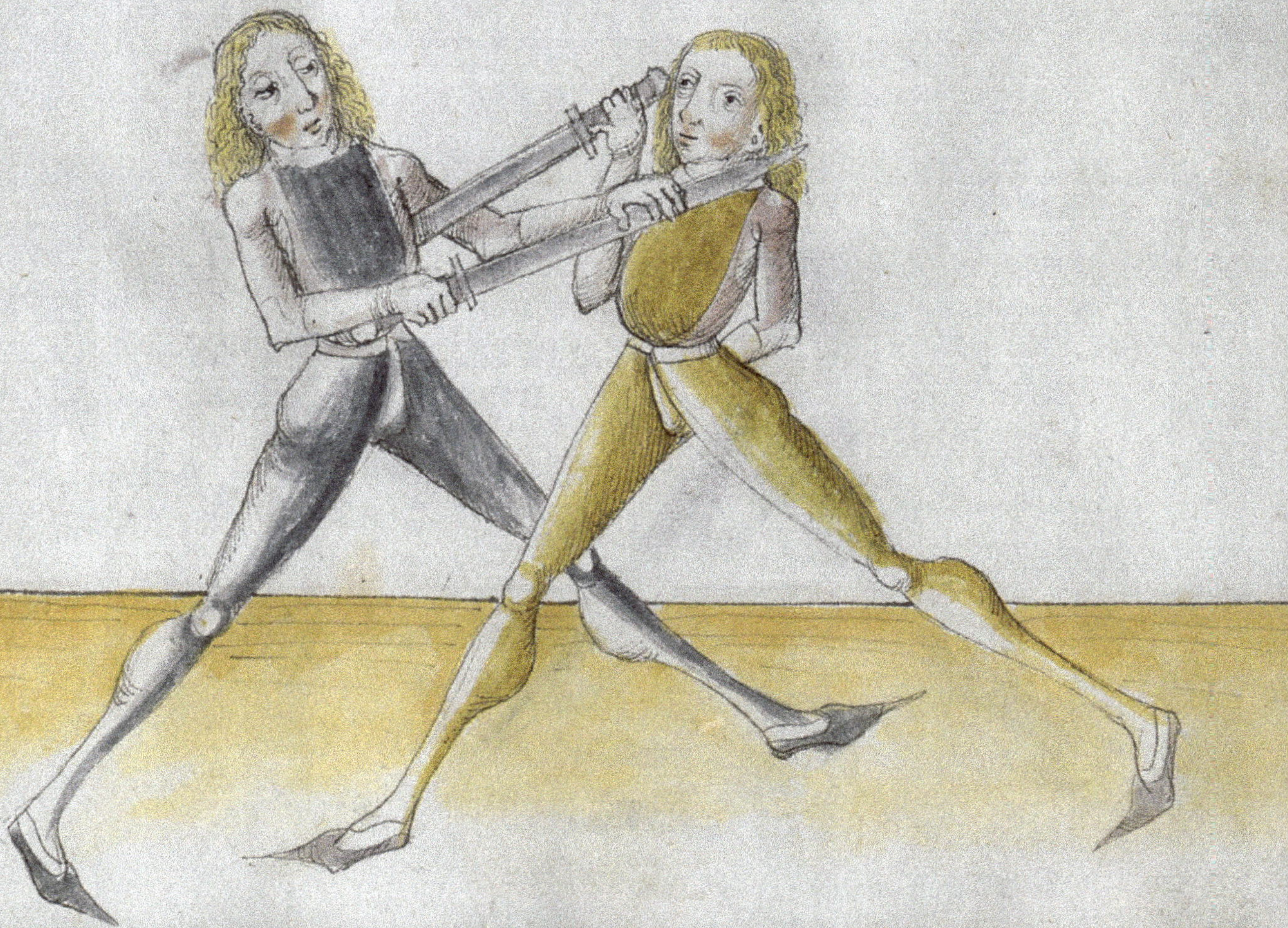

Jtm ligestu auff seyne messer vnd er ligt als du Judert fare
mit deyne lincky arm vb sey messer vnd staß mit deyne
messer im an sey messer mit dem kreutz starck aby an
sey gehultz od an seyns messers klingn nohent bey der
handt starck auff dey lincke sytty so nymbstu im abe das
messer etc

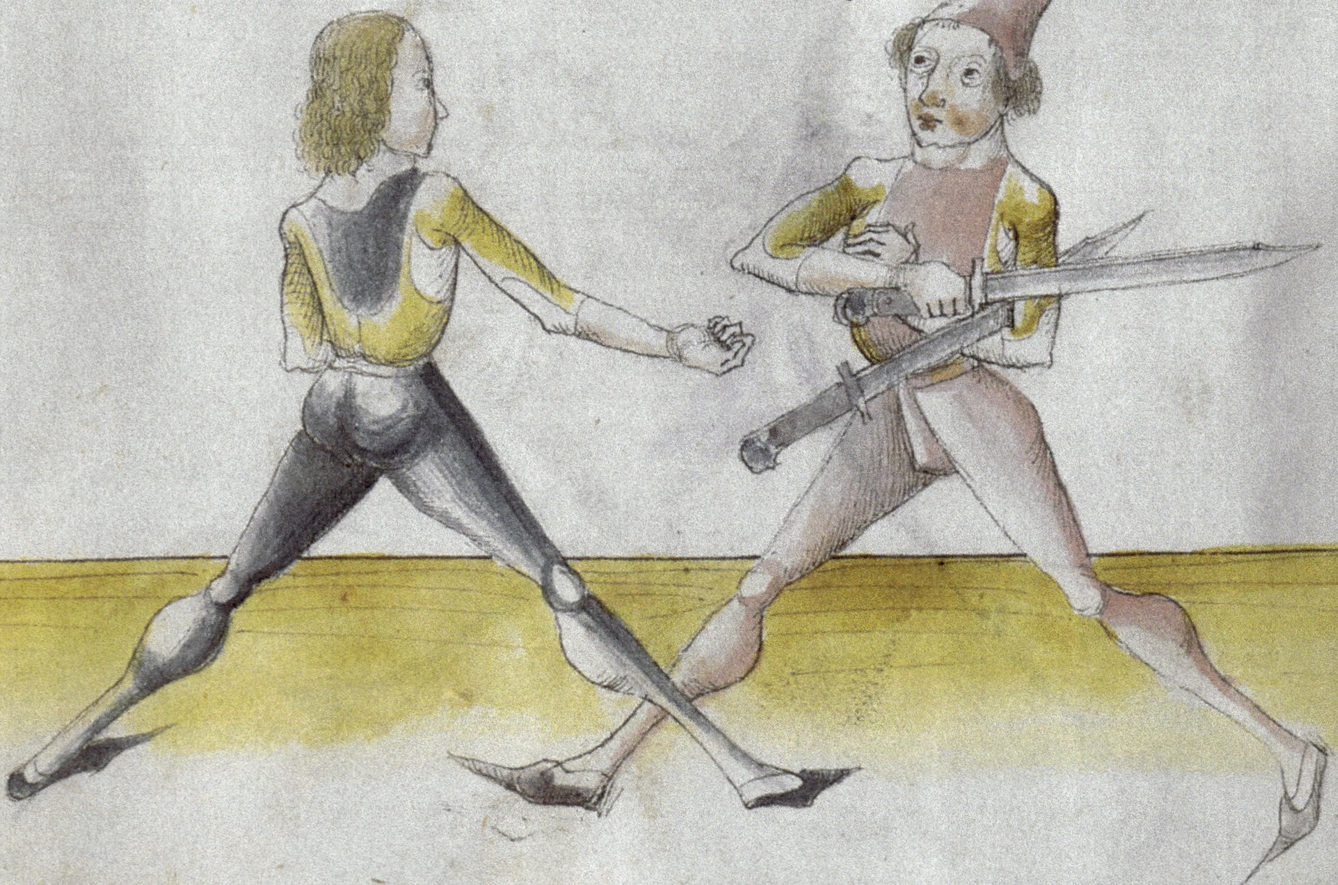

Item ligestu ab' auff seyn rechten seytten vnd auff seyne messer
vnd er ligt im hangenden ort als vor Jndes windt
gegen seyne hals vnd druck im das messer an sein nack
vnd ob er dir zu starck wollt sein das du im sein messer
mocht nyt drucken kunst so kum mit deyner lincken handt
hinden an deynem seyn gehultz d' rechten handt zu hilff
Jndes fall mit deyner lincken handt im oben jn sein messer
jn das gehultz ob seyner handt vnd druck im das vbruck
vnd vb' dasz dey so nymbstu im al das messer ze

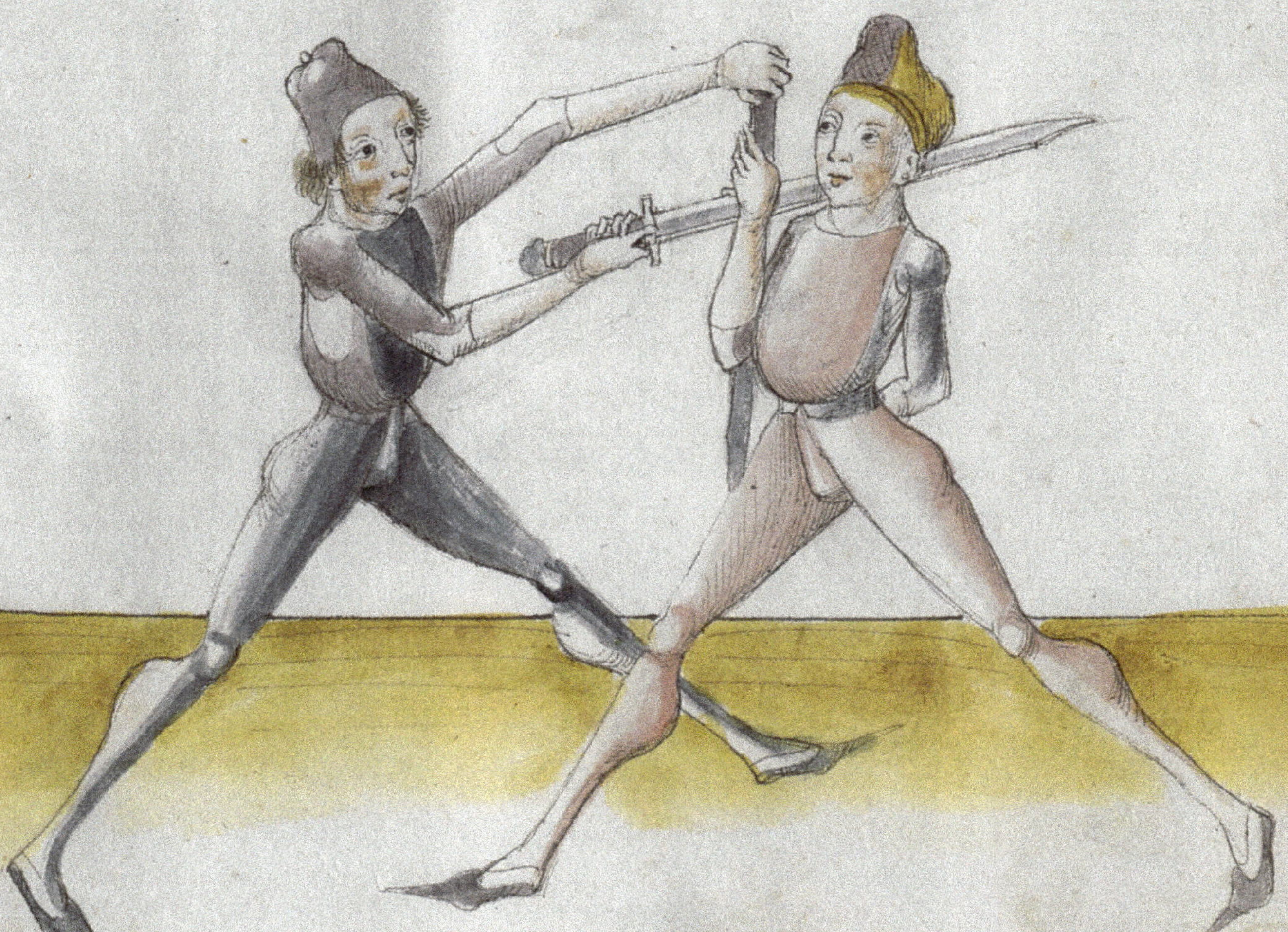

Item ligt er auff seyner rechten seyten Jn der hangunden ortt,
als wer Juden fall mit deyme lincken arm vb sey messer
vnd thu als du Jm mit der gehultz deynes messers
wollest stechen Jn sey angesicht so er dem auff fertt
mit seyne gehultz vnd will dir den stoss versetzen
Juden stoss mit deyme gehultz starck auff den lincke
seytten so nymbstu Jm ab das messer vnd hawest Jn
damit durch das gesicht zc

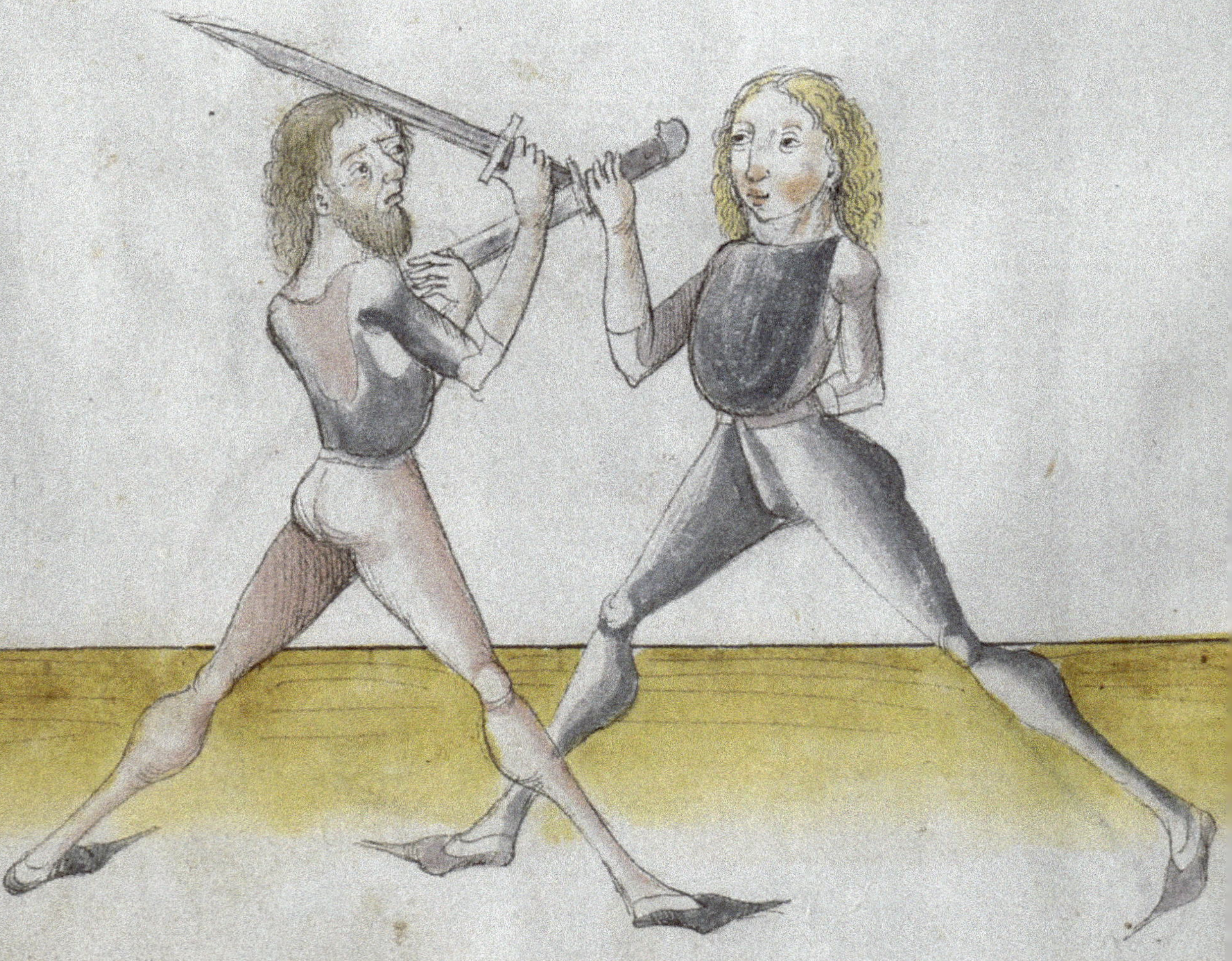

Vberfar arm will er possen
Messer nym mit gehultz solt stossen

Itm das soltu also versten kumstu zu dem man mit deyme
entrustshaw auff seyn lincke seytten so schlag im zu
seyn rechten seytten Indes far mit deyme lincken
deyn vber seyn messer vb der klingen vnd thu als du
im mit dem gehultz in das angesicht wollest stossen
Indes stoss mit dem gehultz in das gelenck seyner
rechten handt ausswendigs stack auff der rechten seytten

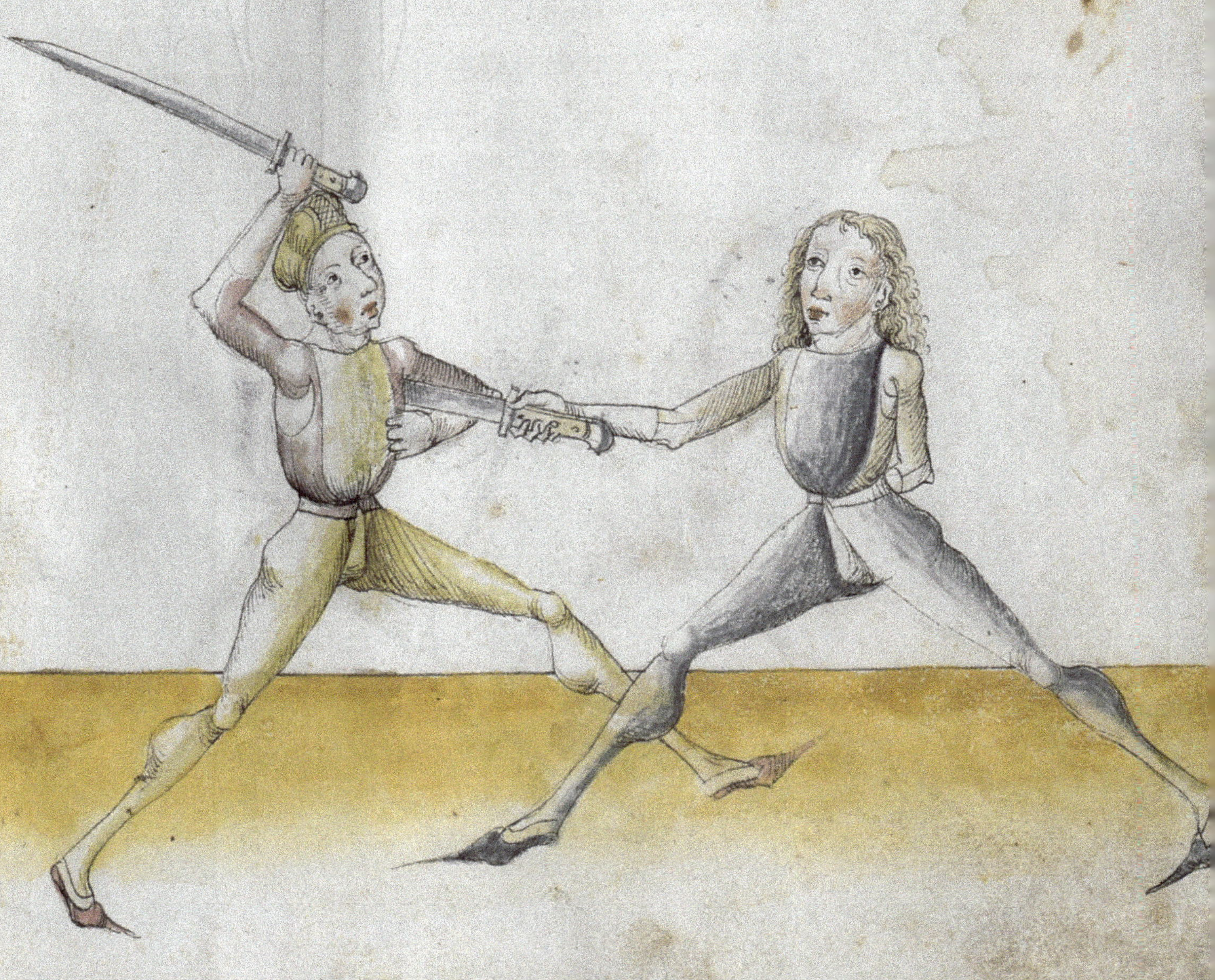

Item fall im ub syn messer als vor · hasst im denn das
gehultz zehinderyst in der handt ubersich so stass aber mit
deyne gehultz zwischen sein handt und gehultz starck
auff der lincken sytten so nymestu im ab das messer wye
unden gemalt stett etc

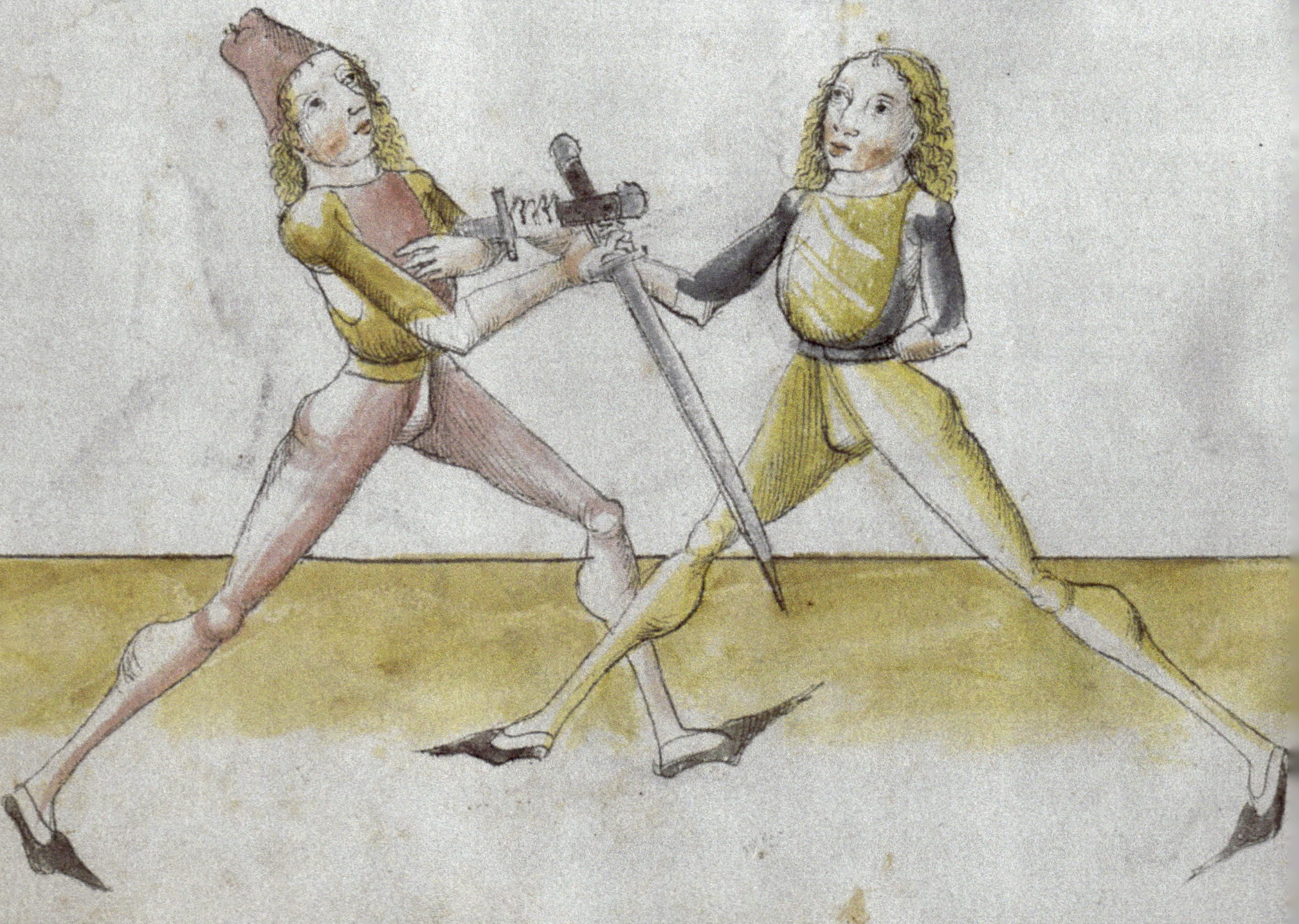

Entrust streych vberwindt
Lauf das haubt gewindt

Hye lett der maister wye er man den man mit den streych des maisters vberwinten soll vnd thu im also schlag im mit eyne entrustthaw zu seyner rechten seytten indes wendt dy hawdt vmb vnd windt in dy streych deynes maisters auff sy maister vnd schlag im indes mit der langen schneyden auff sy kopff etc

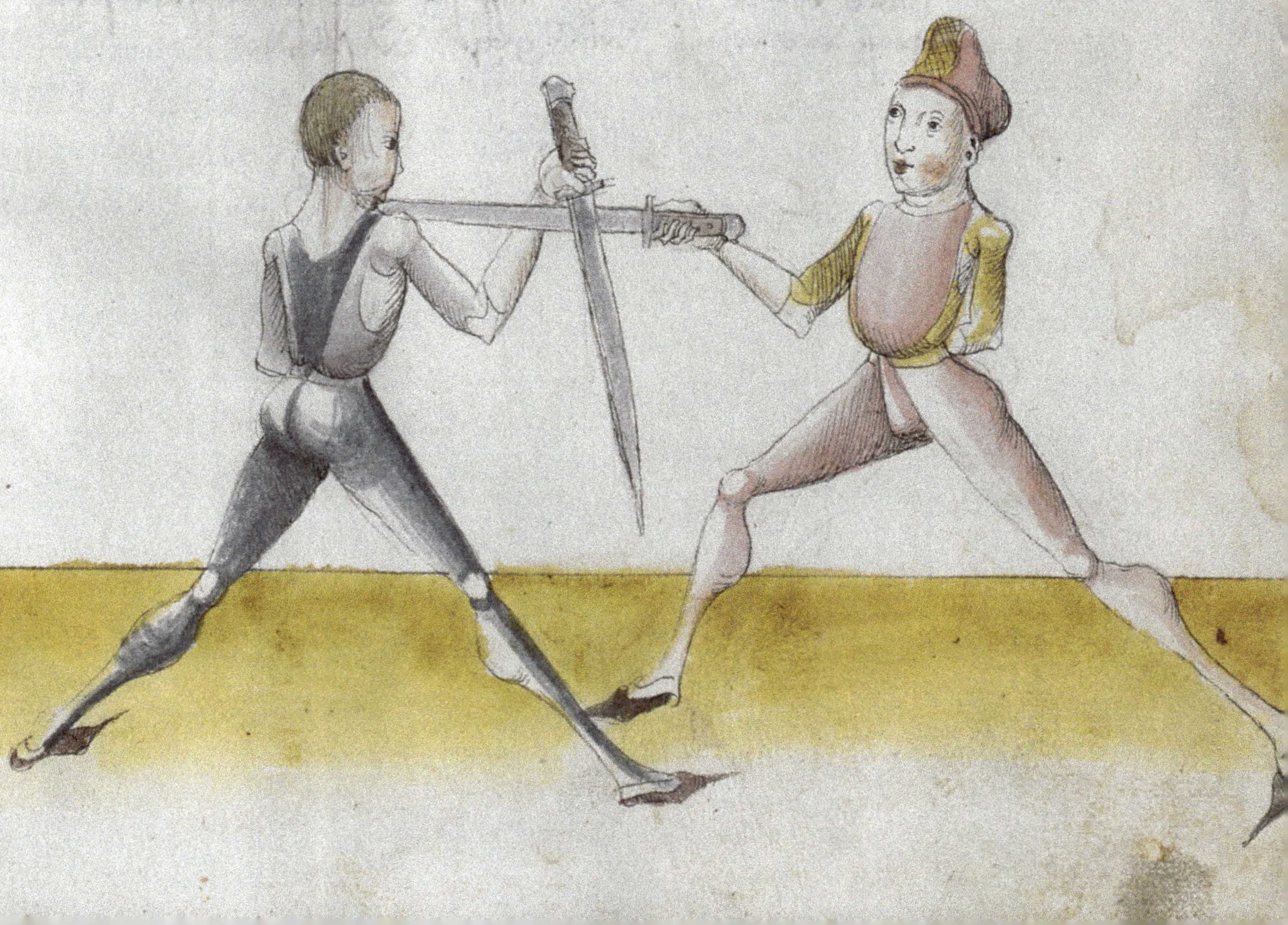

Wiltu In betzygn
So du pist vntliegn
Zuck wendt durchgee In windn
Hew stich schnytt ler vindn
Zu kopff zu leyb
Was du pegerst das treyb
In allem gefeztt
Prüff weych ode hertt

Hie mt der meyster vnd der mere der kunst das letzt stuck
mit seyner tyrgenschafft vnd spricht wiltu In betzygn
das ist wenn Ir payde an gebunden habt ligt er dir
den lauff deyner achtn stytten mit der kurtzen versatzung
vnd die ligyt vnd seyne meyst auch In der selben versatzung
Indes wendt dey messt auff sein lincke sytten gegen seyne
ploß vnd wincl woll gegen der selben ꝯ

Das ist als vill gesprochen das du nach der ploss
sollt greyffen er bewig vnd duch vo de slahen lincken
seytten schnell dwaher mit de messer fur dey leyb mit
gestrecktem ortt auff der lincke seytten vnd schlag
im zu de haubtt seyner rechten seytten od setz im de
ortt zu de gesichtt od zu der prust etc.

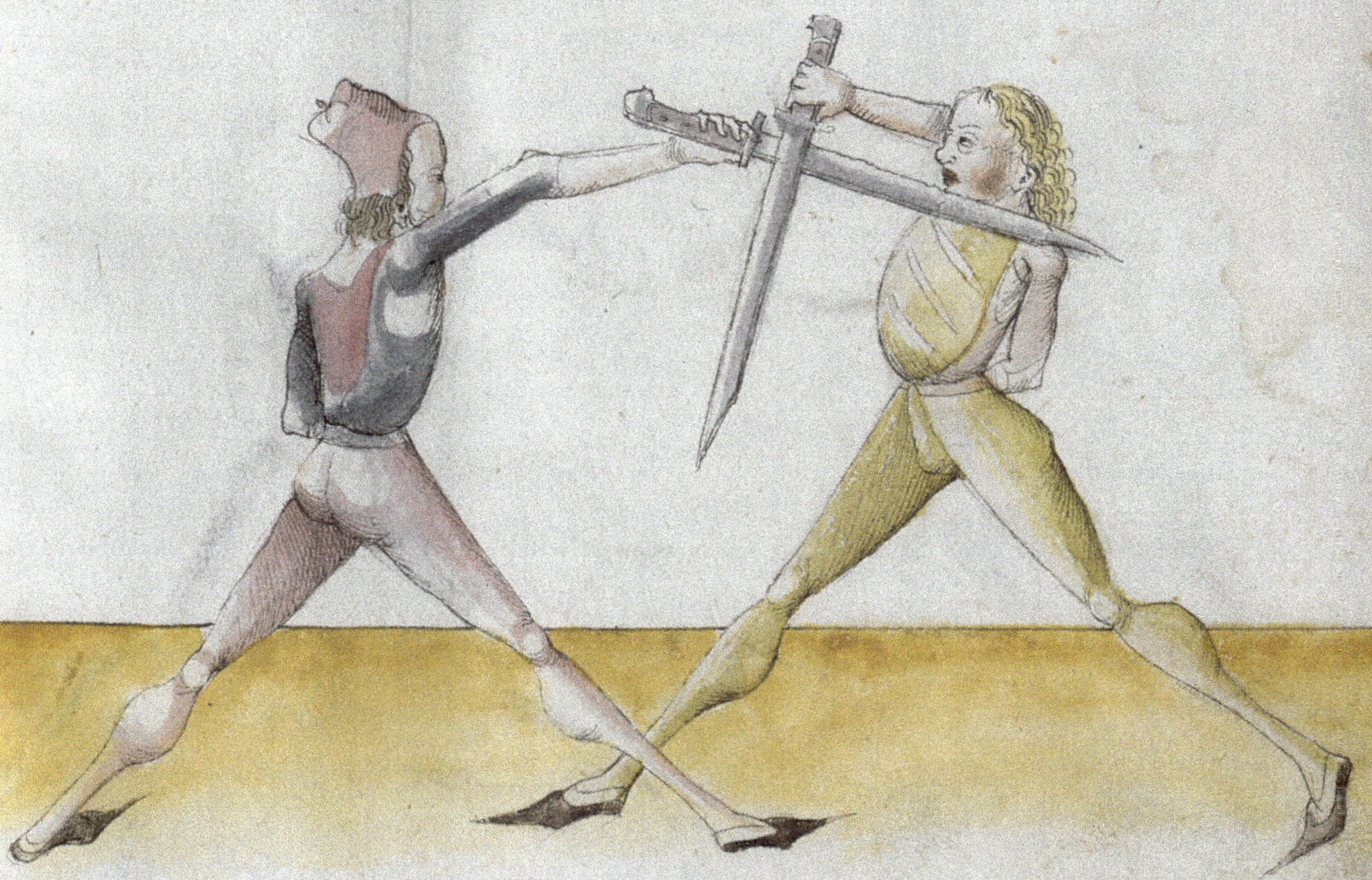

vnd ligen also auff seyner rechten seytten vnd er auch auff der
selben als vor Juden windt vnd seyne meister dann meist gar
wall vmb vnd also das du Jm auff seyn rechten seytten mit
der kurtzen schneyden oder flach seyn rechte achsel trifst ein
wenig sindes gar durch mit dem meister mit gestrackten arm
zwischen hende paide seytten oder leyb das dy kurtz schneyd.
Vor gar sindes setz Jm den ort Jn sein prust vnd oder schlag
Jm mit der kurtzen schneyden / zu seyner lincken orey vnd
hab den meister allweg fur das haubt mit den gehulten wall
versich das du darum vnter / ste auff dem flech des meisters etc

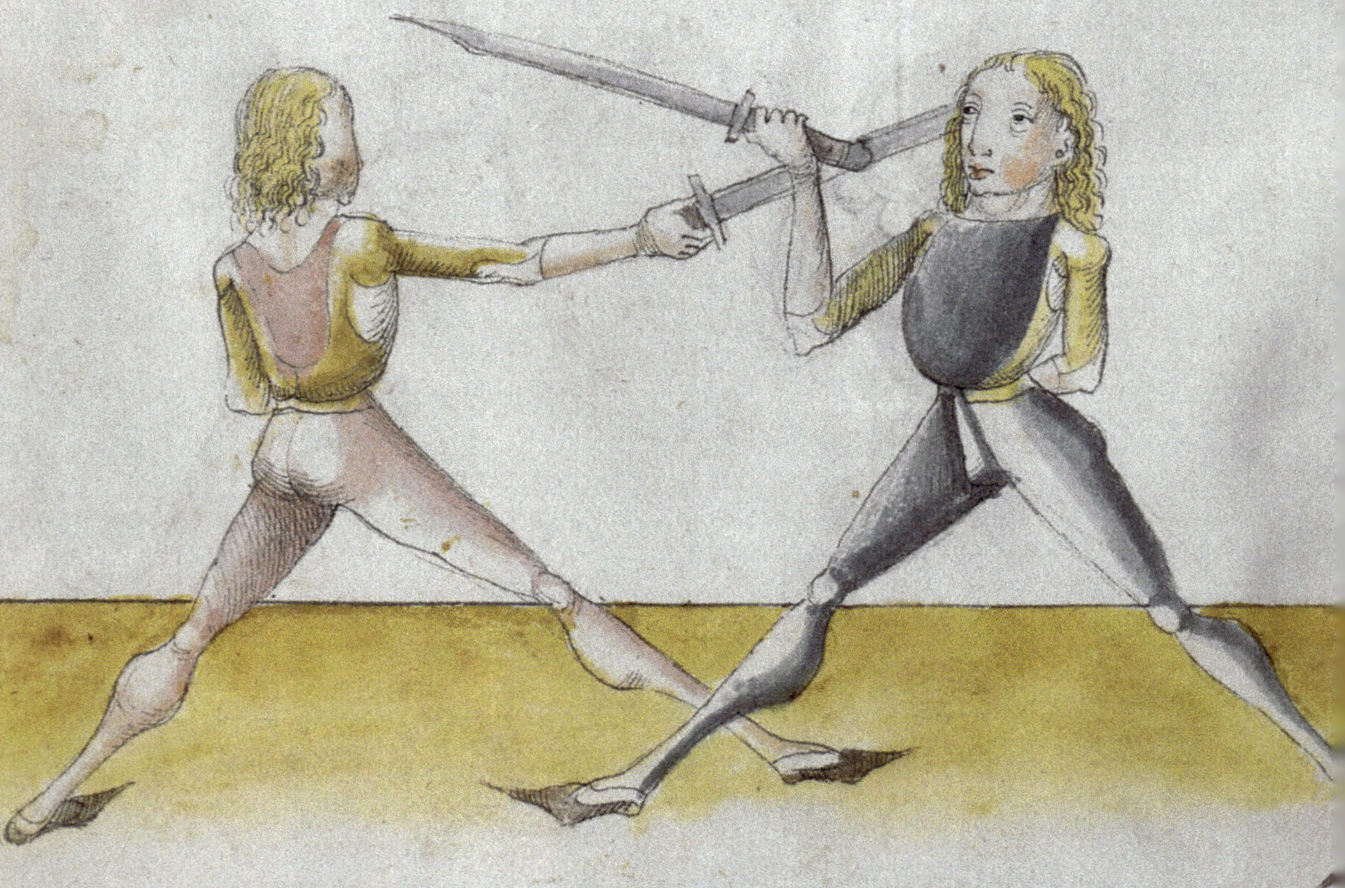

Item ligestu auff seyne mussr auff seyn rechten seytten so er
ab legtt sein langenden ortt mit der zwerch Indes wendt
dy kurtzen schneyden stark auff seyn kopff vnd far hoch
auff mit de gehultz wöll er mit de versatzung nach faren
so schlag Indes mit der zwerch zu seyne oren seyne rechten
seytten mit de kurtzen schneyden etc

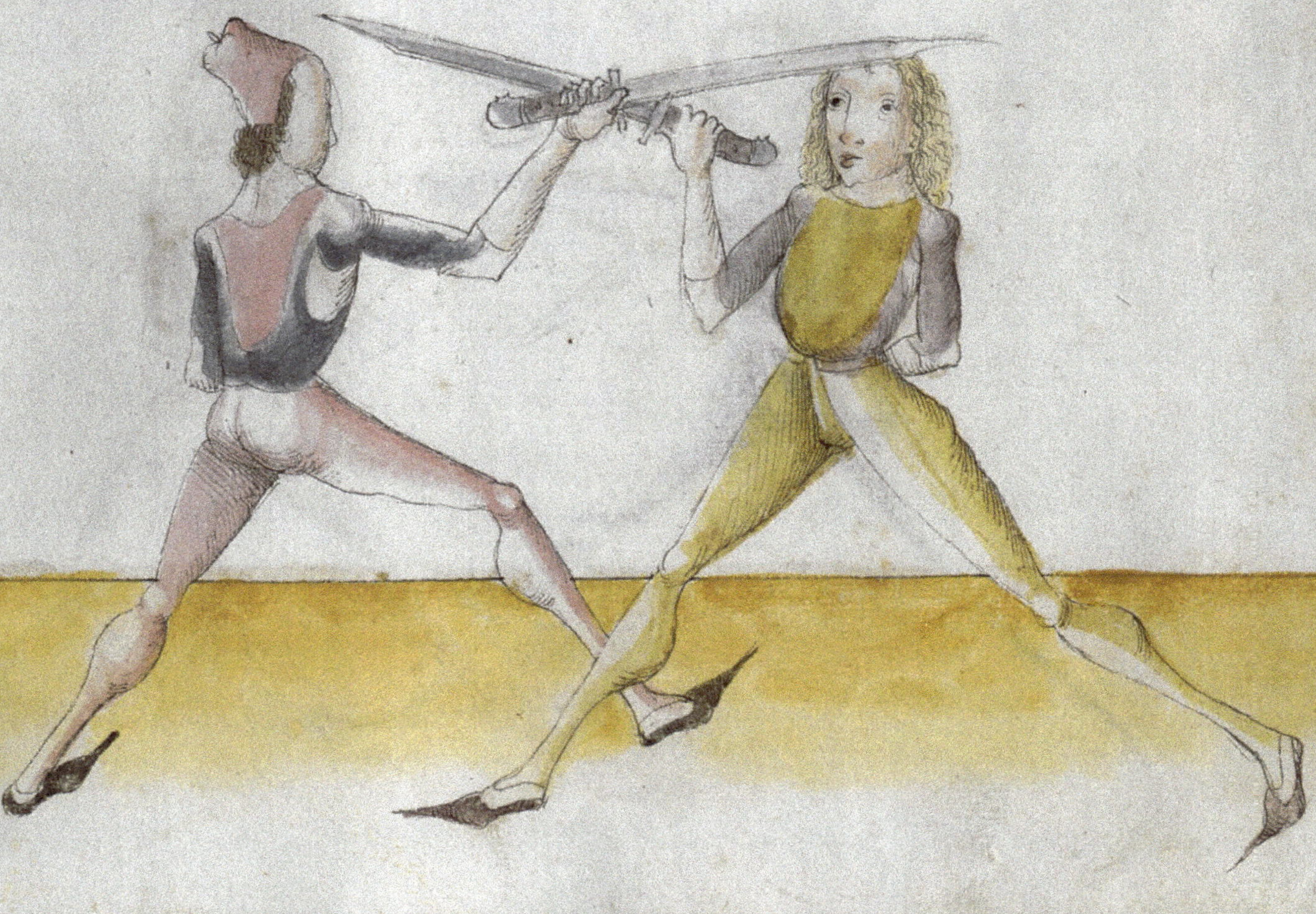

Item ligstu auff seine messer seine rechten seytn wer
er selber greiff mit deine linck arm ob seins messers
klingen vnd greyff vnten zu gewappnd hantt das der
ort deines messers ste auff deine lincken seytn vnd far
auff mit dem gehultz vnd stoss starck da mit an seins
messers klingen nahendt pey der hanndt auff der linck
seytten so nymbstu im ab das messer etc

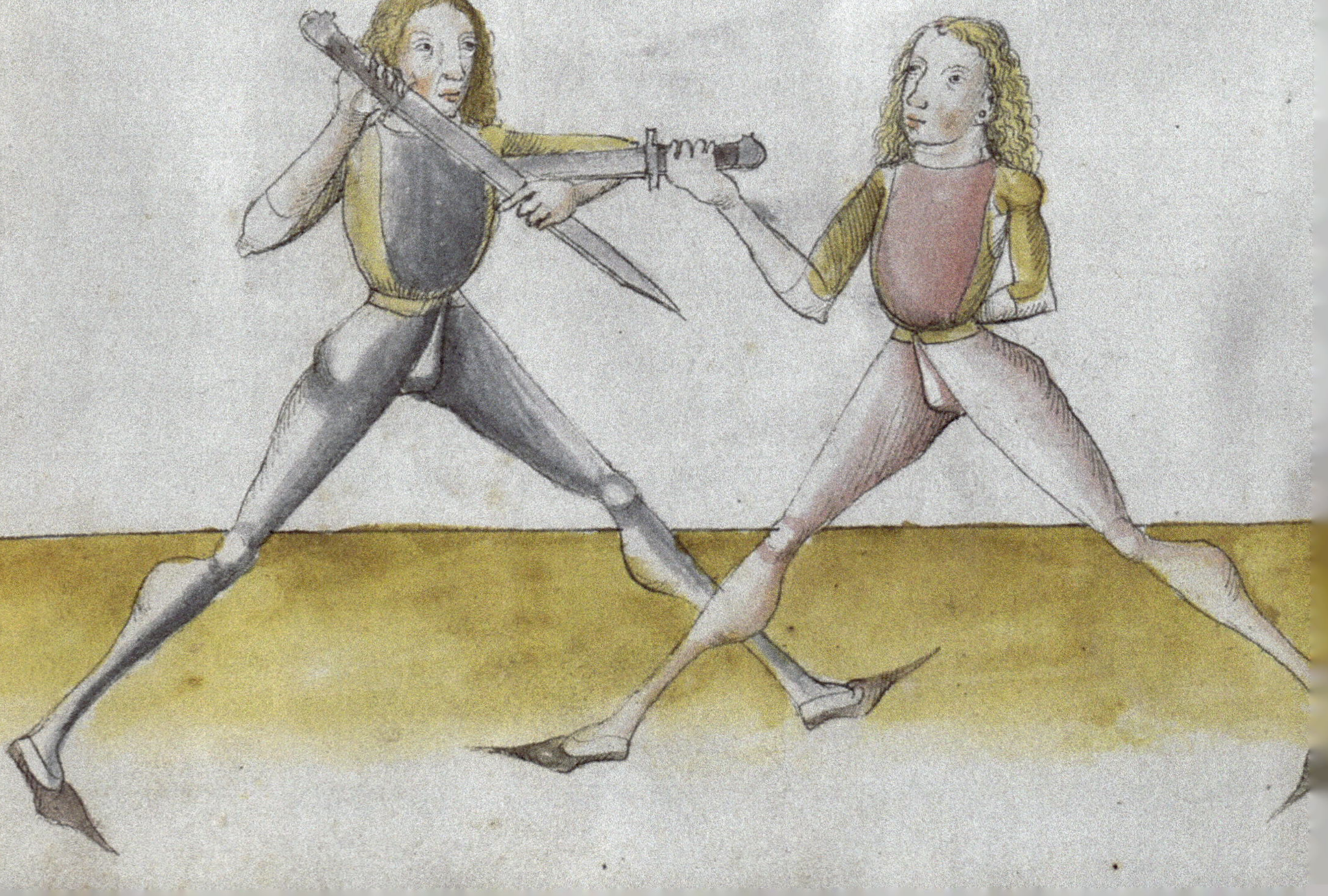

Item haw vō obñ gerad ayn syne langn abhaw mit gestrackten
arm gerad vnd slag zu syne kopff syne lincken syten vnd
so der haw gerad verzuckt wurtt so wind gegen syne
messer dy linck schnaydē an das der daumen vnden ster vnd
schnel im dy lincken schnayden an syn linckes oer &c

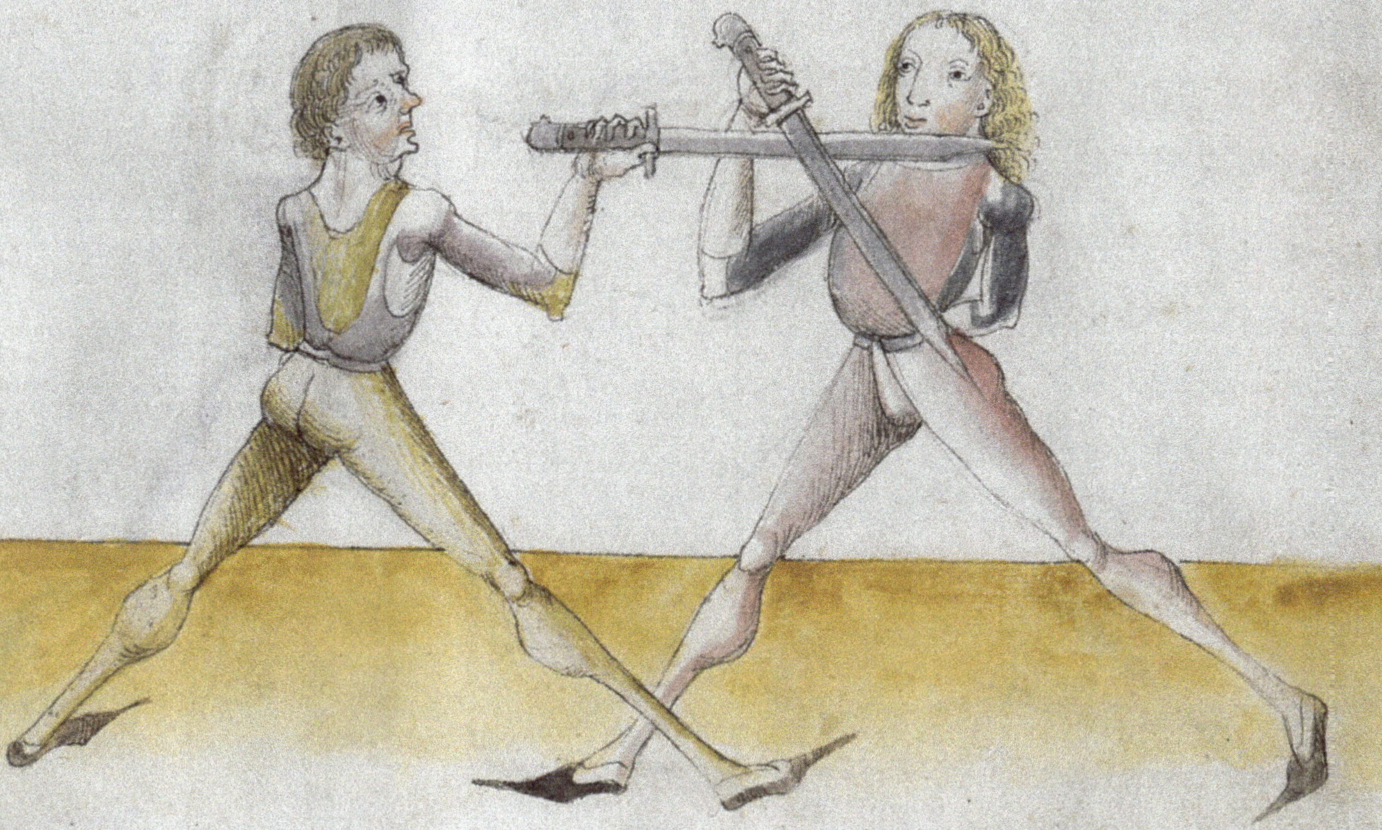

Jtm haw eym abschny Jm Zu syn rechtn seytn lanck vnd
gerad eyn mit gestrackten arm Jnders so d[er] haw vorbracht
ist so wendt deyn messr gegen deyn lincky seyttn an seyn
messr vnd schnell Jm Zu seyne kopff od[er] an seyne
rechte seytte etc

Jtm nota dy stuck seyn gutt das du eyne dest lenger magst
verfuren vnd Jnders mach dy duplirn dy feler vnd dy taffs

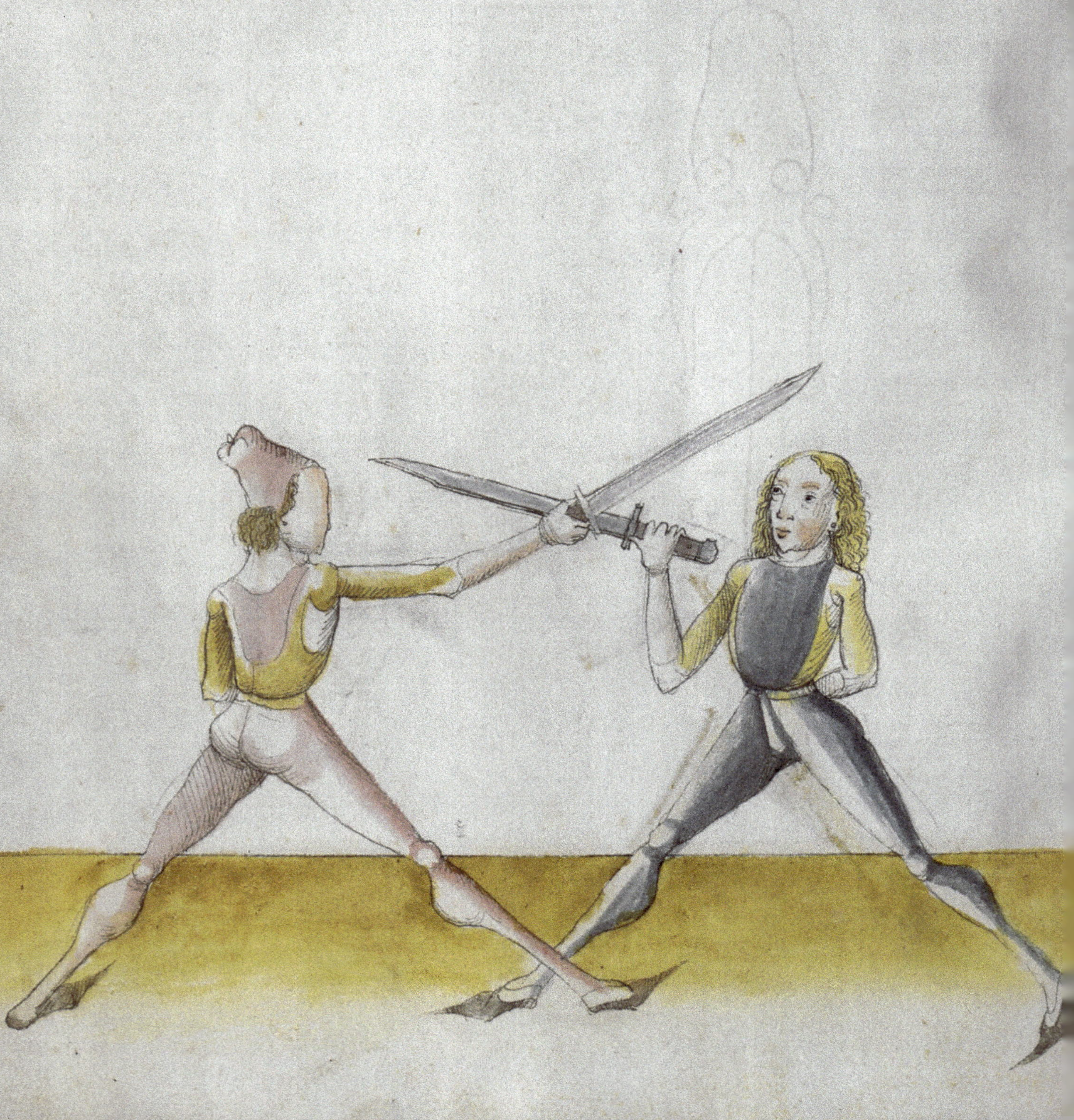

Item du solt auch wyssen das auß dysen wendn sullen
geschnydn werdn hew stich schnytt vnd thu im also
so du pist durchgangn mit dē messr vō seyne lincken
seyttn auff dy rechte so schneyd vō dir zu seyn seyttn
vnd so du geschnyttn hast mit dē messr stich im auff
sey prust vnd far auff mit dē messr vnd mach eyn
fele auch auff seyn rechtn seyttn vnd haw im zu dē
messer ploss etc

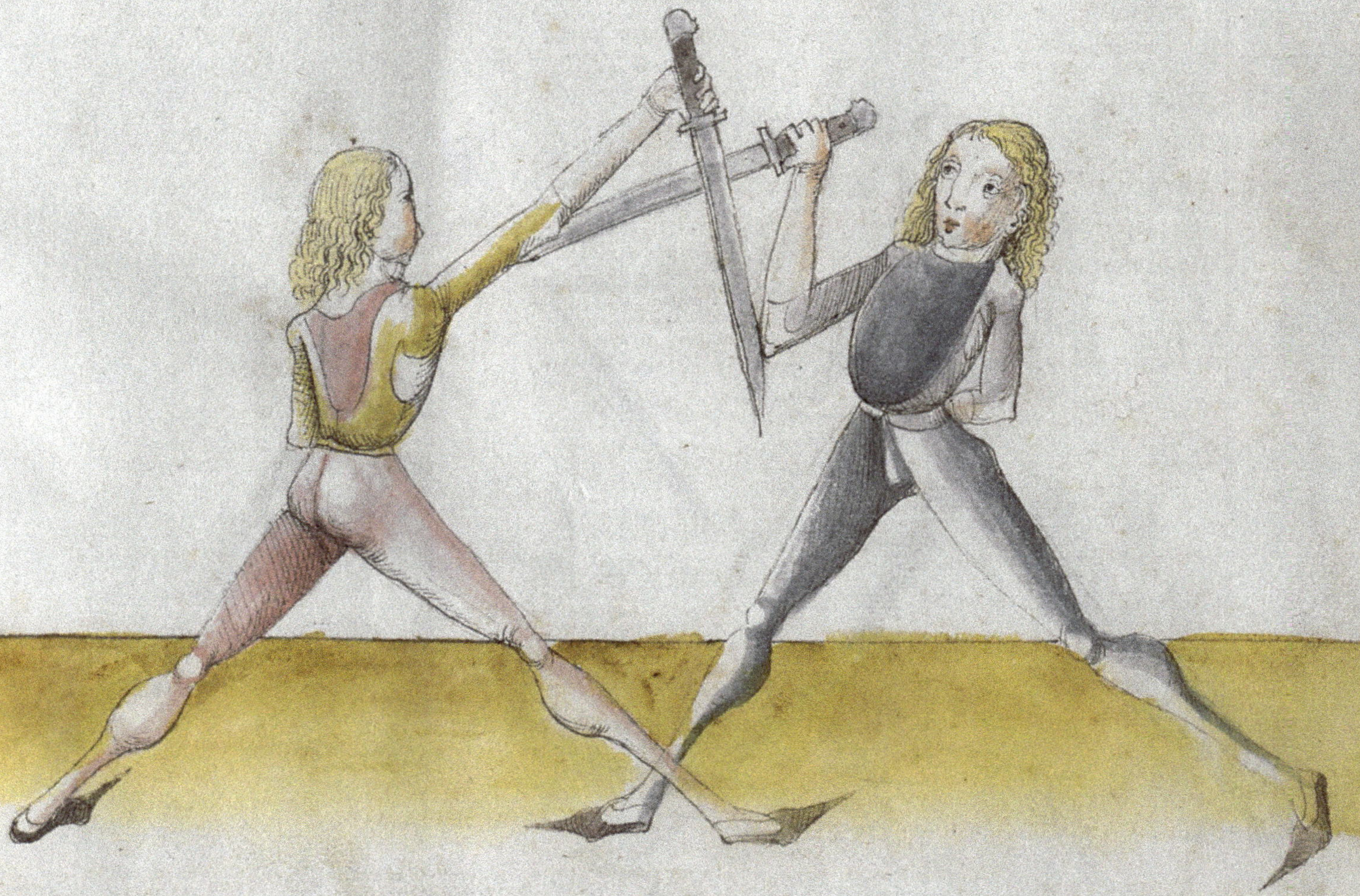

Item legestu im vnter seine messer auff seine rechten seytten
wye vast er wider windt gegen im die lincken schnaytt
das der daum auff der flech lig vnd stich im . zu dem
wang der selbigen seytten zc

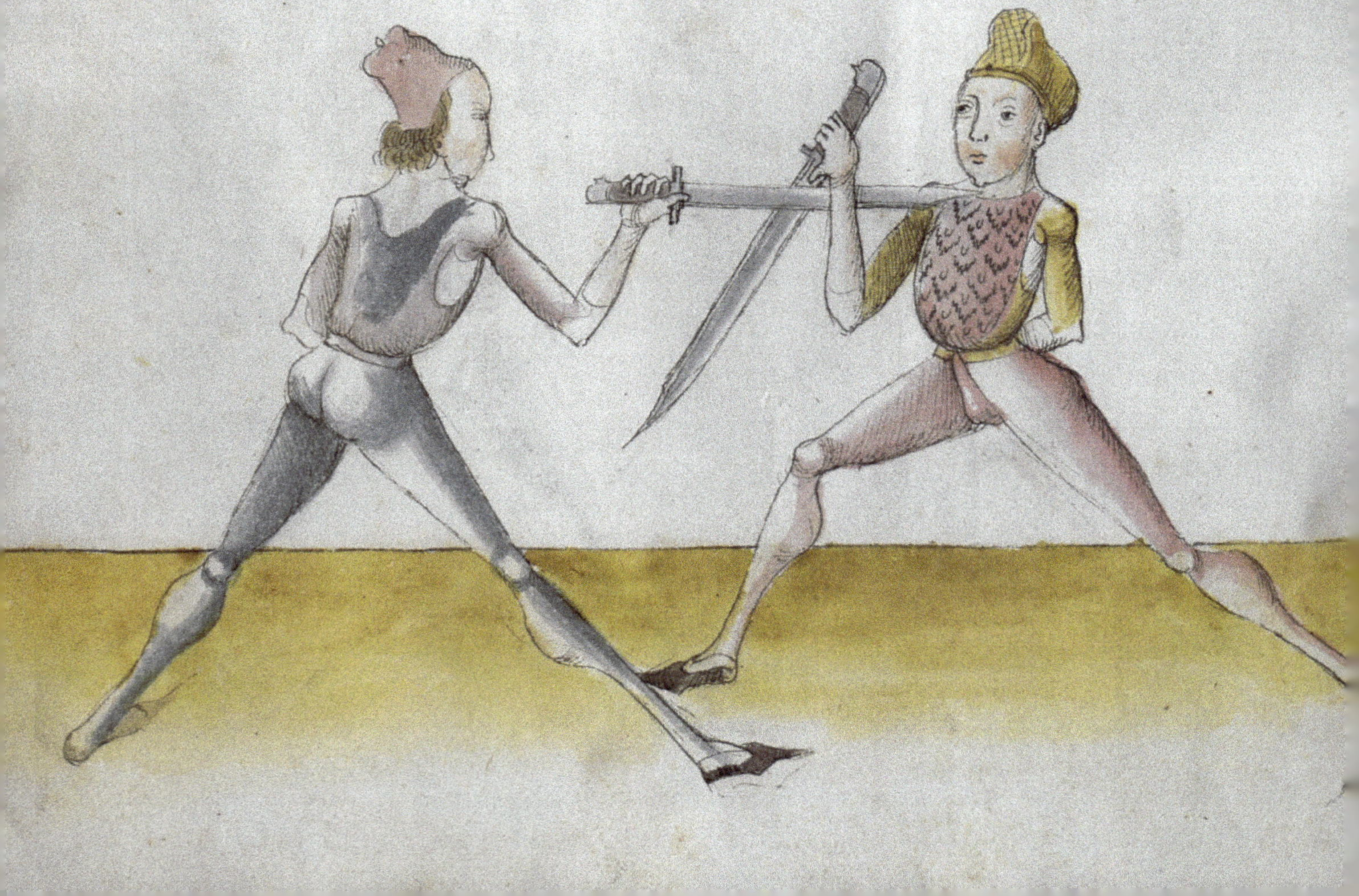

Item ligestu im vndr seyne messer auff seyn lincken seytten
wye vor wendt sich gegen im dy lang schneyden das
dy linck abzyher vnd stich im zu dē wangē d' selbigē seytt

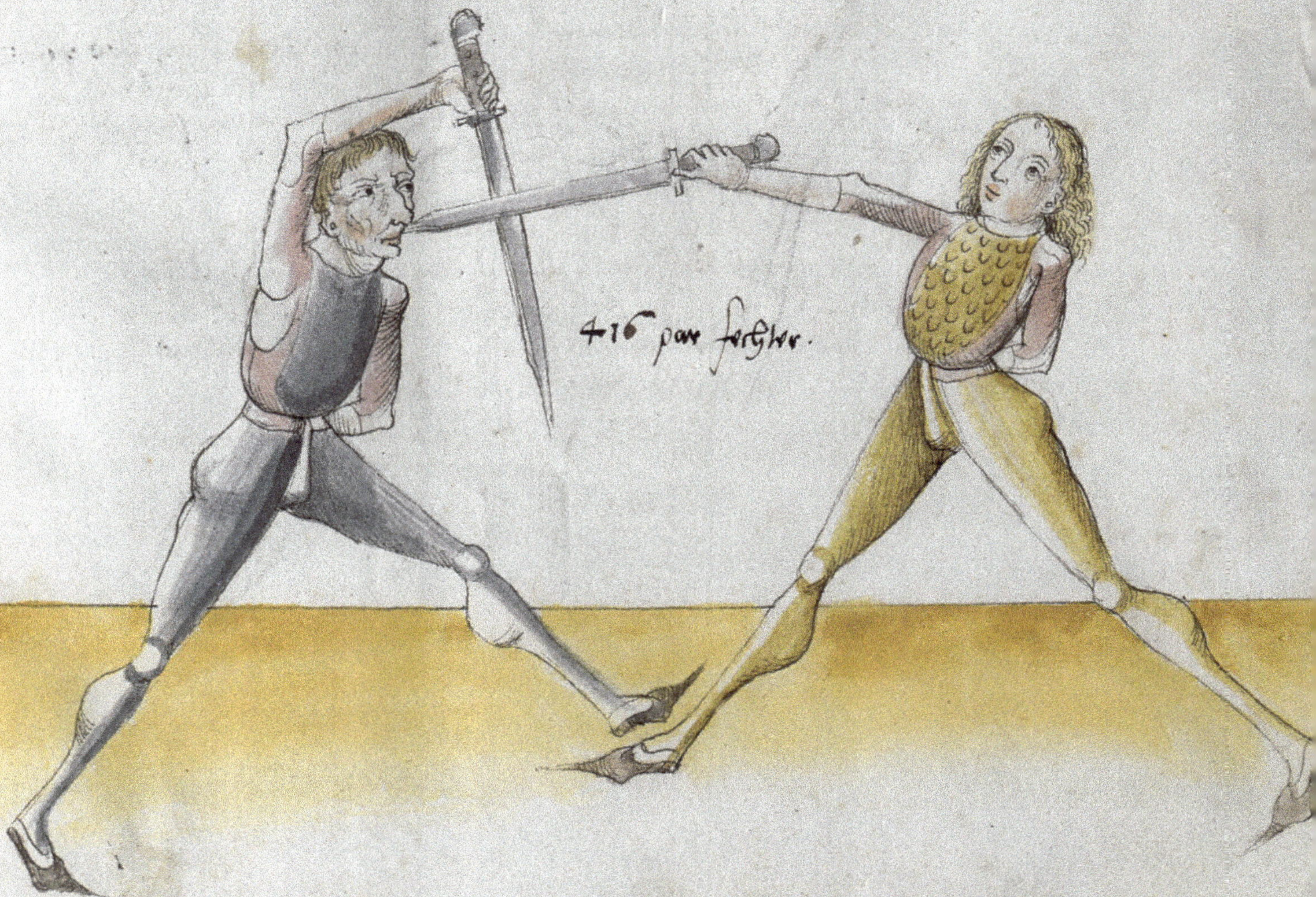

Item du solt auch gar eben merckẽ ob er weych od hertt in der versatzung ist vnd merck dy swech vnd dy sterck vnd zu vor an soltu des wortz Indes nicht vergessen vnd was das vor vnd das nach ist des pistu vor vnttericht werdẽ Nu soltu wyssẽ wie das wortt Indes ist ob du empfindest ob er weych od hertt ist in der versatzung so merck das du Indes erbyttest in alle stuck wye du merckest dy eygenschafft der ding dy auff dich geprachtt vnd gemacht werdẽ oder dy du auff eynẽ machẽ pist Indes duplier : Indes mutier . Indes durchlauff : Indes posthleuff : Indes nym de schnytt : Indes zuck : Indes most nym : Indes ringen : Indes durchwechsel : Indes durchlauff : Indes thu was dein hertz begertt : Indes ist eyn scharpffes wortt da mit dy meyst hartt versthnyttẽ werdẽ da vō auff dy meyster der des wortz Indes nicht wyssen noch verneme . Also hastu gar genaw in dise puch de meystẽ tayl der kunst des meysters vnd den grossẽ veramdt zc.

Also hatt her hanns lecküchner von Nurnberg das püch gemacht vnd geticht genadt gott im den heyligen seyn sündt vnd verzeych im vbel myssetat vnd schuld vnd peharr im seyn parmhertzige gottliche gnad vnd huld amen

Composita est mat̃a illa p dñm Johannē leckuchner tūc t̃e plbñ in Hertzogenaurach Anno dñi Mº ccccº septuagesimo octauo Sed iste lib scptꝰ ē et ꝯpletus Anno 8º scdo in vigilia sc̃i Sebastiani zc.

www.ingramcontent.com/pod-product-compliance
Lightning Source LLC
LaVergne TN
LVHW072307041026
849558LV00044B/568